渡邊誠一郎＋檜山哲哉＋安成哲三 編

新しい地球学

太陽-地球-生命圏相互作用系の変動学

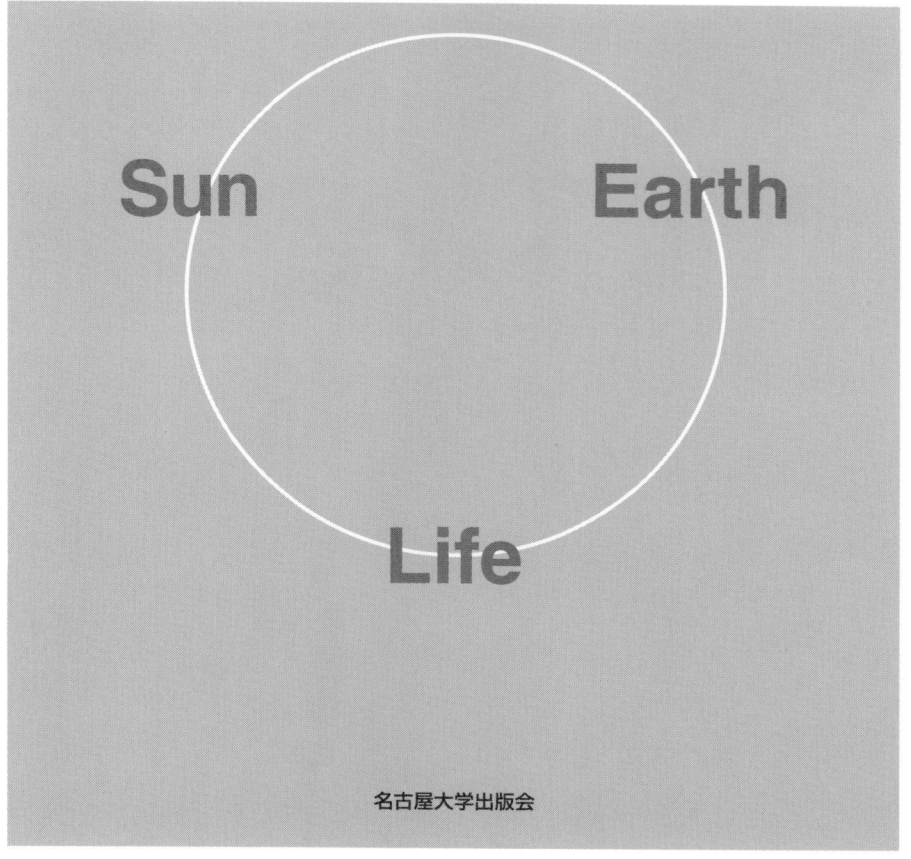

名古屋大学出版会

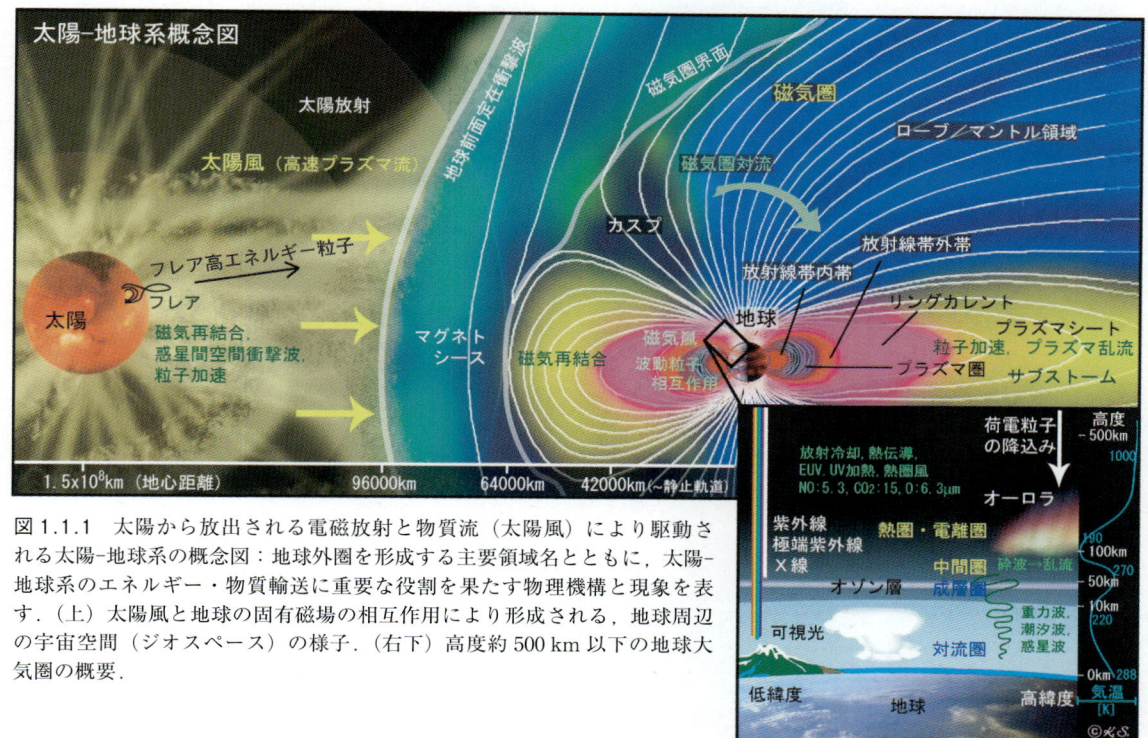

図 1.1.1　太陽から放出される電磁放射と物質流（太陽風）により駆動される太陽-地球系の概念図：地球外圏を形成する主要領域名とともに，太陽-地球系のエネルギー・物質輸送に重要な役割を果たす物理機構と現象を表す．（上）太陽風と地球の固有磁場の相互作用により形成される，地球周辺の宇宙空間（ジオスペース）の様子．（右下）高度約 500 km 以下の地球大気圏の概要．

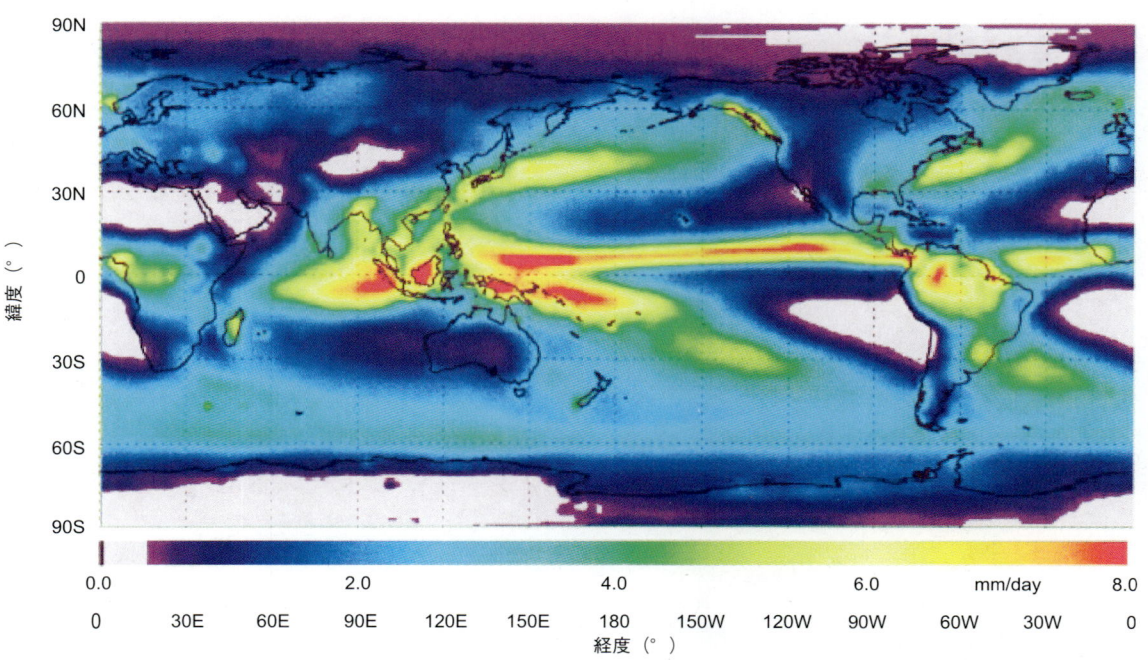

図 1.2.6　GPCP による 1979-2001 年の世界の平均日降水量 (mm day^{-1}) (Adler et al., 2003)．

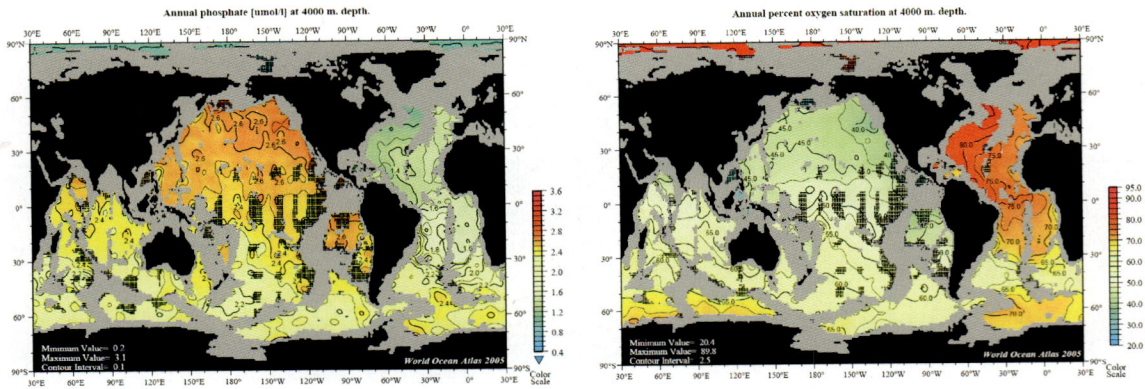

図1.3.7 深層水のリン酸イオン濃度(左:単位は$\mu mol\, \ell^{-1}$)と酸素飽和度(右:単位は%)分布(Garcia et al., 2006).

図1.4.6 名古屋市周辺のASTERフォールスカラー画像:植生が赤色で示されている(データ提供:資源・環境観測解析センター).

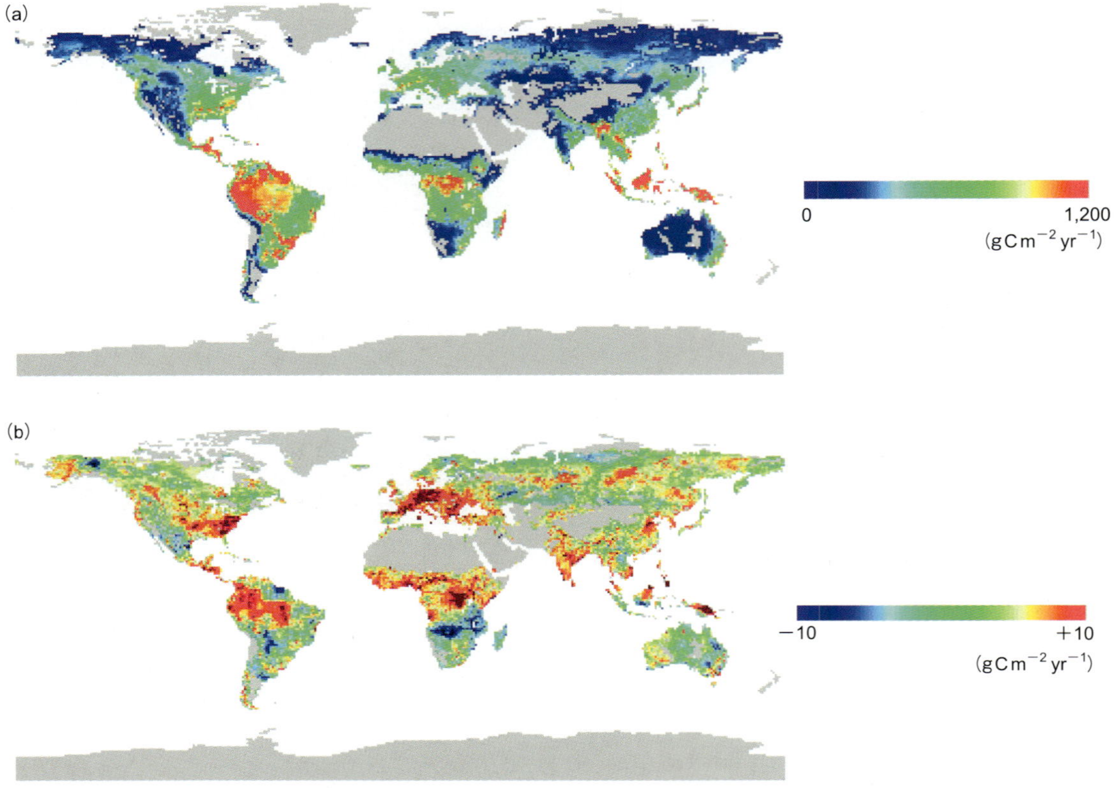

図1.4.8 1982年から2000年までの陸域の(a) NPP の年平均と(b)その増減傾向(Sasai et al., 2005).

図 1.4.10　世界の植生の増減：1980 年から 1999 年に植生が増えた地域を緑色，減った地域を青色で示す（Kawabata et al., 2001）.

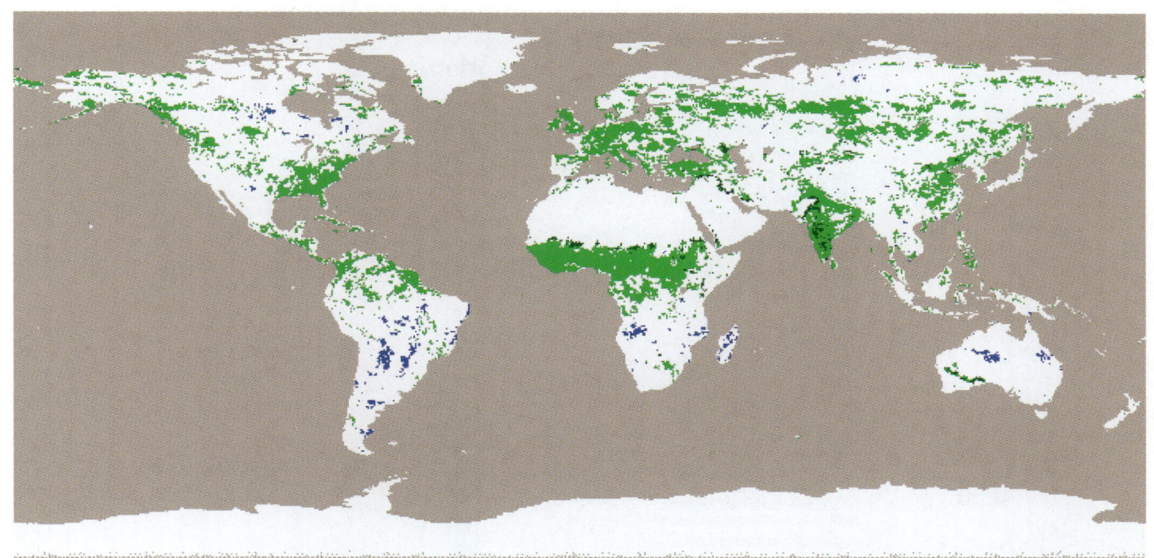

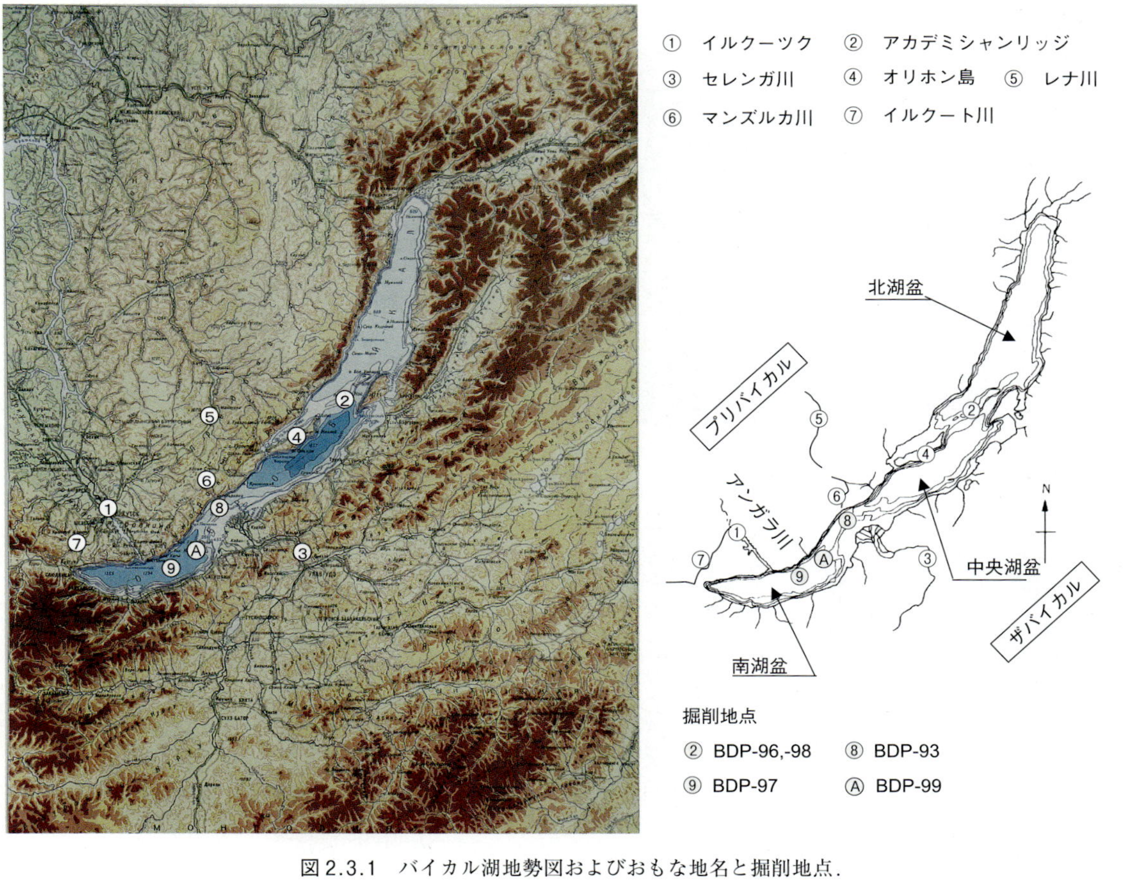

① イルクーツク
② アカデミシャンリッジ
③ セレンガ川
④ オリホン島
⑤ レナ川
⑥ マンズルカ川
⑦ イルクート川
北湖盆
プリバイカル
アンガラ川
中央湖盆
ザバイカル
南湖盆
N
掘削地点
② BDP-96,-98
⑧ BDP-93
⑨ BDP-97
Ⓐ BDP-99

図 2.3.1　バイカル湖地勢図およびおもな地名と掘削地点.

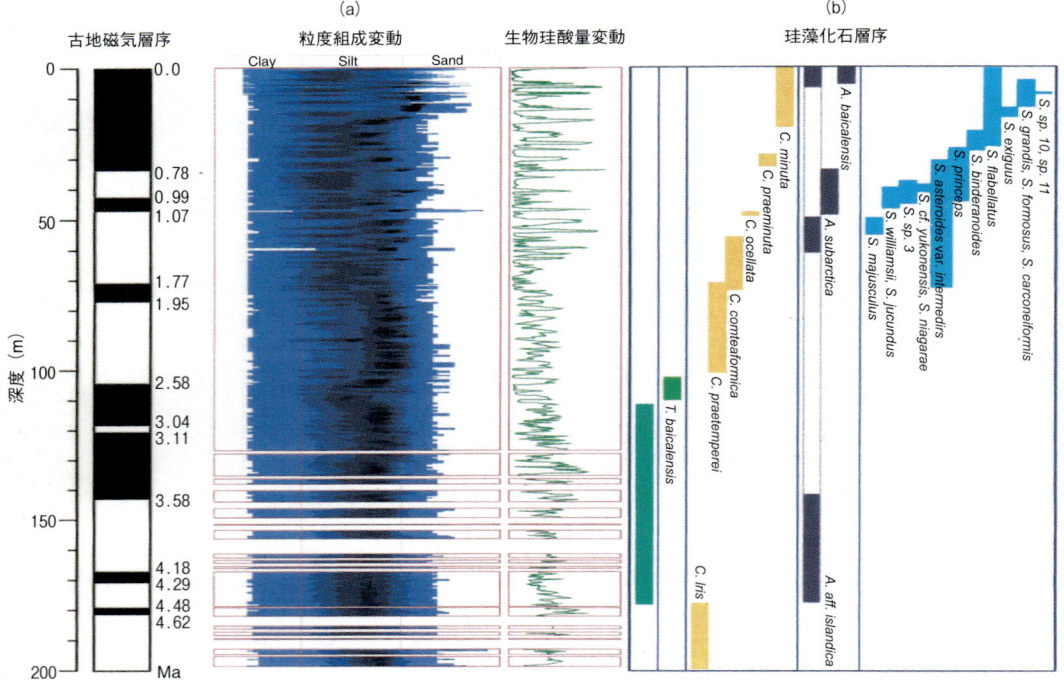

図 2.3.7 BDP-96 における粒径の分離と珪藻の種分化：(a)古地磁気層序と反転年代，粒度組成変動（右ほど粗粒，濃い青ほど多い），生物起源シリカ量変動，(b)珪藻化石層序（種名称を併記）．属名は *S.* (*Stephanodiscus*), *A.* (*Aulacoseira*), *C.* (*Cymbella*), *T.* (*Thalassioseira*)．いずれも鉛直分布（箕浦，私信；Khursevich et al., 2000）．

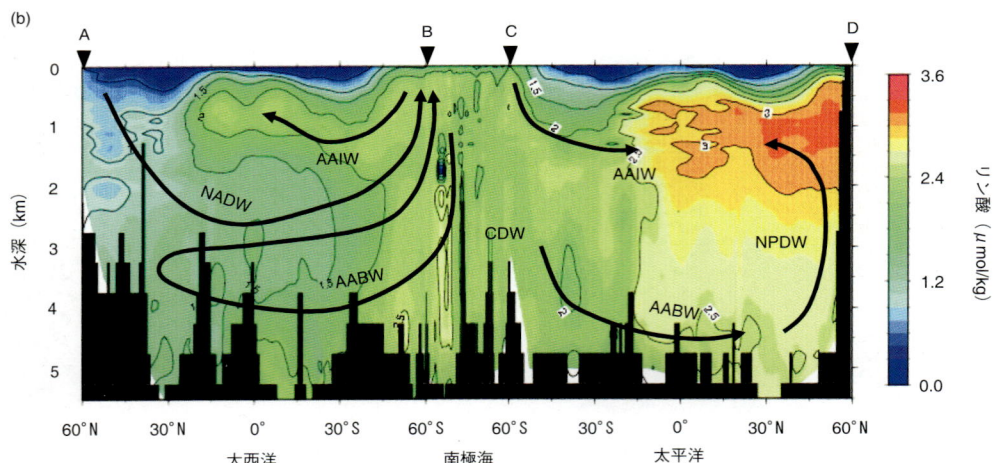

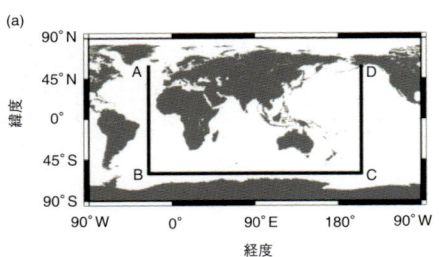

図 3.3.1 Conkright et al. (1994) に基づいたリン酸イオン（PO_4）濃度のプロファイル：(a)プロファイルを求めた位置．おおむね大コンベアベルト（1.3.1小節参照）に沿って，大西洋の25°Wと，南極海，太平洋の155°Wのデータをつないだ．(b)PO_4濃度のプロファイル（黒地は海底地形）と循環の向き（矢印）と略称：NADW (North Atlantic Deep Water)，AABW (Antarctic Bottom Water)，AAIW (Antarctic Intermediate Water)，CDW (Circumpolar Deep Water)，NPDW (North Pacific Deep Water)．NADW は，北大西洋のグリーンランド沖で沈み込んだ直後は PO_4 濃度が低く，南下するとともに濃度が増加する．AABW は南極大陸の沿岸で沈み込み，北大西洋の深層を流れる．NADW と AABW の一部は南極海の沖合（60°S付近）に湧昇し，盛んな鉛直混合を引き起こす．このとき PO_4 濃度はほとんど変わらない．AABW は，南極海を西向きに流れ（本図では表現できない），一部は太平洋の深層に流れ NPDW となり，一部は中層を流れる AAIW となる．NPDW は PO_4 濃度が高く，湧昇とともに生物生産が起こる．

はじめに

　この本は，これまでの地球惑星科学でもない地球環境科学でもない，これからの「地球学」をめざした教科書である．そこでは太陽-地球-生命圏相互作用系（SELIS）という聞き慣れない用語にたびたび言及する．生命に満ちあふれる地球を，エネルギーや物質の流れを通して，あるいはフィードバック過程に注目しながら，SELIS という概念でとらえ直して，その変動のメカニズムを明らかにしようという試みなのである．とくに地球と生命圏の相互作用を，気候に対する生命圏の能動的な役割まで含めて記述することに留意した．本書のアプローチは，人類の位置と役割まで含めて SELIS を考究する「新しい地球学」につながると確信する．

　この本は，地球科学や環境学を学ぼうとする学部3年から大学院修士課程の学生をおもな対象として，地球学の全体像を示すことを目的に書かれている．もちろん，世代を問わず異分野の研究者や地球の科学に興味をもつ一般の人たちにとっても，地球学を理解する上で良い材料を揃えたつもりである．

　この本のねらいと構成については序章に詳しく述べられているので，そちらをお読みいただきたい．ごく簡単に紹介しておくと，第1章では SELIS を空間的に太陽-地球系，大気，海洋，陸域に分けて，現在の動態と数十年程度の時間スケールでの変動について述べる．第2章では過去の SELIS の変動が記された古環境記録を読み解く方法論と，それによって得られている過去1000万年程度の環境変動の歴史を紹介する．第3章では SELIS の変動を概念的に理解するためのモデル化の方法と，実際のモデリング例をシンプルモデルと大循環モデルのそれぞれについて解説する．

　この本は，執筆者一同が確認・検証した「地球学」の現在の到達点を読者に問うものである．まだまだ発展途上のため，断片的であり，とても体系的と呼べるものではない．これから「地球学」を構築し発展させ，体系化していくためにも，多くの方々から忌憚のないご意見やご批判をいただければ，本書を企画した私たちにとって，この上ない喜びである．

　最後となったが，本書の出版には執筆者以外にも多くの方々のご協力をいただいた．とくに名古屋大学出版会の神舘健司さんには，企画から長期にわたり，構成や内容，用語の吟味に至るまで，精緻かつ熱心に取り組んでいただいた．皆様にこの場を借りて深くお礼申し上げたい．

2008年1月

編者一同

目　次

はじめに　i
地質年代表　vi

序章　地球学：太陽-地球-生命圏相互作用系の理解

序.1　地球学とは何か ·· 2

序.1.1　これまでの地球科学は何をやってきたか　2
序.1.2　そして地球環境問題　2
序.1.3　生命圏，もうひとつの地球　3
序.1.4　地球学の基本思想　3

序.2　太陽-地球-生命圏相互作用系とは何か ······························ 9

序.2.1　太陽　9
序.2.2　地球　12
序.2.3　生命圏　15
序.2.4　太陽-地球-生命圏相互作用系　19
序.2.5　水惑星「地球」　20
序.2.6　生命圏の能動的役割とガイア仮説　22
序.2.7　SELIS の構造　23
序.2.8　本書の構成　25

第1章　太陽-地球-生命圏相互作用系の動態把握

1.1　太陽-地球系とその変動 ·· 28

1.1.1　太陽-地球系とは　28
1.1.2　太陽から地球へのエネルギー流入　32
1.1.3　地球周辺大気・プラズマ環境の変動　36
1.1.4　太陽放射・銀河宇宙線および地球磁場変動による地球大気環境の変動　40
1.1.5　人間活動による大気の変質　48
1.1.6　宇宙災害と宇宙天気研究　55

1.2 大気と水循環 ·· 60
　　1.2.1 水惑星「地球」 60
　　1.2.2 降水過程の概観 70
　　1.2.3 地球温暖化と降水 76
　　1.2.4 降水分布の観測法 77
　　1.2.5 今後の研究課題 79

1.3 地球生命圏——海洋 ·· 82
　　1.3.1 海水の循環 83
　　1.3.2 海水中の生物活動 87
　　1.3.3 海洋の炭素循環 93
　　1.3.4 炭素循環の変動 97
　　1.3.5 今後の研究課題 99

1.4 地球生命圏——陸域 ··· 102
　　1.4.1 陸域植生における生物過程の特徴 102
　　1.4.2 陸面での放射収支・熱収支・水収支・炭素収支 103
　　1.4.3 熱収支・水収支・炭素収支と気候・植生の相互作用 108
　　1.4.4 衛星リモートセンシングによる陸域植生の動態把握 114

第2章　古環境記録から見た太陽-地球-生命圏相互作用系

2.1 古環境復元のためのプロキシー ································· 122
　　2.1.1 炭酸カルシウム中の酸素同位体比と微量元素比 123
　　2.1.2 黄土層の帯磁率 127
　　2.1.3 氷の酸素同位体比 128
　　2.1.4 樹木年輪の幅およびセルロースの $\Delta^{14}C$ と $\delta^{13}C$ 132
　　2.1.5 今後の研究課題 135

2.2 花粉分析——東アジアの過去約200万年間の植生変遷 ············ 138
　　2.2.1 化石花粉を用いた植生変遷の復元 138
　　2.2.2 植物分類・気候区分・植生分布 141
　　2.2.3 植生変遷の推定例 145
　　2.2.4 琵琶湖湖底堆積物の化石花粉から見た約43万年間の植生変遷史 148

  2.2.5 バイカル湖湖底堆積物の化石花粉から見た約 200 万年間の植生変遷史 152
  2.2.6 花粉分析による古植生復元の問題点 156
  2.2.7 気候変動と植生変遷——過去から現在，そして未来へ 162
  2.2.8 今後の研究課題 163

2.3 陸域古環境変動解析——バイカル湖に見る，北東ユーラシアの環境変動 ················ 167
  2.3.1 陸域古環境変動解析の重要性 168
  2.3.2 バイカル湖の構造と形成史 171
  2.3.3 バイカル湖湖底堆積物の掘削と年代決定 174
  2.3.4 バイカル湖湖底堆積物コアから得られた環境指標 178
  2.3.5 気候・環境変動の周期性とその変化 187
  2.3.6 バイカル湖での生物進化 190
  2.3.7 まとめと今後の研究課題 193

第 3 章 太陽-地球-生命圏相互作用系のモデリング

3.1 大循環モデルとシンプルモデル 200
  3.1.1 大循環モデル 200
  3.1.2 シンプルモデル 205
  3.1.3 力学系モデル 206
  3.1.4 今後の研究課題 210

3.2 シンプルモデルによる気候変動メカニズムの解明 ·················· 214
  3.2.1 0 次元エネルギーバランスモデル 214
  3.2.2 1 次元エネルギーバランスモデル 219
  3.2.3 変動する地球システムの特徴 223
  3.2.4 10 万年周期問題と非線形応答 229

3.3. 海が関わる気候変化 ·················· 237
  3.3.1 気候の変化にとって海が重要な理由 237
  3.3.2 海洋の流れを理解するために 239
  3.3.3 熱塩循環をより深く理解する 246
  3.3.4 海洋の炭酸系を理解するための化学的基礎 254
  3.3.5 海洋の物質循環 267
  3.3.6 熱塩循環と海洋炭素循環の相互作用の理解に向けて 273

3.3.7　まとめと今後の研究課題　282

3.4　生命が気候を調整する　……………………………………………………285

　　　3.4.1　デイジーワールド：アルベドを介した連関　285
　　　3.4.2　長期炭素循環における生命の役割：風化を介して　288
　　　3.4.3　光合成の進化と役割　290
　　　3.4.4　水循環を介した気候変動と生命圏の相互作用　295
　　　3.4.5　人類活動の影響　299

3.5　山岳上昇とアジアモンスーンの成立　……………………………………306

　　　3.5.1　アジアモンスーンの成立　307
　　　3.5.2　GCM を用いた山岳上昇に伴うアジアの気候変化に関する研究　308
　　　3.5.3　まとめと今後の研究課題　315

3.6　氷河時代における気候変化——AOGCM による研究からの考察　………317

　　　3.6.1　10 万年周期の氷期・間氷期サイクル　317
　　　3.6.2　大気 CO_2 濃度と熱塩循環の相互作用　318
　　　3.6.3　表層水循環と深層水循環の相互作用　321
　　　3.6.4　氷期・間氷期サイクルの中での人為起源の気候変化　323

　あとがき　325
　記号リスト　327
　事項索引　334
　略語索引　341

地質年代表と主要イベント（全地球史）

(Ga)	累代 Eon		代 Era		主要イベント	
現在			新生代	Cenozoic		
	顕生代	Phanerozoic	中生代	Mesozoic		
			古生代	Paleozoic		
0.54					生物爆発	植物の上陸（DNA）
				0.60	全球凍結	エディアカラ生物群
				0.75	全球凍結	
				1.0	地衣類の上陸（DNA）	
					ロディニア超大陸の形成	
	原生代	Proterozoic			多細胞生物の登場	
					大陸の成長	
				2.1	真核生物の登場	
				2.2-2.4	全球凍結, 大気O_2分圧上昇	
2.50					活発な火成活動	
				> 2.7	シアノバクテリアの登場	
	太古代（始生代）	Archean		3.0	大陸の形成	
				3.5	最古のバクテリア微化石	
				3.8	最古の生物痕跡（C同位体比）	
4.00					最古の岩石	
	冥王代	Hadean		> 4.4	海洋の形成	
4.50					地球の形成	

先カンブリア時代（Precambrian）

先カンブリア時代の地質区分に関しては異論が多い．主要イベントの括弧の中に「C同位体比」とあるのは炭素同位体から推定される事実を表す．また，「DNA」とあるのは分子系統学（分子時計）による推定年代であることを示す．それ以外は化石記録など地質学的証拠による．

地質年代表（顕生代）

代 Era	紀 Period	世 Epoch	年代(Ma)	主要イベント
新生代 Cenozoic	第四紀 Quaternary	完新世 Holocene	0.0118	人類による地球温暖化
		更新世 Pleistocene	2.588*1	ヒトの進化 第四紀氷河時代 北極氷床の誕生
	新第三紀 Neogene	鮮新世 Pliocene	5.332	地中海が干上がる ヒト・チンパンジー分化 アジアモンスーン形成 テーチス海の内海化 バイカル湖の誕生
		中新世 Miocene	23.03	
	古第三紀 Paleogene	漸新世 Oligocene	33.9	チベットの上昇開始 南極氷床の形成
		始新世 Eocene	55.8	インド亜大陸の衝突 超温暖期
		暁新世 Paleocene	65.5	天体衝突・恐竜等絶滅
中生代 Mesozoic	白亜紀 Cretaceous	後期 Upper	99.6	温暖期・油田形成
		前期 Lower	146	被子植物の登場
	ジュラ紀 Jurassic	後期 Upper	161	太平洋で火成活動
		中期 Middle	176	大西洋拡大開始
		前期 Lower	199.6	生物大絶滅
	三畳紀 Triassic	後期 Upper	228	パンゲア超大陸分裂
		中期 Middle	245	恐竜の出現
		前期 Lower	251	最大の生物大絶滅
古生代 Paleozoic	ペルム紀 Permian	後期 Lopingian	260	パンゲア超大陸形成
		中期 Guadalupian	271	
		前期 Cisuralian	299	氷河時代・O_2分圧最大 石炭層形成
	石炭紀 Carboniferous	後期 Pennsylvanian	318	有羊膜類の登場
		前期 Mississippian	359	裸子植物の繁栄
	デヴォン紀 Devonian	後期 Upper	385	脊椎動物の上陸
		中期 Middle	398	陸上に巨木出現
		前期 Lower	416	最古の昆虫化石
	シルル紀 Silurian	後期 Upper	423	維管束植物の登場
		前期 Lower	444	氷河時代・生物大絶滅 節足動物の上陸
	オルドヴィス紀 Ordovician	後期 Upper	461	温暖期
		中期 Middle	472	
		前期 Lower	488	大気CO_2分圧極大 最古の植物胞子化石 魚類の登場
	カンブリア紀 Cambrian		542	生物爆発

(Ma): 現在 — 65.5 — 251 — 542

年代については International Commission on Stratigraphy (http://www.stratigraphy.org/) Geological Time Scale 2004 に基づく．ただし，第四紀の開始年代（*1）は，従来はオルドヴァイ地磁気イベントの終了（1.806 Ma）からとされていたが，氷河時代やヒト属の登場などと対応の良いことから，松山逆磁極期の開始からとする新しい考えに従った（古地磁気層序については 2.3.3 小節参照）．また，第三紀は公式の地質区分としては使わないこととなり，Neogene と Paleogene の 2 紀に分けられた．

序　章

地球学：
太陽-地球-生命圏相互作用系の理解

序.1 地球学とは何か

序.1.1 これまでの地球科学は何をやってきたか

20世紀の地球科学は，この地球を細分化し，それぞれの現象・プロセスに近代物理学・化学の手法と考え方を導入して解明を進めてきた学問分野といえる．それぞれの分野は，現象・対象が異なるだけでなく，多くの場合，研究の手法あるいはツールが大きく異なっている．それらは，19世紀から20世紀の物理・化学の発展の歴史と，密接に関係してきた．例えば，超高層大気や電磁気圏を扱う分野は，MaxwellやLorentzによって完成された電磁気学を駆使する学問分野であり，雲・降水活動の活発な対流圏を中心とする気象学は，熱力学とNavier-Stokesの流体力学をその基礎としている．地質学・岩石学は相平衡熱力学や物理化学をもとにしている．そして，それぞれの分野において，新たな現象の発見・解明を含めて，近代的な地球科学諸分野が発展し，それぞれの分野に対応した多くの学会が設立されている．

もちろん，こうした流れは，否定できるものではなく，科学の歴史的発展の一段階として必然の帰結である．しかし，「地球物理学」，「地球化学」という名称に代表されるように，あくまで指導原理は物理学，化学からの借り物であり，物質や宇宙の起原や普遍性を追求する物理学者の一部などからは，「ワンランク落ちる学問」（山本，1987）と見られてきた．

その見方と表裏一体をなすのが，地球科学を，物理学などの基礎科学ではなく，むしろ「役に立つ」応用科学として位置づける見方である．地質学や固体地球科学は資源探査と密接に関係して発展してきた歴史をもっており，気象学は，天気予報の精度を上げる過程で発展してきた．地震学は，（その結果はともかくとして）地震予知という目標に向かって，さまざまなかたちでの地球内部の理解を進めてきたことは確かである．地球のさまざまな対象を細分化して研究する流れは，このような実社会への利用，応用の視点からますます加速されたとも捉えられる．このような地球科学の拡大・再生産のため，教育・研究もますます細分化し，限られた方法論，手法で，限られたテーマや現象を扱うという，学問の「たこつぼ化」が，他の多くの学問分野同様，地球科学でも進行してきたのが20世紀であった．

序.1.2 そして地球環境問題

20世紀後半になると，人間による生産活動の拡大が，地域の自然に，そして，大気圏・水圏など地球表層圏全体に負の影響を与えだした．まず都市域を中心とする公害問題，そして温室効果ガス増加による「地球温暖化」，オゾンホール，酸性雨問題を含む広域大気汚染，砂漠化など，いわゆる地球環境問題群が顕在化してきた．そして，地球科学者の多くも，これらの問題に，

「環境問題への貢献あるいは環境改善へ向けた研究」と称して，既存の地球科学の体系のまま，アプローチを始めた．しかし，これらの問題群は，本来，連続的に有機的につながっているはずの自然を，ある部分のみを切り出して理解し，利用しようとする「細分化」科学の帰結という側面があるため，このようなアプローチは自己矛盾を抱えている．現在の地球科学研究者は，自分（人間）とは直接相互作用しない地球上の自然現象の解明という，いわば実利的な目的を排した「物理学症候群」にかかりながらも，一方で，自分たちが住む地球の自然環境の変化あるいは破壊を何とかせねばならないという，はっきりとした問題解決を指向する「環境学症候群」にもかかっている人たちといえるであろう．その症状は，人によってかなり程度の差があるが，現在の多くの地球科学研究者は，2つの価値観のあいだで揺れる「マージナル・マン（境界人）」（Lewin, 1951）となっている．

序.1.3　生命圏，もうひとつの地球

これまでの地球科学が目をつぶってきたのが，地球の生命圏あるいは生物圏（biosphere）である．その理由は簡単であり，物理学・化学の指導原理では理解できないからである．生命圏は一方で，やはり19世紀後半からずっと，生物学，生物科学といわれる分野のまさに「専管事項」であった．それは，生物学の分野には，Darwinの「進化論」やMendelの「遺伝の法則」など，物理学の指導原理とはまったく独立した，しかし非常に強い原理が存在してきたため，生物的自然が物理・化学的（無機的）自然とまさに入れ子状に存在してきたにもかかわらず，20世紀においては，これら2つの自然は，自然科学の，ほとんど相容れない独立した分野として発展してきたためである．もっとも，医学・薬学など応用面でのニーズが爆発的に拡大したこともあり，生命のミクロなプロセスへの物理学・化学的手法での理解を進める分子生物学，生物物理学といった分野は，とくに20世紀後半から急激に発展してきた．

しかし，マクロな自然環境での生物の振る舞いを研究する生態学と地球科学との接点は，長いあいだ，古生物学など一部の分野を除き，非常に弱いものであった．この2つの分野を急速に近づけるきっかけは，やはり「地球環境問題」であった．すなわち，環境や気候の変化が生態系に与える影響が生態学でも無視できなくなってきたこと，また，気候や水・物質循環を考える上で，植生などの生命圏のコントロールが重要であることなどが，さまざまな観測やモデルによる研究で明らかになってきたからである．地球科学に生命圏過程が組み込まれなかったのは，19世紀以降の物理学・化学と生物学の発展過程の結果でしかなく，実際の地球において物理・化学過程と生物過程が切り離されているわけでは決してない．双方の相互作用を陽に扱った研究は，指導原理の違いをどうしていくかという大問題の克服が必要であるが，地球の表層環境の全体的理解にとって，今後の大きな，そして極めて重要な研究分野となるはずである．

序.1.4　地球学の基本思想

地球は地圏，水圏，大気圏，磁気圏に生命圏を含めて，1つのシステムとして存在している．

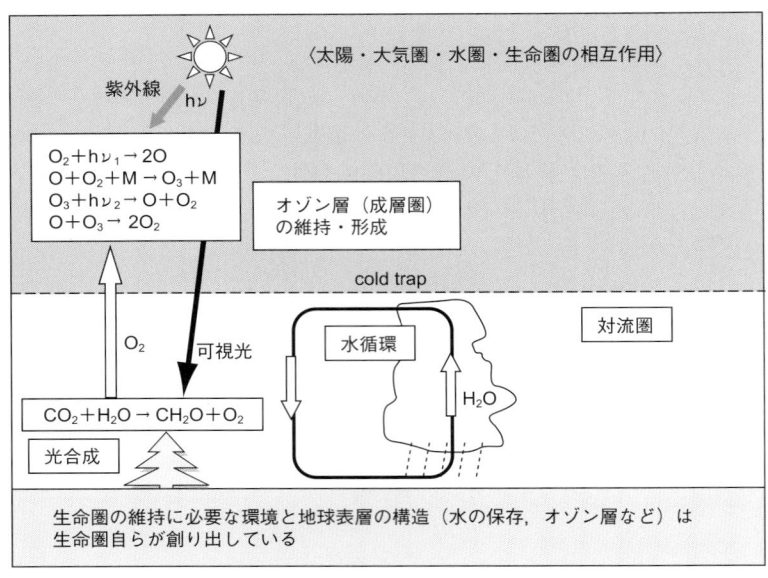

図 0.1.1　オゾン層（成層圏）と生命圏の光合成活動および水循環の相互維持機構の模式図.

そして，このシステムが現在のかたちに至るまでには，46 億年の歳月がかかっている．このシステムは，すべての部分が境目なく**シームレス**（seamless）につながって構成されているが，その進化過程でいくつかの不連続のサブシステムに分かれて存在している．このような地球のシステムをまるごと理解できるような，言い方をかえれば，これまでの地球惑星科学あるいは地球環境科学を止揚できるような「地球学」には，どのような基本思想（あるいは基本的な見方）が必要であろうか．それは，以下の3つの項目にまとめることができるのではないだろうか．

地球は生命圏を含むシームレス・システムである

　地球表層のシステムが，太陽エネルギーをその根源としており，生命圏も含めて地球表層の各圏のさまざまな現象が，異なった時間スケールのエネルギーの流れ，水・物質循環を通して相互に密接に関係しつつ維持されている事実を考えると，シームレス・システムであることはまったく自明である．

　例えば，大気のオゾン層は，太陽からの紫外線フィルターとして，生命圏の維持に不可欠な役割を果たしていることがわかっているが，このオゾン（O_3）は対流圏からの酸素（O_2）の絶えざる供給によって維持され，その O_2 は，生命圏の光合成活動により維持されている（図 0.1.1）．オゾン層のもう1つの重要な機能は，太陽紫外線の吸収による加熱によって大気成層圏の成層構造を維持していることであり，比較的低い高度に維持されている低温の成層圏の存在が，コールド・トラップとして機能して，生命にとって不可欠の水物質の保存と，地球表層と対流圏における閉じた水・物質循環を保障している．すなわち，オゾン層と生命圏は，相互にその維持を担う共生系を成しつつ形成されてきたことがわかる（安成，1999；岩坂・安成，1999）．

　一方で，強烈な太陽風エネルギーから生命圏を保護してきたのは，地球磁場の存在である．地球磁場の維持と変化によるオーロラの変動や，その変化機構を担う固体地球内部のダイナミクス

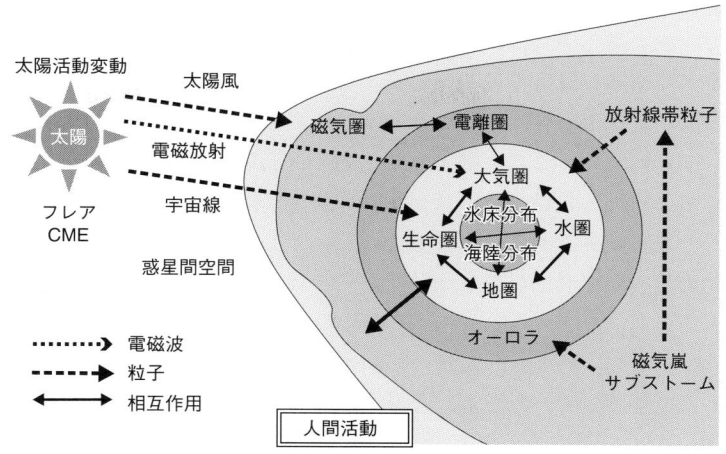

図 0.1.2 太陽からのエネルギー，プラズマと地球磁気圏，電離圏と下層大気圏の関連を示す模式図（名古屋大学太陽地球環境研究所・関華奈子提供の図を一部改変）．

も，地球表層の生命圏の進化と決して無縁ではないことがわかる．地球磁場は数万年から100万年の時間スケールで反転を繰り返しており，生命圏の進化に，時として大きなインパクトを与えた可能性が指摘されている．太陽活動そのものの変化に加え，地球磁場の変化を通した地球表層圏への太陽エネルギー配分過程の変化は，生命の進化と地球環境変化の外部条件として，見逃すことができない重要なプロセスである（図0.1.2）．

現在の地球の生態系も，水・物質循環を介し，気候と共生的関係にあることが，1996年以来，筆者（安成）を代表として進めてきた「アジアモンスーンエネルギー・水循環研究観測計画」（GAME）などの観測的研究で明らかになってきた．ユーラシア大陸高緯度のシベリアには，永久凍土帯が広がり，その凍土の表層はタイガ（針葉樹林帯）に覆われている．永久凍土は夏季にのみ表層わずか数十cmだけ融解するが，その浅い融解層にたまった水を，タイガは浅く横に広く広がった根で効率よく吸収し，光合成と蒸発散を同時に行って，自らを維持している．一方凍土帯は，タイガの被覆と蒸発散による表面温度上昇の抑制により，夏季の融解を最小限に抑え，自らを維持している．すなわち，永久凍土とタイガは水・エネルギー循環を通して，お互いに維持しあった一種の共生系を形作っているともいえよう（Ohta et al., 2001）．アマゾンや東南アジアの熱帯雨林も，水循環とエネルギーの流れの強さは，シベリアのような寒帯とは大きく異なるが，やはり同様の気候と植生（生態系）の共生系として維持されていることが近年の観測的研究から明らかになりつつある．このような共生系は，いったん一部でも破壊されれば，急激に変化してしまう特性をもっている可能性は想像に難くないであろう．最近の観測的研究や気候モデルによる研究は，気候と生命圏の共生的相互関係を強く示唆している（Sasai et al., 2005；Saito et al., 2006；Yasunari et al., 2006）．ただし，先にも述べたように，地球学における今後の大きな，そして非常に興味深い問題は，物理・化学的見方と，生物学・生態学的な見方が，地球環境の維持と変動を理解する過程で，どう止揚されるか，ということであろう．

地球は不可逆で非線形なシステムである

　この地球の一方向的な進化過程は，生命圏の発展，進化そのものと表裏一体を成していることは，疑いもない事実である．最近ではまた，良くも悪くも「グローバル」に拡大・発展してきた人類活動が，一方で，地球温暖化やオゾンホールに代表されるいわゆる「地球環境問題」を引き起こしている．しかし同時に，この人類の知的活動の進展により，地球が，太陽エネルギーを受けながら，さまざまな物理・化学プロセスが相互に密接に関連して機能し，進化してきた１つのシステムであることを再認識させることにもなった．そして，人類を含めた生命圏も，このシステムの進化・変化の過程に能動的に働きかけながら，現在の地球を形づくってきたことが，少しずつ明らかになってきた．

　このような地球システム全体を，**太陽-地球-生命圏相互作用系**（Sun-Earth-Life Interactive System : SELIS, 序.2.4 小節参照）と捉え，過去から現在に至るこの系の変化のダイナミクスを改めて理解すること，そしてそれを通じて地球という惑星そのものが何であるかを考究することは，物理学・化学の応用問題としての地球科学ではない新たな「地球学」の構築の重要な部分である．そして，この時間軸での地球学は，人類を含む生命圏の存続と発展（進化）が，今後どのようなかたちでありうるか，起こりうるかを考える基礎と契機になりうるはずである．

　とくに新第三紀から現在を含む第四紀にいたる過去約 1000 万年は，人類の出現と進化の舞台となった時代であり，生命圏における人類の位置を理解する上で重要な時代といえる．湖底・海洋底堆積物，氷床コア，年輪などにもとづく高精度の環境変動復元は，現在の地球環境の理解にとっても必要であろう．この時期は，図 0.1.3 に示すように，全球的に寒冷化が進行して，氷期と間氷期が交互に繰り返す氷河時代となるというトレンドの中で，人類が出現し，地球環境の変化に関わってきた．このような時期の環境変化の解明は，近年の「地球温暖化」を引き起こしているとされる人類と地球の関わりを，より深く理解するためにも，非常に重要なことである．

地球学における人間原理

　ここまで述べてきたことを新たな視点でまとめるならば，地球学における「人間原理」を主張することではなかろうか．**人間原理**（anthropic principle）とは，もともと物理学の宇宙論で提唱された概念（例えば，松田，1990）であり，簡単にいえば，宇宙は，人間（知的生命体）の存在によって初めて理解できるものとして存在しており，したがって，人間の存在を前提に私たちの宇宙を説明すべきである，というものである．その論点の違いにより，強い原理，弱い原理など，いくつかバリエーションがあるが，ここでは詳しく論じない．

　一方，ここで筆者が主張する，地球の理解（認識）における人間原理は，宇宙論における人間原理とは，かなり異なるものである．

　人間は，この地球を理解しつつ資源などを利用してきたが，その一方で，あるいはその結果として，現在の地球環境問題を引き起こしている．近年の地球環境科学が，これらの問題を解決すべき「問題解決型」科学と位置づけられ，それまでの「現象解明型」科学とは違うことを強調されていることは，先に述べたとおりである．しかし，地球学では，これら２つの科学は止揚されるべきものである．「問題解決型」科学では，ともすれば既存の問題把握の枠組みの中で，その解決・対策に関連した科学技術だけが重視される傾向が強くなっている．しかし，私たち人類を含む生命圏は，私たちのまだ認識していない現象やプロセスにより，その生存・成立が保障され

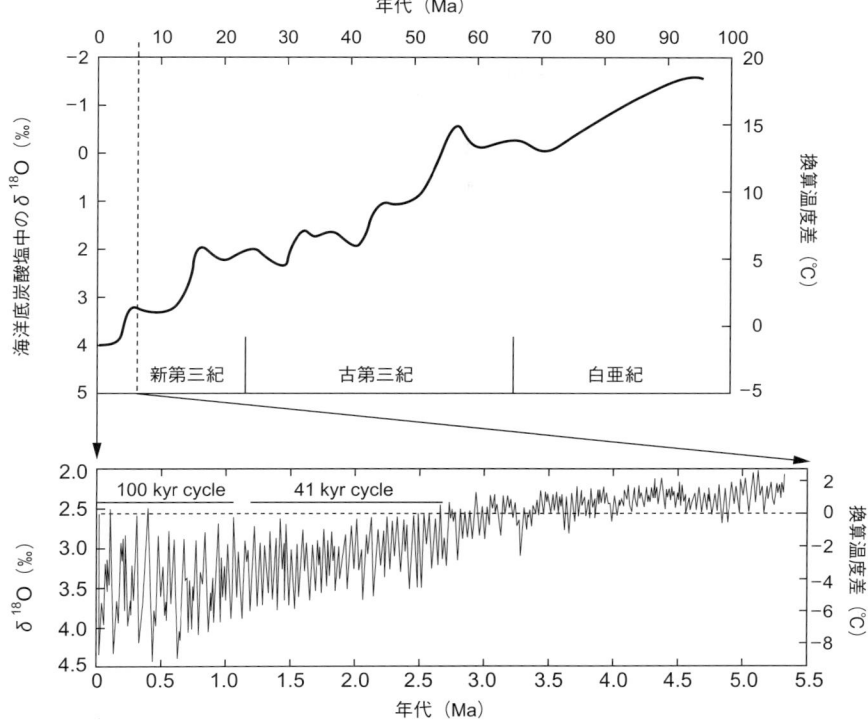

図 0.1.3　白亜紀から新生代にいたる地球気候の寒冷化（岩坂・安成，1999）：酸素同位体比（$\delta^{18}O$）と温度との関係については，2.1.1 小節を参照．下図は，最近約 500 万年の地球の平均気温の変化を示す．0℃ は，現在の平均気温に相当する．Lisiecki and Raymo（2005）をもとに，R. A. Rohde が作成した図を用いた（http://www.global-warmingart.com/ 参照）．

ている可能性はまだまだあるはずである．また反対に，私たちがこれらの現象やプロセスに対して無知なために，生命圏の基盤を危うくしている可能性すらありうる．そうした，現象やプロセスをみつけ出す「問題発見型」科学を「現象解明型」科学や「問題解決型」科学と並行して遂行していくことは，人類の生存に不可欠である．地球（自然）への飽くなき探求の正当性が保証されるのは，まさにこの部分にあるのではないかと筆者は考える．

　一例を挙げよう．大気圏は人間を含む生命圏の維持には不可欠であり，大気水圏・地圏と生命圏は一体を成す圏（スフェア）として存在している．さらに，地球学から発信されるべきことは，生命圏に対する地球磁気圏や電離圏も重要ではないかという認識である（Kamide, 2001; 2003）．地球磁場がなければ，現在の地球生命圏は強い太陽風により存在しえたかどうか，微妙な問題であることを，最近の研究（Ozima et al., 2005）は指摘している．

　地球学における人間原理のもう 1 つの側面として強調すべきは，現象の理解にせよ，環境問題の解決にせよ，単に自然科学の問題ではなく，人間自身の問題である，という認識の重要性である．地球温暖化やオゾンホールに代表される地球環境問題は，いわば地球への理解不足のために人間が引き起こしたものであり，そのことに気づくことも含め，理解し，結果を担うのもまた人間をおいて他にない，という事実を，私たちはよく理解しておくべきであろう．地球へのあくな

き探求を，生命圏の一員として人類が生きていくための本性として位置づけ，その意味を明らかにしていく学問が必要とされていると考える．本書の先駆研究とも位置づけられる『全地球史解読』研究プロジェクトをリードしてきた名古屋大学の熊澤峰夫は，「私たちが科学を始め，生命・地球・宇宙の歴史とその摂理を探り始めたことは，地球史上の最大の事件である」（熊澤ほか編，2002）と述べているが，その「最大の事件」の人間学的（哲学的）意味を今問うことこそ，地球学であり，地球理解のための人間原理に通じているともいえよう．

平たくいえば，19世紀の産業革命以来，あるいは西欧の帝国主義列強の世界支配が進む中で，地球科学の底流には，「（あくまで西欧を中心とした）人間圏の拡大と生産の向上のために地球を理解する」という思想があったが，21世紀の私たちは「人類を含む生命圏の維持（存続）のために地球を理解する」という基本思想への転換が必要である，ということである．

地球学が，これまでの地球科学との，その深層のところで違うとすれば，地球を単に，従来の自然科学の対象とする自然現象として見るのではなく，私たち人間を含めた生命の尊厳と維持の拠りどころとしての「地球」とは何かを，その過去・現在・未来について考える学である，ということであろう．このような人間の立場も含めて，地球理解における人間原理を提唱したい．

参考文献

岩坂泰信・安成哲三 (1999)：地球システムの進化と大気環境の変化．『岩波講座 地球環境学 3 大気環境の変化』（安成哲三・岩坂泰信 編），岩波書店，1-48．

Kamide, Y. (2001): Our life is protected by the Earth's atmosphere and magnetic field: what aurora research tells us. Biomed. Pharmacother., 55, 21s-24s.

Kamide, Y. (2003): What human being cannot see can exist: a message from recent studies of solar-terrestrial relationships. Biomed. Pharmacother., 57, 19s-23s.

熊澤峰夫・伊藤孝士・吉田茂生 編 (2002)：『全地球史解読』，東京大学出版会，503pp．

Lewin, K. (1951): *Field theory in social science: selected theoretical papers* (Dorwin Cartwright, ed.), 1st ed., Harper, 346pp. 猪股佐登留 訳 (1979)：『社会科学における場の理論［増補］』，誠信書房，350pp．

Lisiecki, L. E., and Raymo, M. E. (2005): A Pliocene-Pleistocene stack of 57 globally distributed benthic $\delta^{18}O$ records. Paleoceanogr., 20, PA1003, doi: 10.1029/2004PA001071.

松田卓也 (1990)：『人間原理の宇宙論——人間は宇宙の中心か』，培風館，240pp．

Ohta, T., Hiyama, T., Tanaka, H., Kuwada, T., Maximov, T. C., Ohata, T., and Fukushima, Y. (2001): Seasonal variation in the energy and water exchanges above and below a larch forest in eastern Siberia. Hydrological Processes, 15, 1459-1476.

Ozima, M., Seki, K., Terada, N., Miura, Y. N., Podosekand, F. A., and Shinagawa, H. (2005): Terrestrial nitrogen and noble gases in lunar soils. Nature, 436, 655-658.

Saito, K., Yasunari, T., and Takata, K. T. (2006): Relative roles of large-scale orography and land surface processes in the global hydroclimate. Part II: Impacts on hydroclimate over Eurasia. J. Hydrometeor., 7, 642-659.

Sasai, T., Ichii, K., Yamaguchi, Y., and Nemani, R. (2005): Simulating terrestrial carbon fluxes using the new biosphere model "biosphere model integrating eco-physiological and mechanistic approaches using satellite data" (BEAMS). J. Geophys. Res., 110 (G2): Art. No. G02014 DEC 14 2005.

山本義隆 (1987)：『熱学思想の史的展開』，現代数学社，593pp．

安成哲三 (1999)：地球の水循環と気候システム．『岩波講座 地球環境学 4 水・物質循環系の変化』（和田英太郎・安成哲三 編），岩波書店，1-34．

Yasunari, T., et al. (2006): Relative roles of large-scale orography and land surface processes in the global hydroclimate. Part I: Impacts on monsoon systems and the tropics. J. Hydrometeor., 7, 626-641.

序.2 太陽–地球–生命圏相互作用系とは何か

本書では，太陽からの放射を浴びながら公転する生命の惑星「地球」の動態と変動を，**太陽–地球–生命圏相互作用系**（Sun-Earth-Life Interactive System：SELIS，序.2.4 小節参照）の振る舞いとして捉えて考察していく．本節では，第1章から第3章までを読み進める際の道標となるように，SELIS の全体像を概観する．本節の前半（序.2.3 小節まで）では，SELIS という言葉を構成している3つの要素，太陽，地球，生命圏それぞれについて，その特徴と進化を簡単に述べる．しかし，それらを個別に分けて考えるだけでは本質が得られない．そこで，後半（序.2.4 小節以降）では，相互作用系としてそれらを一体として捉える方法について述べる．

序.2.1 太陽

自己重力天体としての太陽

太陽（Sun）は，その莫大な質量 $M_{Sun}=1.98\times 10^{30}$ kg で生じる自己重力を，中心温度 $T_{c,Sun}=1.5\times 10^7$ K という高温で生じる熱圧力で支えている天体である．この高温のため，原子核と電子がばらばらになって飛び回る**プラズマ**（plasma）状態にある．

自己重力を熱圧力[1]で支えて釣り合うことを静力学平衡という．静力学平衡にある天体では，**重力ポテンシャルエネルギー**（gravitational potential energy）Ω（符号は負）と**内部エネルギー**（internal energy：熱エネルギー）U（符号は正）との間には，いわゆる**ビリアル定理**（virial theorem）[2]

$$2U+\Omega = 0 \tag{0.2.1}$$

が成り立つ．このとき系の全エネルギー E（符号は負）は

$$E \equiv U+\Omega = \frac{\Omega}{2} = -U \tag{0.2.2}$$

となる．内部に熱源が無い天体では，表面からの放射によって E が1単位減少すると，Ω の絶対値は2単位増加し，U は1単位増加する．つまり，収縮して中心温度は上昇する．ガスの雲

---

[1] 実際には熱運動以外に電子の縮退という量子力学的効果によっても圧力（縮退圧）が生まれる．この縮退圧が卓越する場合は，(0.2.1)式が成り立たない．現在の太陽内部では電子は非縮退状態にあると考えてよい．
[2] 力学におけるビリアル定理は，N 個の相互作用する粒子系の運動エネルギーの2倍とポテンシャルエネルギーの和が長時間平均すると0となるというものである．これを，星を構成する単原子理想気体に適用すると，運動エネルギーは内部エネルギーに置換できる．

から生まれたばかりの若い星は，このように収縮によって輝きつつ中心温度を上げる状態にあり，太陽質量の星[3]では，数千万年をかけて中心温度が上昇していく．

やがて，中心温度が 1×10^7 K 程度になると水素核融合反応が起こり，内部熱源として機能するようになる．その結果，E はほぼ一定に保たれ，収縮と温度上昇は停止し，中心付近の核融合反応で発生した熱が表面から放射として失われる準定常状態が実現される．水素核融合反応による熱により準定常状態にある星を**主系列星**（main-sequence star）[4]という．核融合の反応速度は温度にきわめて敏感なため，わずかな温度上昇によって発生する熱が急増し，収縮を押しとどめる．つまり，核融合反応がサーモスタットの役割を果たし，主系列星はゆっくりと水素を消費しながら，ほぼ一定の**光度**（luminosity：総放射量，星の全表面から単位時間に放出される放射エネルギー）と表面温度を保って安定に輝き続ける．現在の太陽の光度 L_0 は 3.85×10^{26} W で，表面温度は 5700 K である．

水素核融合反応と太陽の一生

太陽の中心付近では 4 個の水素原子核 ^{1}H（すなわち陽子 p）からヘリウム原子核 ^{4}He（2 個の p と 2 個の中性子 n から成る）を生ずる水素核融合反応が起こっている．実際の反応は 2 核子衝突による素反応が次々に起こる連鎖反応（p-p チェーン）であるが，素反応を組み合わせた正味の反応式[5]は

$$4{}^1\text{H} \rightarrow {}^4\text{He} + 2e^+ + 2\nu + 2\gamma \tag{0.2.3}$$

と書ける．ここで，e^+ は陽電子[6]，ν は（電子型）ニュートリノ，γ は光子（ガンマ線）を表す．陽子が中性子になる際に e^+ と ν が放出される（弱い相互作用）．核反応で生ずるエネルギー ΔE は，質量欠損量 Δm から Einstein の公式 $\Delta E = \Delta mc^2$（ここで $c = 3.00\times 10^8$ m s^{-1} は真空中の光速）によって計算できる．ただし，ニュートリノは物質とほとんど相互作用をしないため，太陽中心から宇宙空間へ直接飛び去り[7]，その際，ニュートリノ 1 個あたり $E_\nu = 4.2\times 10^{-14}$ J のエネルギーをもち去る．発生した e^+ は直ちに電子 e^- と対消滅し光子 γ（ガンマ線）となり，核融合反応で生じた光子とともに熱に変わる：

$$2e^- + 2e^+ \rightarrow 2\gamma \tag{0.2.4}$$

両反応で生じる全発熱量 Q は，光子の質量が 0，ニュートリノの質量もほぼ 0 であることに注意すれば，

$$Q = (4\mu_\text{H} - \mu_\text{He})m_\text{u}c^2 - 2E_\nu = 4.2\times 10^{-12} \text{ J} \tag{0.2.5}$$

と計算される．μ は，原子質量単位 $m_\text{u} = 1.66\times 10^{-27}$ kg を単位として量った質量で $\mu_\text{H} = 1.0078$，$\mu_\text{He} = 4.0026$（ともに e^- を含めた原子としての質量[8]），$m_\text{u}c^2 = 1.49\times 10^{-10}$ J である．

3）星（star：恒星）とは生涯の一時期に核融合反応で発生するエネルギーによって準定常状態にある自己重力天体のことを指す．
4）星の表面温度（色）を横軸に光度を縦軸に取った図を Hertzsprung-Russell 図（HR 図）という．約 9 割の星が HR 図の対角線上に列をなして並ぶ．これを主系列と呼び，そこに属する星を主系列星と呼んだのが名前の由来である．
5）核反応式中の元素記号は原子核を意味し，左上の数字は質量数（p と n の合計数）である．
6）電子の反粒子で，電荷の符号が正であること以外は電子と同じ性質をもつ．電子と衝突すると光エネルギーを放出して消滅する（対消滅）．
7）太陽ニュートリノの一部は岐阜県にあるスーパーカミオカンデで捕獲される．

これから，主系列星としての太陽の寿命を概算できる．核反応で使うことができる H の量は全質量の 10% 程度（$f = 0.1$）である．この H が核融合する際に発生する全発熱量を L_0（ほぼ一定と仮定）で割れば，主系列星としての太陽の寿命 $\tau_{\rm Sun}$ が

$$\tau_{\rm Sun} = \frac{fM_{\rm Sun}}{4\mu_{\rm H}m_{\rm u}}\frac{Q}{L_0} = 1.0 \times 10^{10}\ {\rm yr} \tag{0.2.6}$$

と概算できる（$1\,{\rm yr} = 3.16 \times 10^7\,{\rm s}$）．太陽は，現在 46 億歳であるので，寿命のほぼ半ばである．

主系列星の最終段階になり，星の中心に反応生成物である He のコアが形成されると，水素核融合はその周囲のシェル（殻）で起こるようになる．熱源が内部に無く等温の He コアが成長して全質量の 3 割程度になると，コアは収縮・昇温を開始し，外層は逆に膨張・冷却する．その結果，星の半径は増加し，有効温度は低下して，星は HR 図上で主系列から離れて，**赤色巨星**（red giant）の段階となる．He コアは収縮とともに昇温し，やがて ^{4}He が次々に衝突することで ^{12}C さらには ^{16}O ができる核融合が進行するようになる．だが，太陽質量の星の場合，この段階でコアにおいては縮退圧が熱圧力に対して卓越するようになり，収縮による昇温は頭打ちとなり，さらなる核融合反応は起こらない．その結果，放射によって冷えていくだけの**白色矮星**（white dwarf）となる．これが太陽の将来である．

太陽活動の変化

主系列星はほぼ一定の光度を保って輝くと述べたが，より正確には太陽は主系列星として輝きだした時は現在に比べ光度が 30% ほど暗かった．これはビリアル定理を用いて，次のように説明できる．太陽の中心部の H が He に変わるにつれて，質量の中心集中が進み，太陽の重力ポテンシャルエネルギー Ω の絶対値が増大する．(0.2.1)式より，これは内部エネルギー U の増加を意味する．さらに，$U \approx 3nk_{\rm B}TM_{\rm Sun}/2$ と書けるため[9]，H が He に変わることで粒子数密度 n が減少する効果も加わって，T が上昇する．これによって核反応速度が増加し，太陽光度も上昇するのである．この太陽光度の上昇は，10 億年スケールの地球環境の変遷に強い影響を及ぼしており，地球の将来にも大きな影響を与えると考えられる．

太陽は赤道付近で約 25 日，極近傍で約 28 日の周期で自転している．太陽磁場は 11 年ごとに反転し，それに同期して，黒点など表面活動（太陽フレアなど）の強度が変化する．それによる太陽光度の変化は 0.1% 程度だが，紫外線や X 線の強さはより大きく変化する．さらに 17 世紀後半から 18 世紀初頭にかけては黒点がほとんど存在しなかった時期があったことが過去の観測記録から明らかになっていて，より長周期の太陽活動の変動が存在する．これらが気候変化に与える影響に関する研究も進みつつある（1.1.4 小節参照）．

8）よって (0.2.5) 式を丁寧に書けば，$Q = [4(\mu_{\rm H} - \mu_{\rm e}) + 2\mu_{\rm e} - (\mu_{\rm He} - 2\mu_{\rm e})]m_{\rm u}c^2 - 2E_\nu$ である．

9）ここで，n は平均の気体粒子数密度，$k_{\rm B} = 1.38 \times 10^{-23}\,{\rm J\,K^{-1}}$ は Boltzmann 定数，T は厳密には平均温度だがほぼ中心温度で置き換えられる．

序.2.2 地球

放射平衡温度と温室効果

地球（Earth）は太陽系の第3惑星で，軌道長半径 $a_E = 1.496 \times 10^8$ km のほぼ円に近い楕円を描いて太陽のまわりを公転している[10]．地球は他の惑星とともに太陽とほぼ同時期（今から約45億年前）に形成され，その後，その公転軌道をほとんど変えていない[11]．地球軌道上の太陽方向に法線ベクトルをもつ面の単位断面積に，単位時間に太陽から届く放射エネルギーの現在の値 S_0（**太陽定数**：solar constant）は

$$S_0 = \frac{L_0}{4\pi a_E^2} = 1.37 \times 10^3 \text{ W m}^{-2} \tag{0.2.7}$$

である．太陽放射のスペクトル（波長ごとの光の強さの分布）は，温度5800 K の**黒体放射**（blackbody radiation）[12]でよく近似され，可視域を中心とする波長の光で構成されている．地球に入射した太陽放射は**大気**（atmosphere）を透過し，固体もしくは液体の表面で吸収される．地球は太陽放射を吸収して暖まり，その温度に応じた赤外域を中心とする波長の光を放射している．これを**惑星放射**（planetary radiation：地球放射）という．仮に地球に当たる太陽放射がすべて吸収されたとすると，それは惑星放射として惑星表面から全方向に再放出されるため，両者の釣り合いから

$$\pi R^2 S_0 = 4\pi R^2 \sigma T^4 \tag{0.2.8}$$

となり，平衡となる温度 T は

$$T = \left(\frac{S_0}{4\sigma}\right)^{1/4} = 280 \text{ K} \tag{0.2.9}$$

と求まる．ただし，$R = 6.38 \times 10^6$ m は地球の赤道半径，$\sigma = 5.67 \times 10^{-8}$ W m^{-2} K^{-4} は Stefan-Boltzmann 定数である．以下では，$F_0 = S_0/4 = 342.5$ W m^{-2} のことを，現在の**太陽放射フラックス**（solar radiation flux）と呼ぶ．実際には，地球では太陽放射の一部は雲などで反射され，反射の割合（**惑星アルベド**：planetary albedo）a は0.3程度である．反射された光は地球の加熱には寄与しないため，(0.2.9)式の S_0 を $S_0(1-a)$ で置き換えれば反射を考慮した**放射平衡温度**（radiative equilibrium temperature）を求めることができる．地球の放射平衡温度は 255 K 程度となり，宇宙空間から見た地球の放射温度（有効温度）と一致する（3.2.1小節参照）．

ところが現実には，地球の地表面気温は平均で 290 K 程度に保たれ，もし上記の有効温度が地表面気温であったなら氷となってしまうであろう水（H_2O）の大部分は液体の状態にあって，**海洋**（ocean）を形成している．有効温度に比べ地表面気温が高くなるのは，大気中に含まれる水蒸気や二酸化炭素（CO_2）といった分子が，**温室効果**（greenhouse effect）をもつためである．

---

[10] 惑星の軌道に関する概念・用語については，3.2.3小節参照．
[11] より詳しくいえば，他の惑星の影響により，軌道の形はわずかに変動しており，それが長周期の気候変動の要因の1つである（3.2.3小節参照）．
[12] あらゆる波長の光を完全に吸収する物体を黒体という．黒体が出す放射（黒体放射）のスペクトルはその温度のみで決定され，Planck の法則で与えられる．物体の出す放射スペクトルが温度 T の黒体放射で近似できるとき，T を有効温度という．

大気の主成分である等核二原子分子（窒素 N_2, 酸素 O_2）や単原子分子（アルゴン Ar）は，分子の振動や回転では分極しない．しかし，H_2O，CO_2，オゾン（O_3），メタン（CH_4）といった三原子以上の分子や異核二原子分子（一酸化炭素 CO など）は，振動・回転状態を変化させて差額分のエネルギー（エネルギー準位差）をもつ光子を吸収することができる．分子の振動・回転のエネルギー準位差は，赤外域の光子のエネルギーに相当する[13]ため，H_2O，CO_2 などを比較的多く含む地球大気は，可視光に対しては透明（ほとんど吸収無し）であるが，赤外放射には不透明になる．地表面から出る赤外放射は大気に吸収され，その約半分は再び地表面に再放射される．このため地表面気温は有効温度よりも高くなる．

地球の自転と公転

地球は 23 時間 56 分の周期で自転して，365.2564 日（恒星年）で公転している．両者のかねあいで太陽の子午線通過を基準にすると平均すれば 24 時間の日変化（平均太陽日）が生じる．地球の衛星の**月**（Moon）は，27.32 日の周期で公転し，やはり地球の公転とのかねあいで，29.53 日の周期で満ち欠けを繰り返す（朔望月）．月が地球に及ぼす潮汐トルク[14]によって，地球の自転角運動量が月の公転角運動量に輸送されることで，地球の自転周期は 10 億年の時間スケールで長くなっている．

地球の自転軸は軌道面の法線ベクトルに対して傾きが比較的小さいため，高緯度ほど，年平均太陽高度が低く，年平均の**日射量**（insolation）は減少する[15]．その結果，極周辺では寒く，赤道付近では暑いという南北温度差が生じる．南北温度差は，一方で中緯度帯において上空ほど強まる偏西風を生むとともに，他方で大気の南北循環（ハドレー（Hadley）循環など，1.2.1 小節参照）や海洋の大循環[16]を引き起こす．また，中緯度帯においては南北温度差が大きくなると偏西風は不安定化して蛇行し[17]，これが南北熱輸送を生む．これらによって南北方向に熱が輸送され，温度差は緩和されている．

地球の自転軸は軌道面の法線ベクトルに対して 23.4° 傾いているため，地球の公転に伴う日射量の変動を生み，1 年の季節変化の主因となる．また，地球の公転軌道は楕円で，太陽との距離は，a_E に対して $\pm 1.7\%$ ほど変化し[18]，日射量を増減させるが，これは自転軸の傾きによる季節変化に比べずっと小さい．しかし，地球の軌道要素や自転軸の方向は他の惑星や月の影響で長時間変動し，それが日射量変動を通して気候変動に影響を与えることが知られている（3.2.3 小節参照）．なお，地球の自転軸の傾きが他の惑星の影響で大きく変化しないのは，衛星としては質

---

13) 安定な大気分子の内部状態変化によるエネルギー差で可視域の光子のエネルギーに相当するものはほとんどない．なお，光子のエネルギーは，Planck 定数を h，振動数を ν として，$h\nu$ であり，これがエネルギー準位差 ΔE と等しくなる振動数 $\nu = \Delta E/h$ の光が吸収される．

14) 軸まわりのトルクとは，軸から力（$\boldsymbol{F}_j$）の作用点までの位置ベクトルを $\boldsymbol{r}_j$ として，$\sum_j \boldsymbol{r}_j \times \boldsymbol{F}_j$（物体全体での和）である．物体にトルクが働くと，角運動量が変化する．潮汐力によるトルクを，潮汐トルクという．

15) 一方，日平均の日射量は，日照時間と太陽高度で決まるため，夏至前後にはむしろ高緯度の方が多くなる．

16) 海洋の表層水平循環は平均風によって駆動され，大陸により東西が仕切られることで循環流が形成される（3.3.2 小節参照）．一方，鉛直循環は海水の密度差により駆動され，熱塩循環と呼ばれる．これは，温度だけでなく塩分による密度差も重要なためである（3.3.3 小節参照）．

17) この不安定は傾圧不安定と呼ばれ，それによって発達した擾乱が温帯低気圧である．

18) 地球が太陽に最も近づく点（近日点）を通過するのは，現在は 1 月初旬である．

量の大きな月が存在しているためである．

大陸と海洋
　地球の表面は大陸と海洋に覆われている．両者の熱慣性の違いが日変化においては海陸風，年変化においてはモンスーン（季節風）を生み出している．さらにヒマラヤ山脈・チベット高原のような大規模な山塊の存在がモンスーンの強化に寄与している（3.5節参照）．また，大陸が北半球に集中し，南半球は海洋の割合が大きいという非対称性が気候変動を生み出している．また海陸分布や海底地形は，海洋の大循環の形態や潮汐による鉛直拡散の強度分布に強い影響を与えている．水惑星としての地球については序.2.5小節で論ずる．

地球の層構造の形成
　固体地球（solid earth）は，微惑星の集積によって今から45億年前（4.5 Ga[19]）頃に形成された．集積の際に解放される重力エネルギーによって表面はやがて熔融し，マグマの海が形成された．そこでは金属鉄（Fe）と岩石が分離し，密度の大きなFeは地球の中心へ沈んでいった．こうして，当初均質だった原始地球は，Fe・ニッケル（Ni）合金を主成分とする**コア**（core：中心核）を岩石（珪酸塩鉱物が主体）の**マントル**（mantle）が取り囲む**層構造**（stratified structure）をもった**分化**[20]した天体となった．やがて集積が完了すると，表面は固化し，内部では部分熔融による固体と液体（マグマ）の重力分離（**火成活動**：magmatism）が繰り返し起こり，マグマは地表に噴出して**地殻**（crust）を形成した．上部マントル物質（**カンラン岩**：peridotite）の部分熔融によって**玄武岩**（basalt）が生じ，**海洋地殻**（oceanic crust）を造った．さらにH_2Oが関与して，玄武岩質岩石が再熔融すると**花崗岩**（granite）質のマグマが生成される．これが固化して軽い**大陸地殻**（continental crust）が形成されたと考えられる．軽い大陸地殻は再びマントル中に引きずり込まれることが少ないため，地球史を通じて大陸面積と厚さは増加してきた．海のみならず，大陸もまた水惑星「地球」の特産物なのである．

　原始地球の大気は，形成時に岩石から脱ガスしたH_2OやCO_2によって構成されていた．微惑星の集積率が下がると，大気中の水蒸気は凝縮し，雨となって地表に降り注ぐ．強い温室効果ガスであるH_2Oが大気から除かれたため，大気の保温効果が弱まり，大気温度は低下して，さらに凝縮が進行する．こうして比較的短期間のうちに海洋が形成され，蒸発と降水による地球表層の水循環システムが確立した．

コア・マントル・地殻
　地球は形成時に蓄えられた熱と放射性同位元素の崩壊で生じる熱を対流によって表面に運びながらゆっくりと冷えている．当初全体が液体であったコアは，3 Ga頃に中心部から固化が始まり，固体の**内核**（inner core）が生じたと考えられている．周囲の**外核**（outer core）では，電気伝導度が高い電磁流体（液体のFe）が，自転運動とともに対流運動することで電流を生み出し，この電流が磁場を生成している．この磁場の生成と抵抗散逸による磁場の減衰が釣り合って**地球**

---

[19] Gaは「今から10億年前」を表す．Maは「今から100万年前」，kaは「今から1000年前」を表す．
[20] **分化**（differentiation）とは，均質な状態にあるものが，部分熔融などによって組成的に異なる相に分離され，さらにそれが重力などによって空間的に分離される過程を指す．

磁場（geomagnetic field）が維持される．この磁場生成の仕組みを**ダイナモ機構**（dynamo mechanism）といい，太陽や他のいくつかの惑星における固有磁場生成も，電磁流体の種類は違うものの機構は同様であると考えられている．地球の中心のコアのダイナモが生み出す地球磁場が，地球大気の外縁に広がる磁気圏を形成して，宇宙線から地球表層をシールドしている（1.1節参照）．

マントルは，固体である一方で，1億年程度の時間スケールで循環する**マントル対流**（mantle convection）と呼ばれる熱対流をする流体である．**プリューム**（plume）[21]と呼ばれるコア・マントル境界から湧きあがる大規模な上昇流が間欠的に形成されて対流が維持されてきたらしい．GPSなどによって実測される地球表面の相対的な動きは，地表を覆うそれぞれがほぼ剛体のように振る舞うように見える十数枚の**プレート**（plate）[22]の相対運動によっておおよそ説明できる．またその動きとプレート境界での相互作用によって，大陸移動，海洋島の列，島弧と縁海，造山運動，地震や火山の帯分布や発生・形成機構，海嶺から海溝に至る海底地形，海洋底の地磁気縞模様などを統一的に説明するのが**プレートテクトニクス**（plate tectonics）である．マントル対流と結合されてプレートは生成（海洋中央海嶺，地溝帯）・移動・沈み込み（subduction）・衝突をしている．地球の表層環境を規定する海陸分布や大規模な地形は，こうしたプレートの動きによって1億年程度の時間スケールで大きく変化している．

地球表層の進化

太陽の主系列星としての安定した輝きと，地球軌道の安定性によって，40億年の長期にわたって地球表層環境は基本的には安定した状態におかれてきた．地球内部からは，形成時に蓄積された熱と放射性同位元素の崩壊によって生じる熱が継続的に放出されてきた．その量は，太陽放射フラックスに比べて十分小さいが，それに伴う物質分化が数十億年にわたって進行してきた．火成活動は，熱水活動，溶岩台地形成，火山噴火によるガス・エアロゾル放出，大陸形成といった形で表層環境に大きな影響を与えてきた．また，巨大隕石の衝突に起因する気候変動も，中生代／新生代境界（白亜紀末）における恐竜などの生物大絶滅などの大変動をもたらしたと考えられている．地球の進化に関する記述は，熊澤ほか編（2002）に詳しい．

序.2.3　生命圏

生命と生命圏

生命の本質[23]は，恒常性を保ち生命機能を支える**代謝系**（metabolic system）と生命情報を保

---

[21] ハワイ諸島・天皇海山列などの海洋島の列は，プリュームと関連して形成された**ホットスポット**（hot spot）火山によって，上を動く海洋プレートの動きが記録されたものである．

[22] 地殻とマントルは化学的な区分だが，力学的には冷たくて硬い**リソスフェア**（lithosphere）と熱く流動しやすい**アセノスフェア**（asthenosphere）に区分される．リソスフェアは70–150 kmの厚さで地殻と上部マントルの上部から成る．プレートは鉛直に見るとリソスフェアによって構成されている．

[23] われわれは未だに地球外生命を知らない．よって，ここでの生命とは地球の生命ということになる．より普遍的な宇宙における生命の科学的考究は，太陽系外惑星の発見によって，地球外生命を探す観測的なアプローチが可能となってきたため，**宇宙生物学**（astrobiology）として始まろうとしている（例えば，松井，2003）．

管・継承する**遺伝系**（genetic system）の共立にある．現在の地球の生命では，前者は生体化学反応を触媒する**酵素**（enzime）としての**タンパク質**（protein）が，後者は相補的対形成で配列複写能力をもつ**遺伝子**（gene）としての**核酸**（nucleic acid：DNA もしくは RNA）が担っている．生命において代謝系と遺伝系は不可分の関係にある．タンパク質を合成するのに必要なアミノ酸配列が，核酸の塩基配列としてコード化されている．一方で，核酸の合成と複製にはタンパク質の補助が必要である．遺伝系が機能するためには，複写過程における低いエラー率が必須であるが，小さいながら複写エラーがあるために長時間のうちに遺伝子の変異が蓄積され，**進化**（evolution）の原動力となっている．

本書において，**生命圏**（Life）とは，地球上の生物がすんでいる領域を指す**生物圏**（biosphere）の意味に加え，生物圏における全生物（人類を含む）と非生物的環境をひとまとめにして，エネルギー・物質循環において，一連の機能を果たす系として見ることを含めた概念とする．よって，地球と生命圏は不可分の関係にある．なお，ある地域に限定した生命圏のことを**生態系**（ecosystem）と定義する．

生命圏は，領域的には，地球表層の大気水圏と地圏に重なる．地球表層には遍く生物が広がっており，地球と生命を切り離して扱うことは困難である．例えば，地球表面のアルベドは陸域植生，海洋生物，雪氷生物などの存在によって決まっており，さらにアルベドに強い影響を与える雲の分布も蒸発散の調整を通じてコントロールされている．

世界各地において，それぞれの環境に応じて，生物が相互関係の複雑で精妙なネットワークを作っていることにはしばしば驚嘆させられる．これは，単に生物間（同種間および異種間）の相互作用（競争や共生）によってのみ培われたものではなく，地球環境の変動とそれに応じた生物の絶滅と適応放散などによって，長時間かけて編み込まれてきたものであることを認識すべきである．

生命圏の誕生

生命は地球形成当初には存在していなかったが，**非平衡化学進化**（nonequilibrium chemical evolution）の結果として地球史のかなり早い時期に生じたと推定されている．生命の誕生とその後の生命圏の成立は，地球進化における分化過程の1つとして捉えられる．代謝系と遺伝系のどちらが先に登場したかは議論が続いており，生命誕生の議論は現時点ではどうしても想像的なものにならざるを得ない．1つの見方を述べよう．無生物的な化学進化の過程で，原始的な代謝系が，遺伝系の助けを借りずに比較的単純な**自己触媒系**（autocatalytic system）として生み出された．タンパク質の構成単位であるアミノ酸の方が，核酸の構成単位であるヌクレオチドより化学合成されやすいことがこの考え方を支持する．アミノ酸が数十個つながったポリペプチドは2次構造を作って，自らを作る反応を触媒（自己触媒）したり，2種のポリペプチドがそれぞれ相手の合成反応を触媒（相互触媒）したりする．こうした系が，材料物質は通過するが生成物は流出しない半透膜構造の中に実現されたものが自己触媒系である．こうした系は，完全な自己複製能力をもつわけではないが，生成物の増加と膜構造の分裂によって確率的な自己増殖能力をもち得る．やがて自己触媒系のポリペプチドの助けによって，あるいは自己触媒系とは独立に鉱物（粘土などが注目されている）など非生物的な鋳型を使って，自らのコピーを作成する能力をもつ**自己複製子**（replicator）が登場したと考えられる．後者の場合でも，やがて自己触媒系と結びつき

自己複製能力をもつ自己触媒系，すなわち生命が誕生したと考えられる．

　地球における生命誕生の場は海洋，とくに海底熱水活動域であるとする見方が有力である．現在でも，深海の熱水活動域では，硫化水素（H_2S）などの化学物質の自由エネルギーを活用する化学合成細菌を一次生産者（基礎生産者）とする生態系がかたち作られており，太陽光のエネルギーを活用する植物・光合成バクテリアを一次生産者とする地表生命圏とは独立している[24]．生命が誕生した当時の地球では，現在に比べて熱水活動は桁違いに盛んであり，海底の広範な領域に広がっていたと考えられる．分子系統学的に分岐年代が古い生物は，好熱性の化学合成生物であることが知られている．

　生命誕生の過程の解明は，SELIS 理解のための最重要かつ最も難しい問題といえる．

生命圏の進化

　生物は遺伝系をもち，遺伝情報を次世代へと受け渡していく．何世代にもわたる受け渡しの過程で，遺伝子変異が少しずつ蓄積されていき，より多くの子孫に受け継がれた遺伝子が生き残っていく．これによって生物進化が起こる．遺伝情報の受け渡しの連鎖は，少なくとも現生の知られている生物の共通祖先以降は，途切れることなく続いてきた．いくつかの生物を含むグループを指定すれば，必ずそのグループに属するすべての生物に共通の祖先に行き当たる．近縁のものどうしのグループほど，共通祖先に行き着くまで遡る時間は短く，より最近に分岐したといえる．遺伝子配列を解析することで，分岐関係を再構築することができ，生物の系統関係（系統樹）を明らかにすることができる．さらに遺伝子変異の確率を化石記録との照合などから吟味することで平均変異数から経過時間を決める分子時計が確立されれば，分岐年代を推定することも可能である．これらを扱うのが**分子系統学**（molecular phylogeny）である[25]．

　分子系統学は生物の進化の歴史だけでなく，地球の歴史をも照らし出す可能性をもっている．生物の系統樹の分岐は一様ではなく，非常に不均等で，特定の短い期間に分岐が集中する例が至るところで見られる．これは地球環境の変動に伴う**大絶滅**（mass extinction）と，その後の生き残ったものの**適応放散**（adaptive radiation）を反映している場合が多いと考えられる．あるいは，好熱性や好塩性などの共有子孫形質から祖先種の暮らした環境を復元することができる可能性もある．化石に基づく**古生物学**（paleontology）との併用によって 35 億年以上の生物進化の歴史が少しずつ明らかになっている．以下にそのスケッチをする．

　生命の誕生は海底であった可能性があるが，やがて浅海において太陽光を利用して一次生産（基礎生産）を行う**光合成**（photosynthesis）バクテリアが登場したと考えられる．現在のところ，最古のバクテリアの微化石と思われるものは，西オーストラリアの約 3.5 Ga の地層から見つかっている．酸素発生型の光合成をする**シアノバクテリア**（cyanobacteria：藍藻）が登場したの

---

[24] 実は，現在の熱水活動域の化学合成細菌は地表生命圏が生み出す O_2 に依存しているので，厳密には独立しているとはいえない．しかし，太古の海底では，生物起源の O_2 に依存しない生態系が実現されていたと考えられる．

[25] ただし，**遺伝子の水平伝播**（horizontal gene transfer）が起こることを考慮する必要がある．これは親からではなく，感染や共生などによって他の生物・ウィルスの遺伝情報の一部が DNA に取り込まれる現象である．この変化が生殖細胞に反映されれば子孫に伝播するため，系統関係を決める基本原理が損なわれることになる．比較的まれな現象（だから分子系統学が基本的にはうまくいっている）と考えられているが，生命誕生直後は，こうした水平伝播の頻度が高く，それが進化に強い影響を及ぼした可能性がある．

は 2.7 Ga 以前と考えられている．シアノバクテリアは地球大気に O_2 を蓄積した立役者と考えられている．生命による大気組成の改変をもって生命圏の成立の証と考えることができる．

　この頃までに登場し現存する生物は，(狭義の) **バクテリア**（bacteria）と**古細菌**（archaea）に大別される．その後，数億年して，大気中の O_2 濃度が上昇し，2.1 Ga 頃には，おそらく古細菌に酸素呼吸バクテリアが細胞内共生して**真核生物**（eucaryote）が生まれ，現生の生物界の3大分類群（**ドメイン**：domain）が確立された．真核生物の細胞のミトコンドリアは酸素呼吸バクテリアの細胞内共生によって，植物などの細胞の葉緑体はシアノバクテリアの共生によってもたらされたと考えられている．

　生物の化石記録が一気に増えるのは，今から540 Ma に始まる**顕生代**（Phanerozoic）になってからである．その最初の5000万年ほどのカンブリア紀の間に，多細胞動物（後生動物：Metazoa）の主要基幹分類群（分類学上の**門**（phylum）レベル）のほとんどが登場したため，**カンブリア紀の生物爆発**（Cambrian bio-explosion）と呼ばれる．その後，大絶滅[26]をいくたびか経験しながらも，生物は陸上や空中にまで分布域を広げつつ，進化を遂げてきた．緑色植物の地上への進出と繁栄は，アルベドの調整や水蒸気のバッファなどの機能を通じて，海陸のコントラストを緩和するとともに土壌の形成によって風化速度を上昇させる役割も果たしてきた．脊椎動物では，魚類の一部が陸上生活に適応して四肢動物となり，現生の両生類につながる系統と，陸上産卵が可能な**有羊膜類**（Amniota）[27]に分化し，さらに後者から現生爬虫類・恐竜・鳥類につながる系統と哺乳類につながる系統が分化した．

人類の進化と人間圏の成立

　属としてのヒト（*Homo*）は，最初の石器製作者と考えられ，化石記録から約 2.4 Ma にアフリカに登場したらしい．ちょうどこの頃，地球は現在まで続く氷河時代（第四紀氷河時代）に突入した．種としてのヒト（*Homo sapiens*）とされる最古の化石は，エチオピアの約 160 ka の地層で見つかっている（White et al., 2003）．化石記録とは独立に現代人のミトコンドリアDNA[28] 配列の変異型の分布からも，現代人の共通の母系先祖（ミトコンドリア・イヴ）が約 150 ka 頃，アフリカ中央部にいたと推定されている．その後，アフリカを出て世界各地に拡散していった．最終氷期極大期の前後に，氷床形成によって海水面が低下して陸続きとなっていた現在のベーリング地峡を通って，人類は北米大陸（アラスカ）に進出した．そして氷期の終焉によるローレンタイド氷床の後退とともに本格的な南下を開始して，またたく間に南米大陸南端まで達したと推定されている．

　人間圏（humanosphere）ともいうべき，生命圏の中でも特異なサブシステムが成立したのは，約 12 ka，西アジアで人類が最初に農耕牧畜を開始した時に求めることができる（松井，1998）．これはちょうど，最終氷期後の寒の戻りである新ドリアス期，もしくはその直後にあたる．15

---

26) その最大のものは，今から約 250 Ma の古生代／中生代境界（ペルム紀／三畳紀境界，PT境界）の絶滅事変である．

27) 発生段階の胚が羊膜をもつ四肢動物の総称．爬虫類・鳥類では羊膜が卵の殻となる．

28) ほとんどの真核生物がもつ細胞呼吸を担う細胞内小器官である**ミトコンドリア**（mitochondrion）は，細胞核のDNAとは別の独自の小さな環状DNAをもつ．これは真核生物の細胞内共生起源説の根拠の1つである．受精卵のミトコンドリアDNAはすべて雌性配偶子（母方）から受け継がれる（細胞質遺伝）．

世紀の大航海時代にはヨーロッパ人はアメリカ大陸を「発見」し，16世紀初めには銃と馬と天然痘によってアステカ帝国とインカ帝国を制圧した．18世紀後半に西ヨーロッパで起こった産業革命によって，人間圏は急激な膨張を開始して，地球表層全体に影響を及ぼすようになり，20世紀後半には地球環境問題が人類の直面する大きな困難として認識されるに至った．

生物としての人間の特殊性は，「考える葦」として，遺伝子に拠らず情報（文化）を伝え，科学と技術を発展させ，生命・地球・宇宙の歴史と摂理を探求するようになったことにある．20世紀末には人類は遺伝子を読み操作する技術まで獲得した．人間圏の成立と拡大によって生命圏は質的変化の時代を迎えているのかもしれない．

この小節に関しては，より詳しくは，箕浦（1998），熊澤ほか編（2002）などを参照していただきたい．

序.2.4　太陽-地球-生命圏相互作用系

太陽放射を浴びながら公転する地球を生命圏も含めて1つのシステムと捉え，それに影響を与える太陽活動や銀河宇宙線，惑星・月からの重力摂動，隕石衝突などの**外力**（forcing）も含めて，われわれは**太陽-地球-生命圏相互作用系**（Sun-Earth-Life Interactive System：SELIS）と呼ぶ．SELISは一体でありシームレスである．エネルギーの流れで考えると，太陽放射が地球-生命圏によって受け取られ，光合成を行う一次生産者を経て生態系を支えている一方，アルベドを差し引いた分が赤外放射として大気を加熱し，大気運動を引き起こしている．さらに，南北の日射量の違いによる温度差が大気と海洋の循環を駆動し，海陸の熱慣性の違いがモンスーンを生み出しているが，それぞれに生命圏がアルベドや蒸散を通じて，能動的に関与している．SELISは基本的には動的準定常状態にあるが，日射量の変化やプレート運動，火成活動などに応じて複雑な変動を示す．次の章からは，このようなSELISの動態把握や過去の変動の解明，あるいはモデリングによる理解をしていく．

本書では，大気や海洋など地球表層に関する過去1000万年程度の範囲での記述が多いが，SELISの本来の概念は地球全体に関してあらゆる時間スケールの現象を包含したものである．さらに地球も現実の地球だけではなく，あり得る地球――すなわち惑星を特徴づける多次元のパラメータ空間（質量，太陽定数，自転速度，元素比など）のうち現在の地球を含むある範囲のもの――を扱ったり，簡単化された地球――すなわち地球を平板や，経度方向に一様な球といった理想化された形態に置き換えたもの，あるいはサブシステムの一部を切り捨てたモデル――として扱ったりすることもある．

SELISとは，通常，気候システムあるいは地球システムと呼ばれているものと表面上は大差が無いように見える．ただし，考察する時間スケールや，関与する領域や要因，過程を狭く限定せず，しかし，枚挙的にではなく総合的に見ていこうとする姿勢を強調する意図がある．また，地球温暖化の議論では，ともすれば人為起源の温暖化ガスなどの内在的要因のみに焦点が当てられるが，太陽活動変動や地球軌道要素／自転軸方向変動に代表される外的要因にも注目する必要があることを示している．さらに，古環境解析などにおいて，堆積物などに残された過去の地球のシグナルは，直接，気候変動を反映したものではなく，地球と生命圏の相互作用の結果が刻ま

れたもので，生物の環境ストレス耐性なども考慮して解析しなくてはいけないことを考慮している．あるいは，気候変動に対して生命圏が単に受動的に振る舞うのではなく，さまざまなフィードバックループを通じて能動的に気候を調整している（ただし，その実態解明やモデル化が遅れている）ことも念頭に置かれている．さらに，古典的なシステム論の範囲に留まるのではなく，複雑系としての見方や生命システム論（例えば，金子，2003）との共通点から地球システムの普遍的な概念モデルを構成していこうという哲学もある[29]．こうした哲学は，地球を惑星の1つとみなし，その特質を明らかにすることを目的とする比較惑星学や惑星形成論とも密接な関わりをもち，新しい「地球学」につながると考える．

序.2.5　水惑星「地球」

惑星としての地球の特徴は，生命を宿していて，生命によって表層環境が調整されていることにある．地球の場合，生命の誕生には，海洋が重要な役割を果たした（序.2.3小節）．生命を育む惑星の存在条件を語るのは現状では困難であるので，ここでは地球型生命の誕生の必要条件と考えられる，液体の水を表面にもつ惑星（水惑星）の存在条件を考えてみよう．仮に惑星表層に一定量のH_2Oがあるとしても，太陽からの距離に応じて，液体の水が存在できる領域は限定される．

太陽に近すぎる惑星ではどのようなことが起こるか，海を湛えた地球を太陽に近づけていく思考実験をしてみよう．水蒸気が非常に強い温室効果ガスであることが，次のような暴走的な状況を引き起こす．

地球を太陽に近づけると，入射する太陽放射フラックス（序.2.2小節参照）が増大し，有効温度および地表面気温は上昇する．すると，大気中の飽和水蒸気量は温度に対して指数関数的に増すため，海洋から大気中に水の蒸発が進む．これによって大気の温室効果は増し，地表面気温はさらに上昇する．水蒸気の量が増えて，大気が惑星放射に対して不透明になると，その光学表面[30]付近の温度構造のみで惑星放射フラックスが決定され，地表面気温によらなくなる．すると地表面気温がいくら高くなっても惑星放射フラックスは太陽放射フラックスと釣り合えず，地表面温度の上昇は続き，海洋は蒸発し続けることになる．これを**暴走温室効果**（runaway greenhouse effect）という．

つまり，海洋をもつ惑星の出す放射には上限（これを射出限界と呼ぶ）があり，雲などに反射される部分を除いた正味の太陽放射フラックスがこの射出限界を超えると暴走温室状態となるのである（3.2.1小節参照）．対流圏の相対湿度を100%とすると，射出限界は307 W m^{-2}となる．現在の地球に降り注ぐ太陽放射フラックス$F_0 = S_0/4$は342.5 W m^{-2}であるが，惑星アルベドaが0.30であるので，正味の太陽放射フラックス$F_0(1-a)$は240 W m^{-2}となり，射出限界を下回っている．この射出限界は水蒸気以外の温室効果ガスの量にはほとんど依存しない．そのため，現在問題となっている人為起源のCO_2放出が，直接，暴走温室効果を引き起こすことはな

---

[29] この意味では「地球複雑系」という言葉が適切かもしれない．
[30] そこからの惑星放射量のうち$1/e$が再吸収されずに宇宙空間に放出される面．

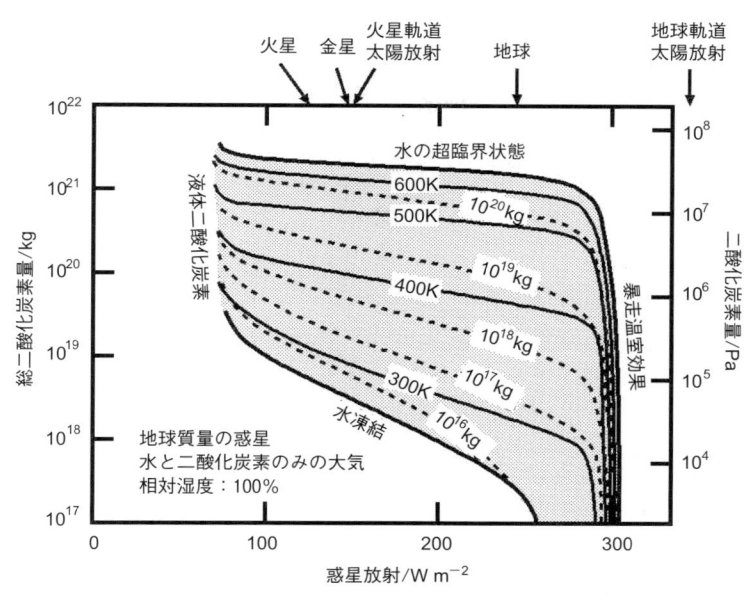

図 0.2.1 海洋の存在条件：CO_2-H_2O 大気をもつ惑星の地表に液体の水が存在できる条件．ハッチ部分が，海洋が存在するパラメータ領域．実線は海表面温度の等温線，破線は海洋ができるために最低限必要とされる H_2O の総量の等値線（Abe, 1993 に基づき一部改変）．

い．

　次に地球を太陽から遠ざけてみよう．鉛直方向だけについて放射や対流のエネルギー輸送を考えるモデル（これを鉛直1次元放射対流モデルという）では，海表面温度が水の三重点の温度を下回ると海洋は凍結すると考えられる．低温では水の蒸気圧が小さくなるので，海表面温度を決めるのは水蒸気に限らず，温室効果ガスのすべてである．つまり，海洋がちょうど凍結するときの正味の太陽放射フラックスは，水蒸気以外の温室効果ガスの量にも依存する．

　以上の考察を精密化し，惑星に入射する正味の太陽放射フラックスに加えて，温室効果ガスとして CO_2 の量もパラメータとして，海洋の存在条件を描いたのが図 0.2.1 である（Abe, 1993）．横軸が正味の太陽放射フラックス[31]，縦軸が CO_2 の総量で，ハッチをつけた部分が地球表面に液体の水が存在できる領域（海洋の存在領域）となる．この領域では，水をすべて蒸発させた場合の地表面の水蒸気分圧が飽和蒸気圧を超えていて，かつ地表面温度は水の三重点温度（273.16 K）以上となっている．海洋の存在領域の上方の境界線は，H_2O の総量に依存し，その総量が多いほど，CO_2 の温室効果がより強くなっても海は蒸発しきらない．海洋の存在領域の残りの三方の境界は H_2O の総量には，あまり依存しない．右側の境界は，暴走温室効果によって海洋が失われてしまう限界を，下方の境界は海表面温度が氷の三重点を下回り凍てついてしまう限界を，左側の境界は CO_2 が液体となってしまう境界を示している．

　海洋の凍結条件をより精密に議論するためには，緯度によって年平均の日射量が変化する効果

---

[31] 正確には固体地球からのエネルギーフラックスを加えたもので，正味の惑星放射と呼ぶべきだが，惑星形成期を除くと，その差は無視できる．

を取り入れられるように，少なくとも緯度帯ごとに平均をとった量を扱う，南北1次元モデルを使う必要がある（3.2.2小節参照）．これは暴走温室効果の本質が鉛直放射対流平衡で語れることとは異なる．つまり，暴走温室状態では南北温度差は小さくなるのに対し，氷が生ずるような状況では南北温度差が重要となるからである．

地球を太陽から遠ざけていくと，入射する太陽放射フラックスが弱まり，極地方の氷床は赤道に向かって張り出していく．氷のアルベドは高いので，海表面温度は単に日射量の減少に相当する分以上に低下する．これによって氷床はさらに発達する．太陽からの距離が離れるにつれ，氷床の限界緯度は低緯度側に張り出すが，限界緯度が30°ほどになると一気に赤道までジャンプし，惑星全体が氷に覆われる**全球凍結**（snowball earth）の状態となってしまう．ちょうど暴走温室効果と逆方向の「暴走」と捉えることができるので，これを**暴走氷室効果**（runaway icehouse effect）もしくは暴走冷却効果と呼ぶことがある．後述するように，両者はシステム論では，正のフィードバックとして語ることができる（3.2.1，3.2.2小節参照）．

序.2.6　生命圏の能動的役割とガイア仮説

Darwinの進化論では，**遺伝的変異**（genetic variation）と**自然選択**（natural selection：自然淘汰）によって生物の進化を説明する．このうち自然選択の圧力は，生物間の相互作用と物理的な環境によって決定される．このうち物理的な環境は一方的に与えられ，生物個体はその審判を受けるだけと思われてきた．

ところが，地球の大気組成やオゾン層の存在，陸面の風化速度など現在の地球表層環境の形成と維持に，生物活動自体が決定的な役割を果たしていることがわかってきた（Margulis and Lovelock, 1974）．地球大気は，O_2とCH_4が共存するきわめて非平衡な状態にあるが[32]，生物がそれらのガスを絶えず放出することによって，その状態は準定常に保たれている．O_2は，植物やシアノバクテリアの光合成によって生み出され，大気に蓄積された．大気におけるO_2の体積比は21％だが，これが大きくなると，火山岩の酸化や山火事の発生頻度が増加し，体積比を下げようとする働きがあると想定される[33]．成層圏から中間圏において，O_2は光化学反応により，オゾン層を形成し，遺伝子に損傷を与える太陽紫外線から地表の生命を守っている．O_2とは逆に，大気中のCO_2は長期的には減少してきている．これにも，より低いCO_2分圧に適応した光合成の進化や，陸上生物活動に伴う風化率の増大によるカルシウム（Ca^{2+}）の海への供給増加などが関与している．

このように，大気には生命活動が刻印されている．第2の地球，すなわち生命を宿す惑星を太陽系外に探す計画においても，大気組成の観測が生命活動を同定するのに最も優れた手段として有望視されている．以上のことから，生物活動は地球環境の影響を一方的に受けるだけでなく，地球環境の維持と変化に能動的に関与する存在でもあることがわかる．この意味で，生命と地球は**共進化**（coevolution）してきたといえる．

---

32) 平衡状態ではCO_2とH_2Oになる．
33) ただし，3.4.3小節で述べるように，石炭紀後期には大気中のO_2分圧は，現在の1.7倍程度に達したと推定されており，このフィードバックが現実的にどの程度働くかは疑問が残る．

地球システムにおける生命圏の能動的な役割をさらに先鋭化させ，**ガイア**（Gaia）**仮説**という形で提唱したのが Lovelock である（例えば，Lovelock, 1995）．ガイア仮説では，地球にすむ生物自体が，地球の表層環境を居住可能な状態に保持し続ける制御機構に深く寄与してきたと考える．そして，地球と生命は互いに強く結合した単一のシステム・**生きている地球**（living Earth）＝ガイアを形成していると主張する．

ガイア仮説は**目的論**（teleology）的であり，生命圏が地球環境を安定化すべしという総意をもつかのように語っていると批判される．毎年，世界中のエコシステムの代表が集まって年次総会「ガイア」を開き，過去を総括して来年の活動目標を定めているのか，などと揶揄する人もいる．

しかし，ガイア仮説は，個体レベルでの自然選択から，いかに惑星レベルでの自己制御が生ずるかを明らかにしていくための作業仮説とみなすべきである．3.4.1 小節で述べるようにデイジーワールドという仮想惑星において Watson と Lovelock は，ガイアを1つの寓話として具体的に提示した（Watson and Lovelock, 1983）．さらに，現実の地球においても，ガイア仮説に触発されて，生命圏と惑星環境をつなぐフィードバックがいくつか示されている．ガイア仮説の解明作業は，目的論の科学化[34]であり，生命科学と地球惑星科学を融合した新しい地球学の中核概念の1つに成長することが期待されている．

序.2.7　SELIS の構造

SELIS をいくつかのパーツに分割して記述し，相互のやり取りを明らかにして，それらの組み合わせとしてシステムを記述することが広く行われている．このパーツをサブシステムと呼ぶ．

サブシステムに分割することで失われてしまうものがあるのは明らかであるが，このような扱いにより SELIS の構造（のある部分）を階層化して把握できる利点がある．ここでは，非常に単純な階層化によって SELIS の構造を概観しよう．

磁気圏，大気圏，海洋，固体地球という分け方は，媒質が，それぞれ，プラズマ，中性ガス，液体，固体[35]であることによっており，それが連続体としての基本的な性格を規定するため，比較的明確である．ただし，連続体の運動学的な性格は時間スケールにも依存する．大気は圧縮性流体だというのが世の常識だろうが，音波の伝播時間より長い時間スケール（すなわち気象学・気候学が対象とする時間スケール）では非圧縮性流体として扱える．マントルは地震波を伝える弾性体だが，数億年をかけて循環する流体でもある．音波（弾性波）が系を横切る時間をダイナミカルな時間スケールという．系の全熱エネルギーを境界から流入出する熱流量で割って得られる時間を熱緩和の時間スケールという．これら4つの圏において，ダイナミカルな時間スケールにあまり違いはないが，熱緩和の時間スケールは大きく異なり，磁気圏は数時間以内，大気は数十日，海洋は数千年，固体地球は10億年以上である．

こうした時間スケールの差のため，各圏は別個に扱われてきた．しかし，気候システムを扱う

---

[34] Darwin の進化論は，まさに目的論の科学化の始まりといえる（Dawkins, 1982）．
[35] 例外として，外核は，通常は固体地球の一部に入れられるが，金属鉄を主成分とする液体である．マグマは岩石の液体だが，マントルに対する質量比はきわめて小さい．

場合には，大気や海洋の熱緩和時間より長い時間スケールの変動に注目する必要がある．その場合，各圏の相互作用を再度考え直す必要がある．

地球表層での物質循環において，最も重要なものは H_2O および炭素（C）である．さらに酸素分子（O_2）や窒素（N），リン（P），鉄（Fe）など元素は，生物生産を律速するため，その循環を把握することも重要である．

まず，水循環について述べる（詳しくは1.2節参照）．地球表層の H_2O は固体，液体，気体の3相がそれぞれある程度存在すること，その多くが液体であることが，他の主要物質との大きな違いである．これは化学物質としての H_2O の性質による（1.2.1小節参照）．地球表層の H_2O の97.5%は海洋が占め，ほとんどが液体だが，極域には海氷が存在する．陸域の H_2O の70%は氷床の形で南極やグリーンランドに存在し，残りの大部分は地下水であり，湖水・河川水は0.6%にすぎない．ただし，氷床量は10万年周期で大きく変動し，最終氷期には北米大陸やヨーロッパが分厚い氷に覆われていたことがわかっている．陸域の水は海洋に比べて高い位置にあるので，大局的には海へと流れる．陸域の H_2O の多くが氷であるのは，氷の粘性が高く流動が遅いためである．H_2O は大気中には水蒸気として存在し，それが凝結して雲をつくり，降水をもたらす．大気中の H_2O は濃度で見れば微量だが，地球放射の吸収（温室効果ガスとしての役割）や蒸発・凝縮による潜熱移動を通じて，放射過程と大気力学に大きな影響を与える．地球表層の水循環は，おもに日射によって駆動される．海洋では，おもに中緯度高圧帯で蒸発が降水に卓越し，赤道域と高緯度域に水が輸送される．陸域では，植生が直射日射を遮ることで土壌水分の蒸発を抑制し，蒸散作用を通じて水輸送をコントロールしている．

次に炭素循環を概観しよう．地表の炭素の大部分は，CO_2 および炭酸塩（$CaCO_3$，$MgCO_3$ など）として存在する．生物の体，遺骸，化石燃料などは有機物であり，続成作用を受けると H や O が先に失われ，C の相対的割合が高くなる．大気中の CO_2 は，火山ガスなどによってマントルから供給され，陸域や海洋とやり取りされる．陸域では，大気中の CO_2 は光合成によって陸上植物に固定され，呼吸で放出される CO_2 との差の分の C が有機炭素として蓄えられる．植物の遺骸や落葉・落枝・脱落根などがリターとして土壌に供給され，菌類や昆虫，土壌微生物などによって分解されていく．植物細胞壁および繊維を構成するセルロースの分解は比較的早いが，木部を構成するリグニンの分解には時間がかかる．また，地表の土壌や石灰岩から C が地下水や河川水に溶出して海に運ばれる．

海洋と大気は溶解平衡を通じて CO_2 をやり取りしている（3.3節）．他の条件が変わらずに海表面温度だけが上昇すると CO_2 は海に溶けにくくなり大気側に放出される．これに加えて海洋では，植物プランクトンの光合成によって C は固定され，それが動物プランクトンや魚類などの海生動物を支え，多段の食物連鎖を特徴とする海洋生態系を作っている．注意すべきことは，植物プランクトンの活動が，光や CO_2 量よりも，N や P，Fe といった元素を含む栄養塩によって律速されていることである（1.3節，3.3.6小節参照）．生物遺骸（有機炭素）と殻（炭酸塩）は有光層で生成され，沈降し，深海で一部が再溶解する．海洋の表層と深層は2000年程度の時間スケールで大循環している（3.3節）．この大循環により深層水が湧昇する海域では CO_2 は大気に放出される．なお，炭酸塩の生成には，河川や海底熱水から供給される Ca^{2+} イオンや Mg^{2+} イオン，炭酸（溶存 CO_2，CO_3^{2-}，HCO_3^-）の量も関与する（3.3節，3.4.2小節）．

深海に堆積した炭酸塩はプレートの沈み込みに伴い，地下深部に引きずり込まれ，一部は分解

され，島弧の火山ガスとして再放出されるが，残りはマントル深部まで運ばれると考えられている．これは数億年の時間スケールで再び海洋中央海嶺の火山ガスとして地表に戻ってくる（3.4.2小節）．

大気の水循環は海水の塩分を支配し，海表面温度分布とともに海洋の大循環に影響を与える．また，氷床の形成や植生分布，陸の風化速度などにも影響する．炭素循環は生物活動（光合成，呼吸，分解）や風化速度，海水への溶解度の温度依存性を通じて，地表面気温に敏感に応答する．また，化石燃料の燃焼や土地利用変化を通じて，人間活動が炭素循環に大きな影響を与えつつある．それらの結果として大気CO_2分圧が決まる．一方，大気CO_2分圧と日射量，地表面のアルベド分布によって地表面気温が決まる．外力とみなすことができる太陽放射の変動によって地球・生命圏がどのように応答するのか，人間圏を含めた生命圏が気候にどのような影響を与えているのかを明らかにすることが，SELISの変動学の目的である．

序.2.8　本書の構成

本書の構成を述べる．第1章は，「SELISの動態把握」と題して，SELISのサブシステムを空間的に太陽-地球系，大気，海洋，陸域に分けて，現在の状態と数十年程度の時間スケールでの変動を紹介する．ただし，限られた紙面で全般的な解説は困難であるので，それぞれトピックスを絞って解説する．1.1節は，太陽から地球表層までを太陽-地球系としてシームレスに捉え，太陽からのエネルギー流入，磁気圏・電離圏の変動，下層大気との相互作用，太陽活動と気候の関係，人間活動による成層圏大気への影響，宇宙天気研究などについて概説する．1.2節は，大気中の水の役割と振る舞いを述べ，水循環の様態，季節および年々変動，および地球温暖化に伴う変化を，とくに降水を中心に解説する．続く2節は生命圏を中心とした解説となる．1.3節は，海水の循環を概説した後に，海洋の生物が地球表層の水・物質循環の中でどのような働きをしているかを述べ，さらに炭素循環の変動について説明する．1.4節は，陸域植生の基本的な特徴をまとめた後に，植生によって支配される陸面の放射・熱・水・炭素収支について概説し，植生の数値モデル化について述べ，リモートセンシングによる地域あるいは地球全体での植生の動態把握を説明する．

第2章は，「古環境記録から見たSELIS」と題して，過去の地球環境を読み解く方法論と，それによって得られた過去1000万年程度の環境変動の歴史を紹介する．2.1節では環境要素に変換可能な測定量であるプロキシーのうち，海洋底の酸素同位体比，中国北部の黄土層の帯磁率，極域氷床中の酸素同位体比，屋久杉の樹木年輪中の炭素同位体（年輪年代学の解説を含む）に絞って，その特徴を述べ，得られた変動曲線と気候復元の例を紹介する．2.2節では，花粉化石を用いた陸域植生変遷の復元法について例をあげて概説し，とくに琵琶湖湖底堆積物およびバイカル湖湖底堆積物中の花粉化石から復元された数十万年から200万年にわたる植生変遷史を紹介する．2.3節では大陸での過去1000万年にわたる環境変動を連続的に記録したバイカル湖の湖底堆積物について述べ，掘削コアから得られた各種プロキシーの変動を紹介し，環境変化に対する生物の応答について考察する．併せて，バイカル湖の固有種の割合が高い生態系の特徴と進化についても紹介する．

第3章は,「SELISのモデリング」として,モデル化の方法と,実際のモデリング例を紹介する.モデリングには大循環モデルとシンプルモデルという対極的で相補的なアプローチがある.3.1節では,両アプローチの基礎と問題点を力学系の概念とともに簡単に説明し,モデル気候学の将来展望を行う.3.2-3.4節はシンプルモデルを扱う.3.2節はシンプルモデルの1つであるエネルギーバランスモデルを用いた地球の気候状態の把握と解の分類について述べ,気候変動の要因を分析し,とくに地球の軌道要素と自転軸方向の変化をもたらす天体力学的効果を詳しく説明するとともに,力学系モデルを使った氷期・間氷期サイクルの解析について紹介する.3.3節では,気候変動に海洋が果たす役割を,物理化学の基礎から説き起こし,力学過程と物質循環の両面から分析する.3.4節では,生命が気候を能動的に調整するメカニズムを,アルベド調整,風化促進,大気組成改変,水循環バッファなどに分けてシンプルモデルにより考察し,さらに,人類活動が引き起こした地球環境問題に対するアプローチについても紹介する.3.5節と3.6節では大気海洋結合大循環モデルを用いた長期気候変動解析の例を紹介する.3.5節では,山岳上昇（とくにチベット高原の隆起）がモンスーンの成立など全地球的な気候システムに及ぼす影響を調べる数値実験を紹介する.3.6節では,氷期・間氷期サイクルに海洋循環の果たす役割を論ずるとともに,長期気候変動に対する人為的なCO_2排出の影響を考察する.

参考文献
Abe, Y. (1993): Physical state of the very early Earth. Lithos, 30, 223-235.
Caldeira, K., and Kasting, J. F. (1992): Susceptibility of the early Earth to irreversible glaciation caused by carbon dioxide clouds. Nature, 359, 226-228.
Dawkins, R (1982): *The extended phenotype. The Gene as the unit of selection*, Freeman, 307pp. 日高敏隆ほか訳 (1987):『延長された表現型——自然淘汰の単位としての遺伝子』, 紀伊国屋書店, 555pp.
金子邦彦 (2003):『生命とは何か——複雑系生命論序説』, 東京大学出版会, 430pp.
熊沢峰夫・伊藤孝士・吉田茂生 編 (2002):『全地球史解読』, 東京大学出版会, 540pp.
Lovelock, J. E. (1995): *The ages of Gaia*, 2nd ed., Oxford University Press, 255pp.
Margulis, L., and Lovelock, J. E. (1974): Biological modulation of the Earth's atmosphere. Icarus, 21, 471-489.
松井孝典 (1998): 人間圏とは何か.『岩波講座 地球惑星科学 14 社会地球科学』(住 明正ほか 編), 岩波書店, 1-12.
松井孝典 (2003):『宇宙人としての生き方——アストロバイオロジーへの招待』, 岩波新書, 岩波書店, 218pp.
箕浦幸治 (1998): 地球環境と生物の進化.『岩波講座 地球惑星科学 13 地球進化論』(平 朝彦ほか 編), 岩波書店, 367-445.
Watson, A. J., and Lovelock, J. E. (1983): Biological homeostasis of the global environment: the parable of Daisyworld. Tellus, 35B, 284-289.
White, T. D., et al. (2003) Pleistocene *Homo sapiens* from Middle Awash, Ethiopia. Nature, 423, 742-747.

その他の参考図書
住 明正ほか編 (1996-1998):『岩波講座 地球惑星科学』, 全14巻, 岩波書店.

第 1 章

太陽-地球-生命圏相互作用系の動態把握

　本章では，太陽-地球-生命圏相互作用系（SELIS）の現在の動態を把握するために，1.1 節においてまず，太陽-地球系の基本的な構造とそれを支配する物理過程について概観する．太陽-地球系を考える上で重要な太陽から地球へのエネルギー流入過程を手始めに，地球周辺大気とプラズマ環境の変動，オーロラによる極域擾乱や磁気圏，電離圏，極域熱圏間の相互作用，太陽活動と地球気候の関係，人間活動による大気の変質，宇宙災害と宇宙天気研究について，順に解説する．1.2 節では，地球生命圏の維持に欠くことのできない大気と地球表層での水循環について概観し，地球表層の水の存在形態と大気における水の役割や水循環の様態について解説する．とくに 1.2 節では，世界の降水分布と降水形態，降水の季節変動や年々変動について，人工衛星による降水観測を中心に解説する．地球温暖化に伴う降水特性の変化についても意識する．

　続く 1.3 節と 1.4 節では，地球生命圏のおもな舞台である海洋と陸域のそれぞれについて，熱エネルギーの収支や水収支，炭素収支と，それらに及ぼす海洋の生物と陸域植生の働きに着目しながら解説する．両節とも，衛星リモートセンシングによる地域あるいは地球全体での動態把握を概観し，水循環と炭素循環の変動とその相互作用についても述べる．

1.1 太陽−地球系とその変動

本節では，太陽−地球系の基本的な構造とそれを支配する物理過程について概観した後，1.1.2小節で太陽から地球へのエネルギー流入過程を電磁波エネルギーと粒子エネルギーに着目して解説する．1.1.3小節では地球周辺大気とプラズマ環境の変動について，オーロラによる極域擾乱や磁気圏，電離圏，極域熱圏間の相互作用とエネルギー伝搬に着目して述べる．1.1.4小節では，太陽活動と地球気候の関係を宇宙線や地球磁場変動と関係させながら述べる．その後1.1.5小節では地球温暖化などの人間活動による大気（成層圏・中間圏・熱圏）の変質について解説し，最後に，1.1.6小節で宇宙災害と宇宙天気研究について概観する．

1.1.1 太陽−地球系とは

地球環境の変動を引き起こすエネルギーの源が太陽にあることは，日常的な感覚にも合致する自明のこととして広く受け入れられている．太陽からのエネルギー輸送の形態は電磁放射と物質流の2つに大別できる．安定した可視域の放射に代表される**太陽放射**（solar radiation）が地球表層環境の維持に重要な役割を果たしていることは古くから予想されていた．一方，太陽からの物質流については，太陽と地球との物質的な相互作用という概念そのものが宇宙時代の到来とともにもたらされたものであり，人類の宇宙進出が始まって以来の約50年間で急速に理解が進んできた．

太陽大気は非常に高温のため，構成粒子はイオンと電子に分かれ，高い電離度の**プラズマ**（plasma）状態となっている．この太陽大気の一部は太陽から惑星間空間へとつねに吹き出しており，**太陽風**（solar wind）と呼ばれている．太陽から吹き出すこの超音速のプラズマ流をParkerが理論的に予言したのが1958年であった．地球を取り巻くように存在する**放射線帯**（radiation belt）または高エネルギー粒子帯とも呼ばれるものがVan Allenによって発見されたのも1958年であった．宇宙時代の黎明期にあった当時，太陽風の存在が実証されるまでにそれほど時間は必要ではなかった．

太陽風の発見以来，太陽からは電磁放射とプラズマが吹き出し，地球の上層大気および地球周辺の宇宙環境に絶え間なく影響を与えている様相が明らかにされてきた．最近では，通信・放送衛星，気象衛星，測位用GPS衛星など，宇宙利用はいつの間にか私達の生活にも深くかかわっている．こうした宇宙インフラを安全に運用するためにも，宇宙環境をよく知る必要性が増す中で，人類の活動領域としての宇宙空間（地球外圏）も含め，太陽から地球表層までを**太陽−地球系**（solar-terrestrial system）という1つの系としてシームレスに記述し，理解していこうという新たな試みが始まっている．また，宇宙空間における観測が実現したことにより，太陽からの電

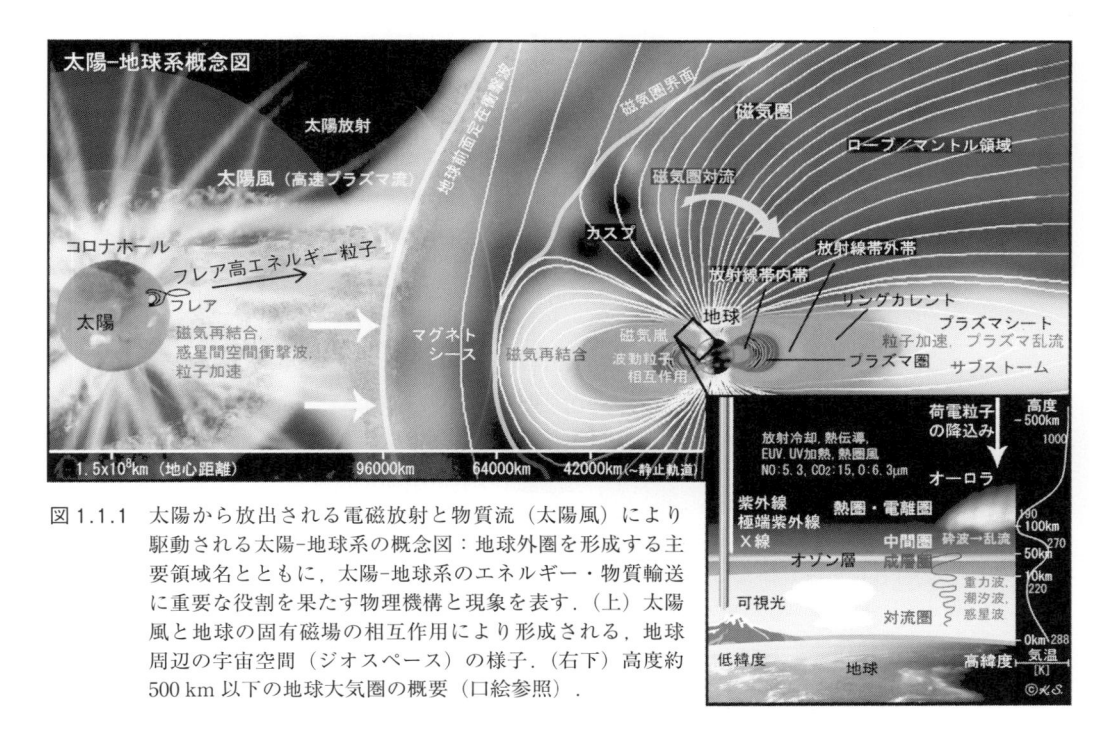

図 1.1.1 太陽から放出される電磁放射と物質流(太陽風)により駆動される太陽−地球系の概念図:地球外圏を形成する主要領域名とともに,太陽−地球系のエネルギー・物質輸送に重要な役割を果たす物理機構と現象を表す.(上)太陽風と地球の固有磁場の相互作用により形成される,地球周辺の宇宙空間(ジオスペース)の様子.(右下)高度約 500 km 以下の地球大気圏の概要(口絵参照).

磁放射について,X 線(X-ray)などの短波長域においては約 11 yr 周期でダイナミックに変動していることが発見され,その変動が地球環境に及ぼす影響の研究も始まっている.

この小節では,人類の活動が宇宙空間に拡大されてきた 20 世紀後半から現在までの約 50 年間に,急速に理解が進んだ太陽−地球系の電磁気的・物質的相互作用のダイナミックな様相について,研究の最前線における課題も含めて概観する.

太陽−地球系の基本的構造とその形成を支配する物理過程

a) 太陽風と地球磁気圏

図 1.1.1(口絵参照)は,次第に明らかになってきた太陽−地球系の概念を模式的に示したものである.科学衛星「ようこう」の太陽 X 線観測によると,**太陽フレア**(solar flare)[1] を引き起こすような**太陽黒点**(sunspot)(磁場強度が強い領域)の周辺の活動域は明るく輝いている(図 1.1.2 参照).太陽風は地球軌道付近で平均速度 400 km s^{-1} 程度の速度で流れており,太陽表面の活動に応じてその密度,速度,磁場配位が変化する.太陽の磁場極性は約 11 yr で反転することが知られており,**太陽周期**(solar cycle)と呼ばれている.11 yr の間には,太陽黒点の出現頻度(黒点数)やその位置が周期的に変化する.黒点の出現に伴って太陽表面は複雑な磁場配位をもつため,太陽風の速度や密度の性質は太陽表面のどの位置から放出されたかに依存する.従って,放出地点の不均一さと太陽の自転のため,太陽風はスプリンクラーから撒かれた水のよう

---

[1] 太陽コロナ(後述)の中で発生する爆発現象で,数分から数時間の時間スケールで磁場エネルギーが熱/運動/粒子加速エネルギーに変換される過程をいう.後述するように,太陽フレアが発生すると,太陽コロナ中に高温プラズマが生成され,電波からガンマ線にいたる波長で放射強度が増す.また,惑星間空間への高エネルギー粒子やプラズマ塊の放出を伴うこともある.

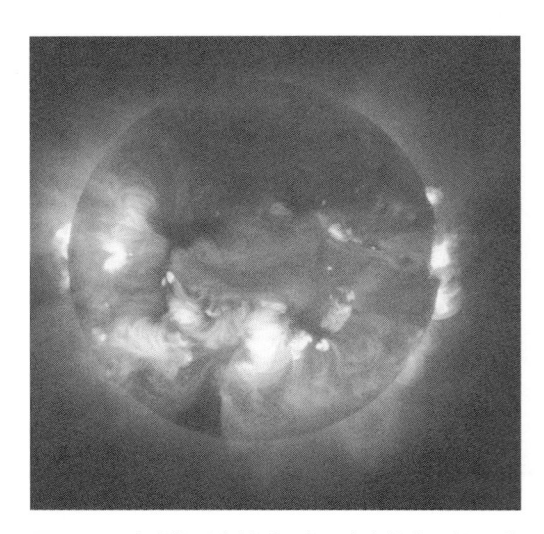

図 1.1.2 太陽観測衛星「ようこう」搭載の軟 X 線（波長約 0.5-6.0 nm）望遠鏡で観測された太陽コロナ画像（1991 年 9 月 15 日）：明るい領域が活発な領域である（JAXA 提供）．

に，大まかにはらせん構造をもって太陽系全体に広がっている．

太陽風が地球に到達すると，太陽風の状態に応じて地球外圏環境はさまざまな応答をする．プラズマ状態にある太陽風は電磁場の影響を受けて運動する．地球は北が S 極，南が N 極の双極子型磁場が卓越する固有磁場をもつ．地球近傍に到達した太陽風は，太陽風の動圧と地球固有磁場の磁気圧とがほぼ釣り合った地点で方向を曲げられるため，地球の大気に直接吹きつけることはない．図 1.1.1 に示すように，地球周辺の宇宙空間には太陽風が直接吹きつけることができない空間域，すなわち**地球磁気圏**（magnetosphere；あるいは**磁気圏**）と呼ばれる勢力圏が形成されている．太陽風速度はプラズマ中を伝搬できるどの**電磁流体波動**（magnetohydrodynamic wave）よりも高速であるため，磁気圏の前面には**地球前面定在衝撃波**（bow shock）が形成される．太陽方向には，衝撃波の位置は地球半径の約 15 倍，磁気圏の境界面である**磁気圏界面**（magnetopause）は約 10 倍の位置に形成される．

b）地球磁気圏内へのエネルギー・物質輸送

図 1.1.1 に示すように，地球磁気圏の磁場形状は高緯度において**カスプ**（cusp）と呼ばれる磁場が開いた領域をもつ．この領域では，太陽風起源のプラズマが地球の上層大気まで磁力線に沿って降り込むことができる．この他，太陽風が太陽表面から運んでくる**惑星間空間磁場**（interplanetary magnetic field：IMF）と**地球磁場**（geomagnetic field）[2] の方向が反平行に近くなる領域では，磁力線がつなぎ換わることによる磁場形状の急激な変化が起こるため，プラズマの磁気エネルギーを運動エネルギーに効率よく変換する**磁気再結合**（magnetic reconnection）という物理機構（後述図 1.1.4 参照）が働くことがわかっている．この機構により，太陽風中の磁場と地球磁場がつながることができるため，磁気圏内に効率よく太陽風のエネルギーが輸送され，**磁気圏対流**（magnetospheric convection）と呼ばれる大規模なプラズマの対流運動が引き起こされる．このような対流による物質輸送が最も活発になるための条件は，IMF が南向きの時に地球磁気圏の前面太陽側赤道付近で磁気再結合が起こることである，と考えられている．一方，IMF が北向きの場合には磁気圏赤道面付近では磁場に垂直な方向への乱流輸送が重要となり，無衝突プラズマ中での**ケルビン・ヘルムホルツ不安定**（Kelvin-Helmholtz instability）などの物理機構（後述図 1.1.5 参照）が重要になる．

このようにして地球磁気圏に侵入したプラズマは，地球磁場が反太陽方向に引き延ばされて形

---

[2] 地磁気（geomagnetism）とも呼ぶ．用語としての地磁気と地球磁場との違いは曖昧であるが，本書では，主に地球表層での地球磁場について解説する場合に「地磁気」を採用する．

成される**磁気圏尾部**（magnetotail）の**プラズマシート**（plasma sheet）と呼ばれる電流層に輸送される過程で加速・加熱を受ける．加速された荷電粒子の一部は磁力線に沿って地球の上層大気まで降り込んで大気の分子や原子と衝突し，その結果，**オーロラ**（aurora）活動や地球大気の加熱・流出を引き起こす．**磁気嵐**（geomagnetic storm）と呼ばれる磁気圏の電磁環境擾乱などに伴ってプラズマシートのプラズマがさらに地球近傍に輸送されると，地球半径の 2-4 倍の高度の赤道面付近には地球を取り巻く**環電流**（ring current：リングカレント）が形成され，放射線帯（図 1.1.1 に示すように，電子は外帯と内帯に分かれて分布）の変動の原因になることが観測から知られている．しかし，その変動を起こす主要な物理機構は未解明である．

一方，太陽風以外の磁気圏へのプラズマ供給源としては地球大気がある（1.1.3 小節参照）．高度が上がるにつれて磁場形状が開くため，地球からはつねに低エネルギーのプラズマが流出しており，磁気圏へのプラズマの供給源になっている．とくに中低緯度領域に相当する地球近傍の宇宙空間には，**プラズマ圏**（plasmasphere）と呼ばれる低温の地球起源プラズマで満たされた領域が存在し，その形は磁気嵐時の電場構造の変動に伴って大きく変化する．

c) 地球上層大気の構造

図 1.1.1 の右下部に示されているように，地球の中性大気は下層から**対流圏**（troposphere：高度 0-10 km），**成層圏**（stratosphere：高度 10-50 km），**中間圏**（mesosphere：高度 50-80 km），**熱圏**（thermosphere：高度 80-約 1000 km）の順に区分されており，各々が特徴的な温度構造をもっている．このうち，中間圏と熱圏を含む領域は**超高層大気**（upper atmosphere）とも呼ばれる．超高層大気の中でも高度 70 km 以上の大気は**紫外線**（ultraviolet：UV）[3] などにより一部が電離されているため，中間圏上部や熱圏においては中性大気と電離大気が共存することになる．このような電離された超高層大気の領域が**電離圏**（ionosphere）である（詳しくは 1.1.3 小節参照）．電離圏は高度順に D 層，E 層，F 層と呼ばれる層から成り，通常，電子密度は F 層内の高度 300 km 付近で最大になる．電離圏は磁力線を介して磁気圏とつながっているため，地球近傍の宇宙空間での変動現象に伴って発生する大電流系の一部を担い，磁気圏対流に影響を及ぼすことがわかっている．地球大気は高度が上がるにつれて急速に希薄になる．電離圏は，粒子間の衝突が重要な領域から，プラズマ粒子が電磁場を通して相互作用する無衝突プラズマの領域に遷移する領域を含み，磁気圏から降り込む高エネルギー粒子が大気と衝突してオーロラが発光する場所でもある．

d) 太陽-地球系の大規模変動

太陽表面で太陽フレアが発生し，高速で放出された多量のプラズマがやがて地球に到達すると，地球磁気圏が大きく圧縮される．その結果，激しいオーロラ活動や大規模な電流系の発達，放射線帯粒子の地球大気への降り込みなどを伴う磁気嵐が発達する．磁気嵐時には，太陽風，磁気圏，プラズマ圏，電離圏，熱圏の間の密接な相互作用に伴って電磁場構造や粒子環境がダイナミックに変化することが最新の研究から明らかにされつつある．例えば，磁気嵐に伴って放射線帯を構成する超高エネルギー（相対論的[4]）電子の増加が観測されているが，この粒子加速には電子スケールから流体スケールまでのさまざまなスケールの物理機構が関与する可能性が指摘さ

---

3) 本節では，太陽紫外線という記載をすることもある．
4) 粒子速度が光速に近いため，特殊相対論的な効果が無視できなくなった粒子を相対論的粒子と呼ぶ．

れている．すなわち，1 eV–数 MeV の 6 桁に及ぶ広いエネルギー範囲の粒子が電磁波動を介して互いに影響を及ぼし合った結果，放射線帯電子の変動が引き起こされると考えられている．また，**サブストーム**（substorm）と呼ばれる，磁気嵐や磁気圏尾部でのエネルギー解放過程に伴い，電離圏の大規模な加熱や密度変動が発生する様子も観測されている．しかし，こうした多圏を含む太陽-地球系の変動現象をシームレスに記述できるモデルは未だ存在せず，計算機シミュレーションなどの数値的な記述法も含めて，世界的にさまざまな研究が進行中である．

1.1.2　太陽から地球へのエネルギー流入

太陽から放射されるエネルギー

　太陽（半径約 70 万 km，質量約 2×10^{30} kg，自転周期は赤道付近で約 25 日）は粒子や電磁波を介して絶えず外部にエネルギーを放出しており，地球の生物活動に必要なエネルギーを供給する．太陽表層は内側から外側に向かって光球，彩層，遷移層，コロナの 4 つの領域から成る．これらを観測するには電波から X 線までの波長（太陽放射エネルギーの大部分は可視光域）が有効であり，波長域に応じてさまざまな様相を示す．例えば，可視光で見た光球面の顕著な現象は太陽黒点であり，波長が短い X 線領域では太陽外層大気の温度約 10^6 K の高温プラズマ域である**太陽コロナ**（solar corona）が観測できる（図 1.1.2）．

　コロナをおもな舞台とする最も激しい現象が太陽フレアである．フレア時には短時間（数秒–数時間）で爆発的なエネルギー解放が起こり，プラズマが激しく加熱され，高エネルギー粒子が生成される．太陽研究における根本的な難問の 1 つは，このエネルギー解放がどこでどのようにして起こるのか，である．理論的には，磁気再結合過程を経て磁場エネルギーが解放されると考えられていた．その重要な観測的手がかりが得られたのは，1991 年に打ち上げられた日本の科学衛星「ようこう」に搭載された硬 X 線望遠鏡[5]によるループトップ・インパルシブソース[6]の発見である．軟 X 線で観測された太陽コロナ中の熱いプラズマ（数百万–数千万 K）の上空に，さらに高エネルギーの粒子（温度換算で数億 K）が存在することが硬 X 線で観測されたのである．この事実は提唱されていた太陽フレアのモデルを強く支持する．しかし，粒子生成のメカニズムや伝搬過程については謎が多い．太陽フレアの研究はプラズマ物理や他の恒星でのフレアを理解する上でも重要な意義をもっている．

　一方，太陽風は，フレアのような短時間の現象とは異なり，定常的に太陽から高温プラズマ流が惑星間空間へと吹き出す現象である．このプラズマ流は太陽近傍で加速され，地球近傍では速度 400–800 km s^{-1} に達するが，加速メカニズムは謎のままである．太陽風には高速と低速の 2 種類があり，その構造は**太陽活動**（solar activity）の極小期で見えやすくなる．高速太陽風はおもに極付近に出現する**コロナホール**（coronal hole）と呼ばれる，X 線で見て暗い領域から吹き出ていることが知られている．

---

[5] エネルギーの高い（波長の短い）X 線を硬 X 線，エネルギーの低い（波長の長い）X 線を軟 X 線という．波長帯の厳密な定義はないが，硬 X 線の波長帯は約 0.001–0.5 nm，軟 X 線の波長帯は約 0.5–50 nm である．なお，約 0.01 nm 以下の硬 X 線は，ガンマ線と波長帯が重なる．

[6] 英文名称は looptop impulsive source．太陽フレアの上空に存在する硬 X 線の放射源をいう．

太陽活動の周期はおよそ 11 yr（磁場極性の変化を考慮すると 22 yr）であり，これにあわせてフレア数（図 1.1.3）や**太陽黒点数**（sunspot number）が増減する（Sato et al., 2003）．地球の大気圏外で単位時間・単位面積に法線面[7]が受ける太陽放射の総量，すなわち**太陽定数**（solar constant）は，現在 1.37 kW m^{-2} である[8]．さらに長期間にわたる太陽活動の変化も知られており，なかでも**マウンダー極小期**（Maunder minimum：1645-1715 年）では黒点がほとんど出現せず，当時の欧州が寒冷であったことから，黒点数と気温との関連性が指摘されている（詳しくは 1.1.4 小節参照）．

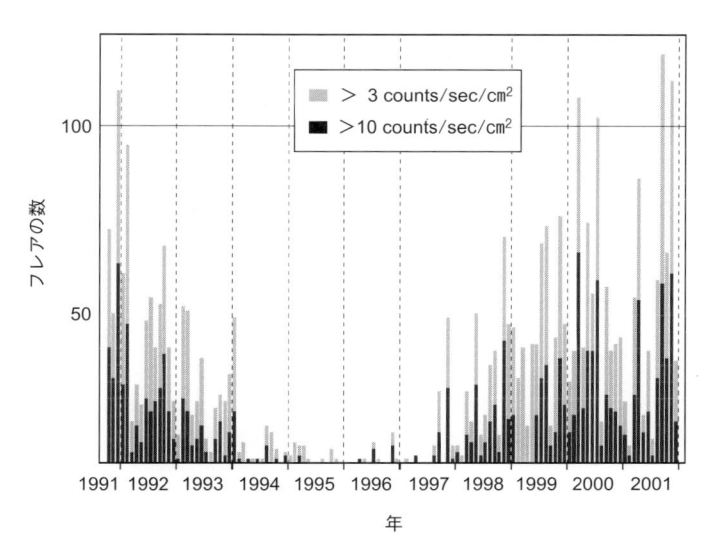

図 1.1.3　太陽観測衛星「ようこう」搭載の硬 X 線（波長 0.055-0.089 nm）望遠鏡で観測された月別フレア数の経年変化（Sato et al., 2003）．

電磁波エネルギーの流入

1.1.1 小節で述べたように，太陽からのエネルギー流出は高エネルギー粒子の放出と電磁放射の 2 種類がある．高エネルギー粒子は帯電しているため，そのエネルギーは地球磁気圏を経由して地球の極域に注入されやすい．一方，電磁波は太陽から直接地球大気に届く．可視光は地表まで届くが，**極端紫外線**（extreme ultraviolet：EUV）[9]から軟 X 線の電磁波は熱圏で吸収されて大気を電離するため，D 層，E 層，F 層の 3 層から成る電離圏が形成される（詳しくは 1.1.3 小節参照）．極端紫外線は高度約 150 km 以上，軟 X 線は約 100 km 付近の大気で吸収されることが知られており，F 層下部では太陽紫外線と X 線による電離に基づく電子の生成と，再結合による消滅とが釣り合った光化学平衡状態にある．太陽フレアが発生すると，軟 X 線と極端紫外線の増加により，電離圏電子密度が一時的に増大し，短波通信や GPS 信号などに悪影響を与える．

粒子エネルギーの流入

太陽風のプラズマ密度は地球磁気圏のそれよりも 10-100 倍大きいので，地球磁気圏は太陽風のプラズマの海に浮かんだ「泡」のような存在であり，その泡を支えているのが地球磁場である．しかし，時にはこの磁場のバリアを破って，高密度の太陽風プラズマが地球磁気圏に侵入する．1.1.1 小節でも述べたように，その侵入過程は大きく分けて，(1) 磁気再結合によるもの，(2) 磁気圏界面での波動・不安定現象によるものの 2 種類が考えられる．

---

[7] 太陽放射に対して垂直な面．
[8] 実際には 11 年間で約 0.1% 程度変動する（短波長域での変動幅はそれよりも大きい）．
[9] 波長が 10-130 nm の紫外線．

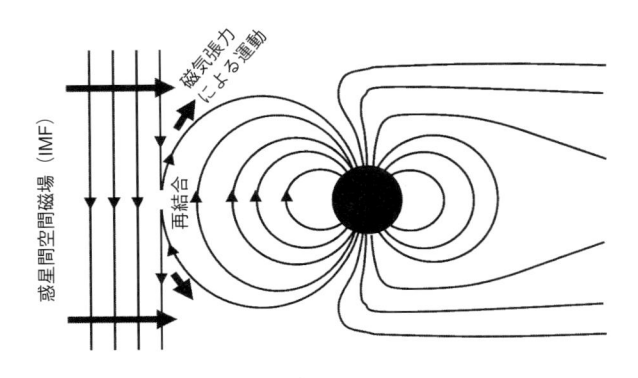

図1.1.4 磁気圏境界面における磁気再結合の模式図：結合した磁力線を通って太陽風のプラズマが地球磁気圏に輸送される．太い矢印は磁力線の移動方向を表す．

磁気再結合は，図1.1.4に示すように，太陽風と地球磁気圏の境界面において，惑星間空間磁場と地球磁場が逆向きになっている場合に，惑星間空間磁場と磁気圏磁場がつなぎ換わる（再結合する）ことにより，高密度の太陽風プラズマが，磁力線に沿って磁気圏内に流れ込む過程である．地球磁場は北向きなので，太陽風磁場[10]が南向きの成分をもつ場合に，この効果が大きく現れる．このため，地球磁気圏の変動は太陽風中の磁場の向き[11]に大きく左右される．惑星間空間磁場が地球と同じ北向きで磁気再結合が起こりにくくなっている場合でも，磁気圏境界面での波動や不安定現象によって，太陽風のプラズマが地球磁気圏に流れ込むことが知られている．図1.1.5は，この過程の1つであるケルビン・ヘルムホルツ不安定性を数値シミュレーションで再現した結果である．太陽風の高速な流れが地球磁気圏と接する境界面で，流速の違い（シア）によりこのような不安定が発達し，その結果，高濃度の太陽風プラズマが地球磁気圏に侵入する（Matsumoto and Hoshino, 2006）．このような過程は磁気圏の前面ではなく，側面の部分で起こっていると想像されており，近年，編隊飛行した人工衛星の観測データにより，このような渦の構造が確認されている（Hasegawa et al., 2004）．

地球磁気圏に侵入したプラズマ粒子は磁気圏内のさまざまなプロセスによって加速・加熱され，エネルギーが増加する．プラスやマイナスの電荷をもっているプラズマ粒子は，磁力線に平行な方向には自由に運動することができるが，垂直な方向には移動できず，運動方向と磁場方向の双方に垂直な方向のLorentz力を受けて，磁力線の周りをある半径で回転するだけになる．そのため，プラズマ粒子は地球の磁力線に沿って移動する傾向をもち，図1.1.6に示すように南極・北極域に注ぎ込むことになる．この降り込んできたプラズマ粒子が高度100-600 km付近の電離圏・熱圏で大気の原子・分子と衝突すると，それらの原子・分子が励起されてオーロラが発光する．オーロラは，太陽風から地球磁気圏，電離圏に侵入したプラズマ粒子が行き着く果ての最後の輝きである．人工衛星によって観測する場合は，磁気圏のプラズマ粒子を，広い宇宙空間の一点でしか測定することができないが，オーロラを観測することにより，磁気圏プラズマの地球規模の動きを推定することができる．

地球磁気圏のプラズマは磁力線に沿って電離圏・熱圏に降り込むが，実際にはこの間にも磁場のバリアがある．地球磁場は，地球に近いほど強くなっているために，磁力線に沿って南極や北極に入り込もうとした粒子はこの磁場のバリアによってはね返され，南極と北極の間を往復運動することになる．このバリアにもかかわらず，磁気圏の粒子を電離圏・熱圏に降り込ませるメカニズムが磁気圏プラズマのダイナミクスである．磁気圏の中でのプラズマの動きが空間的に一様

---

10) 太陽風が太陽表面から運んでくる磁場のことをいう．惑星間空間磁場と同義である．
11) 太陽風中の磁場の向きは，太陽活動が安定している場合には安定しているが，太陽フレアや，太陽からの突然のプラズマ粒子の放出があると，時間的・空間的に，激しく変動する．

ではないことから，粒子の不均一分布が生まれ，それに伴う電磁気力が粒子を磁気圏から電離圏に降り込ませ，オーロラを光らせる．地球磁気圏のダイナミックな変動の代表例として，サブストームと磁気嵐がある．サブストームは，太陽風から流入したエネルギーがいったん磁気圏尾部のプラズマシートにたまり，急に爆発的に内部磁気圏や電離層に向けて解放される現象であり，継続時間は1-3時間，1日に数回は起こる現象である．サブストームが起こるとオーロラは激しく活動する．何が引き金になってこのような爆発的な現象が起こるのかは未だに明らかにされていない．一方，磁気嵐は，太陽面の爆発などに関連した高速・高密度の太陽風が地球磁気圏に到達した際（とくに太陽風中の磁場の向きが南向きになると），多量の太陽風中の粒子，エネルギーが磁気圏内に入って大きな擾乱を引き起こす現象である．磁気嵐の継続時間は1-3日であり，1ヶ月に1回程度発生する．この磁気嵐の発達・減衰過程には未解明の点が数多く残されており，今後の新しい研究が待たれている．

今後の研究課題

今後の研究課題と思われる事項を列挙すると以下のようになる．

1）太陽や地球磁気圏では，長らく謎であったエネルギーの解放過程や高エネルギー粒子の生成過程が衛星観測により明らかになりつつある．しかし，観測精度や観測できる空間範囲は不十分で，太陽-地球系の中にも未知のプラズマ過程が存在している

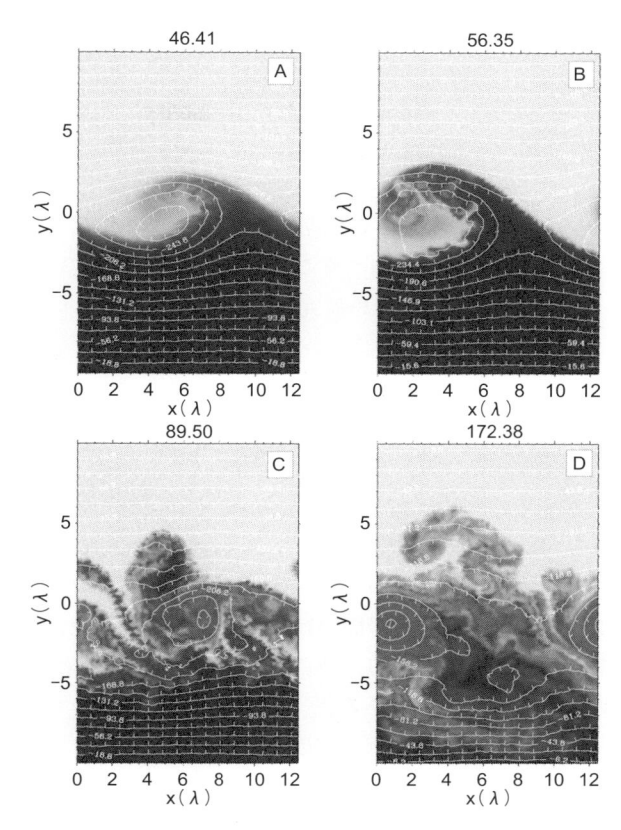

図1.1.5 磁気圏境界面でのケルビン・ヘルムホルツ不安定性のシミュレーション：プラズマ密度分布（濃淡）と静電ポテンシャル（白線）が描かれている．AからDに向けて時間発展する．$x(\lambda)$, $y(\lambda)$はシアの厚さの半分（λ）で規格化した距離(Matsumoto and Hoshino, 2006)．

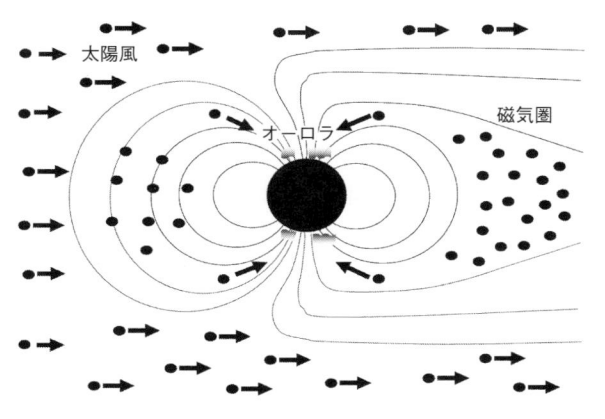

図1.1.6 オーロラの発生機構の模式図：プラズマ粒子が南極や北極の電離圏に降り込んでオーロラを光らせる．

可能性が残されている．
2) 近年の地球環境の変化を考える上で，太陽活動の影響がどれだけ寄与しているのかについては大きな関心事である．しかしながら，多くの研究は定性的な太陽活動と地球環境の変化の対応関係を述べるにとどまっており，観測データを用いて定量的に太陽，地球それぞれの変化がどう対応しているかを示す必要がある．
3) 太陽フレアなどの短期的な変化や地球磁気圏・電離圏のダイナミックな変動が地球大気に与える影響を調べることは，太陽-地球系の直接的な関係を明らかにできる可能性を秘めており，興味深い研究課題である．

1.1.3　地球周辺大気・プラズマ環境の変動

地球大気の密度は高度とともに減少する．太陽から到達する各種電磁波のうち，可視光は地表面を，紫外線は成層圏を，そして紫外線・極端紫外線から軟X線はおもに高度 90-1000 km の熱圏を加熱する．現在の太陽定数は 1.37 kW m^{-2} であり，そのエネルギーのほとんどが可視光域に集中している．成層圏では**オゾン**（ozone）が太陽紫外線を吸収し，その吸収エネルギーは太陽定数の約 3% である．熱圏全体で吸収される紫外線，極端紫外線，軟X線の総量はわずか 3.4×10^{-5} kW m^{-2} である．

極端紫外線からX線の電磁波は熱圏の原子や分子を電離するため，高度 70-1000 km に電離圏が形成される．電離圏は，D層（約 70-90 km），E層（約 90-150 km），F層（約 150-1000 km）に分けられる．日照時にはF層は，さらにF1層（約 150-200 km）とF2層（約 200-1000 km）に分かれる．各層の電子密度は太陽放射による生成，イオンと電子の再結合による消滅，重力・圧力勾配，電磁気力，中性粒子との衝突による輸送などの諸過程を経て決まるため，高度に応じて変化する．高度 90 km 以上では電子密度と正イオン密度は等しく，全体としては電気的中性が保たれている．そこでのおもなイオンは，E層では一酸化窒素イオン（NO$^+$）と酸素分子イオン（O$_2^+$），F層では酸素原子イオン（O$^+$）である．熱圏における冷却源は主として CO$_2$ と O からの赤外放射，下部熱圏におけるそれは NO からの赤外放射である．NO は中間圏・熱圏領域では微量成分であるが，温度構造を決定する上で極めて重要な役割を担っている．

極域の電離圏では，磁気圏から高エネルギー粒子が降り込んでオーロラが発生する一方，磁気圏へイオンが流出している．オーロラに伴って極域の熱圏大気が加熱される結果，大気は膨張し熱圏上部の大気密度が増加する．また，大気運動が激しくなり，中性大気中の波動である**大気波動**（atmospheric wave）が励起される．そのエネルギーの一部は中低緯度へと流れ出していく．

この小節では，オーロラによる極域擾乱，極域熱圏・電離圏から磁気圏へのプラズマ流出，極域擾乱の低緯度への伝搬（大・中規模電離圏擾乱，電場），大気波動について述べる．なお，電離圏と熱圏に関する基礎的性質は永田・等松（1973），福西ほか（1983），恩藤・丸橋（2000）で述べられているので，ここではその詳細を省略する．

オーロラによる極域擾乱

太陽風と地球磁気圏との相互作用の結果として発生するオーロラは，地磁気緯度 67° を中心と

した幅約10°の緯度帯で最も多く観測される（図1.1.7）．この緯度帯を**オーロラ帯**（auroral zone）と呼ぶ．一方，任意の時刻におけるオーロラの出現域は楕円帯の内部に分布しており，**オーロラオーバル**（auroral oval）と呼ばれる．その中心緯度は，夜側で磁気緯度67°付近，昼側で磁気緯度78°付近である．オーロラ出現の高度はおもに90-500 kmであり，もっとも顕著な緑オーロラ（波長557.7 nm）は高度110 km付近，赤オーロラ（波長630 nm）は高度約250 km付近に発光のピークをもつ．これらのピーク高度は磁気圏から流入する電子がもつエネルギーに依存して変化する．オーロラに伴って電離圏へ注入されるエネルギー源はオーロラ粒子・電離圏電流による**ジュール加熱**（Joule heating），磁気圏からの熱伝導などである．

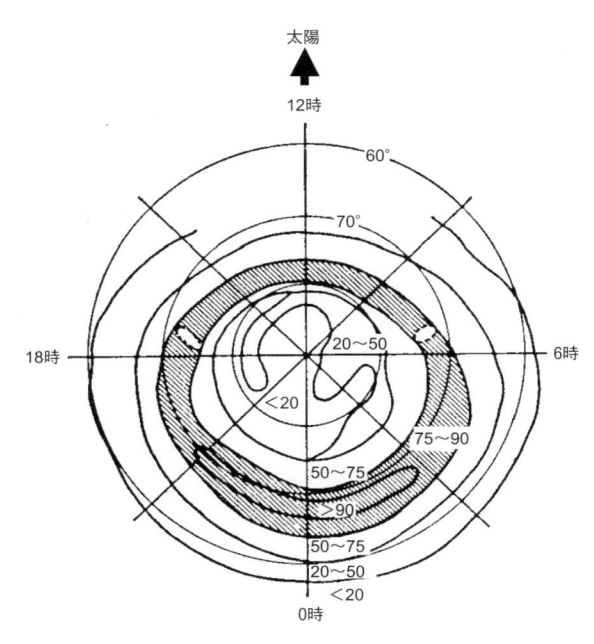

図1.1.7　オーロラオーバル：斜線部分がオーロラオーバルである．数字はオーロラの発生確率を示す（Feldstein, 1963）．

オーロラが明るく輝いている時，地上で測定される**地球磁場強度**（geomagnetic intensity）は大きく変動する．そのおもな原因は電離圏E層内を流れる，**オーロラジェット電流**（auroral electrojet）と呼ばれる大規模な電流である．電流の源はオーロラ粒子による高い電子密度と太陽風に起因する強い電場（50-100 mV m^{-1}）である．電離圏電流には，電場に垂直方向に流れるHall電流と，電場に平行方向に流れるPedersen電流の2種類がある．およそ100-120 km高度に流れるオーロラジェット電流はHall電流であり，担い手は電子である．一方，Pedersen電流はジュール熱を発生させるため，おもに高度120-130 km付近の大気がジュール加熱によって発熱する．Pedersen電流は磁気圏と電離圏間の**沿磁力線電流**（field-aligned current）とつながっている．

下部熱圏のNO分子は太陽極端紫外線による電離と化学反応を経て作られる．一方，オーロラ粒子によるNO生成率は太陽放射による生成率と同程度かそれを超える．下部熱圏でのNOの光化学的寿命はおよそ19時間と考えられているが，夜間のオーロラ粒子によって生成されるNOは，太陽紫外線によるNOの解離が無いため，もっと長い寿命をもつと考えられる．そのため，このNOは中間圏や成層圏にまで下方に輸送され，オゾン層破壊を引き起こす可能性が指摘されている．これは，オーロラ活動が成層圏オゾンを破壊するという，極域大気の上下結合に関連した興味深いテーマであるが，未解明な点が残されている．

極域熱圏・電離圏から磁気圏へのプラズマ流出

熱圏・電離圏内から磁気圏への**イオン流出**（ion outflow）現象が近年とくに注目されている．この現象は磁気圏のイオン組成に影響を与えるのみでなく，惑星大気の進化・散逸を考える上で

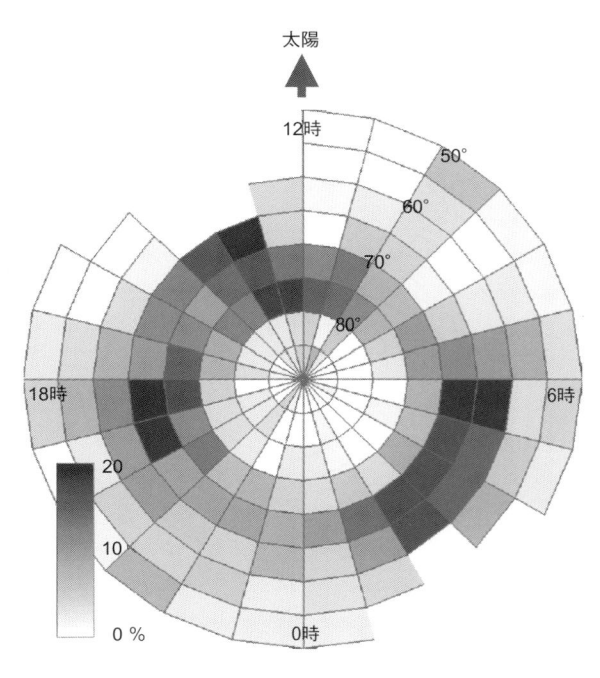

図 1.1.8　2003 年 10-11 月に DMSP 衛星で観測された高度 840 km のイオン上昇流（$> 100 \mathrm{~m~s^{-1}}$）の発生頻度（%）：発生頻度の高い領域がほぼリング状に分布している．

も重要である．中性粒子の加熱や加速には基本的に粒子間衝突が重要であるのに対し，イオンは電磁気的な力により磁気圏へ流出するために必要なエネルギーを得る．流出するイオン種については，そのほとんどが上部電離圏の主成分イオン（O^+, H^+, He^+）である．さらに，下部電離圏の主成分イオンである NO^+ や微量成分である O^{2+} なども磁気圏に流出していることが「あけぼの」衛星などで観測されている．また，「IMAGE」衛星観測により，1-300 eV のエネルギーをもつ酸素原子や水素原子が磁気圏で発見されている．図 1.1.8 に示すように，イオンが流出し始める場所はオーロラオーバルと良い対応関係にあり，大きくは昼側の**極冠域**（polar cap）とオーロラ帯の 2 つに分けられる．昼側極冠域については，磁気緯度 70-80°付近のカスプ領域付近が重要である．ここには太陽風と地球磁気圏との境界付近に存在するプラズマが直接降り込んで大気を加熱するため，カスプ領域内の電離圏イオンがエネルギーを得て上昇する．一方，夜側オーロラ帯付近で加速された電離圏イオンは磁気圏尾部や，それより内側の磁気圏環電流が流れる領域に運ばれると考えられている．また，磁気嵐が起きている時には，オーロラオーバルが低緯度側に拡大するのに合わせて磁気緯度 50-60°の中緯度電離圏からもイオン流出が発生する．

磁気圏領域における過去数十年間の人工衛星観測から，極域電離圏から磁気圏へのイオンの総流出量は 1 日あたり数十から数百トン（約 10^{30}-10^{31} 個）と推測されている．その流出量は，太陽活動や地磁気活動の変化により 1 桁以上変動する．極域電離圏から流出したイオンは磁気圏プラズマの重要な源となっている．とくに，O^+ や NO^+ などの重イオンの流出は，磁気圏内のイオン組成や平均質量密度，平均エネルギーを変化させる．その結果，磁気圏のダイナミクスにも大きな影響を与えていると考えられている．

極域擾乱の低緯度への伝搬

極域電離圏に注入されたエネルギーの一部は中・低緯度へと伝搬し，グローバルな擾乱を引き起こす．このような擾乱の原因の代表例は磁気圏起源の電場，熱圏大気運動の変動（ダイナモ過程を経て電場擾乱を生成），極域電離圏励起の大気波動などである．磁気圏起源の電場は 100 km 高度と地表とで挟まれた空間を低緯度へ光速伝搬し，中・低緯度電離圏に影響を及ぼす（1.1.6 小節参照）．ダイナモ擾乱電場は，オーロラ電離圏加熱で生じた大気の流れ（風）が地球磁場と

のダイナモ作用により発生する．電離圏F層には波動として低緯度へと伝搬する電子密度擾乱が発生し，この波動現象を**伝搬性電離圏擾乱**（traveling ionospheric disturbance：TID）と呼ぶ．TIDは大きく2つのグループに分けられる．1つは大規模TIDグループで，周期が30分から2時間程度，伝搬速度は300-1000 m s^{-1}程度であり，極域の地磁気擾乱に伴って発生する．もう1つは，周期10-30分，伝搬速度100-300 m s^{-1}をもつ中規模TIDグループであり，その起源は極域擾乱あるいは対流圏擾乱であると考えられている．このように，極域電離圏は太陽風や地球磁気圏とつながっているだけでなく，中低緯度の電離圏とも結合しており，太陽風エネルギーの仲介役ともいえよう．

下層大気からのエネルギー・運動量供給

地球大気中にはさまざまな周期や波長をもつ大気波動が存在している（図1.1.1参照）．対流圏や成層圏で励起された大気波動の一部は上方へ伝搬し，中間圏や下部熱圏領域に達し，運動量やエネルギーを供給する．大気波動の主要なものとして，3つを挙げることができる．それらは，**大気重力波**（atmospheric gravity wave），**大気潮汐波**（atmospheric tidal wave），**プラネタリー波**（planetary wave：惑星波）である．大気の自由重力振動周期であるBrunt-Väisälä周期（5分程度）から慣性周期（緯度によって異なるが十数時間程度）をもつ波動は浮力（重力）を励起源としていることから，大気重力波と呼ばれている．対流圏の前線活動や地形（山岳）などが励起源である．大気重力波は下層大気から上層大気へとエネルギーや運動量を運ぶとともに，地球大気の大循環に影響を与えるなどの重要な役割を果たしている．

大気重力波と異なり，大気潮汐波は全球的な波動である．太陽紫外線は成層圏オゾンにより吸収されるために成層圏大気を加熱する．地球の自転を考えると，これは24時間周期で変動している．この加熱により大気波動が励起されるため，大気潮汐波と呼ぶ．周期は24時間，12時間，8時間，6時間である．波動が下層大気（対流圏，成層圏）から超高層大気（中間圏，熱圏）へ伝搬していくとき，大気密度が高度とともに減少するため，波の運動エネルギー保存則により波の振幅は大きくなる．このため，成層圏高度での振幅は小さいが，中間圏から下部熱圏高度で振幅は増大し，大気運動の支配的な成分となっている．しかし，すべての大気波動が熱圏高度まで伝搬するわけではなく，上方伝搬するための条件を満たした波動のみが伝搬できる．通常，下部熱圏高度では，24時間周期と12時間周期成分が卓越している．例えば，極域のノルウェーのトロムソ（69.6ºN, 19.2ºE）の夏では，高度95-110 km付近で12時間周期の大気潮汐波が支配的であり，高度115 km以上では24時間周期が卓越してくる．この24時間周期大気潮汐波は下部熱圏における紫外線・極端紫外線の吸収により励起された波動である．

1日以上の周期をもつ，全球的な大気波動がプラネタリー波である．代表的な周期は，2日，5日，10日，16日などである．励起源は，下層大気において偏西風が蛇行したときの渦度の保存に基づく．プラネタリー波はおもに成層圏において重要な役割を果たしており，下部熱圏高度まで達することは稀であると考えられている．しかし，中間圏において，ある波動と別の波動との相互作用を経て新たな波動が励起され，その波動が下部熱圏高度まで達することが考えられる．また，プラネタリー波はE層に突発的に生じる，電子密度は高いが厚さが薄い，スポラディックE層の生成に重要な役割を果たしていることや，電離圏プラズマの長期的変動を引き起こしていることが指摘されている．

今後の研究課題

極域の下部熱圏大気は，磁気圏からの影響と下層大気からの影響を両方受けている領域であるが，最近の研究では，受動的な振る舞いだけでなく，逆に磁気圏や中間圏・成層圏に対して能動的な影響を与えている可能性が指摘されている．今後のおもな研究課題として，以下の項目が挙げられる．

1）イオンの総流出量を決める重要な物理素過程

プラズマ波動とイオンとの間の波動-粒子相互作用によるイオンの加熱・加速過程の研究，イオンと中性粒子を含む力学・化学過程の研究，これらのミクロな素過程の理解に基づいた極域電離圏全体のイオンの加速・流出分布の研究が必要である．

2）オーロラ起源の一酸化窒素の成層圏への輸送

オーロラ活動に伴って下部熱圏で生成される一酸化窒素（NO）が中間圏から成層圏に下方輸送されて，成層圏オゾンを破壊する可能性が指摘されている．すなわち，オーロラ活動が地球環境に影響を与えることになるが，不明な点が多く，今後の研究が必要である．

3）オーロラ擾乱時における下部熱圏大気の組成変動

110 km 以上の通常の地球大気では，重力分離により重い分子・原子が低高度に分布している．しかし，ジュール加熱などが発生して大気が膨張すると，大気組成が変動することが指摘されているが，さらなる研究が必要である．

4）各種中間圏大気波動間の相互作用

大気波動間でいろいろな波動-波動相互作用が起こる．これにより励起された波動が下部熱圏へ伝搬していることが考えられる．理論的研究は進んでいるが，観測的な検証は不十分である．

5）電離圏・熱圏のエネルギー収支における大気波動の役割

磁気圏-電離圏-熱圏間の結合により磁気圏から熱圏大気にエネルギーが輸送される．一方，下層大気からの大気波動も熱圏にエネルギーを輸送する．熱圏のこのようなエネルギー収支を定量的に研究した例はほとんどなく，今後の研究が必要である．

1.1.4　太陽放射・銀河宇宙線および地球磁場変動による地球大気環境の変動

太陽活動の長期変動

1.1.2 小節で述べたように，太陽磁場活動は平均 11 yr 周期で変化するとともに，11 yr ごとにその磁場極性が反転している．過去 50 年間の太陽活動については地上または探査機からの直接観測により，高精度のデータが得られている．それ以前のデータはほとんど無いが，太陽表面に現れる黒点については比較的頻繁に観測されてきた．黒点の観測は，古代からの裸眼による記録を別として，望遠鏡の発明以後 1610 年から高精度で行われ，現在はブリュッセルの太陽黒点データセンター（SIDC, 2007）でまとめられている．太陽黒点数は太陽磁場活動度とよい相関を示し，太陽活動の代表的な指標となっている．図 1.1.9 に 1610 年以降の黒点数の変化を示す．図中，1986 年以降は**ウォルフ黒点数**（Wolf Sunspot Number；SIDC, 2007）[12]であり，1985 年以前

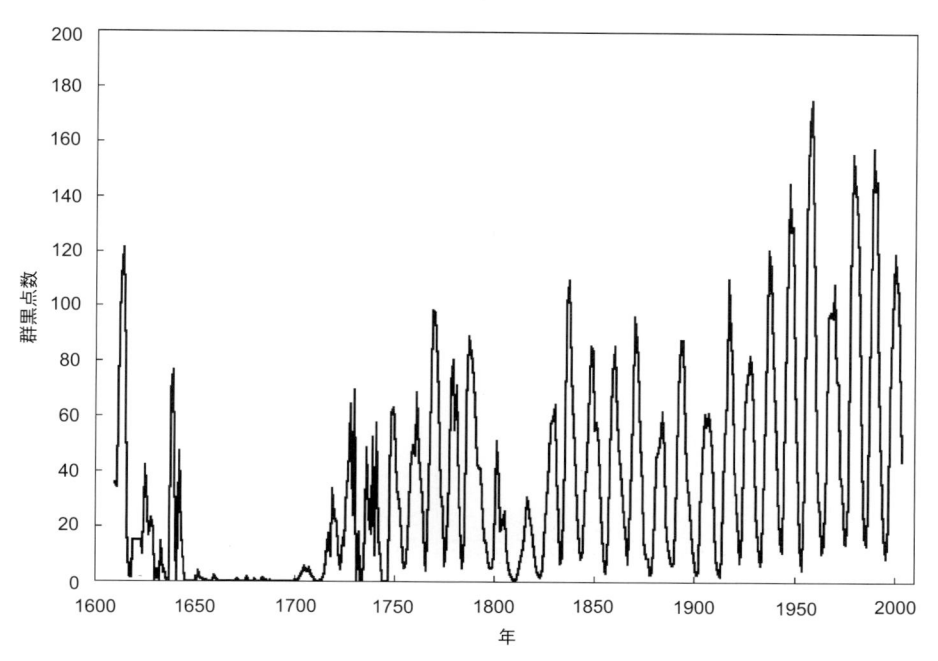

図 1.1.9 過去 400 年間の太陽黒点数の変化 (Hoyt and Schatten, 1998；SIDC, 2007).

は**群黒点数**（Group Sunspot Number；Hoyt and Schatten, 1998)[13]) が示されている．全体として 11 yr 周期変動が明らかであるが，太陽活動の度合いに応じて 9-13 yr の幅がある．一方で，17 世紀後半は黒点数が極端に少ない時代であったことがわかる．この時代は太陽活動が極端に弱かったと考えられ，マウンダー極小期と呼ばれている．1800 年頃にも黒点数が少ない時代があり，**ダルトン極小期**（Dalton minimum）と呼ばれている．このように太陽活動は 11 yr 周期で変化するとともに，100 yr オーダーでも変動している．

太陽表面から放出される太陽風は惑星間空間磁場を形成する．その強度や構造は太陽活動に応じて 11 yr 周期，あるいは太陽磁場極性の反転を考慮して 22 yr 周期で変化する．**太陽圏**（heliosphere)[14]) 外から飛来するおもに陽子から成る高エネルギー荷電粒子である**銀河宇宙線**（galactic cosmic ray)[15]) は惑星間空間磁場で散乱されるため，その強度は太陽活動度と逆相関して変化する．過去 50 年間に地上の中性子モニターで測定された**宇宙線強度**（cosmic ray inten-

---

[12] ウォルフ黒点数 R_z は 1850 年代にチューリッヒのルドルフ・ウォルフ（R. Wolf）によって定義されたもので，黒点相対数とも呼ばれている．ウォルフ黒点数は $R_z = k(10g + n)$ と表される．ここで g は黒点群の数，n は個々の黒点の数，k は観測機器や観測者による補正係数である．黒点観測データのとりまとめは，1749 年から 1980 年まではチューリッヒ天文台で行われ，1981 年以降はブリュッセルの太陽黒点データセンターで行われている．

[13] 群黒点数 R_g は 1998 年にダグラス・ホイット（D. V. Hoyt）によって導入されたもので $R_g = (12.08/N) \sum(k_i' G_i)$ と定義される．ここで G_i は i 番目の観測者によって記録された黒点群の数，k_i' は i 番目の観測者の補正係数，N はその日の観測者の数，12.08 は 1874 年から 1976 年までの R_g の平均と R_z の平均が一致するように決められた規格化係数である．黒点の観測は 1874 年から 1976 年までの英国王立グリニッジ天文台の観測を基礎として，複数の観測者で行われている．

[14] 太陽風や太陽風磁場が影響する空間をいう．

[15] 単に「宇宙線」という場合には，銀河宇宙線と太陽宇宙線との和を意味する．

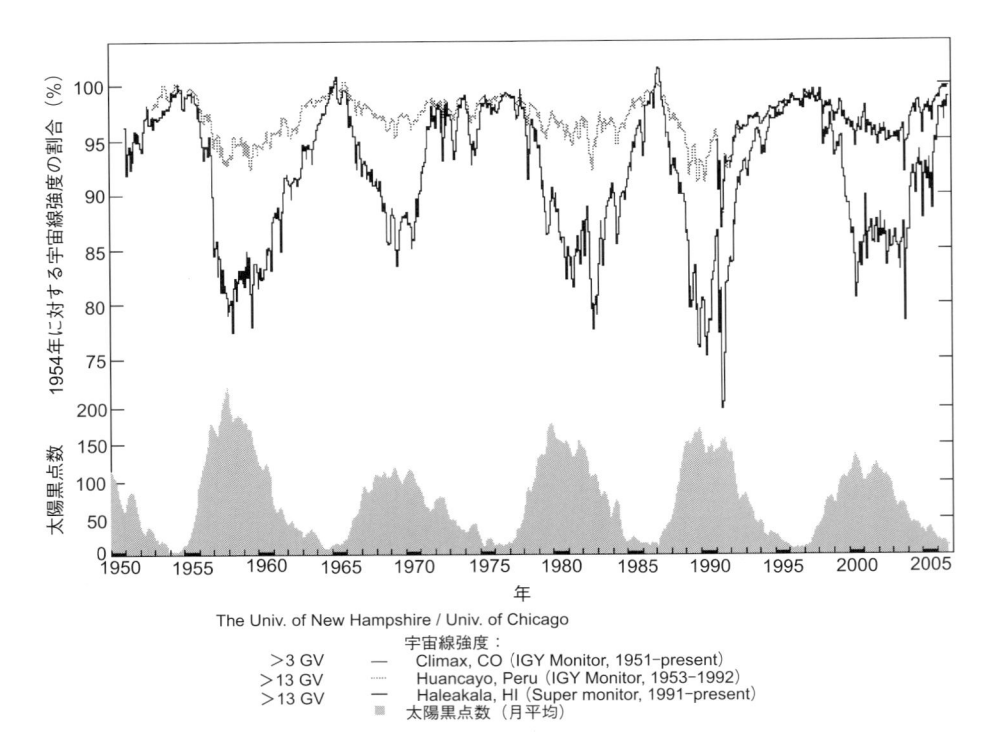

図 1.1.10 過去 50 年間の宇宙線強度（Climax および Huancayo/Haleakala の中性子モニター）と太陽黒点数の変化（UNH, 2005）.

sity）の変動と黒点数の変化を図 1.1.10 に示す．宇宙線強度は 1 サイクルごとに形が異なっていて，矩形型と三角型が交互に現れている．これは太陽磁場の極性による惑星間空間磁場の構造の違いによるものと解釈されている．

銀河宇宙線が地球大気の原子核と衝突すると核反応によって放射性同位体が生成される．これらは**宇宙線生成核種**（cosmogenic isotopes）と呼ばれている．その生成率は入射する宇宙線強度とエネルギー分布に依存するため，結果として太陽活動に依存する．また銀河宇宙線の地球大気への入射は地球磁場強度に依存するので，宇宙線生成核種の生成率も大きな緯度効果を示す．生成された放射性同位体はその化学的・物理的性質に応じて，地球上のさまざまな貯蔵庫（リザーバ）に保存される．銀河宇宙線の測定は過去数十年，望遠鏡による太陽黒点の観測は過去 400 年間に限られるので，それより古い過去の太陽活動は宇宙線生成核種によってのみ知ることができる（太陽活動と宇宙線生成核種は逆相関）．代表的な核種は**放射性炭素**（radiocarbon：^{14}C）とベリリウム 10（^{10}Be）である．^{14}C の半減期は 5730 yr，^{10}Be の半減期は 1.51 Myr である．そのほかに ^{7}Be（半減期 53.3 日），^{36}Cl（半減期 301 kyr），^{26}Al（半減期 740 kyr）などがある．一般に半減期の 10 倍程度が検出限界なので，^{14}C で過去数万年間，^{10}Be で過去 1000 万年間くらいまでの変動を見ることができる．過去 7000 年間の樹木年輪中 ^{14}C 濃度の変動（10 年の移動平均値）を図 1.1.11 に示す．この図から，太陽黒点数に見られたマウンダー極小期が ^{14}C 生成率にも見られることや，過去にマウンダー極小期以外にも同じような極小期（^{14}C の極大期）があったことがわかる．

過去 600 年間の ^{14}C，^{10}Be の 1 年値データには概ね 11 yr の周期が見られ，太陽活動が周期的に

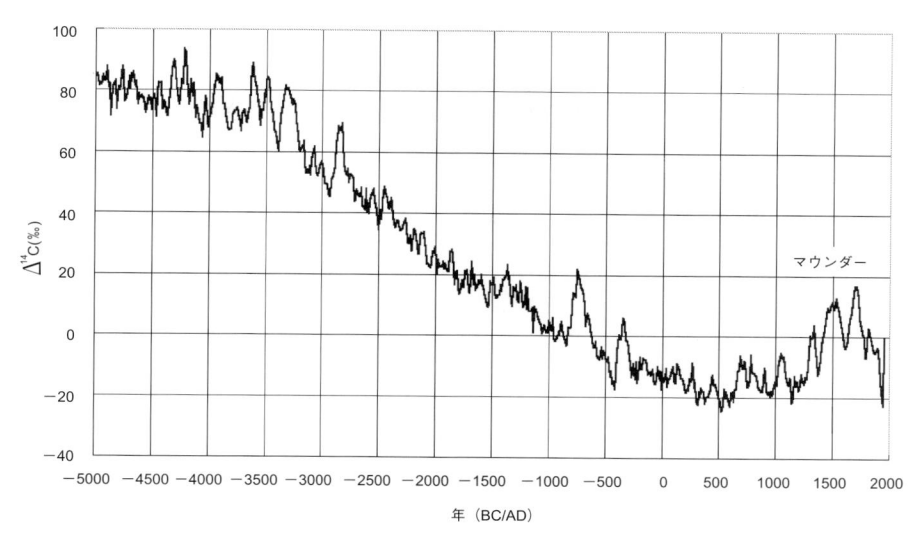

図1.1.11 過去7000年間の放射性炭素^{14}C濃度変化：Δ^{14}Cは標準試料の^{14}C濃度からの偏差を表す．^{14}C濃度の極大が太陽活動の極小期に対応する．数千年オーダーのベースラインの変化は地球磁場変動による（Stuiver et al., 1998a）.

変動していたことがわかる．太陽黒点がほとんどなかったマウンダー極小期においてもこれらの核種の濃度は変動しており，従って太陽活動が11 yr相当の周期で変化していたことが明らかである（Beer et al., 1998；Stuiver et al., 1998b；Miyahara et al., 2004）．

太陽活動と地球気候の関係

太陽は地球に対するほとんど唯一の外部エネルギー源である．従って，太陽活動の変動は多かれ少なかれ地球環境に影響を与えると考えられる．マウンダー極小期に相当する17世紀後半は世界的に気温が低かったといわれている．これはヨーロッパや日本の気温変化の記録からもわかる．このような寒冷期は14世紀や15-16世紀にも見られ，合わせて小氷期と呼ばれている．これらは^{14}C濃度から推定される太陽活動極小期に対応しており，その関連が示唆される．

Eddy（1977）は，放射性炭素濃度の変動が太陽活動に起因するものとして，太陽活動と地球気候との関係について過去7000年間について調べた．図1.1.12に示されるように，^{14}C濃度から推定される太陽活動の変動と，気温や氷河の進退で表される気候の変動が相関しているらしいことがわかる．

上述のことから，^{14}Cなどの宇宙線生成核種の量から過去の宇宙線強度やそれを制御している太陽活動の変化を復元することが可能である．その方法は次の通りである．過去の大気中^{14}C濃度データを，地球上の炭素循環モデルを用いて上層大気における^{14}C生成率の変化に変換する．この^{14}C生成率は適当なエネルギー範囲の宇宙線強度の変化に対応している．銀河宇宙線の変動は太陽活動の変化に起因する惑星間空間磁場の変動を反映している．その度合いを表すモジュレーションパラメータを与える太陽磁場がモデルから計算され，これに対応する黒点数が得られる．かくして地表の^{14}C濃度データから過去の太陽黒点数を推定できる．実際に過去1万年間の^{14}Cデータ（10年値）から太陽黒点数が復元され，現在の太陽活動が過去1万年間でもとくに

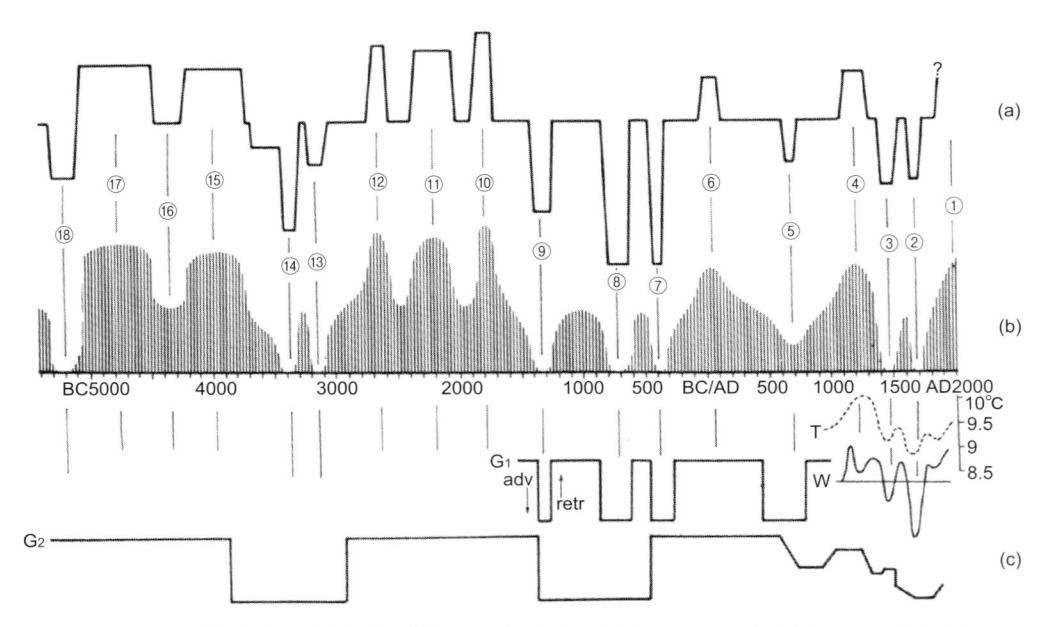

図 1.1.12　太陽活動と過去の地球気候の関係：(a) ^{14}C 濃度の変化をパターン化したもので，丸数字は a のピークおよび谷を示す．(b) a の変化の原因を太陽活動の変動によるものと解釈して推定した太陽黒点数の変化．(c) 過去の気候変動を表す指標で，T はイギリスの年平均気温，W はパリ・ロンドン地域の冬の厳しさ指数，G_1 と G_2 はそれぞれアルプスと全球の氷河の進退を表す．②がマウンダー極小期に相当する（Eddy, 1977）．

活発であるということが指摘された（Solanki et al., 2004）．これは，**地球温暖化**（global warming）のある部分が近年の活発な太陽活動によってもたらされている可能性を示しているが，実際には最近 20 年間の急激な気温の上昇は太陽活動だけでは説明できないことがわかっている．また上記の推定にはまだいくつかの不確定要素が含まれていることにも注意する必要がある．

銀河宇宙線と雲生成の関係

a)　太陽活動と地球気候をつなぐメカニズム

前項で述べたもの以外にも太陽活動と地球気候の相関を示す多くのデータがあるが，その間をつなぐメカニズムは定量的にはまだよく理解されていない．現在考えられている要因は太陽からの全放射量，紫外線放射量，プラズマ流出，太陽宇宙線である．太陽からの可視光線や赤外線の放射は 5780 K の**黒体放射**（blackbody radiation）でよく表される．これらは地表まで到達して地面や海洋を加熱する．しかし，11 yr 周期中の全放射量の変動は 0.1% 程度であり，これによる地球表面気温の周期的変化は 0.2℃ と推定される．したがって，太陽全放射量の変化だけでは最近の温暖化を説明できない．一方，最近の人工衛星による太陽黒点と白斑（周囲より明るくて磁場が強く，温度も数百度高い斑状の領域）のデータを基に過去の太陽全放射量が復元され，17 世紀のマウンダー極小期における全放射量は現在より 0.24% 低かったと推定されている．これは，小氷期における 0.5-1℃ の気温低下のような長期にわたる変動を説明できる可能性がある．

太陽紫外線はおもに太陽大気における原子の高電離励起により生じる．紫外線領域の変動は全放射量の変動より大きく，11 yr 周期の最大と最小の差で 200-300 nm の波長では数%，100-200

nm では数十％である．これらの変化には太陽白斑における変化が大きく寄与している．紫外線は地球の成層圏で酸素やオゾン分子などによって吸収される．そのため，紫外線の変化は光化学反応を通して大気微量成分を変化させ，成層圏を加熱し，大気循環に影響する．これが成層圏-対流圏結合およびフィードバック機構により低層大気の気候に影響を与えると考えられる．太陽からのプラズマ流出も地球大気に影響を及ぼす可能性がある．とくに太陽活動が活発になったときには 1 GeV を越える高エネルギー陽子が放出される．しかしこれらの粒子の上層大気におけるエネルギー損失による大気反応への影響は，同時に放出される紫外線による影響に比べて小さいと見積もられている．

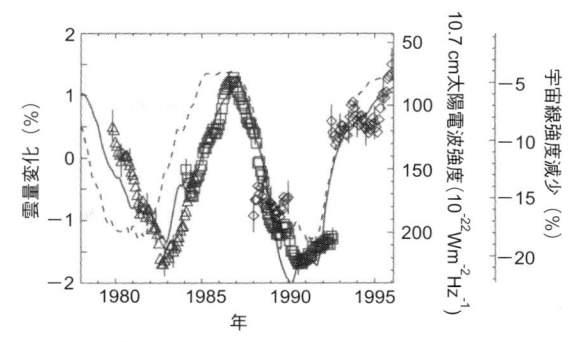

図 1.1.13 全雲量と宇宙線強度および 10.7 cm 太陽電波強度の相関：記号はいくつかの人工衛星の全雲量データ，実線が宇宙線強度（Climax Neutron Monitor; cutoff rigidity 2.9 GV），破線が 10.7 cm 電波強度（Svensmark, 1998）．

b）銀河宇宙線と雲量の相関

銀河宇宙線と気候の関係や雲生成との関連は古くから論じられていたが，定量的な議論が始まったのは Svensmark（1998）の論文以降である．太陽放射だけでは気候変動を説明できなかったため，一躍注目を集めた．Svensmark（1998）は太陽活動と地球気候の関係を解明するために，地球表面の全雲量と太陽活動の関係を 1983 年から 1994 年の 12 年間について調べた（図 1.1.13）．全雲量として人工衛星による雲観測データが用いられ，太陽活動の指標として宇宙線強度が用いられた．銀河宇宙線以外に太陽黒点数，波長 10.7 cm の太陽電波強度などとも比較し，雲量は太陽活動そのものではなく，宇宙線強度と最もよく相関していることを明らかにした．さらに，彼らは雲量データを改訂し，宇宙線強度が下層雲（$P>680$ hPa，$z<3.2$ km，ここで P は大気圧，z は高度）のみと良い相関があり，上層雲（$P<440$ hPa，$z>6.5$ km）や中層雲とは相関がないことを示した．雲はその高度によってでき方や役割が異なる．一般に，高高度の雲は地球表面からの赤外放射を吸収することによって温暖化に有効であるが，低高度の雲は太陽からの可視光を反射して寒冷化を促す．つまり，宇宙線強度と下層雲に正の相関があれば，太陽活動と気候に正の相関があることを意味する．1995 年以降のデータも，較正方法の違いを補正すれば，宇宙線強度と下層雲量に相関が見られるが，さらに長期にわたって観測を続け，比較していく必要がある．

宇宙線強度と雲の関係を見るとき，雲量の測定の信頼性が重要である．例えば雲の層が幾重にもなっていると下の雲が測定されないことがある．最近は電波を用いたより精度の高い測定も行われている．宇宙線強度の太陽活動に対する変動は低緯度で小さく，高緯度で大きいので，宇宙線強度と下層雲量の相関係数はこの緯度効果を反映すると予想される．1983-2001 年のデータに対する宇宙線強度と下層雲量との相関係数の地磁気緯度に対する依存性は，予想されるように，低緯度では相関が悪く，南北 50°付近で相関が高い．高緯度では相関が悪いが，これは低温のために雲の質が異なることや地上の氷のためにデータの信頼性が低くなるためと解釈されている．

c) 銀河宇宙線による雲生成のメカニズム

　一般に雲粒は，硫酸塩粒子などの微粒子が核となって超微小核としてのエアロゾルが形成され，これに過飽和状態の水蒸気が凝縮してできる凝結核がさらに $10\,\mu m$ 程度に成長して作られる．銀河宇宙線による雲生成に関する有力なメカニズムとして，以下の2つが考えられている．

1) イオンによる凝結核生成モデル：雲生成過程に電荷が含まれると，核をつくる障壁が低くなり，小さな粒子は凝結して大きくなるため，雲の生成が促進される．銀河宇宙線が大気中につくるイオンがこの役目をしていれば，宇宙線強度と雲量が正相関することになる．大気中の電離効率（＝宇宙線強度）をパラメータとする雲生成のモデル計算では，3 nm 以上の大きさの凝結核密度は高度 3-4 km 付近で最大となる．電離効率を 20% 増加させると，凝結核は下層大気で最も増加し，上層大気ではやや減少するという結果が得られている．

2) 地球大気電流モデル：地球の大気電場に基づく大気電流のために，既存の雲（伝導度は大気より小さい）の境界に空間電荷が蓄積しており，この大気イオンの電荷がエアロゾルなどの粒子に移動する．銀河宇宙線による電離が増加すると，蓄積電荷も増加する．雲の近くにおいてこの電荷によって帯電したエアロゾルは雲に取り込まれ，効率よく氷晶核になるため，氷晶核生成率が増加する．

　以上のメカニズムはまだよく理解されているわけではない．銀河宇宙線と雲の関係を明らかにするために，さらなる研究が必要である．

地球磁場変動と太陽地球環境

　ここで少し話題を変えて，地球磁場の長期的変動と太陽地球環境との関係を述べる．1.1.3 小節で述べたように，任意の時刻においてオーロラが最もよく見られる場所は，地球を取り巻いて歪んだ帯状（オーロラオーバル）になっている．オーロラオーバルの大きさは，太陽風圧力と地球磁場圧力とのバランスおよびオーロラの活動度で決まる．太陽風が弱い時，オーロラオーバルは地磁気緯度 75° 付近まで縮小するが，フレアなど太陽活動が盛んで，太陽風の速度や密度が高くなり，巨大磁気嵐が発生すると，北海道からも地平線付近に赤いオーロラが観測されることがある．ちなみに，今までのオーロラ観測の最南記録は，タヒチ，アテネ，シンガポールやインドのムンバイなどで，この時には太陽活動度は極めて高くなっていたと思われる．それに対し，フロリダやハワイでは，少し大きめの磁気嵐であればオーロラが見られる．現在，地磁気の極がアメリカの方に傾いているためである．また，オーロラ嵐の発達／減衰に応じて，オーロラの位置も 10° 以上変動することがわかっている．

　ところで，同じ現象（オーロラオーバルの拡大，低緯度オーロラの観測）は，太陽活動が高くならなくても，地球の磁力が弱まれば起き得る．Gauss が初めて地球の**双極子磁場**（dipole magnetic field）の強度（地磁気モーメント）を測定して以来，多くの研究者が推定している（図 1.1.14）．実は，約 2 ka から，地磁気モーメントは徐々に弱まってきていることが，岩石に残された磁気の研究で明らかにされている[16]．とくに，近代的な観測が行われるようになったこの

---

16) 地磁気モーメントは図 1.1.11 中の ^{14}C 濃度の経時変化におけるベースラインと一対一には対応しないので注意されたい．

100年あまりで，すでに地磁気モーメントは10%も減少している．このままのペースで減り続けると，あと1200年後には地球磁場はゼロになってしまう計算になる．しかし，このような予測はあまり意味がない．というのは，わずか100-200年間のデータを使って今後1200年のことを推測するのは科学的な信頼性に欠け，過去1万年くらいの間に繰り返されてきた地磁気増減のほんの一部に過ぎないことがわかるからである．

地球磁場は完全な双極子ではなく，また磁極が移動する．780 kaに磁極の反転があったことも知られている．反転のメカニズムはよくわかっていないが，反転のときには磁場の強度（少なくとも，双極子成分）が弱まっていたと想像される．地球磁場が逆転するときには双極子磁場がそのままの大きさでぐるりと逆を向くわけではなく，おそらく双極子磁場の強度が一旦弱くなる．ちょうど，太陽が22 yrの周期で南北の極が入れ替わっており，逆転の過渡期には多くの黒点（局所的に磁場が強い場所）が現れることと似ている．

このような，双極子磁場強度の減少，極の移動，もっと局所的な磁場変動を考慮に入れてモデルを作ることができる．図1.1.15に示す3枚の図は300年前，現在，そして1000年後のオーロラ帯の位置をモデルから推定したものである．この図によると，300年前にオーロラ帯がヨーロッパに傾いていたことが再現され，オーロラ科学がイギリスやフランスで盛んになったことと矛盾しない．もしこの推定を1000年後まで延長することができるなら（もし，今までの傾向がこのまま続くなら），そのころにはオーロラ帯の中心が日本にまで降りてくることになり，興味深い．

しかし，毎晩オーロラが見られると喜んでばかりはいられない．通信障害やオーロラ電流の誘導による電力系のトラブルなど，**宇宙天気**（space weather）の弊害（1.1.6小節参照）が顕著になる．また，太陽風の圧力を地球磁場が支えていることができなくなり，太陽風が直接高層大気に吹き付けることにもなる．ちょうど今の火星のように，太陽紫外線で高層の大気がプラズマになり，そこに太陽風があたれば，太陽

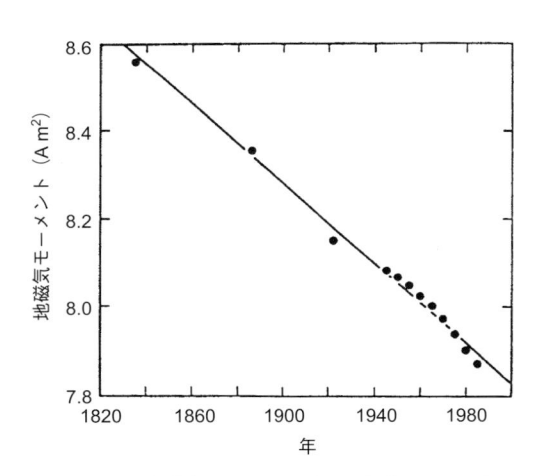

図1.1.14 地磁気モーメントの変化：1835年にGaussが測定して以来，地磁気モーメントは着実に減少している．現在では年に−0.07%の割合である（力武，1980を改訂）．

300年前　　現在　　1000年後

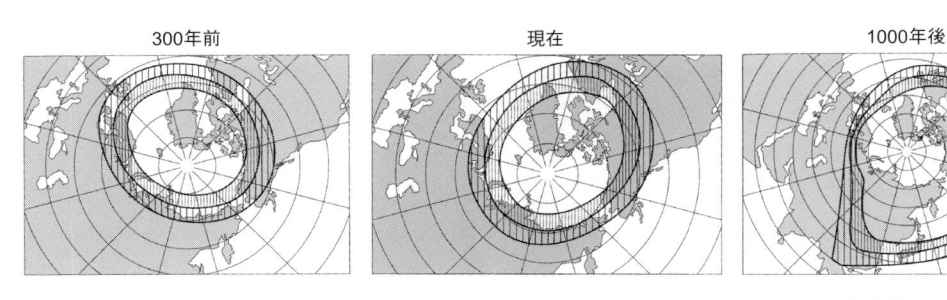

図1.1.15　300年前，現在，1000年後のオーロラ帯：地磁気モーメントと極のドリフトを考慮に入れて計算したもの．細かい斜線部はオーロラ帯，粗い斜線部はサブオーロラ帯を表す（Oguti, 1993）．

風磁場に捉えられるなど，地球の大気が影響を受けることになりかねない．

地磁気が極端に弱くなった場合のもう1つのシナリオは，成層圏オゾン層を通じてのことである．地磁気が弱くなれば，高エネルギーの太陽宇宙線がより低高度までやって来る．そのために，成層圏の窒素分子（N_2）がイオン化され，窒素酸化物が増え，その結果オゾン量が減る．つまり，このプロセスはオゾンホールが増大するということを示しており，実際，太陽活動が高く，大きな磁気嵐が発生しているときにはオゾン量が減ることが最近の観測から報告されている．オゾン量が減ると，地上に達する紫外線量が増加し，癌が増えたり，遺伝子を破壊したり，生命や遺伝に影響を及ぼすことは簡単に想像できる．さらに，オゾン層の大気温度への役割も大きいから，その気候変動の生命活動への影響も大きいはずである．

これらの推測は，まだ定量的議論にまで至っておらず，今後の研究が待たれるところである．

今後の研究課題

以下に今後の研究課題と思われる事項を列挙する．

1）太陽活動と地球気候の関係

太陽活動がどのような素過程を経て地球気候の変動をもたらすのかを知るため，どのようなメカニズムで上層大気と下層大気とがつながっているのかを解明する必要がある．また，太陽活動と気候との関係を詳しく知るために，過去の太陽活動の変化を高精度で復元する必要がある．そのためには，^{14}Cの高時間分解能（1-2 yr）の測定と周期性の解明や，^{10}Beの高精度測定および年代決定の信頼性の向上が必要である．^{14}Cと^{10}Beの測定結果を比較し照合すれば，太陽活動の高精度な復元が可能となる．また，地域性を排除した全球共通項を抽出することができる．

2）地球磁場

宇宙線生成核種の変動から太陽活動を抽出するために，過去の地球磁場の高精度復元が必要である．また，地球磁場変動による宇宙線強度の変化を予測し，その変化が地球環境と生命圏へ与える影響を調べることも必要である．

3）宇宙線強度と雲生成の相関

銀河宇宙線を介した太陽活動と地球気候の関係を解明するために，雲量データの信頼性の向上と全球的な観測の継続が望まれる．さらに室内実験による雲生成のメカニズムの検証および雲生成のモデル計算との比較が重要である．

1.1.5 人間活動による大気の変質

大気微量成分

地球の大気は，大気圧が高度15 kmで地上の十分の一，高度30 kmで百分の一になり，その厚さは地球の直径約13,000 kmに比較してはるかに小さく，大気はリンゴの薄皮のようなものである．この大気中に土壌・海洋・火山や樹木などからいろいろな気体が放出されている．**人間活動**（human activity）によってもさまざまな気体が大気中に放出される．とくに産業革命以降の産業・農業・交通などの発達により，地球大気へのさまざまな**人為起源の微量気体**（anthropo-

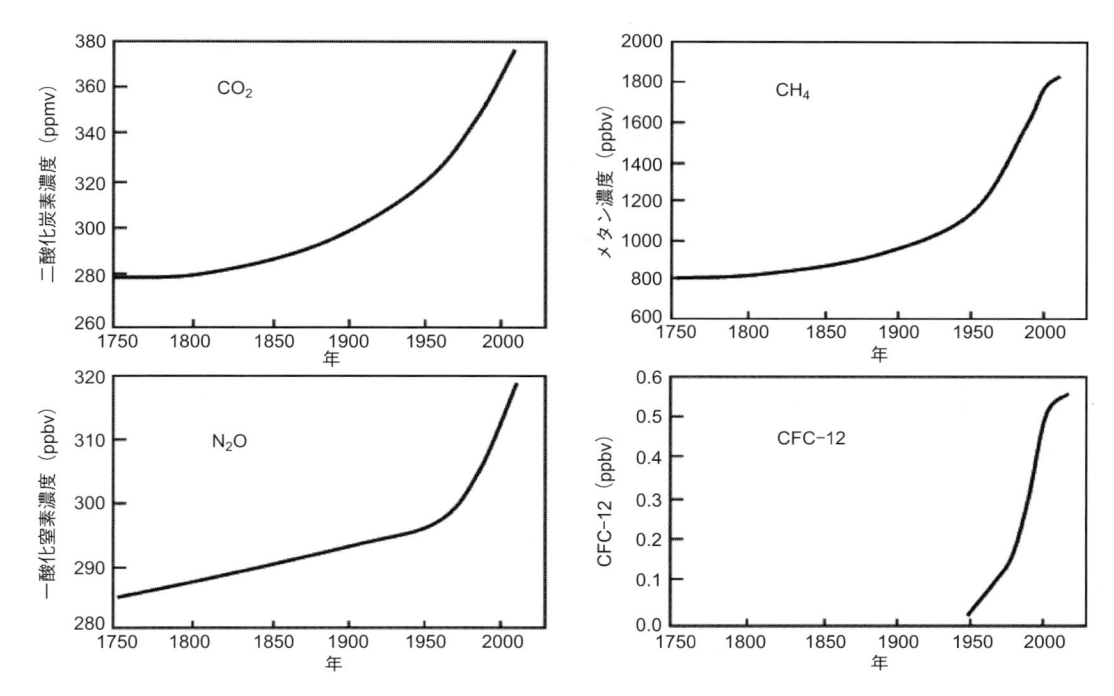

図 1.1.16 産業革命後の大気中の微量成分の濃度変化図：**気候変動に関する政府間パネル**（Intergovernmental Panel on Climate Change：IPCC）のレポートを参考に，以下の最近のデータを加えたもの．
http://www.ipcc.ch/pub/spm22-01.pdf（p. 6，Figure 2）
http://gaw.kishou.go.jp/wdcgg.html
http://www.data.kishou.go.jp/kaiyou/shindan/a_2/co2_trend/co2_trend.html
http://www.data.kishou.go.jp/obs-env/hp/2-2-2ch4.html
http://www.data.kishou.go.jp/obs-env/hp/2-2-3n2o.html

genic trace gas）の放出量が大きくなっている．図 1.1.16 に大気中の 4 つの化学成分の 1750 年以降の濃度変化を示す．二酸化炭素（CO_2）は石油などの燃焼により，メタン（CH_4）および一酸化二窒素（N_2O）は農業などにより放出される．CF_2Cl_2（chloro-fluoro-carbon 12：CFC-12）は，後で述べるオゾン層破壊物質である**塩化フッ化炭素化合物**（CFC compounds：CFC 化合物と呼ぶ）の一種である．

近年問題になっている大気にかかわる環境問題，すなわち**オゾン層破壊**（ozone layer destruction），地球温暖化，酸性雨，大気汚染などはおもに人間活動に起因する大気中の微量成分の増大が原因であると考えられている．ここでは酸素分子，窒素分子以外の大気中の成分を微量成分と呼ぶ．微量成分気体が環境や気候に与える影響を解析する上で，考えなければならない過程を図 1.1.17 に示す．地球大気に新たに放出された気体はそのまま蓄積されるわけではない．放出された気体は大気中で化学反応したり，海洋や土壌に吸着されたりする．放出速度と除去速度のバランスで大気中の濃度は決まる．たとえば大気に放出された CH_4 は，大気中で **OH ラジカル**（OH radical）と反応して消失する．OH ラジカルは大気の掃除屋として働き，CH_4 に限らず大気中に放出されたほとんどの有機化合物と反応し，大気を浄化する．OH ラジカルは太陽放射により光化学的に大気中に生成される．CH_4 の場合，大気中への放出速度とこの OH との反応速度のバランスにより大気中の存在量が決まっている．放出速度が大きいため，図 1.1.16 に示すよう

図1.1.17 大気中に放出された気体が環境や気候に与える機構の模式図.

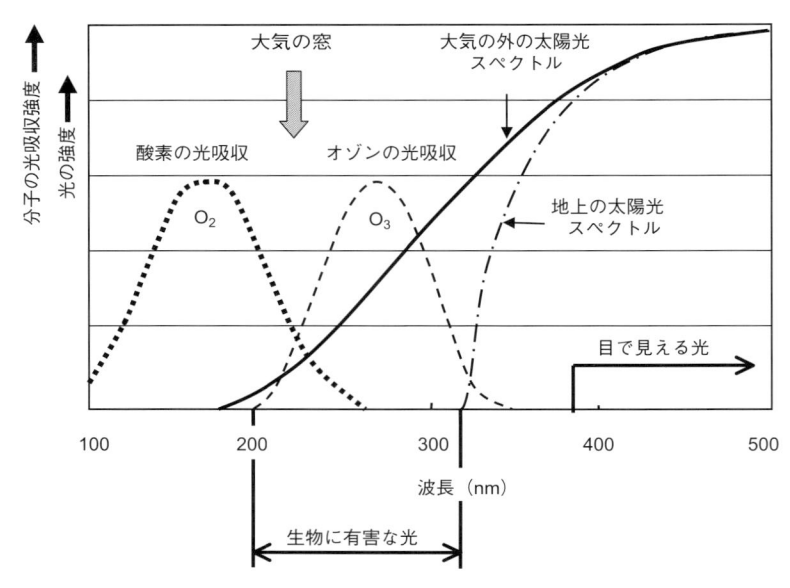

図1.1.18 大気中の酸素分子（O_2），オゾン（O_3）の光吸収スペクトルと太陽放射の波長分布：光吸収強度および光強度は模式的に描いてあり，定量的には不正確である．

にCH_4の存在量は年々増大している．図1.1.17に示すように，大気中に放出される気体が環境や気候に与える影響を解析するには，大気中の存在量を決定するプロセスをよく知った上で，大気中に存在する微量成分が気候や環境に与えるプロセスや，気体の特性を解析する必要がある．CH_4分子を例にとると，この分子は赤外領域に分子特有の光吸収をもち，この吸収線の波長が地球からの赤外放射の波長とよく一致するので強い**温室効果**（greenhouse effect）をもたらす．従って，CH_4は地球温暖化に大きく寄与する温室効果気体となる．

成層圏オゾン層破壊

成層圏オゾン（stratospheric ozone）は地球大気の酸素分子（O_2）と太陽放射光との光化学反応により作られる．太陽放射は温度約5780 Kの黒体放射とみなせるので，図1.1.18において「大気の外の太陽光」として示されているスペクトル分布をもっている．太陽放射は目で見える可視光線の波長域（400-700 nm）で最も強いが，波長の短い200-400 nm付近の紫外線も地球大気に降り注いでいる．大気主成分であるN_2は100 nmより短い波長しか吸収しないので，太陽放射による光化学反応には関与しない．他の成分であるO_2は，図1.1.18に示すように，240 nm程度まで光吸収スペクトルがあるので，太陽放射のスペクトル強度と重なる部分がある．このため，O_2は太陽紫外線を吸収する．太陽紫外線のエネルギーはO_2の化学結合エネルギーより

大きいので，O_2 は 2 つの酸素原子（O）に光分解する．

$$O_2 \xrightarrow{\text{太陽光}(\lambda<240\,\text{nm})} O + O \qquad (1.1.1)$$

大気中で生成した O 原子は周囲にある O_2 と結合してオゾン分子（O_3）になる．

$$O + O_2 \rightarrow O_3 \qquad (1.1.2)$$

(1.1.1)式と(1.1.2)式の反応過程が成層圏オゾンの生成過程である．消失過程もあるので成層圏オゾンの濃度は定常的になっている．おもな消失過程は次の 2 つである：

$$O_3 \xrightarrow{\text{太陽光}(200\,\text{nm}<\lambda<330\,\text{nm})} O + O_2 \qquad (1.1.3)$$

$$O + O_3 \rightarrow O_2 + O_2 \qquad (1.1.4)$$

O_3 は成層圏に層をなして存在するため，**成層圏オゾン層**（stratospheric ozone layer）と呼ばれる．大気上部から透過してくる太陽放射のうち，O_2 の光吸収に相当する部分は多量の O_2 により吸収されてしまい，高度の低い所まで到達できない．従って，(1.1.1)式の反応が起こらないために低い高度では O_3 の濃度は低い．また，高い高度では O_2 の濃度が低いため O_3 の濃度が減少する．このようにして O_3 は地球大気の高度 15-50 km，すなわち成層圏に集中して存在する．

O_3 分子は図 1.1.18 に示すように 200-300 nm に非常に強い光吸収をもつ．このため，この波長域の太陽放射が地上に届くのを防いでいる．300 nm 付近から短波長の光は地球上の植物・動物などの生き物にとって非常に有害である．生物が細胞増殖するときに用いる DNA（デオキシリボ核酸）の中の核酸分子がこの波長域の紫外線を吸収して，損傷してしまうからである．たとえば，人間においては皮膚癌の原因になる．したがって，成層圏オゾン層が地球上の生物を太陽紫外線から守っていることになる．

成層圏オゾンは 1970 年ごろから 10 年で 3% 程度の割合で減少した．その減少は図 1.1.16 に示されている CFC-12 の濃度の増大とほぼ同期して起こっていた．成層圏オゾンが減る原因は人間が大気中に放出した CFC 化合物のためであると考えられている．CFC 化合物は**フロン**（CFC compounds）あるいはフレオン（freon）とも呼ばれているが，エアコンの冷媒，精密部品の洗浄剤などに使用されてきた．天然には存在せずに，人類が合成した化学物質である．CFC 化合物は化学的に非常に安定である．先に述べたように，大気中に放出されたほとんどの気体物質は対流圏大気中の OH ラジカルと反応して除去される．しかし，CFC 化合物は OH ラジカルと反応しない．また，CFC 化合物は 250 nm より短い波長に光吸収をもつため，300 nm より長い波長をもつ地上付近の太陽放射では分解されない．表 1.1.1 に CFC 化合物やその他の化合物の大気中での寿命をまとめた．CFC-11 や CFC-12 などの化合物が 50-100 yr 程度の非常に長い寿命をもっていることがわかる．地上で放出された気体が高度 10 km 以上の成層圏まで拡散していくのには数年かかる．寿命の長い CFC 化合物は安定なので対流圏にどんどん蓄積して，成層圏まで拡散していく．

表 1.1.1 CFC 化合物などいろいろな化合物の大気中の寿命

化合物	大気寿命
$CFCl_3$(CFC-11)	45 年*
CF_2Cl_2(CFC-12)	100 年*
$CClF_2H$(HCFC-22)	12 年*
CHF_2-CHF_2(HFC-134a)	14 年*
CH_4(methane)	5 年**
CO	2ヶ月**
C_3H_8(Propane)	10 日**
NO_2	2 日**

注：* の数値は http://www.ipcc.ch/activity/specialrprt05/IPCC_low_en.pdf (p. 14) から，** の数値は反応速度定数 (http://jpldataeval.jpl.nasa.gov/) を基に計算されたもの．

成層圏オゾン層の中で高度が上がっていくと，O_2 の光吸

収と O_3 による光吸収との狭間である波長 200 nm 付近の太陽放射を受けるようになる．図 1.1.18 に示すように，200 nm 付近の波長領域は紫外線の**大気の窓**（atmospheric window）と呼ばれている．CFC 化合物は 200 nm 付近に強い光吸収をもつので，成層圏に拡散した CFC 化合物は太陽放射を吸収して分解され，塩素原子（Cl）を放出する．Cl は O_3 と反応して，ClO を生成する．オゾン層には O が存在するので，ClO は周囲の O と反応してまた Cl へ戻る．Cl は再び O_3 と反応する．この反応が繰り返される：

$$Cl + O_3 \rightarrow ClO + O_2 \tag{1.1.5}$$
$$ClO + O \rightarrow Cl + O_2 \tag{1.1.6}$$

よって，正味（net）の反応は次のようになる：

$$O_3 + O \rightarrow O_2 + O_2 \tag{1.1.7}$$

O は O_3 の元となるオゾン前駆体なので，(1.1.5)式だけでなく(1.1.6)式も O_3 減少に寄与することになる．成層圏の CFC 化合物の濃度は O_3 の数万分の一なので，それから生成する Cl 原子が 1 つの O_3 分子を消失させるだけならほとんど何の問題も起こらない．ところが，(1.1.5)式と(1.1.6)式の正味の反応過程は(1.1.7)式になるため，(1.1.5)-(1.1.7)式の反応において Cl が触媒のような働きをすることになる．すなわち自分自身は変化せずに O_3 の消滅を進めている．このような反応を**触媒サイクル反応**（catalytic cycle reaction）と呼ぶ．このサイクル反応により，成層圏で 1 個生成した Cl 原子が数千個から数十万個の O_3 分子を消失させる．これが大規模な成層圏オゾンの破壊である．**南極オゾンホール**（Antarctic ozone hole）は，南極の気候特有の条件により上記の Cl による O_3 破壊が南極の春（9-10月）に局所的に非常に激しく進行し，成層圏オゾンが半分以上なくなってしまうものである．この南極オゾンホールは，特殊な現象としてとらえるより，世界的に起こっている成層圏オゾン破壊が最も著しく現れていると考えるべきである．

成層圏オゾン層が破壊・減少することにより，有害紫外線強度が増大し，動物・植物に悪い影響を与えることが予測されてきた．CFC 化合物によるオゾン破壊反応の機構解明および成層圏での化学過程の解明の業績により，1995 年のノーベル化学賞が Molina，Rowland，Cruzen の 3 名に授与された．人為起源の CFC 化合物による成層圏オゾン層破壊を防ぐために，1987 年に**モントリオール議定書**（Montreal protocol）という形で国際的なオゾン破壊物質の使用・生産・放出の規制が始まり，その後も何度か追加の規制がなされている．この規制により，大気中の塩素化合物の濃度は徐々に減少していくと考えられるため，2000-2005 年あたりにオゾン破壊の最も激しい時期があり，今後は回復していくと予想されている．しかしながら，表 1.1.1 に示すように，CFC 化合物の大気中の寿命は非常に長いので，回復は極めてゆっくりであると考えられる．南極オゾンホールが消滅するのも 2040-2060 年ごろと予想されている．

近年，CFC 化合物（フロン）に替わる成層圏オゾン層を破壊しないような化合物，すなわち**代替フロン化合物**（substitute compounds for CFCs）が開発され使用されるようになった．表 1.1.1 に示すように，化合物の中に H を導入して OH との反応速度を高めて大気中の寿命を短くしたり（HCFC-22 など），Cl を全く含まない化合物（HFC-134a など）を用いたりしている．しかしながら，**HFC 化合物**（hydro-fluoro-carbon compounds）は，Cl を含まないので成層圏オゾン破壊は引き起こさないが，地球温暖化の強力な温室効果気体となるため，温暖化防止の国際的な取り決めである**京都議定書**（Kyoto protocol）では，その排出を抑制することが決められて

いる．

地球温暖化に伴う成層圏・中間圏・熱圏の変質

温室効果気体の増加の影響は下層大気だけに止まらず，成層圏・中間圏・熱圏と呼ばれる高度15-500 km の中層・超高層大気にも顕在化する．1980年代後半，地表から放出される温室効果気体の増加が地表や対流圏の温暖化と成層圏・中間圏・熱圏の寒冷化を同時に引き起こすという説が提唱された．中層・超高層大気においては，地球放射による赤外線量が相対的に少ないために，赤外線の吸収量よりも宇宙空間への放射量が多くなり，結果として冷却化が促進されるためである．また，成層圏における寒冷化は，温室効果気体による直接的な影響に加え，CFC 化合物によるオゾン破壊・減少に伴う間接的な影響も寄与している．これは，O_3 の減少によって成層圏オゾンの太陽紫外線吸収による加熱効果が減衰するためである．もし現在のペースで温室効果気体の増加が進行すれば，中層・超高層大気では寒冷化が促進されるだけでなく，中性大気の密度や組成の変質，さらには電離圏の高度変化など，さまざまな環境変化が起こる，と懸念されている．

Roble and Dickinson (1989) は，中間圏・熱圏・電離圏を含む全球平均の大気モデルを用いて，温室効果気体増加が及ぼす高度 60-500 km における大気環境への影響を初めて定量的に見積もった．この結果から，高度 60 km で温室効果気体の濃度を倍増した場合[17]，高度 50-100 km で約 10-15 K，高度 100 km 以上で約 20-50 K の温度低下が起こると予測された．この寒冷化に伴って起こる大気の収縮によって，熱圏大気の主成分である N_2 や O_2・O の密度が 30-50% 減少する．Rishbeth (1990) は，超高層大気の寒冷化・収縮が高度 80-500 km の大気中に存在する電離圏環境にも影響を及ぼす可能性を指摘した．彼は，Roble and Dickinson (1989) が予測した大気環境変化の結果と標準的な電離圏理論モデルとを用いて電離圏環境への影響を概算し，温室効果気体の倍増に伴って電離圏 E 層と F2 層の電子密度ピーク高度がそれぞれ約 2 km と 15-20 km 降下すると推定した．その後，これと同様の結果が 3 次元の**熱圏-電離圏大気大循環モデル** (thermosphere/ionosphere general circulation model：TIGCM) でも再現された (Rishbeth and Roble, 1992)．これらの理論・モデルによる予測がなされて以降，地球温暖化の現れとしての超高層大気・電離圏の変化が注目されるようになってきた．

超高層大気で起きている寒冷化の影響は，実は我々の生活と全く無縁ではなく，電離圏高度降下や電子密度変化による電波通信への影響，大気の収縮に伴う低高度衛星（スペースシャトルやスペースステーションが飛翔する熱圏高度）の運用への影響なども懸念されている．

成層圏・中間圏・熱圏の長期的変化傾向

20世紀中における表層の全球平均気温の上昇は約 0.6℃ であるが，上で述べたように中層・超高層大気ではより明瞭な温度変化やそれに伴う大気変質があったことが予測されている．観測データから，温室効果気体増加が及ぼす中層・超高層大気への影響を定量的に評価するためには，少なくとも過去数十年分の長期的，かつ連続した時系列データから，できるだけ自然変動起

---

[17] 21世紀中に倍増すると予想されている．ちなみに，図 1.1.16 に示すように，産業革命以前の大気 CO_2 濃度は約 280 ppm，2000年では約 375 ppm である．

因（太陽・地磁気活動の効果など）の変動を取り除き，人為起源に伴う有意な長期的変化傾向（トレンド）を抽出・検証していく必要がある．

a) 成層圏

さまざまな観測データから推定される過去数十年間における成層圏温度の長期トレンドは，緯度や高度によって違いは見られるものの，いずれも低下傾向を示す．具体的には，北半球中緯度（45°N）の下部成層圏で 0.05-$0.09\ \mathrm{K\ yr^{-1}}$ の低下傾向，上部成層圏で 0.12-$0.26\ \mathrm{K\ yr^{-1}}$ の低下傾向を示した（Ramaswamy et al., 2001）．また，極域下部成層圏では温度低下率が 0.3-$0.4\ \mathrm{K\ yr^{-1}}$ と，中・低緯度に比べ著しい温度低下を示す．上述したように，成層圏における寒冷化は赤外放射冷却がそのおもな要因であるが，全球的に成層圏オゾンが経年減少していることも重要な要因の1つである．温室効果気体増加に伴う成層圏の寒冷化は，極域のオゾン破壊（オゾンホール）にとって重要な働きをする**極成層圏雲**（polar stratospheric cloud：PSC）の発生量・頻度を増加させ，それに引き続く不均一反応により極域オゾン破壊が促進され，極域成層圏の温度低下率を加速させる可能性がある．今後，この過程を観測やモデルにより解明し，その影響を見積もる必要がある．

b) 中間圏

中間圏（50-80 km）では有意な温度低下率（0.1-$0.3\ \mathrm{K\ yr^{-1}}$）がモデルから予測されている一方で，ロケットゾンデの長期観測データからは，中間圏の上側（80-100 km）における温度低下率が $0.8\ \mathrm{K\ yr^{-1}}$，もしくはそれ以上になるという報告もある（Beig et al., 2003 を参照）．しかし，中間圏温度の長期トレンドがほとんど一定であるという観測結果（Lübken, 2000）もあり，中間圏領域で全球的な温度低下が起こるというモデル予測は必ずしも正しくない，という指摘がされている．

c) 熱圏・電離圏

成層圏・中間圏とは異なり，熱圏・電離圏高度では直接的・定常的な温度観測があまり行われておらず，間接的な手法によって寒冷化の影響が推定されてきた．その1つが，低高度衛星の長期軌道データを利用し，衛星が受ける大気抗力による軌道半径の変化率から大気密度変化を推定し，全球平均的な熱圏高度における大気密度の長期的変動を調べる方法である．この手法により，熱圏の大気密度が平均的に約 $0.45\%\ \mathrm{yr^{-1}}$ で減少していることが推定された．もしこのペースで大気密度の減少が続くと，21世紀の終わりまでに熱圏大気の高度が約40 km も降下することになる．

一方，長期間連続したデータが比較的揃っている電離圏垂直観測（イオノゾンデ観測）から電離圏高度の長期トレンドを求め，熱圏大気の降下を推測する方法がある．この研究手法は，上述したような，超高層大気の寒冷化に伴って電離圏高度が降下する，という理論的予測に基づいている．いくつかの観測点において，過去約30-50年間に電離圏F2層の電子密度ピーク高度が 0.2-$0.5\ \mathrm{km\ yr^{-1}}$ で緩やかに降下していることが示され，この結果は温室効果気体増加による寒冷化が原因であると解釈された．しかし最近，イオノゾンデ多点観測網を用いた解析から，F2層ピーク高度は必ずしも全球的に降下しているのではなく，ある地域ではF2層ピーク高度が変化しない，もしくは上昇傾向を示すという報告もある．この結果は，電離圏の降下が全球的にほぼ一様にあらわれると予測する理論・モデル結果と矛盾する．また，電離圏の長期変化に対して，寒冷化に起因する説とは異なった解釈（地球磁場の長期変動に起因する説）も提案されてい

る．

今後の研究課題

人間活動による大気の変質過程を詳しく理解していくために，次のような課題が残されている．

1）徐々に回復していくと予測されている成層圏オゾン破壊や南極オゾンホールが，現実にはどのように変化していくのかを精密な観測により検証する必要がある．
2）代替フロンの使用が，地球温暖化を引き起こす温室効果気体の増大を招くかどうか，また大気中での反応過程により新たな環境問題を引き起こすかどうか厳しくチェックする必要がある．
3）現在理解されている大気の化学・放射・力学過程を考慮して高解像度全球気候モデルを拡張し，温室効果気体増加に伴う全高度における応答機構を検証する必要がある．
4）全球的な観測とモデルの比較解析から，人為・自然起因に伴う気温・大気組成変化などを定量化し，地球周辺環境変動の将来的予測や評価を行う必要がある．

1.1.6　宇宙災害と宇宙天気研究

宇宙災害

21世紀に入り，太陽活動が原因となって我が国の衛星が致命的なダメージを受ける事故が相次いだ．2000年7月の大規模磁気嵐時には，衛星が飛翔する超高層大気の加熱が原因となってX線天文衛星「あすか」が姿勢不安定となり，回復することなく，翌年に大気圏へ落下した．2001年9月と11月には相次いで衛星テレビ中継が中断する事故が発生した．その原因は，太陽フレアにより放出された高エネルギー粒子や磁気嵐回復相における磁気圏放射線帯高エネルギー粒子の増加と見られている．2003年10月25日には，地球観測衛星「みどり」が電源系統の焼損によって使用不能になった．オーロラ帯を通過した際に多量のオーロラ電子を浴び，衛星表面が帯電したためと見られている．2005年1月には，通信衛星「JCSAT」が太陽フレア高エネルギー粒子によると思われる障害を受け，姿勢制御の最中にエンジンが1基停止したために，通信回線が一時遮断された．電離圏を介した短波による通信は国際線の旅客機や漁業無線などに常用されているが，太陽フレアX線による通信不能など，大きな障害を受ける．また，地球観測や気象衛星に使用される衛星電波が電離圏を通過する際には，**シンチレーション**（scintillation）と呼ばれる電波の位相と強度の変動によって画像劣化や映像の欠落が発生する．最近は，**電離圏嵐**（ionospheric storm）によるGPS衛星測位の誤差が大きな問題となっている．これらの宇宙天気が原因となる障害がもたらす経済的損害は莫大なものであるばかりでなく，ハイテク社会のインフラの信頼性を損なう深刻な問題である．このほか，宇宙飛行士が宇宙に長期滞在する場合に，微量ながらも放射線被曝を受ける問題も深刻である．

図1.1.19に示すように，突発的な太陽活動には，太陽フレアによるX線放射，高エネルギー粒子放出，太陽コロナからの突発的なプラズマ粒子放出現象である**コロナ質量放出**（coronal mass ejection：CME），そして，コロナホールからの高速プラズマ流などがある．高エネルギー

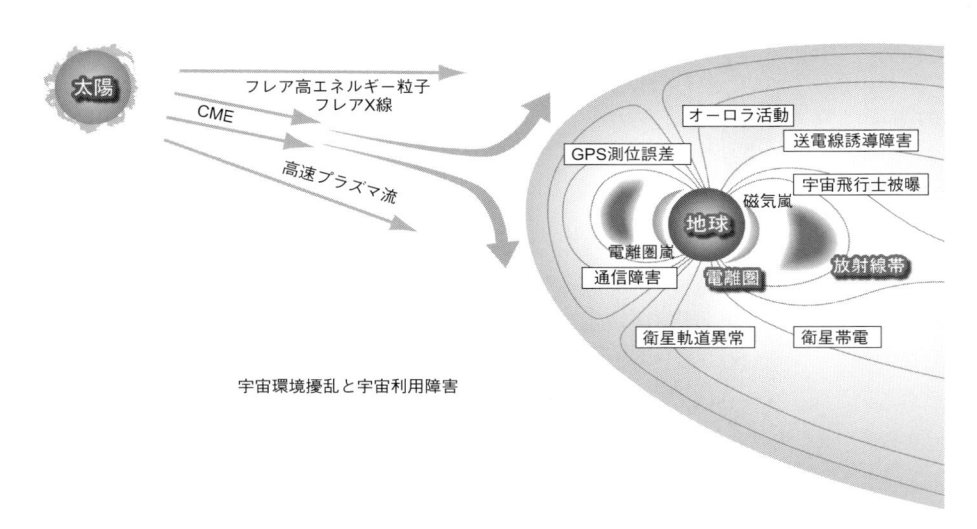

図 1.1.19 突発的な太陽活動に起因するいろいろな宇宙災害：太陽フレア高エネルギー粒子は衛星機器を誤動作させ，オーロラ嵐や磁気嵐は地上の電力システムに障害を与える．電離圏嵐は短波通信を途絶させ，衛星電波にも変動を与えるため気象衛星の映像が乱れ，衛星測位に大きな誤差が発生する．電離圏嵐は超高層大気を加熱し，衛星軌道にも深刻な障害を与える．

粒子は CME 前面の衝撃波でも加速生成される．太陽から放出された CME や高速プラズマ流は太陽の磁場とともに地球に飛来し，磁場の向きが南を向いていると地球磁気圏との相互作用によって磁気嵐を発生させる．

宇宙天気研究

人類が利用する宇宙空間は，静止衛星や GPS 衛星が飛翔する磁気圏，そして，周回衛星や通信などに影響する熱圏・電離圏が主である．**太陽-地球間物理学**（solar-terrestrial physics）の磁気圏や熱圏・電離圏分野において研究対象となっているサブストーム，磁気嵐，電離圏嵐などがそのまま宇宙天気の研究課題である．さらに，宇宙天気研究では，宇宙天気の変動予測を実現するために磁気圏と電離圏の物理的連鎖をも研究する．以下に，宇宙天気研究を1つの事例で説明する．

2001年4月13日にグアムで受信した気象衛星「ひまわり」の画像が乱れて，走査線が抜けた見苦しい画像になった．この現象は磁気嵐の開始直後に発生したために，熱圏大気の運動や電離圏の組成変化が原因でなく，磁気圏や極域電離圏から電場が伝搬してきて，電離圏プラズマの運動を引き起こしたと考えられる．しかし，この運動はグアム上空の電離圏で発生したとは限らず，グアムから南へ 500 km 離れた磁気赤道上の電離圏プラズマがまず上昇運動し，次に磁力線に沿ってグアムの電離圏に移動した可能性がある．赤道の電離圏にプラズマバブルなどの電子密度不規則構造があると，それが一緒に移動して低緯度の電離圏に不規則構造を形成し，衛星電波にシンチレーションを発生させる（Kelley, 1989）．

次に，電離圏プラズマ運動のエネルギー源である電場の発生と伝搬経路を明らかにしなければならない．磁気嵐時の電場は，南向きの太陽風磁場が地球磁場と相互作用する結果として磁気圏内部に発生する（Dungey, 1961）．この電場発生のメカニズムに関して長年採用されてきた説で

は，太陽風速度と太陽風磁場のベクトル積で決まる電場がそのまま磁力線沿いに磁気圏や極域電離圏へ伝搬すると考えられている．しかし，磁気圏と電離圏の電気的な性質を示す特性インピーダンスの違いによるエネルギーの反射が発生するために，磁気圏の電場がそのまま電離圏に投影されるわけではない．しかも，最近の**電磁流体力学**（magnetohydrodynamics：MHD）シミュレーションの結果は，太陽風の電場が地球磁気圏へ直接伝搬するのではなく，昼間側のカスプと呼ばれる磁力線が集中する境界領域において高圧プラズマ領域が形成され，これが発電作用を起こすことを示している（Tanaka, 1995）．このようにして作られた磁気圏の電場は磁力線沿いに極域電離圏へ伝搬し，電離圏E層に電流を流してエネルギーを消費しながら，磁気圏や電離圏の電場とプラズマ運動を維持する（Iijima, 2000）．さらに，この電場が低緯度や赤道の電離圏でプラズマの運動を起こすためには，極域電離圏電場が赤道電離圏へ伝搬しなければならない．比較的ゆっくり変化する電場が磁力線を横切って伝搬することは困難であるため，磁気圏や電離圏F層を経て赤道電離圏へ伝搬することはできない．これを可能にする1つのメカニズムとして，極域電離圏電場が地面と電離圏で構成される導波管内で電磁波モードを励起し，これが光速で赤道へ伝搬すると考えられている（Kikuchi and Araki, 1979）．しかし，これらの理論や仮説は完全には証明されておらず，磁気圏電離圏内の電場やエネルギーの伝送に関する問題は研究途上にある．

　上記したように，宇宙天気現象の解析において，同一の現象が磁気圏や電離圏などの異なる場所で異なる形で現れることに注意する必要がある．**太陽風-磁気圏相互作用**（solar wind-magnetosphere interaction）の結果発生した電場は磁気圏内部や尾部に伝搬して，磁気圏環電流を発達させるほか，放射線帯高エネルギー粒子の生成に寄与する可能性もある．したがって，赤道電離圏へ伝搬する電場は同時に，磁気圏内部や尾部へも伝搬しており，これらの領域が双方向で影響し合う複合系を形成する．

　上記の事例では，電磁エネルギーを中心に述べたが，物質の流れを加えると，事態はさらに複雑になる．磁気嵐が回復相に入ると磁気嵐環電流を構成するイオンは，それまでのプロトンにかわって，電離圏から上昇してきたと見られる酸素イオンが主体となることが知られており，磁気圏境界領域や磁気圏尾部でのプラズマの集積が電磁エネルギーの発生源と考えられる．また，古くからの重要課題であるオーロラを光らせる高エネルギー電子の加速機構も，電磁場と粒子の相互作用の問題として未解決である．複合系を磁気圏のみ，あるいは電離圏のみというように，空間ごとに別々に切り離さないで，全体で理解しようとする研究手法が最近の宇宙天気研究の主要な流れになりつつある．広範な領域で同時に発生する宇宙天気現象の多様な性質を相互に矛盾なく理解することが，宇宙天気現象の予測にとって欠かせないからである．

　現在，実際に行われている宇宙天気予報は経験則や経験モデルに基づいている．これを，数値予報に発展させるためには，磁気圏と電離圏における基本過程を究め，さらに応用できるレベルにまで高めなければならない．そのための手法として，観測データの解析とグローバルMHDシミュレーションとの融合が今後の課題である．シミュレーションにより磁気嵐やサブストームを正確に再現するところまでは未だ至っていないが，現在は境界領域における物質の流入や電磁エネルギーの発生と伝送，付随するプラズマの運動などが可視的に理解できるようになりつつある．今後の宇宙天気研究の大きな発展が期待される．

今後の研究課題

宇宙利用障害の原因となる，次のような現象のメカニズムの解明が必要である．

1) 磁気嵐に伴った沿磁力線電流が磁気圏から電離圏に流れ込むと，地上の送電線に誘導電流が誘起され，1989年3月にカナダで発生したような大規模な停電が発生することがある．電場の発生源と強い電流を流す電離圏のそれぞれの状態を考慮した，誘導電流の発生メカニズムを知る必要がある．

2) 上述した地球観測衛星「みどり」の故障の原因は，太陽風衝撃波が到達した直後に発生したサブストームに伴う高エネルギー電子による衛星帯電であったと報告されている．日常的に発生するサブストームとは何が違うのか，サブストームのメカニズムにも関連する重要な課題である．

3) 磁気嵐に伴う放射線帯高エネルギー粒子束の増加により衛星がトラブルに見舞われる．一方，磁気嵐以外でも，太陽風速度が通常の 400 km s^{-1} から2倍近く高速になり，長時間継続する時に高エネルギー粒子束が増加し，静止衛星を危険な状態にする．どのようなメカニズムで高エネルギー粒子が増加するのかは宇宙天気にとって解明すべき重要な課題である．

4) 気象衛星写真などに悪影響を与える衛星電波シンチレーションの原因となる電離圏プラズマ不規則構造は中緯度地域においてもしばしば発生する．局所的に強い電場が寄与している可能性が考えられるが，中緯度不規則構造の生成メカニズムはよくわかっていない．

5) 磁気嵐の最中に低緯度電離圏プラズマ密度の高度方向積分値が異常に増加するため，GPS測位に大きな誤差が生じる．大規模磁気嵐のときには距離にして数十m程度の誤差が現れる．磁気圏電場による大規模なプラズマ運動の他に，電離圏の化学過程も含む複雑なメカニズムが関与していると考えられるが，さらなる研究が必要である．

参考文献

Beer, J., et al. (1998): An active sun throughout the Maunder Minimum. Solar Physics, 181, 237-249.
Beig, G., et al. (2003): Review of mesospheric temperature trends. Rev. of Geophys., 41, doi: 10.1029/2002RG 000121.
Dungey, J. W. (1961): Interplanetary magnetic field and the auroral zones. Phys. Rev. Lett., 6, 47-48.
Eddy, J. A. (1977): Climate and the changing sun. Climatic Change, 1, 173-190.
Feldstein, Y. I. (1963): The morphology of auroras and magnetic disturbances at high latitudes. Geomagn. Aeron., 3, 183-192.
福西 浩・国分 征・松浦延夫 (1983)：南極の科学2．『オーロラと超高層大気』，古今書院，325pp.
Hasegawa, H., et al. (2004): Transport of solar wind into Earth's magnetosphere through rolled-up Kelvin-Helmholtz vortices. Nature, 430, 755-758.
Hoyt, D. V., and Schatten, K. H. (1998): Group sunspot numbers: A new solar activity reconstruction. Solar Physics, 181, 491-512.
Iijima, T. (2000): Field-aligned currents in geospace: Substance and significance, Magnetospheric Current Systems. Geophysical Monograph, 118, 107-129.
Kelley, M. C. (1989): *The earth's ionosphere*, Academic Press, 484pp.
Kikuchi, T., and Araki, T. (1979): Horizontal transmission of the polar electric field to the equator. J. Atmos. Terr. Phys., 41, 927-936.
Lübken, F. J. (2000): Nearly zero temperature trend in the polar summer mesosphere. Geophys. Res. Lett., 27,

3603-3606.

Matsumoto, Y., and Hoshino, M. (2006): Turbulent mixing and transport of collision-less plasmas across a stratified velocity shear layer. J. Geophys. Res., 111, doi: 10.1029/2004JA010988.

Miyahara, H., et al. (2004): Cyclicity of solar activity during the Maunder Minimum deduced from radiocarbon. Solar Physics, 224, 317-322.

永田 武・等松隆夫（1973）：『超高層大気の物理学』，裳華房，449pp.

Oguti, T. (1993): Prediction of the location and form of the auroral zone: wandering of the auroral zone out of high latitudes. J. Geophys. Res., 98, 11649-11655.

恩藤忠典・丸橋克英 編著（2000）：『宇宙環境科学』，オーム社，302pp.

Ramaswamy, V., et al. (2001): Stratospheric temperature trends: Observations and model simulations. Rev. of Geophys., 39, 71-122.

力武常次（1980）：『地球磁場とその逆転』，サイエンス社，236pp.

Rishbeth, H. (1990): A greenhouse effect in the ionosphere ?. Planet. Space Sci., 38, 945-948.

Rishbeth, H., and Roble, R. G. (1992): Cooling of the upper atmosphere by enhanced greenhouse gases: Modeling of the thermospheric and ionospheric effects. Planet. Space Sci., 40, 1011-1026.

Roble, R. G., and Dickinson, R. E. (1989): How will changes in carbon dioxide and methane modify the mean structure of the mesosphere and thermosphere ?. Geophys. Res. Lett., 16, 1441-1444.

Sato, J., et al. (2003): The Yohkoh HXT/SXT flare catalogue. Montana State University and Institute of Space and Astronautical Science, 1-389.

SIDC (2007): Homepage of the Solar Influences Data Analysis Center, the Royal Observatory of Belgium. http://sidc.oma.be/index.php3.

Solanki, S., et al. (2004): Unusual activity of the Sun during recent decades compared to the previous 11,000 years. Nature, 431, 1084-1087.

Stuiver, M., et al. (1998a): INTCAL98 radiocarbon age calibration, 24,000-0 cal BP. Radiocarbon, 40, 1041-1083.

Stuiver, M., et al. (1998b): High-precision radiocarbon age calibration for terrestrial and marine samples. Radiocarbon, 40, 1127-1151.

Svensmark, H. (1998): Influence of cosmic rays on Earth's climate. Phys. Rev. Lett., 81, 5027-5030.

Tanaka, T. (1995): Generation mechanisms for magnetosphere-ionosphere current systems deduced from a three-dimensional MHD simulation of the solar wind-magnetosphere-ionosphere coupling processes. J. Geophys. Res., 100, 12057-12074.

UNH (2005): Cosmic Ray Intensities. http://ulysses.sr.unh.edu/NeutronMonitor/images/0_1950-2004.GIF.

その他の参考図書

Brekke, A.（奥澤隆志・田口 聡 訳）(2003)：超高層大気物理学，愛智出版，448pp.

Kelley, M. C. (1989): *The Earth's ionosphere—Plasma physics and electrodynamics*, Academic Press, 484pp.

岡本謙一 編著（1999）：地球環境計測，オーム社，324pp.

大林辰蔵（1970）：宇宙空間物理学，裳華房，484pp.

安成哲三・岩坂泰信 編（1999）：岩波講座 地球環境学 3 大気環境の変化，岩波書店，326pp.

1.2 大気と水循環

　地球表層の水はその相を変化させながら，大気，海洋，陸域を循環する．その中でも大気中の水循環はその高速性と長距離性から大気循環に与える影響が大きく，また雲や雨として我々の目にも馴染みの深いものである．さらに地球全体の**放射収支**（radiation balance）に大きな影響を与え地球の気候システムの大きな要素の1つである．本節では，大気中の水循環，とくに降水を中心に解説する．

　1.2.1小節では，地球表層の水を概観し，大気における水の役割と振る舞いを述べ，水循環の様態を述べる．1.2.2小節では，世界の降水分布と降水形態の違い，および降水の季節変動・年々変動について述べる．1.2.3小節では地球温暖化によって降水にどのような変化が現れるかを議論する．1.2.4小節では，降水観測法について，衛星観測を中心に概説する．そして最後に，1.2.5小節で大気の水循環研究に関する今後の課題を述べる．

1.2.1　水惑星「地球」

大気と水

　水惑星「地球」と呼ばれるように，**水**（water, H_2O）は地球を特徴づける大きな要素である．水は，水素（H）や酸素（O）という，宇宙に豊富に存在する元素からできている．しかしながら，液体の水が地表に豊富にある惑星は，太陽系の中で地球以外に無い．地球の水は，約45億年前に地球が微惑星から形成されている間に微惑星内部から大気中に放出され，地球が冷えるとともに凝結し，海を形成したとされている．地球に水が豊富に残り，太陽系の他の惑星には液体の水がほとんど無いことには，地球の大きさ，太陽からの距離などの要素が関わっている（序.2.5小節参照）．

　大気分子・原子の惑星からの脱出は，気温が高く重力が小さいほど容易である．実際太陽に最も近いため地表面温度が高く，しかも重力の小さい水星（質量は地球の約1/18）には大気はほとんど存在しない．地球は宇宙から見た**放射平衡温度**（radiative equilibrium temperature）が255 Kであり，重力も十分強いため，大気を保つことができている．このことを定量的に見てみよう．

　高度500 km以上の地球大気では大気分子・原子の衝突は少なくなり，熱速度が，重力圏からの**脱出速度**（escape velocity）を超えた分子・原子はそのまま宇宙空間に脱出する．各原子・分子の脱出速度は，**マクスウェル・ボルツマン分布**（Maxwell-Boltzmann distribution）のもとで確率が最大となる速さ

$$V_0 = \sqrt{\frac{2k_B T}{\mu m_u}} \tag{1.2.1}$$

から見積もられる．ここでは k_B は Boltzmann 定数（1.38×10^{-23} J K^{-1}），T は絶対温度，μ は分子量（原子量），m_u は原子質量単位（1.66×10^{-27} kg）である．この V_0 よりも大きい速度をもつ原子・分子の割合は速度 4, 10, 15 倍でそれぞれ 10^{-6}, 10^{-50}, 10^{-90} と急激に少なくなる．高度 500 km での大気温度 600 K では水素原子（H）の V_0 は 3.0 km s^{-1} である．地球の重力圏からの脱出速度[1] は 11 km s^{-1} であるので，V_0 の約 4 倍である．一方，酸素原子（O）の原子量は 16 であり，脱出速度は O の V_0 の 15 倍程度となる．高度 500 km では原子の衝突時間間隔は秒を超えることから，H は地球の歴史よりも短い時間で脱出していくが，O は地球の重力圏にとどまる．おおよそ，このようにして地球大気が残っていることがわかる．

水蒸気を除いた乾燥大気の成分比（モル分率）はよく知られているように窒素（N_2）が約 78%，酸素（O_2）が 21% であり，その他のガスは微量である．さらに水蒸気以外の大気の主成分は非常によく混ざっており，高度 80 km 付近まではその成分比はほとんど一様である．それ以上の高度になると分子量の違いによる重力分離により成分比は変化し始める．また太陽紫外線による光解離により O なども増加する（1.1 節参照）．水蒸気の**混合比** (mixing ratio)[2] は，場所，高度によって大きく変わる．これは地球表層の温度が水の凝結温度に近いため，水は大気中で相変化を起こすためである．

地球における水の特徴は，水が**固相** (solid phase)，**液相** (liquid phase)，**気相** (gas phase) の三相で存在していることである．固体は南極氷床などに長時間固定され，液体は海にあり，表層や深層の海洋循環でゆっくり動く．そして気体は大気中にあり，大気循環に伴い速く移動するように，水はその相により存在形式，移動形式を変えている．また，水は地球上ではありふれた存在であるが，特異な物性をもっている．1 気圧下での**融点** (melting point) と**沸点** (boiling point) はそれぞれ 0℃，100℃ と，同様の化学式構造をもつ他の分子に比べて非常に高い．液体の水の**比熱** (specific heat，あるいは単位質量あたりの熱容量) は 0℃ で 4.218 kJ K^{-1} kg^{-1} であり，これは液体としては異常に大きい．また**蒸発熱**（あるいは**蒸発の潜熱**，latent heat for vaporization）が 0℃ で 2500 kJ kg^{-1} とこれも異常に大きい．さらに水は氷に変わると体積が 8% ほど増える．さらに液体の水は物質を溶かし込む能力が高い．これらの性質は分子内の H-O-H が直線上ではなく 104° の角度を成しており，そのため水分子が電気的な極性[3]をもち，隣接する水分子どうしが**水素結合** (hydrogen bond)[4] していることによる．これらの特異な性質によって，大気中では水蒸気の凝結によって大きな**潜熱放出** (latent heat release) が生じることになり，大気の対流の駆動源となる．

地球の表面積の 3 割は陸域，7 割は海洋である．海はその大きな熱容量により容易には温度は変化しないが，陸域の地表面温度は大きく変化する．また北半球と南半球では海陸分布が大きく異なる．このように，陸と海とが非一様な強いコントラストを成していることが，地球上の水循

1）惑星の重力圏からの脱出速度は，惑星の質量と半径を M_p と R_p，万有引力定数を G とすると，$\sqrt{2GM_p/R_p}$ と書ける．
2）空気塊にふくまれる水蒸気と乾燥空気の質量比のことをいう．
3）分子内にある電気的な偏りのことで，正電荷分布の重心と負電荷分布の重心が一致しない場合に生じる．極性分子は自発的な電気双極子モーメントをもつ．
4）酸素やイオウ，ハロゲン元素などの電気陰性度が大きな原子（陰性原子）と水素原子が共有結合した分子では分子内に電荷の偏りが生じ，+に帯電した水素原子が，−に帯電した近隣分子の陰性原子の孤立電子対と作る非共有結合性の相互作用．原子間結合力としては，van der Waals 力より強く共有結合より弱い．

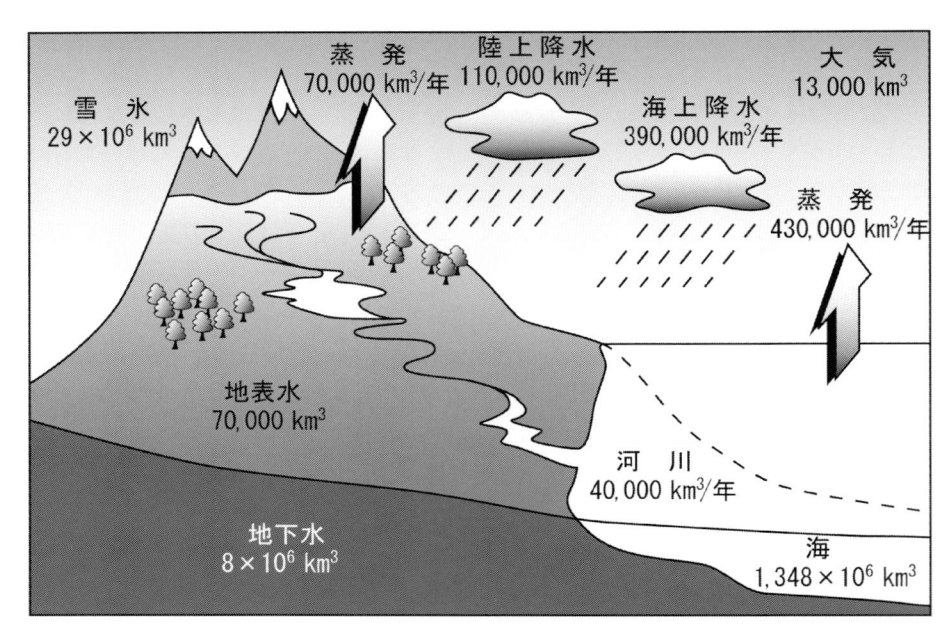

図1.2.1 地球表層の水の量：蒸発および降水は1年間に移動する全水量（$km^3\,yr^{-1}$）である（Herschy and Fairbridge ed., 1998）.

環と気候システムを大きく特徴づけている．

地球表層の水と循環

図1.2.1は地球上の水の存在量と移動量を示す．海は，平均深度は約4kmで，体積は約$1.3 \times 10^{18} m^3$（一辺がおおよそ10^3kmの立方体）となり，地球表層の水の97%を占める．次いで，固体の形での氷床や氷河が約2%，陸域（地下および地表）の水の順であるが，これらの推定値には幅があることに留意すべきである．大気中の水はほとんどが水蒸気であり雲や降水はそれに比べるとわずかな量でしかない．気柱に含まれる水蒸気がすべて凝結した場合の降水量（mm）を，**可降水量**（precipitable water）という．地球の全表面積で計算した可降水量は，約30mmにすぎない．

　水は地球規模で大きな循環を起こしている．日射のエネルギーにより海洋と陸域から**蒸発**（evaporation）して大気に入る．大気中を長距離輸送された後，**凝結**（condensation）し，**降水**（precipitation）として地表に戻る．陸域に戻った水はその後，河川，地下水などとなって**流出**（discharge）し，再び湖，氷河などの形で滞留あるいは**貯留**（storage）される．また，再度蒸発する水も存在する．わが国の降水は，冬季の積雪以外のかなりの部分が降ってから短時間で海に戻る．しかし，陸域からの**蒸発散量**（evapotranspiration）は陸域への降水量の6割以上になると見積もられており，大きな割合を占める．陸域の蒸発散量に占める植物による**蒸散**（transpiration）は大きな割合を占め，水循環に対する植生の影響は無視できない（1.4節参照）．

大気の温度構造と水循環

　太陽放射（solar radiation）は，衛星観測によれば，太陽黒点周期に同期した小さい変動はある

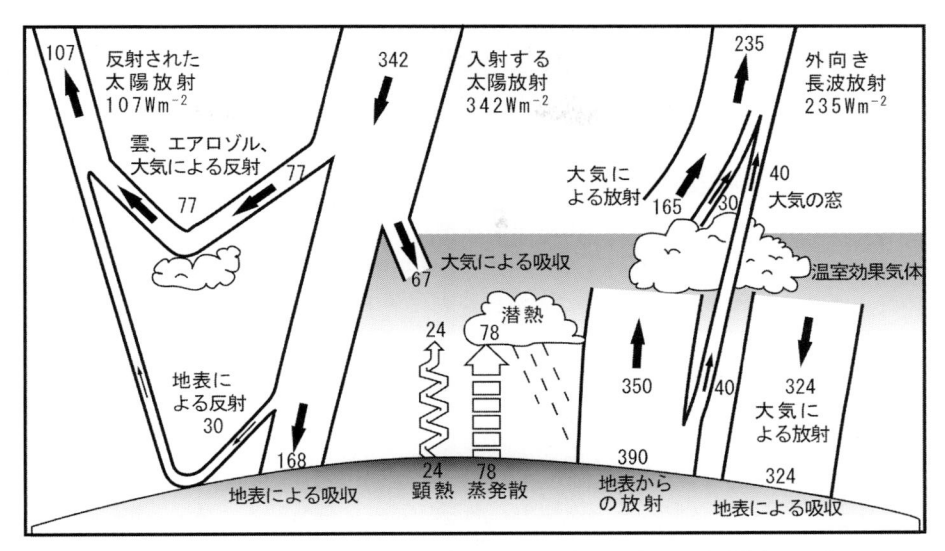

図 1.2.2 地球大気のエネルギーバランス：左側に短波放射の，右側に長波放射のエネルギーフラックス（単位は Wm^{-2}）を示した（IPCC, 2001）．

ものの，ほぼ一定である．太陽放射が大気に入射するとその一部が雲や地表面で反射される．入射量に対する反射量の割合は**反射率**（albedo）と呼ばれ，地球全体では約30％となっている（地球の**惑星アルベド**：planetary albedo：a）．反射されなかった正味の放射エネルギーは，大気と地表面でそれぞれ吸収される．物質に吸収された放射エネルギーは，**惑星放射**（planetary radiation）として再放射される．図1.2.2にはそれらの割合が示してある．太陽放射と惑星放射のスペクトルを見ると，波長5 μm を境にそれより短波長側は太陽放射，長波長側は惑星放射によって占められ，両者は明瞭に分離できることがわかる．このため，太陽放射（およびその反射光）を**短波放射**（short-wave radiation），惑星放射（およびその反射赤外線）を**長波放射**（long-wave radiation）もしくは**赤外放射**（infrared radiation）と呼ぶ．地表面は短波放射エネルギーを受けるだけでなく，大気からの下向きの長波放射エネルギーも受けるため，その分，温度が高くなる．これが地球大気の**温室効果**（greenhouse effect）の基本的な説明である．

地表面の約7割は海洋であるにも関わらず，大気は水蒸気で飽和しない．これは自然の除湿作用ともいえる働きがあるためである．大気は短波放射と長波放射を受ける一方，長波放射を射出して放射平衡を保とうとする．適当な大気組成のもとで放射平衡にある気温構造を計算すると，対流圏下層の気温は上空の気温よりも実質的に高くなり，**対流不安定**（convective instability）の状態になる[5]．このため，放射平衡を保つことはできず，鉛直方向の混合が生じる．上昇域においては，**断熱膨張**（adiabatic expansion）によって気温が下がり，大気は水蒸気を含むことができなくなり，凝結させて雲を作る．粒径が小さい雲粒は水蒸気と同様に大気とともに移動するが，雲粒が成長し雨粒を形成すると，雨粒は大気に対して相対的に落下する．このため，上昇する大気は水蒸気と水を失う．これは大気の対流による天然の除湿作用となっている．下降気流の

5）空気塊を断熱・準静的に鉛直方向に上昇（下降）させたときの温度が動かした先の場の温度より高い（低い）と大気塊はますます上昇（下降）してしまう．この場合，大気構造は不安定であるという．

ある場では，除湿された空気が降りてくるため大気は比較的乾燥する．

図 1.2.3, 図 1.2.4 は大気の**子午面循環**（meridional circulation；大気子午面循環）[6] と水蒸気の子午面循環を示す．大気については，低緯度（熱帯）から中緯度に注目すると，熱帯域の夏側で上昇流が生じ，冬側の亜熱帯で下降流が生じていることがわかる．これは**ハドレー循環**（Hadley circulation）と呼ばれ，地上から十数 km の高度まで広がる対流圏全層にわたっている．大気循環と比べると，水蒸気の子午面循環は対流圏の下層に集中しており，夏側でも上昇しておらず，逆に下降している．これは，水蒸気は大気の子午面循環の下層部分の風に乗って流されるが，一方で上昇流には追随できず，降水として大部分地表に落下してしまうためである．このように，鉛直断面内の大気の流れと水蒸気の流れは大きく異なる．

対流圏の気温は水の凝結温度に近いことから，大気中の水の量は気温に大きく左右されている．地球は宇宙から見れば 255 K の温度をもつ．これは上述のように，入射してくる短波放射エネルギーの約 30% を反射し，残りのエネルギーを一旦吸収した後，暗い宇宙へ長波放射によって再放射するバランスから決まっている．しかしながら大気中では気温は鉛直方向に一定ではなく，温室効果により地表面気温は 290 K 程度と暖かくなっている．

簡単のため大気を温度 T_T の上層大気と T_L の下層大気の 2 層に分けてみよう．太陽放射エネルギーは可視・近赤外域を中心としており，大気はかなり透明である．このため以下では単純に短波放射に対して大気は透明と仮定し，短波放射エネルギーはすべて地表に吸収されるとする．ただし，雲などにより直接宇宙空間に反射してしまう割合（$a = 0.3$）は考慮する．地球からの惑星放射は赤外域（長波帯）にあり，この帯域では大気は不透明である．そこで各層は入射してくる長波についてはすべて吸収し，自らの温度で長波を放射するとする．つまり長波については**黒体**（blackbody）とする．また，地表面気温を T_s とし，太陽に正対した単位面（法線面：normal plane）に単位時間に入射する短波放射エネルギー（**太陽定数**：solar constant）を $S = 1.37$ kW m^{-2}, Stefan-Boltzmann 定数を $\sigma = 5.67 \times 10^{-8}$ W m^{-2} K^{-4} とする．すると，地表面でのエネルギーバランスから

$$\frac{S(1-a)}{4} = \sigma T_e^4 = \sigma T_s^4 - \sigma T_L^4 \tag{1.2.2}$$

を得る．ここで T_e は宇宙から見た地球の放射平衡温度で，上式より，255 K を得る．なお，上式の左辺において 4 で割っているのは，地球に昼側と夜側があることと，太陽放射が地表面に対して斜めに入射することを考慮しているためである．下層大気が地表面から受け取る長波放射と上層大気から下層大気に射出する長波放射の和が，下層大気が上下に射出するエネルギーとバランスする：

$$\sigma T_s^4 + \sigma T_T^4 = 2\sigma T_L^4 \tag{1.2.3}$$

一方，上層大気のエネルギーバランスは

$$\sigma T_L^4 = 2\sigma T_T^4 \tag{1.2.4}$$

となる．これらを解くと，$T_s = \sqrt[4]{3} T_T$ となる．また $T_e = T_T$ となるので地表面気温 T_s は宇宙から見た地球の放射温度 T_e よりも暖かくなる．この黒体 2 層モデルでは，$T_e = 255$ K に対して，$T_s = 336$ K となる．大気が長波放射に対して不透明であるなら，惑星放射は大気中で何度

---

[6] 地球の両極を含む面を子午面という．経線に沿った断面となる．

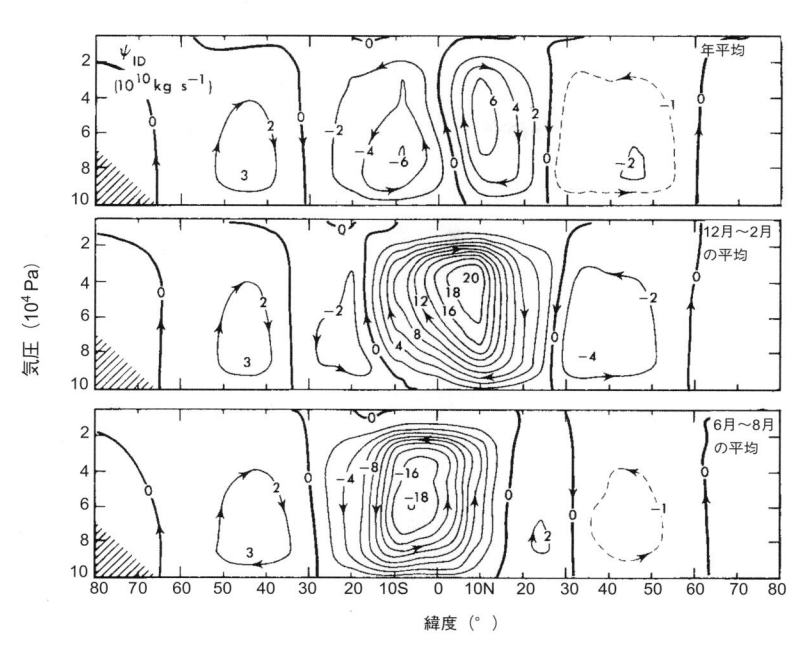

図 1.2.3 大気の子午面循環の流線関数：上から年平均，北半球冬季，および夏季の流線関数を示す．大気は，流線に沿って矢印の方向に流れる．単位は 10^{10} kg s^{-1}（Peixoto and Oort, 1991）．

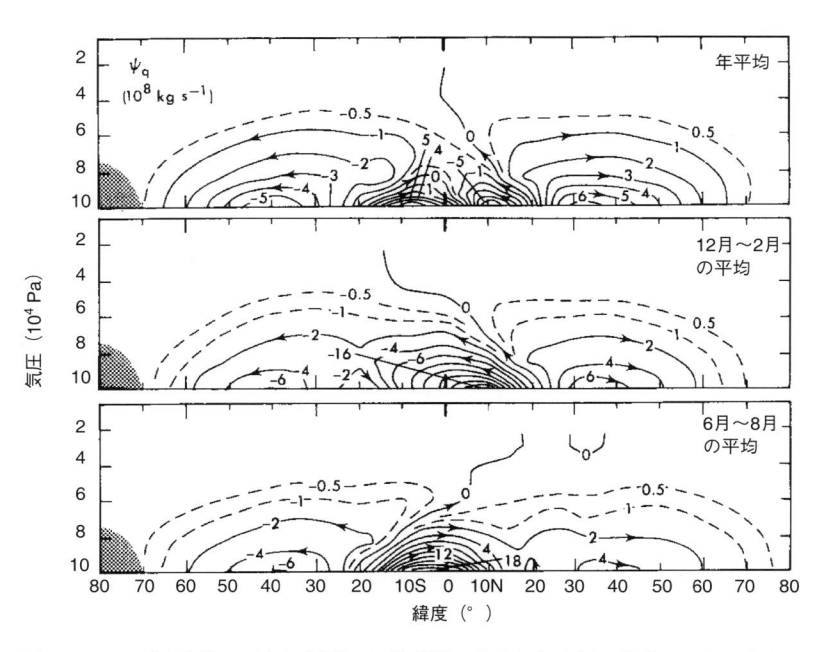

図 1.2.4 水蒸気輸送の子午面循環の流線関数：上から年平均，北半球冬季，および夏季の流線関数を示す．水蒸気は流線に沿って矢印の方向に流れる．単位は 10^{8} kg s^{-1}（Peixoto and Oort, 1991）．

1.2 大気と水循環

も吸収される．大気中に長波を吸収する物質が多く存在すれば，大気を何層にも分けて考えることができる．大気を n 層にして，同様に考察すると，

$$T_s = \sqrt[4]{n+1}\, T_e \tag{1.2.5}$$

となる．以上から，長波を吸収する物質が多い大気ほど，地表面気温は増加することがわかる．

2層大気での地表面気温は336 K となり，これは実際の値よりもかなり高い．大気中の吸収物質の量が2層に分けるほどには無いこと，地表面に入射した放射エネルギーの一部が，**顕熱フラックス**（sensible heat flux）や**潜熱フラックス**（latent heat flux）[7]の形で下層大気から上層大気に輸送されること，また実際の大気では次に示すように対流が生じることが原因である．

鉛直1次元での現実の大気成分を与え，可視域と赤外域での放射吸収特性から放射平衡にある大気の鉛直気温分布を求めると，成層圏の気温構造は再現されるが，対流圏の気温構造は，非常に大きな気温減率（17 K km^{-1}）が得られる（Manabe and Strickler, 1964）．現実の大気では対流が起こり，このような大きな気温減率は緩和され，ほぼ 6.5 K km^{-1} で高度とともに気温が下がる．なお，対流圏の上部にある成層圏では，大気の温度は逆に高度とともに上昇する．これは，オゾン分子（O_3）による太陽放射エネルギー（おもに太陽紫外線）の吸収によっている（1.1.5小節参照）．

大気が**静水圧平衡**（あるいは**静力学的平衡**：hydrostatic equilibrium）にある場合，大気圧，大気密度，高度，地球表面での重力加速度をそれぞれ p, ρ, z, g とすると，

$$\frac{dp}{dz} = -g\rho \tag{1.2.6}$$

となる．単位質量あたりの空気の気体定数を R とした場合，理想気体の状態方程式 $p = \rho R T$ から

$$\frac{dp}{dz} = -\frac{gp}{RT} \tag{1.2.7}$$

となるので，仮に気温 T が鉛直方向に一定と仮定すれば，

$$p = p_0 \exp\left(-\frac{g}{RT}z\right) = p_0 \exp\left(-\frac{z}{z_0}\right) \tag{1.2.8}$$

となる．ここで，$z_0 = RT/g$ は大気の**スケールハイト**（scale height）と呼ばれる．実際の値として $T = 270$ K, $g = 9.8$ m s^{-2}, および乾燥空気の気体定数 $R = 287$ J kg^{-1} K^{-1} を代入すると，スケールハイトは約 8 km となる．この値は，気圧あるいは密度が地上の $1/e$ になる高さであり，仮想的に密度を地上密度のまま一定に保って大気を積み上げた時の厚さでもある．

実際には，対流圏では上空ほど気温は低下する．大気が断熱的に上下するとして，圧力と温度の関係を求める．定圧比熱を C_p とした場合，熱力学の第一法則より

$$C_p dT - \frac{1}{\rho} dp = 0 \tag{1.2.9}$$

を得るから

$$\left(\frac{dT}{dp}\right)_{\text{断熱}} = \frac{1}{C_p \rho} \tag{1.2.10}$$

---

[7] 1.4.2小節では，それぞれ顕熱輸送量，潜熱輸送量と定義しているが，同義である．

である．ここで理想気体の状態方程式を使えば，

$$\left(\frac{dT}{dp}\right)_{断熱} = \frac{RT}{C_p p} \tag{1.2.11}$$

となる．したがって，

$$\frac{T}{T_0} = \left(\frac{p}{p_0}\right)^{R/C_p} \tag{1.2.12}$$

を得る．地表面で気温 20℃，1 気圧の乾燥空気塊が高度 5 km まで上昇したとすると，標準大気の場合で，気圧は 1013 hPa から 540 hPa となる．したがって気温は −28℃ まで下がり，平均として 9.5 K km^{-1} の気温減率となる（**乾燥断熱減率**：dry adiabatic lapse rate）．

　水蒸気が含まれている場合，空気塊が上昇すると空気塊の気温が下がるため，水蒸気が凝結して潜熱を放出する．そのため，気温減率は緩和される．凝結は飽和蒸気圧の減少によって起こるが，一方でもともとの空気塊の占めていた体積が増加し，そのためにより蒸発が可能となるので凝結量は若干少なくなる．しかし，その効果を含めても地球大気では気圧の減少に伴って凝結が起こる．計算はいささか複雑であるが（例えば，小倉，1999），結果として，水蒸気で飽和している空気塊の場合は 6.5 K km^{-1} 程度の気温減率となる（**湿潤断熱減率**：moist adiabatic lapse rate）．

　空気塊が上昇した場合，その空気塊の気温が周囲の気温より高くなると，ますます浮力を得て上昇することになり，対流が生じる．地球大気の条件では，放射平衡大気は鉛直には不安定な気温構造となるので，必ず対流が発生することがわかる．

大気水蒸気量

　上述したように，大気中の可降水量は約 30 mm になる．この量はどのようにして決まるのであろうか．実際の水蒸気量は世界各地で行われている高層気象観測による気温，湿度データから計算される．ここでは可降水量を飽和水蒸気圧から概算しよう．

　大気が含むことのできる水蒸気の最大量は**飽和水蒸気圧**（saturated water vapor pressure）で決まる．雲の形成過程などでは，わずかな**過飽和**（supersaturation）状態が生じるがそれは無視する．飽和水蒸気圧 e_s は温度 T のみの関数であり，その関係は Gibbs の自由エネルギー最小の法則を 2 相が共存する状態に適用することにより導かれ，

$$\frac{de_s}{dT} = \frac{L}{T(\alpha_v - \alpha_l)} \tag{1.2.13}$$

と表される．ここで α_v，α_l は気相，液相での比容（密度の逆数），L は蒸発の潜熱である．この式は**クラウジウス・クラペイロンの式**（Clausius-Clapeyron equation）として知られる．上式で気体の比容は液体の比容よりずっと大きい（水では標準大気に比べて 20℃ で約 1300 倍大きい）ことから，α_l を無視し，また水蒸気の気体定数を R_w として水蒸気に関する状態方程式

$$e_s \alpha_v = R_w T \tag{1.2.14}$$

を用いれば，

$$e_s = E \exp\left(-\frac{L}{R_w T}\right) \tag{1.2.15}$$

となる（E は積分定数）．T_0 付近で $T = T_0 + \Delta T$ と展開すると，

$$e_s = e_s(T_0)\exp\left(\frac{L}{R_w T_0^2}\Delta T\right) = e_s(T_0)\exp(\beta_s \Delta T) \tag{1.2.16}$$

となる．ここで $\beta_s = L/(R_w T_0^2)$ で，具体的な値として $L = 2.5\,\mathrm{MJ\,kg^{-1}}$，$R_w = 461\,\mathrm{J\,kg^{-1}\,K^{-1}}$，$T_0 = 300\,\mathrm{K}$ を代入すると，$\beta_s = 0.06\,\mathrm{K^{-1}}$ となる．実際の飽和水蒸気圧は，0℃，10℃，20℃，30℃のときそれぞれ，6.1 hPa，12.3 hPa，23.4 hPa，42.5 hPa となっており，この範囲では概ね(1.2.16)式と一致する．温度が 10 K 増加するごとに，飽和水蒸気圧は約2倍ずつ増加していることがわかる．高度による気温減率を湿潤断熱減率（$\Gamma = 6.5\,\mathrm{K\,km^{-1}}$）とすると，上式は

$$e_s = e_s(T_0)\exp(\Delta z/z_s) \tag{1.2.17}$$

となる．ただし，Δz は $T = T_0$ となる基準高さからの高度差，$z_s = (\beta_s \Gamma)^{-1}$ は飽和水蒸気圧が $1/e$ となる高度差で約 2.6 km となる．状態方程式から水蒸気密度を求め，大気柱の水蒸気量（面密度）Σ_w を求めると

$$\Sigma_w = \frac{e_s(T_0) z_s}{T_0 R_w} \tag{1.2.18}$$

となる．地上気温を $T_0 = 10$℃ とし，地表での飽和水蒸気圧 12.3 hPa を式に代入すると $\Sigma_w = 25\,\mathrm{kg\,m^{-2}}$，つまり厚さに換算して 2.5 cm となり，ほぼ 3 cm の厚さの水量となる．

大気中には水蒸気以外にも雲や降水がある．これらの水の量は水蒸気に比べると無視できる．まず降水について考えてみよう．単位時間あたりの降水量を**降水強度**（precipitation intensity）という．降水強度は 1 mm h^{-1} 以下から強い場合には 100 mm h^{-1} 以上まで非常に幅広い．ここでは 2 mm h^{-1} としてみよう．雨滴の落下速度は大きな雨滴では地表付近で 10 m s^{-1} 弱であるので，大気中（あるいは対流圏）の平均値として 5 m s^{-1} を与え，さらに雨滴が 5 km の高度から地表に落ちるとすると，単位面積あたりの大気柱内の降水の量は，約 0.6 mm となる．さらに降雨域の面積比率は全地球表面の 5% 程度であることを考慮すると，大気中の降水を全地球表面上でならすとその厚さは 3×10^{-2} mm となり大気柱の水蒸気の厚さ 3 cm に較べれば非常に小さい．

次に雲について考えよう．雲もまたその水分量には大きな幅があるが，その雲水量として 1 g m^{-3} とし，雲の厚さを 1 km とすると，その液相換算での厚さは 1 mm となる．雲の広がりを全地球表面の 50% とすると，全球平均では雲水量としての厚さは 0.5 mm となる．

蒸発散量

地球上の年蒸発散量は平均で 1000 mm である．蒸発に要するエネルギーが日射量を上回ることはできないことから蒸発散量の最大値を求めることができる．ここで，地表面に液体の水が十分に存在し，また日射量がすべて蒸発散に使われると仮定して年蒸発散量を見積もる．地表面に入射する平均的な日射量は約 340 W m^{-2} であり，水の蒸発熱は 2.5×10^6 J kg^{-1} であるから，1秒間に 1 m^2 あたり 0.14 g が蒸発する．これは年間 4.4 m になる．実際には雲などによる太陽放射の反射（約 30%）と大気中での吸収（約 20%），雲や大気から下向きに射出される長波放射を差し引いた正味の地表面から射出する長波放射（約 20%）があり，さらに直接熱として地表面から大気に輸送される顕熱（約 7%）があるため（図 1.2.2 参照），実際に蒸発散に使われるのは 340 W m^{-2} の約 23% となり，蒸発散量は年間約 1000 mm となる．なお，これは当然のことながら全球平均の年降水量に一致する．

陸面からの蒸発散量，または海面からの実際の蒸発量は放射量だけでなく，土壌水分など地表面状態，下層大気の湿度などに大きく依存し，大気-海洋，大気-陸面相互作用の研究において重要な研究課題となっている．そこでの大きな困難の1つは地表面からの蒸発散量が地表付近の**大気乱流**（atmospheric turbulence）の様態によっていることである．乱流による輸送には厳密解が無いが，大気乱流の強さは**風の（鉛直）シア**（wind shear），上下の**大気安定度**（atmospheric stability），地表面の**粗度**（roughness）などに依存することから，蒸発散量 F の推定式としてそれらを考慮した**バルク輸送式**（bulk transfer equation）

$$F = C_\mathrm{d} U (Q_\mathrm{s} - Q_\mathrm{a}) \tag{1.2.19}$$

がよく用いられる．ここで C_d は比例係数で，大気安定度や粗度などに依存する．U は標準高度（通常は地上高 10 m）での風速，Q_s, Q_a はそれぞれ地表面温度での飽和混合比，標準高度での混合比である．地上観測では，渦相関法と呼ばれる3次元の風速，水蒸気量，気温を高い時間分解能で測定した値に基づく方法が実用化されている（1.4.2 小節参照）．しかし，地球規模で蒸発散量を測定するには多くの観測点が必要であり，簡便な (1.2.19) 式から推定する方法が広く用いられている．海上観測は非常に限られるが，海上風，Q_s，**海表面温度**（sea surface temperature：SST）は衛星から観測できる．Q_a は衛星からの観測は困難であるが，可降水量は衛星搭載の**マイクロ波放射計**（microwave radiometer）で推定することが可能であり，可降水量と海面の水蒸気量との間に相関があることなどを用いる方法や，**客観解析データ**（objective analysis data）あるいは**再解析データ**（re-analysis data）[8] を用いる方法などにより求められる．よって，(1.2.19) 式から海上の蒸発量の分布が求められる（富田・久保田，2005）．

図 1.2.5 は 8 月の世界の海上での潜熱フラックス（蒸発量と比例関係にある：1.4 節参照）の分布を示す（Chou et al., 1997）．顕熱フラックスの分布は示してはいないが，海面では潜熱フラックスは顕熱フラックスよりも数十倍大きく，入射する日射量のほとんどが蒸発に使われている．蒸発量は亜熱帯の海洋で多いことがわかる．これは亜熱帯高圧帯と呼ばれるハドレー循環の下降域にあたる領域では雲が少なく日射量が多いことに起因している．また，冬季の日本周辺や米国の東海上で蒸発量が多いが，これは黒潮や（メキシコ）湾流による暖かい海面の上をユーラシアや北米の大陸から冷たく乾燥した空気が移流することにより多量の水蒸気が蒸発するためである．気象衛星画像でもおなじみの冬季日本海の筋雲は，こうした活発な蒸発によってできている．陸上では地表の水分量が必ずしも十分で無いため，同じ温度の海上に比べて蒸発量が小さい．

滞留時間

上述のように，大気中の水蒸気量はほぼ 30 mm である一方，年間の蒸発量は 1000 mm である．蒸発した水蒸気が大気中を移動し，雲となりその後雨となって落下する．今，定常的に水が流入流出して一定の量の水がつねに溜まっている貯留タンクを考えると，貯留量を単位時間あたりの流入量（＝流出量）で割った量は水がタンクに滞留している時間を表すことになる．大気を水の貯留タンクと考えると，大気中での水蒸気の**滞留時間**（residence time），すなわち大気中の

---

[8] 観測データと数値予報モデルの併用により作成された地球大気の3次元データを客観解析データという．また，過去の観測データを，品質管理を施した後，現代の数値解析予報モデルに取り込むことにより作成された過去数十年にわたる地球大気の高精度3次元データを再解析データという．

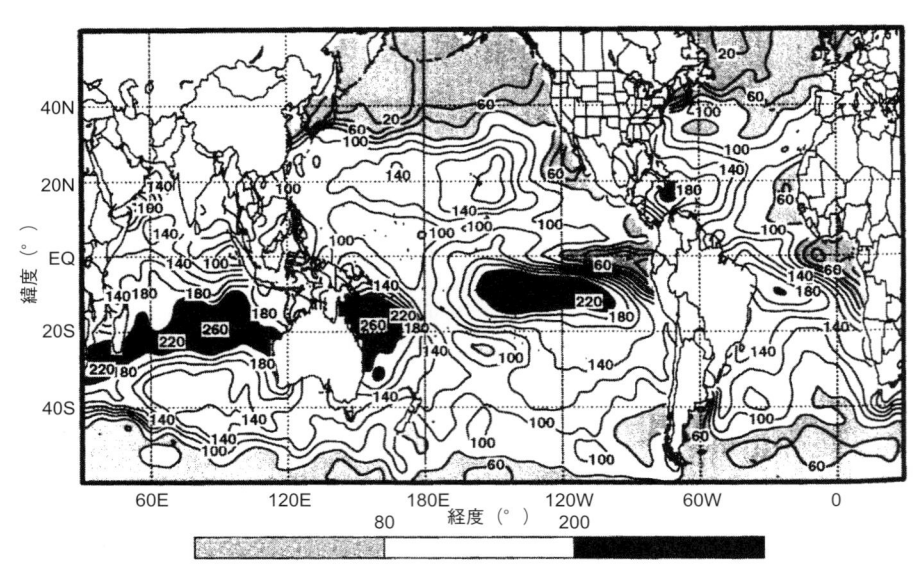

図1.2.5 衛星観測により推定された1993年8月の海上からの潜熱放出量（$W m^{-2}$）：衛星搭載マイクロ波放射計（SSM/I）からは海上風速と大気最下層の湿度を推定し，海表面温度と組み合わせて放出量を推定している（Chou et al., 1997）．

水が入れ替わる時間は10日程度（365日÷(1000 mm/30 mm)）となる．また雲としての滞留時間は，もし雲になった水がすべて降水となって大気から除去されるとすると数時間である．降水としての滞留時間は，雨滴が高度5 kmから地表に落ちるまでの時間であり，わずか15分程度となる．結局，水は蒸発してから大気の流れに乗って10日ほど移動し，その後対流によって上昇し，雲となり，降水としてわずかな時間で地表に落ちることになる．ただし，雲は再蒸発する割合が大きいため，雲の状態での実際の滞留時間は上記よりも長くなると考えられる．

1.2.2 降水過程の概観

世界の降水分布

降水は大気から地表への一方的な水移動現象といえる．降水は地球上でさまざまな形態をもっており，凝結による雲形成時に潜熱放出を行うことにより大気を加熱し，**大気大循環**（atmospheric circulation）の駆動源になるなど，気候システムに大きな影響力をもっている．また，淡水供給源として人間活動を含む生命圏にも大きな影響を与える．図1.2.6（口絵参照）は極域を除いた世界の年平均日降水量の分布である．まず気がつくことは，太平洋の赤道域に東西に伸びる降水帯があることである．これは南北両半球の低緯度帯を東から西に吹く**貿易風**（trade wind）が収束する**熱帯収束帯**（intertropical convergence zone：ITCZ）と呼ばれる領域に対応している．とくに熱帯西太平洋からインドネシアにかけての地域は世界的に降水の多い領域であり，降水による大気加熱が大きいため，大気大循環の駆動域として代表的な領域でもある．さらにインドネシアから東南東に伸びる降水帯があり，これは**南太平洋収束帯**（south Pacific convergence zone：SPCZ）と呼ばれている．

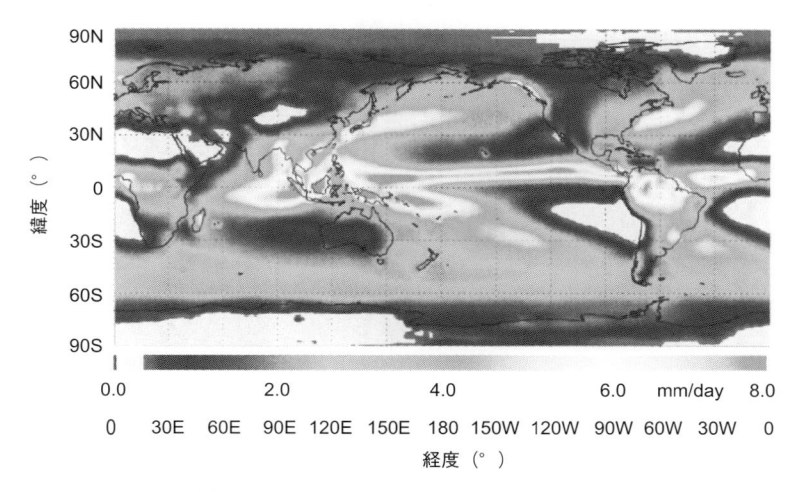

図 1.2.6　GPCP（後述）による 1979-2001 年の世界の平均日降水量（mm day^{-1}）（Adler et al., 2003, 口絵参照）.

太平洋では降水帯は赤道直上ではなく北に偏っている．これは赤道直上では海水面温度が低いことに起因している．赤道上の対流圏下層では貿易風が吹いており，これにより海水が東から西に引っ張られ移動する．この移流分を補うため東側の南北両半球から水温のより低い海水が流れ込む．同時に海水は赤道から離れるような**コリオリカ**（Coriolis force）を受けるため下層のより冷たい海水が上昇する（海洋表層の流れについては，1.3 節と 3.3 節を参照されたい）．熱帯域の降水帯はアフリカや中南米にも見られるが，熱帯太平洋と比較するとより赤道に近い位置にあることがわかる．

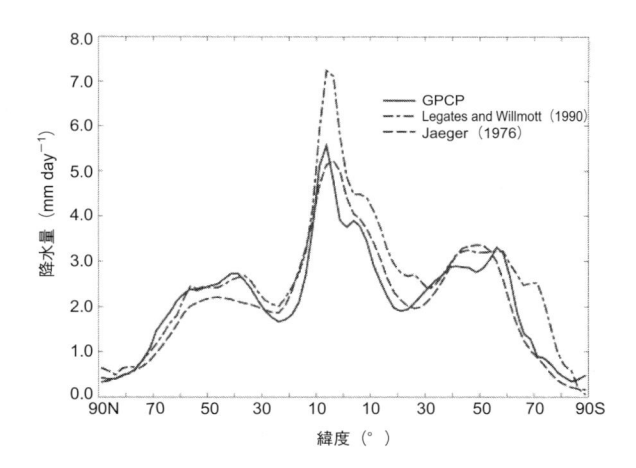

図 1.2.7　降水量の緯度分布：実線は GPCP による 1979-2001 年の，緯度ごとに帯状平均した値であり，破線と一点破線は，それぞれ Jaeger, Legates-Willmott による地上データからの推定値である（Adler et al., 2003）.

中緯度から高緯度域では，北太平洋と北大西洋において西南西から東北東に延びる降水帯がある．これは**ストームトラック**（storm track）と呼ばれる冬季の強い低気圧の通り道に対応している．図 1.2.7 は経度方向に平均した緯度別の降水量分布である．熱帯域に 1 つの強いピークがあるが，その他に南北中緯度にそれぞれ 1 つずつピークが見られる．このうち北半球中緯度のピークがストームトラックに対応している．

降水分布は大きな季節変動を示す．以下にいくつかの顕著な季節変動特性を記す．(1) ITCZ の降水は夏半球側で強い．SPCZ の降水も夏季に顕著である．(2) 北太平洋，北大西洋のストームトラックによる降水は，冬季に顕著である．(3) 6 月と 7 月，日本では梅雨，中国では Meiyu と呼ばれる降水が顕著である．(4) 東南アジア，東アジアでは**モンスーン**（monsoon）に伴う夏季の

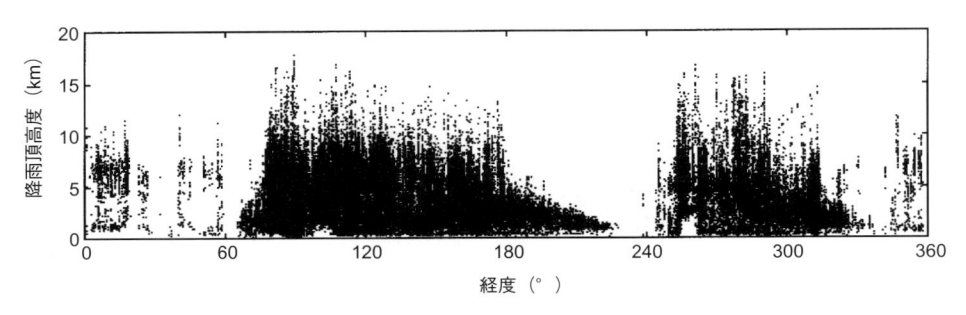

図 1.2.8 衛星搭載レーダにより観測された降雨頂高度の 33°N での経度断面：経度は 0°E から東向きに 360°まで測っている（著者による未公表データ）．

降水が顕著である．日本の梅雨もその一部と見ることができる．(5) 海上の降水に比べて，陸上の降水は地域による差異が大きい．とくにモンスーンの影響下にある南アジアや東南アジアの降水量分布の変動は非常に複雑であるため，その変動の予測は，気象学における重要な研究課題である．

熱帯域の降水と中高緯度域の降水

降水の形態は中高緯度域と熱帯域では大きく異なる．中高緯度域では温帯低気圧に伴う降水が多い．温帯低気圧は，自転している地球の上で南北の気温傾度を解消しようとして生じる大きな乱れ（**大気擾乱**：atmospheric disturbance）であり，東西の代表的なスケールは数千 km である．その一方，熱帯域には孤立した積雲が多く，またそれらが集まった**スーパークラスタ**（super cluster）[9] と呼ばれる降水システムがある．さらに赤道域を東に進む**マッデン・ジュリアン振動**（Madden-Julian oscillation：MJO）[10] など赤道域特有の空間スケールの大きな現象がある．さらに，台風などの熱帯低気圧が発生し存在することも大きな特徴である（熱帯低気圧の項参照）．

熱帯域と中高緯度の降水形態の違いは静止気象衛星から見た地球上の雲の画像を見てもわかる．熱帯域では多くの大きな丸い雲の塊がある一方，中高緯度域では温帯低気圧により東西に長く南北にうねっている雲が多い．熱帯域の降水は水蒸気の凝結に伴う潜熱放出がエネルギー源であるのに対し，中高緯度の降水は低気圧で維持されるというように，降水システムの基本的な駆動源が異なっている．このような駆動源の差異はその時間スケールにも現れる．中緯度では低気圧とそれに伴う前線による降水が半日にもわたって継続するが，熱帯域の降水はせいぜい数時間で終了する．中緯度域の降水の源である水蒸気は，低気圧に伴って遠くから運ばれており，低気圧がその構造を維持している限り水蒸気の補給は続く．その一方，熱帯域の個々の降水システムは水蒸気の潜熱放出が駆動源であり，その場の水蒸気を消費した後は減衰してしまう．

少し観点を変えて，衛星に搭載された降雨レーダによって得られた降水システムの高度分布を見てみよう．降雨レーダで検知される降水の最高高度を**降雨頂高度**（storm height）と呼ぶこととする．一般に，降水システムの降雨頂高度が高いほど強い降水システムとなる．したがって，この分布は降水量の分布と良く似た分布を示す．33°N での降雨頂高度の経度断面を図 1.2.8 に

---

9) 熱帯域に存在する水平スケールが 1000 km 程度の雲活動の領域を指す．
10) 赤道付近に存在する 30-60 日周期の風や雲活動の変動のことをいう．

示す．東太平洋の 140°W（図の 220°）付近から日付変更線（図の 180°）にかけては，東から西に向けて降水システムの高度がほぼ直線的に上昇している．降雨頂高度は日付変更線の西側で急激に高くなっている．これは**ウォーカー循環**（Walker circulation）[11]と呼ばれる大気の東西循環によっている．つまり，西太平洋域は暖かい海水からの蒸発による強大な積雲降水システムが発達し，これにより上昇流が生じるが，その下降部が東太平洋域に存在する．この下降域では降水システムの発達は弱く，降雨頂高度は低く抑えられる．同様の構造は大西洋域にも見られる．

陸上の降水と海上の降水

陸上の降水と海上の降水では，その性質が大きく異なる．水蒸気が豊富な海上では，降水量そのものは陸上よりも多くなる．しかし，陸上の降水の方が，一旦降り出すと，降雨頂高度が高く，強い降水になる傾向がある（例えば Zipser and Lutz, 1994）．このように降水強度と**降水継続時間**（duration of rainfall）[12]とが陸上と海上では対照的になっている．強い降水のみを取り出すと，海上よりも陸上で多くなる．降水システムが大きく成長して，強い上昇流によって大規模な水蒸気凝結を起こすためには，下層が暖かく水蒸気を多量に含んでいると同時に，周りの大気がそれに比べて冷たく乾燥している必要がある．海上では周りの大気も湿っているため不安定度は比較的小さいが，陸上では周りの大気が乾燥していることから，大きな不安定度になる頻度が多くなる．このことは，雷の頻度にも現れ，雷は陸上で多く海上では少なくなる．

中高緯度域の低気圧

温帯低気圧の構造は必ずしも簡単なものではない．**低気圧擾乱**（cyclonic disturbance）は地球大気が大きく見て水平には一様，鉛直方向には安定成層を成していることと地球が自転していることに起因している．天気の移り変わりを振り返ってみればわかるように，中高緯度の天気は数日で変化する．その一方，地球の自転は 1 日で 1 回転であるので，大ざっぱに言って 1 日以上の時間スケールをもつ大気現象は自転の影響を受けると言って良い．この低気圧の発達は**傾圧不安定**（baroclinic instability）[13]と呼ばれる不安定に起因する．この不安定擾乱は中層の風で流されながら増幅される．また特徴的なこととして，発達中の低気圧の中心位置は上層では下層よりも西にずれる．この状態では下層の低気圧の上部には中層の低気圧によって赤道側から暖かい風が上昇しながら入り，これにより下層の気圧が低下し低気圧が強化されている．中層の低気圧の東側での赤道側からの暖かい風の移流と上昇，また西側での極側からの寒気の移流と下降は赤道側の暖かい空気と極側の冷たい空気との間の温度コントラストを解消するように働いており，これが低気圧のエネルギー源となっている．

実際の構造は，温度場で決まる気圧場と風の場とが**地衡風**（geostrophic wind）[14]の状態を保つように鉛直循環を引き起こしながら変化するために複雑である．低気圧による上昇流の存在するところが十分な水蒸気供給のある領域にかかると雲・降水活動が起こる．雲・降水活動による潜

---

[11] 熱帯西太平洋に上昇域を，熱帯東太平洋に下降域をもつ太平洋上の対流圏内の東西循環を指す．
[12] 降水の始まりから終わりまでの時間のことを意味する．
[13] 等圧面内で密度傾度をもつ状態にあり，密度差を解消するように熱輸送や大気波動が発達していく状況のことをいう．
[14] 気圧傾度力とコリオリ力がバランスするように等圧線に沿って吹く風．

熱放出は低気圧自身の構造を変化させ，場合によっては低気圧をさらに大きく発達させる．

熱帯低気圧

熱帯から亜熱帯にかけての大きな降水過程の1つに強い熱帯低気圧がある．北太平洋西部や東シナ海にあるものは**台風**（typhoon）であり，また他の地域ではハリケーン（hurricane）またはサイクロン（cyclone）と呼ばれるが，いずれも西太平洋域やカリブ海など海表面温度が26℃以上の暖かい海上で発生する．その数は世界中で年間80個程度である．日本の年降水量は，上陸した台風の個数にかなり影響される．したがって台風は大きな災害をもたらす一方，大きな水資源でもある[15]．

台風は強大な降水システムをもち，この降水により放出される潜熱をエネルギー源としている．台風は熱帯域の現象ではあるが，その発生・維持には台風中心へ向かう効率的な下層の水蒸気輸送が必要であり，このためには地球回転によるコリオリ力が必要となる．ところが赤道では鉛直軸が地球の自転軸の向きと直交するためコリオリ力は0となる．したがって，台風は赤道±5°の緯度帯ではほとんど発生しない．下層に水蒸気を送り込むメカニズムは**エクマン収束**（Ekman convergence）と呼ばれる現象によっている．低圧部ができると，自転していなければ空気が周りから直接流入して低圧を解消するが，自転している系では低圧部への気圧傾度に直交するような低気圧性循環（地衡風）が現れ，空気は直接流入しなくなる．ところが下層の大気境界層では地表面摩擦があるため，風速は小さくなり，地衡風バランスが崩れ，低圧部へ空気がらせんを描いて流入し，その収束により上昇流が起こる．この上昇流速wは，

$$w = \zeta_g \left| \frac{K_m}{2f} \right|^{1/2} \quad (1.2.20)$$

と表される．ここでK_mは大気境界層の**渦粘性係数**（eddy viscosity），$f = 2\Omega \sin\phi$は**コリオリパラメータ**（Coriolis parameter：ここでΩは地球の自転角速度，ϕは緯度），ζ_gは気圧場に対応する地衡風の渦度[16]である．(1.2.20)式は地衡風の渦度を正（北半球で反時計回り）とするとそれは低気圧性の場となっていることを示す．このとき大気境界層の厚さDは，

$$D = \pi \left(\frac{2K_m}{f} \right)^{1/2} \quad (1.2.21)$$

と表される．渦粘性係数として$K_m = 5\,\mathrm{m^2\,s^{-1}}$を，また$f = 10^{-4}\,\mathrm{s^{-1}}$を(1.2.21)式に代入すると，$D$は約1kmとなる．このように地表面近くの薄い層内で気流の収束が起こる．収束から上昇流が生じ，それが凝結を引き起こし，潜熱を放出するが，この加熱量が下層の収束量に比例すると仮定すると，発達する擾乱が得られる．このように，広域の風がエクマン収束を起こし，それによる上昇流が大気加熱をもたらし，それがまた広域の風を駆動するという機構がはたらく．この機構は**第二種湿潤不安定**（conditional instability of the second kind：CISK）と呼ばれる．しかしながら，近年では海表面付近の大気とその上空の大気間の不安定が直接的に台風を生成させるとする見方も有力である（Emanuel, 1986）．この理論では強い海上風が海面からの蒸発を促進し

---

[15] 2005年の夏，渇水により，ほとんど空になっていた四国山地の早明浦ダムが，たった1つの台風の通過により満水になったのがその良い例である．

[16] 東向きにx軸を，北向きにy軸をとり，x方向速度をu，y方向速度をvとすれば，渦度は$\zeta = \partial v/\partial x - \partial u/\partial y$で定義される．

それが強い積雲・降水をもたらすとしている．

降水の季節変動と年々変動

わが国でも梅雨や秋雨と呼ばれる雨期があるように，降水には大きな季節変動を伴う．また年々変動も大きい．ここでは季節変動の代表としてモンスーンを，年々変動の代表としてエルニーニョについてごく簡単に述べる．ともに大きな話題であり，詳しくはPhilander（1990）や川村（2003）を参照されたい．

a) モンスーン

モンスーンは大規模な海陸コントラストが原因となって生じる季節変動である．もともとは南アジア・東南アジアから東アジアにかけて顕著に見られる季節変動を指した．しかし，同様の現象が南米など他の地域でも見られることがわかり，もともとのモンスーンの語はアジアモンスーンと限定されるようになってきた．日本を含め東南アジアの降水はアジアモンスーンと密接に関連している．モンスーンはもともとはインド洋の季節風を表す言葉であったといわれている．インド域では夏季と冬季で風向きが大きく変わり，それに伴い降水にも大きな季節変動が現れる．夏季に大陸が加熱されると，インドや東南アジア域にはインド洋からの湿った南西風が卓越する．この風の1つは南半球インド洋を発し赤道を越えて南西からアラビア海に入る**ソマリジェット**（Somali jet stream）であり，インドに多量の降水をもたらす．またベンガル湾からインドシナ半島へも，さらには中国東部から日本にかけても，南西風として多量の水蒸気を運ぶ．まず，5，6月にインドやインドシナ半島において雨期が始まる．このモンスーンによる変動は，6，7月には中国のMeiyu，そして日本の梅雨としても現れる．

アジアモンスーンについては近年研究が大きく進んでいる．インド域のモンスーンには**季節内変動**（intraseasonal variation）と呼ばれる1ヶ月スケールの変動があり，その構造をもたらす大規模な気象場の様相が解析的研究を通して明らかにされつつあるが，その起源については未解明な部分が多い．またモンスーンの年々変動にも興味がもたれている．これについてはとくに**エルニーニョ南方振動**（El Niño and southern oscillation：ENSO）との関連が注目されているが，その関係は必ずしも顕著ではなく，チベット域の積雪の影響が大きいという説も有力である（例えば，Hahn and Shukla, 1976；Yasunari, 1991）．近年では数千kmオーダーの広領域の陸面状態と海表面温度が関係しているという指摘もある（Kawamura, 1998）．なお，アジアモンスーンとヒマラヤ・チベット山塊の高度上昇の関連については，3.5節で詳しく述べる．

b) エルニーニョ

降水活動の年々変動としてその機構が最も知られている現象として，**エルニーニョ**（El Niño）がある．エルニーニョは，ペルー沖の海表面温度が上昇し，漁獲高が激減することで知られていたが，その後，これは熱帯太平洋にまたがる大きな大気-海洋相互作用による現象であることがわかってきた．通常の状態ではインドネシアの東の海表面温度は高く，これにより強大な積雲・降水活動がある．西部熱帯太平洋では，この積雲・降水活動による潜熱放出によって大気が加熱され，上昇流が生じる．これにより，熱帯太平洋域で大きな東西循環（ウォーカー循環）が引き起こされ，下層では東風の貿易風となって現れ，海表面を西に動かす．赤道を西に動く海水は日射により次第に表面温度を上げ，インドネシア周辺に**暖水域**（warm pool）を形成する．このような大気と海洋による大きなフィードバックにより，1つの安定状態が作られる．この状態が崩

れると，熱帯太平洋の降水域は中部熱帯太平洋に移動し，エルニーニョとなって現われる．エルニーニョは熱帯太平洋域における大きな年々変動として現れ，**テレコネクション**（tele-connection）[17] を通して地球上に広くその影響が現れる．

1.2.3　地球温暖化と降水

　地球温暖化（global warming）により，過去100年で全球平均気温が0.6-0.8℃上昇しており，二酸化炭素（CO_2）やメタン（CH_4）など人為による**温室効果ガス**（greenhouse gases）の放出がその原因であるとされている．図1.2.9は**気候変動に関する政府間パネル**（Intergovernmental Panel on Climate Change：IPCC）の第4次報告書（2007年）に示されている全球平均気温，海面水位，3-4月の北半球の積雪面積の変化であり，近年の平均気温の上昇傾向を示している．また，過去1000年間にわたっても，年輪や珊瑚コアなどから気温変化が推定されているが，そこでも近年の気温上昇は目立っている．1℃程度の気温変化は過去45億年の地球の歴史の中で決して大きいものではないが，急激な変化が問題であり，生態系や社会，地球気候システムに与える影響は未知数であるため今後の予測が必要である．

　地球温暖化に伴う降水分布の変化は，人間社会を含む生命圏に直接強い影響を及ぼす．わが国においても，稲作にとって重要な春の河川水は，その多くを山に降った雪によっている．山の雪はいわば自然のダムであり，雪解け水は水資源として重要な要素となっている．よって地球温暖化による，降雪量の変化を予測することが必要である．また将来梅雨がどうなるのか，台風は増えるのか減るのかなど，国土の狭いわが国は降水分布の変化に，将来大きな影響を受ける恐れがある．

　降水量の変化については気温ほどには明確な将来予測はできていない．降水は気温に比べて時空間変動が激しいため，十分

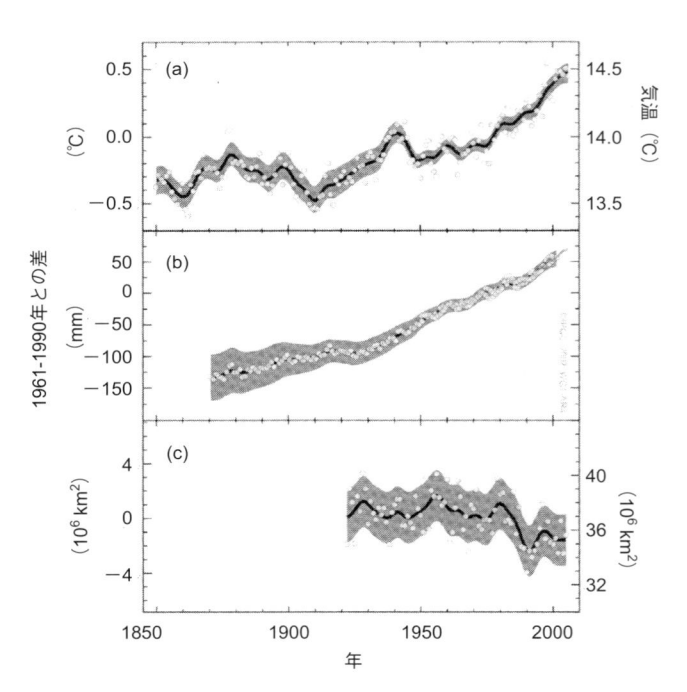

図1.2.9　地球温暖化に伴う気候変化：(a)世界平均気温（地表面気温），(b)世界平均海面水位，(c)3-4月における北半球の積雪面積を，それぞれの1961-1990年の平均値からの偏差として時系列に示したもの：図中の○印は各年を，滑らかな線は10年平均値を，陰影部は不確実性の幅を示す（UNFCCC/WMO/UNEP，2007）．

---

17) 気圧，気温，降水量などが空間的に遠く離れている場所で互いに相関をもって変動することをいう．

な精度の**気候値**(climatological means)を得ることが困難であることによる．しかし，IPCC (2007)の報告では，20世紀に入ってから世界の降水量は数％の増加を示しているようである．ただし，この結果は降水量データのある陸上に限定されていることに注意する必要がある．地球温暖化のモデル計算結果は，おしなべて将来の降水量の増加を示している（例えば，Wetherald and Manabe, 2002）．これは上述した気温による飽和水蒸気圧の増加に起因していると考えられる．実際，0.8℃の気温上昇によって，飽和水蒸気圧が5％程度上昇するが，この値は過去100年の降水量増加にオーダー的には合致している．しかしながら，飽和水蒸気量の増加が直接に蒸発散量の増加に効くわけではない．蒸発散は(1.2.19)式のバルク輸送式で与えられるが，飽和混合比 $Q_s(T)$ の増加の他にも，風速，表面粗度，大気安定度も蒸発散量に関係する．さらに陸上では土壌水分量や植生などにも関係する．

地球温暖化により降水量は若干の増加を示しているが，循環の速さの指標となる滞留時間はどうであろうか．滞留時間は，大気中の水蒸気量を蒸発（散）速度あるいは降水強度で除して得られるが，これについては若干ではあるがむしろ長くなっているという報告がなされている（例えば，Bosilovich et al., 2005）．

わが国における降水は明治以来，気象台そして気象庁がデータを蓄積している．わが国の年降水量には大きな変動があり，1960年代には若干多くなったが，近年は若干の減少傾向にある．1960年代の増加はわが国に襲来した台風の数が多かったことが，大きな原因である．年降水量を地域ごとに見ると，関東では増加し，北日本や西日本では減少する傾向にある．また，季節変化を見ると，冬季の日本海側での降水量（降雪量）の減少が目立つ．この減少は冬季のシベリア高気圧からの寒気の吹き出しが弱まっていることが原因である．地球温暖化とそれによる降水分布の変化に関する気候モデルを用いた研究は数多く行われているが，その中には，地球温暖化によりシベリア高気圧からの寒気の吹き出しが弱まるとの結果もある（気象庁，2001）．しかし，これが真であるかどうか決めるには，さらに検討が必要である．

また，強い降水が増え弱い降水が減るなど降水の量的変化とともに質的変化も予想されている（例えば，Noda and Tokioka, 1989）．実際，IPCC (2007) にも強い降水が増える傾向が示されており，わが国でも同様の傾向が気象庁の長期観測から得られている．**極端現象** (extreme event) と呼ばれる従来稀にしか起こっていなかった異常気象現象も今後は増えるのではないか，との予測もある．

1.2.4 降水分布の観測法

降水の時空間変動は非常に激しいが，これは夕立などでも日頃経験することである．このことは世界の降水の平均的分布を測定する場合の大きな障害となる．降水の測定は雨量計が最も多く使われるが，日本のように陸上の雨量計網が充実しているところは世界では稀少である．とくに海上や熱帯などでは雨量計は非常に限られている．このため，全球の降水分布を得るには衛星観測が強力な方法となる．衛星観測は同じ測器による全球観測であり，同様の精度で全球を観測できるという大きな利点がある．その一方，衛星観測はリモートセンシング観測であり，降水強度など必要な物理量が直接に得られることは稀である．可視・赤外帯，マイクロ波帯の**放射輝度**

温度(radiative brightness temperature)やレーダやライダーなどによる**散乱強度**(scattering intensity)を観測して，それから必要物理量を推定する．その換算の際に誤差が生じたり，不定性が生じたりすることが避けられない．地上観測でも同様の事情があるが，衛星観測では観測値から必要な物理量を推定する部分の比重が非常に大きいという特徴がある．

　可視・赤外放射計からは，雲の放射輝度温度が測定される．雲の放射輝度温度は雲頂の温度に関係しており，低い輝度温度(弱い放射エネルギーに対応する)は雲頂高度の高い雲に対応しており，それは降雨に対応することが多い．マイクロ波放射計が測定する 10-22 GHz 帯では，降水粒子，とくに雨滴が射出するマイクロ波を測定する．輝度温度が高いほど多くの雨滴があることになる．また 37-85 GHz の周波数帯では，おもに雪や氷晶などの固体降水粒子の散乱による輝度温度の低下を利用する．海上では，海面の射出率が低いため，10-22 GHz 帯のマイクロ波で見た場合，冷たい海の上に暖かい雨があることになり，その降水強度が推定される．一方，陸上では地面の射出率が高いためこの方法は使えず，37-85 GHz の周波数帯を用いた降水強度推定が主となる．レーダは自ら電波を出し降水粒子からの散乱波を測定する．そのため，地面や海面の状態に左右されることが少なく，また距離分解能があるために，降水システムの立体構造を観測できるという大きな利点がある．

　現在，**GEWEX** (Global Energy and Water Cycle Experiment) のもとで **Global Precipitation Climatology Project** (GPCP) が実行されている．GPCP では，衛星に搭載した可視・赤外放射計による低い輝度温度(典型値は 235 K)の面積割合を降水量に換算する．初期の GPCP では 235 K の面積の割合に比例させて月降水量を求めていた．この換算係数は，面積割合の頻度分布とその場所の降水強度の頻度分布を一致させるように選ばれており，これにより 2.5°四方の月降水量のデータが作られた．ところが研究が進むにつれ，この換算係数が場所によって変わることが明らかになってきたため，場所によりこの係数を変えて用いるようになった．さらに地上雨量計，低軌道衛星搭載のマイクロ波放射計によるデータなども使い，現在は 2.5°四方の月ごとデータだけでなく，1°四方の日ごとデータも作られている (http://precip.gsfc.nasa.gov/)．

　人工衛星はその軌道高度により静止軌道衛星と低軌道衛星とに大きく分けられる．赤道上空 36,000 km の軌道上にある衛星は一日でちょうど地球を一周するため，地上から見てほぼ静止しているように見える．そのため静止軌道衛星と呼ばれる．静止軌道衛星には可視・赤外放射計が搭載されている．一方，低軌道衛星は低い軌道とはいえ，大気抵抗を避けるため地上高数百 km 以上の高度にある．センサとしては，マイクロ波放射計やレーダ，ライダーなどを搭載している．

　なぜ軌道により使用されるセンサに差があるのであろうか．これはセンサの視野角 θ と使用波長 λ，センサの口径 D との間に

$$\theta = \frac{\lambda}{D} \tag{1.2.22}$$

の関係があるためである．降水観測のためには，降水システムの大きさから水平分解能として 10 km 程度が要求される．地上高 35,000 km の静止軌道からこれを満たすには視野角として 1/3500 ラジアンが必要となる．その一方，衛星の搭載能力からの制限により，現状ではセンサの口径は 2 m 程度が上限となる．これから，使用できる波長は 0.5 mm 以下(周波数で 600 GHz 以上)となる．静止軌道上で使用できるこの波長帯のマイクロ波センサの開発は，現状の技術で

は実現困難である．その一方，低軌道衛星では，高度が低いため，より長い波長のマイクロ波センサでも十分な分解能が得られる．このため低軌道衛星には，可視・赤外放射計とともにマイクロ波センサも使用されている．

低軌道衛星の典型例に1997年11月に打ち上げられた**熱帯降雨観測衛星**（Tropical Rainfall Measuring Mission：TRMM）がある．TRMMには降水観測のためのセンサが揃っており，衛星からの降水観測が大きく進展した．TRMMには降水センサとして，可視・赤外放射計（VIRS），マイクロ波放射計（TMI），そしてわが国が開発した世界初の衛星搭載**降雨レーダ**（Precipitation Radar：PR）が搭載されている．

低高度の衛星軌道は太陽同期軌道と非同期軌道に分けることができる．太陽同期軌道とは衛星軌道面の太陽に対する角度がつねに一定になるような軌道である．ほとんどの地球観測衛星は太陽同期軌道をとる．これは地球観測では太陽に対する角度が一定であることが望ましいことが多いためである．例えば，可視光での観測では太陽の地球表面での反射光が邪魔になることがあるが，太陽同期軌道なら，この反射の位置を限定できる．また衛星から見た太陽の方向が一定角度内に収まると衛星の熱設計上有利になることもある．太陽同期軌道はつねに軌道制御が必要に思えるが，地球の形状がわずかに扁平であることから地球引力が衛星軌道面を地球赤道面に近づけるように働き，この結果衛星軌道面が自然に回転する．これは回転しているコマの軸が歳差運動を起こすことと同じ原理である．この周回あたりの歳差角 $d\Omega$ は衛星の軌道傾斜角[18]を θ として，

$$d\Omega = d\Omega_0 \cos\theta \tag{1.2.23}$$

と表され，$d\Omega_0 = -0.58°$ である．太陽は1日あたり約 $+1°$ 黄道上を動く．また低軌道衛星の周期は約90分であることから，太陽同期軌道となるには軌道傾斜角は，(1.2.23)式より約96°となる．このように太陽同期軌道は軌道傾斜角が非常に大きくなり，結果として，地球を極点の近くを除きほとんどすべて観測できることになる．

1.2.5 今後の研究課題

水循環は地球気候システムの1つの重要な要素であり，その変動の実態は大気・陸面・海洋のすべてにわたっている．現在の大きな課題の1つは地球温暖化による**地球水循環**[19]の変化の解明である．降水はさまざまな現象の結果であり，また広域の現象であるため，地球規模の観測が必要である．しかし，地球規模の水循環の様相が理解されてきたのはごく最近のことであり，ここでは地上観測の充実とともに衛星観測が重要な位置を占めている．水循環に関しては，陸域では**水文学**（hydrology）の分野で長い研究の蓄積があるが，そのスケールは流域スケールが主である．これは陸面にいったん入った降水は流域で閉じると考えられるためと，河川流量の予測という社会的な大きな目標があるためである．しかし，地球温暖化などの地球環境変化に対する水

---

[18] 衛星軌道面が地球の赤道面となす角度．軌道面での衛星の周回方向と赤道面での地球の自転方向が一致するように2つの面が重なるまでの角度を測るため，0°から180°までをとり得る．

[19] おもに，地球表層の水循環の不確定性が高い．地球温暖化における地球水循環，とくに表層水循環と深層水循環の関わりについては，3.6節を参照のこと．

循環の応答は地球規模であり，流域のみに閉じた水循環研究では不十分となっている．

　個々の過程も課題が多い．例えば，**陸面過程**（land surface process）の1つの問題は，地形，植生など陸面状態が非常に細かく変化しているため，それに見合った観測とその知見を取り入れたモデル化が必要なことである．**雲・降水過程**（cloud-precipitation process）においても，**積雲対流パラメタリゼーション**（cumulus parameterization）など，空間スケールの小さい現象のモデルへの組み込みが，大きな研究課題となっている．

参考文献

Adler, R. F., et al. (2003): The version-2 Global Precipitation Climatology Project (GPCP) monthly precipitation analysis (1979-present). J. Hydrometeor., 4, 1147-1167.

Bosilovich, M. G., et al. (2005): Global changes of the water cycles intensity. J. Climate, 18, 1591-1608.

Chou, S.-H., et al. (1997): Air-sea fluxes retrieved from Special Sensor Microwave Imager data. J. Geophys. Res., 102 (C6), 12705-12726.

Emanuel, K. A. (1986): An air-sea interaction theory for tropical cyclones. Part I: Steady-state maintenance. J. Atmos. Sci., 43, 585-604.

Hahn, D. G., and Shukla, J. (1976): An apparent relationship between Eurasian snowcover and Indian monsoon rainfall. J. Atmos. Sci., 33, 2461-2462.

Herschy, R. W., and Fairbridge, R. W., ed. (1998): *Encyclopedia of hydrology and water resources*, Springer, 832pp.

IPCC (2001): *Climatic change 2001: The scientific basis*, Cambridge University Press, 881pp.

IPCC (2007): *Climate change 2007: The physical scientific basis*, Cambridge University Press, 996pp.

Jaeger, L. (1976): *Monatskarten des Niederschlags für die ganze Erde*, Bericht des Deutschen Wetterdienstes, vol. 139, 33pp.

Kawamura, R. (1998): A possible mechanism of the Asian monsoon-ENSO coupling. J. Meteor. Soc. Japan, 76, 1009-1027.

川村隆一 編（2003）：『モンスーン研究の最前線』，気象研究ノート，第204号，222pp.

気象庁（2001）：『地球温暖化情報』，第4巻．

Legates, D. R., and Willmott, C. J. (1990): Mean seasonal and spatial variability in gauge-corrected, global precipitation. Int. J. Climatol., 10, 111-127.

Manabe, S., and Strickler, R. F. (1964): Thermal equilibrium of the atmosphere with a convective adjustment. J. Atmos. Sci., 21, 361-385.

Noda, A., and Tokioka, T. (1989): The effect of doubling the CO_2 concentration on convective and non-convective precipitation in a general circulation model coupled with a simple mixed layer ocean model. J. Meteor. Soc. Japan, 67, 1057-1067.

小倉義光（1999）：『一般気象学（第2版）』，東京大学出版会，308pp.

Peixoto, J. P., and Oort, A. H. (1991): *Physics of climate*, AIP Press Springer, 520pp.

Philander, S. G. (1990): *El Niño, La Niña, and the southern oscillation*, Academic Press, 289pp.

富田裕之・久保田雅久（2005）：全球乱流熱フラックスデータの現状と今後の課題．海の研究, 15 (4), 571-592.

UNFCCC/WMO/UNEP (2007): *IPCC fourth assessment WG1 report*, IPCC, 987pp.

Wetherald, R. T., and Manabe, S. (2002): Simulation of hydrologic changes associated with global warming. J. Geophys. Res., 107 (D19), 10.1029/2001JD001195.

Yasunari, T. (1991): The monsoon year - A new concept of the climate year in the tropics. Bull. Amer. Meteor. Soc., 72, 1331-1338.

Zipser, E. J., and Lutz, K. R. (1994): The vertical profile of radar reflectivity of convective cells: A strong indicator of storm intensity and lightning probability?. Mon. Wea. Rev., 122, 1751-1759.

その他の参考図書

Emanuel, K. A. (1994): *Atmospheric convection*, Oxford University Press, 580pp.
Hartmann, D. L. (1994): *Global physical climatology*, Academic Press, 410pp.
Holton, J. R. (2004): *An introduction to dynamic meteorology*, 4th ed., Elsevier, 535pp.
Houghton, J. (2002): *The physics of atmospheres*, 3rd ed., Cambridge University Press, 320pp.
小倉義光 (1978):『気象力学通論』, 東京大学出版会, 249pp.
Satoh, M. (2004): *Atmospheric circulation dynamics and general circulation models*, Springer-PRAXIS, 643pp.

1.3 地球生命圏――海洋

　地球の水のほとんどは海水として地球の表面積の70%を占める海に存在している．地球は球形であるために，単位地表面あたりに入射する太陽光のエネルギーの強度は赤道付近で大きく両極付近では小さくなっている．これに対して，地球が放射するエネルギーの強度にはそれほど大きな緯度変化はないので，地球の熱的バランスを保つためには赤道付近から両極に向けて熱エネルギーが輸送されなければならない（1.2節参照）．これを担っているのが大気（およびそれに含まれる水蒸気）と海水の運動である．

　図1.3.1に地球上での水と物質の循環における海洋の役割を模式的に示す．海洋は地球の表層での最大の水の貯蔵庫であるが，二酸化炭素（CO_2）をはじめとする多くの物質の貯蔵庫でもある．図1.3.1で水が大気経由で海洋から陸域へ運ばれ，河川などを経由して陸域から海洋へと戻ることは，海から蒸発した水が，さまざまな物質を溶かして再び海に帰ってくることを意味している．これに対して，物質が人間活動から出て最終的に海へ入る経路には，河川経由だけでなく，大気からの直接的な供給経路も存在している．ここで強調したいのは，陸域や海洋に住んでいる生物が水と物質の循環の接点に位置しており，それらの双方を駆動しているということである．

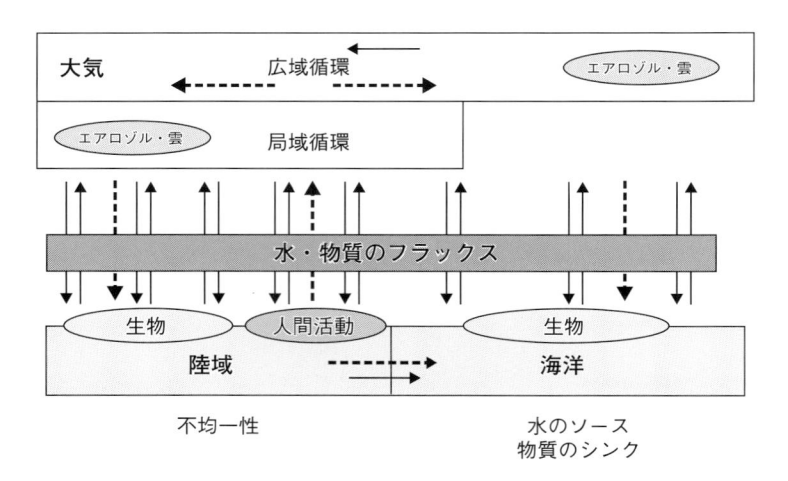

図1.3.1　地球システムの水・物質循環における海洋の役割：水の動き（細い実線矢印）と物質（おもにCO_2）の動き（太い点線矢印）を示す．大気と陸域・海洋の間の局所的な水のやり取り（ペアの黒矢印）は，陸域では地域的な不均一性が大きく海洋では比較的少ない（本数の違いによって表現）．人間活動は海洋に隣接した陸域に集中している．流体の中の粒子（大気中のエアロゾル・雲，海洋中の生物）は，水・物質循環に重要な役割を果たしている．

本節では，1.3.1 小節で海水の循環に関する物理的な解説を行った後，1.3.2 小節で海洋の生物が地球上の水と物質の循環の中でどのような働きをしているかについて，おもに炭素と窒素のやり取りについて概説し，1.3.3 小節で炭素循環に関する種々の「ポンプ」を説明する．1.3.4 小節で海洋における炭素循環の変動を環境因子に着目して述べた後，最後に 1.3.5 小節で今後の研究課題について記す[1]．

1.3.1 海水の循環

いま，ある地図上で北太平洋が A4 判の紙 1 枚を横にしてちょうど覆われたとしよう．そのとき海洋の平均水深 3.8 km は紙の厚さに相当するおよそ 0.1 mm にすぎない．地球の大きさに比べると海は非常に薄い水溜りにすぎない．しかし，先に述べたようにこの水が地球の気候を決めるのに大変重要な役割を果たしている．

海洋に限らず，地球上の水や大気には重力が働いているために，密度の大きい水や大気の上に密度の小さい水や大気が重なった**成層**（stratification）構造を成している．このため，海水の運動は基本的に**等密度面に沿った**（isopycnal）水平方向の動きが卓越しており，**等密度面に垂直な**（diapycnal）鉛直方向には非常に動きにくくなっている．淡水の場合，水の密度は温度だけによって決まるが，海水の場合，温度と塩分によってその密度が決まる．ここで塩分というのは，海水中に存在する各種塩類を全部合わせたものの存在量で，地球形成以来の地質活動で地球内部から放出された気体成分や，風化によって生成した成分が溶け込んだものである．長時間の海水の循環の結果，それらの塩類は海水中でほぼ均一な組成をもつようになっている．その比率は海水 1 kg に対して約 35 g 程度（35‰）であり，海洋表層での蒸発や降水，結氷，あるいは河川水，地下水の流入によってわずかに変動する．淡水は，約 4℃ 以下では温度低下とともに密度が低下する．これに対し，海水では塩分のために，4℃ 以下でも温度が低下すればするほど密度が増大することが特徴である．

海洋のすべての海水の温度と塩分との関係を図 1.3.2 に示す．温度は −1.5℃ から 30℃ まで変動するのに対して，塩分[2] は 33-36 の範囲をとる．しかし，全海水の 75% は温度 0-5℃，塩分 34-35 と極めて狭い範囲に収まっている．このことは，深いところに存在する重い水は極めてよく混ざっているということを意味している．つま

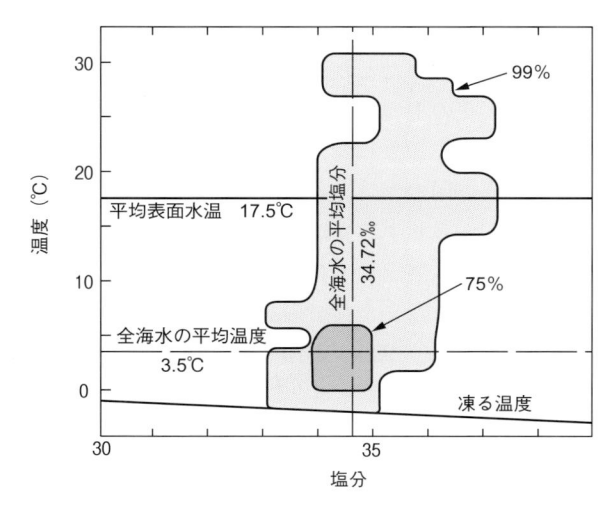

図 1.3.2 全海洋の海水の温度と塩分（Gross and Gross, 1996 を一部改変）．

---

1) 3.3 節では海水の循環の物理・化学に関する基礎的な解説があるので，併せて読むと良い．

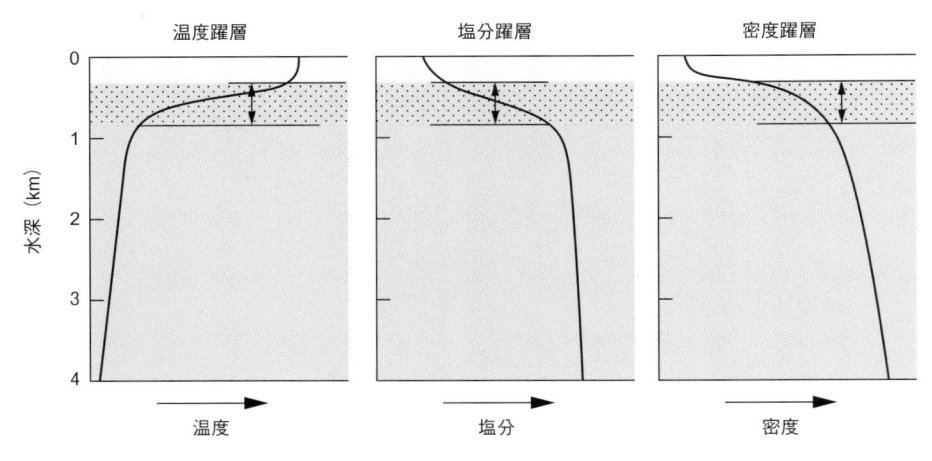

図1.3.3 海水の成層構造：左から温度，塩分，密度の鉛直構造を示している（Gross and Gross, 1996を一部改変）．

り，海洋はよく混ざった深い，重い水の上に，温度の高くて軽い水がふたをする構造になっているのである．

図1.3.3に海水中での平均的な温度，塩分，密度の鉛直分布を示す．表面から200-300 m 程度までの深度にはほぼ温度，塩分の均一な海水があり，それ以深で1000 m くらいの間で深さとともに急激に温度，塩分，密度が変わる．各量が急変する層をそれぞれ**温度躍層**（thermocline；水温躍層ともいう），**塩分躍層**（halocline），**密度躍層**（pycnocline）と呼ぶ．温度躍層と塩分躍層は一般に一致せず，密度成層するように調整される．1000 m 以深では，温度，塩分，密度いずれもほとんど鉛直的な変化は見られない．

表層水の循環

海上で風が吹いたとき，表層の海水は風による摩擦力を直接受ける．表層の海水が引きずられて動くと，その下の層の海水との間でも摩擦力が働くために，だんだんと下層に風による運動量が伝わっていくことになる．それぞれの層の海水の動きに対して**コリオリ力**（Coriolis force）が働き，鉛直方向のシアによる粘性項と釣り合う．このため，深くなるに従って海水の流れの方向は風の方向から北半球では右側にずれていく．このことを示したのが図1.3.4であり，海水の速度ベクトルが深さとともに変化する様子を**エクマン螺旋**（Ekman spiral）と呼ぶ．風による海水の流れが起こる深さ全体での質量フラックスを考えると，風向きに対して北半球（南半球）ではちょうど右（左）90°の方向に流れることがわかる．これを風による海水の**エクマン輸送**（Ekman transport）と呼ぶ．しかし，エクマン輸送の及ぶ深度[3]は海面下高々数十 m 程度なの

2）塩分は実用塩分スケールによって，無次元数で表現される．実用塩分スケールとは，塩分の測定法が従来の塩素イオンの銀滴定法から，簡便でしかも精密な計測の可能な電気伝導度法に移行したため，1980年ころに新たに定義された，電気伝導度を基準にした，塩分の表記法である．塩分2から42までの海水に関して適用される．塩分と質量分率の間には，1 = 1 g/kg = 1‰の関係がほぼ成り立つ．

3）風によって生ずる流れの速さが表面の$1/e$となる深さは，$\sqrt{2\nu/f}$で与えられる．ここで，νは表層海水の実効的な動粘性係数，$f = 2\Omega\sin\phi$はコリオリパラメータ（Ωは地球の自転角速度，ϕは緯度）である．

に，実際に海洋で見られる風による流れはもっと深い層にまで及んでいる．これは，エクマン輸送によって動いた表層水がある場所に集まること，すなわち**収束**（convergence）することによって引き起こされる．

北太平洋を例に取ってみると，40°N 付近の偏西風と 10°N 付近の貿易風により，それぞれ，南向きと北向きのエクマン輸送が起こり，25°N 付近に表層水が収束する．このため，海面が盛り上がり海洋内部に水平方向の**圧力勾配**（pressure gradient）が形成される．この圧力勾配によって引き起こされる流れに対しコリオリ力が働き，**圧力勾配力**（圧傾度力：pressure gradient force）とコリオリ力がバランスした状態の**地衡流**（geostrophic flow）と呼ばれる流れに落ち着く[4]．

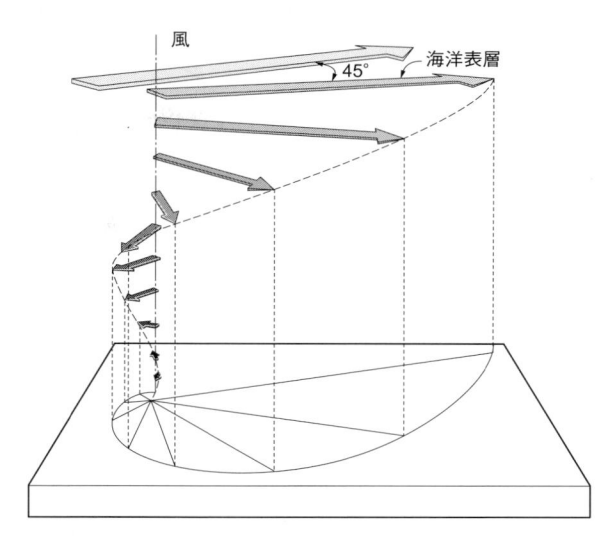

図1.3.4 北半球の海で起こるエクマン螺旋：流速が深度とともに減少しながら右向きに回転している．表層海水の流れの速さは表面風速のおよそ2%である．このような流れが実現されるのは，鉛直的に均一で，十分広い場所で，十分長い時間，一定の風が吹いた場合に限られる（Gross and Gross, 1996 を一部改変）．

全体として時計回りの環流が形成されることになる．実際には，さらに地球が球形であるために，コリオリ力が高緯度域ほど大きく低緯度域で小さいという違い[5]があり，これによって海水が高緯度向きに流れると時計回りの渦が強化される方向に作用する．このため，環流の西側部では同じ向きの渦の流れが加わり強化され，東側部では逆向きの渦の流れのためにもともとの流れが弱まるという効果が働いている（3.3.2小節参照）．黒潮や**湾流**（Gulf Stream）[6]のような大洋の西側の強い流れはこのような効果によって生じている．海洋表層の流れは基本的に大気の運動（風）によって起こされているために，**吹送流**（wind driven current）と呼ばれ，こうしてできた循環は**風成循環**（wind driven circulation）と呼ばれている．世界の海洋で最も強い流れとして知られる黒潮や湾流は 2 m s^{-1} 以上に達することもある．このような強い流れがあるところでは水平的に大きな圧力勾配すなわち海面高度の差が必要とされる．黒潮の場合，水平距離 100 km に対して約 2 m の高度差が生じている．このような海面高度の差を人工衛星に搭載された**海面高度計**（altimeter）で測定することによって，流速の水平分布を知ることができる．

深層水の循環

先の図1.3.2で全海洋の75%の海水は非常に狭い範囲の温度・塩分をもっていることを示し

---

4) この場合も地衡流からのずれはエクマン螺旋を描く．すなわち，流れは海の表面では風の方向を向き，数十 m より深い部分では地衡流の方向を向く．
5) これを**ベータ効果**（beta effect）という．
6) 北大西洋の風成循環のうち，北アメリカ大陸南東岸沖を北東に流れる部分を指す．流れの一部がメキシコ湾を経由する．一般にはメキシコ湾流ともいう．

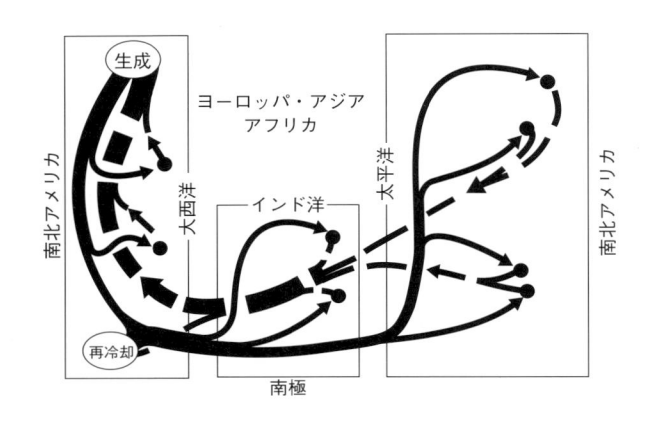

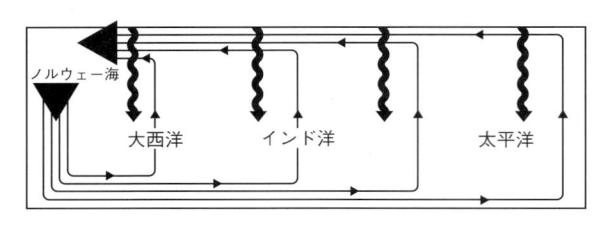

図 1.3.5 深層大循環の模式図：上図は水平的な流れの分布．深層水の流れ（実線矢印）と表層水の流れ（破線矢印）を示す．下図は深層循環の経路に沿った鉛直断面図．海水の流れ（実線）と沈降粒子のフラックス（波線）を示す（Broecker and Peng, 1982 を一部改変）．

た．このことは，暖かい海水でふたをされたその下の海水がよく混ざっているということを意味している．しかし，風成循環はせいぜい1000m 程度の深さまでしか及ばないため，深層水を混ぜるためには別のメカニズムが必要である．それが，表層でできた高密度の海水が沈み込むことによって起こる対流なのである．海水の密度を決めるのは温度と塩分であるため，これを**熱塩循環**（thermohaline circulation）もしくは**熱塩対流**（thermohaline convection）と呼ぶ．

実際の海洋では，北大西洋のグリーンランド沖や，南極のウェッデル海で冬季に起こる活発な大気-海洋相互作用の結果，低温で高塩分の海水が作られ，それが深層にまで沈み込むことが知られている．なお，同様に活発な大気-海洋相互作用が起こる北部北太平洋においては，降水が多く表層付近の海水が低塩分であるために，海水が冷却されても十分に重くならないので深層水は形成されない．おもに北大西洋グリーンランド沖で生成された深層水は大西洋深部を南下し，南極海で作られた深層水と一緒になり**周極深層水**（circumpolar deep water：CDW）を形成する．そのうち一部はインド洋へ北上し，また一部は南太平洋を経て北太平洋へと流入する．このときベータ効果が働いて，深層流が西側で強化されることは風成循環と同様である（3.3.2 小節参照）．深層に流れ込んだ水が流れ続けるためには深層水の生成域へと帰っていく流れが存在しなければならない．これは深層から中層を経て表層へと深層水が緩やかに拡散混合によって変質しながら上昇し，さらに表層水が太平洋からインド洋，大西洋を経て戻ることによって完結していると考えられている．図 1.3.5 の上図はこのことを模式的にあらわしている．この循環を Broecker は**大コンベアベルト**（great ocean conveyor belt）と名づけた．最近では，深層水が再び表層に戻る過程を熱塩循環だけで説明するのは無理があることから，南極周辺での偏西風による表層海水のエクマン輸送（北向き）を補償するように引き起こされる深層水の湧昇を考慮に入れた，深層水の**子午面循環**（meridional overturning circulation：MOC：海洋子午面循環）[7] としての側面も強調されるようになってきた．

熱塩循環で深層水が混ざるのに必要な時間はおよそ 1500 yr 程度といわれている．しかし，つ

---

7) 1.2.1 小節（気象学の分野）では子午面循環を meridional circulation としていたが，海洋学では overturning を付記することが多い．

ねに一定の速度で流れているのではなく，深層水の生成する海域での大気-海洋相互作用の強さ，すなわち表層水の冷却の程度に依存した深層水の生成速度の変化によって変わっている．これによって，北部北大西洋で大気の温暖化や表層海水の低塩分化によって深層水の生成が少なくなると，結果的に北大西洋に戻ってくる表層水が減少し，運ばれる熱も低下するため，ヨーロッパが寒冷化するというシナリオも考えられている．

1.3.2 海水中の生物活動

独立栄養生物と従属栄養生物

生物は，他の生物が作った有機物を食べて生きる**従属栄養生物**（heterotroph）と，自ら無機物から有機物を合成して生きていける**独立栄養生物**（autotroph）とに大別することができる．大雑把に言って，海洋では，前者は動物や細菌類，後者は藻類[8]と言い換えることができる．植物は光エネルギーを利用してCO_2を取り込み（**光合成**：photosynthesis），そのほかに必要な**栄養塩**（nutrients）[9]を取り込んで自分の体を作る．海洋学では，この植物の光合成と栄養塩の取り込みによる生育のプロセスを，生態系において従属栄養生物が使うことのできる有機物を供給するという意味で**基礎生産**（primary production）[10]と呼ぶ．

海洋での基礎生産のほとんどは，海洋表層付近に存在する**植物プランクトン**（phytoplankton）と呼ばれる微小な藻類によって行われている．海洋では，表面から入射した太陽光は海水やその中に存在する物質によって速やかに減衰して，およそ数十mくらいで表層での強さの1%に低下してしまう．このため海洋での光合成は表層から数十m以内の浅い層でしか行えない．この基礎生産の起こる層を**有光層**（euphotic zone）という．植物プランクトンは有光層に居られるようにさまざまな仕組みをもっている．それらの中で最も特徴的なのが，体を小型にして沈降速度を小さく抑えているということである．体が小さいと，体の体積に対する表面積の割合が大きくなるため，必要な栄養塩類を取り込む速度が速くなり，数が倍になるのに必要な時間が短くなる．植物プランクトンの世代時間は数時間から数日程度と，陸上植物に比べて非常に短いことが特徴である．植物プランクトンが海洋表層付近にいるので，動物プランクトンも効率的に餌にありつくために表層付近にいる必要があるため体の小さいものが多くなっている．また，海水中には植物プランクトンよりはるかに多数の細菌が存在している．海水中に溶存態として存在する**溶存有機物**（dissolved organic matter）は，植物プランクトンが生産した有機物の一部がそのまま海水中に放出されたり，動物プランクトンが植物プランクトンを捕食するときにその一部が海水中に有機物として放出されたりしたものである．細菌はそれらの溶存有機物を取り込むことによって，**粒子状有機物**（particulate organic matter：POM）に変え，微小な動物プランクトンに利

---

[8] シアノバクテリア（藍藻）は分類学的には細菌だが，酸素発生型光合成を行うので，ここでは機能的に藻類に含める．

[9] 硝酸塩，リン酸塩，珪酸塩などを**マクロ栄養塩**（macro nutrients）といい，鉄，ビタミンなどを**ミクロ栄養塩**（micro nutrients）という．

[10] 陸域では一次生産（量）と呼ばれているもの（1.4.2小節参照）と同じであるが，海洋学では基礎生産という日本語が標準的である．

用される．このように，海洋の有光層では，生育する植物プランクトンそのものや植物から海水中に放出された有機物が，直ちに他の従属栄養生物により利用されるといった，きわめてダイナミックな関係が成り立っている．

しかし，一方的に食べられているように見える植物プランクトンも実は動物プランクトンによって恩恵を受けている．動物プランクトンが食べた植物の一部は，再び植物が必要としている無機栄養塩として排出されているためである．つまり，植物と動物が共存することによって，海洋表層での生物活動が維持されているのである．これらの一連の生物活動を海水中の物質との関連で表すと，

$$CO_2 + HNO_3 + H_3PO_4 + H_2O \underset{光}{\rightleftarrows} (CHONP) + O_2 \quad (有機化：光合成) \quad (1.3.1)$$

$$(CHONP) + O_2 \rightarrow CO_2 + HNO_3 + H_3PO_4 + H_2O \quad (無機化：呼吸) \quad (1.3.2)$$

となる[11]．ここで，HNO_3 は無機窒素の代表としての硝酸，H_3PO_4 は無機リン酸[12]，(CHONP)は生物体有機物を表している．**光合成**と**呼吸**（respiration）が同時に起こってリサイクルのシステムが成り立っていることがわかる．

生物ポンプ（軟組織ポンプ）[13]

動物が食べた植物のうち糞粒となった部分や，動物・植物の死骸などの粒子状物質は有光層から沈降し下層へ輸送されている．また，溶存有機物も下層に比べて高い濃度で存在するので，乱流拡散によって表層から下層に輸送されている．こうして有光層より深い中層，深層に運ばれた有機物はそこで無機化され，CO_2 となる．海洋表層付近に生物群集が存在することによって，有光層中の CO_2 が結果として海洋深層へと運ばれる一連のプロセスは海洋の炭素循環にとって重要である．これは**生物ポンプ**（biological pump）と呼ばれ，本質的には，海洋表層付近の生態系からの有機物のロスを意味する．生物ポンプが働いていることによって生物の必要とする物質は表層水で少なく，深層水に多く分布することになる．このことは逆に言うと，海洋表層近くの生態系を維持して生物ポンプを動かし続けるためには，深層水からそれらの物質を表層付近の生産システムに戻す必要があるということなのである．海洋における物質循環に及ぼす生物の働きを，図 1.3.6 にまとめた．ここでは，植物プランクトンと動物プランクトンを大きさ（境界値は 5-10 μm）によって2つに分けて考えている．この理由は，有機物の動態を溶存態と粒子態に分けて考えるときに，前者には小型の生物とのやり取りによる寄与が大きく，後者には大型の生物の寄与が大きいためである．

ここでは生物ポンプとして有機物生産にのみ注目したが，多くの生物は炭酸カルシウム（$CaCO_3$），二酸化珪素（SiO_2）などでできた無機物質の殻も同時につくる．最近は有機物だけではなく，それらの殻成分も含めて生物ポンプとして考えるのが一般的である（1.3.3 小節参照）．

生物活動と物質循環

基礎生産[14]とそれに依拠した生物群集の活動の関係を定量的に調べることによって，ある海域において生物群集が物質循環においてどのように働いているかを記述することができる．この

---
11) 化学反応式の係数は（CHONP）の組成によるので省略した．
12) 硝酸も無機リン酸も海中ではほとんどが電離してイオンとなっている．
13) 軟組織ポンプと硬組織ポンプの用語については，1.3.3 小節でも解説する．

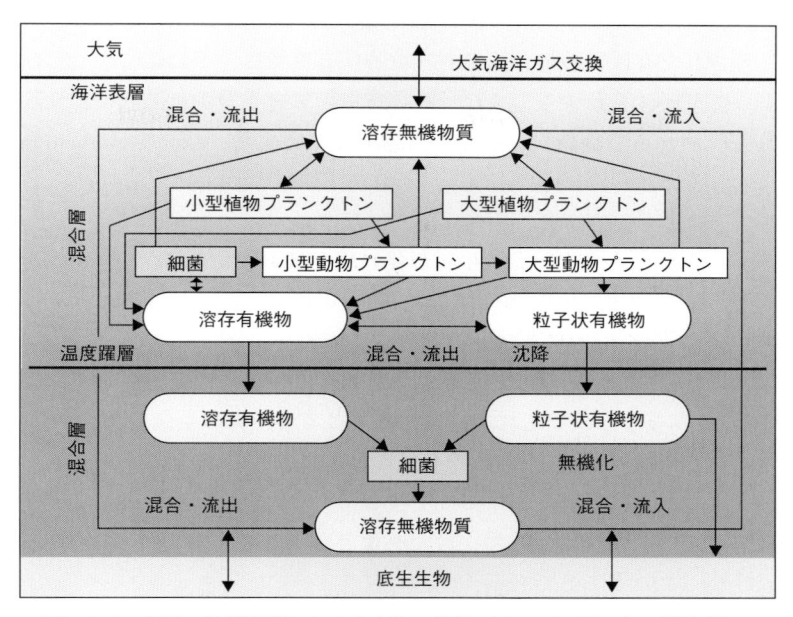

図1.3.6 海洋の物質循環における生物の役割（JGOFS, 2001を一部改変）.

ために，使われる用語を整理してみよう．先に海洋における基礎生産はほとんどすべてが植物プランクトンの光合成によっていると述べたが，実際には，植物プランクトン自身も他の生物と同様に呼吸を行うので，実際に有機物として生産された炭素量（**純基礎生産**：net primary production：NPP）は光合成で生産された有機物炭素の総量（**総基礎生産**：gross primary production：GPP）より少なくなっている．有機物を炭素量に換算して表した場合には，

$$GPP(C) - AR(C) = NPP(C) \tag{1.3.3}$$

という関係が成り立つ．ここで$AR(C)$は藻類の呼吸を表す．

さらに実際の海洋の生態系を考えると植物プランクトンとともにそれ以外の生物が存在しているので，光合成によって生産された有機物は動物や細菌によって消費され，その一部は再びCO_2に戻される．したがって，そこの海域の生態系全体としての生物生産である**純群集生産**（net community production：NCP）[15]は

$$NPP(C) - HR(C) = NCP(C) \tag{1.3.4}$$

となる．ここで，$HR(C)$は動物と細菌の呼吸である．さらに，$HR(C) + AR(C)$は**群集呼吸**（community respiration）と呼ばれる．

いまある海域での生物群集の$NPP(C)$と$HR(C)$が等しい場合を考えてみよう．このときには(1.3.4)式でわかるように$NCP(C)$は0となってしまい，その生物群集は現存量を増加させることはできない．したがって，何らかの方法で$NPP(C)$を測定し，さらに現存量の時間変化

---

[14] 厳密には，生産（量）（production）は生産された現存量を，生産力（productivity）は単位時間の生産（生産の速度）を意味する．通常は単位面積あたりで生産される炭素量で考えるので，単位は生産量がgC m^{-2}，生産力がgC m^{-2} day^{-1}またはgC m^{-2} yr^{-1}と表現される．しかし，ここでは，他の節との整合性も考えて，「生産」の語をここでいう生産力の意味でも使用する．

[15] 陸域では生態系純生産量（NEP）と呼ばれているもの（1.4.2小節参照）に相当する．

を測定すれば $HR(C)$ すなわち捕食者の活動を推定できる．ところが実際には，基礎生産の起こる有光層で生産された有機物の集合体である粒子状有機物は，そのままもしくは捕食者の糞粒の形で沈降によって下層に移動する．また，溶存有機物も有光層から拡散により除去される．沈降・拡散により有光層から有機物が除去される過程を**輸出生産**（export production）という．輸出生産を勘定に入れると，

$$NPP(C) = NCP(C) + HR(C) \tag{1.3.5}$$

のうち，$NCP(C)$ の部分は，有光層での生物群集の現存量の増加を PG，輸出生産を EP と置くと，

$$NCP(C) = PG(C) + EP(C) \tag{1.3.6}$$

と表すことができる．(1.3.6)式は，ある時間・空間スケールで有光層内の生物群集の現存量 $PG(C)$ が定常状態とみなせるのであれば，生物群集による正味の生産量 $NCP(C)$ は，有光層から下層に除去された有機物の量 $EP(C)$ と等しいことを意味している．

ここで大切なことは，先に述べたように，生物ポンプが働き続けるためには，基礎生産が起こり続けなければいけない，つまり，基礎生産で必要とされる光，水，CO_2，栄養塩類が供給され続けなければいけないということである．

そこで窒素（N）に着目しよう．植物プランクトンの窒素源としては，無機窒素化合物の中で最も還元的な形のアンモニア（NH_3）と，最も酸化の進んだ形の硝酸イオン（NO_3^-）が代表的なものである．NH_3 と NO_3^- の酸化還元状態の違いは，前者が生体内でタンパク質やアミノ酸として存在したものが分解されてすぐに海水中に放出されたものであるのに対して，後者は有光層から下層に移行した後に分解されて NH_3 になり，さらに硝化細菌によって，亜硝酸イオン（NO_2^-）を経て NO_3^- にまで酸化されるという長い過程を経て生成されたものという違いに由来している．つまり，NH_3 は有光層の中ですばやく再生されるのに対して，NO_3^- は有光層の外部で作られて，有光層に新しく運び込まれるのである．よって，窒素量で見た総基礎生産 $GPP(N)$ は，NO_3^- を取り込むことで生成される基礎生産である**新生産**（new production：NP）と，NH_3 を取り込むことで生成される基礎生産である**再生生産**（regenerated production：RP）とに分けることができる：

$$GPP(N) = NP(N) + RP(N) \tag{1.3.7}$$

窒素の取り込みに関する再生生産と新生産の概念は Dugdale and Goering（1967）によって提唱されたもので，有光層内では呼吸・分解の結果，窒素は NH_3（および尿素）として放出されるはずなのに，海洋表層においては NH_3 が大量に存在することは稀であるため，放出された NH_3 はただちに植物プランクトンに取り込まれて再生生産に使われていると考えたためである．なお新生産としては，当初は海洋下層からの NO_3^- の供給と，大気中の N_2 固定[16] が考えられていたが，最近では大気からの降下物による供給，水平方向の系外からの正味の供給についても窒素化合物の形態を問わず新生産のカテゴリーに入れるようになってきた．

一般的な外洋を取り扱う場合には，窒素の取り込みから見た場合，新生産としての大気 N_2 固定の寄与が小さいと考えられるので，硝酸イオンの形での窒素の取り込みを $F(NO_3^-)$，アンモニアの形での窒素の取り込みを $F(NH_3)$ と書けば，

---

[16] 海洋表層ではおもにシアノバクテリアが大気 N_2 を固定する．

$$NP(\mathrm{N}) \approx F(\mathrm{NO_3^-}) \tag{1.3.8a}$$
$$RP(\mathrm{N}) \approx F(\mathrm{NH_3}) \tag{1.3.8b}$$

と考えられる．植物自身は呼吸によって窒素を排出しないので，窒素の取り込みにおいては，総基礎生産と純基礎生産が等しく，

$$GPP(\mathrm{N}) = NPP(\mathrm{N}) \tag{1.3.9}$$

が成り立っている．

一般的に海洋の有光層ではアンモニアの濃度は非常に低いので，植物以外の生物の呼吸による $\mathrm{NH_3}$ 放出，すなわち $HR(\mathrm{N})$ と，植物の光合成に伴う $\mathrm{NH_3}$ の取り込み，すなわち $RP(\mathrm{N})$ が釣り合っていて，

$$HR(\mathrm{N}) = RP(\mathrm{N}) \tag{1.3.10}$$

とみなすことができる．(1.3.5)-(1.3.10)式より，藻類のC/N比を $(C/N)_{\mathrm{phyto}}$ と書くと，有光層での生物群集の現存量が一定に保たれている場合には，

$$EP(\mathrm{C}) = NCP(\mathrm{C}) - PG(\mathrm{C}) = (C/N)_{\mathrm{phyto}} \cdot NP(\mathrm{N}) = (C/N)_{\mathrm{phyto}} \cdot F(\mathrm{NO_3^-}) \tag{1.3.11}$$

となる．

このことは，新生産は沈降によって有光層から除去される有機物のフラックス（すなわち輸出生産）と等しいということを示している．$NPP(\mathrm{C})$ に対する輸出生産の割合を **e-ratio** と呼ぶ．新生産に必要な $\mathrm{NO_3^-}$ は深層から運ばれて来るので，(1.3.11)式はまた，上向きの $\mathrm{NO_3^-}$ の供給フラックスと下向きの有機物の沈降フラックスの大きさが同じであることを意味している．$GPP(\mathrm{N})(=NPP(\mathrm{N}))$ に対する新生産の割合を **f-ratio** と呼ぶ．Eppley and Peterson (1979) はf-ratio は $GPP(\mathrm{N})$ が増大するとともに0.1-0.5程度まで増大する飽和型の関数であることを示した．海洋表層の生物量が定常状態になっていると仮定すると，f-ratio は $NPP(\mathrm{C})$ の中で輸出生産に回されるものの割合，すなわちe-ratioに一致するはずである．つまりe-ratioとf-ratioは水平的な変動や時間的な変動が平均化されてしまうくらいの長い時間スケールや大きい空間スケールを考えれば本来一致するはずである．この場合，両者をまとめて **ef-ratio** と呼ぶこともある．なお，近年新たな窒素固定シアノバクテリアの発見や，従来主たる窒素固定者と考えられていたシアノバクテリアのトリコデスミウム（*Trichodesmium*）の寄与の重要性が再認識され，新生産のより確からしい見積もりが求められている（Karl et al., 2002）．

海水中を沈降する粒子

前述の有機物の沈降フラックスは，海洋の浅層から深層に沈降する粒子状物質を，海水中に設置した**セディメントトラップ**（sediment trap）と呼ばれる装置を使って集めることによって計測できる．さまざまな海域でのセディメントトラップ実験の結果から，このような粒子の沈降速度は粒子の大きさによって大きく変動するが，およそ1日に数十mから200mに達するといわれている．このような粒子による表層から深層への速い物質の輸送が，海洋での物質の循環で重要な役割を担っていると考えられている．図1.3.7（口絵参照）に示す深層水に含まれるリン酸イオンの濃度と酸素飽和度の分布図を見ると，深層水の生成域に近い北部北大西洋ではそれぞれ $1.0\,\mu\mathrm{mol}\,\ell^{-1}$，90%程度であるのに対し，深層循環の終点に近い東部北太平洋では $2.6\,\mu\mathrm{mol}\,\ell^{-1}$，40%と大きな変化が起こっていることがわかる．ここで，酸素飽和度というのは，海水中の $\mathrm{O_2}$ 濃度の温度と塩分で決まる飽和 $\mathrm{O_2}$ 濃度に対する比率として表したもので，海水が表層で獲得し

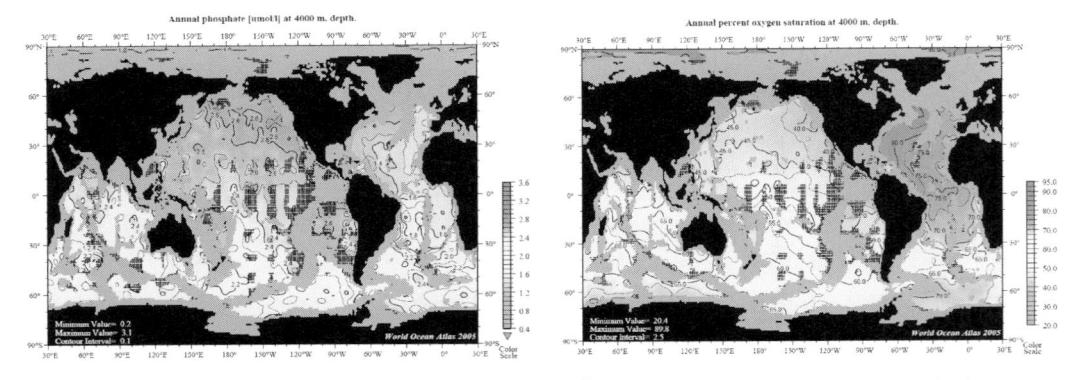

図1.3.7 深層水のリン酸イオン濃度（左：単位は $\mu\mathrm{mol}\,\ell^{-1}$）と酸素飽和度（右：単位は%）分布（Garcia et al., 2006, 口絵参照）.

た O_2 が深層にもぐり込んだあとで，生物の呼吸によってどれだけ消費されたかを示している．ここで観察されたリン酸イオン濃度と酸素飽和度の変化は，深層水が北部北大西洋で沈み込んだ時に持ち込まれた有機物からの寄与だけではとても説明できず，海洋の表層で生成されて急速に深層へ沈降した粒子状有機物からの寄与が大きい．図1.3.5の下図はこのことを説明しており，沈降粒子によって運ばれた有機物が深層水というコンベアベルトの上で分解を受けて，深層水中でのリン酸イオンの増加や O_2 の減少を引き起こしていることを表現している．当初，Broecker が用いた「大コンベアベルト」の語は，まさにこの状況を表現したものであった．

ここで，興味深いことは，海洋においては，生物に由来する有機物の組成が驚くほど一定であるということである．(1.3.1)式および(1.3.2)式に示した生物体有機物（CHONP）というのは，植物プランクトンの基礎生産で作られた有機物を意味している．しかし，海洋の浅層では，基礎生産者と消費者を分けて計測するのは困難なため，植物プランクトンとそれ以外の動物プランクトンもあわせて生物体有機物と呼んでいる．Redfield (1963) は基礎生産によってできる有機物は，C は炭水化物，N はアミノ酸，P はリン酸として存在するとして，

$$(CH_2O)_{106}(NH_3)_{16}(H_3PO_4) = C_{106}H_{263}O_{110}N_{16}P \tag{1.3.12}$$

で表現できるとした．植物プランクトンを培養するとその元素組成が種や栄養塩や光などの生育環境によって大きく変わることはよく知られている．それにもかかわらず，海水中の粒子状有機物の元素組成が(1.3.12)式の比をもつことは広く確かめられており，この比率を**レッドフィールド比**（Redfield ratio）と呼んでいる．このことは，また，植物プランクトンの生育を制限する栄養塩と考えられている海水中の硝酸塩，リン酸塩の濃度比がおよそ 15-16 という値をもつことと附合しており，海洋が形成されてから現在までの絶え間のない生物の活動が海水中の硝酸塩とリン酸塩の比を一定に保っていることを示す格好の事例ということができる．なお，培養実験によれば，植物プランクトンがレッドフィールド比に近い C：N：P 比をもつのは栄養塩の制限のかかっていない，ほぼ最大の増殖速度で生育している場合であることが知られているので，自然状態の植物プランクトンは自分自身で最適の環境を作り出しているということができるのかもしれない．

海洋表層での基礎生産の過程では，有機物だけでなく，植物プランクトンの体を構成する微量元素や，種によってはケイ酸（SiO_2：オパール）や炭酸カルシウム（$CaCO_3$：カルサイト，アラゴ

ナイト）の殻などが生物粒子として生成される．生物粒子とともに沈降することによって分布が決まるP，N，Siなどの元素を**親生物元素**（biophilic elements）といい，濃度が表層で低く，深層で高くなる鉛直分布を示す．従来沈降粒子の**粒子フラックス**（particle flux）は表層の基礎生産の関数として表現されてきたが，最近になって，比重の大きなCaCO$_3$の含量と粒子フラックスの間に良い関係があることがわかってきた．CaCO$_3$の炭素量換算の粒子フラックスΦ_{CaCO_3}と**有機炭素**（particulate organic carbon：POC）の炭素量換算の粒子フラックスΦ_{POC}の比を**レインレシオ**（rain ratio：r）と呼ぶ：

$$r = \frac{\Phi_{CaCO_3}}{\Phi_{POC}} \tag{1.3.13}$$

また，全炭素フラックスに対するCaCO$_3$フラックスを**レインレシオパラメータ**（rain ratio parameter：γ）と呼ぶ：

$$\gamma = \frac{\Phi_{CaCO_3}}{\Phi_{CaCO_3} + \Phi_{POC}} \tag{1.3.14}$$

後述するように，海洋と大気との間のCO$_2$のやり取りに関して，海洋表層から深層へのPOCフラックスとCaCO$_3$フラックスは逆の働きをするので，レインレシオを調べることは重要である．現在の海洋表層の条件ではレインレシオパラメータがおよそ0.63より大きい場合はCO$_2$を放出，小さい場合は吸収の方向に生物の活動が寄与することになる．

生物が生きるということは，体外からさまざまな物質を取り込んで代謝活動を行い，自分の体を作るとともに，不要なものを再び体外に排出することであるので，有機物のみならず，生物によって正味に取り込まれるさまざまな親生物元素はおおよそ一定の比をもっている．このため，海水中のいろいろな成分の間に定量的な関係が成り立つことも多い．このことを利用することによって，海水中の成分を別の成分を測ることによって推定できることも多い．

1.3.3　海洋の炭素循環

図1.3.8は地球の炭素循環における海洋の役割を示したもので，1980年から1989年までの間での平均的な状況を示している．大気中のCO$_2$を取ってみると，その現存量が750 Pgであり，人間活動によって毎年5.5 PgのCO$_2$が放出されるのに対し大気中の増加は3.3 Pgであって，その差額のうち1.5 Pgが海洋に，0.7 Pgが陸に吸収されているということが表現されている．

生物ポンプと物理ポンプ

図1.3.8から読み取れる重要なポイントは，陸域植生（草や木）の存在量が610 Pgであるのに対して海でそれに相当する表層生物の存在量がわずか3 Pgであること，純基礎生産が陸上植生で60 Pg yr^{-1}であるのに対し，海洋植物プランクトンでは45 Pg yr^{-1}と，ほぼ同程度であるということである．これは後でも説明するが，海での基礎生産者である植物プランクトンが極めて速い代謝速度をもっている（表層生物の平均滞留時間は約24日となるが，表層生物には植物以外も含まれているので，植物プランクトン自体の代謝はもっと速い）ということを意味している．図1.3.8によると，生物ポンプにより1年間におよそ10.2 Pgの炭素が海洋の浅層から深層に運ば

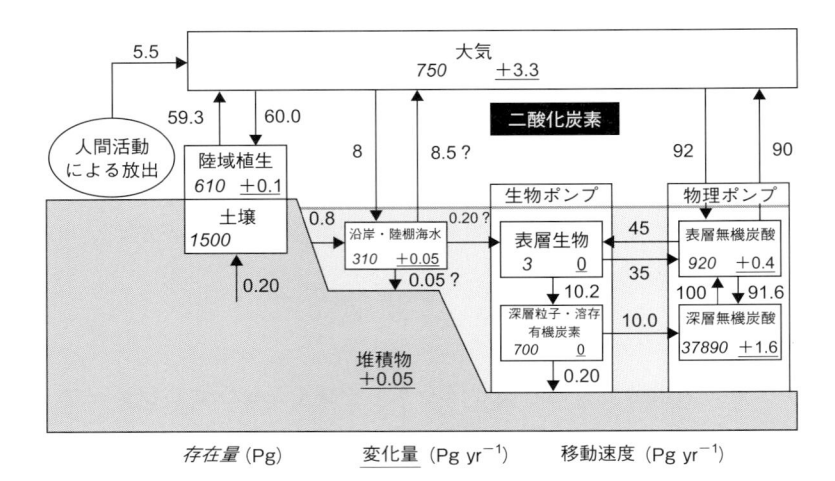

図1.3.8 地球の炭素循環における海洋の役割 (1980-1989)：Houghton et al. (1996) に引用された Siegenthaler and Sarmiento (1993) の原図に JGOFS (2001) の最新成果を取り込んで作成したもの．$(92-90)+(8-8.5)=1.5$ (Pg yr^{-1}) の CO_2 が大気から海洋に，$60.0-59.3=0.7$ (Pg yr^{-1}) の CO_2 が大気から陸に吸収されている．

れている．そのうち10.0 Pgの炭素は深層水中で酸化分解されてCO_2に再生され，最終的に堆積物として埋積するのは0.2 Pgと見積もられている．図1.3.8では生物ポンプ自体が大気中のCO_2を海水中に運ぶ経路はなく，大気と海洋の間のCO_2のやり取りは**物理ポンプ**（physical pump）と呼ばれる過程によっていると表現されている．

物理ポンプを駆動するのは，大気と海洋の間のCO_2分圧の差であり，CO_2分圧の高いほうから低いほうにCO_2が輸送されている．図1.3.8では1年あたり大気から海洋へ92 Pg，海洋から大気へ90 Pgが運ばれ，正味2 Pgが大気から海洋へ輸送されると考えられている．海洋表層に接する大気の混合層の中ではCO_2分圧はほぼ一定であるので，物理ポンプを駆動するのは海洋表層でのCO_2分圧の変動である．物理ポンプのメカニズムとしては，水温の違いによるCO_2の溶解度の違いが支配的と考えられている．そのため，これを**溶解度ポンプ**（solubility pump）と呼ぶこともある．しかしながら，短期的な**ブルーム**（bloom）[17] が起こるような場合，生物群集の急激な増加に伴ってCO_2分圧が急激に低下し，水温の効果によらない，大気中のCO_2の海洋表層への溶解が起こる．このような生物の活動によるCO_2分圧の低下によって引き起こされる大気から海洋表層へのCO_2の吸収に関しては，海洋生物の役割を強調する立場からこれを生物ポンプの一部として考える場合もある．

一方，最近の全球的な炭素循環のモデル化の研究においては，大気と海洋間のガス交換過程を機構的に理解するために，これを**ガス交換ポンプ**（gas exchange pump）と呼んで，その内訳を水温の変化に由来する**熱的ガス交換ポンプ**（thermal gas exchange pump）と，生物的効果に由来する**生物的ガス交換ポンプ**（biological gas exchange pump）に分けて考えるのが主流となっている．後者の効果に関しては，このようなイベントを観測することが困難なため，その機構を明らかにし，炭素循環における役割を定量的に見積もることは困難な状態である．

---

[17] 植物プランクトンが急激に増殖して海洋表層に集積が見られる現象．

炭酸塩ポンプ（硬組織ポンプ）

海洋表層付近でのCO_2の挙動を考えるためには，海水中の**炭酸系**（carbonate system）の挙動を知ることが必要である．先に述べたように海水中にはさまざまな塩類が驚くほど均一な組成で溶け込んでいる．その中には海水中で電離して酸や塩基になるものもある．それらのうち，海水中ですべて電離するものを強酸，強塩基，部分的に電離するものを弱酸，弱塩基という．海水中では強塩基のほうが強酸よりわずかに多く，その強電解質の過剰電荷量を**全アルカリ度**（total alkalinity）という．過剰な強塩基によって生じる電荷のアンバランスは，弱酸である炭酸，ホウ酸（H_3BO_4）が解離することで保たれている．炭酸は海水中では水和した気体状の二酸化炭素（これを$CO_2(aq)$と書く），H_2CO_3，HCO_3^-，CO_3^{2-}の形でイオン平衡を保って存在している．ここで，$CO_2(aq)$とH_2CO_3は分けて測ることができないので，あわせてCO_2^*とする．これらの分子種間の平衡状態を考えるためには水の電離反応もあわせて考える必要がある．すると水を含めた炭酸系は次のような平衡式で表現される：

$$CO_2^* + H_2O \rightleftarrows H^+ + HCO_3^- \rightleftarrows 2H^+ + CO_3^{2-} \qquad (1.3.15a)$$
$$H_2O \rightleftarrows H^+ + OH^- \qquad (1.3.15b)$$

このうち，CO_2が水に溶けて解離したHCO_3^-は1価，CO_3^{2-}は2価の陰イオンであるから，両イオンの電荷量の和を**炭酸アルカリ度**（carbonate alkalinity）と呼ぶ．強電解質の電荷バランスが変化して，OH^-が増え，H^+が減ると，(1.3.15a)式の平衡が右にずれ，全体としての陰イオン（HCO_3^-とCO_3^{2-}）の量が増える．逆に平衡が左にずれると陰イオンの量が減る．これによって強電解質も含めた海水全体としての電荷のバランスが保たれる．つまり，炭酸アルカリ度とは，HCO_3^-とCO_3^{2-}によってバランスされる海水の過剰な陽イオン（アルカリ性物質）の量を意味している．こうして炭酸系の平衡状態が決まるとそれによって，H^+の濃度が決まり，海水中のCO_2濃度も決まることになる．炭酸の第一および第二解離定数は知られているので，海水の炭酸系の平衡の状態は，全部の炭酸種の総量（全炭酸という），炭酸アルカリ度，CO_2分圧，pHの4つのうち2つを測ることによって計算で求めることができる（3.3.4節）．

このように平衡状態にある炭酸系の中で，植物プランクトンが光合成によって気体状のCO_2を取り込むと海水中の全炭酸は減少するが，炭酸アルカリ度は変化しないので，新しい平衡状態では結果的にH^+が減少する（pHが上昇する）．したがって海水のCO_2分圧が低下することになり，大気から海洋へCO_2が移動する．これに対して，円石藻や有孔虫，サンゴなど$CaCO_3$の殻や骨格をもった生物が$CaCO_3$を生成する場合には海水からCa^{2+}と炭酸イオンを除去するので，全炭酸とともに炭酸アルカリ度も減少する．そして，新しい平衡状態ではH^+が増加し（pHが低下し），海水のCO_2分圧は上昇することになるため，海洋から大気にCO_2が移動する．後者のように$CaCO_3$結晶が生成することにより海水中のCO_2分圧が上昇し，海洋から大気への放出の方向に働く機能を**炭酸塩ポンプ**（carbonate pump）と呼ぶ．これにも生物の働きが関与しているので生物ポンプの一種と考えることができる．この場合，炭酸塩ポンプを**硬組織ポンプ**（hard tissue pump）と呼び，通常の有機物の生産・沈降による生物ポンプを**軟組織ポンプ**（soft tissue pump）と呼ぶ．1.3.2節で述べたように海水中のCO_2分圧の変化は，硬組織ポンプと軟組織ポンプではまったく正反対であることに注意が必要である．

一方，$CaCO_3$が海水中で溶解したときには全炭酸と炭酸アルカリ度がともに増大するので，結果的にpHが上昇し，CO_2分圧が低下することになる．海水中の$CaCO_3$は深層では不飽和で，

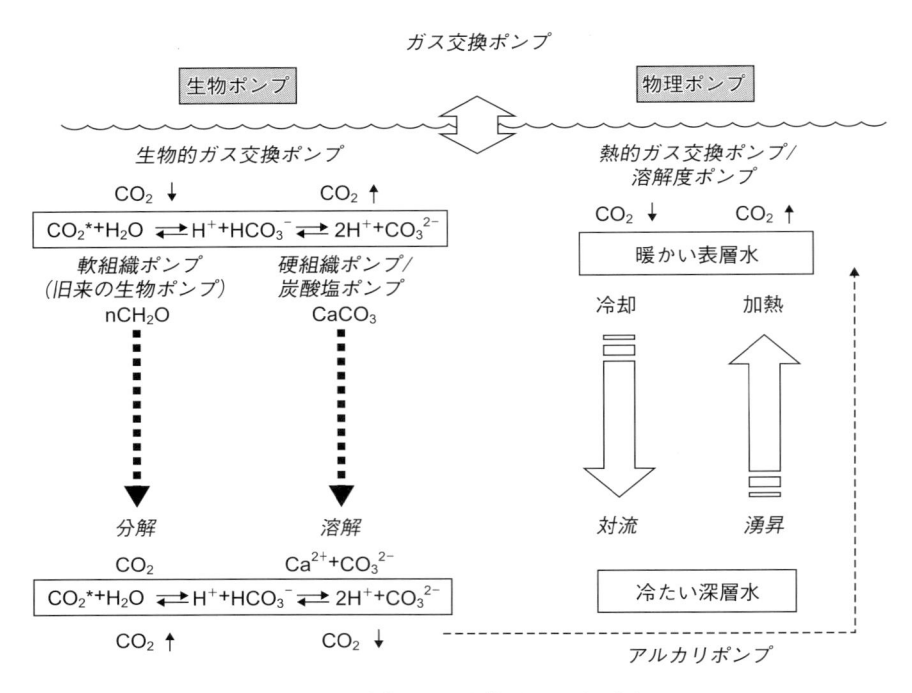

図1.3.9 生物ポンプと物理ポンプのまとめ.

浅層では過飽和状態になっている．表層から沈降した$CaCO_3$は多少不飽和状態の海水中でも急に溶解することはないが，ある深度を越えると，堆積物中の$CaCO_3$が急に溶け始めることが知られている．この深度を**リソクライン**（溶解度躍層：lysocline）という．また，表層から沈降する$CaCO_3$の供給速度と溶解による消失速度が釣り合う深度を**炭酸カルシウム補償深度**（carbonate compensation depth：CCD）という．この深度を越えると堆積物に$CaCO_3$が見られなくなる．深層で$CaCO_3$が溶解することによってCO_2分圧が低下した海水が再び表層にもたらされた場合には，炭酸アルカリ度が高く，CO_2分圧の低い水として，大気CO_2を吸収することになる．野崎（1994）はこのような$CaCO_3$の溶解によるCO_2の吸収をアルカリポンプと名づけた．このポンプが働くためには，$CaCO_3$を溶解して，CO_2の吸収能をもった深層水が再び表層に戻るプロセスを経ることが必要であるので，深層水の循環の時間スケール（〜1500年）を経過する必要がある．しかし，地質学的に見ればこの時間スケールはわずかなものにすぎないので，今までの地球の歴史で見られる大気CO_2濃度の変化にとって，炭酸塩ポンプやアルカリポンプが重要な役割を果たしたものと考えられている．図1.3.9に今までに述べた，海洋の炭素循環に関係する各種ポンプの関係を整理して示す．

なお，現在，人間活動によって大気中に放出されたCO_2が溶け込むことによって，**海が酸性化**（acidification）していることが問題になっている．この結果，$CaCO_3$の殻や骨格をもつ生物の生育が阻害されたり，海中に存在している$CaCO_3$が溶け出したりする可能性も考えられている．このようなことが起こった場合，海洋の生態系が全体的にどのように応答するのかに関してはほとんどわかっていないのが現状である．

沿岸海域の役割

　図1.3.8で注目すべきもう1つの点は，沿岸・陸棚海水に関する部分がまだよくわかっていないということである．沿岸・陸棚域では地形が複雑で，激しい潮流があることに加えて，表層の生産システムと海底の分解システムの間の距離が短く，栄養塩の取り込みと再生の循環が効率よく起こるので，高い生物生産が大きな空間的・時間的変動をもって起こる．さらに，河川水による淡水の供給がある河口域では，河川からの淡水が亜表層の海水と混合しながら流出する（**連行加入**：entrainment）ため，それを補うような形で下層に外洋の海水が流入し，結果として表層流出，下層流入のいわゆる**河口循環**（estuary circulation）が促進されることが知られている．この効果が利くと，沿岸海域で生産されその場所で沈降した有機炭素が下層で湾奥側に輸送される．このために，沿岸域の高い基礎生産で生成された有機物は沿岸海域に堆積し，外洋へ運ばれる割合は小さいと考えられていた．しかし，大陸東岸のように，冬場に陸から吹く低温で乾燥した大気による強い冷却を受ける海域では，重い海水が生成されて，粒子状有機物や高CO_2濃度海水が外洋中深層に輸送されることがわかってきた．とくに，大陸棚海域では活発な生物ポンプの活動に加えて，冬季の冷却による溶解度ポンプが働き，CO_2濃度の高い底層水が生成され，これが上記のメカニズムで外洋中層に輸送される．角皆はこれを**大陸棚ポンプ**（continental shelf pumpあるいはshelf sea pumping）と名づけた（Tsunogai et al., 1999）．また，オホーツク海のように結氷する海域では，海水が凍る際に塩分が氷から追い出されて，密度の高い高塩分水である**ブライン**（brine）が形成され，外洋へ中層水として輸送される．これは，炭素循環のみならず熱エネルギー循環の観点からも重要である．

　さらに沿岸海域では，人間活動が集中しており，人為起源物質の流入や水循環の変化の影響が，富栄養化による赤潮の発生，海底近傍の貧酸素化，生物群集組成の変化などの形で顕在化している．こうした人為起源物質の外洋への輸送を考える際，前述のように生物ポンプによる有機物の鉛直輸送においては表層の生物群集のサイズ構成が重要で，小型の生物が卓越した場合には沿岸域における沈降が減少し，外洋表層への物質の流出が増加すると考えられる．沿岸海域における生物活動の重要性と，それに及ぼす人間活動の影響の大きさにもかかわらず，現在のところ，全球の炭素循環モデルに沿岸域を明示的に取り込んだ例はないので，沿岸域の諸過程を定量的にモデル化して，全球気候変動予測モデルと結合することが緊急の課題となっている．

1.3.4　炭素循環の変動

　海洋における炭素の循環，とくに短い時間スケールの循環に関しては，海洋表層付近での生物活動が重要な役割を果たしていることを1.3.3小節で述べた．そこでの生物の役割は，海水に溶けた物質が海水の密度成層に沿った水平的な**等密度混合**（isopycnal mixing）で動くのに対して，海水中を粒子として沈降する鉛直的な動きを与えることが特徴的である．そのような粒子をつくる生物ポンプの働きは，その海域における生物群集全体としての機能に依存している．生物ポンプを構成する生物群集のエネルギー源は植物プランクトンによる基礎生産である．基礎生産はおもに光の強度と栄養塩に支配されているが，生物ポンプが働いた結果，栄養塩類は有光層では乏しく，中深層に豊富なので，基礎生産を継続させるには，中深層から何らかの方法で栄養塩類を

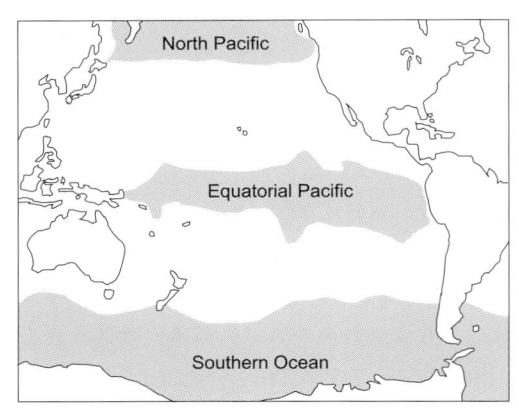

図 1.3.10 高栄養塩・低クロロフィル状態の海域（JGOFS, 2001 を一部改変）.

有光層に回帰させる必要がある．海洋表層付近の成層構造に影響する要因は，日射や風などいわゆる大気海洋間の熱フラックスに関係するもの，あるいは淡水の供給などが考えられるが，それらはすべて地球表層の水循環によって決まっている．つまり，水循環の変動が海洋表層の物理過程の変動をもたらし，それが生物の活動の変化を引き起こし，さらに海洋の炭素循環の変化を引き起こしているのである．海洋の炭素循環が変化することによってさらに地球表層の水循環にどのようなフィードバックが起こるかということが，海洋における炭素循環に関する最近の研究の焦点になっている．

冒頭で述べたように，地球上での水やそれに溶けている物質の循環が引き起こされるのは，第一義的には，地球が球形であることによって，熱収支が熱帯亜熱帯域で供給過剰，亜寒帯・極域で放出過剰と不均一であり，それによって生じる熱的なアンバランスを大気や海水が移動することによって解消しているためである．さらに地球は自転し，自転軸を傾けたまま公転しているために日変化，季節変化が引き起こされている．陸面と海面における熱収支の日変化・季節変化の違いが陸と海の間の季節風を生み出し，冬季における海面の年々の冷却度合いの違いによって海洋の冬季の混合深度の年々変動を生み出している．これらの空間的・時間的変動はさまざまなスケールで起こるので，それぞれのスケールに応じて水や物質の循環の変動を引き起こすことになる．

ここで，海洋における生物ポンプの時間的，空間的な変動について考えてみよう．図1.3.6に示したように，生物ポンプの機能的な違いの要因の1つとして生物群集組成の違いが考えられている．もし，ある海域で優先する植物プランクトンが珪藻（diatoms）や渦鞭毛藻（dinoflagellates）などの大型のものであれば，それを捕食する動物プランクトンも大型の**橈脚類（カイアシ類**：copepods）になり，大きな糞粒が形成され，生物ポンプは効率よく働くことになる．しかし，外洋貧栄養域の表層では，優先する植物プランクトンは**ピコプランクトン**（picoplankton）と呼ばれる1 μm以下のもので，それを捕食する動物プランクトンも**繊毛虫**（ciliates）や**鞭毛虫**（flagellates）であって，大きな粒子は形成されないため，生物ポンプは効率的には働かない．これらの2つの種類の生物ポンプシステムは空間的に分かれているだけでなく，外的な要因によって相互に入れ替わることが最近になって明らかになってきた．

海洋の中には，南極海や北部北太平洋，東部熱帯域太平洋など，表層がいわゆる**高栄養塩，低クロロフィル**（high nutrient low chlorophyll：HNLC）の状態の領域があることが知られており（図1.3.10），この状態を引き起こす原因は長い間謎とされていた．Martin ら（Martin and Fitswater, 1988）が測定器具や試薬の鉄汚染を非常に低く抑える分析手法を開発して，海水中の微量の鉄イオンを測定し，それらの海域では鉄が基礎生産を制限しているということが明らかになった．これを実証するため近年いろいろなHNLC海域での鉄散布実験が行われた結果，鉄の

添加によって増殖速度の速い珪藻類植物プランクトンが，1週間で1000倍程度増えることが確かめられた．鉄の供給源としては，大気由来の大陸起源土壌粒子（風送塵）が有力とされている．最近の人工衛星の観測により，中国の黄砂由来のダストが2週間程度かけて太平洋を横断し，東部北太平洋で植物プランクトンのブルームを引き起こした例も知られている．大気経由の大陸起源土壌粒子の供給は陸からの距離にしたがって減少するので，その効果は大洋の西側で高く，東側で低くなると考えられている．

このような海洋表層における植物プランクトンのブルームとしてはダストイベントによるもののほかに，風による**沿岸湧昇**（coastal upwelling），強い流れに伴う**前線渦**（frontal eddy）や，地形性効果による局地性湧昇などの湧昇によって引き起こされるもの，あるいは冬季の表面混合に続く**春季ブルーム**（spring bloom），極域での氷縁における**アイスアルジー**（ice algae）のブルームなどが知られている．

このようなイベントは非常にダイナミックでありかつ局地的なものであるので，いままでの船だけにたよる海洋観測では限界がある．こうした現象を定量的に明らかにし，さらに，環境因子の変化に対する応答メカニズムを理解するためには，高い時間分解能（おそらく毎日）の連続した観測が必要である．さらに，植物プランクトンの増殖に引き続いて起こる他の捕食者の応答，生物ポンプの働きの変化や応答などに関しての詳細を知るためには，さらに長期間の継続観測が必要となってくる．このような期待に応えることができる観測法として，人工衛星によるリモートセンシングに大きな期待が寄せられている．

1.3.5 今後の研究課題

本節においては，海洋における生物の活動が，水平方向の動きが卓越する海水の流動に対して，粒子として鉛直的な動きを加えることによって，炭素を始めとする海水中の物質の循環に関して，本質的に重要な役割を果たしていることを説明した．海洋における生物の活動は，基本的には海洋の表層の植物プランクトンによって生成される有機物がいかに海洋深層に運ばれるかに依存しているので，海洋の物質循環は第一義的には海洋表層付近における生物ポンプの働きによって駆動されているといえよう．

振り返って，太陽-地球-生命圏相互作用系（SELIS）全体を考えるとき，生物が水循環と物質循環の接点に位置していることを忘れてはいけない．海洋における生物の活動を考えるときには，陸上と違って，生物が海水の中に存在するので，物質としての水の循環に影響を及ぼすことは考えなくても良い．しかし生物の存在は海水中の光の散乱・吸収に大きな影響を与えるので，水循環の熱・エネルギー循環としての側面に関しても，地球温暖化研究の重要な要素となっている．例えば，海洋浅層に存在する粒子状物質（生物粒子や生物由来の非生物粒子）および溶存有機物の量の多寡によって太陽光の海水中への到達深度が決まるし，植物プランクトンは海洋浅層において海洋に入射した日射を吸収して光合成を行う際に，使われなかったエネルギーの一部を熱エネルギーとして海水中に再放出して海水を加熱している．また，植物プランクトンの体内浸透圧調節物質として生産されるジメチルスルホニオプロピオン酸（dimethylsulfoniopropionate：DMSP）が，植物自身，および動物や細菌などによって代謝される過程で，揮発性の**硫化ジメチ**

ル (dimethylsulfide：DMS) に変換され，それが大気中に放出されることによって**雲凝結核** (cloud condensation nuclei：CCN) として雲の生成を導き，海洋の熱収支に影響を及ぼすことも知られている．

　長い地球の歴史において，現在のような地球システムを形成するのに生物が重要な働きをしてきており，生物と地球とはいわば共に進化してきたということはよく知られている．しかし，地球環境変動，気候予測モデルにおいては，生物の働きに関するモデルは個々の生物種と環境のかかわりに関する今までの限られた知識に基づいて組み立てられているのである．われわれは今まで生物活動は，現在の地球システムが成立してから現在まで，氷期・間氷期サイクルを通して，基本的には同じメカニズムで環境との関わりをもっているとみなしてきたが，それを，全球にわたって数百年以上の時間スケールで検証した例はない．

　海洋の生態系の長期変動に関する最近の研究によると，さまざまな海域において，生態系を構成する各々の生物群集の組成が変わったり，生物の群集の活動の季節変動パターンが変わったりすることによって，地球規模の物質循環および水循環における海洋生態系の機能が変化していることが明らかになってきている．例えば，広範な北太平洋において，海表面温度や海面気圧などに基づくさまざまな気候指数の数十年にわたる時系列は，確率的なゆらぎを含む線形システムとみなせるのに対し，珪藻，カイアシ類や稚仔魚の現存量，サケマスの漁獲量などの生物的指標の数十年にわたる時系列データは，いずれも少数自由度の非線形力学系[18]に支配されているという特徴を示した研究がある（Hsieh et al., 2005）．これは環境変化に対する生物の非線形の応答が，予期しない海洋生態系の変動とそれによる物質循環過程の変動を引き起こす可能性を示すものとして重要な意味をもっている．将来の温暖化予測モデル，気候予測モデルにおいては，環境変化に対する生物の応答と，それが環境に対して及ぼすフィードバックの効果を取り込むことが期待されているが，それにはまず，環境変化に対する生物過程の応答のメカニズムを明らかにしていくことが基本的に重要である．このような認識に基づいて，国際的な協同研究の枠組みが作られている．例えば，国際地球圏生物圏協同研究プログラム（International Geosphere Biosphere Program：IGBP）傘下のSurface Ocean Lower Atmosphere Study（SOLAS）およびIntegrated Marine Biogeochemistry and Ecosystem Research（IMBER），国際気候変動研究プログラム（World Climate Research Program：WCRP）傘下のClimate Variability and Predictability（CLIVAR）や，国際的な地球環境観測（全球地球観測システム：Global Earth Observation System of Systems：GEOSS）の枠組みがつくられ，研究・観測が実施されている．

参考文献

Broecker, W. G., and Peng, T.-H. (1982)：*Tracers in the sea*, ELDIGIO Press, 690pp.
Dugdale, R. C., and Goering, J. J. (1967)：Uptake of new and regenerated forms of nitrogen in primary productivity. Limnology and Oceanography, 12, 196-206.
Eppley, R. W., and Peterson, B. J. (1979)：Particulate organic matter flux and planktonic new production in the deep ocean. Nature, 282, 677-680.
Garcia, H. E., et al. (2006)：*World ocean atlas 2005, Vol. 3：Dissolved oxygen, apparent oxygen utilization, and*

---

18) 一定の規則にしたがって時間変化をする方程式系を力学系といい，その独立変数の数を自由度という（3.1.3小節参照）．

oxygen saturation. *NOAA atlas NESDIS 63* (Levitus, S., ed.), U. S. Government Printing Office, 342pp. http://www.nodc.noaa.gov/OC5/WOA05F/woa05f.html

Garcia, H. E., et al. (2006): *World ocean atlas 2005, Vol. 4: Nutrients (phosphate, nitrate, silicate). NOAA atlas NESDIS 64* (Levitus, S., ed.), U. S. Government Printing Office, 396pp. http://www.nodc.noaa.gov/OC5/WOA05F/woa05f.html

Gross, M. G., and Gross, E. (1996): *Oceanography: A view of Earth*, 7th ed., Prentice Hall, 472pp.

Houghton, J. T., et al. (1996): *Climate change 1995; The science of climate change*, Cambridge University Press, 572pp.

Hsieh, C.-H., et al. (2005): Distinguishing random environmental fluctuations from ecological catastrophes for the North Pacific Ocean. Nature, 435, 336-340.

JGOFS (2001): *Ocean biogeochemistry and climate change* (IGBP Science Series No. 2), IGBP Science Series, 35pp.

Karl, D., et al. (2002): Dinitrogen fixation in the world's oceans. Biogeochemistry, 57-58, 47-98.

Martin, J. H., and Fitzwater, S. E. (1988): Iron deficiency limits phytoplankton growth in the north-east Pacific subarctic. Nature, 331, 341-343.

野崎義行 (1994):『地球温暖化と海——炭素の循環から探る』,東京大学出版会, 196pp.

Redfield, A. C., et al. (1963): The influence of organisms on the composition of sea-water. In *The composition of seawater: comparative and descriptive oceanography. The sea: ideas and observations on progress in the study of the seas*, 2 (Hill, M. N., ed.), Wiley, 26-77.

Siegenthaler, U., and Sarmiento, J. (1993): Atmospheric carbon dioxide and the ocean. Nature, 365, 119-125.

Tsunogai, S., et al. (1999): Is there a "continental shelf pump" for the absorption of atmospheric CO_2?. Tellus 51 B, 701-712.

その他の参考図書

Bigg, G. R. (1996): *The oceans and climate*, Cambridge University Press, 278pp.

Sarmiento, J. L., and Gruber, N. (2006): *Ocean biogeochemical dynamics*, Princeton University Press, 503pp.

Mann, K. H., and Lazier, J. R. N. (2005): *Dynamics of marine ecosystems: Biological-physical interactions in the oceans*, 3rd ed., Blackwell Publishing, 496pp.

Falkowski, P. G., and Raven, J. A. (2007): *Aquatic photosynthesis*, 2nd ed., Princeton University Press, 500pp.

Zeebe, R. E., and Wolf-Gladrow, D. (2001): CO_2 *in seawater: Equilibrium, kinetics, isotopes*, Elsevier, Oceanography Series, 65, Elsevier, 346pp.

1.4 地球生命圏——陸域

　第 2 章でも述べるように，過去 5.4 億年間は顕生代と呼ばれ，それ以前の過去 40 億年間に比べて多様な生物種（群）が地球上に存在した．とくにシルル紀以降の過去 4 億年間は，多くの植物群や動物群が陸上に進出し，全球に広がり現在に至った期間である．現在，人類は化石燃料[1])を消費することで，過去 4 億年間の生物過程・地質過程で地殻内に貯留された膨大な炭素を，短期間のうちに二酸化炭素（CO_2）として大気中に戻している．したがって，今後の地球の気候は，人類活動が決定するといっても過言ではない．

　太陽-地球-生命圏相互作用系（SELIS）において，「地球生命圏」は地表面での境界条件を決定する能動的なパーツであり，水や炭素をはじめとする地球表層における物質循環の要である．地球生命圏は「海洋生態系」と「陸域生態系」で成立している．さらに，忘れてはならないことは，「人類」もまた，地球生命圏の重要な構成員である，ということである．

　人類の活動の場はおもに陸上である．したがって，人類は「陸域生態系」の一部として捉えることができよう．しかし，学問分野によっては人類を陸域生態系という枠に押し込めることに研究者が違和感を覚える可能性がある．そこで，人類を含めた陸域生態系を新たに「陸域生命圏」と定義しても良いかもしれない．しかし，残念ながら，これまでの研究の知見だけでは，人類を含めた「陸域生命圏」について解説をすることには困難がある．そこで本節では，人類は「陸域生態系」さらには SELIS 全体に対して外力として働くものと考える．人類がもたらす，大気への CO_2 排出や土地利用の変更（森林伐採など）を外力と捉え，それによって大気 CO_2 濃度や，陸域の地表面（以後，陸面と称する），生態系などに変化を引き起こす，と考える．その上で，本節では「陸域生態系」についての従来の知見と今後の課題について解説したい．

1.4.1 陸域植生における生物過程の特徴

何を知ることが必要なのか？

　陸域生態系を SELIS に位置づける際，第一段階としては，その内部の複雑・多様な連鎖構造を単純化して**陸域植生**（terrestrial vegetation）[2]) として扱うことが許されよう．このとき陸域植生について基礎的な事実として知っておくべきことは，従来の生態学で得られた知見や，陸域生態系を陸域植生として「バルクに」捉えた地球科学の諸分野（気象学・気候学・水文学・地理学など）で得られた知見である．これらは，①植物の個葉スケールでの生理機能（CO_2 固定のための

---

1) 石炭はおもに陸上植物起源であり，石油はおもにシアノバクテリアなど海生光合成微生物の産物である．
2) 分野によっては「陸上植生」という単語も使われるが，本書では「陸域植生」を用いる．

酵素の特性），あるいは，気象場（放射環境や気温・湿度）と光合成・呼吸系の応答特性，②陸面あるいは**樹冠**（canopy）スケールでの放射収支・**熱収支**（heat balance）・水収支・炭素収支の概念とそれらの測定方法，③大気大循環モデル（atmospheric general circulation model：AGCM）などの気候モデルにおける陸域植生の数値モデル的表現方法（陸面モデル），④土地利用や植生の分布，**葉面積指数**（leaf area index：LAI）の分布，および純一次生産量（net primary production：NPP）の分布とそれらの推定方法，である．また，本節では詳しく述べないが，⑤植生の空間的スケールと**大気境界層**（atmospheric boundary layer：ABL）構造の応答についても，①から④へのスケールアップの観点からは非常に重要であるが，この点については，別の解説書（例えば，近藤，1994や，文字，2003など）に譲る．

上記①に関し，大気CO_2濃度が増加した場合，気温が上昇した場合，あるいはその両者がともにあった場合，植生がどのように応答するのかについての問題は非常に興味深い．これらの問題に興味をおいた研究は，オープントップチャンバーなどを用いた屋外での大規模な実験などにより，既往の研究によって，ある程度の知見が集積されつつある（例えば，Hikosaka et al., 2005など）が，本書では紙面の制限上，割愛する．上記②に関しては，1.4.2小節で解説し，③に関しては1.4.3小節で，④に関しては1.4.4小節で，それぞれ解説を試みる．

海との対比（時間・空間スケール）

陸域植生に起因した現象を海と対比すると，現象の不均一性，あるいは多様性が海に対してすこぶる大きいことが挙げられる．すなわち陸域植生における現象の時間・空間スケールは，海のそれよりも1-2桁小さい．陸域植生に生起する重要な現象には，光合成・呼吸・蒸散などに関する個葉レベルでの現象から，個葉スケールから群落スケールでの**大気乱流**（atmospheric turbulence），陸域植生上の大気境界層とその中の乱渦や対流構造など，さまざまな空間スケールでの現象がある．時間スケールとしては，数秒から数時間での現象が主要である．短い時間スケールの現象が大気との交換過程を決め，それが植生の成長を決める．一方，植生の変遷（植生更新や**ギャップ動態**（gap dynamics））[3]は，数十年から数百年スケールでの現象であり，上記時間スケールとはかなりの乖離がある．そして興味深いのは，人類が関与する陸面改変は，両者の中間の時間スケールとして生起する点である．森林伐採などによって数時間から数年スケールで植生状態を変化させ，陸面を改変してしまった後に，何が引き起こされるのであろうか．本節では，以上の観点から解説と考察を試みる．

1.4.2　陸面での放射収支・熱収支・水収支・炭素収支

まず，陸面での水循環や物質循環を理解する上で欠くことのできない放射収支，熱収支，水収支，炭素収支について概説する．陸面放射収支と熱収支を含む全球平均での放射と熱エネルギーのやり取りの概念図は図1.2.2に，全球規模での炭素収支については図1.3.8に，それぞれ示さ

---

[3] 森林群落において，樹冠に生じた空隙とその再生に関わる動的な過程．倒木や高木の立ち枯れ，幹折れなど，さまざまな攪乱によって生じる樹冠の隙間（ギャップ）が林床（forest floor）への日射の入射を可能にし，林床から新たな幼樹が育っていく過程をギャップ再生（gap regeneration）という．

れているので，前もって参照されたい．

陸面放射収支

放射は，陸面での熱エネルギーの分配（熱収支），水収支，炭素収支や交換を決める重要な要素である．陸面での放射収支は，下記の放射収支式により表現される：

$$Rn = Sd - Su + Ld - Lu = Sd(1-a) + Ld - Lu \tag{1.4.1}$$

ここで，Rn は陸面が単位面積・単位時間あたりに受け取る**正味放射量**（net radiation）[4]，Sd は**下向き短波放射量**（downward short-wave radiation），Su は**上向き短波放射量**（upward short-wave radiation），Ld は**下向き長波放射量**（downward long-wave radiation），Lu は**上向き長波放射量**（upward long-wave radiation），a は**反射率**（**地表面アルベド**：surface albedo）である．放射量の単位は J m^{-2} s^{-1}，すなわち W m^{-2} である．ここで短波放射とは，地表面に到達した可視・近赤外の波長域を主とする太陽放射を指し，長波放射とは，おおよそ波長 5 μm より長い赤外域を主とする**赤外放射**（infrared radiation）を意味する．放射収支式においては，通常，すべての成分について地表面に入力する向き（下向き）を正（＋）とする．

陸面熱収支

陸面が受け取った正味放射量は，大気と陸面との間の熱エネルギーの交換や，地中への熱伝導，地上部植生や表層土壌への貯熱量変化率として形を変え，費やされる．陸面での熱収支は，下記の(1.4.2)式で表される：

$$Rn - G - \frac{\partial S}{\partial t} = H + \lambda E \tag{1.4.2}$$

ここで，G は**地中熱流量**（soil heat flux），$\partial S/\partial t$ は地表面近傍の植生や大気，表層土壌による**貯熱変化量**（rate of change in heat storage）であり，S は貯熱量である．H は**顕熱輸送量**（sensible heat flux），λE は**潜熱輸送量**（latent heat flux）である．ここで λ は蒸発の潜熱を，E は**蒸発散量**（evapotranspiration）を意味する．上記の各量の単位は放射量と同じく J m^{-2} s^{-1}，あるいは W m^{-2} である．Rn は地表面に入力する向きを正（＋）とし，下向き短波放射量，上向き短波放射量，下向き長波放射量，上向き長波放射量の測定値から(1.4.1)式を用いて求める．S は貯熱量が増加する場合を正（＋）とし，その他の項は，地表面から離れる向きを正（＋）とする．G は，地表面近傍の地中に熱流板と呼ばれるセンサーを埋設して測定することが多い．S は，植物体の温度変化や気温変化，地温変化から求める．日変化のような短い時間スケールの場合，草地の S は無視できるが，密な森林になるほど S は無視できなくなる．逆に G は，草地の場合には無視できないが，密な森林になるほど小さくなる．

　H と λE の推定にはさまざまな方法がある．近年おもに用いられる方法に，**渦相関法**（eddy correlation method）と呼ばれる空気力学的方法がある．超音波風速温度計によって 10 Hz 程度の 3 次元風速を測定し，地形の傾斜などにより引き起こされる応力面を求め，その応力面に対して得られる鉛直風速の変動（w'：平均値からのずれ）と，同じく超音波風速温度計から得られる気

---

[4] 放射収支，熱収支，水収支，炭素収支を記述する際，フラックス密度（flux density）や単位面積あたりの物質の移動速度のことを，単に「量」として日本語表記することが多いため，本節ではそれを踏襲する．

温の変動（T'）との積である $w'T'$ を任意の時間内での共分散とし，顕熱輸送量 H を求める．この場合，大気や植生面が定常であることを前提とするため，多くの場合，30分間の共分散として輸送量（フラックス密度）を求めるのが一般的である．λE の場合，水蒸気による赤外線の吸収を原理として，やはり 10 Hz 程度の高時間分解能での水蒸気変動（q'）を測定し，任意の時間内での積 $w'q'$ の平均値（共分散）を λE とする．

さまざまな植生種における熱収支データが蓄積されつつある FLUXNET（後述）の多くの観測点では，陸面で受け取った正味放射量（Rn）から地中熱流量（G）と貯熱変化量を差し引いた**有効エネルギー**（available energy；(1.4.2)式の左辺）が，大気乱流によって拡散する顕熱輸送量（H）と潜熱輸送量（λE）の和（**乱流熱輸送量**：total turbulent heat flux；(1.4.2)式の右辺）と必ずしも一致せず，地表面における熱収支が成立していないという問題（**エネルギーインバランス問題**：surface energy imbalance problem）が生じている（例えば，Wilson et al., 2002 など）．この原因には，(1.4.2)式における個々の熱収支要素を推定する際の誤差や，乱流以外の大規模渦による熱の輸送（移流）などが考えられている．未だに，この問題に対する決定的な解は見つかっていないのが現状である．

陸面水収支

陸面での水収支は，次式で表現できる：

$$P = E + D + \Delta S_w \qquad (1.4.3)$$

ここで P は**降水量**（precipitation），E は**蒸発散量**，D は**浸透量**（infiltration），あるいは**流出量**（runoff）である．ΔS_w は地表面近傍での**水の貯留変化量**（rate of change in water storage），あるいは**土壌水分変化量**（rate of change in soil moisture）を意味する．水収支各要素の単位としては，単位面積あたりの水の体積 $m^3\,m^{-2}$ すなわち水柱高（m あるいは mm）をある単位時間あたりに換算したもの（例えば mm day^{-1}）が用いられる．(1.4.3)式の各水収支成分を推定する場合には，単純に格子面を設定するか，（河川）流域や**集水域**（drainage basin）を設定する．P の推定においては，観測点の空間的な量や密度，あるいは観測点が平野部に多く山岳域に少ないなどのばらつき方によって，推定値の信頼性が大いに変わり得る．E の推定には前述の渦相関法や空気力学的方法を用いてある1点での気象観測値から推定されることが多く，面的な E の推定にはかなりの困難を伴う．とくに，山岳を有する複雑地形地や流域などでは，その空間的代表性が低くなる．また D や ΔS_w の推定においては，その空間的代表性や測定値の信頼性が観測点の多さに依存することは言うまでもない．とくに，土層構造や透水係数などの土壌物理特性の空間的なばらつきに，かなり影響されて空間代表性が変化し得る．

大気水収支

大気を単純にボックスに区切って水収支を計算することも可能である．この場合の水収支を**大気水収支**（atmospheric water budget）と呼び，次式で表現する：

$$E = P + \frac{\partial W}{\partial t} + \nabla_{\mathrm{H}} \cdot \boldsymbol{Q} \qquad (1.4.4)$$

ここで，W は考えている大気柱内の**可降水量**（precipitable water：単位は mm），$\nabla_{\mathrm{H}} \cdot \boldsymbol{Q}$ は大気柱下端から上端までの水蒸気の**積算水平発散量**（horizontal flux divergence of water vapor）であ

る[5]．P や E 以外の項目は，NCEP/NCAR (National Centers for Environmental Prediction/National Center for Atmospheric Research) や ECMWF (European Climate Medium Weather Forecast) などの客観解析データ（1.2節参照）を用いる場合が多い．(1.4.3)式や(1.4.4)式の P に同じ降水量データを代入し，それぞれの式から計算した E を比較して水収支を吟味できれば，より良い水収支解析が可能となる．

陸面炭素収支

植物の光合成による有機物の総生産量のうち，一部が植物体の呼吸とおもに微生物が担う土壌呼吸で消費され，残りが純生産量として生態系に蓄積される．ある陸域植生における CO_2 収支は，下記の(1.4.5)式と(1.4.6)式のように整理される：

$$GPP = NPP + DR \qquad (1.4.5)$$
$$NPP = NEP + SR \qquad (1.4.6)$$

ここで，GPP は**総一次生産量** (gross primary production)[6]，DR は地上部と地下部（いわゆる根）を含めた植物体自身による**呼吸量** (dark respiration)，NPP は**純一次生産量** (net primary production)[7]，SR は**土壌呼吸量** (soil respiration：あるいは枯死バイオマスの**土壌有機物分解量**)，NEP は**生態系純生産量** (net ecosystem production)[8] である．SR には，地下部植生（根）からの CO_2 放出量（根呼吸量）を含めない[9]．

渦相関法により潜熱輸送量を測定する場合，超音波風速温度計とともに赤外線式の H_2O 変動計を用いる必要があるが，通常，この機器からは CO_2 の濃度変動も得られることが多い[10]．したがって，潜熱輸送量と同時に，渦相関法によって単位時間・単位面積あたりの CO_2 輸送量（あるいは CO_2 交換量）が得られる．

地形が平坦で，かつ考えている陸域植生以外からの移流が無いと仮定すれば，NEP は，その CO_2 輸送量を長時間積分することによって得られる．植物の成長量（バイオマス増加量）を知りたい場合には NPP を知る必要がある．後述する FLUXNET で用いられるようなタワーを用いた空気力学的手法では，基本的に NEP しか得られない．NPP あるいは GPP を推定する場合には，(1.4.5)式と(1.4.6)式に示すように DR と SR を精度良く観測あるいは推定する必要がある．DR は地上部植生（葉，枝，幹）とともに，地下部の根呼吸量の総量であるため，その計測には困難を要する．たとえ，ある単木で DR を測定できたとしても，樹齢やサイズ，樹種が異なれば，その単木の DR を考えている陸域植生全体に単純に面積積算できない．また，SR の測定の場合，土壌の不均一性があるため，少ない点数での SR の測定値を，同様に単純に面積積算できるなどとは考えない方がよい．したがって，ある陸域植生における面的な SR の推定値にも信頼性が欠けることになる．このように，NPP，あるいは GPP を空気力学的方法によって得ること

---

5) Q は水平面内2次元ベクトルで，直交する x 軸と y 軸を水平面内にとれば，$\nabla_H \cdot Q = \partial Q_x/\partial x + \partial Q_y/\partial y$ と書ける．
6) 海洋における総基礎生産に相当する（1.3.2小節参照）．
7) 海洋における純基礎生産に相当する（1.3.2小節参照）．
8) 海洋における純群集生産に相当する（1.3.2小節参照）．
9) 他書では SR に根呼吸量も含め，土壌表面からの CO_2 放出全量として定義している場合もある．
10) 異なる赤外波長帯を用いれば，H_2O 分子による赤外線の吸収と同時に，CO_2 分子による赤外線の吸収も測定できるためである．

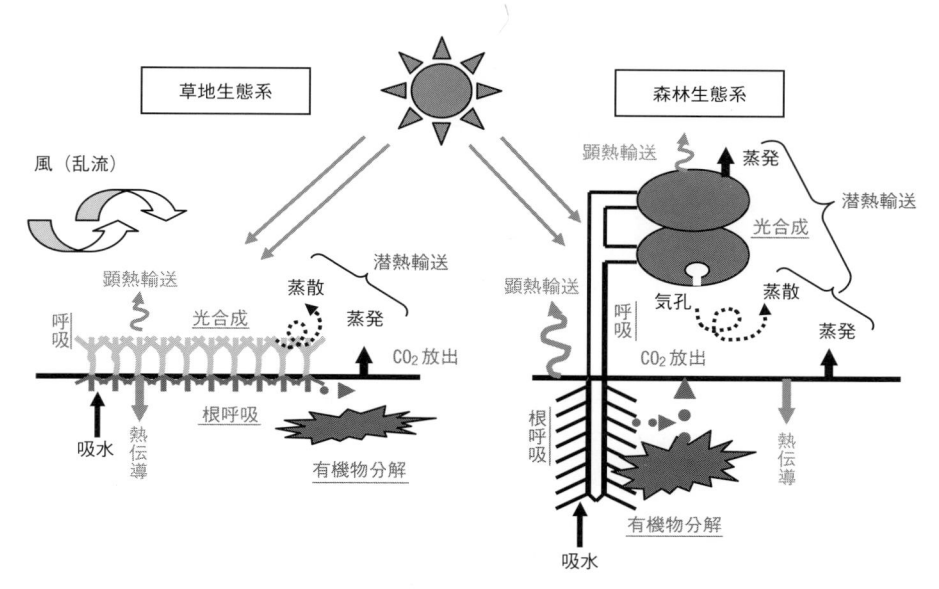

図1.4.1 陸域生態系における熱輸送・熱伝導と CO_2 交換.

には，まだかなりの困難を伴うと考えざるを得ない（DR や SR の面的な外挿においては，測定値がどの程度空間代表的であり，考えている陸域植生をどこまで水平均一と仮定できるか，に依っている）．

草地生態系と森林生態系における熱収支と炭素収支の差異

図1.4.1に，地表面近傍での熱エネルギーや CO_2 の交換を，草地生態系と森林生態系に分けて，概念図で示す．熱エネルギーと CO_2 の交換に関する草地と森林の最大の違いは，樹冠と土壌有機物の体積（ボリューム）である．樹冠による密閉度が大きい森林では，**降雨遮断**（interception）やその後の**遮断蒸発**（interception loss あるいは intercepted evaporation）[11] が多くなり，**降雨強度**（precipitation intensity）に応じて**樹冠通過降雨**（through fall）や**樹幹流**（stem flow）を変える．したがって，熱エネルギーの分配も複雑なものになる．長期的な炭素の動態において，森林は草地に比べて**土壌有機物**（soil organic matter：SOM）の蓄積が多く，したがって，土壌表面からの CO_2 放出量（土壌呼吸量）が多くなる．ただし，土壌有機物の蓄積量には森林タイプや種の変遷などが大きく関わる．土壌呼吸量には，土壌水分量や地温など，季節変動スケールでの短期的な気象条件が大きく関わる．

全世界的な陸域でのフラックス計測ネットワーク（FLUXNET）

炭素の**ミッシング・シンク**（missing sink）問題[12] を解決することを目的に，あるいは**京都議定書**（Kyoto protocol）における各国の炭素排出量の基準を策定することを目的に，さまざまな植生種における熱収支・水収支・炭素収支の計測とモニタリングが世界的に行われるようになっ

---

11) 葉の気孔を介さず，濡れた葉の表面から，直接大気に蒸発していくこと．
12) 大気–陸域間，あるいは大気–海洋間など，要素間の炭素交換量に基づき全球の炭素収支を見積もった場合，不均衡が生じてしまう問題．

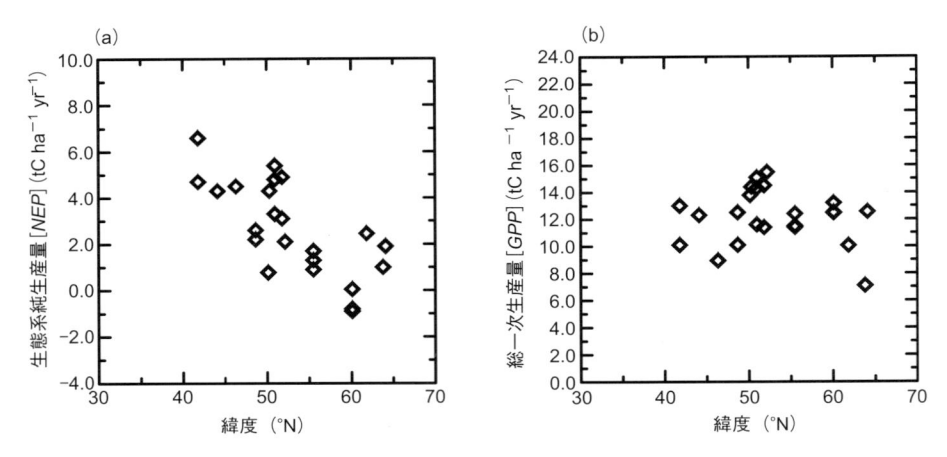

図1.4.2 EUROFLUX観測点（26ヶ所）で得られた(a) *NEP* と(b) *GPP* を観測点の位置する緯度でプロットした図（Valentini et al., 2000 を改変）．

てきた．これらのモニタリングは総称として FLUXNET と呼ばれている（Baldocchi et al., 2001）．

図1.4.2は，ヨーロッパの FLUXNET（EUROFLUX）で得られた森林の *NEP* と *GPP* を緯度分布として示したものである（Valentini et al., 2000）．*NEP* と *GPP* は空気力学的方法によって得られた年間の積算値である．常緑広葉樹や常緑針葉樹など，さまざまな森林タイプ26ヶ所分を1つの図にまとめている．この両図から読み取れることは，*GPP*（図1.4.2(b)）には緯度方向に明瞭な差異が無いものの，*NEP*（図1.4.2(a)）には，緯度方向に明らかな傾向が見て取れることである．すなわち低緯度ほど *NEP* が大きく（炭素の吸収量が大きく），高緯度では *NEP* がゼロ（年積算では吸収も放出も無い）に近づくか，さらに負になっている（正味に炭素を放出している）森林も存在していることを示している．(1.4.5)式と(1.4.6)式を参照した場合，この両図から，*DR* と *SR* の合計である**生態系呼吸量**（ecosystem respiration：*ER*）に明らかな緯度依存性が存在していることがわかる．より具体的には，高緯度ほど *ER* の寄与が多く，低緯度よりも年平均気温が低い高緯度の森林であっても，過去の土壌有機物の存在量如何では *ER* が極めて重要になることを示している．

FLUXNET のより詳細な情報については，例えば，

　http://www.fluxnet.ornl.gov/fluxnet/index.cfm

を参照されたい．現在，このウェブ上で FLUXNET として登録されている観測地点数は，280程度あり，さまざまな森林生態系や草地生態系において，より精度良い *NEP* や *NPP*，*GPP* の決定が試みられている．

1.4.3　熱収支・水収支・炭素収支と気候・植生の相互作用

太陽-地球-生命圏相互作用系（SELIS）における重要性と位置づけ

今後の SELIS の理解（とそれを目指す学問「地球学」）においては，海洋生態系や陸域生態系と

いった従来の「地球生命圏」での基礎的知識に止まらず，外力としての「人類」による大気 CO_2 濃度上昇や，陸面改変を含めた「陸域植生」の変動を把握し，大気や気候との相互作用を明らかにしていくという視点・姿勢が必要である．そのためには，上記主要な2つの人類活動（外力）を考慮しつつ，「陸域植生」における熱収支・水収支・炭素収支（とそれらの変動）を精度良く把握し，モデル化していくことが肝要となる．

陸面（陸域植生）-大気相互作用を数値モデルで表現する方法と歴史

1.4.2小節で概説したモニタリングなどの観測的研究が進められてきている一方で，全球での大気と陸面との間の運動量・熱エネルギー・水および CO_2 の交換を数値的に表現し，AGCM などの気候モデルに組み込んで大気-陸面相互作用を計算して気候予測に役立てる研究が，1960年代から行われてきた．1.4.4小節で述べる全球での陸域植生の NPP の分布を推定しようとしたモデルも含め，大気と陸面との間の交換過程を数値的に表現したものを**陸面モデル**（land surface model：LSM）という．陸面モデルはその発展の歴史を踏まえると，下記のように大きく3タイプに分けられる．

a) 第一世代モデル

Manabe（1969）によって初めて導入された陸面モデルであり，土壌（1層）内の土壌水分変動を考え，水分が飽和に達すると流出することから，バケツモデルとも呼ばれる．土壌の厚さは全ての陸面で 15 cm と仮定している．陸面は土壌面のみであり地表面温度を熱収支的に解くだけである．したがって植生は考慮されていないが，地表面アルベドが変化した場合の気候への影響（**アルベド効果**：albedo effect）は考慮できるようになっている[13]．

第一世代モデルにおける顕熱輸送量（H）と潜熱輸送量（λE）は，次の2つの式で表される：

$$H = \frac{T_s - T_r}{r_a} \rho c_p \tag{1.4.7}$$

$$\lambda E = \beta \left(\frac{e^*(T_s) - e_r}{r_a} \right) \frac{\rho c_p}{\gamma} \tag{1.4.8}$$

ここで，T_s は**地表面温度**（surface temperature），T_r は**参照高度**（reference height）[14]での気温，r_a は**空気力学的抵抗**（aerodynamic resistance），ρ は**空気の密度**（density of air），c_p は**定圧比熱**（specific heat of air），β は**蒸発効率**（evaporation efficiency あるいは moisture availability）であり，乾燥していれば0に近づき，土壌（の間隙）が水で飽和していれば1になる．$e^*(T_s)$ は地表面温度 T_s における飽和水蒸気圧，e_r は参照高度における水蒸気圧，γ は**乾湿計定数**（psychrometric constant）[15]である．第一世代モデルの特徴は，β のみを用いて（土壌の乾湿状態だけで）潜熱輸送量を表現した点にある．植生が考慮されておらず，簡略化したモデルであるため，顕熱輸送量や潜熱輸送量の日変化過程を表現するには不向きである．

---

[13] ここではその数式の解説を省く．
[14] 対象とする陸面において，個々の粗度要素や土壌水分量など，陸面の不均一性の影響を受けない程度の高度．理論的には，風速の対数則が成立する層（接地境界層）内の高度にする．陸面モデルの場合，対象とする植生などの高さの3倍程度に設定する．
[15] 蒸発の潜熱に対する定圧比熱の比（c_p/λ）である．いわゆる乾湿計公式に現れる定数とは異なるので注意されたい．

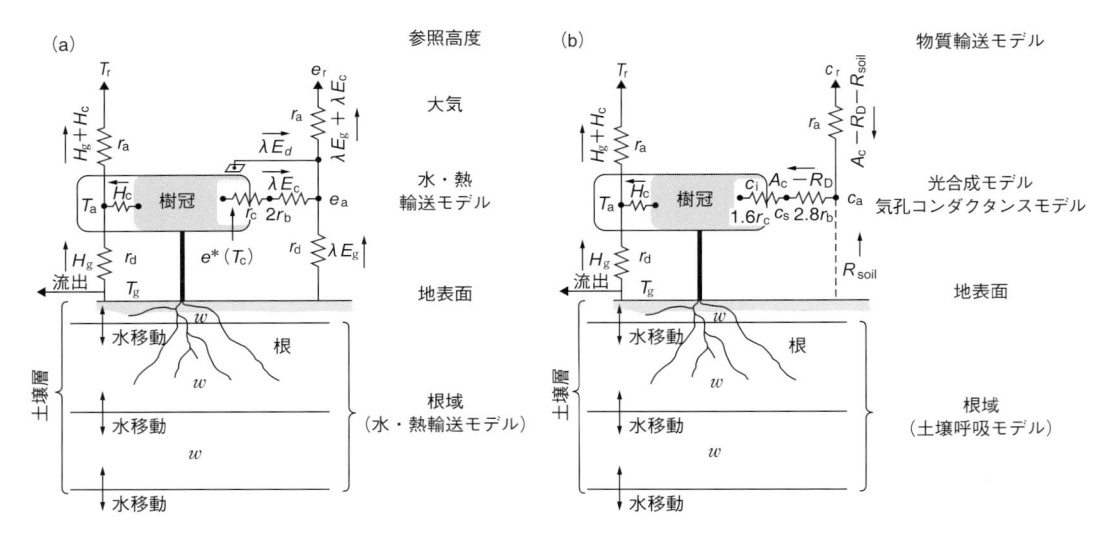

図 1.4.3　陸面モデルの概念図：(a)は第二世代モデルを，(b)は第三世代モデルをそれぞれ示す．図(a)で，w は土壌水分量，T_g は土壌表面温度，H_g は土壌表面からの顕熱輸送量，r_d は土壌表面上大気の空気力学的抵抗，T_a は群落近傍の気温，H_c は群落表面からの顕熱輸送量，T_c は群落表面温度，E_g は土壌表面からの蒸発量，E_d は遮断蒸発量，E_c は蒸散量，e_a は群落近傍の大気水蒸気量，r_c は群落抵抗，r_b は葉面（群落面での）境界層の空気力学的抵抗，である．図(b)で，R_{soil} は土壌表面からの CO_2 放出量（根呼吸量と土壌有機物分解量の和），c_a は群落近傍の大気 CO_2 濃度，c_s は群落面での大気 CO_2 濃度，c_i は気孔内の CO_2 濃度，A_c は群落の光合成量，R_D は群落（地上部植生）の呼吸量，c_r は参照高度での大気 CO_2 濃度，である（Pitman, 2003; Figs. 9 and 11）．

b)　第二世代モデル

　Deardorff（1978）は，熱伝導方程式と液状水の移動（拡散）方程式，および熱収支式とを連立させて，地温と土壌水分量を解く方法（**force-restore 法**）を導入した．その後，地表面上に植生を考慮に入れた陸面モデルを，Dickinson et al.（1986；1993）は Biosphere Atmosphere Transfer Scheme（**BATS**）として，Sellers et al.（1986；1994；1996）は Simple Biosphere Model（**SiB**）として公表した．これらの陸面モデルの特徴として，植生-土壌間の熱エネルギーと水の輸送を数値的に表現し，植生層内では放射伝達式を用い，乱流熱輸送量を表現するための乱流パラメタリゼーションを行っている点が挙げられる．最近になっても同様なタイプの陸面モデルが開発されているが，いずれも BATS や SiB に似た構造と方程式系を使用している．これらを総称して第二世代モデルと呼ぶ（Pitman, 2003）．第二世代モデルの陸面モデルの概念図を，図 1.4.3(a)に示す．

　第二世代モデルにおける植生の「群落」からの潜熱輸送量（λE_c）は，

$$\lambda E_c = \left(\frac{e^*(T_s) - e_r}{r_c + r_a} \right) \frac{\rho c_p}{\gamma} \tag{1.4.9}$$

と表される．ここでは，(1.4.8)式と比べると抵抗に**群落抵抗**（canopy resistance）r_c が加えられており，これは**気孔抵抗**（stomatal resistance：r_{st}）と葉面積指数（LAI）（1.4.4 小節参照）を用いて，

$$r_c = \frac{r_{st}}{LAI} \quad (\text{あるいは} \quad g_c = g_{st} \cdot LAI) \tag{1.4.10}$$

と表される．ここで $g_c = r_c^{-1}$ と $g_{st} = r_{st}^{-1}$ は，それぞれ**群落コンダクタンス**（canopy conductance）と**気孔コンダクタンス**（stomatal conductance）である．コンダクタンスとは輸送され易さを表すパラメータであり，輸送されにくさを表す抵抗の逆数である．(1.4.9)式は「群落」からの潜熱輸送量（図1.4.3(a)の λE_c）を表現する式であるため，土壌表面からの蒸発による潜熱輸送量（図1.4.3(a)の λE_g）の推定には，別の式が必要である．

Jarvis (1976) によれば，気孔コンダクタンス g_{st} は放射量，大気飽差（あるいは相対湿度），気温，葉の水ポテンシャルで以下のように決まる：

$$g_{st} = \frac{1}{r_{st}} = g_{st\,max}(PAR)[f_1(\delta e) f_2(T) f_3(\Psi)] \tag{1.4.11}$$

ここで，PAR（photosynthetically active radiation：**光合成有効放射量**，1.4.4小節参照）の関数である $g_{st\,max}$ は，**最大気孔コンダクタンス**（maximum stomatal conductance），δe は**飽差**（atmospheric water vapor deficit），T は気温，Ψ は**葉の水ポテンシャル**（leaf water potential）[16] である．気孔は気温や湿度などの環境ストレスと生理ストレスが無ければ，放射量の大小のみで開閉する．環境ストレスや生理ストレスを記述する $f_1(\delta e)$, $f_2(T)$, $f_3(\Psi)$ は，**ストレス関数**（stress function）と呼ばれる．

c) 第三世代モデル

群落での蒸発散量をモデル化することに成功した第二世代モデルに代わり，最近では専ら気孔を介した CO_2 の吸収（光合成と呼吸の和）をも表現し，群落での正味の CO_2 吸収量を出力する陸面モデルにほぼ置き換わってきている．Collatz et al. (1991) や Sellers et al. (1992) は個葉レベルでの正味の CO_2 吸収量を推定するために，下記の葉面コンダクタンス（g_s）に関する半経験式を採用した：

$$g_s = m \frac{A_n h_s}{c_s} + b \tag{1.4.12}$$

ここで A_n は個葉レベルでの正味の CO_2 吸収量，h_s は葉面での相対湿度，c_s は葉面での大気 CO_2 濃度，m は経験定数，b は**最小気孔コンダクタンス**（minimum stomatal conductance），である．m と b に関し，C_3 植物[17]で9と0.01を，C_4 植物で4と0.04を，それぞれ用いることが多い．第三世代モデルの陸面モデルの概念図を，図1.4.3(b)に示す．

人類による陸面改変と，その気候へのフィードバック

人為により植生状態が急激に変化した場合や，森林が**裸地**（bare soil surface）に改変された場

---

[16] 毛管力，組織吸着力（matric suction），浸透力（osmotic force），重力の総和として，葉の中に保持できる水の量を圧力の次元で表現したもの．

[17] 植物は，光合成による炭素固定の様式によって，C_3 植物（光合成による最初の生成物が C_3 化合物であるもの），C_4 植物（光合成による最初の生成物が C_4 化合物であるもの），CAM植物（C_4 光合成によく似るが，水分欠乏に適応するために気孔を日中に開けず，大気飽差の小さい夜間に開けて気孔からの水分損失を防ぐ植物で，おもにベンケイソウ科の植物）に大別できる．C_3 植物は C_4 植物に比べ最大光合成速度が低く，光呼吸による炭酸同化生成物の損失が大きい．

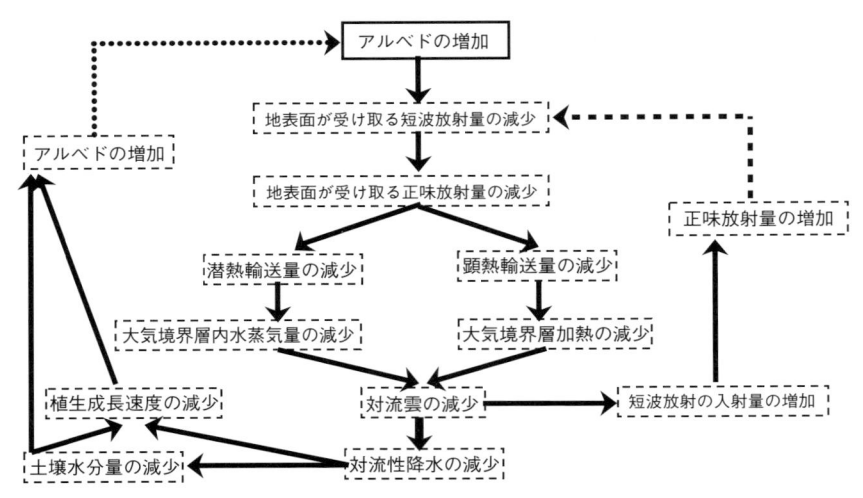

図 1.4.4 地表面アルベドが増加した場合の正負フィードバックループを示す概念図：点線は正のフィードバックを，破線は負のフィードバックをそれぞれ示す（Pitman, 2003; Fig. 2 を改変）．

合に，気候，とくに大気水循環がどのように変化するのかについて，2000年代に入って，AGCMなどを用いた研究が進められている．Xue et al. (2004) によれば，大陸規模で植生が裸地に置き換わった場合には，大陸-海洋間の表面温度の差を生じさせ，大陸上で顕熱が大きくなり，**熱的低気圧**（thermal low あるいは heat low）[18] が形成された状態をつくり出す．その結果，現在観測されているような気流場が再現されず，熱的低気圧に向かう水蒸気輸送量が増加することで，内陸での降水量が増加し得ることを示唆している．しかしながら，その後のフィードバックに関しての実験と考察を行っていないのは問題である．すなわち，降水量が増加した地域では，もはや熱的低気圧の状態にはなり得ないため，内陸部への水蒸気供給も弱まるものと予想されるが，そのようなフィードバック実験については行っていない．

大陸規模では，このような急激な陸面改変や植生の急激な変化は，恐らく起こり得ないと考えられる．しかしながら，長期的視点にたった場合，人為によって徐々に進行するような陸面改変や植生の急激な変化は，大気循環を変えることによって地球水循環，ひいては気候を変動させる重要な要素であるといえるかもしれない．

陸面改変が気候に及ぼす影響に関し，Pitman (2003) は，格子スケールで陸面改変が行われたとしても，広い空間スケールや長い時間スケールにおける（気候学的な）大気水循環に対するその影響は，それほど大きくはないと言及している．Pitman (2003) によれば，陸面改変の影響は，改変を受けたまさしく同じ地域の大気水循環に現れるだけではなく，遠く離れた地域の降水量などにも変化をもたらす．これを，**陸面過程**（land surface process: LSP）を介した**テレコネクション**（teleconnection）という．

その他，例えば植生の改変による地表面アルベドの変化に応じた周辺域での気候のフィード

---

[18] 日射による地表面加熱が原因となり発生する低気圧．日変化する場合が多く，夜間，日射が無くなると消滅する場合が多い．熱的低気圧域内では対流活動が活発になる．

バックループ (Pitman, 2003) を図1.4.4に示す．図中，点線は正のフィードバックを示すが，破線は負のフィードバックを示す．地表面アルベドが，ある空間スケール（例えば大陸規模）で変化した場合には，このように全く異なるフィードバックが考えられる．また，考える時間スケールによっても正反対のフィードバックが想定される．このように，地球システムは非線形の応答を示すため，陸面改変や植生の急激な変化がどのように気候に影響を及ぼすのかについては，まだまだ解明すべき点が多い．この他にも，陸域植生の変化に伴うさまざまなフィードバックループが考えられる．それらについては，Pitman (2003) を参照されたい．

陸面改変が大気水循環に及ぼす影響をより細かい空間格子（例えば，1km以下の空間分解能）を有するAGCMや，**雲解像モデル**（cloud resolving model：CRM）などの**非静力学モデル**（non-hydrostatic model：NHM）で解いた事例は少なく，その真実は謎のままである[19]．これらのパラメタリゼーションの改良や，新たなモデルの開発が，今後の陸域の水循環研究において必要不可欠である．

このように，人為により植生が改変された場合，その後どのように植生状態が回復していくか，そしてその後，陸域植生はどのように気候を変化させていくのかについては，未解明な部分が多いのが現状である．現段階では，以下に示すような動的全球植生モデルによって，陸域植生と気候との応答関係をモデル化する試みも始められている．

気候と陸域植生の相互作用と今後の研究課題

気候変化は，陸域植生を一方的に変化させることはない．すなわち陸域植生もまた，気候（あるいはより短期的・局域的にいえば気象場）に対して変化を迫っているものと考えられる．つまり，気候と陸域植生とは相互作用を行いつつ，お互いが変化し影響を受け合う「相互作用系」にある．気候に対して，陸域植生（の時空間的変化・変動）が，どの程度能動的に影響を及ぼすのかどうかについて明らかにすることは，新しい地球学における極めて重要な研究課題である．

この問題に立ち向かうために，1990年代以降，**動的全球植生モデル**（dynamic global vegetation model：DGVM）が開発されつつある（例えば，Foley et al., 1996；Cox et al., 2001；3.4節参照）．DGVMは，気候（気象場）と陸域植生との双方向の応答特性を数値的に表現し，植生の将来像を予測することを目的としたモデルである．ちなみに，植物種の更新を伴わない植生と気候との相互作用を数値的に表現したモデルは，**静的全球植生モデル**（static global vegetation model：SGVM）とも呼ばれる．

DGVMの検証のためには，気候（気象場）の変化によって陸域植生の状態（植物種数・幹や枝の太さ・樹高・葉量（LAI）など）がどのように変化するのかといったデータが必要であるが，そのようなデータはあまり得られていないのが現状である．また，陸域植生そのものの多様性のために，データの取得には困難を伴い，まだわからないことが多い．従来までに得られた植生-大気間の交換過程を表現する陸面モデルは，比較的短い時間スケールでの現象に基づいた知見に，大きく依存しているのが実状である．年々から数十年以上の長い時間スケールでの観測データは，まだまだ不足しており，そのため，植生変遷に関するモデルの信頼性も欠ける．前述したよ

---

[19] 粗い空間分解能でのAGCM実験では，陸面過程や積雲対流に，粗い空間分解能に対応したパラメタリゼーションが用いられる．その結果，そのスキームやその基礎となったデータ，あるいはデータが取得された特定の領域での実験結果に大きく依存してしまい，多様な陸面における水循環過程を表現できない．

うに，Pitman（2003）によれば（数時間から数日という）短時間での陸面過程は，比較的狭い領域での大気状態やその変化に影響を及ぼしさえするものの，それが逆に数年以上に積算された効果として（長い時間スケールでの）気候変化に直接影響を及ぼすということにはならない．同様に，陸域植生の変化や地表面改変が能動的に気候に対して影響を及ぼし得るのかについて，Xue et al.（2004）などが行っているような AGCM を用いた仮想的な数値実験から示唆することはできても，実際の観測から明らかにすることは不可能である．

以上を鑑みると，陸面モデルを陽に取り入れた DGVM に，ますます期待するところが大きくなる．今後，DGVM などを用いた植生と気候との相互作用系をより良く解明するためには，下記に示すような3つの要素について，さまざまな植生において観測データを蓄積することが必要である（Foley et al., 1998）．

1) 陸面過程における運動量・熱エネルギー・水・CO_2 の交換過程に関するデータ．光合成・呼吸・気孔の挙動に関する植物生理特性のデータを含む．
2) 植生活動の**季節変化特性**（phenological behaviour）に関するデータ．
3) 植生の構造（葉・幹・枝の構造とその変化や LAI）と NPP のデータ．

1.4.4 衛星リモートセンシングによる陸域植生の動態把握

本節ではこれまで，おもに群落や樹冠スケールでの放射収支・熱収支・水収支・炭素収支について解説し，気候モデルにおける陸域植生の数値モデル的表現方法について記述してきた．

地球全体をシステムとして捉え，そこにおける陸域植生の動態を広域的に理解するためには，ある程度の広がりをもった地域レベルからグローバルレベルの範囲が対象となる．その対象範囲の広さや必要な観測頻度などから，データ取得を行う方法としては，衛星リモートセンシングがほとんど唯一の実用的な手段である．そこで以下では，衛星リモートセンシングによる陸域植生の観測方法とその最近の成果について解説する．

植物の分光特性と植生指標

植物の分光反射率（波長ごとの反射率）は，可視域（波長約 400-700 nm）では植物の光合成色素である**クロロフィル**（chlorophyll）による吸収のため，全般に低くなる（図1.4.5）．クロロフィル a は 432 nm と 663 nm，クロロフィル b は 467 nm と 653 nm に吸収の中心をもち，青と赤の光を強く吸収する．その結果，相対的に緑の光が強く反射され，植物の葉や茎は肉眼では緑色に見える．これに対して 750-1300 nm の近赤外域の光は，植物の細胞構造によって強く反射される．このように可視域の赤の波長域から，それに

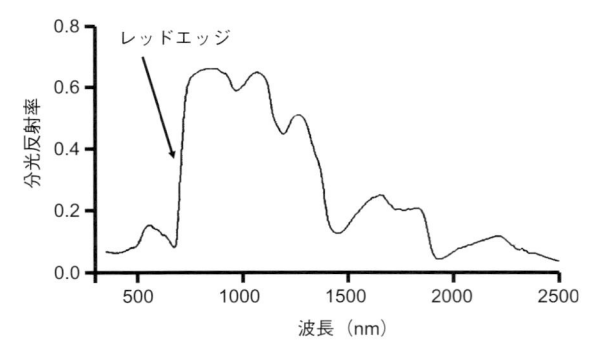

図 1.4.5 植物の葉の分光反射特性．

隣接する近赤外域にかけては，狭い波長範囲で反射率が急変する．この反射率の急変部のことを**レッドエッジ**（red edge）と呼ぶ．地球表面に分布する物質でこのような特徴的な反射率パターンを示すのは，植物だけである．このため，この特徴は植物の識別や分布マッピングなどに利用されている．例えば，多バンドで取得したデータをカラー合成する際に，可視域の緑のバンドに「青」，赤のバンドに「緑」，近赤外バンドに「赤」を割り当てた画像は，フォールスカラー画像と呼ばれるが，この画像では植生域は赤色で示される．一方，コンクリートや土壌などは可視から近赤外域ではほぼ一定の反射率のため，都市域や裸地などは画像上で灰色に近い色調となり，植生とは容易に識別可能である（図1.4.6，口絵参照）．

こうした反射率パターンの特徴を数値化した指標を**植生指数**（vegetation index：VI）と呼ぶ．最も簡単な植生指数は，近赤外域（NIR）と赤の波長域（red）での観測データ（反射率でもディジタル値でも良い）の比や差を用いるものであり，RVI（ratio vegetation index）やDVI（difference vegetation index）と呼ばれる．RVIやDVIは，対象とするデータによって値が取り得る範囲が異なり，広範囲や長期間のデータ解析がやりにくいことがある．このため，NIRとredの差を和で正規化し，値の範囲を-1から1に

図1.4.6 名古屋市周辺のASTERフォールスカラー画像：植生が赤色で示されている（データ提供：資源・環境観測解析センター，口絵参照）．

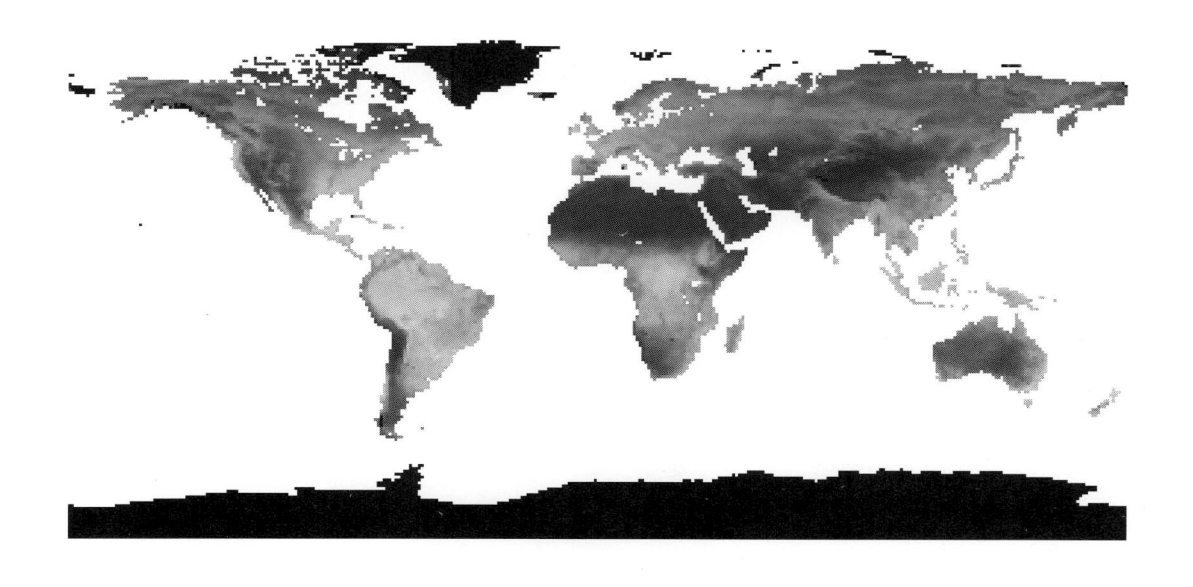

図1.4.7 $NDVI$の分布（海域は除く）：1982年から2002年までの平均値を示している．

制約した**正規化植生指数**（normalized difference vegetation index：NDVI）が広く用いられている．

$$NDVI = \frac{NIR - red}{NIR + red} \tag{1.4.13}$$

全球の NDVI を図 1.4.7 に示したが，NDVI は砂漠域で低く，熱帯林で高いことがわかる．植生指数には，この他に植生の下の土壌の効果を補正した SAVI（soil adjusted vegetation index），青の波長域のデータも併用して精度を高めた EVI（enhanced vegetation index），多次元空間での直交変換に基づく GVI（green vegetation index）などさまざまなものが提案されている（杉田，2003）．

植生指数が大きいほど，対象となる画素内の植物の量が多いと判断するが，この場合の植生の量とは，画素内の空間的な植被率だけでなく，植物の葉の重なりの程度にも依存する．植物の葉の重なりは葉面積指数（LAI）として定量化され，LAI は，地表の単位面積に対する，その上方に存在するすべての葉の片側の総面積の比率として定義される．

陸域植生の炭素収支の見積り

陸域植生による炭素収支を広域的に見積もる方法として，**生産効率モデル**（production efficiency model：PEM）がしばしば用いられている．このモデルは，「植生による光合成量は，植生が吸収した日射量に比例する」との考え方に基づいており，衛星リモートセンシングによる観測データが重要な役割を果している．1.4.2 小節で述べた総一次生産量 GPP は，次式で求める

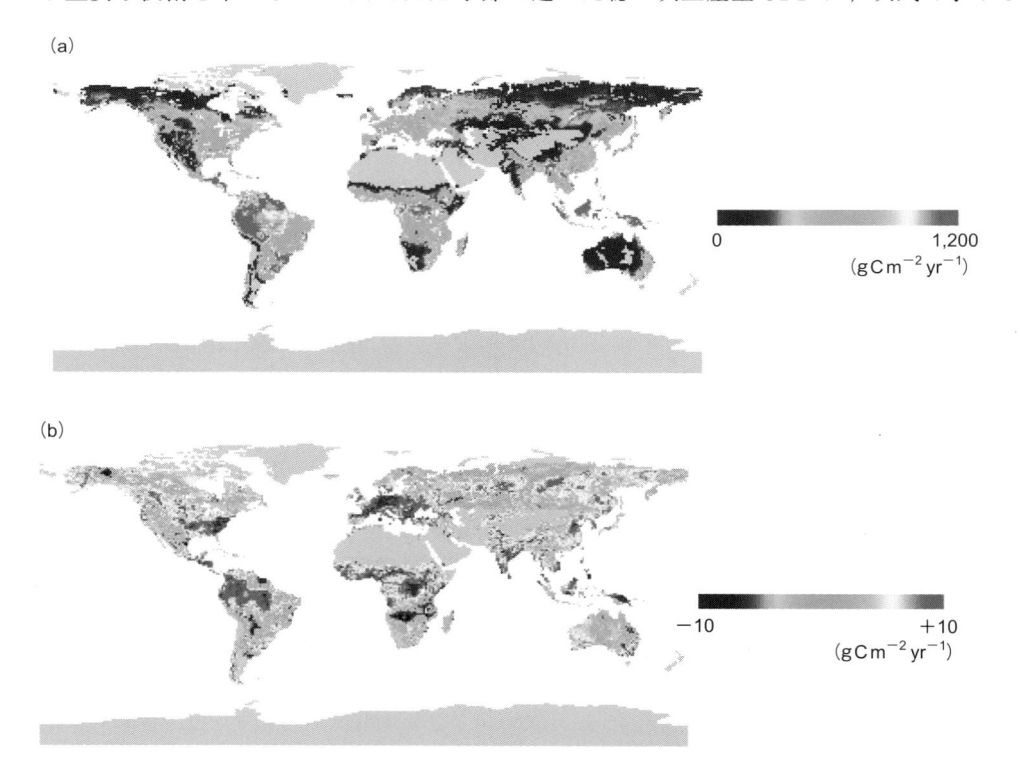

図 1.4.8　1982 年から 2000 年までの陸域の(a) NPP の年平均と(b)その増減傾向（Sasai et al., 2005，口絵参照）．

（市井・西田, 2005）:

$$GPP = LUE \times FPAR \times PAR \quad (1.4.14)$$

光利用効率（light use efficiency：LUE）は，植生タイプや植生の受けている環境ストレス（温度や水などに依存）などで決まる値である．**光合成有効放射量**（PAR）は，日射量のうち光合成に有効な 400-700 nm の波長域の光量であり，一般には日射量の約半分程度とされている．$FPAR$（fraction of absorbed PAR：**光合成有効放射吸収率**）は，PAR のうち植物が光合成に利用する光の量の割合で，リモートセンシングで求めた植生指数から推定する場合が多い．

NPP は，(1.4.5)式で示したように GPP

図 1.4.9 Landsat 画像で見たアマゾンの森林破壊の様子（Maruyama et al., 2004）.

から呼吸量 DR を差し引くことで求められる．NPP を求める簡単なやり方は，NPP を GPP の半分と仮定したり，DR を GPP の関数で表す方法である．また植生モデルにより，DR を植生タイプや気温，降水量などから推定する方法もあり，それによって求めた NPP の例を図 1.4.8 (a)に示す（口絵参照）．NPP は砂漠域ではゼロで，熱帯林で最も大きく，高緯度に向かうにつれて減少している．ここでの NPP の算出方法では $NDVI$ を入力の 1 つとして用いているため，NPP は図 1.4.7 に示した $NDVI$ の空間分布と似たものとなっている．

温暖化に伴う陸域植生の増減

人類は，化石燃料の消費によって多量の CO_2 を大気中に放出してきたが，これまで放出した CO_2 のうち，現在も大気中に残留している量は約半分にすぎず，残りは陸域の植物や海洋が吸収したと考えられている．植物による吸収とは，光合成による CO_2 の固定である．つまり植物や海洋は，温暖化の進行をある程度抑制してきたといえる．地球温暖化防止が盛んに議論されているが，温暖化の正確な将来予測のためには，大気 CO_2 濃度の予測が不可欠であり，それには植物や海洋による CO_2 吸収量の見積もりが鍵を握っている．一方，人間による森林破壊や，気候変動による砂漠化などにより，世界の森林は急激に減っているといわれている．例えばアマゾンの入植者による森林伐採は，リモートセンシングにより明瞭に捉えることができる（図 1.4.9）．もしも世界全体として森林が減少しているのならば，大気から植物への炭素のフローも減少していることになり，温暖化はさらに加速されるはずである．地球温暖化の将来予測のためには，第 3 章で述べるモデルの役割が大きいが，モデルで地球システムのプロセスを再現するためには，こうした炭素循環の実態を正確に把握しておくことが不可欠である．

人為的に放出された CO_2 を植物が固定してきたのであれば，植物の量は増えてきたのでないか．しかし一方で，前述のように森林減少を危惧する声もある．いったい世界全体として植物は増えているのか，減っているのか．これを現地調査でコツコツ調べるのは，対象地域が広すぎるため不可能である．そこで(1.4.13)式に示した $NDVI$ を使い，1980 年代以降の全球での植物の増減を調べてみた（図 1.4.10，口絵参照）．これによれば，北半球の中高緯度，熱帯域などで

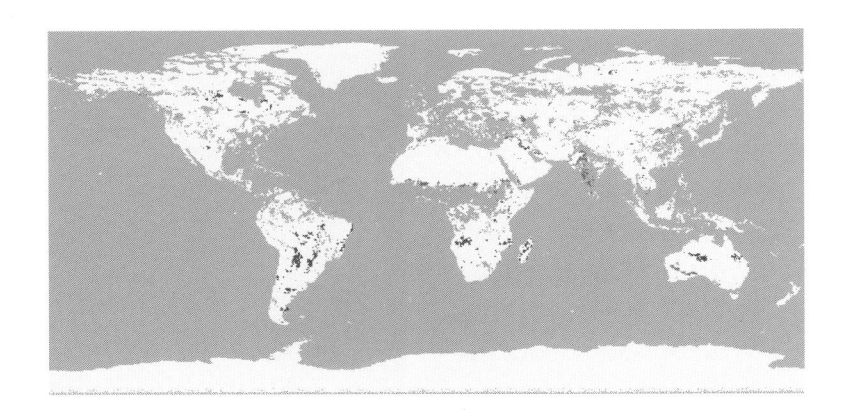

図 1.4.10 世界の植生の増減：1980 年から 1999 年に植生が増えた地域を緑色，減った地域を青色で示す（Kawabata et al., 2001, 口絵参照）．

$NDVI$ が増加している（Kawabata et al., 2001）．世界全体で見ると 1980 年代以降，植物は増えているらしい．この $NDVI$ の増加は，既存の植物の量（LAI など）が増加していると同時に，温暖化により植物の生育期間が長くなっていることを示しており，植物の分布域の拡大はあまりないらしい．森林破壊が憂慮されている現状からは意外に思われるが，寒冷地域では気温や大気 CO_2 濃度の上昇により，植物の生育条件が向上していると考えれば納得できる．

さらに図 1.4.8(b)に示したように，陸域の NPP や NEP も増加傾向にある（Sasai et al., 2005）．つまり，増加し続ける人為的な CO_2 を，陸域植生が光合成活動によって固定し，大気 CO_2 濃度の上昇をいくぶん抑制してくれていることになる．しかし，温暖化の進行によって，土壌呼吸量 SR の増加が GPP や NPP の増加を上回るようになる可能性もあり，その結果，森林生態系全体としては NEP が負になる（陸域生態系が CO_2 の放出源となる）との将来予測もある．したがって，温暖化で植物が増えるから安心だと短絡的に考えるのは間違いである．

今後の研究課題

陸域植生が地球システムの炭素循環において重要な役割を果たしていることは確かである．すなわち植生は，気候変動の影響を一方的に受けているだけでなく，炭素循環を通じて温暖化の進行をある程度抑制してきたともいえる．また，1.4.1 小節で述べたように植生は，熱収支や水収支でも大きな役割を果たしており，地球システムの中で無視することのできない重要な要素である．第 3 章で述べる地球システムのモデル化においては，陸域植生が気候システムに対してもっているフィードバック効果をどのように取り込むかが重要である．しかしながら，陸域植生を介した水循環・炭素循環過程と気候変動に対する陸域植生の応答を，全球的に，そして高精度に把握して定量評価するには至っておらず，未だに不確定要素が多いのが現状である．今後ますます，より良い観測データを蓄積するとともに，モデル化やモデル改良に資する研究（陸域植生のパラメタリゼーションなど）が必要である．

参考文献

Baldocchi, D., et al. (2001): FLUXNET: A new tool to study the temporal and spatial variability of ecosystem-scale carbon dioxide, water vapor, and energy flux densities. Bull. Amer. Meteor. Soc., 82, 2415–2434.

Collatz, G. J., et al. (1991): Physiological and environmental regulation of stomatal conductance, photosynthesis and transpiration: a model that includes a laminar boundary layer. Agricultural and Forest Meteorology, 54, 107–136.

Cox, P. M. (2001): Description of the "TRIFFID" dynamic global vegetation model. Hadley Centre Technical Note, 24, 1–16.

Deardorff, J. W. (1978): Efficient prediction of ground surface temperature and moisture with inclusion of a layer of vegetation. J. Geophys. Res., 83, 1889–1903.

Dickinson, R. E., et al. (1986): Biosphere-Atmosphere Transfer Scheme (BATS) for the NCAR Community Climate Model. NCAR Technical Note, NCAR, TN275＋STR.

Dickinson, R. E., et al. (1993): Biosphere-Atmosphere Transfer Scheme (BATS) Version 1e as coupled to the NCAR Community Climate Model. NCAR Technical Note, NCAR, TN383＋STR.

Foley, J. A., et al. (1996): An integrated biosphere model of land surface processes, terrestrial carbon balance, and vegetation dynamics. Global Biogeochemical Cycles, 10, 603–628.

Foley, J. A., et al. (1998): Coupling dynamic models of climate and vegetation. Global Change Biology, 4, 561–579.

Hikosaka, K., et al. (2005): Plant responses to elevated CO_2 concentration at different scales: leaf, whole plant, canopy, and population. Ecological Research, 20, 243–253.

市井和仁・西田顕郎 (2005): グローバル植生.『資源・環境リモートセンシング実用シリーズ⑤，地球観測データの利用(2)』，資源・環境観測解析センター，1–24.

Jarvis, P. G. (1976): The interpretation of the variations in leaf water potential and stomatal conductance found in canopies in the field. Philosophical Transactions of the Royal Society of London, Series B 273, 593–610.

Kawabata, A., et al. (2001): Global monitoring of the interannual changes in vegetation activities using NDVI and its relationships to temperature and precipitation. International Journal of Remote Sensing, 22, 1377–1382.

近藤純正 編 (1994):『水環境の気象学——地表面の水収支・熱収支』，朝倉書店，348pp.

Manabe, S. (1969): Climate and the ocean circulation: 1, the atmospheric circulation and the hydrology of the Earth's surface. Mon. Wea. Rev., 97, 739–805.

Maruyama, M., et al. (2004): Land-cover analysis using Landsat imagery and deforestation influence on rainfall in Rondonia State, Brazilian Amazon. 2nd International Symposium on GeoInformatics for Spatial-Infrastructure Development in Earth and Allied Sciences, Hanoi, Vietnam.

文字信貴 (2003):『植物と微気象——群落大気の乱れとフラックス』，大阪公立大学共同出版会，140pp.

Pitman, A. J. (2003): The evolution of, and revolution in, land surface schemes designed for climate models. International Journal of Climatology, 23, 479–510.

Sasai, T., et al. (2005): Simulating terrestrial carbon fluxes using the new biosphere model "biosphere model integrating eco-physiological and mechanistic approaches using satellite data" (BEAMS). J. Geophys. Res., 110, G02014, doi: 10.1029/2005JG000045.

Sellers, P. J., et al. (1986): A Simple Biosphere model (SiB) for use within general circulation models. J. Atmos. Sci., 43, 505–531.

Sellers, P. J., et al. (1992): Canopy reflectance, photosynthesis and transpiration. III. A reanalysis using improved leaf models and a new canopy integration scheme. Remote Sensing of the Environment, 42, 187–216.

Sellers, P. J., et al. (1994): A global 1°×1° NDVI data set for climate studies. Part 2: the generation of global fields of terrestrial biophysical parameters from the NDVI. International Journal of Remote Sensing, 15, 3519–3545.

Sellers, P. J., et al. (1996): A revised land-surface parameterization (SiB2) for atmospheric GCMs. Part 1: model formulation. J. Climate, 9, 676–705.

杉田幹雄 (2003): 植生指標.『資源・環境リモートセンシング実用シリーズ②，地球観測データからの情報抽出』，資源・環境観測解析センター，84–94.

Valentini, R., et al. (2000): Respiration as the main determinant of carbon balance in European forests. Nature, 404, 861-865.
Wilson, K., et al. (2002): Energy balance closure at FLUXNET sites. Agricultural and Forest Meteorology, 113, 223-243.
Xue, Y., et al. (2004): Role of land surface processes in monsoon development: East Asia and West Africa. J. Geophys. Res., 109, D03105, doi: 10.1029/2003JD003556.

その他の参考図書

牛山素行 編 (2000):『身近な気象・気候調査の基礎』, 古今書院, 195pp.
塚本良則 (1992):『森林水文学 (現代の林学 6)』, 文永堂出版, 319pp.
及川武久 監修 (2003):『植生と大気の4億年——陸域炭素循環のモデリング』, 京都大学学術出版会, 454pp.
山口 靖ほか 監修 (2004):『はじめてのリモートセンシング』, 古今書院, 167pp.
山口 靖ほか 編 (2005):『資源・環境リモートセンシング実用シリーズ⑤, 地球観測データの利用(2)』, 資源・環境観測解析センター, 318pp.
Campbell, J. S., et al. (1998): *An introduction to environmental biophysics*, Springer, 286pp.

第2章

古環境記録から見た
太陽-地球-生命圏相互作用系

　海洋底や湖底の堆積物，黄土，氷床，樹木年輪などに残された信号は太陽-地球-生命圏相互作用系（SELIS）の変化や変動特性を読み解くために不可欠である．その第一歩として，これらの信号から過去の気候や植生などの環境要素を読み出すことが必要となる．これらの信号は古環境記録と呼ばれ，それらを抽出・解析する学問を**古気候学**（paleoclimatology）と呼ぶ．

　まず，2.1節では，環境要素に変換可能な測定量（プロキシー）について概説する．次に2.2節ではプロキシーの一例として，花粉組成の分析による植生復元について述べ，気候変化との関係を明らかにする．最後に2.3節では，バイカル湖湖底堆積物コアの解析によって得られたユーラシア北東部の過去1000万年間の環境変動について述べる．なお，本章では年代測定法についてはほとんど扱わない．年代測定法については他書（例えば，Bradley, 1999）を参照されたい．

　なお本章では，kaを現在から千年前（kyrBP，kaBPとも書く）という意味で使い，Maを現在から百万年前という意味で使う．

2.1 古環境復元のためのプロキシー

古環境復元の多くは，環境要素に転換可能な測定可能量である**プロキシー**（proxy：代替指標）データを用いてなされる．プロキシーデータの多くは堆積物試料中から抽出される．古環境復元に利用される堆積物試料は，その堆積年代が決定でき，年代的に連続した状態のものが望ましい．そのような連続堆積物としては，海洋底堆積物，黄土，極域氷床，樹木年輪などがある（表2.1.1）．

2.1.1小節では炭酸カルシウムの酸素同位体比（$\delta^{18}O$）と微量元素比について述べる．**海洋底堆積物**（marine sediment）に含まれる微化石の**底生有孔虫**（benthic foraminifer）殻である炭酸カルシウム（$CaCO_3$）の$\delta^{18}O$は，新生代（65 Maまで）の気候変動のプロキシーとしてよく知られている．底生有孔虫の$\delta^{18}O$の変化は，海水の$\delta^{18}O$の記録である．底生有孔虫の$\delta^{18}O$の連続記録は，**海洋底掘削計画**（ocean drilling project：ODP）により採取されたボーリングコア試料で得られている．

2.1.2小節では黄土層の帯磁率について述べる．**黄土**（loess）とは，中国北西部のタクラマカン砂漠やゴビ砂漠から飛来した塵（風送塵）が堆積した陸成層（風成層）である．おもに，冬季の北西風によって運ばれ，その風下に堆積する．近年，黄土の下の紅粘土層も黄土と同じく風成層であることが明らかとなった．これら風成層は，古地磁気測定から7 Maにまで遡る堆積物であることがわかった．堆積層の土壌化度や粒度をプロキシーとして，**アジアモンスーン**（Asian monsoon）の変遷が議論されている．

2.1.3小節では氷の$\delta^{18}O$について述べる．**極域氷床**（polar ice sheet）には，過去数十万年間の大気変動の情報が記録されている．東南極ドームふじ氷床コアの$\delta^{18}O$の測定から，320 ka以降に3つの**氷期・間氷期サイクル**（glacial-interglacial cycle）があり，その気温変化は10℃に及ぶことが明らかにされた．グリーンランドの氷床コアでは，110 ka以降の$\delta^{18}O$の変動から，氷期における急激な気温変動の繰り返しが発見されている．

2.1.4小節では樹木年輪の幅およびセルロースの炭素同位体比（$\Delta^{14}C$と$\delta^{13}C$）について述べる．**樹木年輪**（tree ring）は年輪年代学的手法で生木の時系列に化石木から得られた時系列が継ぎ足され，15 kaまで遡ることができている．樹木年輪セルロースの$\Delta^{14}C$や$\delta^{13}C$は，地球磁場，太陽活動，光合成速度などのプロキシーである．年輪セルロースの炭素同位体比の

表2.1.1 古環境記録（松本, 1993）．

種類	分解能	期間	環境パラメータ
極域氷床	年	10^5年	T H Ca B V M S
深海底堆積物	100年	10^7年	T Cw B V M L S
浅海底堆積物	年	10^5年	T Cw B V M L
造礁サンゴ	年／季節	10^5年	T H Cw L
樹木年輪	年／季節	10^4年	T H Ca B V M S
湖底堆積物	年	10^5年	T H Cw B V M L
黄土	10年	10^6年	H Cs B M
古土壌	100年	10^5年	T H Cs B V

T：温度，H：湿度または降水量，C：化学組成，(a) 大気，(w) 水，(s) 土壌，B：生体量，V：火山噴火，M：地磁気，L：海面，S：太陽活動．

変化から，完新世（12 ka まで）における気候変動への太陽活動の関わりが明らかになってきた．

2.1.1 炭酸カルシウム中の酸素同位体比と微量元素比

炭酸カルシウム堆積物（calcium carbonate sediment）には，生物起源と無機起源（自生）のものがある．生物起源には**有孔虫**（foraminifer）[1]殻，**貝形虫**（ostracod：介形虫）[2]殻，貝殻，**サンゴ**（coral）骨格などがあり，無機起源としては**洞窟石灰石**（speleothem），**蒸発岩**（evaporite）[3]などがある．サンゴ骨格，洞窟石灰石などは $CaCO_3$ の連続堆積物として産する．有孔虫，貝形虫などの微化石は連続した水底堆積物中に含まれている．

$CaCO_3$ は難溶性の化学物質で，形成された $CaCO_3$ は，長い間，安定に存在する．$CaCO_3$ 鉱物には，**カルサイト**（calcite：方解石）と**アラゴナイト**（aragonite：霰石）の 2 つの結晶形がある．有孔虫殻，貝形虫殻，鍾乳石などはカルサイトで，貝殻，サンゴ骨格などはアラゴナイトである．$CaCO_3$ の結晶形，Ca を置換する微量元素の含有量，炭酸塩を構成する炭素・酸素同位体組成などは，それが形成された水質環境を記録している．$CaCO_3$ が気候・環境復元に用いられる理由である．

炭酸カルシウムの酸素同位体

$CaCO_3$ の主成分元素の 1 つである酸素（O）には ^{16}O の他に ^{18}O という重い同位体がわずかに存在する[4]．$CaCO_3$ が水の中で形成されるとき，$CaCO_3$ と H_2O の間で酸素同位体の交換が行われる．

$$\frac{1}{3}CaC^{16}O_3 + H_2^{18}O \rightleftarrows \frac{1}{3}CaC^{18}O_3 + H_2^{16}O \tag{2.1.1}$$

この平衡定数 K_O は

$$K_O = \frac{[CaC^{18}O_3]^{1/3}[H_2^{16}O]}{[CaC^{16}O_3]^{1/3}[H_2^{18}O]} \tag{2.1.2}$$

となる．ここで ^{18}O，^{16}O のモル分率をおのおの X_{18}，X_{16} とし，^{18}O と ^{16}O がランダムに分布すると考える．1 分子の $CaCO_3$ 中に O 原子が 3 つ含まれることを考慮すると，(2.1.2)式は

$$K_O = \frac{(X_{18})_{\text{carbonate}}(X_{16})_{\text{water}}}{(X_{16})_{\text{carbonate}}(X_{18})_{\text{water}}} = \frac{(^{18}O/^{16}O)_{\text{carbonate}}}{(^{18}O/^{16}O)_{\text{water}}} = \alpha_{^{18}O} \tag{2.1.3}$$

となり，K_O は $CaCO_3$ と H_2O の $^{18}O/^{16}O$ 比となるので，酸素同位体分配係数 $\alpha_{^{18}O}$ とも呼ばれる．$^{18}O/^{16}O$ の変化は小さいので，標準試料（std）の $^{18}O/^{16}O$ からのずれの比を測定し，$\delta^{18}O$ として千分率（‰；per mill）として表される：

---

1) アメーバ状の原生動物（レタリア門：Retaria）で多様な殻（test）をもつ．おもに海産（浮遊性／底生）．沖縄などの海岸で見られる星砂は有孔虫の殻である．殻は微化石として，原生代後期から現在まで産する．
2) 甲殻綱に属し，殻（valve）をもつ．海産（浮遊性／底生）が多いが淡水や森林土壌にも生息．殻は微化石として，カンブリア紀から現在まで産する．
3) 海や湖が干上がった際に，溶存物質が析出して形成された堆積岩．
4) 酸素の同位体としては他に ^{17}O も存在する．

$$\delta^{18}\mathrm{O} = \frac{(^{18}\mathrm{O}/^{16}\mathrm{O}) - (^{18}\mathrm{O}/^{16}\mathrm{O})_{\mathrm{std}}}{(^{18}\mathrm{O}/^{16}\mathrm{O})_{\mathrm{std}}} \times 1000‰ \qquad (2.1.4)$$

$CaCO_3$ の標準試料は**ピーディーベレムナイト**（Peedee Belemnites：PDB）[5]，水は**標準平均海水**（standard mean ocean water：SMOW）を使うのが一般的である[6]．

無機化学的に $CaCO_3$ を形成させると，カルサイト形となる．(2.1.3)式で定義される分配係数 $\alpha_{^{18}\mathrm{O}}$ の温度依存性はいくつか報告されている．最新の式は，

$$1000\ln\alpha_{^{18}\mathrm{O}} = 18.03(T/10^{-3})^{-1} - 32.42 \qquad (2.1.5)$$

である（Kim and O'Neil, 1997）．T は絶対温度である．この式を 0–30℃ の範囲で近似すると，

$$\delta^{18}\mathrm{O}_{\mathrm{calcite}} - \delta^{18}\mathrm{O}_{\mathrm{water}} = (2.71 - 0.218t)‰ \qquad (2.1.6)$$

となる．式中の t は水温（℃）である．多くの生物が作るカルサイト形の骨格や殻はほぼ上式に従うが，種によっては定数項の値が変わるものも知られている．これは，生物カルサイトが酸素同位体交換非平衡下で形成されることがあることを意味し，注意を払う必要がある．

アラゴナイトの $\delta^{18}\mathrm{O}_{\mathrm{aragonite}}$ の温度依存性は，無機化学実験の難しさから未だに確立されていない．生物の作るアラゴナイトについては，いくつかの生物に関して温度依存性が求められており，生物ごとに異なる．例えば，造礁サンゴの *Porites lobota* では，

$$\delta^{18}\mathrm{O}_{\mathrm{aragonite}} - \delta^{18}\mathrm{O}_{\mathrm{water}} = (0.594 - 0.209t)‰ \qquad (2.1.7)$$

である（McConnaughey, 1989）．生物アラゴナイトは酸素同位体交換非平衡下で形成されると考えられる．非平衡であっても，温度依存性が求められれば，水の温度や酸素同位体組成の復元は可能である．

底生有孔虫殻の酸素同位体比変動

新生代の気候変動は，海の底生有孔虫殻の $\delta^{18}\mathrm{O}$ 変動によってよく示される．底層水の温度変化は小さいので，底生有孔虫の $\delta^{18}\mathrm{O}$ の変化はおもに海水の $\delta^{18}\mathrm{O}$ の変化に起因する．後述する水の酸素同位体分別の効果により，氷期には海水から蒸発した $\delta^{18}\mathrm{O}$ の小さな水が大陸に氷として固定されるため，海水の $\delta^{18}\mathrm{O}$ は大きな値となる．一方，間氷期には大陸の $\delta^{18}\mathrm{O}$ の小さな氷が融けて海に戻ってくるので，海水の $\delta^{18}\mathrm{O}$ は小さな値となる．底生有孔虫は，こうした海水の $\delta^{18}\mathrm{O}$ の変化を記録しているのである．

底生有孔虫の $\delta^{18}\mathrm{O}$ の長期連続記録（海洋底コア）は，赤道大西洋の ODP607 で 3.1 Ma（Raymo, 1992）まで，東太平洋海膨の ODP849 で 5 Ma（Mix et al., 1995）まで，東太平洋ガラパゴス海域の ODP677 で 6 Ma（Shackleton et al., 1995）まで報告されている．図 2.1.1 はこれらの底生有孔虫の $\delta^{18}\mathrm{O}$ データを重ね合わせたものである（Lisiecki and Raymo, 2005）．ここから読みとれる特徴は，(1) 短周期の変動を平均したトレンドで見ると，3.5 Ma 以降，$\delta^{18}\mathrm{O}$ が一貫して増加している．これは地球が寒冷化し，両極域に氷床が発達したことを示唆している．(2) 現在のように $\delta^{18}\mathrm{O}$ が大きな振幅で変動するようになるのは 1 Ma 以降である．おおよそ 1 Ma に，現在型の氷期・間氷期サイクルが確立されたものと解釈されている．(3) 変動の周期を見ると，1 Ma

---

[5] 米国サウスカロライナ州 Peedee 層の矢石化石．

[6] PDB を標準試料としたものを $\delta^{18}\mathrm{O}_{,\mathrm{PDB}}$，SMOW を標準試料としたものを $\delta^{18}\mathrm{O}_{,\mathrm{SMOW}}$ と書くと $\delta^{18}\mathrm{O}_{,\mathrm{PDB}} - \delta^{18}\mathrm{O}_{,\mathrm{SMOW}} \simeq -30.91‰$ の関係がある．(2.1.6), (2.1.7)式の左辺に現れる量は $\delta^{18}\mathrm{O}_{\mathrm{calcite},\mathrm{PDB}}$, $\delta^{18}\mathrm{O}_{\mathrm{aragonite},\mathrm{PDB}}$ および $\delta^{18}\mathrm{O}_{\mathrm{water},\mathrm{SMOW}}$ であることに注意が必要である．

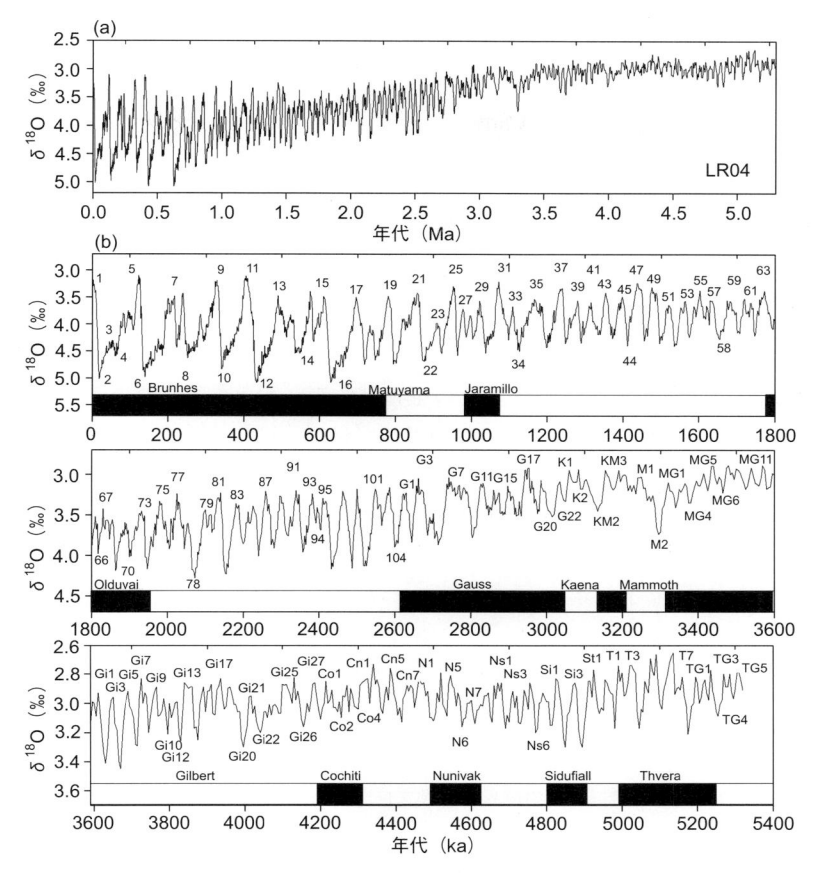

図 2.1.1 過去 530 万年間の底生有孔虫殻の $\delta^{18}O$ の変化：(a)全体図，(b)拡大図．図中の数字・英数字は海洋酸素同位体ステージ番号（奇数は間氷期，偶数は氷期），縞は古地磁気層序（2.3.3 小節参照）である（Lisiecki and Raymo, 2005）．

以降は 100 kyr 周期が卓越するが，それ以前は 40 kyr 周期が卓越している．(4) 1 Ma 以降，間氷期である現在より $\delta^{18}O$ が小さい，すなわち大陸氷床量が現在より少ないのは，3 回のみ，**海洋酸素同位体ステージ**（marine oxygen isotope stage: MIS）[7] の 5, 9, 11 だけである．

地球は太陽を一方の焦点とする楕円軌道を公転し，自転軸は公転軌道面に対して傾いており，かつ月と太陽の重力の影響で歳差運動している．また，地球の軌道要素（楕円の向きや離心率，軌道面の法線ベクトルの方向）は，他の惑星との重力相互作用によって変動する．軌道要素と自転軸の変化は，地球への太陽放射の入射量とその分布（日射量）を変化させる．これを**ミランコビッチサイクル**（Milankovitch cycle）と呼ぶ．楕円軌道に起因する夏冬の日射量の差を**気候歳差項**（climate precession term），自転軸の傾きに起因する夏冬の日射量の差を**赤道傾角項**（obliquity term）という．気候歳差項は約 20 kyr，赤道傾角項は約 40 kyr の周期をもつ（以上について詳しくは 3.2.3 小節を参照）．夏季の北半球高緯度での日射量の減少は大陸氷床の形成を導き，氷によ

---

[7] 第四紀（巻頭の地質年代表を参照）の編年に用いられる過去の間氷期や氷期を表す番号で，現在から過去に遡り，奇数が間氷期，偶数が氷期に対応するように付けられている．さらに短い時間スケールでの温暖期や寒冷期は英小文字を添え，「5c」のように表す．

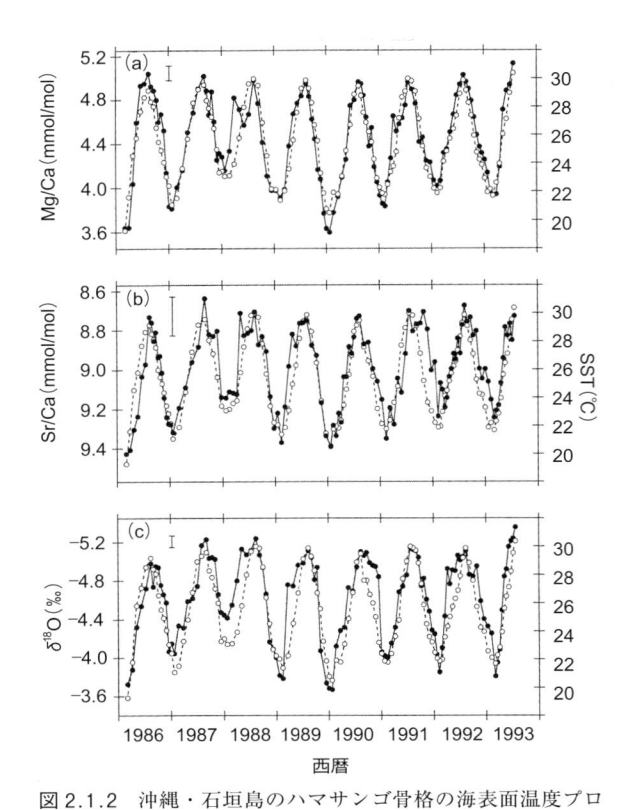

図 2.1.2 沖縄・石垣島のハマサンゴ骨格の海表面温度プロキシー：(a) Mg/Ca, (b) Sr/Ca, (c) δ^{18}O（白丸）と海表面温度 (SST)（a, b, c の黒点）との関係．各図に示した縦のバーは測定誤差を表す（Mitsuguchi et al., 1996）．

るアルベドの上昇は，氷床の拡大を引き起こすことになる．

炭酸カルシウム中の微量元素

炭酸塩は 2 価の陽イオン（ここでは Me^{2+} と表す）と炭酸イオン CO_3^{2-} とがイオン結合したものである．炭酸塩の Me^{2+} は CO_3^{2-} の O 原子にかこまれている．Me^{2+} のイオン半径が小さいと Me^{2+} のまわりに配位する O の数は 6 となり，カルサイト形となる．一方 Me^{2+} のイオン半径が大きいと O の配位数は 9 となり，アラゴナイト形となる．イオン半径が 0.065 nm の Mg^{2+} が作る $MgCO_3$ はカルサイト形であり，イオン半径 0.113 nm の Sr^{2+} が作る $SrCO_3$ はアラゴナイト形である．Ca^{2+} のイオン半径は 0.099 nm で，$CaCO_3$ はカルサイト形とアラゴナイト形の両方をとる．カルサイト形の $CaCO_3$ では Ca^{2+} の位置にイオン半径の小さい Mg^{2+} が入りやすい．一方アラゴナイト形 $CaCO_3$ では，イオン半径の大きな Sr^{2+} が入りやすい．

$CaCO_3$ を主成分とする炭酸塩中の微量元素 Me の含有量は，イオン交換平衡式，

$$CaCO_3 + Me^{2+} \rightleftarrows MeCO_3 + Ca^{2+} \tag{2.1.8}$$

で表される．この平衡定数を K_{Me} とすると，

$$K_{Me} = \frac{a_{MeCO_3}/a_{CaCO_3}}{a_{Me^{2+}}/a_{Ca^{2+}}} = \exp\left(-\frac{\Delta G^0}{RT}\right) \tag{2.1.9}$$

で表される．ここで ΔG^0 は上の反応の Gibbs の自由エネルギー変化で，a_j は化学種 j の**活量**（あるいは**活動度**：activity）である．カルサイトの K_{Mg} とアラゴナイトの K_{Sr} について，熱力学データ（G^0）を使って常温の範囲で計算すると，

$$K_{Mg} = 0.276 + 0.019t \tag{2.1.10}$$
$$K_{Sr} = 9.593 - 0.081t \tag{2.1.11}$$

となる．t は℃で測る．活量はその扱いが複雑であるので，活量 a_j をモル濃度 m_j で近似すると，みかけの平衡定数 K'_{Me} は，

$$K'_{Me} = \frac{(m_{MeCO_3}/m_{CaCO_3})}{(m_{Me^{2+}}/m_{Ca^{2+}})} = \frac{(Me/Ca)_{carbonate}}{(Me/Ca)_{solution}} = D_{Me} \tag{2.1.12}$$

となり，K'_{Me} は炭酸塩と溶液の Me/Ca（モル比）で表されるので，元素 Me の分配係数 D_{Me} とも呼ばれる．D_{Me} の温度依存性は，室内実験や現場観測から求められ，D_{Mg}, D_{Sr}, D_{Ba} などが研究されている．

次に，カルサイトである有孔虫の D_{Mg} とアラゴナイトであるサンゴの D_{Sr} の温度依存性について述べる．海生の有孔虫の *Globinoides sacculifer* の Mg/Ca については，

$$D_{Mg} = 0.035 - 0.0009t \tag{2.1.13}$$

が報告され（Nurnberg et al., 1996），サンゴの *Porites* の Sr/Ca では，

$$D_{Sr} = 1.2077 - 0.0060t \tag{2.1.14}$$

が報告され（Shen et al., 1996）ている．

ところで α_{18O} や D_{Me} が温度の関数として与えられ，炭酸塩の $\delta^{18}O$ や Me/Ca が測定されても，温度は一義的に決定されない．炭酸塩ができた時の水溶液中の $\delta^{18}O$ や Me/Ca がわからないからである．水溶液の $\delta^{18}O$ や Me/Ca が，現在と同じであれば問題はない．図 2.1.2 は現生サンゴの Mg/Ca, Sr/Ca および $\delta^{18}O$ と水温との関係である（Mitsuguchi et al., 1996）．しかし，内陸湖のように，蒸発により湖水の $\delta^{18}O$ や Me/Ca が変化する場合は別である．湖水の Me/Ca は，塩分と関係する．炭酸塩の Me/Ca から塩分を求め，その塩分から $\delta^{18}O$ を推定し，水温を算出する方法が提案されている（Shen et al., 2002）．

近年，洞窟石灰石の $\delta^{18}O$ による古気候研究も行われるようになった（Dykoski et al., 2005）．炭酸塩堆積物が古気候研究において重要なのは，それが地球上に普遍的に見られる安定な物質であり，炭酸塩が形成された際の温度，化学組成，同位体組成などの変動を記録しているためである．

2.1.2　黄土層の帯磁率

黄土とは，中国北西部のタクラマカン砂漠やゴビ砂漠から飛来した風送塵が堆積した陸成層（風成層）である．おもに，冬季の北西風によって運ばれ，その風下に堆積する．黄土は砂漠の近くでは粗い砂質で，砂漠から離れるにつれて，シルト質，粘土質と順番に細かくなる．中国黄土高原の黄土層は，年代順に新しい方から，0-0.1 Ma の**馬蘭黄土**（Malan loess），0.1-1.3 Ma の**離石黄土**（Lishi loess），そして 1.3-2.6 Ma の**午城黄土**（Wuchen loess）と続く．その黄土層の下には**紅粘土**（red clay）が堆積している．近年，その紅粘土層が黄土と同じく風成層であることが明らかとなった．紅粘土の最下部は 7 Ma に達している．

黄土の崖をよく観察すると，黄色い地層に赤褐色の水平の筋が見られる．これは黄土が風化して，土壌となったものである．土壌化するには降水が欠かせない．土壌化すると，磁赤鉄鉱という鉱物がつくられる．この鉱物の量は，帯磁率計で簡単に測定できる．ここで，**帯磁率**（magnetic susceptibility）χ とは，M を磁化の強さ，H を磁場の強さとして

$$M = \chi H \tag{2.1.15}$$

で与えられる．そして，土壌化度を示す帯磁率から降水量を求め，それから夏季モンスーン強度を推定するという，古気候復元の枠組みが作られた．中国内陸部における夏季モンスーンは，雨をもたらす西部太平洋からの湿った南東風である．

黄土高原の中国甘粛省霊台では，黄土層は170mの厚さで，その下に厚さ120mの紅粘土層が分布している．この風成層全体の堆積年代は古地磁気層序法（2.3.3小節参照）により決定され，帯磁率の測定も行われた（図2.1.3）．過去260万年間にわたる帯磁率は約20kyrと約40kyrの周期が卓越し，加えて表層では顕著な5回の約100kyrの周期が認められる．2.1.1小節で述べたように，20kyr周期はミランコビッチサイクルの気候歳差項で，40kyr周期は赤道傾角項である．20kyrの周期で，北半球の夏の日射量が増加し，陸と海の間の気圧傾度が大きくなり，夏季モンスーンは強化されると考えられる．2.6-7Maにわたる紅粘土層では明瞭な周期は認められない．一方，中国内陸部で冬季のシベリア高気圧からの北西風は冬季モンスーンと呼ばれ，これが強化されると，風送塵の粒径が大きくなると考えられる．An et al. (2001) は風成層のプロキシーから，アジアモンスーンの変遷を，チベット・ヒマラヤ山塊の隆起と関連して議論している（3.5節参照）．

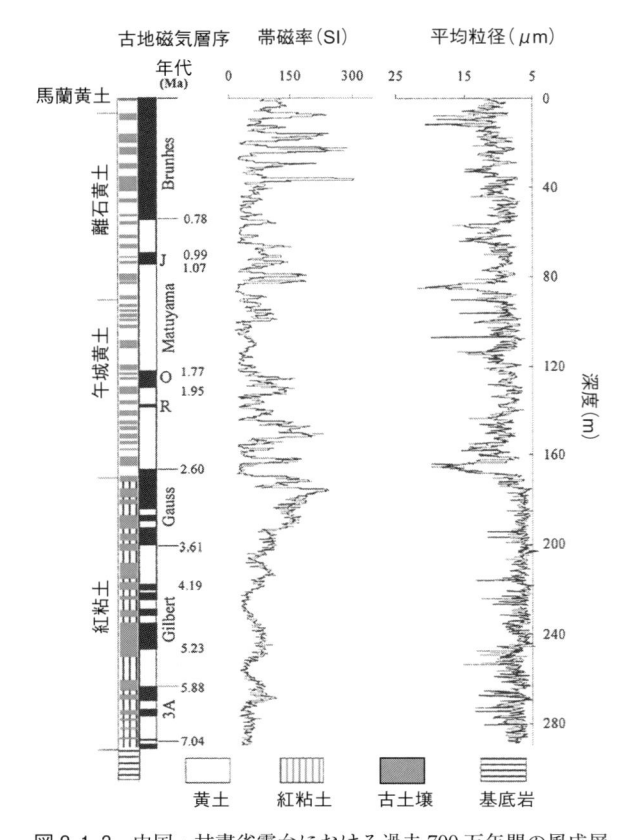

図2.1.3 中国・甘粛省霊台における過去700万年間の風成層の帯磁率と平均粒径の変化：左は土壌柱状図と古地磁気層序（An, 2000）．

黄土層に加えて，琵琶湖やバイカル湖などの**湖底堆積物**（lake sediment）にも，陸域の環境変動の長い記録が残されている．2.3節において，バイカル湖湖底堆積物による過去1000万年間の陸域環境変化について述べる．

2.1.3 氷の酸素同位体比

降雪が圧密された氷床のボーリングコアである**氷床コア**（ice sheet core）の水の安定同位体組成の解析から，過去の気温の推定が可能であることを最初に指摘したのは，デンマークのDansgaard (1961) である．降水をもたらす水蒸気のおもな起源は海水で，その海水の$H_2^{16}O$，$HD^{16}O$および$H_2^{18}O$の割合は場所によらずほぼ一定で，おのおの99.77%，0.03%，0.20%である．水蒸気が凝結すると降水となる．蒸発や凝結などの相変化に伴って**同位体分別**（isotope fractionation）が起こり，水の同位体組成は変化する．水の酸素同位体分別は，$H_2^{18}O$の蒸気圧が$H_2^{16}O$のそれに比べて約1%低いことに起因する．$\delta^{18}O$は(2.1.4)式で与えられる．水素の同位

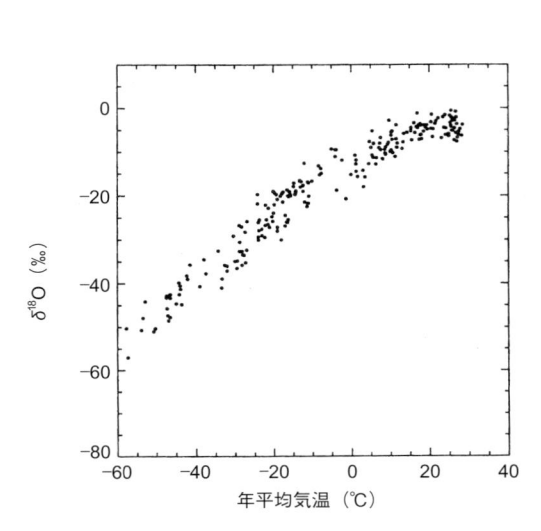

図2.1.4 降水の $\delta^{18}O$ の年平均値と年平均気温との関係（Jouzel et al., 1994）.

図2.1.5 水蒸気の $\delta^{18}O$ およびその水蒸気が凝縮した液滴の $\delta^{18}O$ と水蒸気残存率との関係：25℃の飽和水蒸気を含む大気の温度を下げた場合を考え，対応する温度を上側に示す．

体比 D/H も同様に，δD（‰）として次式で表される．

$$\delta D = \frac{(D/H) - (D/H)_{std}}{(D/H)_{std}} \times 1000‰ \quad (2.1.16)$$

Dansgaard（1964）は全球スケールで年平均降水の $\delta^{18}O$ と年平均気温（t℃）の間に

$$\delta^{18}O = (0.695t - 13.6)‰ \quad (2.1.17)$$

の直線関係があることを-37℃から15℃の範囲で示した．後に Jouzel et al.（1994）は気温範囲を-60℃から30℃に拡大し，熱帯を除く15℃以下では，

$$\delta^{18}O = (0.64t - 12.8)‰ \quad (2.1.18)$$

の直線関係があり，南極の寒冷域では，上式の傾き 0.64 が増加して 0.85 になることを示した（図2.1.4）.

気温の低下とともに降水の $\delta^{18}O$ が小さくなるのは，水蒸気塊から $\delta^{18}O$ の大きな水の凝縮相が形成され，それが次々と除去されるためである．このような凝縮過程は**レイリー蒸留**（Rayleigh distillation）の式で記述できる．ある温度での水蒸気相（v）に対する凝縮相（l）の酸素同位体分別係数 α_{18_O} は

$$\alpha_{18_O} = \frac{(^{18}O/^{16}O)_l}{(^{18}O/^{16}O)_v} \quad (2.1.19)$$

と表され，$(^{18}O/^{16}O)_{v,0}$ を凝縮開始前，$(^{18}O/^{16}O)_v$ を凝縮後の水蒸気の酸素同位体比とし，f を水蒸気残存率とすると，

$$\frac{(^{18}O/^{16}O)_v}{(^{18}O/^{16}O)_{v,0}} = f^{\alpha_{18_O}-1} \quad (2.1.20)$$

となる．(2.1.4)式と組み合わせると，

$$\ln(1+\delta^{18}O_v) - \ln(1+\delta^{18}O_{v,0}) = (\alpha_{18_O}-1)\ln f \tag{2.1.21}$$

となる．なお α_{18_O} は 20℃ で 1.009，0℃ で 1.011，−20℃ で 1.013 と温度の低下とともに大きくなる（Dansgaard, 1964）．

図 2.1.5 は熱帯海洋から蒸発した水蒸気が，大気の温度低下に伴って次々と雨となって除かれる場合，その降水・水蒸気の $\delta^{18}O$ の変化を(2.1.21)式を使って計算したものである．計算では $\alpha_{18_O} = 1.011$ と仮定した．25℃ の熱帯海洋で蒸発した水蒸気の $\delta^{18}O$ は −11‰ で，その気団が 17℃ に達した時，水蒸気残存率は 0.6 で，水蒸気の $\delta^{18}O$ は −17‰，それからできる雨滴の $\delta^{18}O$ は −6‰ である．0℃ では，水蒸気の残存率は 0.2 で，水蒸気の $\delta^{18}O$ は −29‰，雨滴の $\delta^{18}O$ は −18‰ である．気団が −17℃ まで冷却されると，水蒸気の残存率は 0.1 となり，水蒸気の $\delta^{18}O$ は −37‰ で，雨滴の $\delta^{18}O$ は −26‰ となる．

月平均での気温と $\delta^{18}O$ の間に直線関係は全球的には認められないが，Yurtsever（1975）はヨーロッパとグリーンランドの 4 地点で月平均降水の $\delta^{18}O$ と月平均気温 t（℃）との間に，

$$\delta^{18}O = [(0.521\pm0.041)t - (14.86\pm0.21)]‰ \tag{2.1.22}$$

の直線関係があり，地域を限定すれば直線性が成り立つことを示した．

おもな氷床コア

南極やグリーンランドの氷床の頂上（summit）での氷ボーリングコアは，気温の連続記録として重要である．南極氷床は，東半球側の"東"南極氷床と西半球側の"西"南極氷床に分けられる．東南極氷床は西南極氷床と比べて大きい．東南極氷床は 82°S，75°E 付近に 4100 m を超える頂点をもち，この頂点から北東に標高 3200 m のドーム C，北西に 3800 m のドーム F へと続く分氷界がある．**ボストーク氷床コア**（Vostok ice core）は分氷界から少し離れた斜面域で採取され，氷期・間氷期の 4 サイクルを含む 42 万年間の環境要素の変動が明らかにされている（Petit et al, 1999）．**ドームふじ氷床コア**（Dome Fuji ice core）は，ドーム F の頂上から日本の南極観測隊により採取された．1996 年までに採取された 2503 m の氷床コアは，3 サイクルの氷期・間氷期を含む 320 ka までの記録を有する（Watanabe et al., 2003a, b）．水の同位体組成の変化の特徴は，320 ka 間に 3 サイクルの氷期・間氷期の類似した変動が見られることである．周期解析の結果，102 kyr，40 kyr および 21 kyr が卓越し，これらのうち，後者の 2 つはミランコビッチサイクルである赤道傾角項および気候歳差項の周期に相当する．気温 1℃ の変化が 0.85‰ の $\delta^{18}O$ に相当するもの

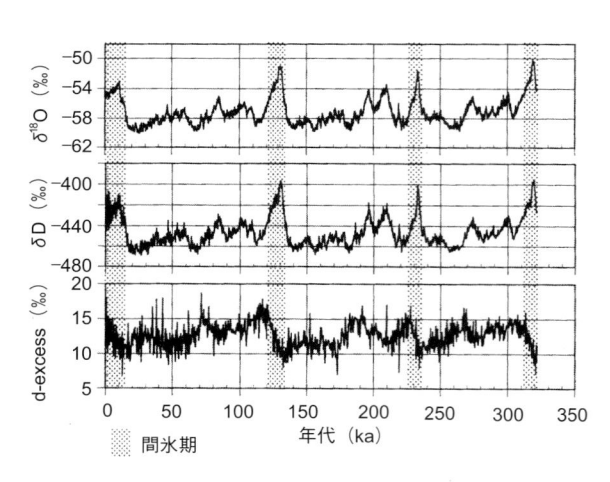

図 2.1.6 南極ドームふじにおける過去 32 万年間の氷床コアの $\delta^{18}O$，δD，および d-excess の変動：d-excess = $\delta D - 8\delta^{18}O$ である（Watanabe et al., 2003b）．

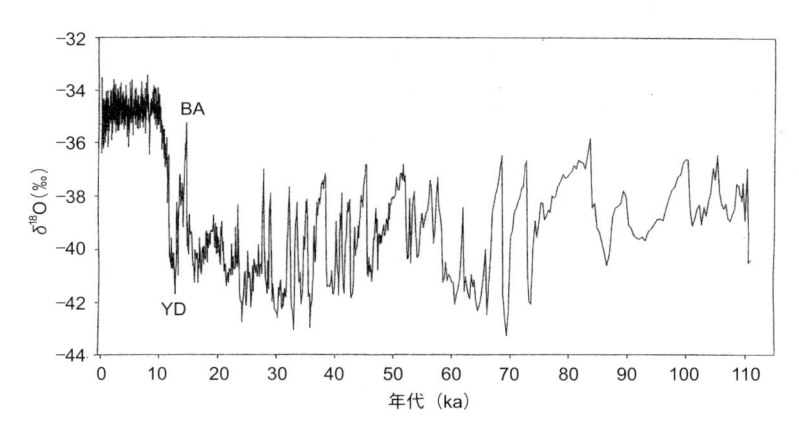

図 2.1.7 グリーンランド氷床サミットにおける GISP2 氷床コアの過去 11 万年間の $\delta^{18}O$ の変動：YD は新ドリアス期，BA はベーリング・アレレード期を表す（Grootes and Stuiver, 1997）.

と仮定すると，氷期・間氷期の温度変化は 10℃ に達し，氷期にも 4.6℃ の変化が見られた．後氷期である完新世では，現在に向かって寒冷化しているが，完新世の初期の最暖期の気温も，最終間氷期と比べると 2.3℃ 低い（図 2.1.6）．ドーム F では 2003 年から残りの 500 m の掘削が開始され，2007 年に 3035 m で基盤に達した．分析・解析が進めば，1 Ma まで記録を伸ばせる可能性がある．ドーム C における氷床掘削は **EPICA**（European Project for Ice Coring in Antarctica）によりなされ，8 回の氷期・間氷期サイクルが推測されている（EPICA community members, 2004）．また，ドーム F のさらに西北西の東ドローニングモードランド（EDML）でも EPICA による氷床掘削が行われた．

グリーンランドの 80% を占める氷床は，南北にやや長い形状で，氷床中央部の 72°N，38°W 付近の標高 3300 m を頂点とする主ドームをもつ．この頂上で，EU と USA が 20 km はなれた場所で，3028 m と 3053 m の岩盤にまで達する深層コア掘削に成功している．EU の氷床掘削事業は **GRIP**（Greenland Ice Core Project）と呼ばれ，その成果は，Dansgaard et al. (1993) に示されている．米国の事業は，**GISP2**（Greenland Ice Sheet Project 2）で，Grootes and Stuiver (1997) に述べられている．さらに，日米欧が共同の **NGRIP**（North Greenland Ice Core Project）では，グリーンランド氷床北部（75°N，42°W）で 3085 m の岩盤にまで達するコア掘削に成功している．

図 2.1.7 に示した GISP2 氷床コアの過去 11 万年間の $\delta^{18}O$ の変動は，氷期・間氷期の 1 サイクルに相当し，$\delta^{18}O$ の振幅は 9‰ である．気候変化をもたらすおもな要因はミランコビッチサイクルである．夏の北半球高緯度での日射量の減少は，大陸氷床の形成を促し，氷によるアルベドの上昇は，氷床の拡大を促進させる．逆に，夏の北半球高緯度での日射量の増加は氷床の融解を促進し，大陸氷床を縮小させる．大陸から流出した淡水が海洋深層水形成域に流れ込むと，海洋の**熱塩循環**（thermohaline circulation）を停止させ寒冷化をもたらす．大陸氷床の拡大と縮小に伴う熱塩循環の変化によってもたらされた現象と考えられているものに**ダンスガード・エシガー振動**（Dansgaard-Oeschger oscillation）がある．10-50 ka の間に注目すると，$\delta^{18}O$ に 13 回の振動が検出でき，その振幅は 5‰（8℃ に相当）にも達する．この振動のピークは Dansgaard-

Oeschger イベント，谷は Heinlich イベントと呼ばれる．21 ka に，夏季北半球高緯度での日射量は極小となり，大陸氷床は拡大し，最寒期をむかえた．その後，夏季北半球高緯度での日射量は徐々に増加し，14.5 ka に**ベーリング・アレレード期**（Bølling-Allerød）の温暖期に入るが，12.9 ka に突然に寒冷化する．12.9-11.6 ka 間の寒冷期を**新ドリアス期**（Younger Dryas）と呼ぶ．大陸氷床が融解してできた淡水が，グリーンランド沖に流れ出し，熱塩循環が止まって，寒冷化したと考えられている．新ドリアス期が終わった 11.6 ka 以降，北半球の大陸氷床は縮小を続け，8 ka にほぼ消滅したので，それ以降，熱塩循環は安定に存在した．8 ka 以降の $\delta^{18}O$ の変動幅 2‰（3℃に相当）はおもに太陽活動によると考える．12 ka は，地球の楕円軌道上，最も太陽に近づく点（近日点）が北半球の夏にあたり，日射量が極大となるのは北半球の夏，極小となるのは冬であった．一方，現在はその逆で，北半球の冬に地球が近日点を通過するため，日射量の極大は北半球の冬，極小は夏である．

以上，ここでは氷の $\delta^{18}O$ についてのみ述べてきた．氷床コアからは氷の水素同位体組成（δD），CO_2 や CH_4 などの大気組成，ダストなど気候に関係するプロキシーも得られているが，本節では省略する．

2.1.4　樹木年輪の幅およびセルロースの $\Delta^{14}C$ と $\delta^{13}C$

わが国では，樹木の幹は春のはじめに肥大成長を開始し，夏の終わりに成長を休止する．春から夏のはじめにかけて成長が速く，そのため密度が低く，早材と呼ばれる．その後，夏に成長が鈍り，密度が高くなり，晩材と呼ばれる．早材と晩材の対が**樹木年輪**（tree ring）であり，年輪の幅や密度のパターンから樹木の年代を決めるのが，**樹木年輪年代学**（dendrochronology）である．樹木年輪年代学的手法により，生木試料に化石木試料を継ぎ足し，現在から 15 ka まで遡ることができている．

樹木年輪セルロースの $\Delta^{14}C$ は地球磁場や太陽活動のプロキシーとなる．^{14}C は宇宙線による大気窒素との $^{14}N(n,p)^{14}C$ の核反応によって生成される放射性核種で，その半減期は，5730 yr である．^{14}C をふくむ大気 CO_2 は光合成で固定されるため，生物遺体の年代測定に利用される．初めは，過去の大気 CO_2 の ^{14}C 濃度（$^{14}C/C$）を一定として年代決定したが，後に大気 $^{14}C/C$ がわずかに変動することが明らかとなった．地球大気に入射する宇宙線フラックスが，地球電磁場の変動とともに変化するからである．そこで，樹木年輪を使って $^{14}C/C$ の変化が研究された．$\Delta^{14}C$ は放射壊変と同位体効果を考慮して，基準年代の $^{14}C/C$ からのずれの比（‰）として，次のように定義されている（Stuiver and Polach, 1977）：

$$\Delta^{14}C = \frac{A_{SN}e^{\lambda \Delta t} - A_{AISA}}{A_{AISA}} \times 1000‰ \quad (2.1.23)$$

ここで，A_{AISA} は，基準年代である 1950 年の年輪の $^{14}C/C$ の値（absolute international standard activity）である．ただし，1950 年の $^{14}C/C$ の実測値を使うと，化石燃料の燃焼による人為排出 CO_2 の影響が入ってしまうため，影響が出る以前と考えられる 1890 年の年輪の $^{14}C/C$ 測定値を基に，それを 1950 年に時間補正した値を用いる．なお，基準となる年輪セルロース $\delta^{13}C$（(2.1.25)式参照）は −25‰ であった．形成されてから測定されるまで時間 Δt だけ経過した年輪

の $^{14}C/C$ と $\delta^{13}C$ の測定値を A_S と $\delta^{13}C_S$ とする．すると，$\delta^{13}C = -25‰$ に規格化した A_{SN} は，

$$A_{SN} = A_S \left(\frac{1-0.025}{1+\delta^{13}C_S}\right)^2 \approx A_S[1-2(0.025+\delta^{13}C_S)] \tag{2.1.24}$$

と表される．λ を ^{14}C の放射壊変定数とし，時間変化を考慮すると，(2.1.23)式が得られる．

得られた $\Delta^{14}C$ を図 2.1.8(a)に示した（Reimer et al., 2004）．時間分解能は 5 年である．横軸は ^{14}C 年代で用いられる基準年 1950 年に先立つ年数である．$\Delta^{14}C$ は小さな変動をしながら，過去に遡るに従って大きくなる．この長期傾向は，過去に遡るほど**地球磁場強度**（geomagnetic intensity）が減少していたことによる[8]．1 kyr の移動平均をとり，それからの**偏差**（anomaly）を残差（residual）$\Delta^{14}C$ とし，その値を図 2.1.8(b)に示した．この偏差は太陽活動度の変化による．太陽活動が大きいと太陽風プラズマの影響で宇宙線の入射が少なくなり，残差 $\Delta^{14}C$ は負となる．逆に太陽活動が小さいと宇宙線の入射が多くなり，残差 $\Delta^{14}C$ は正となる．

樹木の成長は光合成による．光合成は，太陽光，大気 CO_2 および水に加え，おもに気温が支配する葉緑体の活性に左右される．このうち，樹木にとって光や CO_2 は十分にあるので，気温と水が成長に対する支配要因となる．**樹木年輪気候学**（dendroclimatology）は，気候の変化が光合成速度を通して年輪幅の広狭変化をもたらすことを利用した科学（Fritts, 1973）で，乾燥が制限要因となっているアリゾナや寒冷が要因となるアルプスで発展してきた．わが国は高温多湿で，制限要因に乏しいため，年輪気候学が未発達であった．しかし，年輪研究手法の近代化・多様化により，穏和な気候下での年輪気候学の可能性があきらかとなってきた（Sweda, 1994）．以下，屋久杉を用いた気候研究（Kitagawa and Matsumoto, 1995）を例として述べることにする．

屋久島は標高 1935 m の宮の浦岳を最高峰とする花崗岩からなる島である．天然のスギ（屋久杉）は照葉樹に混ざって標高 800 m 付近から出現し，1200 m 以上で多くなり，1800 m あたりまで分布している．屋久島の過去 30 年間の年平均降水量は，3800 mm であり，水は屋久杉の成長の制限要因ではない．標高 0 m での年平均気温は 18℃ で，8 月の平均気温は 27℃ と

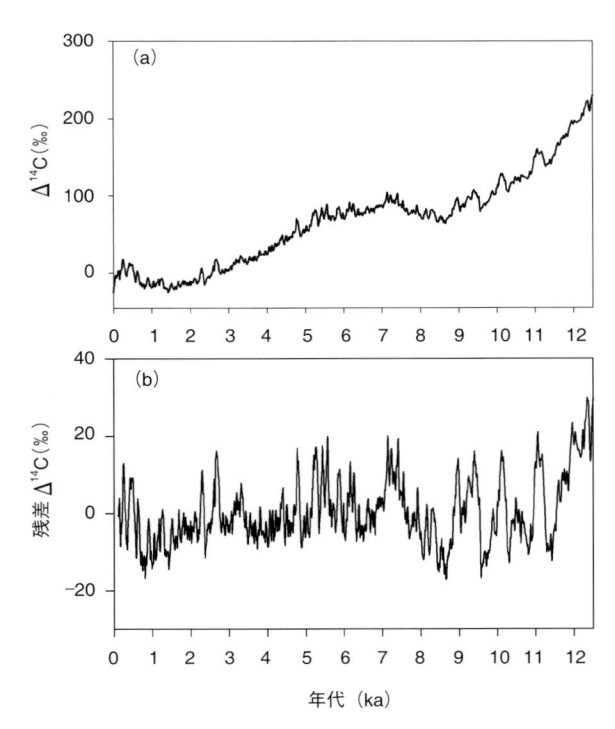

図 2.1.8 樹木年輪に記録された過去 12,000 年間の炭素同位体比：(a) $\Delta^{14}C$ の変化，(b) 残差 $\Delta^{14}C$ の変化（Reimer et al., 2004）．

---

[8] 1.1 節の図 1.1.11 の横軸（時間スケール）で，西暦 500 年頃より以前に $\Delta^{14}C$ が高くなることに対応している．ただし，地球磁場強度と $\Delta^{14}C$ とは，必ずしも一対一に対応しないので注意が必要である．

高く，日本におけるスギの南限となっている．

1970年に，島の東側の標高800 mの地点で伐採された，1846本の年輪をもつ屋久杉の測定結果を示すこととする．図2.1.9(a)はこの屋久杉の年輪幅の変化を示したものである．一般的に，年輪幅すなわち成長速度は，生育年数に対して対数的に減少する．この対数成長速度曲線からの偏差を見ると，西暦700-1100年の負の偏差，1500-1700年の正の偏差が顕著である．屋久島がスギの南限であることから考えて，屋久島の気温は，スギの最適成長温度より高いであろう．そこで，負の偏差は温暖化，正の偏差は寒冷化を示すと考えられる．

具体的な温度変化を知るために，屋久杉年輪セルロース $\delta^{13}C$ の測定結果を示す．$\delta^{13}C$ は，$\delta^{18}O$ と同様に，

$$\delta^{13}C = \frac{(^{13}C/^{12}C) - (^{13}C/^{12}C)_{std}}{(^{13}C/^{12}C)_{std}} \times 1000‰ \tag{2.1.25}$$

と表され，標準試料はPDB（2.1.1小節参照）である．植物が光合成によって作る有機炭素の $\delta^{13}C$ は，葉の気孔を通しての CO_2 の拡散速度の差に起因する同位体分別と葉内で有機物を作る酵素反応速度の同位体分別作用（植物は光合成の際，選択的に ^{12}C を利用する傾向がある）で表される[9]（Francey and Farquhar, 1982）：

$$\delta^{13}C_{plant} = \delta^{13}C_{air} - a - (b-a)\frac{[CO_2]_{in}}{[CO_2]_{air}} \tag{2.1.26}$$

ここで，a は $^{12}CO_2$ と $^{13}CO_2$ の拡散速度の差による炭素同位体分別で4‰である．b は光合成酵素による CO_2 固定の炭素同位体分別で，C_3 植物（3.4.3小節参照）では約30‰である．$[CO_2]_{air}$ は大気中の CO_2 分圧（大気 P_{CO_2}），$[CO_2]_{in}$ は気孔（空隙）内の CO_2 分圧，$\delta^{13}C_{air}$ は大気 CO_2 の $\delta^{13}C$ である．光合成による CO_2 固定速度 A は，大気と気孔内の CO_2 分圧差に比例する：

$$A = g([CO_2]_{air} - [CO_2]_{in}) \tag{2.1.27}$$

ここで，g は CO_2 に関する気孔コンダクタンス[10]である．(2.1.27)式を(2.1.26)式に代入すると，

$$\delta^{13}C_{plant} = \delta^{13}C_{air} - b + (b-a)\frac{A}{g[CO_2]_{air}} \tag{2.1.28}$$

となる．産業革命以前，大気 P_{CO_2} は280 ppmで $\delta^{13}C_{air}$ は $-7‰$ と一定であった．また，g は水分制限がないものと仮定して一定と考えると，A が大きくなると $\delta^{13}C_{plant}$ が大きくなる．図2.1.9(b)は10年ごとの樹木年輪セルロース $\delta^{13}C$ の測定値で，年輪幅の変化とほぼ同調していることがわかる．

屋久杉について樹木年輪セルロース $\delta^{13}C$ と気温の関係を求めよう．屋久島東部の標高360 mから1700 mの各地点で採取したスギ試料の年輪セルロース $\delta^{13}C$ の生育高度依存性は，$1.78 \pm 0.11‰\ km^{-1}$ であった．この値と，屋久島の気温減率 $-6.2℃\ km^{-1}$ から，屋久杉年輪セルロース $\delta^{13}C$ の温度依存性は $-0.3‰\ ℃^{-1}$ である．屋久島東斜面の標高800 m地点の $\delta^{13}C$ 変化から，近世の小氷期に $-2℃$，中世温暖期に $+1℃$ の気温変化があったものと推定された．

図2.1.9(c)は，図2.1.8(b)の残差 $\Delta^{14}C$ からここ2000年間を抽出・拡大したものである．残差

---

9) 3.4.3小節に植物の光合成に関する解説がある．
10) 1.4.3小節の(1.4.12)式に定義した葉面コンダクタンスに相当する．

$\Delta^{14}C$ と $\delta^{13}C$ はよく相関している．太陽活動による地表気温変化が，屋久杉の成長に影響したことが読み取れる．

太陽活動と気候との関連を示すデータは報告されているが，そのメカニズムについて明らかでなかった．近年，太陽活動が気候に及ぼす力学が次第にわかってきた．太陽活動に伴う太陽定数の変化は，過去20年間の観測で0.1％とわずかで，地球気候への影響は小さいと考えられるが，紫外線領域の変動は3-8％と大きく，影響が出ると考えられる．紫外線が成層圏オゾンを加熱すると，**成層圏子午面循環**（stratospheric meridional circulation, Brewer-Dobson 循環とも呼ぶ）が変化し，これが対流圏に及ぶと気候変化となる．熱塩循環やミランコビッチサイクルの時間スケールは数千年から数万年オーダーであるので，それらによる気候変化速度は一般には小さいと考えられる．一方，太陽活動は数百年オーダーの変化があり，人類活動に大きな影響を与えるため，さらなる研究が必要である．

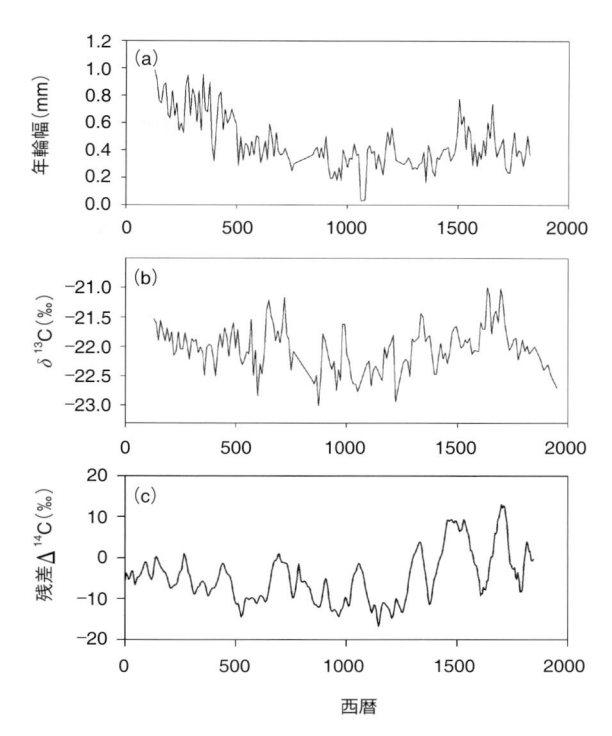

図2.1.9 過去2000年間の屋久杉の年輪幅と炭素同位体比：(a)年輪幅, (b)年輪セルロースの $\delta^{13}C$ の変化（Kitagawa and Matsumoto, 1995），(c)残差 $\Delta^{14}C$ の変化（Reimer et al., 2004）.

2.1.5 今後の研究課題

海洋環境プロキシーである底生有孔虫殻の $\delta^{18}O$ や陸域環境プロキシーである黄土の帯磁率のデータの時間分解能は約100 yr で，連続記録は10 Ma まで得られており，さらに延びることが期待される．極域大気環境プロキシーである氷床コアの時間分解能は高いが，年代を遡るとともに低くなり，連続記録は1 Ma までが限度である．太陽活動や光合成速度のプロキシーである樹木年輪の時間分解能は1 yr であり，連続記録は15 ka まで得られており，今後さらに延びるであろう．

古環境復元の高精度化には，年代学研究やプロキシーから環境要素への**転換関数**（transfer function）の研究が不可欠である．また，より長い期間の高時間分解能のプロキシーデータを得るには，膨大な試料数の分析が必要である．試料分析の迅速化，自動化，高精度化などとともに，微細・微量分析法の導入が必要である．なお，プロキシーや古環境復元の最近の成果は，Bradley (1999) や IGBP-PAGES (2002) に詳しく述べられている．

参考文献

An, Z.-S. (2000): The history and variability of the East Asian paleomonsoon climate. Quat. Sci. Rev., 19, 171-187.

An, Z.-S., et al. (2001): Evolution of Asian monsoons and phased uplift of the Himalaya-Tibetan plateau since Late Miocene times. Nature, 411, 62-66.

Bradley, R. D. (1999): *Paleoclimatology: reconstructing climates of the Quaternary*, International Geophysics Series, 68, Academic Press, 610pp.

Broecker, W. S. (1974): *Chemical Oceanography*, Harcourt Brace Javanovich, 214pp.

Dansgaard, W. (1961): The isotopic composition of natural waters with special reference to the Greenland Ice Cap. Meddelelser øm Grønland, 165, 1-120.

Dansgaard, W. (1964): Stable isotopes in precipitation. Tellus, 16, 436-468.

Dansgaard, W., et al. (1993): Evidence for general instability of the past climate from a 250-kyr ice core record. Nature, 364, 218-220.

De Deckker, P., et al. (1999): Uptake of Mg and Sr in the euryhaline ostracod *Cyprideis* determined from in vitro experiments. Palaeogeogr. Palaeoclimatol. Palaeoecol., 148, 105-116.

Dykoski, C. A., et al. (2005): A high-resolution, absolute-dated Holocene and deglacial Asian monsoon record from Dongge Cave, China. Earth Planet. Sci. Lett., 233, 71-86.

EPICA community members (2004): Eight glacial cycles from an Antarctic ice core. Nature, 429, 623-628.

Francy, R. J., and Farquhar, G. D. (1982): An explanation of $^{13}C/^{12}C$ variations in tree rings. Nature, 297, 28-31.

Fritts, H. C. (1976): *Tree Rings and Climate*, Academic Press, 567pp.

Grootes, P. M., and Stuiver, M. (1997): Oxygen 18/16 variability in Greenland snow and ice with 10^{-3}- to 10^5- year time resolution. J. Geophys. Res., 102C, 26455-26470.

IGBP-PAGES (2002): *Paleoclimate, Global Changes and the Future* (Alverson, K. D., et al., eds.), Springer, 220 pp.

Jouzel, J., et al. (1994): Stable water isotope behavior during the late glacial maximum: a general circulation model analysis. J. Geophys. Res., 99D, 25791-25801.

Kim, S. T., and O'Neil, J. R. (1997): Equilibrium and nonequilibrium oxygen isotope effects in synthetic carbonates. Geochim. Cosmochim. Acta, 61, 3461-3475.

Kitagawa, H., and Matsumoto, E. (1995): Climatic implication of $\delta^{13}C$ variations in a Japanese cedar during the last two millennia. Geophys. Res. Lett., 22, 2155-2158.

Lisiecki, L. E., and Raymo, M. E. (2005): A pliocene-pleistocene stack of 57 globally distributed benthic $\delta^{18}O$ records. Paleoceanogr., 20, PA1003, doi: 10.1029/2004PA001071.

Majoube, M. (1968): Fractionnement et oxygine-18 et en deuterium entre l'eau et sa vapeur. J. Chim. Phys., 68, 1423-1436.

松本英二 (1993): IGBP-PAGESにおける湖沼堆積物の役割. 地質学論集, 39, 1-6.

McConnaughey, T. (1989): ^{13}C and ^{18}O isotopic disequilibrium in biological carbonates: I. Patterns. Geochim. Cosmochim. Acta, 53, 151-162.

Mitsuguchi, T., et al. (1996): Mg/Ca thermometry in coral skeleton. Science, 274, 961-963.

Mix, A. C., et al. (1995): Benthonic foraminifer stable isotope record from Site 849 (0-5 Ma): local and global climate changes. Proc. ODP Sci. Results, 138, 371-412.

Nurnberg, D., et al. (1996): Assessing the reliability of magnesium in foraminiferal calcite as a proxy for water mass temperatures. Geochim. Cosmochim. Acta, 60, 803-814.

Petit, J. R., et al. (1999): Climate and atmospheric history of the past 420,000 years from the Vostok ice core, Antarctica. Nature, 399, 429-436.

Raymo, M. E. (1992): Global climate change; a three million year perspective. In *Start of a Glacial* (Kukla, G. J., and Went, E. eds.), Springer, 207-223.

Reimer, P. J., et al. (2004): INTCAL04 terrestrial radiocarbon age calibration, 0-26 cal kyr BP. Radiocarbon, 46, 1029-1058.

Shackleton, N. J., et al. (1995): Pliocene stable isotope stratigraphy of Site 846. Proc. ODP Sci. Results, 138, 337-356.

Shen, C. C., et al. (1996): The calibration of D [Sr/Ca] versus sea surface temperature relationship for *Porites* corals. Geochim. Cosmochim. Acta, 60, 3849-3858.

Shen, J., et al. (2002): Quantiative reconstruction of the lake water paleotemperature of Daihai Lake, Inner Mongolia, China and its significance in paleoclimate. Science in China, Ser. D, 45, 792-800.

Stuiver, M., and Polach, H. A. (1977): Reporting of ^{14}C data. Radiocarbon, 19, 355-363.

Sweda, T. (1994): Dendroclimatological reconstruction for the last sub-millenium in central Japan. TAO, 5, No 3, 431-442.

Watanabe, O., et al. (2003a): Homogeneous climate variability across East Antarctica over the past three glacial cycles. Nature, 422, 509-512.

Watanabe, O., et al. (2003b): General tendencies of stable isotopes and major chemical constituents of Dome Fuji deep ice core. Mem. Natl. Inst. Polar Res., Spec. Issue, 57, 1-24.

Yurtsever, Y. (1975): *Worldwide survey of stable isotopes in precipitation*, Rept. Section Isotope Hydrology, IAEA, 40pp.

その他の参考図書

浅井冨雄（1988）：『気候変動――異常気象・長期変動の謎を探る』，東京堂，202pp.

Faure, G. (1986): *Principles of Isotope Geology*, Wiley, 589pp.

Bowmann, S. (1990) 著，北川浩之（1998）訳，『年代測定』，学芸書林，120pp.

北野 康（1990）：『炭酸塩堆積物の地球化学』，東海大学出版会，391pp.

松尾禎士（1989）：『地球化学』，講談社，266pp.

2.2 花粉分析
——東アジアの過去約200万年間の植生変遷

　東アジアの湖沼では多くの連続堆積物試料が採取され，植生変遷史の研究が精力的に行われている．その堆積物試料の多くは数千年間から数万年間をカバーするものであり，とりわけ最終間氷期以降の植生変遷史がよく理解されている．一方で，氷期・間氷期サイクルといった長期間の変動の周期性を解明するには，数十万年間や数百万年間をカバーする連続堆積物試料が必要となる．しかし，このような長期間の記録を保持する湖沼は極めて少ない．その中で，琵琶湖では約43万年間を，バイカル湖では約200万年間[1]をカバーする非常に貴重な連続堆積物が採取されている．本節では植物，植生，花粉分析などの基礎を概説した後に，琵琶湖とバイカル湖の堆積物の花粉分析結果に基づいて植生変遷史および氷期・間氷期サイクルの変動の周期性について紹介する．

　2.2.1小節では花粉とその化石を用いて過去の植生や環境の変化を調べる花粉分析について，2.2.2小節では植生変遷を考えるうえで基礎の基礎となる，学名と植物分類そして気候区分と植生分布について解説する．2.2.3小節では日本の各気候帯と各森林帯に分布する植物を紹介し，架空の花粉変遷図からどのように植生の変遷を考えるのか実践を試みる．以上を踏まえ，2.2.4小節と2.2.5小節では実際の分析結果から作成された花粉変遷図から植生変遷を考えていく．まず，2.2.4小節では琵琶湖湖底堆積物の花粉変遷図から，過去約43万年間の植生変遷および氷期・間氷期サイクルの変動について述べ，2.2.5小節ではバイカル湖湖底堆積物の花粉変遷図から，過去約200万年間の植生変化および氷期・間氷期サイクルの変動について述べる．2.2.6小節では花粉分析で古植生を復元するにあたり，花粉の生産量・産出量・飛散・浮力などの問題について考察する．2.2.7小節では気候の変化→植物相の変化→動物相の変化が生じることを説明したが，自然保護や環境保全だけでなく，地球生命圏のかけがえのなさをここで考えてもらいたい．最後に，2.2.8小節では今後の研究課題について述べる．

2.2.1　化石花粉を用いた植生変遷の復元

　植生変遷の復元は，堆積物から洗い出した植物化石の一部を同定し，それらの種類や量の変化から過去の植生変化を推定することにより行われる．植物化石には，肉眼や実体顕微鏡レベルで

---

[1] 2.3節で述べるように最大10 Maまで遡る可能性があるコア試料が得られているが，本節では過去200万年間の花粉分析の結果を紹介する．

同定ができる種子，果実，葉などの**大型植物化石**（plant macrofossil）と，光学顕微鏡や電子顕微鏡レベルで同定する**花粉**（pollen）や**植物珪酸体**（plant opal）などの**微化石**（microfossil）とに大別される．多くの試料が必要な大型植物化石を用いた植生変遷史の復元は，掘削コアよりも大量の試料を採取可能な遺跡や露頭でよく行われる．一方で，限られた量の試料しか得られない掘削コアなどでは，少量の試料でも分析可能な微化石がよく利用される．このうち，**化石花粉**（fossil pollen）を用いて植生変遷史を復元する手法を**花粉分析**（pollen analysis）という．

花粉とは

「花粉」と聞いてまず思い浮かべるのは，花粉症の原因となるスギ（*Cryptomeria japonica*）の花粉であろう．花粉というものは動物の精子に相当するもので，植物が DNA 情報を雄蕊から雌蕊へ運ぶためのカプセルのようなものである．その花粉は風（**風媒**：anemophily），動物（**動物媒**：zoophily），水（**水媒**：hydrophily）によって運ばれる．そのうち，風媒花粉は多量の花粉を飛散させるが，ほとんどの花粉が目的の受粉をすることなく，道路，庭，屋根，公園などさまざまな所に落ちてゆく（三好，1985a）．花粉の外膜は**カロテノイド**（carotenoid）の高分子と酸素をもった**カロテノイドエステル**（carotenoid ester）からなる**スポロポレニン**（sporopollenin）という物質から構成されている．スポロポレニンは酸でもアルカリでも分解されないとても丈夫な物質である（三好，1985a）．もし花粉が湿原，池沼，湖，海などの底に堆積した場合，スポロポレニンが含有されていることによって，何十万年も何百万年もその形態を保持したまま，花粉化石として堆積物中に保存される．したがって化石花粉を調べれば，堆積当時の周辺地域の植生や気候を知ることができる．花粉の形態は植物の形態と同様に種類により異なる．したがって，花粉の形態から植物の種類を特定することができる（図 2.2.1）．一般的に化石花粉は，後述する属レベルや科レベルまでの同定が可能である．

花粉分析とは

花粉分析は化石花粉から過去の植物変化，植生変遷および気候変化などを解明するものである．暖かい気候下ではその気候に適した植物が繁茂し，その植物の花粉が湖や湿原に堆積する．堆積物から暖かい地域に生育する植物の花粉が検出されれば，当時の気候は温暖だったということが推定できる（図 2.2.2）．花粉分析は，まず湖底や湿原などの堆積物をボーリングにより採取し，化学的処理などを行い堆積物中から化石花粉・胞子を抽出・濃集する．そして，光学顕微鏡を用いてその種類と数を調べ，各種類別に出現頻度をグラフ化するという一連の作業を行う．

一般的に堆積物中に含まれる化石花粉は，堆積物全体からすれば微量である．このため，薬品による化学的処理，比重差などを利用した物理的処理などを行って化石花粉濃度を高める．これらの処理は堆積物の種類により異なるが，湿原や湖底の堆積物では①水酸化カリウム処理，②塩化亜鉛比重分離処理，③フッ化水素酸処理，④アセトリシス処理などが施される．処理により抽出した化石花粉をプレパラートに封入し，光学顕微鏡で化石花粉の同定と各種類の数を測定する（中村，1967；三好，1985c）．花粉同定の参考資料としては，Huang（1972），島倉（1973），中村（1980a；1980b），那須・瀬戸（1986a；1986b），王ほか（1995），幾瀬（2001），Fujiki et al.（2005），藤木・小澤（2007）などを参考にするとよい．

測定した化石花粉の数を，試料ごとの木本類の花粉数を基本数として，出現率（パーセンテー

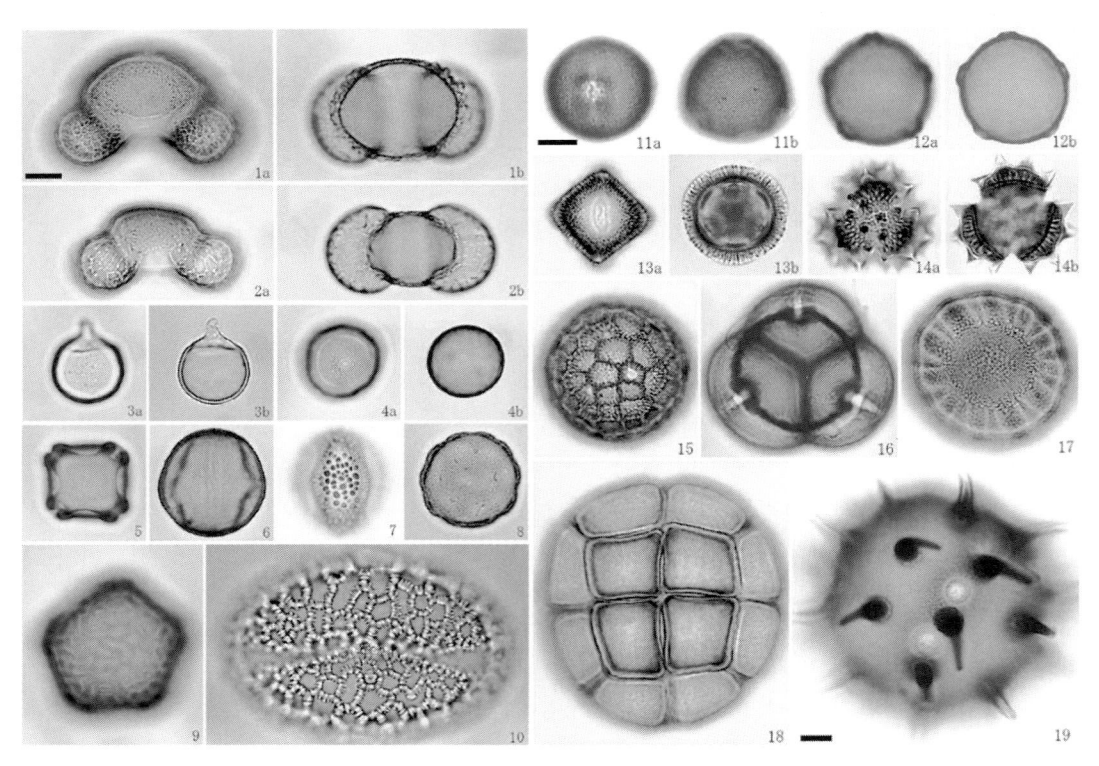

図 2.2.1 いろいろな形態をした花粉.
1a-b　アカマツ *Pinus densiflora*；2a-b　イヌマキ *Podocarpus macrophyllus*；3a-b　スギ *Cryptomeria japonica*；4a-b　ヒノキ *Chamaecyparis obtusa*；5　カワラハンノキ *Alnus serrulatoides*；6　カシワ *Quercus dentata*；7　モチノキ *Ilex integra*；8　ツゲ *Buxus microphylla* var. *japonica*；9　ケヤキ *Zelkova serrata*；10　ササユリ *Lilium japonicum*；11a-b　ブナ *Fagus crenata*；12a-b　イヌシデ *Carpinus tschonoskii*；13a-b　ツルムラサキ *Basella alba*；14a-b　シオギク *Chrysanthemum shiwogiku*；15　オオケタデ *Persicaria orientalis*；16　ツクシシャクナゲ *Rhododendron japonoheptamerum* var. *japonoheptamerum*；17　ゴマ *Sesamum orientale*；18　ネムノキ *Albizia julibrissin*；19　ムクゲ *Hibiscus syriacus*；スケールは 10 μm.

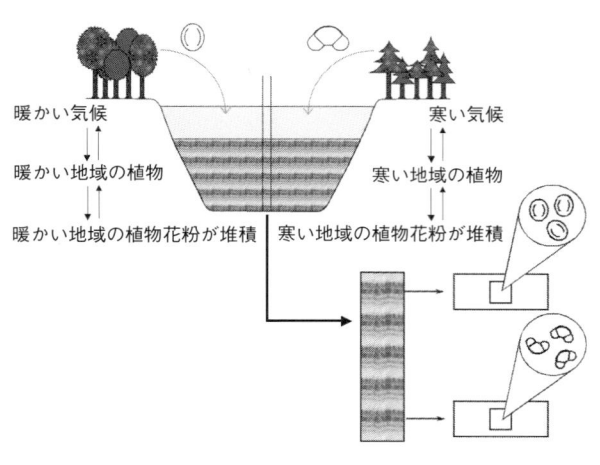

図 2.2.2 花粉分析の仕組み.

ジ）で数値化する．そして，X 軸方向に各種類ごとの出現率を，Y 軸方向に深度を取り，棒グラフや折れ線グラフで**花粉変遷図**（pollen diagram）を作成する．化石花粉の出現状況によって層準を**花粉帯**（pollen zone：PZ）として区分し，火山灰や ^{14}C 年代測定の結果から年代を決定し，気候変化や植生変遷を復元する．

これまでの花粉分析では光学顕微鏡を使用し，化石花粉は後述する科レベルあるいは属レベルで同定するのが一般的である．近年，高精度の古植生復

元を目的として，化石花粉を種レベルで同定する必要性が生じている．種レベルの同定をするには走査電子顕微鏡を使用し現生花粉の形態を詳しく調べ，化石花粉を現生花粉と比較する必要がある．しかし，現生花粉には同一種内で形態変異があり，同一種でも生育環境の異なる種を数多く観察する必要がある．このため，種レベルの同定には非常に多くの時間を必要とする．

2.2.2　植物分類・気候区分・植生分布

ここでは花粉分析から気候変化や植生変遷を考える上で必要な，現在の気候や植生について述べる．

学名の表記法と植物分類

種（species）の学名表記法は**国際植物命名規約**（International Code of Botanical Nomenclature）により決められている．例えば，アカマツの学名表記は以下のようになる．

Pinus densiflora Sieb. et Zucc.

属名　　種小名　　命名学者

Pinus は**属名**（genus name），*densiflora* は**種小名**（specific epithet），Sieb. et Zucc. は命名学者を示す．このように，学名は必ず属名＋種小名＋命名学者という形になっている．属名と種小名はイタリック体，それ以外はローマン体でそれぞれ表記される．属名は原則としてラテン語で表記される．*Pinus* はアカマツが属するマツ属の学名で「マツ」を意味する．種小名は種に固有のもので，その種の特徴を表す形容詞や，人名や地名の固有名詞を用いる．*densiflora* は「密に花がつく」という意味である．このように属名と種小名の組み合わせで種を表現する．命名学者は学名を発表した研究者の名前である．et は「および」を意味し，Siebold（シーボルト）と Zuccarini（ツッカリーニ）が共同で命名したことを意味している．名前は簡略化されることが多く，最後にピリオド（.）を付ける．種を学名で表記する場合，この命名学者は省略されることが多い．種を属名と種小名で表す方法は**二名法**（binary nomenclature）といわれ，「分類学の父」と称されるスウェーデンの植物学者リンネ（Carl von Linné）が確立した方法である．

植物分類では，その基本となる**分類群**（taxon）は種である．類似した種をまとめて属にし，類似した属をまとめて科とする．種（species）→属（genus）→科（family）→目（order）→綱（class）→門（division）→界（kingdom）と次々に分類群が大きくまとめられて**階級**（rank）を形成する．例として，スギの階級を以下に示す．

　　　　植物界：Plantae
　　　　　種子植物門：Spermatophyta
　　　　　　裸子植物亜門：Gimnosperme
　　　　　　　マツ綱：Coniferopsida
　　　　　　　　マツ目：Pinales
　　　　　　　　　スギ科：Taxodiaceae
　　　　　　　　　　スギ属：*Cryptomeria*
　　　　　　　　　　　スギ：*Cryptomeria japonica*

上記より，スギはスギ科のスギ属に属する植物を意味していることが理解できるだろう．種名や属名はイタリック体で，科名より上位の階級はローマン体でそれぞれ表記される．さらに分類の必要に応じて**亜科**（subfamily：科と属の間の階層の1つ）や**亜属**（subgenus：属と種の間の階層の1つ）といった副次的階層を設ける場合もある．また，種をさらに細かく分類する場合には，**亜種**（subspecies）や**変種**（variety）を用いる．

本節では科名と属名をすべて和名で表記している．しかし，論文などでは学名で表記されるのが一般的である．そこで本節に出てくる科名および属名の和名と学名の対応表を表2.2.1にまとめておく．属が違っていても同じ科であれば類似した植物であることを理解してもらいたい．

気候区分と植生分布

Köppenは**植生**（vegetation）の分布から気候を区分した，いわゆる**ケッペンの気候区分**（Köppen climate classification）を確立した（Köppen and Geiger, 1936）．その後，Trewartha（1954）は気象データを取り入れることによりケッペンの気候区分を修正した（吉岡，1973）．Trewartha（1954）は世界の気候を樹木が生育する十分な気温と水がある樹木気候と，気温か水のどちらかが不足している無樹木気候に区分し，さらに無樹木気候を水が不足するB気候（乾燥気候），気温が不足するE気候（寒帯気候）に区分した．このうちE気候は，最暖月の平均気温が0-10℃のET気候（ツンドラ気候）と最暖月の平均気温が0℃以下のEF気候（氷雪気候）とに区分されている．樹木気候は，最寒月の平均気温が18℃以上のA気候（熱帯気候），最寒月の平均気温が18-0℃のC気候（温帯気候），最寒月の平均気温が0℃以下で，最暖月の平均気温が10℃以上のD気候（冷帯気候）に区分されている．また樹木気候は通年雨が降るf，冬に乾季があるw，夏に乾季があるsに分割され，世界の気候は全11個に区分されている（鈴木，2003）．吉岡（1973）はこの気候区分に対する植生型の位置づけをまとめた（表2.2.2）．東アジアおよびバイカル湖周辺の気候と植生について見てみると，バイカル湖周辺および中国東北部は亜寒帯夏雨気候に属し，バイカル周辺には**亜寒帯針葉樹林**（sub-boreal coniferous forest）が，中国東北部には**針広混交林**（coniferous broad-leaved mixed forest）が分布する．北海道・サハリン・カムチャツカ半島は亜寒帯多雨気候で亜寒帯針葉樹林が分布する．中国西部には**砂漠**（desert）が分布し，モンゴル・中国北部には**ステップ**（steppe）が分布する．本州・四国・九州・朝鮮半島・台湾北部・中国東部は温帯多雨気候に属し，**常緑広葉樹林**（evergreen broad-leaved forest），**落葉広葉樹林**（deciduous broad-leaved forest），**温帯針葉樹林**（temperate coniferous forest）が分布する．中国南部・台湾南部は温帯夏雨気候に属し，**亜熱帯多雨林**（subtropical rain forest）および常緑広葉樹林が分布する．

次に日本列島の植生分布を概説してみよう．日本列島は北緯約24°から約46°の南北に細長い島国であるため，さまざまな気候帯・さまざまな植生が分布し，琉球列島・小笠原諸島は亜熱帯，九州・四国・本州は暖温帯から冷温帯，北海道の一部は亜寒帯となっている（四手井，1993）．日本の植生は田中（1887）によってハイマツ帯，シラベ帯，ブナ帯，クロマツ帯，アコウ帯に区分されている．本多（1912）は田中（1887）の区分を寒帯林，温帯林，暖帯林，熱帯林に区分し直した．その後中野（1942）は亜寒帯林，冷温帯林，暖温帯林，亜熱帯林に，吉良（1949）は常緑針葉樹林帯，温帯落葉樹林帯，暖帯落葉樹林帯，照葉樹林帯に，山中（1979）は亜寒帯林，冷温帯林，中間温帯林，暖温帯林，亜熱帯林に区分した（表2.2.3）．これらの植生区

表 2.2.1 科名・属名の和名と学名の対応表.

科名（和名）	学名（和名）	属名（和名）	学名（和名）
裸子植物			
マツ科	Pinaceae	カラマツ属	*Larix*
		マツ属	*Pinus*
		マツ属単維管束亜属	*Pinus* subgen. *Haploxylon*
		マツ属複維管束亜属	*Pinus* subgen. *Diploxylon*
		モミ属	*Abies*
		トウヒ属	*Picea*
		ツガ属	*Tsuga*
		トガサワラ属	*Psedotsuga*
スギ科	Taxodiaceae	スギ属	*Cryptomeria*
ヒノキ科	Cupressaceae		
コウヤマキ科	Sciadopityaceae	コウヤマキ属	*Sciadopitys*
被子植物・双子葉離弁花類			
クルミ科	Juglandaceae	クルミ属	*Juglans*
		サワグルミ属	*Pterocarya*
ヤナギ科	Salicaceae	ヤマナラシ属	*Populus*
		ヤナギ属	*Salix*
カバノキ科	Betulaceae	ハンノキ属	*Alnus*
		カバノキ属	*Betula*
		ハシバミ属	*Corylus*
		クマシデ属	*Carpinus*
ブナ科	Fagaceae	ブナ属	*Fagus*
		コナラ属	*Quercus*
		コナラ属アカガシ亜属	*Quercus* subgen. *Cyclobalanopsis*
		コナラ属コナラ亜属	*Quercus* subgen. *Lepidobalanus*
		クリ属	*Castanea*
		シイ属	*Castanopsis*
ニレ科	Ulmaceae	ムクノキ属	*Aphananthe*
		エノキ属	*Celtis*
		ケヤキ属	*Zelkova*
		ニレ属	*Ulmus*
クワ科	Moraceae	イチジク属	*Ficus*
タデ科	Polygonaceae		
ナデシコ科	Caryophyllaceae		
アカザ科	Chenopodiaceae		
クスノキ科	Lauraceae	タブノキ属	*Machilus*
キンポウゲ科	Ranunculaceae	カラマツソウ属	*Thalictrum*
ツバキ科	Theaceae		
マンサク科	Hamamelidaceae		
バラ科	Rosaceae	ワレモコウ属	*Sanguisorba*
マメ科	Leguminosae		
トウダイグサ科	Euphorbiaceae	シラキ属	*Sapium*
ユズリハ科	Daphniphyllaceae		
カエデ科	Aceaceae	カエデ属	*Acer*
モチノキ科	Aquifoliaceae	モチノキ属	*Ilex*
ホルトノキ科	Elaeocarpaceae	ホルトノキ属	*Elaeocarpus*
シナノキ科	Tiliaceae	シナノキ属	*Tilia*
ミソハギ科	Lythraceae	サルスベリ属	*Lagerstroemia*
ヒルギ科	Rhizophoraceae		
アリノトウグサ科	Haloragaceae	アリノトウグサ属	*Haloragis*
ウコギ科	Araliaceae	タラノキ属	*Aralia*
セリ科	Umbelliferae		
被子植物・双子葉合弁花類			
ツツジ科	Ericaceae		
ヤブコウジ科	Myrsinaceae		
ハイノキ科	Symplocaceae	ハイノキ属	*Symplocos*
モクセイ科	Oleaceae	トネリコ属	*Fraxinus*
ミツガシワ科	Menyanthaceae	ミツガシワ属	*Menyanthes*
アカネ科	Rubiaceae		
ムラサキ科	Boraginaceae	スナビキソウ属	*Argusia*
シソ科	Labiatae		
キク科	Compositae	ヨモギ属	*Artemisia*
被子植物・単子葉類			
オモダカ科	Alismataceae		
ユリ科	Liliaceae		
ホシクサ科	Ericaceae	ホシクサ属	*Eriocaulon*
イネ科	Gramineae (Poaceae)		
カヤツリグサ科	Cyperaceae		
タコノキ科	Pandanaceae	タコノキ属	*Pandanus*
ガマ科	Typhaceae	ガマ属	*Typha*
シダ植物			
ヒカゲノカズラ科	Lycopodiaceae	ヒカゲノカズラ属	*Lycopodium*
イワヒバ科	Selaginellaceae	イワヒバ属	*Selaginella*
ゼンマイ科	Osmundaceae		
ウラボシ科	Polypodiaceae		
コケ植物			
ミズゴケ科	Sphagnaceae	ミズゴケ属	*Sphagnum*

表 2.2.2 ケッペンの気候区分と植生（鈴木（2003），吉岡（1973）より作成）．

記号	気候名	植生名	特徴
A	熱帯気候：最寒月の平均気温が 18℃ 以上．		
Af	熱帯多雨林気候	熱帯多雨林	最少雨月の降水量が 60 mm 以上．赤道を中心とする高温多湿な熱帯地方．
Aw	熱帯サバンナ気候	サバンナ	最少雨月の降水量が [100 − 年降水量 × 4 %] mm 未満．熱帯多雨林気候周辺に分布．
B	乾燥気候：雨の少ない砂漠や草原地帯の気候．		
BS	草原気候（ステップ気候）	ステップ	降水量は少なく雨季がある．昼と夜の気温差が激しい．砂漠気候地域の周辺などに分布．
BW	砂漠気候	荒原（砂漠）	年降水量はおよそ 250 mm 以下．
C	温帯気候：最寒月の平均気温が 18-0℃．		
Cf	温帯多雨気候	常緑・落葉広葉樹林 温帯針葉樹林	モンスーンの影響により四季の変化が大きい．とくにアジアで顕著．夏は高温多湿，冬は寒冷乾燥．中緯度の大陸東岸，本州・四国・九州に分布．
Cw	温帯夏雨気候（大陸東岸気候）	亜熱帯多雨林 常緑広葉樹林	亜熱帯気候．モンスーンの影響を強く受け，夏は高温湿潤，冬には乾燥．年降水量は 1000-2000 mm．中国南部，インド北部，ブラジル南西部・オーストラリア北東岸，アフリカ中南部などが該当．
Cs	温帯冬雨気候（地中海性気候）	硬葉樹林	冬に一定の降雨があるが，夏は日ざしが強く乾燥する．地中海沿岸をはじめとする中緯度の大陸西岸に分布．
D	亜寒帯（冷帯）気候：最寒月の平均気温が 0℃ 以下で，最暖月の平均気温が 10℃ 以上．		
Df	亜寒帯多雨気候（冷帯多雨気候）	亜寒帯針葉樹林 タイガ林	夏は比較的温度が高くなるが，冬は寒く積雪も多い大陸性の気候．北半球の北緯 40 度以北のユーラシア，北アメリカ大陸，北海道に分布．
Dw	亜寒帯夏雨気候（冷帯夏雨気候）	亜寒帯針葉樹林（北部） 針広混交林（南部）	夏は高温，冬は寒冷の大陸性気候．夏は降水量があるが，冬は降水量（積雪）が極めて少ない．ユーラシア大陸東北部に分布．
E	寒帯気候：最暖月の平均気温が 10℃ 以下．		
ET	ツンドラ気候	ツンドラ	最暖月の平均気温が 0-10℃．夏に永久凍土の表面が融ける．北極海沿岸，チリの中南部などに分布．
EF	氷雪気候（永久凍結気候）	寒帯荒原	最暖月の平均気温が 0℃ 以下．グリーンランドの内陸部，南極大陸に分布．

表 2.2.3 日本の森林帯（山中（1979；表 2）を改変）．

本多（1912）	中野（1942）	吉良（1949）	山中（1979）
寒帯林（亜寒帯林）	亜寒帯林	常緑針葉樹林帯	亜寒帯林
温帯林	冷温帯林	温帯落葉樹林帯	冷温帯林
		暖帯落葉樹林帯	中間温帯林
暖帯林	暖温帯林	照葉樹林帯	暖温帯林
熱帯林（亜熱帯林）	亜熱帯林		亜熱帯林

分は緯度の違いによる水平的な植生分布を区分したものであり，これを**水平分布**（horizontal distribution）という．これに対して，同一地域の標高の違いによる植生分布を区分したものを，**鉛直分布**（vertical distribution）という．現在では，武田（1926）による**丘陵帯**（basal zone），**低山帯**（山地帯；mountain zone），**亜高山帯**（sub-alpine zone）および**高山帯**（alpine zone）の垂直分布がよく引用されている．このうち高山帯は水平分布のハイマツ帯に，亜高山帯はシラベ帯・亜寒帯に，低地帯はブナ帯・温帯にそれぞれ対応している（山中，1979）．吉岡（1973）は水平分布に垂直分布の要素を取り入れ，高山植生，亜高山針葉樹林（亜寒帯針葉樹林），北方針・広混交林，落葉広葉樹林，モミ・ツガ林，常緑広葉樹林，亜熱帯多雨林に区分した．現在では吉岡（1973）の植生図がよく引用されている（図 2.2.3）．

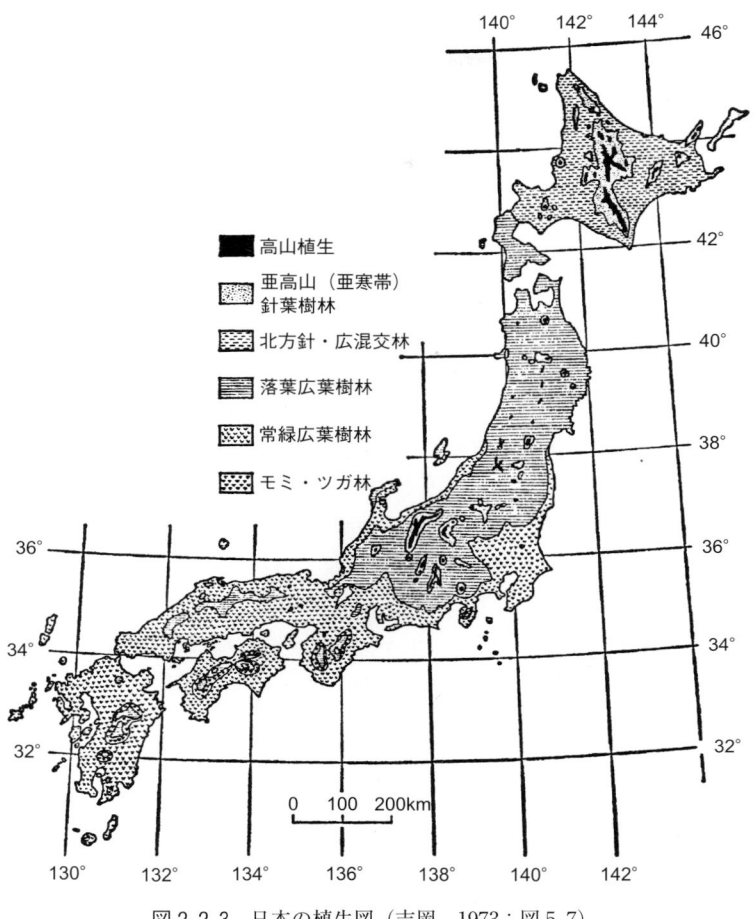

図 2.2.3 日本の植生図（吉岡，1973：図 5.7）．

2.2.3 植生変遷の推定例

　ここでは花粉分析で得られた化石花粉からどのように植生変遷を読み取るのか，実際に花粉変遷図を見ながら植生変遷を考えてみる．化石花粉から植生変遷を読み取るためには，その花粉を生産した植物がどのような気候帯で，どのような植生として分布しているのかを理解しておく必要がある．そこで，日本の各気候帯と各森林帯に分布する主要な植物を種，あるいは科・属レベルで紹介する．まず，花粉分析から気温による気候変化の読み取り法を簡単に説明する．一般的に，モミ属やトウヒ属などの針葉樹やカバノキ属の花粉は亜寒帯，ブナ属やコナラ属コナラ亜属などの落葉広葉樹花粉は冷温帯，シイ属やコナラ属アカガシ亜属などの常緑広葉樹花粉は暖温帯を示す場合が多い（表 2.2.4）．針葉樹花粉が優占すれば寒冷な気候で，落葉広葉樹花粉が優占すれば冷涼な気候で，常緑広葉樹花粉が優占すれば温暖な気候であったと認識することができる．

　次に乾湿による気候変化の読み取り法を紹介する．日本の花粉分析では，乾湿を読み取るためにスギ属花粉が使われることが多い．天然スギは年降水量 2000 mm 以上の湿潤な地域に分布する．したがって，スギ属花粉が多く検出された層準は湿潤であったと認識することができる．例

表2.2.4 日本の各気候帯と出現する植物の属・種名（藤（1987）より作成）．

温量指数と気候帯	おもな植物
WI = 15°-55° 亜寒帯域	モミ属（Abies），トウヒ属（Picea），ツガ属（Tsuga），マツ属単維管束亜属（Pinus subgen. Haploxylon），カラマツ属（Larix），カバノキ属（Betula）
WI = 45°-90° 亜寒帯南部～冷温帯	ニレ属（Ulmus），ブナ型（Fagus crenata 型）
WI = 55°-140° 冷温帯～温帯	スギ属（Cryptomeria），ケヤキ属（Zelkova），イヌブナ型（Fagus japonica 型）
WI = 70°-140° 冷温帯中部～暖温帯	マツ属複維管束亜属（Pinus subgen. Diploxylon），ハンノキ属（Alnus），ツツジ科（Ericaceae），ハシバミ属（Corylus）など
WI = 100°-180° 温帯南部～亜熱帯北部	マキ属（Podocarpus），シイ属（Castanopsis），コナラ属アカガシ亜属（Quercus subgen. Cyclobalanopsis），タブノキ属（Machilus），サルスベリ属（Lagerstroemia）など

温量指数（暖かさの指数：Warmth Index（WI））は，吉良（1971）によって提唱され，月平均気温が5℃以上の月について，5℃を超える値を積算したものである．WIは，植物分布の指標によく用いられている．

えば，後述する図2.2.4のPZ-3帯で増加するスギ属花粉は気候の湿潤化を示している．中国内陸部などの乾燥地域の花粉分析では，アカザ科とヨモギ属の花粉が使われる．中国内陸の塩湖では，耐塩性のあるアカザ科のアッケシソウ（Salicornia europaea）に似た植物が多い．乾燥化し土壌中の塩分濃度が高くなるとアカザ科植物が多くなり，湿潤になり土壌中の塩分濃度が低くなるとヨモギ属植物が多くなる．

バイカル湖の花粉分析では，**樹木花粉**（arboreal pollen）の出現量から乾湿を読み取っている．バイカル湖周辺では，**間氷期**（interglacial period）には温和で湿潤な気候となり**タイガ林**（taiga forest）が形成され，その結果樹木花粉の出現量が多くなった（2.2.5小節参照）．一方，**氷期**（glacial period）には寒冷で乾燥した気候となりタイガ林が減少し，**ツンドラ**（tundra）やステップが形成され，その結果樹木花粉の出現量が減少し，草本花粉が多くなった（2.2.5小節参照）．このように，花粉分析ではさまざまな花粉を用いた乾湿の気候変化の読み取りが行われている．

表2.2.4に示すように，植物は特定の気候帯に限って分布しているわけではない．いくつかの気候帯にまたがって分布するのが一般的である．とくに気候帯の境界付近では，各気候帯を分布の中心とする植物が混生している．したがって気候帯で植物の分布範囲を規定することはできない（藤，1987）．さらに森林帯でも同様のことがいえる（表2.2.5）．同一の森林帯であっても，地形条件や水分条件の違いによりさまざまな植生が見られる．植物の分布はさまざまな要因で決定されるので，植生は非常に複雑な分布となっている．堆積物に含まれる化石花粉の組み合わせの時系列から，寒暖・乾湿の気候変化や植生変遷の読み取りを行うことが重要なのである．

花粉変遷図からの植生変遷の推定例

以下では，筆者が作成した架空の花粉変遷図（図2.2.4）と表2.2.4および表2.2.5を相互参照しながら簡単に植生変遷の読み取りを実践してみる．ここで設定した花粉帯は，化石花粉の出現状況から設定したもので，過去から現在にかけてPZ-1帯からPZ-4帯の4つの花粉帯（PZ）に区分した．

a) PZ-4帯

モミ属，トウヒ属，ツガ属，マツ属のマツ科針葉樹花粉が優占し，カバノキ属花粉が出現している．亜寒帯針葉樹林が成立し，気候は寒冷で乾燥していたと推定できる．

表 2.2.5 日本の各森林帯と出現する植物（山中（1979）より作成）．

亜寒帯林（常緑針葉樹林・亜高山帯林）

本州ではシラベ・オオシラビソ（*Abies*），コメツガ（*Tsuga*），トウヒ（*Picea*），北海道ではトドマツ（*Abies*），エゾマツ（*Picea*）が優占する．
ダケカンバ（*Betula*）が混生するか，たまにダケカンバ林を形成する．
亜寒帯上部はハイマツ（*Pinus*）の低木林．

冷温帯林（冷温帯落葉広葉樹林）

ブナ林（*Fagus*）が中心．
　　ミズナラ・カシワ（*Quercus* subgen. *Lepidobalanus*），カエデ類（*Acer*），ハルニレ（*Ulmus*），シナノキ・オオバボダイジュ（*Tilia*），ヤチダモ（Oleaceae）
九州や四国の冷温帯上部ではモミ（*Abies*），ツガ（*Tsuga*）が，本州の冷温帯上部ではシラベ・オオシラビソ（*Abies*），コメツガ（*Tsuga*），トウヒ（*Picea*）などが混じる．

暖温帯林（常緑広葉樹林・照葉樹林）

タブ林（*Machilus*：海岸沿いから沖積地），シイ林（*Castanopsis*：暖温帯下部），カシ林（*Quercus* subgen. *Cyclobalanopsis*：暖温帯上部）に分けられる．
　　モチノキ属（*Ilex*），ツバキ科（Theaceae），ヤブコウジ科（Myrsinaceae），ハイノキ属（*Symplocos*），アカネ科（Rubiaceae），ホルトノキ属（*Elaeocarpus*）
関東地方以西の太平洋側のカシ林にはモミ（*Abies*），ツガ（*Tsuga*）が混じり，常緑針広混交林を形成する．

亜熱帯林（常緑広葉樹林・照葉樹林）

森林の大部分はスダジイ（*Castanopsis*）．
　　オキナワウラジロガシ（*Quercus* subgen. *Cyclobalanopsis*），タブ（*Machilus*），イスノキ（Hamamelidaceae），ヒメユズリハ（Daphniphyllaceae），コバンモチ（*Elaeocarpus*），モッコク（Theaceae），カクレミノ（Araliaceae），モクタチバナ（Myrsinaceae），アコウ・ガジュマル（*Ficus*），ヒルギ科（Rhizophoraceae），アダン（*Pandanus*），モンパノキ（*Heliotropium*）

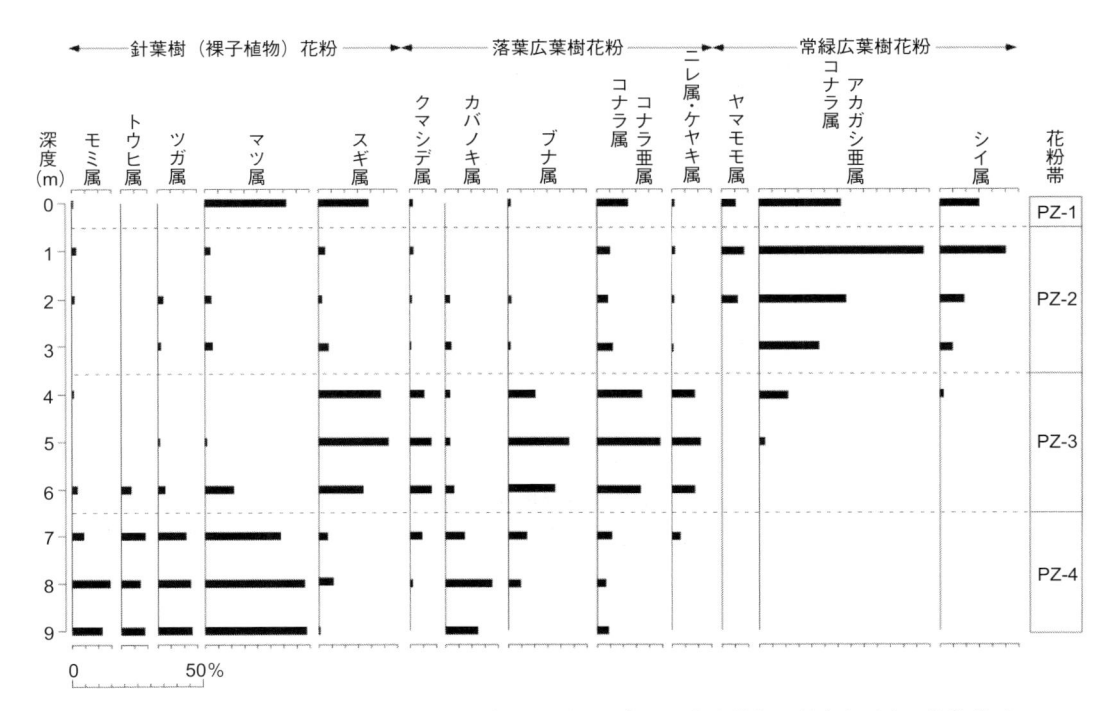

図 2.2.4 樹木花粉変遷図の例：％は全樹木花粉数に対する各属の産出花粉の割合を示す．花粉帯（PZ-1〜PZ-4）は同じ化石花粉群集が出現する層準を区分したものである．

2.2 花粉分析——東アジアの過去約 200 万年間の植生変遷

b) PZ-3 帯

マツ科針葉樹花粉は減少し，代わってスギ属花粉やブナ属，コナラ属コナラ亜属などの落葉広葉樹花粉が増加して優占する．冷温帯落葉広葉樹林が成立し，気候は温暖化し，冷涼で湿潤であったと推定できる．

c) PZ-2 帯

冷温帯落葉広葉樹花粉は減少し，コナラ属アカガシ亜属やシイ属などの常緑広葉樹花粉が増加し優占する．暖温帯常緑広葉樹林（照葉樹林）が成立し，気候はさらに温暖化したと推定できる．

d) PZ-1 帯

常緑広葉樹花粉が減少し，マツ属花粉とスギ属花粉が増加する．これらの花粉の増加は気候の変化により生じたものではなく，人為的影響によって生じたものである．マツ属花粉は常緑広葉樹林伐採後に**二次林**（secondary forest）として成立したアカマツ林から飛散した花粉であり，スギ属花粉は植林されたスギ林から飛散した花粉である．広範囲の森林が伐採され，アカマツ二次林やスギ植林に代わったことが推定できる．

PZ-2 帯でイチジク属花粉やヒルギ科やタコノキ属などの**マングローブ植物**（mangrove plants）の花粉が検出されれば，亜熱帯常緑広葉樹林が成立していたと考えられる．琉球列島などの亜熱帯域の花粉分析では必ず検出される化石花粉である．

2.2.4 琵琶湖湖底堆積物の化石花粉から見た約 43 万年間の植生変遷史

琵琶湖は滋賀県の面積の 6 分の 1 を占める日本最大の湖であり，バイカル湖，カスピ海に次いで世界でも有数の「古代湖」として貴重な自然を育む湖である．琵琶湖の誕生にはいろいろな説がある．断層の陥没によって生じたという「琵琶湖断層湖説」や，琵琶湖は昔海でありそれが変化して湖となったという「琵琶湖陸封説」，そして現在最も有力とされているのが「琵琶湖移動説」である（横山，1995）．横山（1988）によれば，琵琶湖の誕生は約 5 Ma とされている．現在の伊賀盆地で誕生し，その後徐々に北上し約 2 Ma に現在の南湖の位置まで移動し，約 1 Ma には現在の北湖の位置まで達したと考えられている．

1982–1983 年にかけて，京都大学の堀江正治は，琵琶湖底で 1422 m にも及ぶ深層掘削を行った（図 2.2.5 の掘削地点 A）．得られたコア試料は 1422–911 m までが基盤岩で，911 m より上部（図 2.2.6）が粘土，シルト，砂，礫などの堆積物となっている（Takemura, 1990）．竹村・横山（1989）によると，琵琶湖は誕生以来ずっと現在のような満々と水を湛えた湖であったわけではない．Q 層が堆積した時代には湖水域が存在せず氾濫原や平野が広がっていた（図 2.2.6）．R 層の時代になるとある程度の広がりと深さのある湖水域が広がり，S 層の時代には再び氾濫原や平野となった．そして，T 層（琵琶湖粘土層）が形成され始めた約 430 ka から現在のような湖となった（図 2.2.6）．Fuji（1988）は 800 m 分のコア試料の花粉分析を行い，大局的な花粉変遷図を示した．ここでは Miyoshi et al.（1999）により詳細に復元された T 層（琵琶湖粘土層）の花粉分析結果に基づき，過去 43 万年間の植生変遷および氷期・間氷期サイクルを概説する．

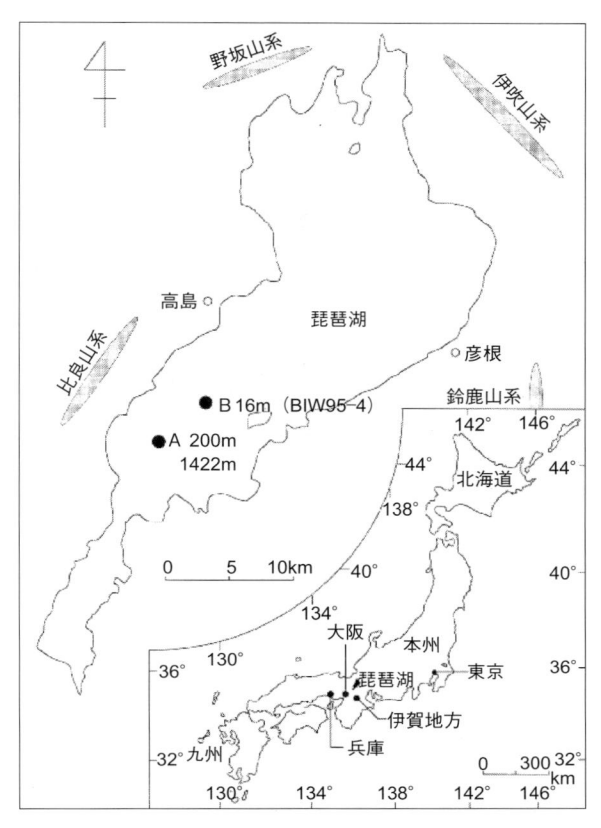

図 2.2.5 琵琶湖における試料採取地点（Miyoshi et al., 1999；Fig.1 を改変）．
A: Horie (1984)，B: Takemura, et al. (1996)
A・B の m 値はコア長を示す．

　図 2.2.7 に，Miyoshi et al. (1999) の花粉変遷図を示す．琵琶湖の花粉分析で最も多く検出された化石花粉は，モミ属，トウヒ属，マツ属などのマツ科とスギ属，ヒノキ科といった**針葉樹** (conifer tree) の花粉である．次に多く検出された化石花粉は，クマシデ属，カバノキ属，ブナ属，コナラ属コナラ亜属，ニレ属，ケヤキ属などの**落葉広葉樹** (deciduous broad-leaved tree) の花粉である．現在の西日本を広く覆っているコナラ属アカガシ亜属やシイ属などの**常緑広葉樹** (evergreen broad-leaved tree) の花粉は全体から見ると産出量が非常に少ない．特徴的な化石花粉は**亜熱帯性** (subtropical) のサルスベリ属の花粉が産出することである．このサルスベリ属の化石花粉は，詳細な花粉分析の結果から間氷期の指標種と解釈されている（藤木ほか，2001）．Miyoshi et al. (1999) は，サルスベリ属およびスギ属の花粉あるいは，コナラ属アカガシ亜属，シイ属およびスギ属の花粉が検出された層準を間氷期と解釈し，過去 43 万年間に 5 回の間氷期があったことを明らかにした．

　必ずしも気候変遷と植生変遷は一致するわけではないが，氷期から間氷期を経て氷期にいたる 1 サイクルにおいて，気候と植生は次のように規則的に変遷したようである．氷期には**亜寒帯性** (subarctic) のモミ属，ツガ属，トウヒ属，マツ属などのマツ科針葉樹の花粉が優占し，気候は寒冷で乾燥した気候であったと考えられる．その後，マツ科針葉樹の花粉は急激に減少すること

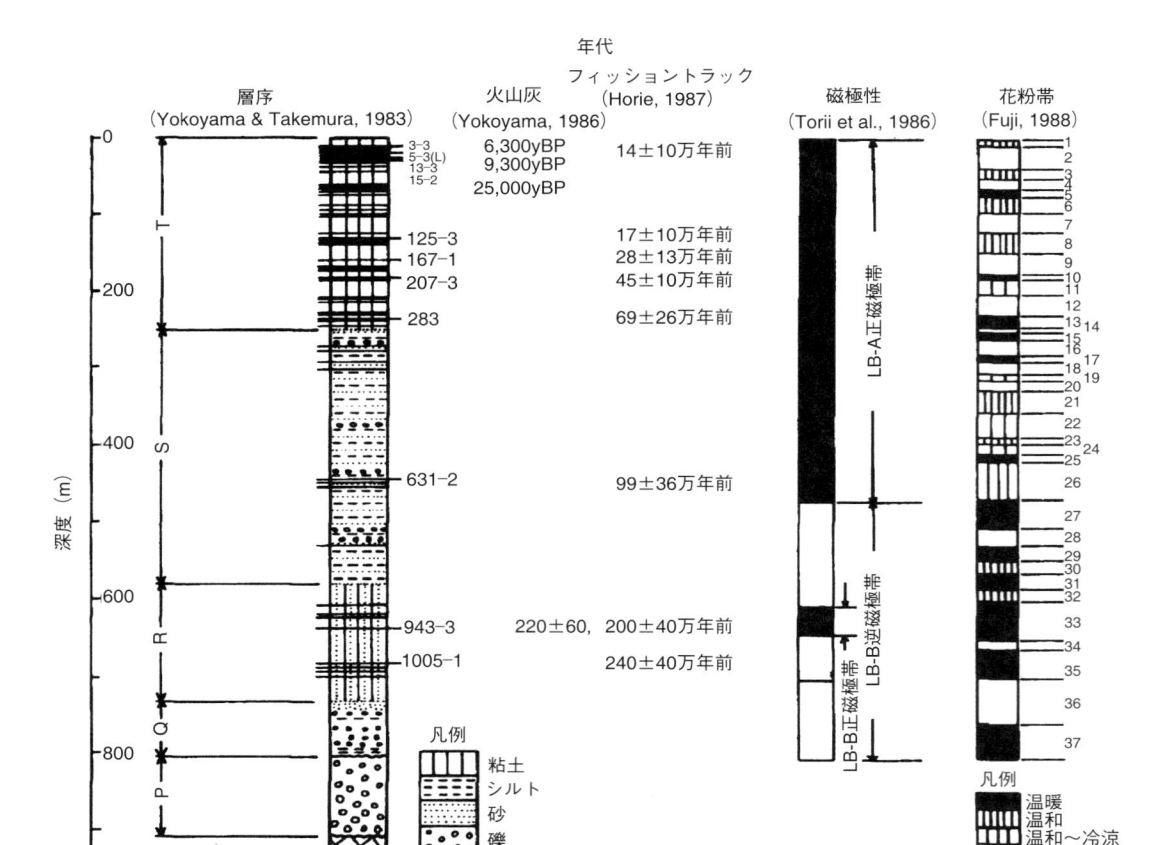

図 2.2.6 琵琶湖深層コア上部 900 m の柱状図，年代，磁極性，花粉帯（Takemura, 1990；Fig.4 を改変）．

から，急激に温暖な気候に遷移したと考えられる．間氷期になると，亜熱帯性のサルスベリ属の花粉や**暖温帯性**（warm temperate）のコナラ属アカガシ亜属およびシイ属の花粉が，ブナ属およびコナラ属コナラ亜属の花粉と共に出現し，さらに温暖な気候へと遷移していったと考えられる．間氷期の後半には，スギ属の花粉が優占し，コナラ属アカガシ亜属やシイ属の花粉が減少するとともに，サルスベリ属の花粉が出現しなくなる．気候は寒冷化するとともに，湿潤化したと考えられる．その後再び亜寒帯性のマツ科針葉樹の花粉が優占し，寒冷で乾燥した気候に戻ったと考えられる．ただし，図 2.2.7 の BW-1 帯の最上部でスギ属花粉が増加するが，これはスギ植林に伴う人為的影響によるものである．以上をまとめると，琵琶湖周辺地域の気候は，温暖・湿潤→冷涼・湿潤→寒冷・乾燥→温暖・湿潤のように遷移し，これを約 43 万年間繰り返していたと考えられる．さらに，花粉分析に基づく古気候変動の特徴として，間氷期から氷期へ（寒冷化）は漸近的な移行を，氷期から間氷期へ（温暖化）は急激な移行を示す．この非対称性は，海洋底堆積物の底生有孔虫殻の酸素同位体比（$\delta^{18}O$）の変動曲線からも報告されている現象である（Martinson et al., 1987）．

図 2.2.7 の花粉変遷図で間氷期とされるハッチをつけた層準を参照してもらいたい．BW-1 帯（現在）および BW-9 帯では，照葉樹に属するシイ属およびコナラ属アカガシ亜属の花粉が多く

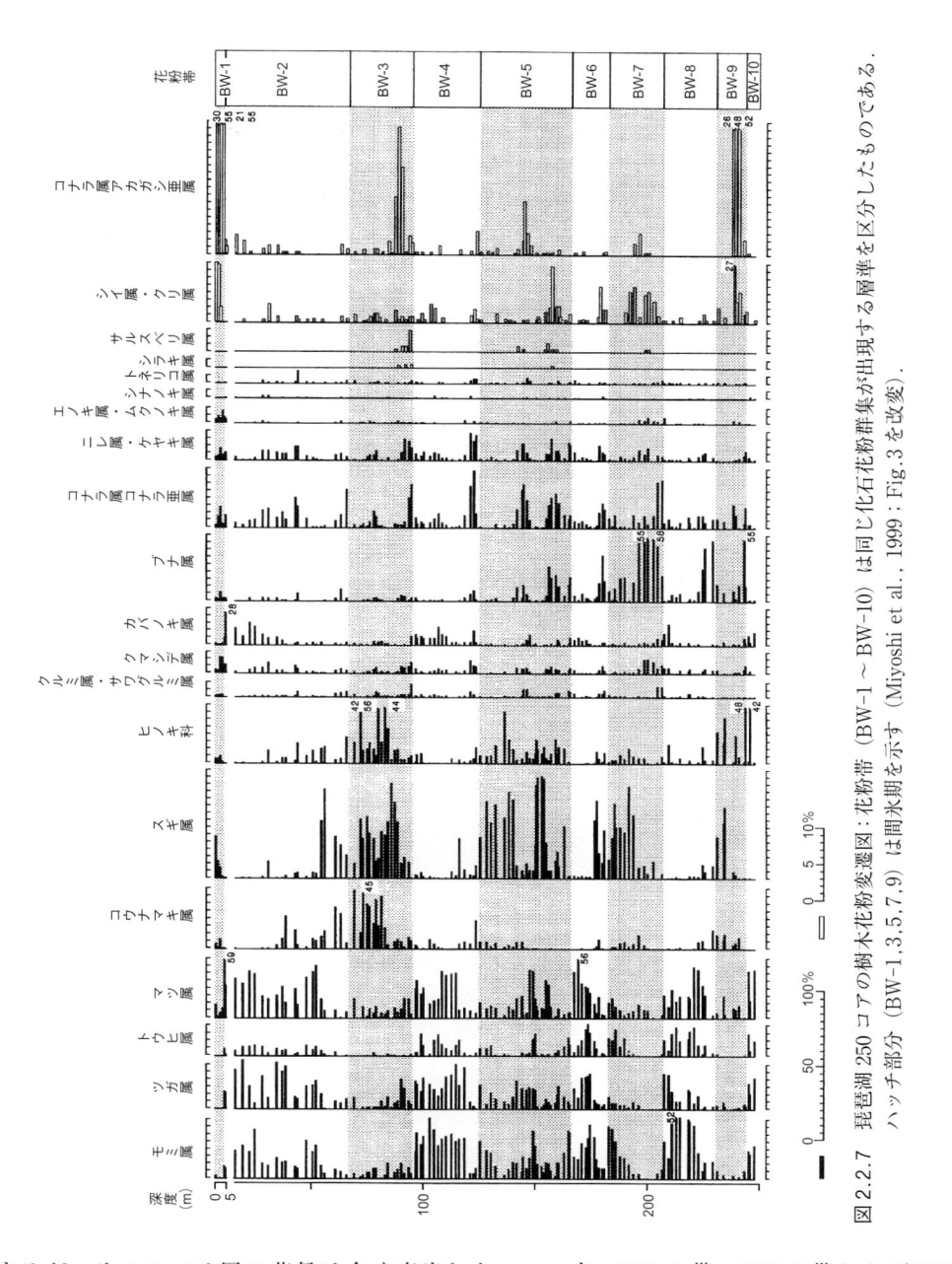

図 2.2.7 琵琶湖 250 コアの樹木花粉変遷図：花粉帯（BW-1～BW-10）は同じ化石花粉群集が出現する層準を区分したものである．ハッチ部分（BW-1, 3, 5, 7, 9）は間氷期を示す（Miyoshi et al. 1999：Fig.3 を改変）．

産出するが，サルスベリ属の花粉は全く産出しない．一方，BW-3 帯，BW-5 帯および BW-7 帯では，シイ属およびコナラ属アカガシ亜属の花粉があまり産出しないが，サルスベリ属の花粉が微量ながら産出する．このように過去 43 万年間の間氷期には，植生の異なる 2 種類の間氷期が存在し，現在のように照葉樹林が優占する間氷期は現在を含め 2 回しかなかったようである．BW-9 帯では，シイ属とコナラ属アカガシ亜属の花粉が BW-1 帯（現在）と同じくらい産出するので，これら 2 つの時代はほぼ同じような気候であったと考えられる．一方，BW-3, 5, 7 帯の間氷期はどのような気候であったのだろうか？　亜熱帯性のサルスベリ属の花粉と**冷温帯性**（cool temperate）のブナ属の花粉とが同時期に産出している．当時の植生を現生植物から考えて

みると，BW-3，5，7帯はBW-1帯（現在）よりも低温であるが，冬季にはサルスベリ属が越冬できる程度に温和であったと考えられる．ブナ（*Fagus crenata*）やミズナラ（*Quercus mongolica* var. *grossesarrata*）を主とする冷温帯落葉広葉樹林が琵琶湖周辺の山地に繁茂し，低地にはサルスベリ属を交えたカシ属およびシイ属の暖温帯常緑広葉樹林が繁茂していたと考えられる．

2006年に，京都大学の竹村恵二を中心に琵琶湖コアの年代の再検討が行われ，S・R層の年代（図2.2.6）が若干若くなる可能性が指摘された．今後，より正確なコアの年代が確立されることで，さらに詳細な琵琶湖周辺地域の気候変化および植生変遷が明らかにされるであろう．

2.2.5 バイカル湖湖底堆積物の化石花粉から見た約200万年間の植生変遷史

バイカル湖はタタール語で「豊かな湖」という意味がある[2]．その大きさは31,500 km^{2}で琵琶湖の約46倍もある．水深は約1637 m，その水量は地球上の淡水の約20％を占め，透明度は世界一で40 mにも達する．バイカル湖の堆積物には，約3000万年間の環境変動の歴史が記録されていると考えられており（井上ほか，1998），淡水湖としては世界最大・世界最深・世界最古の湖である．さらに，ここに棲息する生物の約70％が固有種であり（井上ほか，1998），1996年にはバイカル湖とその周辺が「世界遺産」に指定された．

日本，アメリカ，ロシアおよびヨーロッパ連合（EU）の国際共同研究として，国際バイカル湖掘削計画が実施され，1996年2月1日-3月15日に，約200 mに及ぶ堆積物試料（BDP96-1）がバイカル湖中央のアカデミシャンリッジ（水深約332 m）において採取された（図2.2.8）．BDP96-1には約500万年間の歴史が記録されており（Sakai et al., 2000），ここでは三好ほか（2002）の上部80 m分の花粉分析結果からバイカル湖周辺の過去約200万年間の植生変遷について概説する．ただし，BDP96-1は上部6 mの堆積試料は採取されなかったため，現在から過去約17万年間が欠落している．

図2.2.9に，三好ほか（2002）のバイカル湖の花粉変遷図を示す．モミ属，トウヒ属，マツ属のマツ科針葉樹の花粉が50％以上の出現率を示し，最も優占している．次いで多い花粉はカバノキ属やハンノキ属の花粉である．このような花粉構成は，現在のバイカル湖周辺に分布しているヨーロッパアカマツ（*Pinus sylvestris*）などのマツ科針葉樹を中心としたタイガ林の植生構成と類似している．このことから，約200万年間にバイカル湖周辺地域は氷期と間氷期を何度も繰り返したにもかかわらず，現在と同じようなタイガ林が形成されていたと考えられる．しかし，現在のバイカル湖周辺地域には自生していないツガ属，クマシデ属，コナラ属コナラ亜属，クリ属，ニレ科，ハシバミ属，カエデ属の花粉が約50 mまで微量ながら産出している．約50 m以深のタイガ林は落葉樹の種数が多く，現在のタイガ林とやや異なった相観であったと考えられる．

花粉変遷図（図2.2.9）では，花粉が検出された層準（ハッチをかけた層）と花粉がほとんど検出されない層準（空白層）が存在する．片岡ほか（1999）は，化石花粉が3000個cm^{-3}以上検出

2）バイカル湖に関しては2.3節を参照のこと．

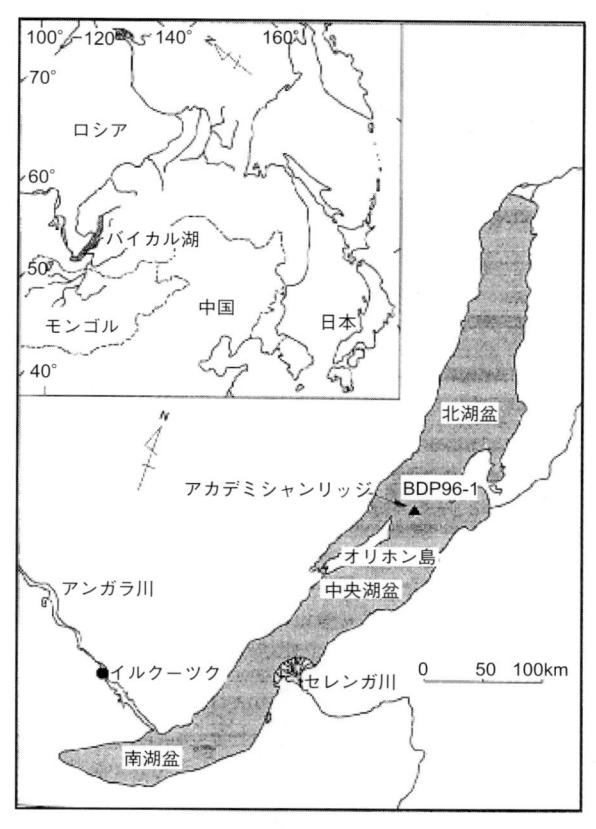

図2.2.8 バイカル湖とその周辺地域：▲：BDP96-1 コア採取地点（三好ほか，2002；図1を改変）．

された層準はタイガ林の時代，1000 個 cm^{-3} 以下はツンドラあるいはステップの時代としている．タイガ林の時代はマツ科針葉樹花粉とカバノキ属花粉が優占する間氷期であり，温暖で湿潤な気候であったと見られる（図2.2.9のハッチ部分）．一方，ツンドラ・ステップの時代は，樹木花粉の検出量が極端に少なく，草本類花粉も少なくなる氷期であり，寒冷で乾燥した気候であったと見られる（図2.2.9の空白部分）．この分帯に基づく氷期・間氷期サイクルの回数は，約200万年間で，30回認められる．ただし，欠損している上部約17万年間の2回の氷期・間氷期サイクルを考慮すると，約200万年間に32回の氷期と間氷期があったと見られる．海洋底堆積物の底生有孔虫殻の $\delta^{18}O$ 変動曲線では，過去200万年間に37回の氷期と間氷期が確認されている（Tiedemann, 1994）．また，中国中央部の宝鶏（Baoji）の黄土の分析結果では，過去200万年間に26回の氷期と間氷期が確認されている（Rutter et al., 1990）．バイカル湖の花粉分析結果からも極端に違わない回数の氷期と間氷期が確認できたといえよう．花粉分析による花粉変遷図はローカルな変動とグローバルな変動の両方を示しており，ローカルな変動の強弱によって周期性が乱れることがある．例えば，亜間氷期や亜氷期が過剰表現され間氷期や氷期と認識してしまうことがある．よって，この32回という氷期と間氷期の回数は，バイカル湖の花粉分析から示された気候変動が，ローカルな変動ではなくグローバルな変動を示していると考えられる．

さらに，三好ほか（2002）は，図2.2.9の氷期（空白帯）と間氷期（ハッチ帯）の期間（幅）

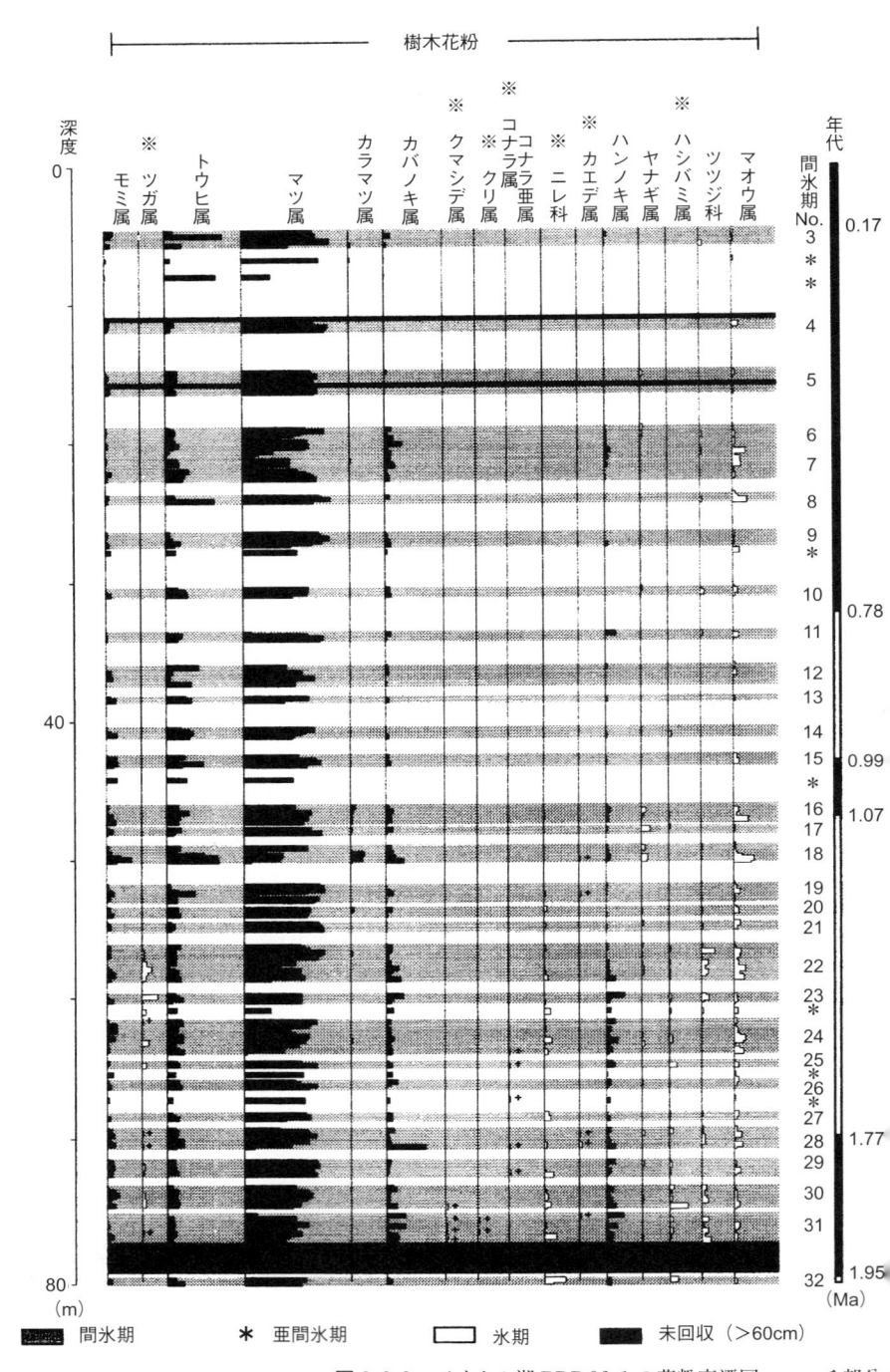

図 2.2.9 バイカル湖 BDP 96-1 の花粉変遷図：ハッチ部分

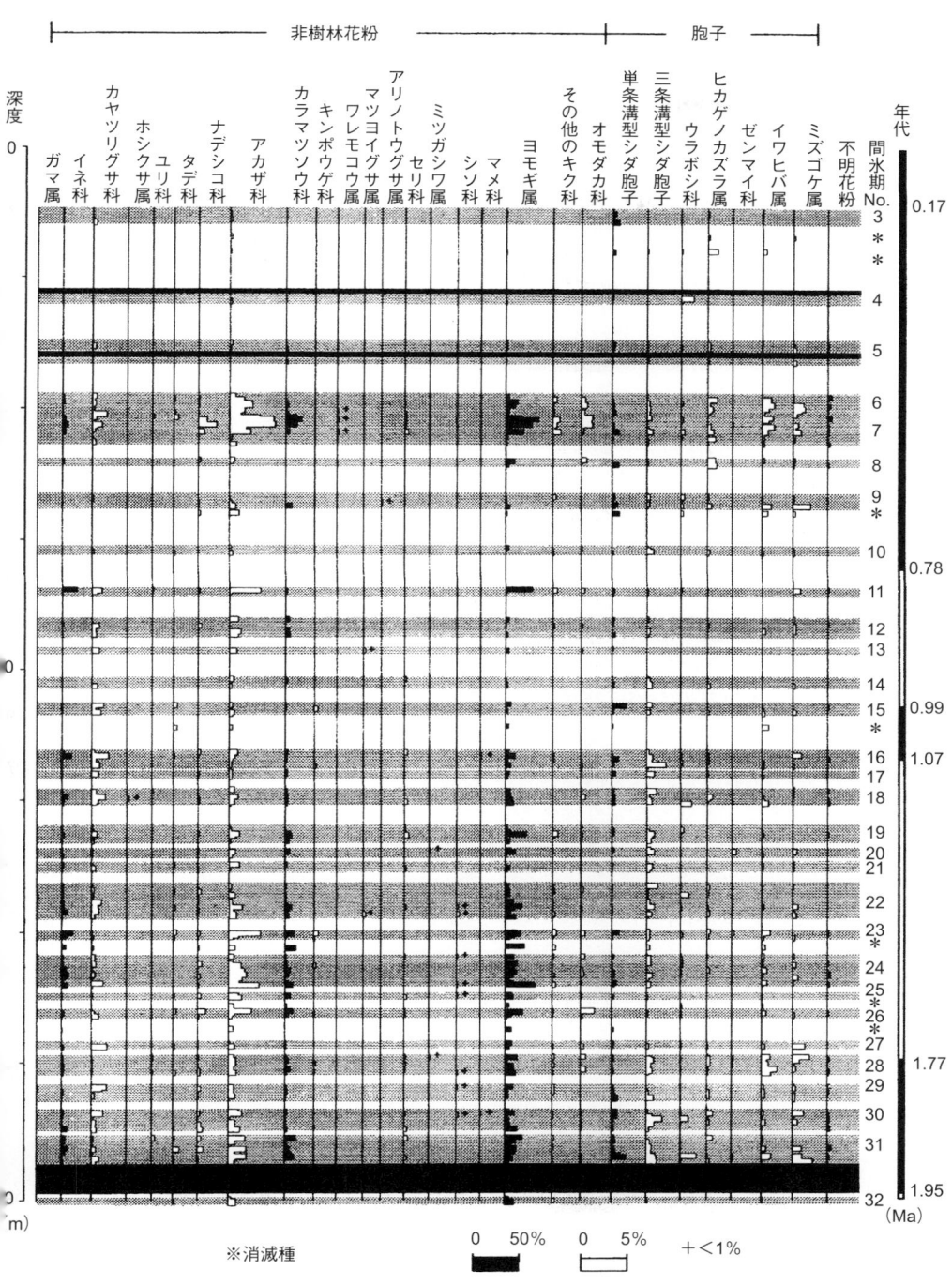

2.2 花粉分析——東アジアの過去約200万年間の植生変遷

に注目している．約1 Ma 以前について，氷期（ツンドラ・ステップの時代）の期間（幅）は間氷期（タイガ林の時代）の期間（幅）に比べて短い傾向がある．一方，約1 Ma 以降については逆に，氷期の期間（幅）は間氷期の期間（幅）に比べて長くなる傾向がある．さらに，1 Ma 以前は長い間氷期と短い氷期で1サイクルが短いのに対して，1 Ma 以降は長い氷期と短い間氷期で1サイクルが長い傾向がある．バイカル湖の堆積物に見られるこのような傾向は花粉分析のみならず，**生物起源シリカ**（biogenic silica），**粒度**（grain size），**密度**（density）などの分析でも見られる傾向である（Minoura, 2000）．赤道太平洋の底生有孔虫殻の $\delta^{18}O$ 変動曲線（2.1.1 小節と図 2.1.1 参照）は，1 Ma 以前では 40 kyr 周期が卓越するが，1 Ma 以降では 100 kyr 周期が卓越する（Raymo, 1992）．これはバイカル湖堆積物の花粉分析結果で見られた傾向と一致するものである．さらに，琵琶湖堆積物の花粉分析結果でも**松山逆磁極期**（Matuyama reversed epoch）と**ブルン正磁極期**（Brunhes normal epoch）の境界（約780 ka）以前と以後で同様の傾向が確認されている（Fujiki et al., 2001）．これも，バイカル湖や琵琶湖の花粉分析から示された気候変動が，ローカルな変動ではなくグローバルな変動を示している証拠であろう．

　Kashiwaya et al.（2000）によると，過去500万年間で 2.8-2.6 Ma と 2.0-1.7 Ma，1.0-0.7 Ma に気候がかなり寒冷化した時期があったようである．このような変動シグナルは，花粉分析結果からも読み取ることができる．現在のバイカル湖周辺地域に自生していないツガ属，クマシデ属，クリ属，コナラ属コナラ亜属，ニレ科，カエデ属およびハシバミ属の化石花粉について見ると，クマシデ属，クリ属およびコナラ属コナラ亜属は2回目の寒冷化期（2.0-1.7 Ma）以降産出せず，ツガ属，ニレ科，カエデ属およびハシバミ属は3回目の寒冷化期（1.0-0.7 Ma）以降産出しなくなる．これらの植物は2回の寒冷化によってバイカル湖周辺地域から消滅したと考えられる．3回目の寒冷期以降もカバノキ属とハンノキ属の花粉だけが産出する．カバノキ属とハンノキ属だけは寒冷化に耐え，現在まで生き残ったようである．以上のことから，現在バイカル湖周辺に分布するマツ科針葉樹とカバノキ属から成るタイガ林は，約1.0 Ma に成立したと考えられる．

2.2.6　花粉分析による古植生復元の問題点

化石になれない花粉

　2.2.1小節で，花粉の外膜はスポロポレニンという丈夫な物質でできているので，花粉は化石として残ると述べた．しかし，花粉の中には簡単に壊れてしまうものがある．それは日本の**照葉樹林**（laurel forest）の重要な構成要素であるタブやクスノキなどのクスノキ科の花粉である．この植物の花粉は膜が大変薄く，無処理の花粉をプレパラートに水で封入しただけでも，1時間足らずで花粉が壊れ始める．スポロポレニンをほとんど含んでいないためだと考えられる．したがって，クスノキ科の花粉が湖や湿原に堆積したとしても，化石として残ることはなく，花粉分析で検出されることは決してない．これは花粉分析の致命的な弱点である．もし花粉分析からタブ林などのクスノキ科を主体とする森林を復元したい場合には，タブ林に生育するイヌマキ（*Podocarpus macrophyllus*），ホルトノキ（*Elaeocarpus sylvestris* var. *ellipticus*），トベラ（*Pittosporum tobira*）などの化石花粉の産出状況から想像するしかない．

花粉の生産量と産出量

風媒植物（anemophilous plant）はより多くの花粉を生産し飛散させるが，**虫媒植物**（entomophilous plant）はあまり花粉を生産しない傾向がある．花粉症の原因となるスギは，風媒植物の典型的な植物である．表2.2.6に植物の**花粉生産量**（pollen production）を示す（Pohl, 1937；幾瀬，1965）．スギの1つの花あたりの花粉生産量は13,200個であるので，多くの花を咲かせるスギの森林からは膨大な数の花粉が散布されていることになる．同じ風媒植物のヨーロッパクロマツ（*Pinus nigra*）を見ると，1つの花の花粉生産量はスギの100倍程度である．このように，植物ごとに花粉生産量は大きく異なっている．

ここで，同じ規模の3つの**純林**（pure forest：1種類の樹木だけからなる森林）を考えてみよう．それぞれの樹種の花粉生産量が3：2：1であるとすれば，飛散する花粉の量は3：2：1になる．飛散した花粉が近くの湖や湿原に堆積した場合，堆積層に含まれる花粉の量もほぼ3：2：1に近い値になるだろう．しかし，遠くなればそれぞれの花粉の飛散機構によって比は変化する．よって，各々の化石花粉の産出量の比が3：2：1であるからといって，花粉生産量や飛散機構を考慮せずに森林の規模を3：2：1と解釈することはできない（図2.2.10）．そこで塚田（1974）は，花粉生産量を下記の3群に分類している．

① 森林の規模より過大に産出する花粉群：
　マツ属，ハンノキ属，カバノキ属，ハシバミ属
② 森林の規模とほぼ同率に産出する花粉群：
　スギ，トウヒ属，モミ属，ツガ属，トガサワラ属，クロベ属，ブナ属，サワグルミ属，コナラ属，ニレ属，クマシデ属
③ 森林の規模より過小に産出する花粉群：
　カラマツ属，シナノキ属，ヤナギ属，ヤマナラシ属，カエデ属，虫媒花粉

花粉変遷図から古植生を復元する場合は，花粉の産出量だけで森林の規模を想定するのではな

表2.2.6　花粉生産量の例（Pohl（1937）[1]，幾瀬（1965）[2]より作成）．

	花粉粒数	
	一花	一花序
ヨーロッパクロマツ（*Pinus nigra*）[1]	1,480,000	22,500,000
Quercus sessiliflora[1]	41,200	555,000
Fagus silvestris[1]	12,000	175,000
スギ（*Cryptomeria japonica*）[2]	13,200	396,000
イヌシデ（*Carpinus tschonoskii*）[2]	13,766	275,320
カモガヤ（*Dactylis glomerata*）[2]	11,827	82,929

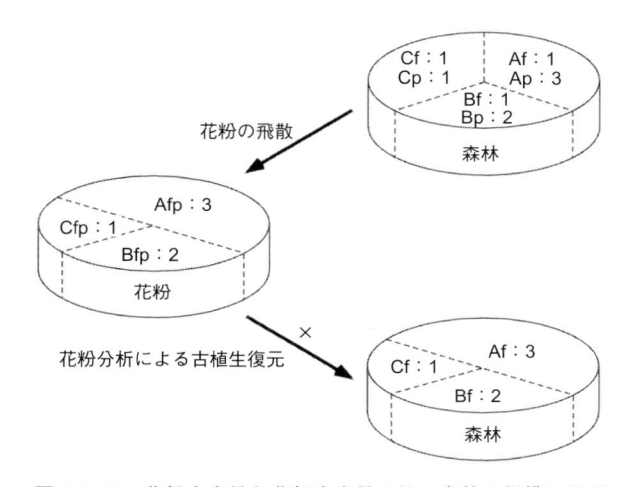

図2.2.10　花粉生産量と花粉産出量の比：森林の規模の比がAf：Bf：Cf = 1：1：1で，花粉生産量の比がAp：Bp：Cp = 3：2：1であると，花粉分析での化石花粉の産出量の比はAfp：Bfp：Cfp = 3：2：1となる．化石花粉の産出量の比がAfp：Bfp：Cfp = 3：2：1であった場合，過去の森林の規模の比をAf：Bf：Cf = 3：2：1と推定するべきではない．

く，その花粉の花粉生産量も考慮して復元する必要がある．産出量の少ない花粉であっても，古植生復元の重要な鍵となることがある．

花粉の飛散

　花粉には袋をもったもの，形の丸いもの，三角形のもの，四角形のもの，五角形のもの，単粒のもの，集粒のもの，刺をもったもの，大きいもの，小さいものなどさまざまな形態・サイズがあり（図2.2.1），花粉の飛散方法は風媒，虫媒，水媒など植物によって異なっている．花粉分析で検出される花粉のほとんどは風媒花粉である．風媒花粉は風向きに応じて森林から四方八方へ飛散する．近くにスギ林がない都市でも，多くのスギ花粉症患者が出るのがよい例である．また，風媒花粉であっても遠くまで飛ぶことができる花粉，それほど遠くまで飛ぶことができない花粉があり，花粉の飛散距離もさまざまである．

　例えば，立山のミクリガ池（標高2450 m：立山の噴火によって形成された火口湖）周辺の植生は**高山植生**（alpine vegetation）で，ハイマツ（*Pinus pumila*）をはじめ，多くの高山植物が生育している．少し標高が下がると，オオシラビソ（*Abies mariesii*）などのマツ科針葉樹，ダケカンバ（*Betula ermanii*），ミヤマハンノキ（*Alnus maximowiczii*）などが生育している．しかし，ミクリガ池の**年縞堆積物**（varve sediment）の花粉分析を行うと，さらに低い標高に生育しているスギ属，ブナ属，コナラ属コナラ亜属，コナラ属アカガシ亜属などの化石花粉が産出する．スギ属の化石花粉は標高900-1500 mから，ブナ属の化石花粉は標高900-1300 mから，コナラ属コナラ亜属の化石花粉は標高900 m以下から飛来して来た花粉である．コナラ属アカガシ亜属の化石花粉はさらに低標高から飛来してきた花粉である（藤木，2006）．高山帯や亜高山帯の花粉分析により，標高の低い地域に生育する植物の花粉が検出される理由は，斜面上昇風が山麓から多くの花粉を運んでくるためと考えられている（塚田，1967；島倉，1968；守田，1984）．化石花粉が検出されたからといって，その花粉を飛散させた植物や森林が近くに分布していたとは限らない．近くにその植物や森林が分布していなくても，花粉は遠くから飛んでくるからである．したがって，山地に存在している湿原堆積物や湖底堆積物からの花粉分析には注意が必要である．

花粉の浮力

　花粉が湿原に落下した場合は，落下した場所からそれほど移動することはないと思われる．だが河川，湖および海に落下した場合，花粉はすぐには沈むことなく湖面や海面をしばらく漂っている．しばらくすると花粉は沈み始めるが，その沈み始めるまでの時間は花粉によって異なっている．Hopkins（1950）によれば，水面にクルミ属，カラマツ属，ハシバミ属，カバノキ属およびコナラ属の花粉を散らすと，5分後には95-100%の花粉が沈む．一方，ノルウェーマツ（*Pinus resinosa*）は5日後でもわずか8.8%が沈むのみである．つまり，気嚢をもたない花粉は速やかに沈むが，気嚢をもったマツ科針葉樹の花粉は浮力が大きく，水面に長時間浮かび広範囲に拡散していく傾向がある（中村，1967）．マツ科花粉が河川に落下した場合は下流に流され，海に落ちた場合は沖合に流されることになる．このため，海洋底堆積物の花粉分析においては，浮遊力の大きなマツ科花粉が多く検出され，分析結果に大きな空間的な偏りをもたらしている．松下（1981）によれば，海洋底堆積物の花粉組成は陸成堆積物の花粉組成と比較すると，花粉の浮遊力の差を反映した偏りが生じる結果となり，気嚢をもったマツ科花粉は沖合に向かって産出

量が増加し，逆にブナ科花粉は減少する傾向が報告されている．さらに藤木ほか（1995）によれば，海洋底堆積物と陸成堆積物の花粉分析では，次の3つの相違が報告されている．①マツ科のように気嚢をもった花粉は過剰表現される．②落葉広葉樹は高木・低木とも極端に少なく過小表現される．③草本類は局地性が強く出現率は低いが，シダ胞子は比較的多く出現する．

　以上の傾向は，バイカル湖湖底堆積物の花粉分析でも見られる．バイカル湖湖底堆積物の花粉分析結果（三好，2000；2002）とバイカル湖周辺地域の湿原堆積物の花粉分析結果（高原，2000）とを比較すると，湖底堆積物からはマツ属花粉がやや多く産出するが，草本類は極端に少なく，シダ胞子類は比較的多く産出する（三好，2000）．一方，湿原堆積物からは草本類の花粉が種類も量も多く産出する（高原，2000）．とくに，イネ科やカヤツリグサ科の花粉は非常に多く産出する．このように，バイカル湖において海洋と同様の傾向が見られる理由は，バイカル湖が湖としては極めて大きな面積を有しているためであろう．

現存しない植生の花粉組成

　日本各地の最終間氷期の花粉分析結果を見ると，必ずといってよいほどサルスベリ属の化石花粉が産出している（辻，1980；Furutani, 1989；守田，1994；Fujiki et al., 1998；長谷ほか，1998）．サルスベリ属は亜熱帯性の樹種であるが，サルスベリ属の化石花粉は，温帯性のスギ属花粉や冷温帯性のブナ属，ニレ属およびケヤキ属の花粉とともに産出する．最終間氷期の植生状態は亜熱帯性の樹種と冷温帯性の樹種が共存していたようである．現在の植生状態からは考えられない異常な構成となっている．

　サルスベリ（*Lagerstroemia indica*）は現在も庭に植えられており，とりわけ異常なことであるとも思われないかもしれない．実は，サルスベリは中国南部が原産で，江戸時代初めの元禄時代（1688-1704年）に日本に渡来した植物といわれており（北村・村田，1971），自然分布の植物ではない．そこで，藤木ほか（2001）は，庭に植えられているサルスベリの花粉（図2.2.11 ①と図2.2.12 ①）と屋久島以南に自生するシマサルスベリ（*L. subcostata*）の花粉（図2.2.11 ②と図2.2.12 ②），および間氷期に相当する福井県の三方湖（図2.2.11 ③と図2.2.12 ③）と神奈川県中井町藤沢（図2.2.11 ④と図2.2.12 ④）の堆積物から産出したサルスベリ属の化石花粉の形態（大きさ，花粉表面の構造，花粉外膜の厚さなど）を調べた．その結果，サルスベリ属の化石花粉は，サルスベリではなく屋久島以南に自生するシマサルスベリであることを明らかにした（図2.2.11，図2.2.12）．ここで筆者が疑問に思うことが1つある．シマサルスベリの花粉とブナ属の花粉は，出現率から見て一方が離れた地域から運ばれて来たのではなく，共に現地性の花粉だと考えられる．全く異なった地域に生育するはずの樹種が同一地域で生育できたのはなぜであろう．この疑問の解明については，今後の重要な研究課題である．

　日本に自生するブナ属植物はブナ（*Fagus crenata*）とイヌブナ（*F. japonica*）の2種で，ミズナラとともに**冷温帯落葉広葉樹林**（cool temperate deciduous broad-leaved forest）を代表する構成樹種となっている（大場，1989）．内山（1980）とMiyoshi and Uchiyama（1987）によれば，ブナ花粉（図2.2.13 A, B）の**粒径**（grain size）はイヌブナ花粉（図2.2.13 D, E）の粒径に比べて大きく，さらに，イヌブナ花粉の**溝**（colpus）はブナ花粉の溝に比べて長く，**極**（pole）にまで達している．このような花粉形態の大きな差異により，ブナとイヌブナの花粉を識別することができる．しかし，最終間氷期に産出するブナ属化石花粉の中には，ブナでもなくイヌブナでもない形

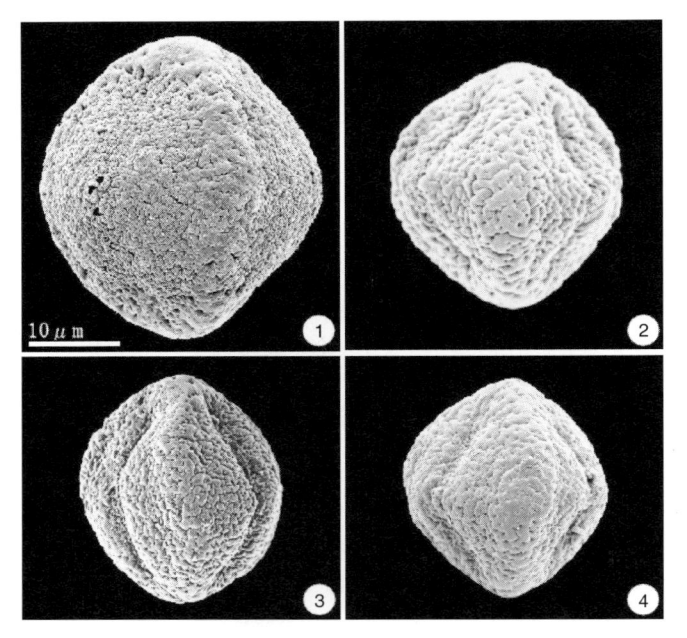

図 2.2.11 サルスベリとシマサルスベリの現生花粉とサルスベリ属の化石花粉の走査電子顕微鏡写真：①サルスベリ②シマサルスベリ③サルスベリ属化石花粉（三方湖）④サルスベリ属化石花粉（中井町藤沢）.

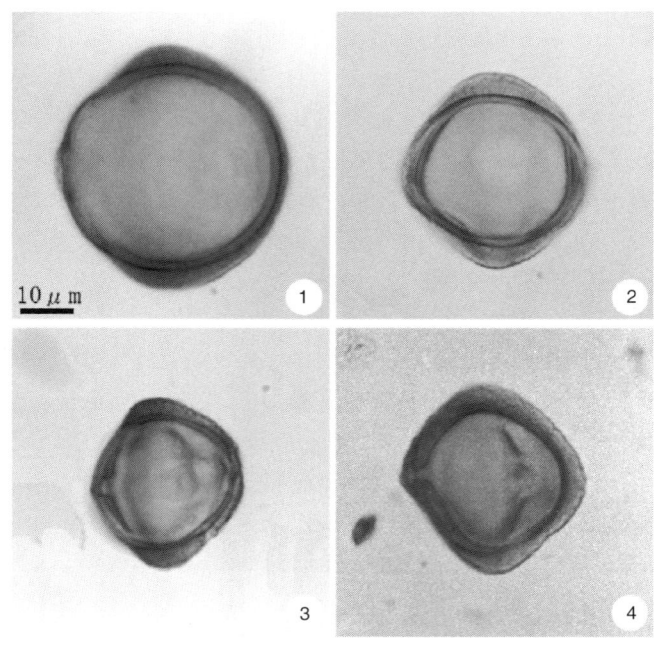

図 2.2.12 サルスベリとシマサルスベリの現生花粉とサルスベリ属の化石花粉の光学顕微鏡写真：①サルスベリ②シマサルスベリ③サルスベリ属化石花粉（三方湖）④サルスベリ属化石花粉（中井町藤沢）.

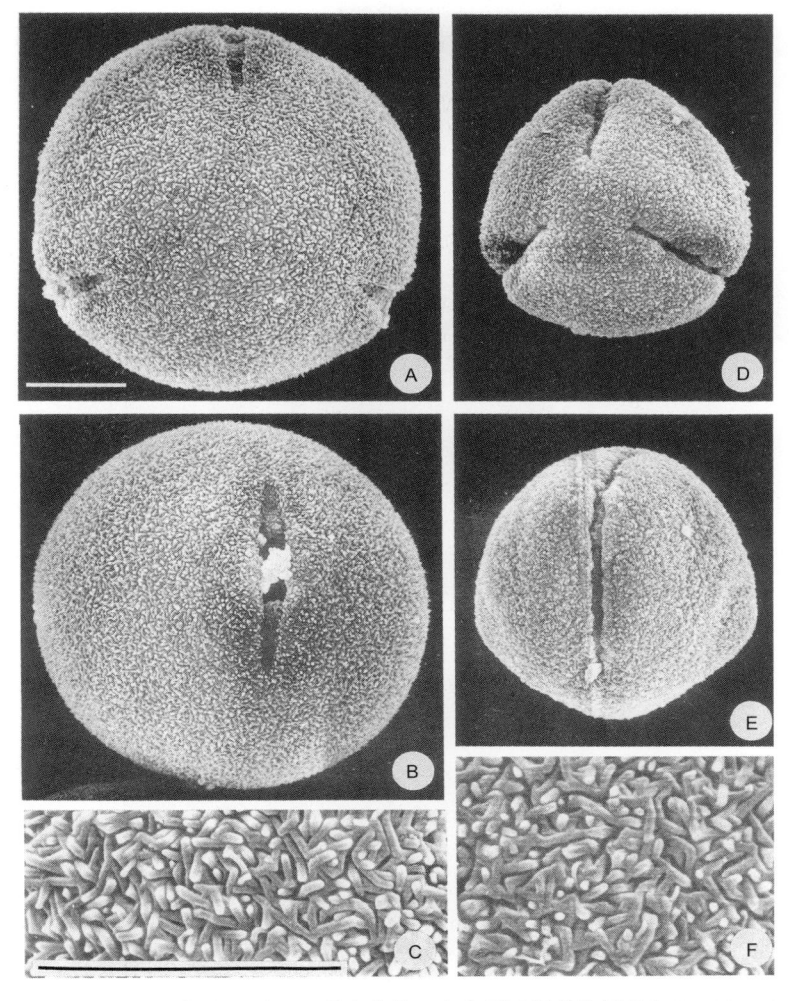

図 2.2.13 ブナとイヌブナの現生花粉の走査電子顕微鏡写真(Miyoshi and Uchiyama, 1987 ; Fig.1).
A-C:ブナ, D-E:イヌブナ
A・D:極観像, B・E:赤道観像, C・Fは拡大像　スケールは 10 μm.

態の化石花粉が多く見つかっている．この化石花粉は粒径がブナとほぼ同じであるが，イヌブナのように溝が長く極にまで達しているという特徴をもっている（図 2.2.14）．このブナ属の化石花粉は絶滅種の花粉である可能性がある．鮮新世後期から中期更新世（約 3.0 Ma-約 130 ka）には温帯性のヒメブナ（F. microcarpa）という絶滅したブナの近縁種が生育していたことが報告されており（南木，2001），とりわけ第四紀（2.6 Ma 以降）[3] の温暖期層からはヒメブナ類やブナが優占する大型植物化石群集が数多く得られている（南木，1996）．大澤ほか（1993）は埼玉県東松

---

[3] 第四紀は，従来 1.806 Ma 以降とされていたが，気候変動や生物進化の学問領域では，松山逆磁極期の開始である 2.588 Ma 以降を主張する人が多い．本書でも，約 2.6 Ma 以降を第四紀とする立場をとる．

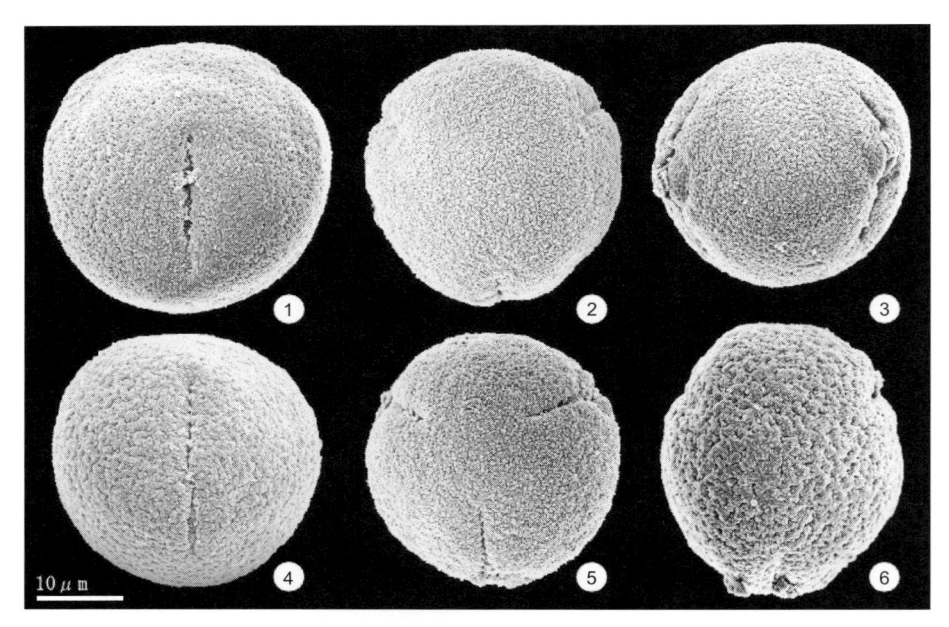

図2.2.14 福井県三方湖の最終間氷期から産出したブナ属化石花粉の走査電子顕微鏡写真（藤木・安田，未発表）．
1・2：ブナ型　3-5：ヒメブナ類型?　6：ブナ型?

山市の岩殿丘陵で中期更新世（70-150 ka）のヒメブナ類を含む地層からブナ属の化石花粉を抽出しており，筆者が見る限りその写真は明らかにブナでもなくイヌブナでもない．この化石花粉はヒメブナ類の花化石から得られた花粉ではないので憶測にすぎないが，ヒメブナ類の花粉は，粒径はブナに似て，溝の長さはイヌブナに近い形態的特徴をもっていた可能性がある．大型植物化石の研究によれば，関東地方や西日本でヒメブナ類からブナに置き換わる時期は数十万年前であるが（南木，2001），ヒメブナ類と思われる同様の形態をしたブナ属化石花粉が最終間氷期の堆積物から産出するとなると，最終間氷期にもヒメブナ類のような温帯性のヒメブナの仲間が生き残っていた可能性がある．だが化石花粉の形態だけからこのような大胆な推定ができるわけではなく，やはりヒメブナ類の大型植物化石の新たな発見が必要である．

2.2.7　気候変動と植生変遷――過去から現在，そして未来へ

　気候変動と植生変遷のタイミングは必ずしも一致するわけではない．理由は植物が自ら移動することができないからである．気候が変わっても動物のようにすぐに移動ができないので，植物は気候変化に対する耐性をもたざるを得ない．このため植生は，気候変化に対して遅れて応答変化することが考えられる．地球の年平均気温が上昇すればヒマラヤやアルプスなどの氷河の融解が促進し，海面が上昇することも問題であるが，現在の植生分布に対しても多大な影響を及ぼすことは明らかである．周知のように乾燥断熱減率によって，標高が100 m上がれば気温が1.0℃下がる．これを逆に考えれば，長期的には気温が1.0℃上がると植生は100 m上へ移動する可能

性がある．例えば，貴重な高山植物が数多く生育している立山の室堂と雄山山頂の標高差は約600 m である．平均気温が 6.0℃ 上がったとすると，植生は 600 m 上方へ移動し，立山の高山植物は生育できる場所が完全になくなってしまう．さらには，ハイマツ林内に棲息するライチョウ（*Lagopus mutus*）も棲める場所がなくなり，消滅（最悪の場合は絶滅）してしまう．計算上ではこうなるのだが，植物には環境変化に対する耐性というものがあるので，実際にはこのような簡単な計算結果だけでは決められない．しかし，生育できる標高を下げることができない高山植物やブナにとって，確実に気温が上昇している現在，生育可能な標高を上げるか，それができなければその地域から消滅するしかない．最悪の場合，地球上から消滅するしかない．著者はかつて中部山岳国立公園内のミクリガ池でボーリングを行い，採取した年縞堆積物の花粉分析を行ったことがある．戦後のアルピニズム，ケーブルカーや立山高原パークラインの開通による登山者や観光客の増加によって，ハイマツ林内の登山道からの逸脱が増え，人の侵入によって一度破壊されかけたハイマツ林が，国立公園の指定や遊歩道の設置などの保護活動により，再び回復したことが花粉分析から読み取れたのである（藤木，2006）．標高の高い所に分布している高山植物やブナ林などは，貴重な自然として国立公園や世界遺産に指定され保護されているが，どんなに人々が貴重な自然を保護したとしても，地球温暖化により気温が上昇したのでは，せっかくの自然保護活動も無駄になってしまう．後世へ貴重な自然を残さなければならないことなどを考えながら，環境というものを，さらにはかけがえのない地球生命圏というものを考えてもらいたい．

2.2.8　今後の研究課題

花粉分析から古植生を推定する上で，下記の項目が今後の課題となると考えられる．
1) 花粉生産量と古植生の関係

　　花粉変遷図から古植生を推定する場合，上述のように，産出量が高いからその森林の規模が大きく，産出量が低いからその森林の規模は小さいとは一概にいえないことがある．各植物の花粉生産量を考慮しながら，古植生を推定することが重要である．しかし，花粉生産量の研究はあまり進んでおらず，今後研究しなければならない分野である．
2) 花粉飛散状況と古植生の関係（空中花粉や表層花粉と現植生の関係）

　　表層堆積物の花粉分析をすると，周辺にスギ林がなくてもスギ花粉が多く産出することがある．高地の花粉分析でも，周辺に常緑広葉樹が生育していなくとも，その花粉が産出する．高地の場合は，斜面上昇風が低地からそれらの花粉を運んできていると推定できるが，低地の場合はどこから飛来してきたものかについて，ほとんど推定できないのが現状である．空中花粉や表層花粉と現植生の関係を調べある程度考慮しなければならない．
3) 絶滅種をどのように考えるべきか

　　第四紀でも絶滅種がある．分析する時代がさらに古くなれば古くなるほど絶滅種が増えてくる．この絶滅種の中には，ヒメブナのように現存種とは異なった環境で生育するものがある．さらに，絶滅種と現存種が同じ属であれば，花粉形態はほぼ同じである．よって，絶滅種が生育していた時代の花粉分析では，同じ花粉形態であっても現存種と異なる種である場合がある．この場合の化石花粉をどのように扱うべきか，どのように評価すればいいか，今

後の課題である．

4) 後氷期[4]と最終間氷期の植生が大きく異なる原因

　　後氷期も最終間氷期も同じ間氷期であるが，後氷期は常緑広葉樹（照葉樹）が優占するのに対し，最終間氷期は常緑広葉樹が優占せずに，落葉樹のブナ属が優占し，亜熱帯性のサルスベリ属が出現する．なぜこれほど植生が異なっているのだろうか．原因は未だ不明であり，今後の研究課題である．

5) 後氷期にサルスベリ属が産出しない原因

　　過去の間氷期にはサルスベリ属の化石花粉がほとんど産出しているが，後氷期には全く産出しない．氷期の寒冷化で南下したサルスベリ属が，後氷期の温暖化の際に，なぜ九州・四国・本州に北上できなかったのであろうか．筆者はその原因の1つに地形的なものがあると考えているが，今後の研究課題である．

参考文献

藤 則雄（1987）：『考古花粉学』，雄山閣出版，251pp.

Fuji, N. (1988): Palaeovegetation and Palaeoclimate Changes around Lake Biwa, Japan during the Last CA. 3 Million Years. Quat. Sci. Rev., 7, 21-28.

藤木利之ほか（1995）：海底堆積物の花粉分析学的研究 1．燧灘（愛媛県）．岡山理科大学紀要 A, 30, 153-159.

Fujiki, T., et al. (1998): Vegetational history of the area around Kashira Island in the Inland Sea, Okayama Prefecture, western Japan. Quat. J. Geography., 50, 189-200.

藤木利之ほか（2001）：日本の間氷期堆積物におけるサルスベリ属 Lagerstroemia 花粉化石の形態．植生史研究，10, 91-99.

Fujiki, T., et al. (2001): Pollen analysis of an 800 m core sample from Lake Biwa, Japan. In *Proceedings of the IX International Palynological Congress, Houston, Texas, U.S.A., 1996* (Goodman, D.K., and Clarke, R. T., eds.), American Association of Stratigraphic Palynologists Foundation, 367-373.

Fujiki, T., et al. (2005): *The pollen flora of Yunnan, China*, Roli Books, 144pp.

藤木利之（2006）：ミクリガ池湖底から採取した年縞堆積物からみた立山周辺の過去千三百年間の植生変化．『山岳信仰と日本人』（安田喜憲 編），NTT出版，169-178.

藤木利之・小澤智生（2007）：『琉球列島産植物花粉図鑑』，アクアコーラル企画，155pp.

Furutani, M. (1989): Stratigraphical subdivision and pollen zonation of the middle and upper Pleistocene in the coastal area of Osaka Bay, Japan. Journal of Geoscience, Osaka City University, 32, 91-121.

長谷義隆ほか（1998）：中部九州西部熊本地域中期～後期更新世の植生変遷．熊本大学理学部紀要（地球科学），15, 51-66.

本多静六（1912）：『改正日本森林植物帯論』，本多造林学前論ノ三，三浦書店，400pp.

Hopkins, J. S. (1950): Differential floatation and deposition of coniferous and deciduous tree pollen. Ecology, 31, 633-641.

Horie, S (1984): Brief summary on 200 meters coring and analytical study of the core obtained in the center of Lake Biwa. Proc. Jpn. Acad. Sci. (Ser. B) 60, 114-117.

Horie, S. (1987): Absolute age determination on Lake Biwa core. In *History of Lake Biwa* (Horie, S. ed.), Inst. Paleolim. Paleonvir. Lake Biwa, Kyoto University, 77-79.

Huang, T. C. (1972): *Pollen flora of Taiwan*, National Taiwan University Botany Department Press, 297pp.

幾瀬マサ（1965）：葯中の花粉粒の数並びに大きさについて．第四紀研究，4, 144-149.

幾瀬マサ（2001）：『日本植物の花粉（第2版）』，廣川書店，252pp.

井上源喜・柏谷健二・箕浦幸治 編（1998）：『地球環境変動の科学』，古今書院，269pp.

---

4) 完新世と同義である．

Kashiwaya, K., et al. (2000): Palaeoclimatic signals printed in Lake Baikal sediments. In *Lake Baikal* (Minoura, K. ed.), Elsevier, 53-70.

Kashiwaya, K., ed. (2002): *Long continental records from Lake Baikal*, Springer, 370pp.

片岡裕子ほか（1999）：バイカル湖 200 m コア（BDP96-1）の花粉分析学的研究――特に 200 万年以降について．日本 BICER 協議会年報（1998 年度），22-30．

吉良竜夫（1949）：『日本の森林帯』，林業解説シリーズ，17，日本林業技術協会，42pp．

吉良竜夫（1971）：『生態学から見た自然』，河出書房新社，295pp．

北村四郎・村田 源（1971）：『原色日本植物図鑑 木本編 I』，保育社，453pp．

Köppen, W., and Geiger, R. (1936): *Handbuch der Klimatologie, 1*, Borntraeger, 44pp.

Martinson, D. G., et al. (1987): Age dating and the orbital theory of the ice ages: Development of a high-resolution 0 to 300,000-year chronostratigraphy. Quat. Res., 27, 1-29.

松下まりこ（1981）：播磨灘表層堆積物の花粉分析――花粉組成と現存植生の比較．第四紀研究，20，89-100．

南木睦彦（1996）：ブナの分布の地史的変遷．日本生態学会誌，46，171-174．

南木睦彦（2001）：ブナの化石．『植物の世界 木本編』（河野昭一 監修），Newton Press，44-45．

Minoura, K. ed. (2000): *Lake Baikal*, Elsevier, 332pp.

宮脇 昭（1977）：『日本の植生』，学習研究社，535pp．

三好教夫（1985a）：化石花粉，スポロポレニン，研究史．遺伝，39(1)，99-103．

三好教夫（1985b）：花粉の性質，年代測定．遺伝，39(3)，72-78．

三好教夫（1985c）：試料の採取から測定まで．遺伝，39(2)，66-71．

Miyoshi, N., and Uchiyama, T. (1987): Modern and fossil pollen morphology of the genus *Fagus* (Fagaceae) in Japan. Bulletin of the Hiruzen Research Institute, Okayama University of Science, 13, 1-6.

Miyoshi, N., et al. (1999): Palynology of a 250-m core from Lake Biwa: vegetation change in Japan. Review of Palaeobotany and Palynology, 104, 267-283.

三好教夫（2000）：第四紀における植生変遷．『バイカル湖の湖底泥を用いる長期環境変動の解析に関する国際共同研究成果報告書（第 II 期 平成 10 ～ 11 年度）』，科学技術庁研究開発局，289-303．

三好教夫・片岡裕子（2000）：湖底堆積物からのメッセージ～化石花粉から植生変遷を探る～．遺伝，54(12)，3-49．

三好教夫ほか（2002）：湖底堆積物（BDP96-1）の花粉分析からみたバイカル湖周辺の第四紀植生史．第四紀研究，41，171-184．

守田益宗（1984）：東北地方の亜高山帯における表層花粉と植生の関係について．第四紀研究，23，197-208．

守田益宗（1994）：福井県三方湖の湖底堆積物．平成 5 年度文部省科学研究費補助金重点領域研究成果報告書「文明と環境 12」，24-28．

中村 純（1967）：『花粉分析』，古今書院，232pp．

中村 純（1980a）：『日本産花粉の標徴 I』，大阪市立自然史博物館収蔵資料目録第 13 集，157pp．

中村 純（1980b）：『日本産花粉の標徴 II』，大阪市立自然史博物館収蔵資料目録第 12 集，91pp．

中野治房（1942）：本邦森林群落の組成．植物学雑誌，56，186-190．

那須孝悌・瀬戸 剛（1986a）：『日本産シダ植物の胞子形態 I』，大阪市立自然史博物館収蔵資料目録第 16・17 集，174pp．

那須孝悌・瀬戸 剛（1986b）：『日本産シダ植物の胞子形態 II』，大阪市立自然史博物館収蔵資料目録第 18 集，42pp．

大場秀章（1989）：ブナ科 Fagaceae．『日本の野生植物 木本 I』（佐竹義輔ほか 編），平凡社，66-78．

大澤 進ほか（1993）：岩殿丘陵より産出した *Fagus microcarpa* を含む植物化石群．埼玉県立自然史博物館研究報告，11，73-76．

Pohl, F. (1937): Die Pollenerzeugung der Windbluetler. Eine vergleichende Untersuchung mit Ausblicken auf die Bestaeubung der tierbluetigen Gewaechse und die pollenanalytische Waldgeschichte. -Untersuchung zur Morphologie und Biologie des Pollen VI. Beihefte des Botanischen Centralblattes, 56A, 365-471.

Raymo, M.E. (1992): Global climate change; a three million year perspective. In *Start of a Glacial* (Kukla, G. J., and Went, E. eds.), Springer, 207-223.

Rutter, N., et al. (1990): Magnetostratigraphy of the Baoji loess-paleosol section in the north-central China loess plateau. Quaternary International, 7-8, 97-102.

四手井綱英（1993）：『森に学ぶ——エコロジーから自然保護へ』，海鳴社，241pp．
Sakai, H., et al. (2000): Paleomagnetic and rock-magnetic studies on Lake Baikal sediments-BDP96 bore hole at Academician Ridge. In *Lake Baikal* (Minoura, K. ed.), Elsevier, 35-52.
島倉巳三郎（1968）：現生堆積物の花粉分析．奈良教育大学紀要，自然科学，16，33-46．
島倉巳三郎（1973）：『日本植物の花粉形態』，大阪市立自然科学博物館収蔵資料目録第5集，66pp., 図版122pp．
鈴木栄治（2003）：気候区．『生態学事典』（巌佐庸・松本忠夫・菊池喜八郎・日本生態学会 編），共立出版，99-102．
高原光（2000）：最終氷期以降の植生変遷．『バイカル湖の湖底泥を用いる長期環境変動の解析に関する国際共同研究成果報告書（第Ⅱ期 平成10〜11年度）』，科学技術庁研究開発局，304-327．
武田久吉（1926）：高山植物．最近科学講座，4，1-136．
竹村恵二・横山卓雄（1989）：琵琶湖1400m掘削試料の層相からみた堆積環境．陸水学雑誌，50，247-254．
Takemura, K. (1990): Tectonic and climatic record of the Lake Biwa, Japan, region, provided by the sediments deposited since Pliocene times. Palaeogeogr. Palaeoclimatol. Palaeoecol., 78, 185-193.
Takemura, K., et al. (1996): Volcanic ash layers and magnetic susceptibility data of piston core samples from Lake Biwa. Jpn. Earth Planet. Sci. Joint Meeting (Osaka), 27.
田中壌（1887）：『校正大日本植物帯調査報告』，内務省，238pp．
Tiedemann, R., et al. (1994): Astronomic timescale for the Pliocene Atlantic $\delta^{18}O$ and dust flux records of Ocean Drilling Program site 659. Paleoceanography, 9, 619-638.
Torii, M. et al. (1986): Magnetostratigraphy of sub-bottom sediments from Lake Biwa. Proc. Jap. Acad., 62, 333-336.
Trewartha, G. (1954): *An introduction to climate*, McGraw-Hill, 402pp.
辻誠一郎（1980）：大磯丘陵の更新世吉沢層の植物化石群集（Ⅰ）．第四紀研究，19，107-115．
塚田松雄（1967）：過去一万二千年間：日本の植生変遷史Ⅰ．Bot. Mag. Tokyo, 80, 323-336.
塚田松雄（1974）：『古生態学Ⅰ——基礎論』，共立出版，149pp．
内山隆（1980）：ブナ属の花粉形態．花粉，15，2-10．
王伏雄ほか（1995）：『中国植物花粉形態』，科学出版社，461pp., 図版205pp．
山中二男（1979）：『日本の森林植生』，築地書館，223pp．
Yokoyama, T. (1986): Tephrostratigraphy of sediments of actual Lake Biwa based on refractive indices of volcanic glasses in the deep drilled cores from the bottom of Lake Biwa, Japan. J. Geol. Soc. Jap., 92, 653-661.
Yokoyama, T., and Takemura, K. (1983): Geologic column obtained by the deep drilling from the bottom surface of Lake Biwa, Japan. IPPCCE Newsl., 3, 21-23.
横山卓雄（1988）：琵琶湖堆積物および火山灰の積み重なりからわかること．『琵琶湖湖底深層1400mに秘められた変遷の歴史』（堀江正治 編），同朋舎出版，49-62．
横山卓雄（1995）：移動する湖 琵琶湖——琵琶湖の生い立ちと未来．『自然史シリーズ5』，京都自然史研究所，312pp．
吉岡邦二（1973）：『植物地理学』，共立出版，84pp．

その他の参考図書

Berglund, B. E. (2003): *Handbook of Holocene palaeoecology and palaeohydrology*, The Blackburn Press, 869pp.
Erdtman, G. (1968): *Handbook of palynology, morphology, taxonomy ecology*, Macmillan Pub Co., 486pp.
Erdtman G. (2007): *An introduction to pollen analysis*, Morison Press, 256pp.
Faegri, K. (2000): *Textbook of pollen analysis*, The Blackburn Press, 340pp.
安田喜憲（2007）：『環境考古学事始——日本列島2万年の自然環境史』，洋泉社，346pp．

2.3 陸域古環境変動解析
―― バイカル湖に見る，北東ユーラシアの環境変動

　20世紀の後半，公害が世界各地で問題になり，大気・水質汚染や酸性雨などの影響が国境を越えた広がりをもつことが認識され，「地球環境問題」として議論されるようになった．これらは明らかに人為的な変化である．ところが，地球温暖化においては，観測される環境変化について，自然の変化の部分と人為的な変化の部分に分離して認識することが難しい．人為的変化の部分を抽出するには，基準となる自然変化の理解が不可欠である．古環境変動解析は，地球の歴史で起こった環境変化の情報を集積し，変化の周期性・振幅とその駆動力や応答メカニズムを解明して再構成することによって，基準となる自然の変化をより正確に描き出すことが期待される．

　地球環境科学は未成熟な分野であり，いろいろな場所で断片的に集められた情報を集成・解析し，体系化して，地球の全球的な歴史を組み立てるのは容易なことではない．そのような場合，典型的なフィールドを選んでさまざまな手法を総動員して研究を進め，体系化の模型を作るのが有効であろう．

　一方で，環境科学は生存条件の科学であるから，本来は生物を軸に据えて体系化して，「環境変化と生物の変化の関係」を明らかにすることが大きな目標となる．しかし，現状は物理・化学的な理解に偏った研究が先行している．生態系への影響を明らかにするには，生物の側の事情，すなわち個々の生物自身がもつ生理学的・遺伝学的な環境適応能力と生物間の複雑な相互作用についての知識が不可欠である．しかし，それに対するわれわれの理解は極めて限られている．環境問題解決への取り組みの中で，環境影響評価は最も早くから必要性が認識され制度化もされたにもかかわらず，未だに技術的な確立ができていない．その最大の理由は，環境変化に対する生物や生態系の応答変化が完結するには長い時間を要するため，産業革命以降の300 yr弱の歴史を調べただけでは，生物に現れる環境影響が十分には見えないことにある．すなわち，環境科学には，生態系への影響を見ることができるような，十分な長さの「時間軸」を設定することが不可欠なのである．

　典型的なフィールドにおける生態影響をたどれる十分な長さの時間軸に亘る緻密で連続性の良い記録を求めた場合，陸域においては **湖底堆積物** (lake sediment) がほとんど唯一の貴重な媒体だといえる．本節では，太陽-地球-生命圏相互作用系 (SELIS) 理解のための陸域古環境変動解析の役割について述べ，とくにバイカル湖湖底堆積物コアの記録を通して見た，**北東ユーラシア** (Northeastern Eurasia) における過去1000万年間の **環境変動** (environmental change) について概括する．

　2.3.1小節では，環境変化と生物変化の関係を明らかにするための古環境変動解析について概

観し，とくに陸域での解析の重要性を述べ，その理想的な研究フィールドとしてのバイカル湖の特徴を挙げる．2.3.2 小節では，バイカル湖とバイカル地溝帯の構造と形成史を述べる．2.3.3 小節では，湖底掘削の手法と年代決定法（古地磁気を用いたものと放射性同位体を用いたもの）について述べる．2.3.4 小節では，バイカル湖湖底堆積物コア試料から得られた環境指標について説明する．現状の環境指標の多くは生物情報に基づくものであるが，生物情報に基づかない気候・環境指標の確立の重要性を述べる．2.3.5 小節では，環境指標から読み取れるバイカル湖の過去 1000 万年間に及ぶ気候・環境変動について，とくに周期性に注目して解説する．2.3.6 小節では多くの固有種をもつバイカル湖の生態系の特質について，いくつかの生物進化に着目して論ずる．2.3.7 小節ではまとめと展望を述べる．

2.3.1 陸域古環境変動解析の重要性

地球の環境変動の歴史

地球環境は，地球自身のみならず宇宙的な律動の影響を受けて起こる準周期的な変化を伴いつつも，約 4.5 Ga の誕生以来，定向的な変化を遂げてきた．

古環境変動解析の出発点は古生物学的なもので，化石の出現順序と時代の推定，変化の原因としての気候・環境変動との関わり合いを解明する取り組みである．地質年代における同一種の化石の出現期間から推定された，動物の種の平均寿命は約 20 Myr であるといわれる（Raup, 1991）．カブトガニ（最古化石，約 300 Ma）や，ゴキブリ（同，約 300 Ma），シーラカンス（同，約 200 Ma）など，形態的にはほとんど変化の無いまま 100 Myr 以上も継続している生物も知られているが，比率的にはこの平均寿命よりも種の寿命が短い生物種が圧倒的に多い．そこで過去 1000 万年間という時間を設定すれば，人類を含め非常に多くの動物が地球上に出現し，あるいは絶滅していった事例を多数含むことが期待される長さとなる．この時間設定に対して，バイカル湖は，「環境変化と生物の変化との関係」について，進化・絶滅を含めて議論できるような，陸域の記録が得られる希少な場所といえる．

海で誕生して進化を続けてきた藻類の一部が，海から陸に上がって独自の進化・適応を始めたのは，500 Ma 以前に遡ると考えられている．続いて動物も上陸した．当時はすでに成層圏のオゾンが十分な濃度に達して，地上に到達する紫外線が弱まっており，生命の上陸が可能であった．その後地球は 2 回の氷河時代[1]を経て，生物界も古生代末（251 Ma）には史上最大の大絶滅を経験したが，その後は 36 Ma まで無氷河時代が続き，温暖な気候のもと恐竜が繁栄し，哺乳類や被子植物が生まれた．恐竜が絶滅した 65 Ma 以降もしばらくは温暖な状態が続いたが，やがて南極周回流の形成などにより地球は冷え始め，36 Ma からは南極に大規模な氷床が発達するようになった．約 15 Ma 頃，南半球の氷床・氷河がさらに拡大し地球の温度はいっそう低下した．なお，こうした氷床の消長は，海洋底堆積物の酸素同位体比の変動から推定できる．

---

1) 氷河時代とは，地上に氷床が大規模に発達した寒冷な時代を指す．基準にもよるが，南極氷床を要件とすれば約 36 Ma 以降（新生代氷河時代），両極に氷床が発達したことを要件とするなら 2.7 Ma 以降（第四紀氷河時代），現在まで氷河時代が続いているとみなせる．2.7 Ma 以降，氷期・間氷期サイクルが生じた．氷期とは氷河時代の中の寒冷期である．

10 Ma 以降の時代は，このような寒冷化の文脈の中で，本格的な氷河時代へと至る期間と捉えることができる．北半球に大陸氷床が見られるようになるのは約 2.7 Ma 頃からであるが，その前の期間も含めて詳細な記録がバイカル湖に蓄積されていると考えられる．

約 500 Ma に上陸した生物たちの子孫が，海洋生物ともども，その後，2 回の氷河時代を超えて生き残り，絶滅を免れたものが進化を続けながら，現在の氷河時代に至っているということは，「環境変化と生物の変化との関係」についての最も基本的な情報である．

古環境変動解析の歴史

環境変動解析が新しい段階に入る画期となる発見が 1970 年代にあった．それは，海洋底堆積物柱状試料（海洋底コア）から抽出された底生有孔虫殻の酸素同位体比（$\delta^{18}O$，(2.1.4)式参照）の変動が大陸氷床量の増減に対応しており，最近の 800 ka 以降はほぼ 100 kyr の周期で氷床量が変化してきたことが示されたことである（Shackleton, 1973；2.1.1 小節）．他に 19 kyr，23 kyr，41 kyr の周期も見出された．これらの周期を生み出す駆動力として地球の軌道要素・自転軸の方向の変化（自転軸の公転面に対する歳差運動と傾斜角の変化）による日射量変動（ミランコビッチサイクル，3.2.3 小節参照）が同定され，その後の精査によって，この考えは広く受け入れられ，気候変動の周期性解析の土台となっている．しかし，ミランコビッチサイクルの中には，直接気候変動を生じさせる大きさの 100 kyr の周期の日射量変動成分は無いため[2]，地球の非線形応答，さらには地球システムがもつ独自の周期としてこれを解明する努力がされている．

後で述べるように，バイカル湖湖底堆積物コア試料の解析でも，海洋底堆積物で検出されたすべての主要周期が確認されており，さらに 0.4 Myr，0.6 Myr，1.0 Myr というより長い周期も新たに確認された（Colman, 1995；Kashiwaya et al., 2001）．バイカル湖が地球環境変動の記録をよく保存していることが明らかになった．

以上のように海洋底堆積物中にミランコビッチサイクルにほぼ線形応答する成分が確認された．これを逆手に取って，天体力学的に正確に決まるミランコビッチ周期（19 kyr，23 kyr，41 kyr）の振動成分の位相が合うように，堆積物の連続記録の時間尺度を調整する方法が確立されている．これを**オービタルチューニング**（orbital tuning）という．さらにいくつかの海洋底堆積物コア試料の時系列を足し合わせ（スタック），標準的な変動曲線が作成されている[3]．また，$\delta^{18}O$ の変動から同定された氷期・間氷期サイクルに対して，海洋酸素同位体ステージ（marine oxygen isotope stage：MIS）（2.1.1 小節参照）による編年がなされている．奇数が間氷期，偶数が氷期に対応するようにつけられ，英小文字を添えて細分される．また，浮遊性有孔虫殻の $\delta^{18}O$ と底生有孔虫殻の $\delta^{18}O$ の差などから，ローカルな表層海洋の温度や塩分の変化が復元されることもわかっている．

極域の氷床コアもまた気候変動を解析する上で貴重なデータを提供してくれる（2.1.3 小節参照）．南極のボストーク，ドーム C，ドームふじ（ドーム F），および東ドローニングモードランド（EDML），あるいはグリーンランドの GISP2，GRIP，NGRIP で，100–800 ka をカバーする

---

[2] 軌道離心率の変動には 100 kyr 前後の周期成分があるが，これが直接日射量変動の周期となることはない（3.2.3 小節参照）．

[3] 世界の海洋底の底生有孔虫殻の $\delta^{18}O$ 時系列を総合した benthic stack，浮遊性有孔虫の殻の $\delta^{18}O$ 時系列に対する SPECMAP がよく使われる．

氷床試料が得られ，$\delta^{18}O$，水素同位体比（δD），大気成分ガス組成，ダスト量などが測られている．

氷床コアの重要な特徴は，時間分解能が比較的高いことである．地球温暖化問題の予測と対策を考えるとき，同様に比較的短期間での急激な変化があった例を過去に求めることが重要となる．氷床コアにはそのような情報が入っていた．

南極やグリーンランドなどの氷床コアの解析によって，比較的短い周期の急激な変化がいくつも知られるようになってきた（2.1.3小節参照）．最終氷期の間に，約2 kyrに一度，24回ほど起こったといわれるダンスガード・エシガー振動（D-O振動，2.1.3小節参照）は，100 yrくらいの間に約10℃という急激な温暖化が起こり，その後ゆっくり寒冷化する．間氷期に向かう中での寒の戻りといわれる新ドリアス期も，D-O振動の1つと見ることができ，氷床の融解によって大量に供給された淡水が熱塩循環を停止させたことが原因といわれている．氷床コア中のメタン（CH_4）濃度の測定から，南極の氷床コアとグリーンランドの氷床コアの測定結果を時間的に対比することによって，D-O振動に**バイポーラシーソー**（bipolar seesaw）という側面があることが指摘されている（例えば，EPICA Community Members, 2006）．すなわち，高緯度地域に着目すると，北半球で寒い時は南半球で暖かく，北半球が暖かい時，南半球は寒いことがグリーンランドと南極の氷床コアの比較で明らかになってきたのである．

その他，低緯度地域における深層海水の湧昇や火山などの影響による急激な寒冷化や，CH_4の大量放出による突発的温暖化なども歴史の事象として知られてきた．

陸域環境変動の記録庫としての湖底堆積物コア試料

地球の気候変動の特徴を知るには，海洋と氷床にならんで，大陸の環境変動の記録を調べることが不可欠である．しかし，今のところ取得されたデータは限られている．その中で，とくに大陸内部での長時間変動に着目した場合，バイカル湖湖底堆積物コアが，2.1.2小節で紹介した黄土堆積層コアとならんで重要である．

陸域古環境解析の特徴は，単なる気候変動解析に止まらず，豊富な生物情報によって総合的な古環境変動解析が可能なことにある．「環境変化と生物の変化との関係」についての理解不足を克服するためには，生物に関する情報量が圧倒的に豊富な陸域環境変動解析の発展が必須である．そのことは一方で，陸域の環境指標の変動が，海洋とは異なり，複雑で劇的な変化を示す可能性が高く，解析も複雑となることを意味する．この課題の克服と成果の達成は，まだ十分ではないが，多くの解析が試みられ，温度変化や水・物質循環などに関わる新たな情報が蓄積されつつある．

しかし，陸域では歴史記録を読み出すための試料の入手には制約がある．なぜなら，地表では堆積だけでなく浸食もあるため，土壌の表層が削り取られて時間的な欠落が生じたり，古い堆積層の土壌が新しい堆積層の上に積もって時間の順序が変わったりすることが多い．その点，陸域において湖の底だけは例外である．上に湖水があるため，隆起や水深の低下で湖底の一部が水面上に出ない限り浸食で削り取られることがない．また堆積層の時間的逆転も，湖底地形を吟味して採取点を選べば，比較的起こりにくい．つまり，湖底堆積物は陸域環境変動の記録庫といえる．

しかし，湖の堆積環境が維持される時間は比較的短く，1 Myrを超える歴史をもつ湖は限られ

る．これは，流域から運ばれて来る土砂によって，湖は通常，数千年から数万年くらいで埋まってしまい，その後は湿原を経て，平地になるからである．より長期間にわたって湖が維持されるためには，流入する土砂によって埋まってしまわないような条件が必要である．それは，流入する土砂の量以上に湖の容積が増えたり，湖の位置が移動したりすることによって土砂の蓄積で埋まることが妨げられるなど，湖自体に何らかの動き[4]があるということである．とくに伸張応力場である地溝帯（rift valley）[5]に存在する湖は**地溝湖**（rift lake）と呼ばれ，絶えず容積が拡大するため，流入する土砂の堆積で埋まることがない．

研究フィールドとしてのバイカル湖の特徴的条件

北東ユーラシアに位置し，世界最大の淡水貯蔵量を有する**バイカル湖**（Lake Baikal）は，約30 Myr の歴史をもつ典型的な地溝湖の1つで，今も幅と深さを拡大し続けている「生きた湖」である．大陸の環境変動の典型的かつユニークなフィールドとして，バイカル湖は以下のような非常に優れた特徴をもっている．

- 世界最古の湖：生物応答を見るのに十分な長さの時間軸を，1つの準閉鎖系で得られる．
- 地溝湖：堆積環境が長期に維持され，連続試料が得られる．一方で，場所によって地殻変動に伴う地形的環境変化に対する応答も見られる．
- 豊富な湖水量と広い集水域：気候変動に伴う湖水面変化が小さく，広い領域の情報が集約されている．
- 典型的な内陸性気候（世界最大の年較差など）：生物活動の季節変動が明瞭である．また，気候変動の影響が生物相に顕著に現れる．
- 南に広がるステップと砂漠：気候変動に伴う湿潤と乾燥の変化の影響が強く見られる．
- ミランコビッチサイクルの影響が地上で最も強く出る：海洋や氷床から遠く，日射量変動の応答がわかりやすいと期待される．
- 生物相が豊かで**固有種**（endemic species）[6]の割合が高い：進出時期の同定がしやすく，環境変化が進化に及ぼす影響が解析できる．
- 人為的影響は僅少：得られる情報には人為的擾乱がほとんど含まれない．
- 十分な科学的・社会的基盤：最小限の人力・費用で大きな成果が出せる．

このような条件を活かして，多分野間の連携による総合的な解析に取り組むことによって，複雑で時間がかかる「環境変動と生物の変化との関係」の解明に近づくことができる．

2.3.2 バイカル湖の構造と形成史

バイカル湖とバイカル地溝帯の構造

バイカル湖（図2.3.1，口絵参照）は，ロシアのブリヤート共和国とイルクーツク州（州都はイ

---

[4] 動きといっても通常は1 yrに数cm程度かそれ以下で，そこに生活する生物達の寿命程度の時間では環境の変化として感知されない．
[5] 海底の中央海嶺の形成に似た地殻変動が陸上に生じたものである．
[6] 世界中でその地域のみに生息する生物種．

① イルクーツク　② アカデミシャンリッジ
③ セレンガ川　④ オリホン島　⑤ レナ川
⑥ マンズルカ川　⑦ イルクート川

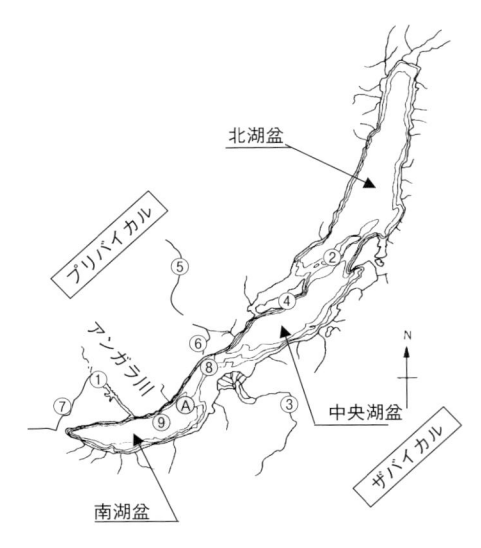

掘削地点
② BDP-96,-98　⑧ BDP-93
⑨ BDP-97　Ⓐ BDP-99

図2.3.1　バイカル湖のおもな地名と掘削地点（口絵参照）．

ルクーツク）にまたがる 51.5°N-56°N に位置し，北から南西方向に三日月型に伸びた淡水湖で，長軸は約 640 km，幅は 40-80 km，湖水面積は 31,500 km² に及ぶ．湖の南西部リストビヤンカの南からアンガラ川が流出し，エニセイ川へと注いでいる．レナ川水系は湖の北西岸に肉薄するが，湖岸の山脈（プルマルスキー山脈）によって分断されている．最大の流入河川は，モンゴルのハンガイ山脈やフブスグル湖（Lake Hovsgol）などの水を集めて北流し，バイカル湖南東部に入るセレンガ川である．湖は，西岸中央部沖のオリホン島（オルホン島）から北東湖底に延びる湖底山脈（アカデミシャンリッジ）と，セレンガデルタ（扇状地）から対岸のブグルジェイカにまで延びる湖底鞍部（ブグルジェイカサドル）とによって，北湖盆，中央湖盆（水深 1637 m 最深部がある），南湖盆に三分されている．

　バイカル湖は約 30 Myr の歴史をもつ世界最古の湖である．**バイカル地溝帯**（Baikal rift zone）の中央部，東西の隆起帯に挟まれた沈降する谷にある湖（地溝湖）で，アフリカ地溝帯にあるタンガニーカ湖（世界で2番目に古い湖）などと同じ成因である．バイカル地域の地殻変動は，約 40 Ma にインド亜大陸がユーラシア大陸に衝突したことに伴う受動的開裂と関係していると考えられる．すなわち，この衝突でヒマラヤ山系とチベット高原が形成される一方で，その奥のシベリア地域で伸張が生じて，ユーラシアプレート内に裂け目が生じ，アセノスフェアの上昇をもたらしたというものである[7]．約 32 Ma に始まった日本列島形成とも時期やメカニズムが合致している（藤井，1994）．バイカル湖の西岸には沿岸山脈が隆起していて，断層による急峻な崖となって湖に落ち込んでいる．一方，東岸には相対的にゆるやかな傾斜の山脈があり，それらを切るようにセレンガ川，バルグジン川が流入し，堆積物を湖底に運んでいる．

バイカル湖の形成史

　バイカル湖の形成史について Mats（1993）および Mats et al.（1999）に従って概説する．約 72 Ma 頃からバイカル地域では地溝帯の前駆的火成活動が始まり，35 Ma 頃までに湖の西側プリバイカル地域と湖東部のザバイカル地域が断層で分かたれ，水深数十 m の湖がいくつか形成された．27 Ma 以降，地溝系が動き始め，17 Ma までには，中央・南湖盆に 400 m 程度の深さをも

---

[7] バイカル湖を含む地溝帯より東の部分をアムールプレートとしてユーラシアプレートと分けて扱うことがある．この場合，バイカル地溝帯はプレート境界となる．

つ単一で大きな湖が形成された．オリホン断層とアカデミア台地（現在のアカデミシャンリッジ）が湖の北西岸となっていた．北湖盆が湖となったのはより最近である．17-10 Ma 頃にかけて，活断層が湖の西側で分化し，沈降速度が上昇し，湖は北湖盆に広がった．その後，アカデミア台地は沈水し，オリホン島は隆起して拡大し，バイカル湖はほぼ現在の形となる．当時の流出河川は現在とは違いレナ川水系に流入していた[8]が，沿岸断層による隆起で流出は停止する．400 ka から 100 ka にかけて，湖盆は現在の形となり，周辺が隆起するのに伴って湖は深くなり，拡大していった．隆起した山地は雪線より高くなり，氷河が発達し圏谷や U 字谷（図 2.3.2）が形成された．

図 2.3.2　バイカル地域の山岳氷河跡の U 字谷／ツンカ山系の写真．

バイカル湖の掘削で得られた湖底堆積物不攪乱柱状試料（コア試料）は，Mats の説の一部に疑問を投げかけた．1998 年に採取されたコア試料（BDP-98，2.3.3 小節参照）は，600 m の長さがあり 10 Ma 前後まで遡ることができるが，堆積層は時間的に連続しており，陸地化して浸食を受けた形跡（不連続面）がない．アカデミシャンリッジの沈水時期はより古い可能性がある．これは北湖盆の形成時期の議論や各種生物の空間的隔離とも関係するので重要である．

一方，地史的事象の時期の詳細化も進んだ．ブグルジェイカサドルで採取されたコア試料（BDP-93，2.3.3 小節参照）の元素の測定値から，古水深の復元をすると，沿岸断層による隆起で流出河川を失ったバイカル湖の水位が上昇し始めたのは約 200 ka であったが，やがて水位の緩やかな低下があり，60 ka からは低下が激しくなった（Takamatsu et al., 2003b）．水位低下の 1 つの解釈として，湖水は，まず，南西端のクルトーク付近からイルクート川[9]に流出し始め，その後，より北側のリストビヤンカの南で湖岸の陥没が起こって流出河川が現在のアンガラ川に替わり流出が加速したためと推定できよう．後者の 60 ka という流出開始時期は，バイカル湖のヨコエビ（2.3.6 小節参照）の一種（*Eulimnogammarus cyaneus*）が，アンガラ川の開口に伴い，河口付近に形成された流速の大きな水域によって南北の群の交流が分断された時期を，それ以後に蓄積された遺伝的変異から分子時計によって推定した報告（Mashiko et al., 1997）に基づく．

バイカル湖でも他の湖と同様，流入河川によって搬入される土砂の堆積はある．流入水の約半分を供給するセレンガ川が流域から運んできた土砂の堆積によって形成された鞍部によって，中央湖盆と南湖盆が分けられている．湖底堆積物の厚さは，音波探査から，最大 7.5 km に及ぶことが推定され，湖の最深部付近でも数 km 以上ある（図 2.3.3）．バイカル湖は流域からの土砂を堆積しつつも，幅と深さを拡大し続ける「成長しつつある」湖なのである．

8）現在のブグルジェイカ川が，マンズルカ川を経てレナ川に流入していた．
9）現在はバイカル湖南西の山岳を発し，イルクーツクでアンガラ川に合流する．

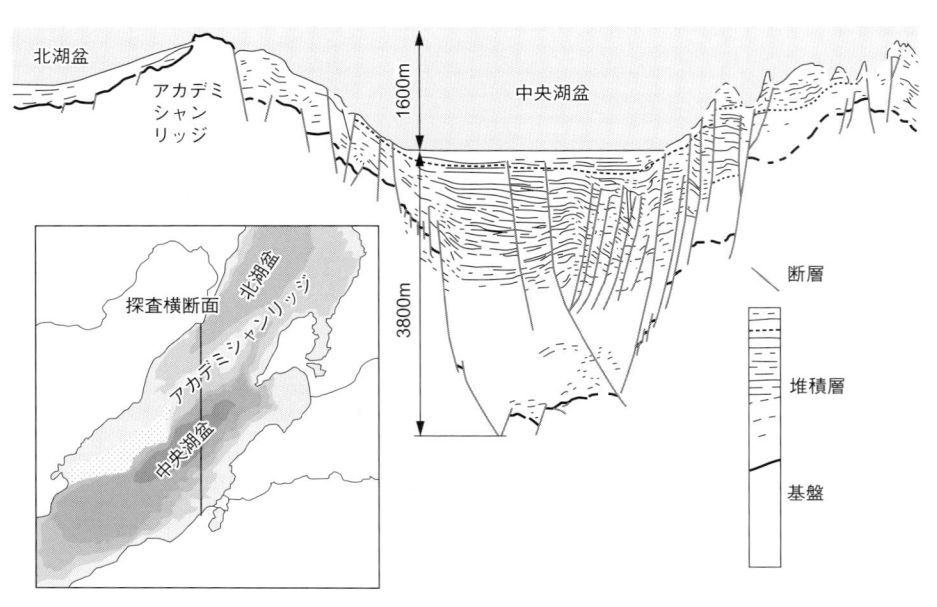

図 2.3.3 バイカル湖湖底堆積層の層序（高松武次郎による）：入れ込み地図にある線に沿った探査横断面を示した．

2.3.3 バイカル湖湖底堆積物の掘削と年代決定

1988 年，ソビエト連邦科学アカデミー（当時）はバイカル湖を世界の科学者に開放し，国際共同研究を通じて，学際的な基礎科学を発展させ，貴重な環境の保全を科学的にサポートすることなどを目標として**バイカル国際生態学研究センター**（BICER）の開設を決定した．1991 年には，ロシア，米国，ベルギー，日本，英国を初期メンバーとして BICER が設立された．

バイカルドリリングプロジェクト（Baikal Drilling Project: BDP）は，1989 年からソ連（当時）と米国の共同プロジェクトとして開始され，1992 年には日本チームが加わり進められた．

掘削手法と掘削地点

バイカル湖の湖底堆積物不攪乱柱状試料（コア試料）が本格的に採取されたのは，1993 年からである．掘削は冬季に全面結氷した湖上から行われた．バージ（はしけ）に掘削システムを敷設したものを結氷前に掘削予定地点に曳航し，全面結氷でバージが動かなくなるのを待って掘削する方法を用いた．これにより，陸上掘削と同程度の安定した掘削を安価に行うことができた．その後，日本の深海掘削船「みらい」にも採用されることになるライザー方式という優れた技術を用いたこともこの掘削の特徴である．この技術では，湖底まで伸ばした**外套管**（riser pipe）の中で先端に中空のドリルビットのついた掘削管を回すことで掘削を進め，岩石試料をビット直上に設置した試料採取管（core barrel）に取り込んでは船上に引き上げることを繰り返す．外套管があることで，磨耗したビットの交換と掘削泥水循環によるビット冷却を可能にしている．さらに，孔底の削屑を循環泥水に乗せて船上まで押し上げて湖底の汚濁を防ぐとともに，循環泥水中の粘土が崩れやすい砂層の隙間を埋めて掘削壁を安定化させることもできる．

このような方法により，1993年から1999年にかけて，

 BDP-93：ブグルジェイカサドル，水深332 m，コア長100 m，2孔井
 BDP-96：アカデミシャンリッジ，水深321 m，コア長200 m，2孔井
 BDP-97：南湖盆東部の最深部，水深1436 m，コア長42 m，1孔井
 BDP-98：アカデミシャンリッジ，水深337 m，コア長600 m，2孔井
 BDP-99：ポソルスカヤバンク，水深300 m，コア長300 m，1孔井

の5地点の掘削を行い，解析用試料を得た（図2.3.1）．BDP-97[10]を除き，いずれも掘削地点の湖底が周辺より高くなっている位置（北湖盆・中央湖盆を分けるアカデミシャンリッジ，および中央湖盆・南湖盆を分けるブグルジェイカサドル，セレンガデルタ先端の湖底溝をはさんですぐ沖のポソルスカヤバンク）を選んでおり，周りからの崩れ込みによるタービダイト層がほとんど無く，連続性の良い試料が得られている．

堆積物コア試料の年代決定法

古環境変動解析の課題は歴史の再現であることから，堆積物コア試料の年代は最も基本的で重要な情報である．攪乱のない一本のコアについては，いろいろな測定値の時間的前後関係は，コアの深さ情報と一対一に対応づけられる．しかし，堆積速度が不明で，一般には時間変化することから深さと時間を対応させるには深さごとに年代を決定する必要がある．さらに，異なる地点で採取されたコアの深さは，斉一的に時間に対応しない．複数のコアの記録の前後関係や因果関係を明らかにして，湖全体にわたる変動時系列の分布を抽出するには，共通軸としての時間軸を正確に決めることが必須である．

湖底堆積物は非固形であるため，その年代決定には困難を伴うことも多い．バイカル湖湖底堆積物コア試料の年代決定には，2つの独立した方法が用いられている．うち1つは，古地磁気層序法で，1000万年間程度の試料では有効な手法であり，コア試料の全時間範囲を比較的容易に測定できる．もう1つは原理的に個別の試料1個でもその堆積年代を決定できる絶対的方法（炭素14法など）である．1000万年間程度を対象とする絶対年代決定法は実用化されておらず，ベリリウム10法の開発が行われ，BDP-96およびBDP-98に適用された（Horiuchi et al., 2003）．さらに，粒径分布，帯磁率，生物起源シリカの変動などに基づいて，ミランコビッチサイクルによるオービタルチューニングを行い，深さと年代決定を行う場合もある（2.3.4小節参照）．

以下では，古地磁気層序法とベリリウム10法について詳述する．

古地磁気層序法

地球磁場は逆転を繰り返しており，それが海洋底に地磁気縞模様として記録されている．2つの地球磁場逆転に挟まれたおおよそ数十万年以上にわたって一方の方向が卓越する時代を**磁極期**（epoch）と呼び，現在と磁極の向きが同じ時を**正磁極期**（normal epoch），反対のときを**逆磁極期**（reversed epoch）という．現在は，780 ka以降継続する**ブルン正磁極期**（Brunhes normal epoch）にあり，それ以前は**松山逆磁極期**（Matuyama reversed epoch）と呼ばれる．各期に時折見られる数十万年より短い地球磁場逆転をイベント（event）と呼び，さらに数万年より短く完全な逆

---

10) BDP-97はメタンハイドレート層を2層採取した．

転に至らないものはエクスカーション（excursion）という．10 Ma 以降には5つの磁極期があり，さらに多くのイベントとエクスカーションがある．例えば，ブルン正磁極期にはイベントは1つも無いが，8回のエクスカーションが同定されている．さらに磁場方向の数十度の変化や1/2から2倍程度の強度の変動は数千年スケールで生じている．地球磁場の逆転史は地球磁場逆転表という形で精度の高い年代値が報告されている．

古地磁気層序法は，地球磁場の変動の歴史が，磁鉄鉱（Fe_3O_4）や磁赤鉄鉱（γ-Fe_2O_3）などの磁性鉱物が水中で堆積する際に，磁気テープのように磁場方向に並ぶことで記録される（磁化する）ことを利用する．堆積物が圧密によって脱水すると磁性鉱物の統計的な配向具合が固定され，残留磁化が決まる．この堆積時の残留磁化は，交流磁場をかけたり加熱したりすることで不安定な二次的な磁化を取り除いて（磁化クリーニング），精密な超伝導磁力計などで測定する．掘削試料の場合，掘削時の回転があるため水平面内の磁化方位は復元できない．よって磁化方向の水平面からの傾度（**伏角**：inclination）と残留磁化強度（intensity）が得られる情報である．こうして試料中の地球磁場の逆転史が読み出されたものが**古地磁気層序**（magneto-stratigraphy：MS）である．

コア中の残留磁化伏角の変動を測定して，年代を確定する作業は，一見明快に思えるが，試料に攪乱や欠損，変形があったり，堆積速度に急変があったりすると，磁極期やイベントの対応づけに任意性が生じることがある．また，地球磁場逆転の間は適当な補間（最も単純には直線補間）によって年代値を決める必要があるため，数十万年以下の周期の周波数解析をする場合には問題となる．よって詳細な議論にはオービタルチューニングによる補間を併用するようになってきた（Prokopenko et al., 2006）．

放射性同位元素を使った年代測定法

放射性同位元素を用いた年代測定法としては，**炭素14法**（^{14}C 法：carbon-14 method）がよく使われる（2.1.4小節参照）．^{14}C は宇宙線による大気窒素との^{14}N(n,p)^{14}C の核反応によって生成される放射性核種で，その半減期は，5730 yr である．生成された ^{14}C は酸素と反応して $^{14}CO_2$ となり，大気中で安定同位体 CO_2 と十分混合された後，光合成で植物に固定される．生物体が死亡し堆積すると，^{14}C の新たな取り込みは無くなり，濃度（^{14}C/^{12}C）は減少していく．加速器質量分析法では，試料中の ^{14}C を負イオンに変えて直接計数することで堆積年代が測れる．^{14}C 法は 60 ka 程度（半減期の約10倍）までが測定限界である．

より古い堆積物の年代を測定する方法として開発されているのが，**ベリリウム10法**（^{10}Be 法：beryllium-10 geochronology）である．^{10}Be のほとんどは，宇宙線と大気中の窒素，酸素，炭素との衝突破砕反応によって生成される放射性核種で，半減期約 1.5 Myr で，^{10}B（ホウ素）に壊変する．半減期からすれば，過去 1000 万年間程度の年代決定には理想的である．しかし，宇宙線によって生成されるため，^{14}C と同様，地球磁場変動の影響を受ける．さらに Be は C と異なり，堆積物に持ち込まれるまでの経路が全球で斉一でなく，表層循環の諸因子の影響を受けるため，とくに陸域では堆積時の初期濃度（^{10}Be/^{9}Be）の推定が困難であるという難点もある．

これを解決するために，もう1つの宇宙線起源同位体である ^{26}Al と組み合わせる方法が，^{10}Be/^{26}Al 加速器質量分析法である．Be と Al は化学的挙動が似ているため，両者の比を取れば初期濃度の変動をある程度キャンセルできることが期待される．すでに南極のドームふじで

得られた氷床コアにおいては ^{10}Be/^{26}Al の初生比（$1.75 \pm 0.19 \times 10^{-3}$）を求めることに成功している（Horiuchi et al., 2007）．ただし，堆積物中では ^{26}Al/^{27}Al が測定限界を下回るため濃縮が必要なことなどの技術的課題があり，これらが克服されて実用化されることが期待されている．

バイカル湖湖底堆積物コア試料の年代値

前述の古地磁気層序法と ^{10}Be 法によって，コア試料の年代値が出されている．いずれのコアも 5 Ma 程度までは，きれいな古地磁気層序が得られ，年代が決められている．一方，^{10}Be の測定からは，氷期・間氷期サイクルに同期した変動はあるものの，1 Myr スケールで深部に向かい ^{10}Be の濃度が減少する傾向が見られた．そして古地磁気層序の年代に基づいて，^{10}Be の半減期 1.5 Myr の理想減衰線と，^{10}Be の濃度の深部に向かう減少とを比較するとトレンドはよく一致する．ただし，^{10}Be の濃度は理想減衰線に対して一定の変動幅をもつ．これより，5 Ma 程度までは，古地磁気層序法と ^{10}Be 法は良い一致を示すといえる．

しかし，BDP-98 の湖底下 191 m 以深のコア（BDP-98-2, 191-600 m, おおよそ 5 Ma 以前に相当）では，当初決められた古地磁気層序とその後に測定された ^{10}Be 法による年代推定には大きな差が生じた．当初の古地磁気層序（MS-1）では，湖底下 600 m の BDP-98-2 の底の年代は約 12 Ma と見積もられた（Kashiwaya et al., 2001）．ところが，^{10}Be の濃度の深度とともに減少する減衰率から推定された平均堆積速度は 10.77 cm kyr^{-1} となり，これは BDP-96 から得られた深さ約 200 m までの堆積速度 3.53-3.83 cm kyr^{-1} よりかなり速い．その結果，^{10}Be の減衰から見積もられるコアの底の年代は約 8.5 Ma となる（Horiuchi et al., 2003）．両者の推定年代の差は 3.5 Myr にも達する．

実は，BDP-98-2 の MS-1 は，深さ 260-380 m に 29 cm kyr^{-1} という異常に大きな堆積速度を想定することで，他の部分の平均堆積速度は 4-5 cm kyr^{-1} とほぼ一様になって，地球磁場逆転表と一致するように調整されていた．そこで，Horiuchi et al. (2003) は，^{10}Be 法から導かれた平均堆積速度により近い年代を与える新たな古地磁気層序（MS-2）を見つけた．これによると，コアの先端の年代は 4.4 Ma，底の年代は 8.4 Ma となる．また，260-380 m での堆積速度はより小さい 16 cm kyr^{-1} となり，年代は 5.8-5.3 Ma と推定できる．これはメッシニア塩分危機[11]に対応した中新世末期の寒冷期に相当すると考えられる．

どちらの年代推定が妥当かは，さらに多くの指標から検討する必要がある．いずれにせよ約 5 Ma より新しい時代の年代値には古地磁気層序法と ^{10}Be 法で大きな矛盾はない．BDP-98-2 を用いた 5 Ma 以前の議論については，本書では MS-1 による年代を採用することとする．MS-2 との年代換算は次式で概算できる：

$$t_{\text{MS-2}} = \begin{cases} 0.38(t_{\text{MS-1}} - 4.4 \text{ Ma}) + 4.4 \text{ Ma}, & 4.4 \text{ Ma} < t_{\text{MS-1}} < 6.5 \text{ Ma} \\ 0.50(t_{\text{MS-1}} - 7.0 \text{ Ma}) + 6.0 \text{ Ma}, & 7.0 \text{ Ma} < t_{\text{MS-1}} < 11.6 \text{ Ma} \end{cases} \quad (2.3.1)$$

---

[11] 6.0-5.3 Ma において地殻変動でジブラルタル海峡が閉じ，地中海が湖となって干上がった事件．海洋全体の塩分が減少し，寒冷化した．

2.3.4 バイカル湖湖底堆積物コアから得られた環境指標

得られた環境指標の特徴

海洋では水の蒸発・大陸氷床形成に伴って同位体濃縮が起こり，海水中の酸素同位体比（$\delta^{18}O$）や水素同位体比（δD）が高くなる．あるいは水温に応じて取り込まれる同位体比が変化する．これらの現象を反映した海洋底堆積物中の有孔虫殻の $\delta^{18}O$ を用いて，生物情報から独立した物理量を引き出すことに成功した．すなわち，底生有孔虫殻からは地球表層の全氷床量が，浮遊性有孔虫殻からは，その地点の表層海水温度と塩分が得られる（2.1.1小節）．同様に氷床コアの氷の $\delta^{18}O$ や δD からも温度情報が得られる（2.1.3小節）．

しかし，バイカル湖では $\delta^{18}O$ を全氷床量や温度に直接焼きなおすのは困難である．なぜなら，バイカル湖に流入する水は，海水から蒸発した水蒸気を起源とする降水（降雨や降雪）がほとんどであり，バイカル湖自体がその降水の起源となっているわけではないからである．さらに，かなりの水は氷河や地下水を経て湖に入るため，応答の時間遅れが生じるからでもある．このような影響を除去して，夏季の表層水温の変動を再現する方法の開発が進められているが，まだ確立されていない．

一方で，バイカル湖では，豊富な生物情報によって総合的な古環境変動解析が可能となる．バイカル湖の場合，**全有機炭素量**（total organic carbon：TOC）や，おもに**珪藻**（diatom）がつくる SiO_2 殻の堆積物である**生物起源シリカ**（biogenic silica：化学組成は SiO_2，以下では bioSi と記す）などは氷期・間氷期サイクルに同期した変動をすることが確認されている．湖底泥中の bioSi 含有量は，間氷期には数十％にも達するが，氷期には数％程度となる．この bioSi の変動は，比重，粒度分布，含水率，帯磁率，X線透過率，各種元素の含有量など多くの測定結果に反映される．

TOC や bioSi の変動の周波数解析からミランコビッチサイクルに対応する周波数成分が含まれていることが確認されている（2.3.5小節参照）．その事実に基づいてオービタルチューニングをすることで，バイカル湖もまた，海洋底コアや氷床コアから復元された海洋や極域の長期気候変動と非常に良く似た変動をしてきたことが明らかになった（Kashiwaya et al., 2001；Prokopenko et al., 2002；2006）．

さらに，海洋や極域とは異なる陸域に特徴的な変動らしきものも見え始めている．ただし，こうした議論を精密に進める場合，生物情報は，気候や環境に対する応答が著しく非線形であることに注意しなくてはいけない．また，「生物活動から推定された気候環境変動の情報を使って，気候変動が生物相にどの様な影響を与えるのかを解析する」ことによって議論が循環論法に陥る危険性に留意する必要がある．例えば，植物の環境ストレス耐性が，環境変動による植物生産量の減少をどの程度緩和しているのかを過去の生物情報だけから明らかにするのは困難である．

よって，生物情報とは独立の気候プロキシーを確立することが重要である．それによって，陸域の気候変動の特徴が明らかにできるだけでなく，気候変動の生物相への影響も循環論法に陥ることなく論じることができるようになる．残念ながら，現時点では，十分な信頼性をもった「生物情報に基づかない気候・環境指標」は実用化されていない．したがって，この小節では，生物情報に基づかない指標の確立に向けた取り組みを紹介するとともに，生物情報に基づいた指標に

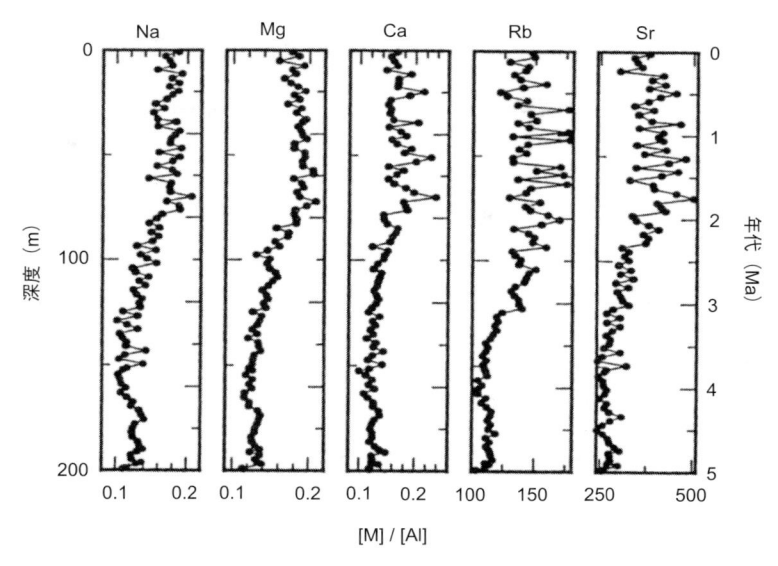

図 2.3.4 BDP-98 におけるアルカリ元素とアルカリ土類元素のアルミニウム（Al）含有量に対する比の鉛直変化（原口，2000）．

ついても概括する．

無機元素

　従来の湖底堆積物コア試料からは，一般に無機物に含まれる元素（無機元素）の鉛直分布が気候や環境の変化を反映して変わるということは明確ではなかった．しかし，原口（2000）はバイカル湖のアカデミシャンリッジの堆積層（BDP-96，BDP-98）では，ナトリウム（Na），カリウム（K），マグネシウム（Mg），カルシウム（Ca），ストロンチウム（Sr）などいくつかの無機元素の分布が，約 2.7 Ma に北半球に大陸氷床ができるようになった時期の前後で顕著に変わり，気候・環境変動を反映した変化があることを示した（図 2.3.4）．このことは，複数のグループの異なる測定法による結果によって確認された．これらの結果は，無機元素や鉱物の分布から気候・環境変動（気温，降水量，風化，地形変化など）を推定し，再現できる可能性を示唆している．生物情報に基づかない指標として有望である．

　コア中の無機物の元素濃度は，一般に湖内外で生産された有機物や珪藻殻などの生物遺骸によって希釈されるため，それら生物活動の変化を反映して「共通の周期」で変化する．測定結果からこのような生物活動を直接反映した変化を取り除くために，湖内で水への溶脱による除去や沈殿による付加が起こりにくいアルミニウム（Al）やチタン（Ti）などの含有量に対する各元素の含有量の比を用いて議論する．このデータ処理を「元素含有量を Al 含有量もしくは Ti 含有量で**規格化**（normalization）する」という．簡単だが鉱物組成の変化などを推定する上で非常に効果的な処理である．

　図 2.3.4 に見られるように，2.7 Ma 頃を境に，湖底堆積物中の ［Na］/［Al］ 比と ［Ca］/［Al］比が大きくなったことは，乾燥化によって，乾燥気候帯がバイカル湖周辺まで広がる期間が増えて，黄砂などの塩基性の高い風送塵の堆積する比率が増えたためと説明できる（Takamatsu et al., 2003a）．風送塵起源の堆積粒子は，流入河川流域から運ばれた砂や粘土粒子に比べ，溶脱を

受ける期間が短かったため，アルカリ金属イオンやアルカリ土類イオンに富んでいる．なお，バイカル湖南湖盆の堆積物コアのNa，K，Mg，Ca，Siが最終氷期末期（15 ka）に短時間で急激に濃度が減少することが発見されている（Chebykin et al., 2003）．

堆積物中の元素には，湖水中に溶解していたものが他の粒子に吸着されたり不溶性化合物の生成によって沈殿したりしたものと，流域から砂や粘土粒子の形で運び込まれたものが沈降したものなどがあり，それぞれいろいろな環境変化を反映して濃度変化をするものと思われる．

ウラン（U），臭素（Br），タングステン（W）などは温暖期・湿潤期に濃度が増す元素である．Uはセレンガ川流域で溶脱し，溶存態として供給され，粒子に吸着されて沈殿すると考えられる．温暖期には河川から供給される水量が増えるためUの濃度が高まると考えられる．

そのような中にあって，いくつかの元素は生物活動（珪藻殻による希釈など）では説明のつかない，明らかに続成作用を含む環境変化を反映した顕著な変化を示している．1つの元素グループは，マンガン（Mn）や鉄（Fe）など，堆積してから微生物などの作用で還元されて，一旦溶解し，拡散によって移動した後，O_2を多く含む表層近くで無生物的に酸化されて再沈殿，固定される元素である．これらの元素は，試料の所々に濃集層として，含有量の鋭いピークとして出現する．もう1つのグループは，U，ヒ素（As），イオウ（S），セレン（Se）など，強い還元状態のもとで硫化物を作って再固定される元素（Takamatsu et al., 2003b）で，これらも鋭いピークとして試料中に現れることがある．これらの元素の挙動は，起源となる岩石や土壌の風化・溶解が，植物遺骸などの分解の際に生ずる有機酸や炭酸によって促進されるし，再沈殿でもまた化学的な反応を伴うので，生物活動とは独立に，生成時の温度などの環境情報を保持している可能性がある．今後，続成過程で生成する鉱物の解析結果が蓄積されれば，新たな気候・環境変動プロキシーとなり得る．

有機物

全有機炭素量（TOC）は，それぞれの時代の生物生産量を反映していると考えられるので，最も一般的な気候・環境変動の指標の1つである．**全窒素量**（total nitrogen）をTNと略した場合，TOC/TN比は，維管束植物で大きく，珪藻など植物プランクトンで小さいので，湖における外来性と自生性有機物の比率の推定に使われる．TOCは，約10 Maから現在に向けて減少傾向のトレンドを示しており，寒冷化が進んできたことを示している．ただし，TOCは>6.0 Ma，5.5-5.1 Ma，4.3-2.8 Ma，2.0-1.5 Maなどで高い時期があり，この間は温暖な時期に対応すると判断される．逆に6.0-5.6 Ma，2.8-2.2 Ma，1.4 Ma以降（約0.50 Maのピークを除く）はTOCが低く（図2.3.5）寒冷であったと推定される．2.5 Ma以降については，TOCは氷期・間氷期サイクルに対応して増減する．TOCの最低値の変化から1.0-0.9 Maと0.4 Ma以降に最も厳しい寒冷化があったことが推定される．これは後述の珪藻殻の解析や花粉分析の結果とも調和的である．

10 kyr以上の長い周期では，殻の数で示された珪藻の増減（図2.3.6(a)）がTOCと非常に良く対応している．

生物種に特異的で地球上における有機物の起源，移動・循環，変化・熟成などの指標として有用な化合物は，**バイオマーカー**（biomarker：生物指標）と呼ばれている．バイカル湖底泥中の有機化合物はほとんど生物由来である．最近の分析技術の進歩により，0.1 ppm程度以下の含有

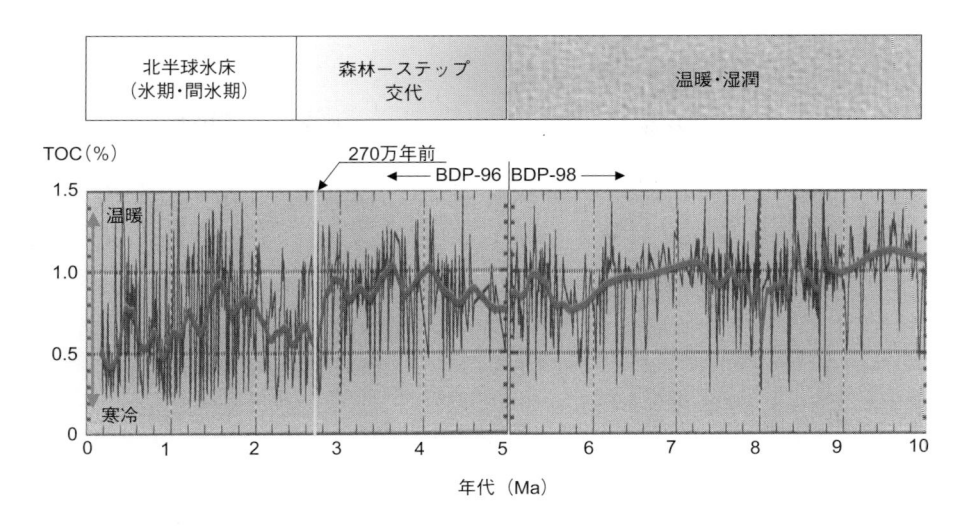

図 2.3.5 BDP-96, BDP-98 における全有機炭素含量（TOC）：推定される気候状態を上に示した（井上, 2000）.

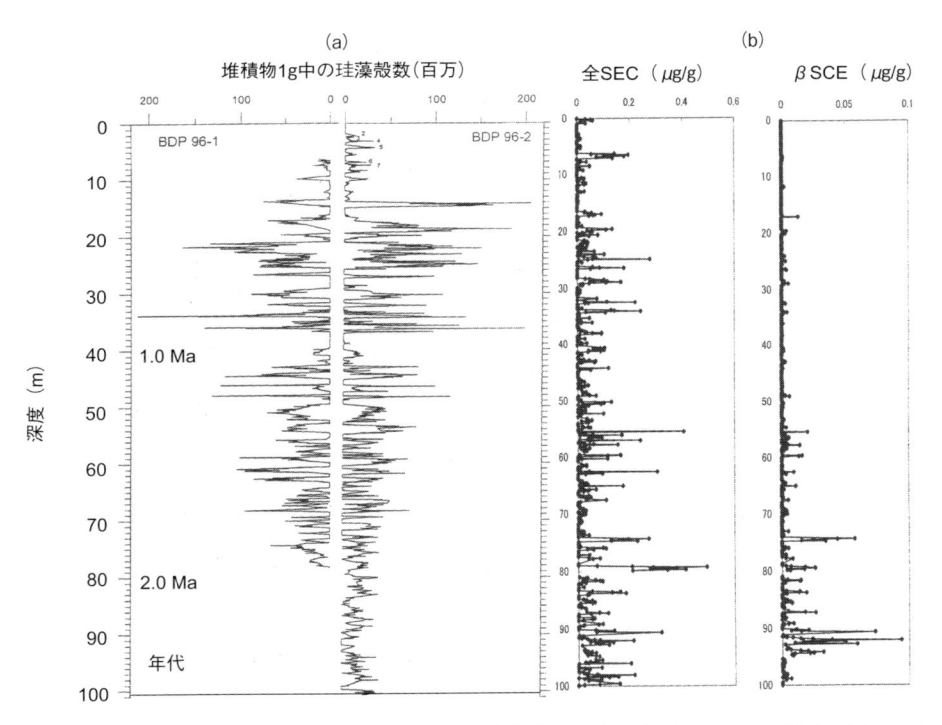

図 2.3.6 BDP-96 におけるバイオマーカー：(a)珪藻殻数の鉛直分布（Grachev, 私信）, (b)ステリルクロリンエステル（SCE）およびクロロフィル b 由来の SCE（βSCE）の鉛直分布（Soma et al., 2001）.

量の多数の有機化合物が精度良く測定されている．これらの化合物は，堆積層の深部で熱と圧力によって珪藻殻や花粉などの微化石が崩壊してしまうような条件下において，ある程度分解されても起源生物に関する情報を残すため，化学化石と呼ばれる貴重な古生物情報源となる．

バイオマーカーとして重要な化合物に光合成色素のクロロフィルを起源とする**ステリルクロリンエステル**（steryl chlorine esters：SCE）がある．SCEは，植物プランクトンが動物プランクトンによって捕食・消化される過程で，クロロフィルのMgとフィトール基がはずれ，代わりに種々のステロール鎖がエステル結合して生成され，排泄物中に含まれるものであることがわかっている．クロロフィルの特徴を残すポルフィリン核と細胞壁の特徴を残すステロール鎖から起源植物プランクトンの推定が可能である．クロロフィルb起源のβSCEの堆積物コア中の濃度変化を図2.3.6(b)に示した（Soma et al., 2001）．珪藻はクロロフィルbをもたない．よって，このグラフから，約2.4 Maに珪藻ではない植物プランクトン（クロロフィルbを含む緑藻類など）がいったん増殖し，その後，約1.3 Maに向けて，珪藻の増加と共に減少したことが示唆される．

花粉分析からわかる陸域植生の推移

花粉分析によって，属レベルの植生の変遷が明らかにされた（長谷ほか，2003）．2 Ma以降の詳細については2.2.5小節で述べたので，ここではそれ以前を中心に概説する．過去1000万年間という時間スケールで進んできた寒冷化に伴って，温暖性樹種（広葉樹）の存在比率が下がり，針葉樹中心の現在のタイガの極相に近づいていったというのが変化のおおまかな流れである．ただし，大小さまざまな周期の短い気候変動に対応した変化を繰り返してきた．

特筆すべきことは，次のことである（長谷ほか，2003）：(1) 約5 Maから[12] 森林の時期と草本類や地衣類が主体のステップ（草本類や地衣類が主体）の時期の交代が少なくとも56回観測されている．このうち最近のものは，氷期・間氷期サイクルと対応しているが，比較的温暖湿潤な気候が続いたと考えられてきた5-3.5 Maにも乾燥化した（おそらく寒冷化も伴っていた）時期があった．(2) 10 Ma以降，温暖な状態から寒冷な状態への大きな気候変化があったが，新しい属の出現（進化，移入）が見られなかった．(3) 約1.5-1.0 Maに温暖性樹種の6つの属／亜属およびニレ科が消滅した（Maki et al., 2001；2.2.5小節の図2.2.9参照）．この消滅は，北半球に大陸氷床が形成され，氷期・間氷期サイクルが始まった2.7 Maから1 Myr以上も経過した後起こった．長い間，氷期・間氷期の繰り返しを耐え抜いてきたこれらの樹種を消滅に追いやった，1.5-1.0 Ma頃に起こった変化とはどのようなものだったのか．これらの樹種の寒冷ストレス耐性を支えていた機構とその限界はどのようなものなのか．

筆者らのグループでは，バイカル湖周辺および日本に自生するヤシャブシ属（*Alnus fruticosa*, *Alnus sieboldiana*）などを用いて，寒冷，乾燥，高塩分化ストレス[13]に対する耐性を調べている（Takabe et al., 2006）．その結果，このようなストレスによって葉の中の糖類やアミノ酸の濃度が高まることが明らかになってきた．これらの物質は，細胞中の水分喪失を浸透圧調整により抑制し，凍結による細胞破壊を凝固点降下などによって防止する働きがある．環境変化に対する応答は比較的速く，数日程度もしくはそれ以下である．

---

[12] 5 Maより前の時代には森林の消滅は見られなかった．
[13] 寒冷化は一般に，乾燥化と土壌間隙水の蒸発・溶存塩分の析出による高塩分化を伴うので，これらに対する植物のストレス耐性を理解することが重要となる．

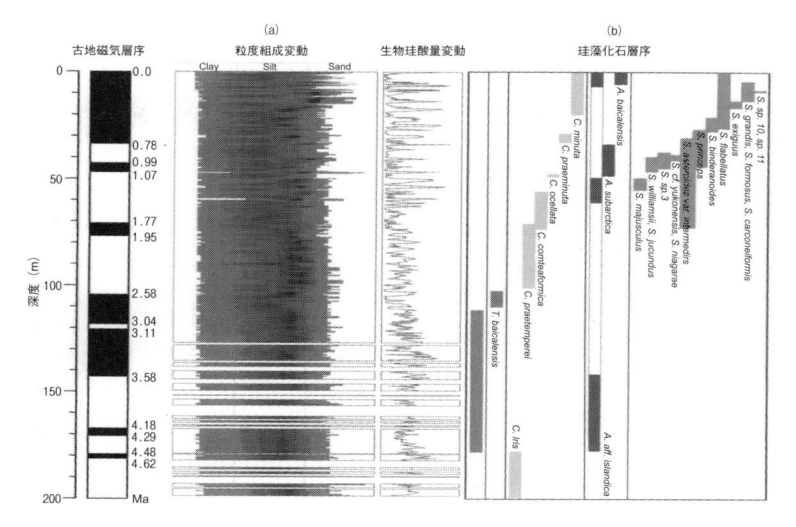

図2.3.7 BDP-96における粒径の分離と珪藻の種分化：(a)古地磁気層序と反転年代，粒度組成変動（右ほど粗粒，濃い青ほど多い），生物起源シリカ量変動，(b)珪藻化石層序（種名称を併記）．属名は *S.* (*Stephanodiscus*), *A.* (*Aulacoseira*), *C.* (*Cymbella*), *T.* (*Thalassioseira*). いずれも鉛直分布（箕浦，私信；Khursevich et al., 2000, 口絵参照）．

　上述のバイカル湖周辺に見られた寒冷化に対する耐性に関する疑問に答えるには，こうした個体の環境ストレス耐性に加えて，世代を超えた期間の環境変化に対する環境ストレス耐性が生じるメカニズムも明らかにする必要がある．Kasuga et al. (1999) は，乾燥や低温などの環境ストレスがシロイヌナズナのストレス調節転写因子の過剰な発現を誘導し，乾燥，凍結，塩分ストレスへの抵抗力が改善される機構を明らかにした．これは，上記の疑問に1つの示唆を与える．

　バイカル湖周辺で観察された長期の寒冷化に対する植生変遷は主として存在比率の変化であった．このことから，この地域の現生植物は寒冷・乾燥・高塩分化ストレス耐性がかなり強いことが示唆される．一方で，豊かな亜寒帯針葉樹林（タイガ）に覆われたバイカル湖地域でさえ，新しい種が生まれて環境に適応した証拠が少なくとも花粉解析からは見出されなかったことに留意すべきである．

微化石解析からわかる湖内生物相の変遷

　珪藻殻の微化石解析では，生物の消長および種組成変遷などが議論されている（Khursevich et al., 2000）．珪藻の殻は種ごとに形が異なり，形状が多様で大きさも変わるため，種のレベルで消長を議論することができる．湖内生物では微化石を残すものは珪藻の他には海綿など非常に限られる．

　BDP-96（アカデミシャンリッジ）の珪藻殻の粒径分布は約2.5 Maまでは単一のピークを示していたが，2.5 Ma以降は，2つのピークに分離して現在に至っている（図2.3.7(a)，口絵参照）．量的には，珪藻殻は2.8-2.7 Ma，1.0 Maおよび0.4 Maに減少している．いずれも寒冷化が急激に進んだ時期に対応する．それ以外の時期は増加基調で0.9-0.5 Maに最大期（ただし，氷期・間氷期サイクルに同期した変動はある）となっている．珪藻殻計数結果（図2.3.7(b)）から，バ

イカル湖では1Ma以降，珪藻のいろいろな種が200-300 kyr現れては消えるという，短寿命の種形成が顕著になったことが示された（図2.3.7(a)：Khursevich et al., 2000）．種形成の高頻度化は，生物生産量の変化とはあまり関係なく続いており，現在もまだ完了していないように見える．

珪藻の高頻度の進化と種の寿命の短縮は，氷河時代の厳しい寒冷化に適応するために，一足飛びには到達できない適応型に向けて進化を積み重ねていっているものと推定される．これは，非常に興味深い現象である．なぜなら，珪藻綱の最古の化石は約180Maのジュラ紀のものであるが，珪藻の祖先がそれ以前の氷河時代（325-270 Ma）に獲得した耐性遺伝子が休眠状態で引き継がれ，それが第四紀氷河時代に突入した際に試行錯誤の中で再び活性化された可能性があると考えるからである．実際には，珪藻は地球上のあらゆる極限的な環境に進出している生物である．よって，バイカル湖よりも気候・環境条件の厳しい極域や高山湖沼の珪藻の進化との比較は興味ある課題である．

珪藻殻の微化石から得られた新種形成の高頻度化は，花粉分析で示された陸域植生の変化（寒冷化に伴う多様性減少，すなわち温暖性樹種の消滅のみで新しい属の出現がなかったこと）と対照的であり，環境変化に対する生物の応答を考える上で示唆に富む．

生物起源シリカ

バイカル湖のコアの解析において，気候プロキシー（2.1節参照）としてよく使われるものに，生物起源シリカ（bioSi）がある．これはおもに珪藻殻などのオパール（opal）で構成される．バイカル湖の湖底泥には，bioSi含有量が50-60%に達する珪藻殻と有機物に富む軟泥層とbioSi含有量が3%程度の細粒のシルト粘土層との，顕著な互層が見られる（例えば，長谷ほか，2003）．前者は間氷期など温暖期に後者は氷期など寒冷期によく対応している．間氷期や亜間氷期に非常によく対応して，bioSiのピークが見られる．

日射量とbioSiが相関の高いことについては，次のような珪藻の生物生産モデルによる説明が提案されている（Prokopenko et al., 2001）．バイカル湖では，春に珪藻の大発生（ブルーミング：blooming）が起こる[14]．これには，淡水湖特有の表層対流の形成が重要な役割を果たしている．淡水は最大密度になる温度が水面付近で4℃であるが，深さ（圧力）の増加とともに低下し，500mの深さで約3℃となる．冬季凍結する水面近くの温度はこの密度最大となる温度より低いため，冬季の湖の温度の鉛直方向の変化は，ある深さで最大温度となる．春の日射で水面近くから温度上昇が起こると，低温の下層より密度が高くなり，成層不安定となって対流が生じる．一方で日射量の増加や対流による溶存珪酸・栄養塩類の供給により，氷下の有光層で珪藻などの生物生産も春に活発化する．表層の対流層の厚さが有光層の厚さ（60-70 m）より薄ければ，対流は活発で珪藻は有光層から失われにくく，逆に厚くなると対流は弱まり，珪藻は有光層から下へ沈降してしまう．現在のバイカル湖では4月から5月にかけて，対流層が有光層内にあり，ブルームが起こるが，その後は対流層が深くまで伸びて珪藻の生物生産は抑制される．対流層が到達できる深さは，湖水の鉛直温度曲線が最大となる層（最高温度層）の深さで決まる．夏季の日射による熱の蓄積が大きいと最高温度層の深さは浅くなる．

---

[14] 秋には風による対流によって，春より小規模なブルームがある．

現在の珪藻の生物生産に関する上記のようなモデルから，氷期・間氷期サイクルに対するbioSiの応答性の良さを説明できる（Prokopenko et al., 2001）．温暖な間氷期，とくに日射量が大きい期間は，最高温度層は浅くなり，春に形成される対流層は浅く活発に活動する．このため生物生産は高くbioSiの比率は高くなる．一方寒冷な氷期には，冷たい水の流入もあって，あまり日射量によらず最高温度層は深くなり，春に形成される対流層は深く活動度は弱い．このため生物生産は間氷期に比べかなり低調となり，bioSiの比率は低いまま推移する．

こうしたメカニズムで，bioSiは日射量変動にかなり忠実に応答するらしい．そのため，53°Nの夏至の日射量の理論変動曲線を用いて[15]，年代軸を較正することで，海洋底コアと比較できるbioSiの変動曲線を得ることができた（Prokopenko et al., 2006）．このオービタルチューニングによって，53°Nの夏至の日射量の変動曲線とbioSiの応答に，40 kyrの周期帯で約4 kyrの遅れがあることが見出されている．大局において，バイカル湖試料のbioSiの変動は，海洋底コアや氷床コアから読み出された変動とよく同期している．

ただし，バイカル湖特有の応答と解釈し得る，次のような発見も報告されている．Prokopenko et al.（2002）は，BDP-96-2（アカデミシャンリッジ）を解析して，海洋酸素同位体ステージ（MIS：2.1.1小節参照）でMIS15aからMIS11まで（580-380 ka）において，次のようなプロキシーの変遷を明らかにした．

- 生物起源シリカ（図2.3.8(b)），珪藻生産（図2.3.8(e)），浮遊性珪藻の*Stephanodiscus distinctus*の殻（図2.3.8(f)），底生珪藻の殻（図2.3.8(g)）の堆積量が，他の時期に比べて高く，底生珪藻は氷期中も途絶えることがなかった．また堆積速度の変化は小さい（図2.3.8(c)）．これらのことは，MIS15からMIS11の氷期・間氷期を通じて，温暖で安定な環境であったことを示唆する．

- MIS14とMIS12の氷期には，他の氷期に見られる**氷河運搬砕屑物**（iceberg-rafted detritus：IRD）[16] は存在しない（図2.3.8(d)）．このことは，これらの氷期では，山岳氷河がバイカル湖にまで到達しなかったことを示し，他の氷期や亜氷期（MIS6, 8, 10, 15b-d, 16）に比べて温暖であったことが示唆される．

- MIS14とMIS12の氷期の帯磁率は，他の氷期に比べて小さい．また，氷期から間氷期あるいは間氷期から氷期への移行期は，他の時期と比較すると，変動幅が小さい（図2.3.8(d)）．このことは，氷期と間氷期のコントラストが小さかったことを示す．

大陸内部では，夏と冬あるいは氷期と間氷期の平均気温の差が，海洋域に比べて大きくなる．しかし，Prokopenko et al.（2002）が示した結果は，海洋底コアのδ^{18}Oが示すMIS12における氷床の大発達と低い海水温度，つまり強い氷期とは相反し，温暖で安定した気候変動を示すものである．

図2.3.8(a)のように，MIS12からMIS11にかけての日射量変動は小さいことから，Prokopenko et al.（2002）の結果は，むしろバイカル湖地域が日射量変動により直接的に応答しているのであって，氷床や海洋が異常に大きく応答している，という解釈も可能である．いずれにせよ，MIS12からMIS11にかけて，大陸域は独自の気候システムによる独自の環境変遷をた

---

15) 完新世などの解析に基づいて，bioSiのピークが地球の近日点（太陽に最も近づく軌道上の点）通過日が北半球の秋分となる時期に一致すると仮定してオービタルチューニングを行った．
16) 帯磁率のスパイク的な上昇で特徴づけられる．

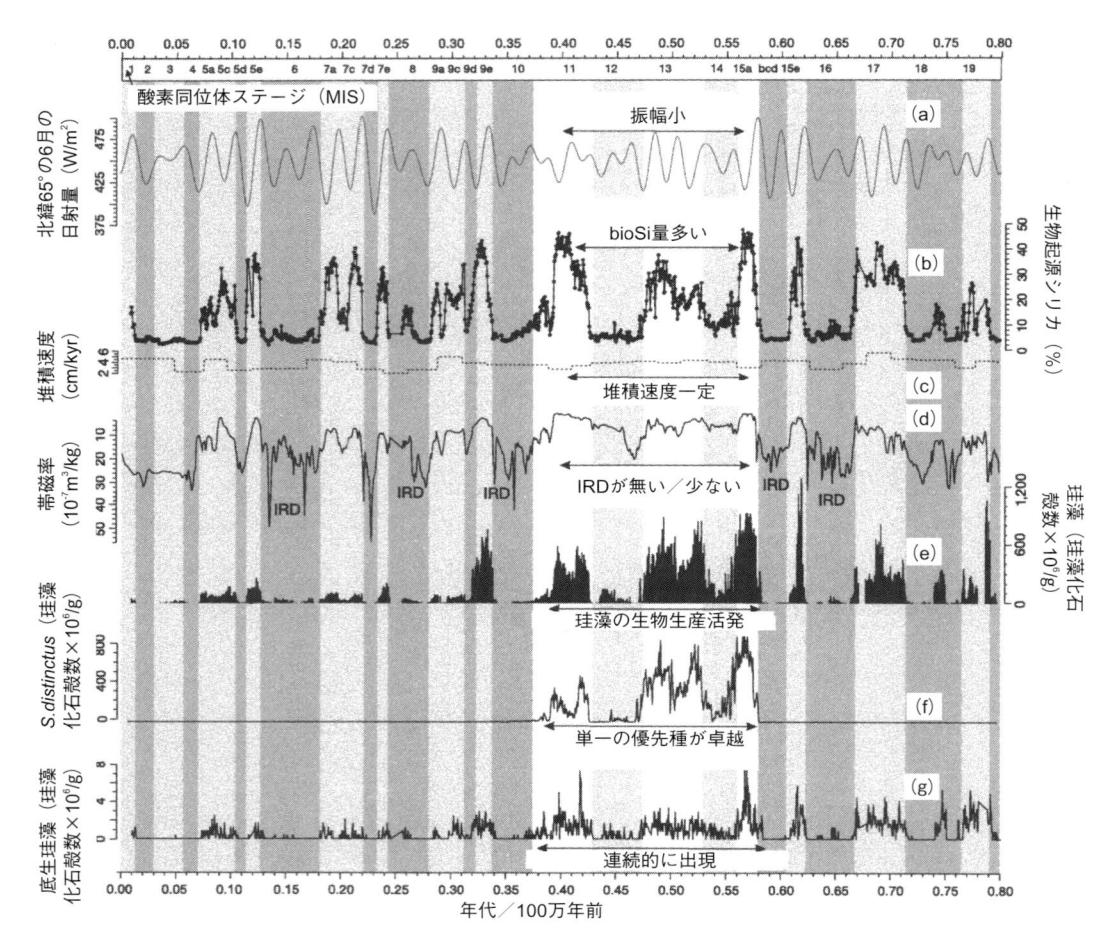

図 2.3.8 バイカル湖（BDP-96-2）の過去 80 万年間の気候・環境プロキシー．(a) 65°N の 6 月の日射量（W m^{-2}），(b)生物起源シリカ（bioSi）の質量分率（%），(c)堆積速度（cm kyr^{-1}），(d)帯磁率（相対 SI 単位），IRD は氷河運搬砕屑物起源と推定されるスパイク，(e)珪藻殻密度，(f)珪藻種（*Stephanodiscus distinctus*）の数密度，(g)底生有孔虫数密度．(e)-(g)はいずれも各層 1g 堆積物中の殻数（百万単位）である．酸素同位体ステージ 11-15a における各プロキシーの特徴を付記した（Prokopenko et al., 2002）.

どってきた可能性が高いと考えられる．

ただし，ここで注意が必要である．bioSi はあくまでも珪藻の生物生産を反映するものであり，必ずしも温度や氷床量といった気候因子を直接反映するものではないということである．例えば，図 2.3.8(e)，(f)の比較から，MIS15a-11 において，珪藻生産量のほとんどすべてが単一の種（*Stephanodiscus distinctus*）によって占められていることがわかるが，これはこの時期の異常が，同種がたまたま強い低温ストレス耐性を獲得して繁栄したことに起因する可能性を否定できない．先ほど紹介した珪藻生産が日射量に敏感である理由を示したモデルにも問題が残る．珪藻生産の重要な制限要因は流入河川から供給される溶存珪酸量であるが，その供給量が珪酸塩鉱物の溶解過程を通じて，気候変化の影響を受ける可能性が考慮されていないからである．したがって，bioSi の真の変動要因を明らかにするには，湖水のみならず，集水域全体の生態系の気候応答を明らかにしていく必要がある．こうした状況は，海洋底コアや氷床コア中の $\delta^{18}O$ が，同位

体比ということもあり，生物・化学プロセスにはほとんど影響を受けず，全球氷床量や海洋表層の温度の良いプロキシーであることとは対照的である．このため，例えば，バイカル湖のbioSiの変化を海洋底の$\delta^{18}O$の変化と比較し，その差異を海陸の気候応答の違いと決めてしまうには議論の余地がある．プロキシーとしての性格の違いによって，たとえ気候応答としては海陸に大きな差がなくても，両者に差異が生まれる可能性があるからである．

2.3.5 気候・環境変動の周期性とその変化

バイカル湖地域は，世界中で最も典型的な内陸性気候を示し気温の年較差が世界一大きいが，一方で氷期と間氷期の平均気温の差も，世界中で最も大きかったとシンプルモデルの計算から推定されている（図2.3.9：Short et al., 1991）．このような気候変動は，この地域の生物にとって大きな環境ストレスであったに違いないので，環境変化が生物相に与える影響を解明するのに適していると期待される．

現在のバイカル湖地域は，亜寒帯針葉樹林（タイガ）に覆われて豊かな生物相を擁するが，南に目を移せば，モンゴルのステップ，さらにはゴビ砂漠へとつながり，歴史的には何度も乾燥気候に覆われたことが明らかになっている．その時代の名残を今に伝える乾燥植物が見られる．長さが南北方向に640kmにも及ぶバイカル湖では，南部，中部，北部の3つの小気候帯が見られる．南部，北部は山岳部を中心に比較的年間降水量が多い（山系頂部で比較すると湖南方で1000-1200 mm，北部東岸で1200 mm以上，同西岸で800-1000 mm）が，中部は山岳が無く乾燥気候（オリホン島と湖岸に挟まれた入り江であるマロエモリエおよびその南側湖岸沿いは200 mm以下で，周辺でも400 mm以下）である．湖面降水量は200-300 mmと陸部に比べて少なく，南部でやや多めとなっている（Bukharov et al., 2001）．

すでに触れたように，バイカル湖地域の約10 Ma以降の気候の変化は，底泥中のTOCの変化や花粉分析の結果から，大局的には寒冷化の一途であったことが明らかになった．以下に，気候変化の時代区分とおもな特徴を示す．

10-5 Maまでの間は，今よりも温暖・湿潤であった．5 Maから現在までは少なくとも56回の森林・ステップ交代があった（Kawamuro et al., 2000）．まず，3.5 Maまでの間に温暖

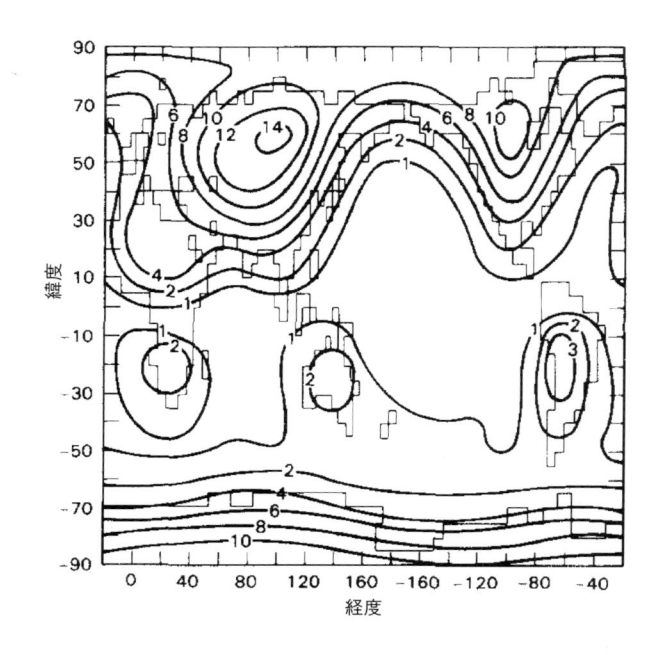

図2.3.9 ミランコビッチサイクルに対する線形応答モデルにより推定された間氷期と氷期の平均気温差の最大値（Short et al., 1991）．

だが乾燥した気候が現れた．ただし，4.5 Ma くらいから温暖・寒冷の交代が始まったとの解釈もある（Kashiwaya et al., 2001）．2.8-2.7 Ma にかけて比較的急激で強い寒冷化があったことを示す TOC の減少が見られた（Matsumoto et al., 2003）．2.7 Ma 以降，北半球でも大陸氷床が形成され，氷期・間氷期サイクルが始まった．

気候変化・気候変動には，いくつかの周期成分が認められている（例えば，増田，1993）．中でも 10 kyr 以上の周期をもつ変動にはミランコビッチサイクルの影響が強いと考えられる．バイカル湖周辺地域は世界でも最も強くミランコビッチサイクルによる日射量変動の影響が出る地域と考えられる（Short et al., 1991）．図 2.3.9 は間氷期と氷期の年平均温度差の分布である[17]．温度差が 1℃ にも満たない低・中緯度海洋に対して，ユーラシア北東内陸部では 10℃ 以上にも達することがわかる．大規模な氷床からも離れていたことも考え合わせると，バイカル湖周辺地域は，外力としてのミランコビッチサイクルの影響を最も忠実に気候に反映する可能性が高いと想定される．よって，バイカル湖で採取されたコアの過去 1000 万年間に及ぶ長い時間の連続記録から，周波数成分を読み出すことはきわめて重要であるといえる．

Colman et al. (1995) は，アカデミシャンリッジで採取された 10 m ほどのコアの生物起源シリカの質量分率を深さに対して求めた．上部については ^{14}C で年代値を決め，これから平均堆積速度を算出し，これをコア全体で一定だったと仮定して年代を決めた．これによって周波数解析を行うと，19 kyr，23 kyr，および約 100 kyr の周期とはおおむね一致するピークが見られた．ただし，41 kyr の周期との対応はあまり良くなかった．

その後もいろいろなコアの解析が行われ，2.7 Ma から現在までは氷期・間氷期サイクルが明瞭に見られることが確かめられた．1.0 Ma くらいまでは，約 40 kyr の周期が卓越していたが，1.0 Ma 以降に 100 kyr の周期が現れ，0.8 Ma 以降は 100 kyr が卓越し，これに 20 kyr 程度の周期をもつ亜氷期と亜間氷期のサイクルが重なる形になっている．この特徴は海洋底コアや氷床コアに共通する．バイカル湖湖底堆積物コアにも地球規模の気候変動を反映したさまざまな周期的変動が記録されていることがわかる．

BDP-98 コア（アカデミシャンリッジ，長さ 600 m）の連続記録[18] 中の平均粒径，含水率，電気伝導度，帯磁率などについて周期解析が行われている．ここでは平均粒径の周波数解析の結果（Kashiwaya et al., 2001）を紹介する．平均粒径の変化は珪藻の生産量と関係があると考えられ，粒径は温暖期には大きく，寒冷期には小さくなる．深さから時間への換算には，古地磁気層序（MS）法を用いた．2.3.3 小節で述べたように 5 Ma 以前の年代値は一致を見ておらず，ここでは MS-1 を用いる．サンプリング間隔は 5 cm ごと（おおよそ 1 kyr 程度に相当）だが，これをもとに時間軸上で 10 kyr ごとのデータを作成して周波数解析を行った．

平均粒径の時系列からは，0.1 Myr 周期に加え，新たに 3 つの長周期（0.4 Myr，0.6 Myr，1.0 Myr）が 0-6.5 Ma と 7.0-11.5 Ma の両方の期間で検出された（図 2.3.10）．全体的なピークの位置関係は海洋底コア（サイト 846）の δ^{18}O のスペクトルに類似している．

検出された周波数は，いずれも，地球の軌道離心率の大きさの変化の周期成分に対応づけられる可能性がある．最新のミランコビッチサイクルの理論に関する Laskar et al. (2004) によれば，

---

[17] 正確には，ミランコビッチサイクルから推定される最暖期と最寒期の差であるため，通常の間氷期と氷期の差よりも過大評価となっている．
[18] 堆積速度が異常に高かった時期を除き 0-6.5 Ma と 7.0-11.5 Ma に分けられ解析された．

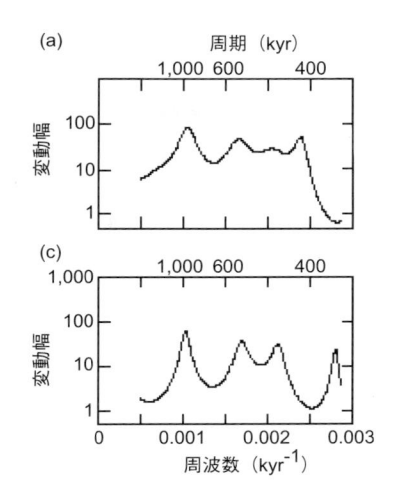

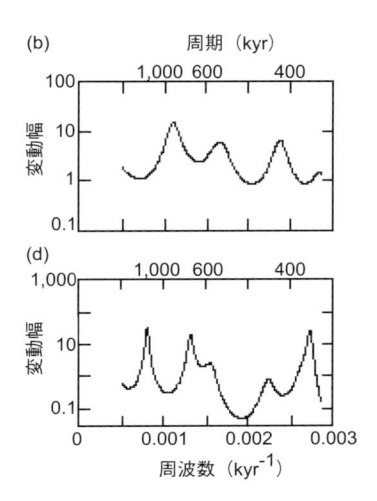

図 2.3.10 バイカル湖湖底コアと海洋底コアの長期変動の周波数スペクトルの比較：BDP-98 における平均粒径の(a) 0-6.5 Ma および(b) 7.0-11.5 Ma でのスペクトル密度．(c) ODP 677 および(d) ODP846 における $\delta^{18}O$ のスペクトル密度（Kashiwaya et al., 2001）．

軌道離心率周期のうち 405 kyr の周期は最も振幅が大きい成分であるし，978 kyr や 486 kyr，688 kyr の周期も見られる[19]．ただし，BDP-98 から得られた周期には時期による変動があり，前述のようにとくに 5 Ma 以前は堆積速度の推定に 2 つの考え方があるなど不確定性も残る．この新たな 3 つの周期を認めると，ミランコビッチサイクルに対応づけられる可能性のある気候変動周期として，19 kyr，22-24 kyr（この 2 つは気候歳差，3.2.3 小節参照），41 kyr（公転面に対する自転軸の傾きの変化），0.1 Myr，0.4 Myr，0.6 Myr，1.0 Myr（軌道離心率変化）の 7 つが知られることとなった．しかし，地球の離心率変化は年間総日射量をほとんど変えず，季節変動に対しても気候歳差項の振幅として関係するため，単純な線形応答では気候変動の要因とはなり得ない．こうした事情から，0.1 Myr 周期は，たまたま離心率変化の周期と一致しただけで，実際には地球の気候システムの自励的周期として説明されるはずだとの考え方が強かった．しかし，他にも離心率変化に対応する周期が見つかったことで，完全な自励的周期として 0.1 Myr 周期を説明するのは困難となった．ミランコビッチサイクルに対する非線形応答として，これらの周期成分の振幅を説明することが重要な課題である．

これらの周期的変化に伴って起こる 67°N に到達する夏の日射量の変動は過去数百万年間では 400-500 Wm^{-2} で，変動幅は最大 20% 程度である（図 2.3.11）．これに対して，バイカル湖湖底堆積物コアの粒径や帯磁率などの測定値の変化から推定される気候変動記録に見られる応答は，はるかに複雑である（図 2.3.11）．図に示された平均粒径 ϕ の変化には，日射量の変化に比べて，10-30 kyr 続く安定した高温期や寒冷期の後の急激で大きな変化が見られる．このような形の変動が起こるのは，気候システム自体がジャンプを含むようなメカニズムをもつ場合と，生物応答の方に気候変化を緩和したり，閾値を超えると急激に減少したりするメカニズムがある場合が考

---

[19] 90-130 kyr の周波数帯には多くの軌道離心率周期が存在する．また，2.37 Myr 周期にも比較的振幅の大きなモードがある．

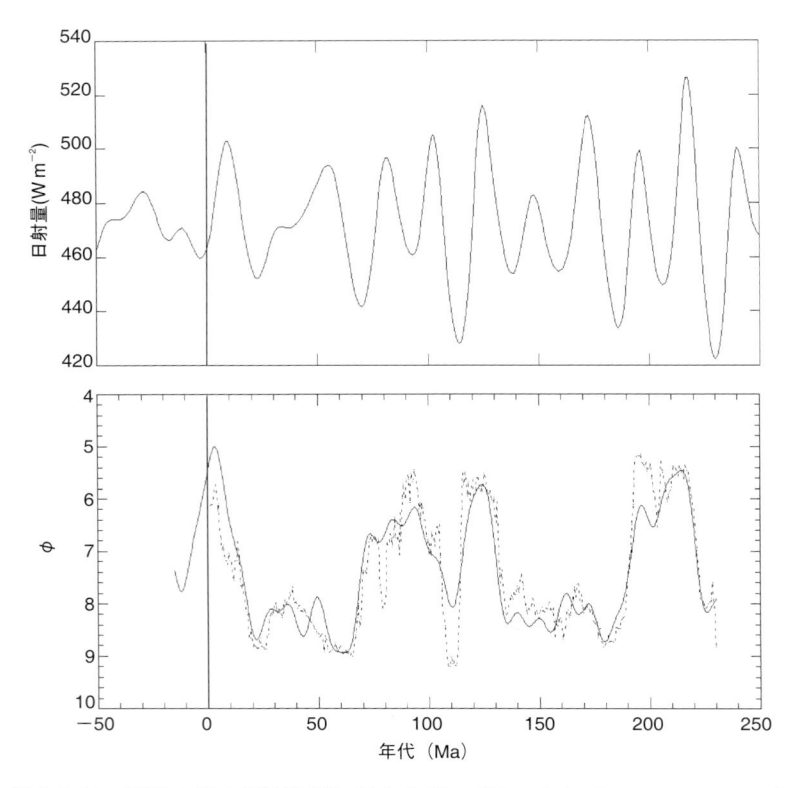

図 2.3.11 67°N の夏の日射量変動（上）と Ver-97St. 16（アカデミシャンリッジ）における平均粒径（下）：下図で粒径は，Krumbein の ϕ スケール（$\phi = \log_2(D/1\,\mathrm{mm})$，$D$ は粒子直径）で表示した．平均粒径の実測値（破線）と周期解析で得られた主要成分の合成値（実線）（柏谷，私信）．

えられる．生物応答に起因する場合，例えば，種組成が変わることで環境ストレスに対する耐性を発揮し，気候変化に伴う植物生産量の低下が緩和されることなどが考えられる．

長い歴史を通してさまざまな変動パターンを繰り返し記録しているバイカル湖の古環境変動解析は重要である．滞留時間が海洋と比較して短い陸域の特性として，各種プロキシーは気候変動への応答が速い．今後，測定の精度や時間分解能の改善によって，より急速な気候変化の出現頻度測定や経過追跡などの解析も可能になってくると期待される．

2.3.6 バイカル湖での生物進化

最初に述べたように，さまざまな環境の変化に適応して生命を継続してきた生物の変遷の歴史とそれを可能にした生体機能や遺伝的な仕組みを解明して，環境変動に対する生物の生存戦略およびその可能性と限界を知ることは，古環境変動解析の基本課題の1つである．

湖という環境の大きな特徴は，流入出河川などはあるものの，基本的に閉鎖性が高いということである．とくに，バイカル湖のように大きな湖では，湖内の生物の多くは外に出なくても安定に種の保存を行う条件を確保できる．湖の長い寿命は，生物が湖内で独自の進化・適応を進める

ことを可能とし，固有種の比率が高まっていく．現在，バイカル湖で同定が行われている 2500 種以上の動物と 1000 種以上の植物の約 2/3 が固有種であるといわれている．ここでは，形態学的・分子系統学的な系統進化解析が進められてきたいくつかの生物について，湖内の生物変遷，生物進化の概要を述べる．

植物および藻類

陸域では現存する植物は，属レベルでは 10 Ma にはすべてバイカル湖の周りに存在し，寒冷化に伴っていくつかの属／亜属が消滅し，植物種の存在比が広葉樹主体から針葉樹主体へと変化したが，進化・移入による新属の増加は見られなかった（2.2.5 小節参照）．

一方，湖内では，とくに約 2.7 Ma の北半球の氷期・間氷期サイクルが始まった頃から珪藻の進化の頻度が高まり，種の寿命が非常に短くなったことが明らかになった（図 2.3.7 (b)：Khursevich et al., 2000）．一方，光合成色素およびそれを起源とする有機化合物（ステリルクロリンエステルなど）の研究から珪藻以外の，微化石を残さない藻類（緑藻，渦鞭毛藻，シアノバクテリアなど）についての消長を知ることができるようになってきた．今後，種組成の遷移に関する情報がさらに蓄積されれば，気候・環境変動と遷移や消長との関わりがさらに明瞭になって来るであろう．

ヨコエビ類

甲殻綱の**ヨコエビ類**（端脚目，Amphipoda）は，カイアシ類（橈脚下綱，Copepoda）とならんで，バイカル湖の食物連鎖における動物プランクトンとして重要な位置を占める．ヨコエビ類の特徴は胸部に付属する 7 対の肢のうち，前 4 対は前方に向き，残りは後方に向いていることである．多くの種は底生だが，優占種である体長 3-4 cm ほどの *Macrohectopus branickii* は大規模な昼夜の垂直移動をする遊泳種である（森野，1994）．バイカル湖のヨコエビ類は 4 科 51 属 265 種（81 亜種）が記載されている（Kamaltynov, 1999）．同定が進めば種数はさらに増える可能性が高く，実際の種数は倍以上ではないかとの推定もある．さらに固有種の比率は 98% に達し，形態・生態ともに多様性が高い．一方，淡水海水を問わず世界に広く分布するエビ目（Decapoda）が生息してないのもバイカル湖の特徴の 1 つである．世界の湖沼を見ると，カスピ海や南米のチチカカ湖にヨコエビ類の多くの種が生息していることが知られている．

多種のヨコエビがバイカル湖に存在するようになった過程は興味深い．同時にこれだけの種数を試料として系統進化解析を行えば，種分化と気候・環境変動との関わりが明確にされるのではないかと期待される．

バイカルカジカ類

バイカル湖の魚類は，7 目 15 科 55 種（加えて移入種 6 種）である．そのうちカサゴ目カジカ亜目は 33 種を占め，うち 31 種が固有種（残りもバイカル湖周辺の河川と湖沼のみに生息）であり，バイカル湖を特徴づける魚類である．この**バイカルカジカ類**（Baikalian cottoids）は，現在の魚類の標準的な分類（Nelson, 1994）によれば，カジカ科[20]（Cottidae），コメフォルス科（Comephoridae），アビソコッタス科（Abyssocottidae）の 3 系統からなり，後者 2 科はバイカルカジカ類のみで構成される．カジカ亜目は世界に 600 種以上がおり，30°N 以北の河川・湖沼・

沿岸域に広く分布する．淡水に生息するのは，バイカルカジカ類以外ではカジカ科のカジカ属（Cottus）とヤマノカミ属（Trachidermus）のみである．バイカルカジカ類は深い湖底に住むもの，遊泳性のもの，沿岸性のものと多様に適応放散している．例えば，アビソコッタス科は，側線器官系が皮膚に露出しており，深い水深に適応したものと考えられる．カジカ類は，後述のバイカルアザラシの主要な餌となっている．

ミトコンドリアDNA（mtDNA）を用いた解析により，バイカルカジカ類の単系統性が支持され，それらはカジカ属の属内で分岐することがわかった．塩基配列の変異速度に基づく分子時計によれば，バイカルカジカ類の分岐年代はおよそ1.2-3.1 Maと推定された（Kontula et al., 2003）．他の研究もこの結果を支持するものがあり，バイカルカジカ類全体をカジカ科に含めるという提案がなされている（Smith and Wheeler, 2004）．

従来，3科にまたがっていた魚種が，1属のなかに入れ子になって包含されるというのは驚くべきことである．これは，バイカルカジカ類が湖に進出した後に急速な適応放散を遂げて多様化したことを示す．バイカル湖と同じ地溝湖であるタンガニーカ湖ではシクリット類が適応放散して多様化し，高い固有種比率をもつことが有名である．孤立度の高い湖への生物種の進出時期を，分子時計による分岐年代学，化石記録の精査，地殻変動などを考慮した古地理学的考察，および古環境解析による地球科学的イベントの同定など多面的かつ総合的なアプローチで検討することは，地球の変動と生命圏と地球の相互作用を理解するうえで重要である．

バイカルアザラシ

バイカル湖には，湖で一生を過ごすバイカルアザラシ（Pusa sibirica）が生息している．Pusa属[21]には，他に，オホーツク海，ベーリング海，北極海，バルト海など北極圏に広く分布するワモンアザラシ（Pusa hispida）と，カスピ海のみに生息するカスピカイアザラシ（Pusa caspica）が属する．淡水アザラシとしては，バイカルアザラシの他に，ロシアのラドガ湖とフィンランドのサイマー湖に生息するワモンアザラシの2亜種が知られるのみである．

Pusa属の3種の系統関係と分岐年代が，mtDNAの塩基配列の解析によって調べられている（Sasaki et al., 2003）．塩基の置換率が2% Myr^{-1}で一定であったと仮定して[22]，カスピカイアザラシの先祖とバイカルアザラシおよびワモンアザラシの先祖とは約0.7 Maに，バイカルアザラシの先祖とワモンアザラシの先祖は約0.4 Maにそれぞれ分岐したと推定されている．この分岐順の推定は頭骨形態からの推定と調和的である．

一方で，アザラシ亜科（Phocinae）の他の種も含めたmtDNAによる分子系統解析（Palo and Väinölä, 2006）によると，ワモンアザラシがまず分岐し，続いて(1)バイカルアザラシ，(2)カスピカイアザラシとハイイロアザラシ（Halichoerus grypus），(3)ゴマフアザラシ（Phoca largha）とゼニガタアザラシ（Phoca vitulina）の3群がおよそ2.5-3.1 Maに分岐したという結果が報告されている．この通りなら，Pusa属の単系統性は支持されないが，分岐の信頼度は十分に高くはな

[20) カジカ科のうち，バイカルカジカ類のみを独立させ，コットコメフォルス科（Cottocomephoridae）とする分類もある．
21) Pusa属をPhoca属に含め，亜属とみなす立場もある．
22) Palo and Väinölä（2006）によれば，これは哺乳類の標準的な値の2倍となっている．塩基の置換率と拡散率（置換率の半分の値）を混同したらしい．

いため，結論を出すのは尚早である．

このようにアザラシの分子系統学による分岐順序・年代の推定は，今のところコンセンサスが得られていない．*Pusa* 属の起源がパラテーチス海[23]にあるのか北極海にあるのか，どのような経路でバイカル湖に入ったのかなどは，分子系統学のみでは決着せず，気候変動や地殻変動など地球科学的な知見を加味して検討する必要があろう．

より普遍化して言えば，約 2.7 Ma から北極氷床が広がり，氷期・間氷期サイクルが生じてしだいに強化されていくという，第四紀氷河時代の流れの中で，北極圏に生息する動植物の進化を位置づける必要がある．水棲動物の内陸湖への侵入を考えるには，氷期・間氷期サイクルに伴う海水準の変動，氷床の消長，北極海に注ぐ大河が氷床によって堰き止められて形成される湖と水系の変動などを，地殻変動による湖沼の連結や水系の変化（バイカル湖の場合，レナ川水系からエニセイ川水系への変化）とともに検討する必要がある．氷期・間氷期サイクルの中で，北極圏の南側にあるバイカル湖のような湖沼が，氷期の生物の寒さと氷から逃れる避寒地となっていた可能性が高い．

2.3.7 まとめと今後の研究課題

バイカル湖の湖底堆積物コア試料を通して見た，ユーラシア大陸北東域における 10 Ma 以降の主要な気候・環境変動のトレンドは，寒冷化である．5 Ma までは概ね温暖湿潤であったが，大きな周期的変動を伴いつつ気温の低下が進んだ．5 Ma 頃からステップ（乾燥／寒冷）と森林（湿潤／温暖）の交代が始まり，2.7 Ma から北半球の氷期・間氷期サイクルが始まって，1.0 Ma 以降，それは強化され，とくに 100 kyr 周期が卓越するようになった．周期が 10 kyr 以上の大きな変動は，これまで海洋底コアや氷床コアの解析から明らかにされてきた地球の長期気候変動の結果とよく対応している．とくにミランコビッチサイクルに直接応答した周期（19 kyr，23 kyr，41 kyr）が多くの指標で確認され，オービタルチューニングが可能となっている．

ただし，陸域に特徴的と思われる変動もあり，これが気候の応答の違いなのか，（気候変動が同様でも）生物の応答を見たため違っているように見えるのかを明らかにしていく必要がある．バイカル湖の環境変動解析では，生物情報に基づく気候プロキシーが多く，これらは実際の気候変動を大きく変形して記録している可能性があり，注意が必要であるとともに，生物情報によらない気候プロキシーが確立されれば，これらは「環境変化と生物の変化との関係」を明らかにする基本情報となることが期待される．無機元素の変動を組み合わせた気候プロキシーの開発などが期待される．

その意味で本格的な「環境変化と生物の変化との関係」の定量的な研究は今後の課題である．バイカル湖を取り巻く歴史から，今のところわかる「環境変化の生物相に与える影響」に関して注目されたことは，おもに以下の 3 点である．

1) 環境の変化に対する生物種の適応能力は高く，絶滅しにくい．一方で陸上植物においては，

---

[23] 15-5.5 Ma にかけて現在の黒海，カスピ海，アラル海を含む地域に広がっていた広大な湖．地中海とつながった時期がある．アザラシ類の化石が豊富に産出する．インドプレート・アラビアプレートの衝突で取り残されたテーチス海の名残である．

新たな属の出現は 10 Ma 以降ではほとんど無かったようである．
2) 生態系の構造の変化は偶然性に支配され不可逆である．湖への侵入・定着は高い偶然性に支配されるが，ひとたび定着すれば湖内のいろいろなニッチへの適応放散が生じ，著しい多様性を獲得し，高い固有種比率が実現される（ヨコエビ，バイカルカジカなど）．
3) 地域的消滅は，必ずしも地球上からの絶滅を意味しない．堆積物中では絶滅の確認は容易ではなく，長時間の消滅の後に再び出現することがある．例えば，1 Myr 以上にわたってまったく消えていたある種の珪藻が，突如再繁殖する事例があげられる．

これらは，今後，さらなる検証と精密化をしていく必要がある．それと同時にバイカル湖以外の古環境変動と比較して普遍化していく必要がある．

さて，最近，環境変化が生物に与える影響についての議論が増えてきたように感じられる．例えば，2007 年 4 月に公表された『気候変動に関する政府間パネル（IPCC）第 2 部会報告書』のなかで，「生態系：気候変化，それに伴う攪乱（例えば，洪水，旱魃，森林火災，昆虫の大発生，海洋酸性化）のかつてない併発によって，多くの生態系の復元力は今世紀中に追いつかなくなる可能性が高い．〈中略〉これまで評価された動物および植物種の 20-30% は，全球平均気温の上昇が 1.5-2.5℃ を越えた場合，増加する絶滅のリスクに直面する可能性が強い．（環境省仮訳より）」と述べている．植物はそれぞれに適した地域に生息するため，温暖化すると北または高地に移動する必要がある．水平移動を考えた場合，樹木が種子を飛ばして分布を広げる速度は，$40 \, \text{m yr}^{-1}$ から最高でも $2 \, \text{km yr}^{-1}$ といわれ，温暖化により $1.5\text{-}5.5 \, \text{km yr}^{-1}$ で移動する気候帯には追いつけずに行き場を失い，絶滅するおそれがあるとしている．

しかし，この議論では植物の分布域の温度幅が無視されている．一例として，現在バイカル湖の周りにも普通に見られるハマナス（*Rosa rugosa*）について見てみよう．日本では，鳥取県鳥取市白兎（年平均気温：14.6℃，最高月平均気温：27.5℃，最低月平均気温：2.8℃，年降水量：1898 mm）と茨城県鹿嶋市大野（近隣の水戸市のデータ：年平均気温：13.4℃，最高月平均気温：25.0℃，最低月平均気温：2.8℃，年降水量：1326 mm）がハマナスの現在の分布の南限である．共通の条件は最低月平均気温 2.8℃ である．温暖化により平均気温が 3℃ 上昇すれば，南限は北の方に移動するであろう．しかし，たくさんのハマナスが自生する北海道稚内市（最高月平均気温：18.9℃，最低月平均気温：-5.7℃，年降水量：1058mm）の最低月平均気温は 3℃ 上昇でも -2.7℃ であり，まだ 2.8℃ よりはるかに低い．即ち，分布域の気温幅を考慮すれば，ハマナスが全く移動しない場合でも，3℃ の温暖化によって南限は移動しても「絶滅」することはない．植物は他にも環境変化に耐えて生き延びる力をいろいろ兼ね備えている．

このような植物の環境ストレス耐性は，バイカル湖の古環境解析からも明らかになっている．バイカル湖の周りでは約 10 Ma 以降に寒冷化が進み，温暖湿潤な気候から氷期・間氷期サイクルを含む寒冷な気候へと大きく変化して，広葉樹が減り針葉樹が増えたが，消滅した（「絶滅」の確認は容易ではないので使わない）のは比較的わずかな樹種に止まっている．また，現存する植物は全て 10 Ma にはバイカル湖の周りにあった，つまり環境の変化を生き延びてきたものばかりである．もちろん，バイカル湖の状況だけから地球全体を見通す結論が得られる訳ではない．ただ，上陸後 500 Myr 以上をかけていろいろな環境変化を乗り越えて進化を繰り返し世界に分布を広げてきた陸上生物が，平均気温 3℃ の上昇と並行して起こるさまざまな環境変化によって全生物種の 20-30% も絶滅する可能性があるのだろうかという疑問を感じる．現在の気温上昇速

度は過去のどの時期よりも大きいという指摘もあるが，100 yr 程度の間に数度以上の気温上昇はこれまで無かったとは確認されておらず，むしろ時間分解能の向上に伴って，より早い変化が見出されるようになっている[24]のが現状である．

このような議論が増えること自体は，環境科学の発展がようやく生物影響を議論する段階に入ってきたことを伺わせ喜ばしいことである．ただ，IPCC の報告という，現在世界で最も権威のある報告書にしては，政策策定者への提言（警告）という性格もあるのかもしれないが，やや過大な被害予測をしているように感じられる．科学の問題として客観的な記述であるのかが気になる．より客観的な議論ができるようにするためには，古環境変動解析をはじめとする調査研究によって議論の基盤となるデータをさらに積み上げていく必要がある．

現在，主要な環境問題がほとんど認識され，いくつかの重要な基礎科学的課題が浮かび上がっている．湖底堆積物コア試料の古環境変動解析は，モンゴルのフブスグル湖，中国の青海湖でも行われ成果が出ているほか，ICDP（International Continental Deep Drilling Project）の提案課題も湖底堆積層掘削が多くを占めている．陸域古環境変動解析は今後急速な進展を示すであろう．

将来に向けては，①緻密で連続性の良いバイカル湖湖底堆積物コア試料を用いた古環境変動の標準情報（バイカルスケール／標準時間軸）の整備，②現存生態系・古環境変動・系統進化を柱に関連情報の収集と系統的整理・解析，③現象間の相互作用を明らかにするメカニズム解析の発展，④研究および環境計画・管理の国際協力体制の構築，などを個々の研究の共通目標に据えることができる．

参考文献

Bukharov, A. A., and Fialkov, V. A. (2001): *Baikal in numbers (short reference book)*, Baikal Museum, SB RAS, 72pp.

Chebykin, E. P., et al. (2003): Abrupt increase in precipitation and weathering of soils in East Siberia coincident with the end of the last glaciation. EPSL, 200, 167-175.

Colman, S. M., et al. (1995): Continental climate response to orbital forcing from biogenic silica records in Lake Baikal. Nature, 378, 769-771.

EPICA Community Members (2006): One-to-one coupling of glacial climate variability in Greenland and Antarctica. Nature, 444, 195-198.

藤井昭二 (1994)：バイカル湖の地形と地質．『バイカル湖——古代湖のフィールドサイエンス』（森野 浩・宮崎信之 編），東京大学出版会，23-57.

原口紘炁 (2000)：化学的手法による環境変動に関する研究．プラズマ分光法によるバイカル湖湖底堆積物（BDP-96 及び BDP-98）の多元素垂直濃度分布の測定．『バイカル湖の湖底泥を用いる長期環境変動の解析に関する国際共同研究成果報告書（第Ⅱ期　平成 10～11 年度）』，科学技術庁研究開発局，195-207.

長谷義隆ほか (2003)：ロシア，バイカル湖湖底堆積物の花粉分析に基づく過去 1200 万年間の植生変遷．地球環境，7，87-101.

Horiuchi, K., et al. (2003): ^{10}Be record magnetostratigraphy of a Miocene section from Lake Baikal: Re-examination of the age model and its implication for climatic changes in continental Asia. Geophys. Res. Lett., 30, 1602-1605.

Horiuchi, K., et al (2007): Measurement of ^{26}Al in Antarctic ice with MALT-AMS system at the University of Tokyo. Nucl. Instr. and Meth. Phys. Res., B259, 625-628.

---

[24] 例えば D-O 振動に伴うグリーンランドでの温暖化は，100 yr 以内の時間で 10℃ 上昇と推定されており，これが正しければ，現在の地球温暖化の速度を上回る．

井上源喜（2000）：有機化合物測定による環境変動解析の研究．『バイカル湖の湖底泥を用いる長期環境変動の解析に関する国際共同研究成果報告書（第Ⅱ期 平成10〜11年度）』，科学技術庁研究開発局，225-248．

Kamaltynov, R. M. (1999): On the higher classification of lake Baikal amphipods. Crustaceana, 72, 933-944.

Kashiwaya, K., Ochiai, S., Sakai, H., and Kawai, T. (2001): Orbit-related long-term climate cycles revealed in a 12-Myr continental record from Lake Baikal. Nature, 410, 71-74.

Kasuga, A., et al. (1999): Improving plant drought, salt, and freezing tolerance by gene transfer of a single stress-inducible transcription factor. Nature Biotechnology, 17, 287-291.

Kawamuro, K., et al. (2000): Forest desert alternation history revealed by pollen-record in Lake Baikal over the past 5 million years. In *Lake Baikal* (Minoura, K., ed.), Elsevier, 101-107.

Khursevich, G. K., et al. (2000): Evolution of freshwater centric diatoms within the Baikal rift zone during the late Cenozoic. In *Lake Baikal* (Minoura, K., ed.), Elsevier, 146-154.

Kontula, T., et al. (2003): Endemic diversification of the monophyletic cottoid fish species flock in Lake Baikal explored with mtDNA sequencing. Mol. Phylogenet. Evol., 27, 143-155.

Laskar, J., et al. (2004): A long-term numerical solution for the insolation quantities of the Earth. Astron. Astrophys., 428, 261-285.

Maki, T., et al. (2001): Vegetation changes in the Baikal Region during the late Miocene based on pollen analysis of the BDP-98-2 Core. In *Long Continental Records from Lake Baikal* (Kashiwaya, K., ed.), Springer, 123-135.

Mashiko, K., et al. (1997): Genetic separation of a gammarid (*Eulimnogammarus cyaneus*) population by localized topographic changes in ancient Lake Baikal. Arch. Hydrobiol., 139, 379-387.

増田富士雄（1993）：『リズミカルな地球の変動』，岩波書店，158pp．

Mats, V. D. (1993): The structure and development of the Baikal rift depression. BICER Series 1, Irkutsk, Earth Science Reviews, 34, 81-118.

Mats, V. D., et al. (1999): Evolution of the Academician Ridge Accommodation Zone in the central part of the Baikal Rift, from high-resolution refrection seismic profiling and geological field investigations. Int. J. Earth Sci., 89, 229-250.

Matsumoto, G. I., et al. (2003): Paleoenvironmental changes in the Eurasian Continental Interior during the Last 12 million years derived from organic components in sediment cores (BDP-96 and BDP-98) from Lake Baikal. In *Long Continental Records from Lake Baikal* (Kashiwaya, K., ed.), Springer, 75-94.

森野浩（1994）：多様なヨコエビ類をめぐって．『バイカル湖——古代湖のフィールドサイエンス』（森野浩・宮崎信之編），東京大学出版会，137-166．

Nelson, J. S. (1994): *Fishes of the World*, 3rd ed., Wiley, 600pp.

Palo, J. U., and Väinölä, R. (2006): The enigma of the landlocked Baikal and Caspian seals addressed through phylogeny of phocine mitochondrial sequences. Bio. J. Linnean Soc., 88, 61-72.

Prokopenko, A. A., et al. (2001): Biogenic silica record of the Lake Baikal response to climatic forcing during the Brunhes. Quat. Res., 55, 123-132.

Prokopenko, A. A., et al. (2002): Muted climate variations in continental Siberia during the mid-Pleistocene epoch. Nature, 418, 65-68.

Prokopenko, A. A., et al. (2006): Orbital forcing of continental climate during the Pleistocene: a complete astronomically tuned climatic record from Lake Baikal, SE Siberia. Quat. Sci. Rev., 25, 3431-3457.

Raup, D. M. (1991): *Extinction — Bad Genes or Bad Luck ?*, Norton, 210pp. 渡辺政隆訳（1996）：『大絶滅——遺伝子が悪いのか運が悪いのか？』，平河出版社，253pp．

Sasaki, H., et al. (2003): The origin and genetic relationships of the Baikal Seal, *Phoca sibirica*, by restriction analysis of mitochondrial DNA. Zool. Sci., 20, 1417-1422.

Shackleton, N. (1973): Oxygen isotope and paleomagnetic stratigraphy of equatorial pacific core V28-238: Oxygen isotope temperatures and ice volumes on a 10^5 year and 10^6 year scale. Quat. Res., 3, 39-55.

Short, D. A., et al. (1991): Filtering of Milankovitch cycles by earth's geography. Quat. Res., 35, 157-173.

Smith, W. L., and Wheeler, W. C. (2004): Polyphylety of the mail-cheeked fishes (Teleostei: Scorpaeniformes): evidence from mitochondrial and nuclear sequence data. Mol. Phylogenet. Evol., 32, 627-646.

Soma, Y., Tanaka, A., Soma, M., and Kawai, T. (2001): 2.8 million years of phytoplankton history in Lake Baikal recorded by the residual photosynthetic pigments in its sediment core. Geochem. J., 35, 377-383.

Takabe, T., Takabe, T., and Kawai, T. (2006): Analyses of abiotic stress tolerance mechanism of genus *Alnus* surviving in Baikal area in and out of ice ages. Proceedings of the 4th International Symposium on Terrestrial Environmental Changes in East Eurasia and Adjacent Areas (Gyeong), 63.

Takamatsu, N., et al. (2003a): Paleoenvironmental changes during the last 12 million years in the Eurasian continental interior estimated by chemical elements in sediment cores (BDP-96 and BDP-98) from Lake Baikal. In *Long Continental Records from Lake Baikal* (Kashiwaya, K., ed.), Springer, 95-109.

Takamatsu, T., et al. (2003b): Inorganic characteristics of surface sediment from Lake Baikal: Natural elemental composition, redox condition, and Pb contamination. In *Long Continental Records from Lake Baikal* (Kashiwaya, K., ed.), Springer, 313-327.

その他の参考図書

Kozhova, O. M., and Izmest'eva, L. R., ed.(1998): *Lake Baikal―Evolution and biodiversity*, Backhuys Publishers, 461pp.

多田富雄（1993）：『免疫の意味論』，青土社，236pp.

熊澤峰夫・伊藤孝士・吉田茂生 編（2002）：『全地球史解読』，東京大学出版会，540pp.

第3章

太陽-地球-生命圏相互作用系のモデリング

　本章では，太陽-地球-生命圏相互作用系（SELIS）を理解するための方法を述べ，具体的なモデル化の例と解析結果を紹介する．

　3.1節では大循環モデルとシンプルモデルという2つの相補的なアプローチについて，モデル化の方法と問題点を解説するとともに，モデル気候学の将来を展望する．続く3つの節では，おもにシンプルモデル（ボックスモデル，力学系モデル）によるアプローチを，物理・化学に基づいた素過程の解説も含めた形で紹介する．3.2節では，エネルギーバランスモデルを使った地球の気候状態の把握と解の分類，ミランコビッチサイクルなどの変動要因の考察，および力学系モデルを使った氷期・間氷期サイクルの解析例について述べる．3.3節では気候変動に海洋が果たす役割を力学過程および物質循環の両面から考察する．3.4節では生命が気候を調整するメカニズムを，アルベド調整，風化促進，大気組成改変，水循環バッファなどに分けて考察し，さらに，人類活動によって引き起こされた地球環境問題についても扱う．

　最後の2節では，氷河時代への遷移として把握される過去1000万年間の長期気候変動を理解することを目的とした，大気海洋結合大循環モデル（AOGCM）によるアプローチを紹介する．3.5節ではAOGCMによる山岳上昇実験に焦点を絞り，モンスーン循環の成立などの長期気候変動の解析を解説する．3.6節では，AOGCMの実験結果に基づいて氷期・間氷期サイクルに海洋循環が果たす役割を論ずるとともに，長期気候変動に対する人為起源のCO_2排出（いわゆる「地球温暖化」）のインパクトを考察する．

3.1 大循環モデルとシンプルモデル

SELIS の振る舞いをモデル化によって理解しようというのが本章全体の目的である．モデル化とは，SELIS を特徴づける一群の変数を抽出し，その時間変化を記述する方程式系と一連の初期／境界条件を与えることである．変数の選び方によりさまざまなモデル化が可能である．本節ではモデル化の方法を，大循環モデル（3.1.1 小節），シンプルモデル（3.1.2 小節）に分けて述べ，さらにシンプルモデルの１つである力学系モデルについて 3.1.3 小節で解説する．

3.1.1 大循環モデル

大循環モデル（general circulation model：GCM）では，空間内に連続的に分布する媒質の運動を，連続体力学の基礎方程式を計算機で直接解くことで求める．媒質は速度場に基づいて記述される流体として扱われることがほとんどである[1]．流体力学の基礎方程式は，空間内に連続的に分布する媒質の各微小体積における質量・運動量・エネルギーの保存則を，速度，密度，温度，濃度などの変数を用いて表現した，時間微分を含む偏微分方程式系である．大循環モデルは，この系を計算機で扱えるように，時空間あるいは周波数・波数空間の有限数の格子点で適当に離散化し，偏微分方程式系を差分方程式系に近似したものである．

以上の一連の手続きを SELIS のサブシステムに適用した大気大循環モデル（atmospheric GCM：AGCM），海洋大循環モデル（oceanic GCM：OGCM），あるいは両者を結合した**大気海洋結合大循環モデル**（atmosphere-ocean GCM：AOGCM）などが実用化され，気象予報や気候研究に使われている．結合とは，一方の大気循環モデル部分では，その境界条件になる海面水温や海氷に関する値を海洋大循環モデル部分で求めた値を使い，もう一方の海洋循環モデル部分では，境界条件になる大気との熱や水のやり取りの値，および風による応力を大気大循環モデル部分で求めた値を使うことである．図 3.1.1 に大気海洋結合モデルの構成例を示す．

GCM の詳細について解説することは本書の範囲を超えるので，例えば，Trenberth（1992），大気大循環モデルに関しては，時岡ほか（1993）や Kalnay（2003），Satoh（2004），海洋大循環モデルに関しては，Kantha and Clayson（2000）などを参照していただきたい．ここではおもに大気大循環モデルについて簡単に説明する．

時間微分を含む（偏）微分方程式を時間発展方程式といい，その方程式を数値的に解くことによって値の時間発展が直接求められる変数を**予報変数**（prognostic variable）という．GCM にお

---

[1] これに対し，変位に基づいて記述される媒体を弾性体といい，地震の発生と地震波の伝播の解析などに用いられる．

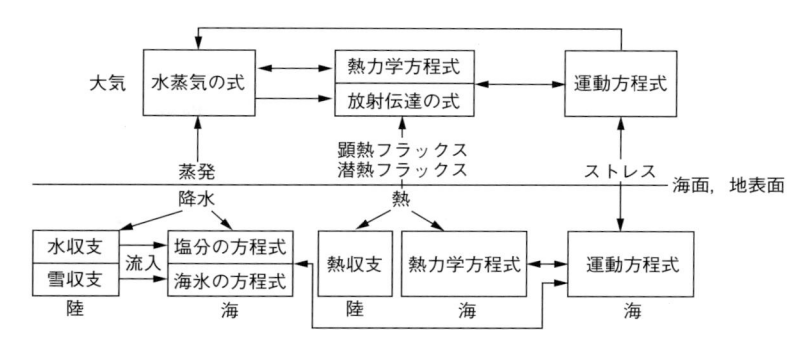

図 3.1.1 大気海洋結合大循環モデルの構成の例（住，1999）．

いて，予報変数は流体の速度場，温度，気圧，混合成分の質量比などである．GCM への入力データは，予報変数の初期値と境界条件，各種モデルパラメータ（時間変化しない定数だが調整可能な量），外部変数（時間変化があらかじめ決められた変数，external variable[2]）であり，方程式を解いた結果として，各時刻での予報変数が出力され，さらに必要に応じて予報変数・境界条件・パラメータから計算される補助的な変数（**診断変数**：diagnostic variable）や各種時間・空間平均量も出力される．

前述の通り，GCM の時間発展方程式は，流体力学の基礎方程式に基づいている．地球大気や海洋の運動は，地球の自転とともに回転する座標系における流体力学，いわゆる地球流体力学によって記述される．回転の効果は，みかけの慣性力として，遠心力と**コリオリ力**（Coriolis force）を生じさせる．地球においては，遠心力は重力に比べて小さく，鉛直方向[3]をわずかに変化させるだけで，その他の効果はあまり重要ではない．しかし，コリオリ力は極めて重要である．なぜなら，気圧傾度力とコリオリ力の水平成分が釣り合うことで地衡流（1.2.2 小節参照）が生じ，高気圧・低気圧が維持されているからである（海洋においても地衡流が基本となる：3.3.2 小節参照）．

微小な体積の流体素片に対して，質量，運動量およびエネルギーの保存則をたて，流体を構成する物質の状態方程式を記述すれば，地球流体力学の基礎方程式が得られる（例えば，Satoh, 2004）．

地球を球形とし，球座標 (λ, ϕ, z) を導入する．λ, ϕ, z はそれぞれ，経度，緯度，海面からの高度である[4]．回転系での流体の速度を (u, v, w) とし，それぞれ東，北，上向きを正とする．地球の半径 R に比べて大気の厚さ・海洋の深さは十分小さく，また大気速度が地球の赤道での自転速度より十分小さいことを用いて基礎方程式を簡単化する．さらにコリオリ力については，

$$2\Omega \times \boldsymbol{v} \approx 2\Omega \sin\phi \hat{\boldsymbol{z}} \times \boldsymbol{v} \equiv f\hat{\boldsymbol{z}} \times \boldsymbol{v} \tag{3.1.1}$$

のように，重要な水平成分のみ抜き出し鉛直成分を無視するという，やや特殊な近似をする．た

2）これに対し，方程式を解くことによって値が定まる変数は一般に内部変数（internal variable）と呼ばれる．
3）重力と地球回転による遠心力との合力，すなわちみかけの重力の方向．
4）西経および南緯にはマイナスをつける．数学的には，極座標 (r, θ, φ) として，原点（地球中心）からの距離 r，原点から見て基準軸（地球の回転軸）となす角度 θ，原点から見て $\theta = 90°$ 面への投影点が基準方向（赤道上経度 0° 方向）となす角度 φ を取るのが自然である．この場合，$\lambda = \varphi$, $\phi = 90° - \theta$, $z = r - R$ と対応づけられる．

だし，$\boldsymbol{\Omega} = (0, \Omega\cos\phi, \Omega\sin\phi)$ で，$\Omega = |\boldsymbol{\Omega}|$ は自転角速度，$\boldsymbol{v}$ は速度ベクトル，$\hat{\boldsymbol{z}}$ は鉛直上向き単位ベクトルである．$f = 2\Omega\sin\phi$ は**コリオリパラメータ**（Coriolis parameter）と呼ばれる．以上の近似のもと，AGCMの基礎方程式は以下のように表される（例えば，Satoh, 2004, p. 66, p. 257）：

$$\frac{d\rho}{dt} + \rho\left[\frac{1}{R\cos\phi}\frac{\partial u}{\partial \lambda} + \frac{1}{R\cos\phi}\frac{\partial}{\partial \phi}(v\cos\phi) + \frac{\partial w}{\partial z}\right] = 0 \tag{3.1.2}$$

$$\frac{du}{dt} - \left(f + \frac{\tan\phi}{R}u\right)v = -\frac{1}{\rho R\cos\phi}\frac{\partial P}{\partial \lambda} + F_\lambda \tag{3.1.3}$$

$$\frac{dv}{dt} + \left(f + \frac{\tan\phi}{R}u\right)u = -\frac{1}{\rho R}\frac{\partial P}{\partial \phi} + F_\phi \tag{3.1.4}$$

$$\frac{dw}{dt} = -\frac{1}{\rho}\frac{\partial P}{\partial z} - g + F_z \tag{3.1.5}$$

$$C_v\frac{dT}{dt} + P\frac{d}{dt}\rho^{-1} = Q \tag{3.1.6}$$

$$P = [1 + (\varepsilon^{-1} - 1)q_v - q_c]\frac{\rho k_B T}{\mu m_u} \tag{3.1.7}$$

$$\frac{dq_v}{dt} = S_q \tag{3.1.8}$$

以上の方程式で，時間微分は，

$$\frac{d}{dt} = \frac{\partial}{\partial t} + \frac{u}{R\cos\phi}\frac{\partial}{\partial \lambda} + \frac{v}{R}\frac{\partial}{\partial \phi} + w\frac{\partial}{\partial z} \tag{3.1.9}$$

となる．これらの方程式は直線直交座標系に比べて複雑である．これは球座標系のような曲線直交座標系では，座標系の基底ベクトルの方向が位置によって変化するので，空間微分には座標値の微分だけでなく基底ベクトルの微分の寄与も加わるためである．(3.1.2)-(3.1.9)式中で，ρ は密度，P は気圧，T は温度，C_v は乾燥空気の定積比熱，μ は乾燥空気の平均分子量，$\varepsilon = \mu_w/\mu$ は水と乾燥空気の分子量比，q_v は比湿（水蒸気の質量混合比），q_c は雲水混合比（雲粒の質量混合比），m_u は原子質量単位，k_B は Boltzmann 定数，$\boldsymbol{F} = (F_\lambda, F_\phi, F_z)$ は単位質量あたりの摩擦力ベクトル，Q は単位質量あたりの加熱量（乱流による粘性散逸や，放射，凝結などによる加熱），S_q は凝結などの水蒸気生成項である．

(3.1.2)式は質量の保存則から得られる連続の式，(3.1.3)-(3.1.5)式は運動量保存則から得られる運動方程式である．(3.1.5)式については，直接積分する全球 GCM も開発されはじめているが，通常は，代わりに，鉛直加速度を無視した静水圧平衡の式

$$0 = -\frac{1}{\rho}\frac{\partial P}{\partial z} - g \tag{3.1.10}$$

が使われてきた[5]．この場合，地形に沿った境界条件を簡便に表現できることから，鉛直座標として，z の代わりに $\sigma = P/P_s$（P_s は地表面気圧）を用いた σ 座標系が多用される．この場合，鉛直速度 w は(3.1.2)式と境界条件から求まる診断変数となり，P_s が予報変数となる．(3.1.6)式は熱力学第一法則，(3.1.7)式は水蒸気と雲粒を含む状態方程式である．(3.1.8)式は，比湿 q_v の保存式である．形式的には，大気の他の混合成分や海洋における塩分についても(3.1.8)式と

---

[5] 鉛直方向に静水圧近似をした方程式系をプリミティブ方程式系という．

同じ形で表される．

これらの方程式は，〈力学過程〉と〈物理過程〉[6]に分けて時間積分される．〈力学過程〉の計算では移流による時間変化を求める．〈物理過程〉の計算では積雲対流，大規模凝結（積雲以外の雲にかかわる凝結），放射過程，乱流拡散，大気地表面間フラックス，各種地表面過程（地中熱伝導，土壌水分・流出，積雪，海氷など）による時間変化を計算する．〈物理過程〉は〈力学過程〉に比べてより複雑で，基礎物理に立脚したモデル化が困難な場合が多い．しかし，生命圏の影響は，地表面アルベド，顕熱・潜熱輸送，各種地表面過程，大気境界層過程を通じて入って来るので，SELIS をモデル化する上では〈物理過程〉の記述は極めて重要である．

GCM では，基礎方程式系は，空間と時間について適当に離散化された数値計算モデルの形でプログラム化される．空間の水平成分の離散化には，**格子法**（grid method）と**スペクトル法**（spectral method）がある．格子法は，空間格子点に変数を設定し，空間微分を近接格子点変数間の代数関係式で近似した差分方程式で表現する方法である．従来は，緯度経度格子が用いられていたが，両極が特異点となる不都合があり，近年は正20面体格子や等角格子といった全球準一様格子が使われ始めている．スペクトル法は，変数の水平分布を球面調和関数（球面上の直交関数系）の重ね合わせで表現する方法である．この場合，球面調和関数の最高次数が分解能を決める．空間の鉛直成分（z 座標もしくは σ 座標）については格子法で差分化される．

スペクトル法は，比較的低い次数でも精度が高いため，多用されてきたが，近年の高分解能シミュレーションでは，計算速度や並列化の容易さで有利な格子法が使われるようになってきた．なお，保存性を重視する輸送方程式に関しては，格子法が有利である．

時間積分法は，**陽解法**（explicit method）と**陰解法**（implicit method）に大別できる．例えば，$\partial A/\partial t = G(A)$ という時間発展方程式を考えよう．ここで $G(\ )$ は空間微分を含む演算子である．陽解法とは，$G(A)$ を現在もしくは現在と過去の変数値のみで与えるスキームであり，差分方程式が陽に解けるため簡明である．例えば，GCM でよく使われる陽解法であるリープフロッグ（leap frog）法による差分化は

$$\frac{A_j^{n+1} - A_j^{n-1}}{2\Delta t} = \widetilde{G}(A_{j-1}^n, A_j^n, A_{j+1}^n) \tag{3.1.11}$$

と書ける．ここで，Δt が時間ステップ幅，A_j^n は空間格子が j 番目で時間ステップが n 番目の変数 A の値を表す．また，$\widetilde{G}$ は，G を差分化した代数式である[7]．行列形式の記述に変換するため，$\boldsymbol{A}^n \equiv {}^t(A_1^n, A_2^n, \cdots, A_J^n)$ とし（J は総格子数），$\widetilde{G}$ の行列表現を $\overline{G}$ とすれば，(3.1.11)式から，次の時間ステップの値が，$\boldsymbol{A}^{n+1} = \boldsymbol{A}^{n-1} + 2\Delta t \overline{G} \boldsymbol{A}^n$ と陽に決められることがわかる．

陰解法は次の時間ステップの値 A_j^{n+1} も使って $G(A)$ を評価する方法である．この場合，A_j^{n+1} は陽には解けず，連立1次方程式を解く必要がある．例えば，陰解法の一種である完全陰解法による差分化は

$$\frac{A_j^{n+1} - A_j^n}{\Delta t} = \widetilde{G}(A_{j-1}^{n+1}, A_j^{n+1}, A_{j+1}^{n+1}) \tag{3.1.12}$$

---

[6] 〈力学過程〉と〈物理過程〉という用語は GCM 特有のものである．

[7] ここでは簡便のため，空間1次元とし，差分に隣接点のみ使う場合を示した．空間微分の階数によっては，より遠方の格子点の値を使って差分化する必要がある．

と書け，右辺はすべて $n+1$ ステップの値で評価される．(3.1.12)式は
$$(1-\Delta t \overline{G})\boldsymbol{A}^{n+1} = \boldsymbol{A}^n \tag{3.1.13}$$
と書けるので，$(1-\Delta t \overline{G})$ の逆行列を左から $\boldsymbol{A}^n$ にかけて $\boldsymbol{A}^{n+1}$ を求めることができる．

　時間積分法の選択において重要なのは，**数値安定性**（numerical stability）の吟味である．一般に微分方程式を差分化すると，計算モードと呼ばれる物理解に漸近しないみかけ上の解が生じてしまう．これが時間とともに増幅してしまう状況が数値不安定である．数値不安定が生じない差分法は安定であるという．時間ステップ幅が十分短い時に限り数値不安定が生じない場合，その差分法は条件安定であるという．同じ時間差分法でも，方程式の空間微分の形によって安定性は変化する．例えば，空間微分が1階の波動型の微分方程式では，リープフロッグ法は条件安定だが，単純な前進差分法は時間ステップ幅によらず不安定である．ところが空間微分が2階の拡散型の微分方程式では，前進差分法が条件安定であり，リープフロッグ法が不安定となる．条件安定な場合，時間ステップ幅は，波動型の微分方程式では，その方程式系が記述する波動のうち最も速いものが，格子間隔を横切る時間より十分短い必要がある．拡散型の微分方程式では，空間微分を中心差分[8]で差分化した場合，格子間隔を Δx として，$\Delta t/(\Delta x)^2 < 1/2$ が安定性条件となる．

　GCMでは，通常時間積分は，陽解法と陰解法を折衷させた，半陰解法が使われるのが一般的である．陰解法を併用するのは，重力波のような速い現象による時間ステップ幅の制約を回避するためである．また，計算モードを除去するために前後の時間ステップの値によって時刻 t での値を調整する，時間フィルターが導入されることが多い．

　離散モデルでは，解像度（格子間隔）以下の小スケールの現象が解像度以上のスケールの現象に及ぼす影響を直接取り扱えない．そのために，小スケールの現象からの影響は，現象論的にモデル化した物理過程モデルとして組み入れられる．これを**パラメタリゼーション**（parameterization）という．例えば，積雲対流や大気境界層の乱流，細かい地形で励起された重力波については，パラメタリゼーションが行われている．

　GCMは基礎物理に立脚した定量的な気候システム記述モデルとしては，現時点でわれわれが手にできる最良のものである．3.5節と3.6節では，GCMを10 kyr 以上の長いスケールをもつ気候変動の解明に使用した典型的な例を取り上げる．

　最後にGCMが抱える問題点を挙げる．

　まず，GCMは基礎物理法則のみに基づいて記述されている訳ではないため，とくに観測の無い時代や条件での結果の信頼性が判断できない．モデル方程式はなるべく基礎物理法則に従って記述されるが，解像度よりも細かいスケールの現象は，上述のようにパラメタリゼーションによって扱われる．このパラメータは，物理化学法則だけからは決められず，計算結果が現実に合うように調整されている．さらに気候システムの変動を扱うために重要なAOGCMでは，海面水温や塩分を観測値に合致させるように人工的なフラックスを加えるフラックス調整という手法が取られることが多い．しかし，現在とは異なる状況で数値実験する際には，「現実」が不明なため，そのような調整のしようがない．

　また，GCMを直接時間積分して長期（10 kyr 以上）の気候変動を再現するのは事実上不可能

---

[8] 空間の2階微分は中心差分により，$\widetilde{G} = (A^n_{i+1} - 2A^n_i + A^n_{i-1})/(\Delta x)^2$ となる．

である．これは，整合的な計算のためには空間格子幅や時間ステップ幅はあまり粗くすることはできず，長期積分をしようとすると計算時間が極めて長くなるためである．そのため，通常は，現在とは異なる状況で数年間から数十年間分数値積分し，実現される準定常状態を現在と比較するというアプローチによって長期気候変動を探る方法が用いられる．しかし，海洋循環や氷床量変動の時間スケールは 1 kyr 以上にも及ぶため，こうした瞬間値の計算のみでは，初期条件依存性の問題が残り，さらに気候変動の動態把握も困難である．

さらに，GCM は複雑すぎて，システムの理解に直結しないという，より本質的な問題もある．どのように変化するかという答えは一応出るが，なぜそうなるかに答えることは難しい．気候変動を理解するためには，変化に関与する主要な機構だけを拾い出して単純化し，本質的な因果関係をフィードバックというような形で明確化することが不可欠である．

3.1.2 シンプルモデル

大循環モデルと相補的なアプローチとして，自由度をより制限して，特定の，しかし，本質的な機構の理解を目指すのが**シンプルモデル**（simple model）である．シンプルモデルは，現実の SELIS を直接扱うのではなく，それを普遍化し，細部を捨象して，本質的な機構のみに着目して一般的性質を洞察するための概念モデルである．シンプルモデルでは種々のフィードバック機構に着目し，それらの重要度を吟味した上で必要なものを明示的に組み込んで概念モデルを構成することで，それらの機構がシステム全体に及ぼす効果を調べることができる．

シンプルモデルでは，変数の数は制限され，系の空間分布を考える代わりに，全球平均値のような1つの代表値で済ませたり，赤道域表層海洋や陸域植生といった概念的なユニットごとに値を設定したりする．とくに少数の空間0次元（空間分布をもたない）変数を用いた連立常微分時間発展方程式系で記述されるモデルを**力学系モデル**（dynamical-system model）という．また，システムを海洋表層とか陸域植生などといった半空間的・半概念的なユニット（ボックス）の組み合わせとして構成し，少数の変数についてボックス間のフロー（流れ，流量）によってボックス内のストック（現存量，貯蔵量）の時間発展が決まるように記述されたモデルを**ボックスモデル**（box model）という．

シンプルモデルの方程式系は，物理・化学の基礎法則だけから導かれるものは少ない．系の方程式は，関与する種々のフィードバックの形を GCM による実験や経験則，物理的洞察などに基づいて決めたり，内部変数の基準値からの差について Taylor 展開して低次項のみ残したりすることで与えられる．方程式中のパラメータの値は，物理的な考察からある程度許容範囲は限定できるが，最適値は GCM シミュレーションと古気候データとの比較などから決められる．

シンプルモデルと大循環モデルとの関係について述べると，シンプルモデルを用いて重要と思われるフィードバックの振る舞いを調べてそれを GCM 実験に組み込んで確認するとか，GCM 実験からシンプルモデルで使うべきパラメータの値の範囲や関数系を推定する，といった相補的な関係で両者が共進化することが望ましい．シンプルモデルは本質を失わない限りにおいて，できるだけ単純に構成しなくてはいけない．シンプルモデルは気候システムの一般的特質や機構を把握するための道具であって，個別事象の定量的な予測の手段ではないという原則を忘れてはな

らない．また，シンプルモデルは，漸進変化の定量的短期予測（例えば，現在の人為起源のCO_2放出に伴う温暖化の予測）よりも，解の相変化のような急激で質的な変化が起こるか否かの定性的かつ長期的な見通しを立てることの方に威力を発揮する．さらに，他の惑星や全球凍結時代の地球といった現在の地球とは大きく異なった状況での現象を論ずる上でもシンプルモデルは有効なツールである．

SELIS は複雑で，因果関係は入り組んでからみあっている．GCM で力まかせに解くと，それなりに現実的に感じられる振る舞いを再現することはできても，その結果だけから，なぜそうなるかを語ることは困難である．地球科学の諸分野はどんどん細分化され，各領域では膨大な知見が積み上げられる一方で，その総合化は遅れている．こうした状況を踏まえて，3.2 節から 3.4 節では，おもにシンプルモデルによって SELIS の基本的な特徴を解析することにする．

3.1.3 力学系モデル

まず，力学系モデルのイメージを大まかに掴んでもらおう．例えば，第 2 章で述べた古気候指標のうち，全球の氷床量の平均値からのずれ（X）を横軸に，大気 CO_2 分圧の推定値の平均値からのずれ（Y）を縦軸に取って，過去 36 万年間における両者の値（適当に規格化されている）をプロットしてみる（図 3.1.2 に模式図を示す）．ただし，見やすくするために数千年スケール以下の振動成分は平均化した．図 3.1.2 の左上側（氷床が少なく CO_2 が多い）が間氷期，右下が氷期の状態に対応する．この 2 変数で見ると，地球の状態は，おおよそ 100 kyr 周期で XY 平面上をゆがんだ閉曲線を描いて動いており，氷期には間氷期より長く滞在することなどがうかがえる．

このように地球の状態（気候）の変化をわずかな変数に限定して表現し，その時間変化を単純な数式（時間発展常微分方程式など）で表そうとするのが力学系モデルのアプローチである．このイメージを精密化するため，以下では，力学系モデルの数学的基礎を概説する．力学系についての正確な理解には，例えば，Robinson (1999) を参照されたい．

力学系（dynamical system）とは，広義（数学的）には常微分方程式系もしくは差分方程式系によって状態の時間変化が記述されるシステムのことである．よって自由度無限大の偏微分方程式系を差分化した自由度が数百万を超えるような大循環モデルも力学系であるし，ボックスモデルも力学系の一種とみなせる．しかし，気候モデルの分野で力学系モデルといえば，通常，比較的少数（自由度

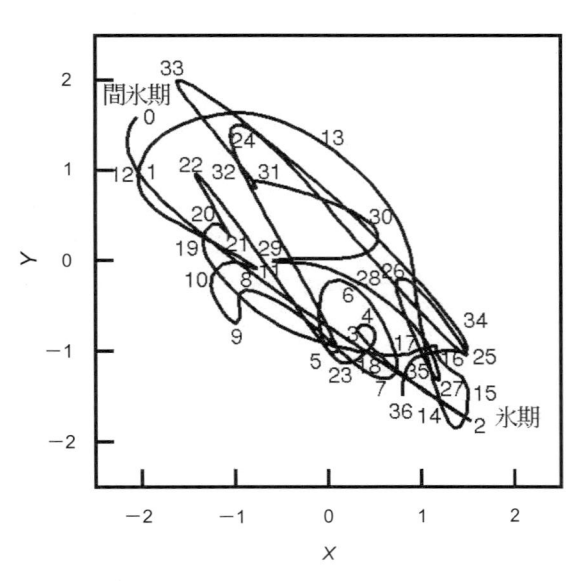

図 3.1.2 全球氷床量（X）と大気 CO_2 分圧（Y）の過去の変動：数字は現在から何万年前かを示す．数千年より短い変動は平均してある．

が10程度以下）かつ質的に異なる変数から成る時間発展常微分方程式系を指すことが多い[9]．この狭義の力学系は，一般に次の形で表される（例えば，余田，1996）：

$$\frac{d\boldsymbol{x}}{dt} = \boldsymbol{F}[\boldsymbol{x}\,;\,\mu,\boldsymbol{f}(t)] \quad (3.1.14)$$

ここで，tは時間，$\boldsymbol{x}=(x_1, x_2, \cdots, x_n)$は系の状態を表す内部変数（$n$は自由度）である．また，$\mu$は$t$に依存しない定数で**パラメータ**（parameter）と呼ばれ，$\boldsymbol{f}(t)$は時間のあらわな関数で**外力**（forcing）あるいは外部変数と呼ばれる．右辺の$\boldsymbol{F}[\_\,;\,\_,\_]$の括弧は，$\boldsymbol{F}$が汎関数（関数の関数）であることを意味し，括弧の中身は，左から内部変数；パラメータ，外力である．実際には，パラメータは考える状況に応じて変化しうるという意味で純然たる定数ではなく，外力も状況によって一定値を取りうるため，両者の区別は曖昧である．なお，(3.1.14)式の右辺に現れる内部変数の係数をパラメータと呼び，内部変数を含まず時間に直接依存する項を外力と呼ぶ場合もある．これ以外にもパラメータと外力という言葉はさまざまな意味で使われるので注意する必要がある（吉田，2002）．なお，時間に関する高階微分を含む方程式系も，内部変数の時間微分自体を独立変数とみなし自由度を増やすことで(3.1.14)式の形に帰着させることができる．

自励系（autonomous system）とは$\boldsymbol{F}$があらわに時間によらず系の時間発展が内部変数によって自律的に決まる系，つまり$\boldsymbol{f}(t)=\boldsymbol{0}$の系を指す[10]．$\boldsymbol{F}$の形によっては，(3.1.14)式は有限の$t$で解の絶対値が無限に増大する．これを解の**爆発**（explosion）という．(3.1.14)式のすべての解が$t \to +\infty$で有界な集合に入るなら，その力学系は**散逸系**（dissipative system）と呼ばれる．

(3.1.14)式の右辺が$\boldsymbol{0}$となる解$\boldsymbol{x}=\boldsymbol{x}_0$は時間的に変化しないため定常解と呼ばれる．定常解の安定性は力学系の振る舞いを考える上で重要である．定常解に任意の微小摂動を加えてずらしたとき，そのずれがつねに減少して定常解に戻る場合，この定常解は**安定**（stable）であるという．逆にある摂動を加えるとずれが時間とともに増幅する場合，この定常解は**不安定**（unstable）であるという．微小摂動$\boldsymbol{x}' = \boldsymbol{x} - \boldsymbol{x}_0$の大きさが無限小の場合の安定性（線形安定性）は，(3.1.14)式を定常解近傍で線形化した（$\boldsymbol{x}'=0$近傍でTaylor展開して1次の項だけ残した）方程式によって判定できる．簡単のため自励系に限定すると，線形化された方程式は

$$\frac{d\boldsymbol{x}'}{dt} = \left.\frac{\partial \boldsymbol{F}(\boldsymbol{x}\,;\,\mu)}{\partial \boldsymbol{x}}\right|_{\boldsymbol{x}=\boldsymbol{x}_0} \boldsymbol{x}' \equiv J(\boldsymbol{x}_0\,;\,\mu)\boldsymbol{x}' \quad (3.1.15)$$

となる．ここで，$\boldsymbol{F}$の$\boldsymbol{x}_0$におけるヤコビアン行列[11]を$J(\boldsymbol{x}_0\,;\,\mu)$と書いた．これより$J$の固有値の実部がすべて負なら，この定常解は安定であり，1つでも正のものがあれば不安定であることが容易にわかる．

安定性の議論は，フィードバックという概念を用いて述べることもできる．本来，フィードバックとは，複数のサブシステムが相互作用する系において，あるサブシステムの出力が回りまわって自身の入力に跳ね返ってくる状況を表す言葉である．サブシステムの状態のある変化が，その変化をさらに増強するように跳ね返ってくる場合，これを**正のフィードバック**（positive

---

9) これに対しボックスモデルは，1つまたは少数の変数の各サブシステムでの現存量（ストック）が，サブシステム間のやりとり（フロー）を通じて変化する時間発展常微分方程式系を指す．

10) 任意の自由度nの非自励系は，$x_0 = t$として内部変数を1つ増やし，(3.1.14)式の右辺のtをx_0と書き，$dx_0/dt = 1$を方程式系に付け加えれば，形式上，自由度$n+1$の自励系に書き直すことができる．

11) $\partial F_j/\partial x_k$を$(j, k)$成分とする行列のこと．

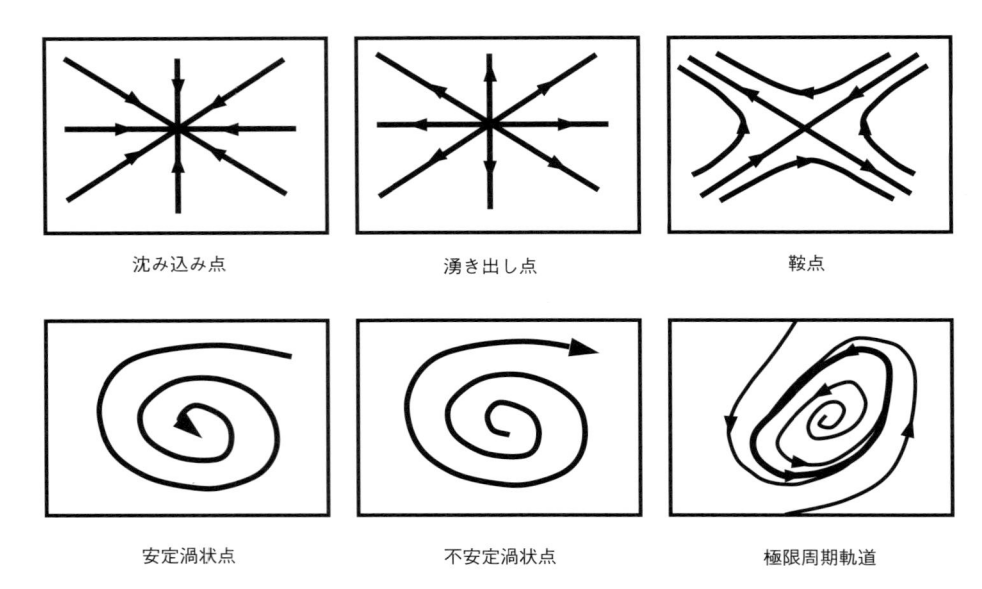

図3.1.3 力学系における不動点と極限周期軌道（本文参照）．
（沈み込み点／湧き出し点／鞍点／安定渦状点／不安定渦状点／極限周期軌道）

feedback）という．逆に，変化を打ち消す方向に跳ね返ってくる場合，これを**負のフィードバック**（negative feedback）という．こうしたフィードバックは，サブシステムを結合した系全体の定常解の安定性（前述）と密接に関連している．つまり，正の固有値に対応する固有ベクトルが示す状態（固有状態）は正のフィードバックの状況にあり，負の固有値に対応する固有状態は負のフィードバックの状況にある[12]．

（3.1.15）式は状態空間 $\boldsymbol{R}^n = (x'_1, x'_2, \cdots, x'_n)$ 上のベクトル場（状態空間上の各点でベクトル $d\boldsymbol{x}'/dt$ が定義された場）を与えるとみなすことができ，解 $\boldsymbol{x}'(t)$ は変化の方向を示す $d\boldsymbol{x}'/dt$ を結んだ $\boldsymbol{R}^n$ 内の解曲線（解軌道）とみなせる．このとき定常解は，ベクトルの大きさが0となる点に相当し，**不動点**（固定点：fixed point）と呼ばれる．おもな不動点を図3.1.3に示す．安定な不動点は近傍のすべての方向から流入する形のベクトル場となっており，これは**沈み込み点**（sink）と呼ばれる．不安定な不動点の場合，不動点での J の固有値が正となる固有ベクトルの方向に流出するベクトル場となっている．すべての固有値が正の場合，**湧き出し点**（source）といい，正負が混在する場合，**鞍点**（saddle）という．また，不動点での J の固有値に複素数が含まれる場合，それらは必ず複素共役なペアであり，不動点近傍ではそのペアの固有ベクトルが張る平面内で回転する成分をもつベクトル場となる．固有値の実部が負ならば**安定渦状点**（stable focus），正ならば**不安定渦状点**（unstable focus），ちょうど0なら**渦心点**（center）と呼ばれる．

パラメータ μ を変化させたときの解 $\boldsymbol{x}_0$ の変化について考えよう．ある μ で $J(\boldsymbol{x}_0; \mu)$ の固有値が0となるとき，その点 $(\boldsymbol{x}_0, \mu)$ を**特異点**（singular point）と呼ぶ．パラメータを変化させたとき

---

[12] なお，これとは別に，(3.1.15)式を係数行列と内部変数ベクトルの積で表現したときに，係数行列のある対角成分の符号が正（負）の場合，対応する内部変数は正（負）のフィードバックの状況にあるということもある．この場合には，その変数自身の直接効果だけで判断した言い方となり，間接効果（他の変数を介した連関）によりそのフィードバックが打ち消される可能性があることに注意を要する．この拡張された使い方においてはフィードバックという言葉にサブシステム間の相互作用という実態は必ずしも必要でない．

| サドル・ノード型分岐 | 熊手型分岐 | ホップ分岐 |

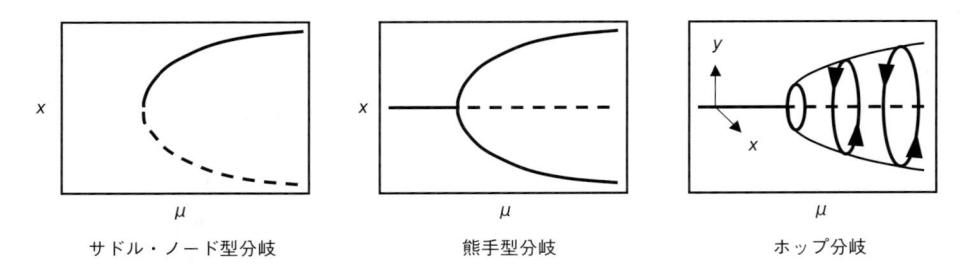

図 3.1.4 力学系における解の分岐の概念図：パラメータ μ に対して解 x，もしくは (x,y) の分岐を示した．実線が安定解，破線が不安定解である．

特異点を境に解の数や構造が変化することを，解の**分岐**（bifurcation）という（図 3.1.4 参照）．基本的な分岐パターンには，パラメータの変化につれて安定解と不安定解のペアが合体消滅する**サドル・ノード型分岐**（saddle-node bifurcation），1つの安定解（不安定解）が不安定化（安定化）する点で2つの安定解（不安定解）が分岐する**熊手型分岐**（pitchfork bifurcation），安定（不安定）定常解が不安定化（安定化）する点から安定（不安定）周期解が分岐する**ホップ分岐**（Hopf bifurcation）などがある．さらに，定常解から周期解，有理振動数比に固定された**位相ロッキング**（phase locking）準周期解を経てカオスに至る一連の分岐や，周期解の周期が倍になる**周期倍化**（period doubling）を次々に起こしてカオス解に至る一連の分岐などが知られている．

自励系 $\boldsymbol{f}(t) = \boldsymbol{0}$ に対し，ある領域 G における解の振る舞いを考える．(3.1.14)式の両辺と領域 G で連続微分可能な関数 $V(\boldsymbol{x})$ の勾配 ∇V との内積を取ると次式を得る：

$$\frac{dV}{dt} = \nabla V \cdot \boldsymbol{F} \qquad (3.1.16)$$

領域 G において右辺が常に非正（0 か負）となるとき，V を**リヤプノフ関数**（Lyapunov function）という．このとき $V(\boldsymbol{x})$ は解 $\boldsymbol{x}(t)$ に沿って t が増加する方向に追えば増加しない関数であり，G に属する有界な解軌道の $t \to \infty$ での極限集合は，$\{\boldsymbol{x}|dV(\boldsymbol{x})/dt = 0\}$ の部分集合となる．よってリヤプノフ関数は自励系の解の大局的振る舞いを調べるのに有効である．

十分時間が経過した後，散逸系の解は状態空間中の多様体，**アトラクター**（attractor）に漸近する．最も次元の低い0次元のアトラクターは安定不動点である．アトラクターにはより高次元のものもある．例えば，1次元アトラクターは循環閉曲線となり，**極限周期軌道**（limit cycle）と呼ばれる（図 3.1.3 参照）．不動点の安定性がヤコビアンの固有値の符号で判定されたように，アトラクターの安定性は**リヤプノフ指数**（Lyapunov exponent）$\lambda_j (j=1, 2, \cdots, n)$

$$\lambda_j = \lim_{\tau \to \infty} \frac{1}{\tau} \log \left\| \exp\left[\int_0^\tau J(\boldsymbol{x}(t); \mu) dt\right] \widehat{\boldsymbol{e}}_j(\boldsymbol{x}_0) \right\| \qquad (3.1.17)$$

の符号によって判定できる．ここで $\boldsymbol{x}(t)$ はアトラクター上の任意の点 $\boldsymbol{x}_0$ を初期値（$t=0$）とする基準解で，$\widehat{\boldsymbol{e}}_j(\boldsymbol{x}_0)$ は $\boldsymbol{x}_0$ を原点とする $\widehat{\boldsymbol{e}}_j$ 方向の単位ベクトルを表す．また，$\| \, \|$ は，ベクトルの長さ（ノルム）を表す．すなわち λ_j は，アトラクター上の点とそこから単位ベクトル $\widehat{\boldsymbol{e}}_j$ の方向に無限小ずれた点との距離の時間に対する拡大率である．λ_j は $\boldsymbol{x}_0$ には依存せず，アトラクターを特徴づける．表 3.1.1 に漸近解と対応するアトラクター，およびそのリヤプノフ指数の符号を示した．

一般に，状態空間の中にはアトラクターが多数存在する．孤立したシステムでは，系の状態

表 3.1.1 力学系における漸近解の分類

漸近解	対応するアトラクター	リヤプノフ指数
定常解（steady solution）	安定不動点（stable fixed point）	すべて負
周期解（periodic solution）	極限周期軌道（limit cycle）	1つが0，他は負
準周期解（quasiperiodic solution）	r次元トーラス（torus）	r個が0，他は負
カオス解（chaotic solution）（周期が無く不規則に変動）	奇妙なアトラクター（strange attractor）	1つ以上が正

は，その初期値に応じて，いずれかのアトラクターに落ち込んでゆく．各アトラクターに引きこまれる初期値の状態空間での分布域をそのアトラクターの**ベイズン**（basin）という．外界からのゆらぎを受けるとアトラクターは不安定化する．この場合も擬似的なアトラクターが残存し，状態はこれら複数の準アトラクター間を以下のように遍歴する．ある準アトラクターに引きこまれている間は，状態は少数の変数で記述される軌道を比較的長期に亘って辿るが，やがてある方向に不安定化して，その準アトラクターを飛び出し，過渡的に自由度の大きな不規則な振る舞いをした後に，別の準アトラクターに引きこまれる．このような状態遷移は**カオス的遍歴**（chaotic itinerary）と呼ばれる．

気候システムの相転移をこのような観点から見ることは有益である．例えば，現在の気候状態をある1つの準アトラクターに引きこまれた状態（気候レジーム）とみなすと，現在の気候を説明するのに有効な変数（あるいはフィードバック）とは全く異なる変数の影響が増幅されて，相転移（気候レジームシフト）を引き起こす可能性がある．この場合，現在の気候をうまく説明する変数（フィードバック）だけで作られたモデル（GCMなど）では，相転移を予測することは原理的に不可能である．3.2節では，相転移を含むSELISの変動を力学系としてとらえた例を紹介する．

3.1.4　今後の研究課題

3.1.2小節で述べたように，シンプルモデルと大循環モデル（GCM）はSELISの変動を理解する上で相補的なアプローチである．極言すれば，シンプルモデルは現象の本質を理解するための「おもちゃ」であり，GCMは現象の定量的再現を行うための「シミュレータ」である．ここでの「理解」とは，子供（好奇心旺盛な素人）にわかってもらい，面白がってもらうことと言い換えれば，「おもちゃ」という言葉を決して否定的なニュアンスで使っているのではないことを理解してもらえるだろう．SELISの一部である人間がSELISを理解するという営みを始めたことを地球史の最近・最大の事件とする（熊澤ほか編，2002）ならば，われわれの究極の目的は「再現」ではなく「理解」であろう．この理解を確認・修正するのがシミュレータの役割である．この意味でシンプルモデルとGCMは相補的なのである．

正攻法といえる唯一のアプローチは，次のようなものであろう．まず，物理・化学の基本法則（第一原理）のみに基づいてGCMを構築して，SELIS全体を長時間積分により直接シミュレートし，現在と過去の観測との照合を通じてその再現性を確認する．その上で何らかの目的をたて，それに応じてGCMの方程式系を縮約し，基本変数を抽出して少数自由度のシンプルモデルを構成して，目的に応じた説明を見つける．それを積み重ね，理解を蓄積するというものであろ

う．

3.1.1 小節と 3.1.2 小節で述べた GCM とシンプルモデルの問題点は，この理想的なアプローチの各ステップが実現困難であるというところにある．しかも，その困難は，本質的には，計算機パワーの増大や，モデルの高度化といった量的な進展では克服できないものである．ここ 40 年間ほどのモデルによる気候研究の歴史を振り返ると，こうした量的進展はめざましいものがあるが，それに比べて理解の進展は少ないままである．専門学術誌は理解のできていないシミュレーション結果にあふれているのが現状である．

さらに問題と思われることは，上述の理想的なアプローチの前段，すなわち現実を「再現」するシミュレータという部分がそれなりに達成できたかに見えてしまい，それで満足してしまっていることである．GCM を複雑にする，すなわち調整可能な経験的パラメータを増やせば，パラメータを調整することによって再現性は必ず向上させることができる．天気予報であれば，「再現できればそれで良し」と済ますことができよう．しかし，気候変動を研究しようとしたとき，対比可能な過去の現実データが乏しい以上，経験的パラメータの値を決める手段が無くなりモデルの予言力が麻痺してしまう．これは決定的な欠陥といえる．つまり上記のアプローチは最後まで行き着かなければ意味がないのだが，一方で出発点において，物理・化学の基本法則だけを用いてモデルを作ることを放棄して再現性を追求することを目指すため，自ら最後まで行く道を閉ざしてしまっているのである．

こうした問題に対処するには，もう少しルーズなアプローチを取ることを許容すべきであろう．一方では，GCM が必ずしも物理・化学の基本法則だけに基づいてはいないことを十分認識した上で，不必要な調整可能パラメータを極力減らし，現実の再現性を可能な限りチェックしながら，シミュレータとして活用するアプローチである．他方，シンプルモデルは GCM の縮約モデルと限定すべきではなく，科学的洞察を確認するための概念モデルとして，GCM の 1 つの〈物理過程〉のプロトモデルとして，あるいは GCM から得られた結果を解析するツールとして活用するアプローチである．それぞれの目的のために，多様な「おもちゃ」を開発すべきである．とくに科学的洞察を確認する概念モデルとしての役割は決定的に重要であろう．以下の 3.2-3.4 節では，このような概念モデルを多用する．

GCM を「実験」と位置づけることはいまや常識化しつつあるが，この見方の中にいくつかの問題点が潜んでいる．

まず，モデルのみが一人歩きしてしまう問題点がある．モデルが複雑になりすぎて，計算コード全体（「実験装置」）の信頼性や整合性を確認することすら困難になり，得られた結果（非常に限られた出力）を既存の「装置」のものと比較することだけで「くせ」を直して良しとしている．しかし，一度論文になれば，計算コードは正当な「実験装置」として認められ，その「実験結果」は，既知の物理化学法則に基づいた時空間的に均質なデータを地球規模で得たものとして，観測と同等の価値をもち，より便利な「自然」から得られた結果とみなされてしまう．

次に，観測によるチェックが困難であるという問題点がある．GCM が現実を再現しているかを観測との対比でつねにチェックするのが正攻法であるが，実際には観測の不均質性，不連続性，局所性などによって，直接の対比が難しく，「なんとなく合っている」という主観的判断で済ませている．とくに，過去の気候を調べるときに，GCM が現在の気候を再現することが，過去の状態の再現性を保証するものではないこと，および，物理過程に用いられている経験的パラ

メータが現在の観測に基づいて採用された値と同じであるとは限らないという点がなおざりになっている．

　以下では，シンプルモデルとGCMを併用しながら，モデル気候学を発展させていく上で重要なポイントをいくつか述べる．

　まず，重要なのは，GCM中の経験的なパラメータの物理的な意味を明らかにしていく，あるいは物理的なものに置き換えていくことである．そのためには，幅広い観測データから変動機構を抽出し，より適応範囲の広く，第一原理に近い物理化学モデルを構築することが重要である．このためにはシンプルモデルが有効な助けとなる．既存のGCMにより複雑な「モデル」パーツを組み込んで，観測の再現性の向上をめざす試みは多いが[13]，モデルを物理的に明確にする方向には必ずしも進んでいない．過去の状況への適用をめざす場合，この「モデル」がいかに物理的であるか，すなわち調整可能なパラメータの数が少なく，範囲が狭く限定されているかが鍵となる．

　もう1つ重要なことは，古気候データから，いかに過去の気候変数（気温，降水量，氷床分布など）をなるべく多く，かつ精度高く引き出すかという点である．第2章にも述べられているように，われわれは過去の気候変数を直接手にできるわけでなく，間接的な指標（プロキシー）を手にできるだけである．また，データが得られる点は空間的・時間的にも極めて限られている．こうした不完全なデータから気候変数の変動を明らかにするためには，全球的なモデルと地域的な古気候データとをつなぐ地域モデルが必要である．例えば，湖底堆積物を古気候データとして利用する場合なら，その湖の集水域周辺の地域気象モデル，湖と集水域の生態系モデル，湖の堆積モデルなどが必要になる．これらと全球的な気候モデルを結合させることで，直接，古気候データと比較可能なデータセットを得ることができる．

　さらに，長時間積分が必要な気候研究においては，GCMのみでなく，シンプルモデルや中程度に複雑な地球システムモデルと組み合わせた複合的なアプローチも有効である．気候システム内の大気，海洋や氷床，さらに生態系など，気候サブシステム間の相互作用の関係についての時間変化を議論するには，長い期間の計算が必要である．しかし，現時点では計算時間と計算機資源の制約から，複雑な過程を含んだ高解像度GCMを用いた長期計算は難しい．さらに，GCMは複雑すぎて，その結果を解析して理解につなげるのが極めて困難である．そこで登場するのが，シンプルモデルや中程度に複雑な地球システムモデル（Claussen et al., 2002）である．シンプルモデルでは，現象の一部を切り取って，解の基本的な構造を抽出する．中程度に複雑なモデルでは，GCMと比べて空間次元を下げたり解像度を低くしたりして，重要度の低い過程を目的に応じて簡略化する．一方で，物質循環モデルや生態系モデルなど，重要度の高い過程を適当に組み込む．このタイプのモデルは，地球の気候変動の長い歴史の中で，特定の気候状態が継続する特徴的な期間（気候レジーム）を見つけ出し，整理するのに有効である．抽出された気候レジームの本質を明らかにするためには，これらの解を高解像度のAOGCMに入力して数百年程度の積分を行い，準平衡状態のメカニズムを明らかにすることが有効である．こうした複合的なアプローチによって，過去の気候変動の発展的な理解や，未来の気候変動についての議論が可能

---

[13] 経験的モデルを複雑にすれば調整可能なパラメータは増えて，再現性はほぼ確実に向上する．しかし，それを過去に適用する際は増えたパラメータの分だけ不確定性が増大するというディレンマに陥る．

になるだろう．

　最後に強調したいのは，再現に止まらず「理解」をつねにめざすことの重要性である．「理解」のバロメーターは，子供に面白いと感じてもらえるかということである．極言すれば，「うそでもいいから，面白い話を考えよう」と言ってしまっても良いかもしれない．サイエンスはつねに検証を求めるものであるが，パラダイムが重要な真実の発見を覆い隠すことは極めて多い．「うそから出た真」がある以上，うそ（一見，非現実的）でもいいからおもちゃを作って，遊んでみる――すなわちその振る舞いの「現実」性を徹底的に検証してみる――ことが，より長い目で見たときに気候学の発展に寄与すると考える．その時の「現実」は，ありとあらゆる時代の地球であり，火星やタイタンのような太陽系天体であり，さらに太陽系外惑星でもある．その広大な「現実」の中に現在の地球を位置づけることが必要なのである．

参考文献

Claussen, M., et al. (2002): Earth system models of intermediate complexity: closing the gap in the spectrum of climate system models. Clim. Dyn., 18, 579-586.

Kalnay, E. (2003): *Atmospheric modeling, data, assimilation and predictability*, Cambridge University Press, Cambridge, 341pp.

Kantha, L. H., and Clayson, C. A. (2000): *Numerical models of oceans and oceanic processes*, International Geophysics Series vol. 66, Academic Press, 940pp.

熊澤峰夫・伊藤孝士・吉田茂生 編 (2002):『全地球史解読』，東京大学出版会，540pp.

Robinson, C. (1999): *Dynamical systems—Stability, symbolic dynamics, and chaos*, 2nd ed., CRC Press. 国府寛司ほか 訳 (2001):『力学系』，シュプリンガー・フェアラーク東京，上巻 433pp.，下巻 389pp.

Satoh, M. (2004): *Atmospheric circulation dynamics and general circulation models*, Springer-PRAXIS, 643pp.

住 明正 (1999): 気候変化の予測の可能性.『岩波講座 地球環境学 3 大気環境の変化』(安成哲三・岩坂泰信 編)，岩波書店，219-247.

時岡達志ほか (1993):『気象の教室 5 気象の数値シミュレーション』，東京大学出版会，247pp.

Trenberth, K. E., ed. (1992): *Climate system modeling*, Cambridge University Press, 789pp.

余田成男 (1996): 気候および気候変動の数理モデル.『岩波講座 地球惑星科学 11 気候変動論』(住 明正ほか 編)，岩波書店，221-266.

吉田茂生 (2002): システムに関係した言葉と概念の整理.『全地球史解読』(熊澤峰夫・伊藤孝士・吉田茂生 編)，東京大学出版会，55-80.

3.2 シンプルモデルによる気候変動メカニズムの解明

この節では,シンプルモデルを用いて気候変動のメカニズムを調べる.3.2.1 小節では,水平方向に空間的広がりをもたない 0 次元のエネルギーバランスモデルを使って,水蒸気の温室効果が惑星放射に与える影響や氷床によるアルベドフィードバックを調べ,太陽放射の強さに応じて地球が暴走温室状態や全球凍結状態になることを示す.3.2.2 小節では,南北方向に空間次元を取り,南北方向の熱輸送を拡散過程で近似した南北 1 次元エネルギーバランスモデルを用いて,拡散係数や大気 CO_2 濃度に応じて,地球が無氷床解,部分氷床解,および全球凍結解の 3 つの状態を取ることを示す.3.2.3 小節では地球の気候変動をもたらす外力,とくにミランコビッチサイクルについて考察する.3.2.4 小節では氷期・間氷期サイクルを再現する自励的な力学系モデルの例をあげる.

3.2.1 0 次元エネルギーバランスモデル

最も単純化して気候変動を扱うシンプルモデルである 0 次元**エネルギーバランスモデル**(energy balance model : EBM)について解説する.このモデルは,地球の平均的な地表面温度[1]を放射平衡によって記述するもので,水平方向の変化は考えない.なお,エネルギーバランスモデルの包括的な解説には North et al.(1981)がある.

惑星放射

地表面温度 T_s,大気 CO_2 濃度 ξ の惑星の単位表面積から宇宙空間に放射される赤外線のエネルギーフラックス(**惑星放射フラックス**:planetary radiation flux)を I,$F = S/4$ を太陽放射フラックス(序.2.2 小節,1.2.1 小節参照),$a(T_s)$ を緯度平均された**惑星アルベド**(planetary albedo)とすると,局所的に決まる放射平衡の式は

$$I(\xi, T_s) = F[1 - a(T_s)] \qquad (3.2.1)$$

と与えられる.右辺は地球軌道に降り注ぐ太陽放射フラックスのうち,惑星の雲や大気,地表面(海面と陸面)で反射される部分を差し引いた正味の太陽放射フラックスで,これが左辺の惑星放射と釣り合っている.I や a は,T_s や ξ の複雑な関数となっており,それが (3.2.1) 式の振る

---

[1] 一般には,地面の温度(狭い意味での地表面温度)とその直上の大気温度(地表面気温)には差がある.しかし,本節では,とくに断らずに地表面温度という場合は,両者を区別せず,地表付近の典型的な温度という程度の意味に使うこととする.

舞いを決める．

まず，惑星放射フラックスIについて考えよう．惑星に大気が無ければ（この場合，T_sは地面温度），惑星放射フラックスはStefan-Boltzmannの法則に従う黒体放射（序.2.2小節参照）を基準として

$$I(T_s) = \varepsilon_s \sigma T_s^4 \tag{3.2.2}$$

と書ける．ここでε_sは地表面の平均的な射出率，つまり放射能力の黒体からのずれを表し，1以下の正の値をとる．ε_sを1（すなわち黒体）とし，現在の地球の平均的なアルベド0.3をとると，(3.2.1)式より，T_sは255Kとなる．

実際の地球では，大気の温室効果によって，地表面温度が上記の見積もりより高くなることは，序.2.2小節ですでに述べた．これは，同じ地表面温度T_sに対して惑星放射Iが(3.2.2)式より小さくなることとして表現できる．あるいは，実効的なε_sがT_sの関数として決まっているともみなせる[2]．大気の効果を最も簡単に見積もるモデルとしては地表面と大気層を何枚かの平板とみなすモデルがあり，1.2.1小節で解説されている．ここではそれよりもやや精密な，2方向近似による鉛直1次元放射平衡モデルを使おう[3]．

大気の単位質量あたりの光の**吸収係数**（opacity）は太陽放射の波長域（可視域）では一定値κ_νをとり，惑星放射の波長域（赤外域）では別の一定値κ_{IR}をとるものと仮定する．以下では，それぞれの波長域の放射を可視放射，赤外放射[4]と呼ぶ．大気中の散乱は無視し，局所熱平衡が成り立つとする．大気中の放射の方向依存性を最も単純化した形で次のように考慮する．地表面に向いた下半球方向への放射は等方で，大気上端側に向いた上半球方向への放射も等方だが，上下の半球間には放射の強さに差があるとする（2方向近似）．

上半球で積分した上向き赤外放射フラックスを$F_{IR}^\uparrow$，下半球で積分した下向き赤外放射フラックスを$F_{IR}^\downarrow$とすれば，赤外放射フラックス（上向きを正とする）は$F_{IR} = F_{IR}^\uparrow - F_{IR}^\downarrow$となる．実際には大気と地表面で起こる太陽放射の反射を，簡単のため，大気上端ですべて起こるとし，その反射率をaとする．すると大気内での可視放射は下向きのみとなるが，そのフラックスをF_νとする．大気の温度をTとすると，各フラックスは

$$F_\nu(u) = F(1-a)e^{-\kappa_\nu u} \tag{3.2.3}$$

$$-\frac{2}{3\kappa_{IR}}\frac{dF_{IR}^\uparrow}{du} = -F_{IR}^\uparrow + \sigma T^4 \tag{3.2.4}$$

$$\frac{2}{3\kappa_{IR}}\frac{dF_{IR}^\downarrow}{du} = -F_{IR}^\downarrow + \sigma T^4 \tag{3.2.5}$$

となる．ただし，uは大気上端（z_{max}）から高さzまでの大気の面密度（単位面積あたりの質量）で，$\rho(z)$を高さzでの大気の密度とすると，

$$u \equiv \int_z^{z_{max}} \rho(z')dz' \tag{3.2.6}$$

で定義される．(3.2.3)式は可視放射が大気吸収により指数関数的に減衰することを表し，(3.2.4)，(3.2.5)式は，上向き・下向きそれぞれの放射フラックスに対して，惑星放射の吸収に

---

[2] この場合ε_sはもはや表面物質の物性値としての射出率ではなく，地球表面および大気構造のマクロな状態で決まる量とみなさなくてはならない．

[3] 放射過程の基礎的な解説は，例えば，Satoh (2004) の10章などを参照．

[4] 気象学では可視放射を短波放射，赤外放射を長波放射と呼ぶ（1.2.1小節参照）．

よる減衰（右辺第 1 項）と局所熱平衡にある大気からの熱放射による増幅（右辺第 2 項）があることを表している．

放射平衡の条件は $d(F_{\rm IR}-F_\nu)/du = 0$ である．これは，大気の熱エネルギーがいずれの高さでも時間変化しないことを示している．(3.2.3)式を用いると $dF_{\rm IR}/du = dF_\nu/du = -\kappa_\nu F(1-a)e^{-\kappa_\nu u}$ を得る．大気上端 ($u = 0$) では，正味太陽放射フラックスと惑星放射フラックスが釣り合うので，$F(1-a) = I = F_{\rm IR}(0) = F_{\rm IR}^\uparrow(0)$ となる．

これらの関係を用いて(3.2.4)，(3.2.5)式を積分すると

$$\sigma T^4 = \frac{F(1-a)}{2}\left[1 + \frac{2\kappa_\nu}{3\kappa_{\rm IR}}e^{-\kappa_\nu u} + \frac{3\kappa_{\rm IR}}{2\kappa_\nu}(1-e^{-\kappa_\nu u})\right] \tag{3.2.7}$$

$$F_{\rm IR}^\uparrow = \frac{F(1-a)}{2}\left[1 + e^{-\kappa_\nu u} + \frac{3\kappa_{\rm IR}}{2\kappa_\nu}(1-e^{-\kappa_\nu u})\right] \tag{3.2.8}$$

$$F_{\rm IR}^\downarrow = \frac{F(1-a)}{2}\left[1 - e^{-\kappa_\nu u} + \frac{3\kappa_{\rm IR}}{2\kappa_\nu}(1-e^{-\kappa_\nu u})\right] \tag{3.2.9}$$

を得る．地表面温度 $T_{\rm s}$ は，地表面が黒体であるとすれば，地表面の u を $u_{\rm s}$ として，$\sigma T_{\rm s}^4 = F_{\rm IR}^\uparrow(u_{\rm s})$ により求められる[5]．(3.2.8)式より，惑星放射フラックス $I = F_{\rm IR}^\uparrow(0)$ を $T_{\rm s}$ の関数として表すと，

$$I = \frac{2\sigma T_{\rm s}^4}{1 + e^{-\kappa_\nu u_{\rm s}} + \frac{3\kappa_{\rm IR}}{2\kappa_\nu}(1-e^{-\kappa_\nu u_{\rm s}})} \tag{3.2.10}$$

となる．

(3.2.10)式を用いて，大気の温室効果を考えてみる．十分に厚い大気 ($\kappa_\nu u_{\rm s} \to +\infty$) の場合，$I = 4\sigma T_{\rm s}^4(2+3\kappa_{\rm IR}/\kappa_\nu)^{-1}$ となる．逆に，薄い大気 ($\kappa_\nu u_{\rm s} \ll 1$) の場合，$I = 4\sigma T_{\rm s}^4[4+(3\kappa_{\rm IR}-2\kappa_\nu)u_{\rm s}]^{-1}$ となる．いずれの場合も，$\kappa_{\rm IR} > \kappa_\nu$，つまり赤外放射の吸収係数が可視放射のそれよりも大きければ，惑星放射フラックスは地表面温度の黒体放射 ($\sigma T_{\rm s}^4$) に比べて小さくなることがわかる．言い換えれば，$F(1-a)$ に釣り合う I を出すためには $T_{\rm s}$ が放射平衡温度より高くなければならない．これが温室効果である．一方，$\kappa_\nu/\kappa_{\rm IR} = 3/2$，つまり可視放射と赤外放射の吸収係数が同程度の場合，$I = \sigma T_{\rm s}^4$ となって大気の厚さに関わらず温室効果が生じないことがわかる．

ここまでは $\kappa_{\rm IR}$ を一定としてきたが，次に，温度上昇とともに温室効果ガスである水蒸気の混合比が増える効果によって，$\kappa_{\rm IR}$ が温度の関数となる場合を考察しよう．平板大気の静水圧平衡を表す(3.1.10)式を用いて，赤外放射の吸収が水蒸気のみによって起こると仮定すると，赤外放射に対する大気の光学的厚さ τ を

$$\tau \equiv \kappa_{\rm IR} u_{\rm s} = \int_{z_{\rm s}}^{z_{\max}} \kappa_{\rm w}\rho_{\rm w}(z')dz' = -\int_{P_{\rm s}}^{P_{\min}} \frac{\kappa_{\rm w}}{g}\frac{\mu_{\rm w}}{\mu}\xi_{\rm w}dP = \frac{\kappa_{\rm w}P_{\rm w}\mu_{\rm w}}{\mu g} \tag{3.2.11}$$

と与えることができる．ここで $\kappa_{\rm w}$ は単位水蒸気質量あたりの赤外放射の吸収係数，$\rho_{\rm w}(z)$ は大気中の水蒸気の空間密度，$P_{\rm w} = -\int_{P_{\rm s}}^{P_{\min}} \xi_{\rm w}dP$ は水蒸気の分圧，$P_{\rm s}$ は地表面 ($z = z_{\rm s}$) での気圧，$\mu_{\rm w}$ と μ はそれぞれ水蒸気の分子量と大気の平均分子量，$\xi_{\rm w}$ は水蒸気のモル分率，g は重力加速

---

[5] この場合の地表面温度 $T_{\rm s}$ は地面の温度である．放射平衡状態では，地表面温度とその直上の大気温度（地表面気温，(3.2.7)式に $u_{\rm s}$ を代入して得られる温度）にはギャップが生じる．また，現実には温度勾配が湿潤断熱減率を超えると鉛直対流が生じ，温度勾配はほぼ湿潤断熱減率に調節される（放射対流平衡大気）．

度である．温度 T での水の飽和水蒸気圧を $e_{\text{sat}}(T)$，相対湿度を r_{h} とすれば，$P_{\text{w}} = r_{\text{h}} e_{\text{sat}}(T)$ と書ける．(3.2.11)式を(3.2.10)式に代入し，$\kappa_\nu u_{\text{s}} \ll 1$ かつ $\kappa_{\text{IR}} \gg \kappa_\nu$ とすると

$$I = \sigma T_{\text{s}}^4 \left(1 + \frac{3\kappa_{\text{w}} r_{\text{h}} e_{\text{sat}}(T_{\text{s}}) \mu_{\text{w}}}{4\mu g}\right)^{-1} \tag{3.2.12}$$

を得る．相対湿度 r_{h} が温度によらず一定に保たれると仮定すると，$e_{\text{sat}}(T)$ は T とともに指数関数的に増大する．このため，(3.2.12)式の I は，ある T_{s} で極大値をとり，それ以上 T_{s} を高くすると逆に減ってしまう．この極大値が水蒸気大気の射出限界である．序.2.5 小節で述べたように，水惑星に射出限界が存在することが，**暴走温室効果**（runaway greenhouse effect）の原因となる．

以上，(3.2.2)，(3.2.10)，(3.2.12)式に示したように，惑星放射フラックス I を表す 3 つの式を求めた．一方，現実的な地球大気についての経験的な表式としては，次のような I の近似式が提案されている[6]（Caldeira and Kasting, 1992）：

$$I_{\text{CK}}(\varphi, T_{\text{s}}) = A(\varphi) + B(\varphi) T_{\text{s}} \tag{3.2.13}$$

$$A(\varphi)/\text{W m}^{-2} = -326.4 + 9.161\varphi - 3.164\varphi^2 + 0.5468\varphi^3 \tag{3.2.14}$$

$$B(\varphi)/\text{W m}^{-2}\text{K}^{-1} = 1.953 - 0.04866\varphi + 0.01309\varphi^2 - 0.002577\varphi^3 \tag{3.2.15}$$

ただし，φ は大気 CO_2 濃度[7] ξ に対して $\varphi = \ln(\xi/300\,\text{ppm})$ で定義される．この近似式の有効範囲は $10^{-4}\,\text{bar} < \xi < 2\,\text{bar}$ かつ $194\,\text{K} < T_{\text{s}} < 303\,\text{K}$ であるが，以下の議論では，これより広い範囲でも代用する．なおこの式では水蒸気による暴走温室効果は表現されないので，以下の議論では，簡単に，射出限界 $I_{\max} = 300\,\text{W m}^{-2}$ として，

$$I = \min(I_{\max}, I_{\text{CK}}) \tag{3.2.16}$$

とする．暴走温室状態では $I = I_{\max}$ となる．

惑星アルベド

次に，惑星アルベド $a(T_{\text{s}})$ について考えよう．0 次元モデルの平均地表面気温と惑星アルベドを関連づけるために，以下の操作を行う．まず，平均地表面気温 T_{s} が氷床の下限緯度 $\phi_{\min}$（≥ 0）を与えるとし，$x_{\min} = \sin\phi_{\min}$ を T_{s} の関数として

$$x_{\min}(T_{\text{s}}) = 1 - \frac{T_{\text{g}} - T_{\text{s}}}{\Delta T}, \quad T_{\text{g}} - \Delta T < T_{\text{s}} < T_{\text{g}} \tag{3.2.17}$$

とおく．また，$T_{\text{s}} < T_{\text{g}} - \Delta T$ では $x_{\min} = 0$，$T_{\text{s}} > T_{\text{g}}$ では $x_{\min} = 1$ とする．1 次元モデルの結果（次小節参照）などを勘案して，$T_{\text{g}} = 288\,\text{K}$，$\Delta T = 30\,\text{K}$，つまり，$T_{\text{s}} = 258\,\text{K}$ で全球が氷に覆われ，$T_{\text{s}} = 288\,\text{K}$ で氷床が全く消失するものとした．次に氷床の有無によって緯度ごとにアルベドを与える．ここでは North et al. (1981) の単純なモデルに従って，氷床のアルベドを $a_{\text{i}} = 0.62$，氷に覆われていない部分の平均アルベドを $a_{\text{f}} = 0.30$ とする．最後に，緯度ごとのアルベドの幾何学的な平均を取り惑星アルベドとする．各緯度 $x = \sin\phi$ でのアルベドを $a(x)$，年平均日射量の緯度分布を $s(x)$ とすれば（(3.2.19)式参照），惑星アルベドは

---

[6] これらの式中の T_{s} は地表面気温とみなすべきである．

[7] 大気 CO_2 濃度と大気 CO_2 分圧（地表での値）は 1 ppm $= 10^{-6}$ bar と換算できるため，今後はおもに大気 CO_2 分圧と呼ぶが，必要に応じて値を濃度単位で示す場合がある．なお，3.3 節と 3.4 節では，大気 CO_2 分圧を P_{CO_2} という記号で表す．

$$a(T_\mathrm{s}) = \int_0^1 a(x)s(x)\,dx = a_\mathrm{I} + (a_\mathrm{f} - a_\mathrm{I})\left[x_\mathrm{min} + \frac{s_2}{2}(x_\mathrm{min} - x_\mathrm{min}^3)\right] \quad (3.2.18)$$

となる[8]．こうして，0次元モデルの枠内で $a(T_\mathrm{s})$ が求められた．

0 次元エネルギーバランスモデルの解

(3.2.13)-(3.2.18)式を用いて，0次元エネルギーバランスモデル(3.2.1)式の解を示したものが，図3.2.1である．大気 CO_2 分圧は300 ppm とし，(3.2.1)式の左辺（惑星放射フラックス）と右辺（正味太陽放射フラックス）が，それぞれ破線と実線に対応し，その交点が解である．標準的な場合（図 3.2.1 中の S），2つの線の交点は3箇所にある．このうち α と書かれた点は全球が氷に覆われた解（**全球凍結解**：globally ice-covered solution）に対応し，γ と書かれた点は**無氷床解**（ice-free solution）である．これに対して β と書かれた点は**部分氷床解**（partially ice-covered solution）であるが，不安定である．なぜなら，もしわずかに地表面温度が上昇（低下）すると，β 付近では，正味太陽放射フラックスが惑星放射フラックスを上回り（下回り），ますます温度が上昇（低下）してしまう．いずれの場合も，もとの平衡状態を回復できず，最終的に γ もしくは α の解に相転移してしまうため，β は不安定解といえる．これに対し，α と γ は安定解である．これらの点では，地表面温度の上昇（低下）に対して，正味太陽放射フラックスが惑星放射フラックスを下回り（上回り），温度が回復する．

次に，太陽放射を減少させると，正味太陽放射フラックスのグラフ（実線S）が下に移動する．N_min と書かれた場合（$F = 0.985F_0$，ただし $F_0 = S_0/4$ は現在の太陽放射フラックスである）を下回ると，無氷床解は存在できなくなり，極近傍にわずかに氷床が存在する部分氷床解が安定解として生じる（図3.2.1ではわかりにくい）．しかし，さらにわずかに太陽放射が減少すると全球凍結解が唯一の安定解となる．一方，太陽放射を増加させ，実線Rの場合（$F = 1.251F_0$）を超えると，無氷床解は無くなり，暴走温室状態となる．しかし，初期状態が全球凍結解であれば，この条件でも，まだ全球凍結解は存在できる．さらに太陽放射を増大させて，I_max の場合（$F = 1.364F_0$）を超えると，全球凍結解も存在できなくなる．

次小節の1次元モデルとの比較のため，F と氷床下限緯度 ϕ_min の関係を示したのが，図 3.2.2 である．大気 CO_2 分圧が違う3つの場合が描いてある．太い曲線が，標準状態（300 ppm）であり，全球凍結解（$\phi_\mathrm{min} = 0°$）が

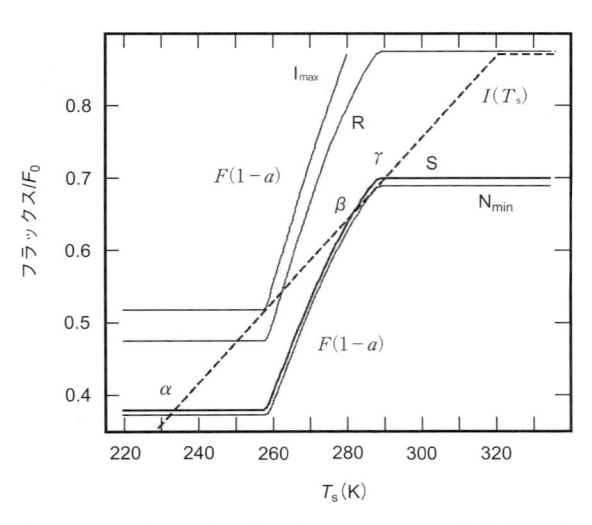

図 3.2.1 0次元エネルギーバランスモデル：地表面温度に対して正味太陽放射フラックス（実線）と惑星放射フラックス（破線）の関係を示したもの．各線の意味は本文参照．

---

8) $a(T_\mathrm{s})$ は $x_\mathrm{min}(T_\mathrm{s})$ を介して，T_s の関数となっている．

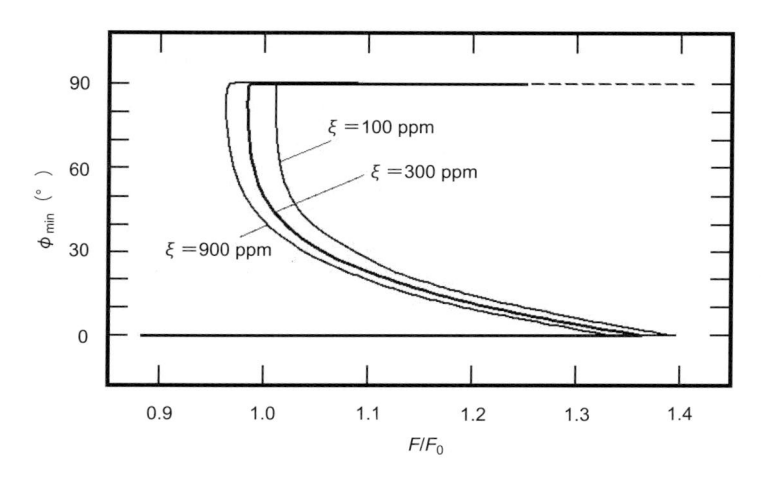

図 3.2.2　0 次元エネルギーバランスモデル：太陽放射フラックス F と氷床下限緯度 $\phi_{\min}$ の関係を 3 通りの大気 CO_2 濃度 ξ に対して示した．

$F < 1.364F_0$ に存在し，無氷床解（$\phi_{\min} = 90°$）が $0.985F_0 < F < 1.251F_0$ で存在する．$\phi_{\min} = 90°$ で $F > 1.251F_0$ の部分の破線は，暴走温室状態になることを示している．全球凍結解と無氷床解をつなぐ曲線は部分氷床解であるが，前述のようにほとんどは不安定解で実現されない．図 3.2.2 においても，太陽放射が増える（減る）と温度が上がり（下がり），$\phi_{\min}$ は増加（減少）するため，$d\phi_{\min}/dF < 0$ となる解曲線の部分は不安定なことがわかる．実は $\phi_{\min} = 90°$ の近傍では $d\phi_{\min}/dF > 0$ となっており，わずかな範囲ではあるが安定な部分氷床解が存在する．大気 CO_2 分圧を減らす（増やす）と，温室効果が弱まり（強まり），全球凍結解が存在できる F の上限は大きくなり（小さくなり），無氷床解が存在できる F の下限は大きくなる（小さくなる）．しかし，暴走温室状態となる F の値は大気 CO_2 分圧には依存しない．

3.2.2　1 次元エネルギーバランスモデル

　前小節では，水平方向の熱輸送は無視していた．しかし，実際の地球では，緯度方向に年平均の日射量[9]が変化するため，南北で大きな地表面温度差が生じ，それを緩和する方向に南北の熱輸送が生じる．すなわち，低緯度域で日射量が惑星放射フラックスを上回り，このネットで受ける余分なエネルギーを極方向に輸送し，両半球の高緯度域で放射している．南北熱輸送は大気のハドレー循環や海洋風成・熱塩循環などの複雑な力学過程の結果として決まるが，第 0 次近似として，南北温度勾配に比例する拡散過程で決まるとみなすことができる．

　ここでは，熱輸送を拡散で近似した 1 次元エネルギーバランスモデルの定常解について概説する．ϕ を緯度として，$x = \sin\phi$ とおく．太陽放射フラックスを F とし，F で規格化された年平均日射量の緯度分布を $s(x)$ とする．ここでは簡便のため，$s(x)$ は近似的に

---

[9] 太陽放射フラックスは，太陽光の入射方向に垂直な単位面積あたりの量であり緯度に依存しない．これに対し，**日射量**（insolation）はある一定期間（1 日とか，半年，1 年）で平均された地表面に入射する太陽エネルギーフラックスである．よって太陽高度や日照時間を通じて，日射量に緯度依存性が現れる．

$$s(x) = 1 - \frac{s_2}{2}(3x^2 - 1) \tag{3.2.19}$$

で与えられるとする（ただし $s_2 = 0.477$）．経度幅 $d\lambda$ の表層域（SL）を横切る南北方向の熱輸送量 $f(\phi)d\lambda$ は，実効的な熱伝導率を k，地球半径を R とすると

$$f(\phi)d\lambda = -\int_{\mathrm{SL}} kdz \frac{\cos\phi}{R} \frac{\partial T}{\partial \phi} d\lambda \tag{3.2.20}$$

と書ける．緯度帯ごとに，南北方向の熱輸送量の出入り（$\partial f(\phi)/R\partial\phi$）と惑星放射フラックス $I(\xi, T)$（前小節と同じ (3.2.16) 式を用いる）および正味日射量のエネルギーバランスを考えると，定常状態での方程式は，

$$-\frac{d}{dx}\left[D(1-x^2)\frac{dT_{\mathrm{s}}(x)}{dx}\right] + I(\xi, T_{\mathrm{s}}(x)) = Fs(x)[1 - a(T_{\mathrm{s}}(x))] \tag{3.2.21}$$

と書ける．ここで $T_{\mathrm{s}}(x)$ はその緯度での年平均地表面温度（ここでは表層域の平均温度），$D = \int_{\mathrm{SL}} kdz/R^2$ は実効的な温度拡散係数である．アルベドに関しては，前小節と同様に，氷床の有無によって $a_{\mathrm{I}} = 0.62$，$a_{\mathrm{f}} = 0.30$ と二値的に与え，氷床はその緯度の年平均地表面温度が $-10°\mathrm{C}$ 以下になると生じるものとした．

D の基準値として，$D_0 = F_0/T_0 = 1.254\ \mathrm{W\,m^{-2}\,K^{-1}}$ を用いると（$T_0 = 273.15\ \mathrm{K}$），現在の地球で観測される南北方向の温度差を説明できる実効的な拡散係数は，$D = 0.334D_0$ 程度である．しかし，この値は大陸移動などによる大気海洋大循環のモードの変化によって，地球史の中で変動していると考えられる．また，大気 CO_2 分圧 ξ についても，人類の CO_2 排出の影響を取り除いた現在の値は，おおよそ 300 ppm であるが，時代とともに変化してきたことが知られている．そこで，以下では，D や ξ をパラメータとし，それらの値に応じて定常解がどう変化するかを調べることにする．

定常解は，全球凍結解，部分氷床解，無氷床解に分けられる．現在の太陽放射フラックスで大気 CO_2 分圧が 150 ppm，$D/D_0 = 0.334$ の場合，これら 3 つの解が多重解として実現される．この 3 つの定常解の温度分布を描いたのが図 3.2.3 である．全球凍結解は，高いアルベドの氷が全球を覆うため温度は極めて低いが，南北の温度差は小さい．無氷床解は，氷床が無く地球全体のアルベドが低いため，温度は高く，南北の温度差は比較的小さい．一方，部分氷床解は，高緯度地域のみにアルベドの高い氷床が存在するため，赤道付近では無氷床解に近い高温となり，極地方では低温となる．よって部分氷床解の南北温度差は，3 つの解の中では最大となる．

人為的な CO_2 排出の影響を除いた現在の地球の大気 CO_2 分圧（$\xi = 300$ ppm）に対し，太陽放射フラックス F に対する氷床下限緯度 $\phi_{\min}$ の変化を描いたのが図 3.2.4 である．現在の拡散係数 $D/D_0 = 0.334$ を用いた場合に加えて，D を増減させた場合を併せて描いてある．

いずれの場合も，安定な解は，全球凍結解（$\phi_{\min} = 0°$），部分氷床解，無氷床解（$\phi_{\min} = 90°$）の 3 つに分岐することが確認できる．破線で示した部分は $d\phi_{\min}/dF < 0$ であり，前小節で議論したように不安定解である．暴走温室状態が生じるのは，最大惑星放射フラックス（赤道）が射出限界（$300\ \mathrm{W\,m^{-2}}$ とする）を超える場合である．実際には水蒸気圧の増大とともに南北熱輸送は活発化し，D が増加して，低緯度での地表面温度を下げる効果などもあると予想されるため，ここで示したものは 1 つの目安程度に考えてもらいたい．

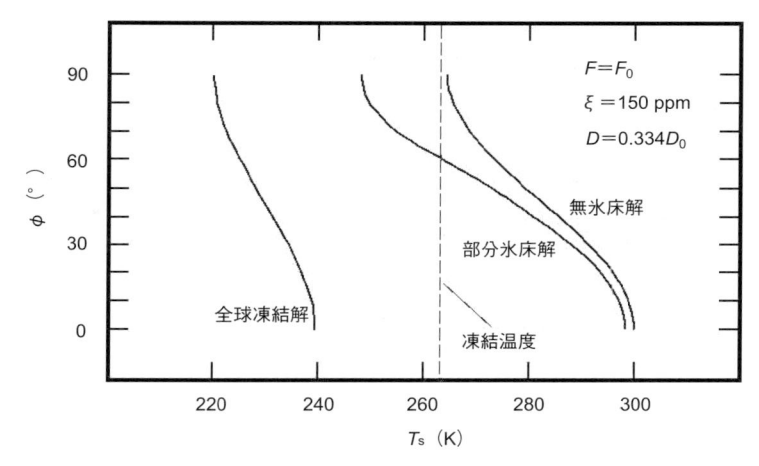

図3.2.3 1次元エネルギーバランスモデル：緯度 ϕ に対する温度分布を，無氷床解，部分氷床解，全球凍結解について示した．

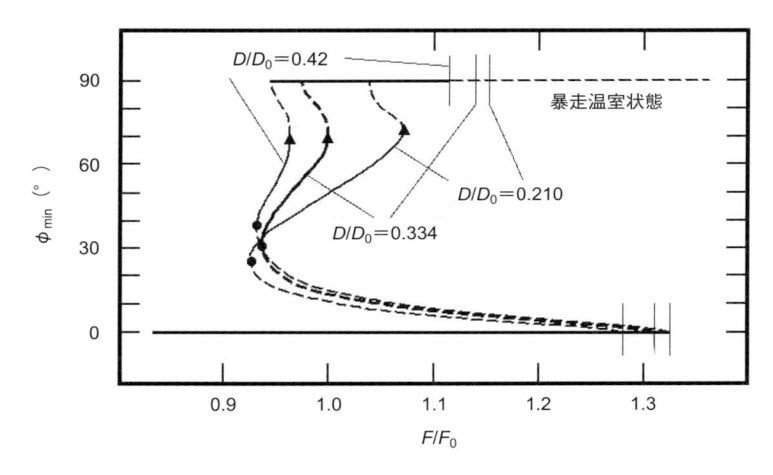

図3.2.4 1次元エネルギーバランスモデル：太陽放射フラックス F と氷床下限緯度 $\phi_{\min}$ の関係を3通りの拡散係数 D について示した．破線部分は不安定解である．各 D の値に応じて決まる F の限界値 ($\phi_{\min}=90°$ での縦線) より右側で暴走温室状態となる．

次に，解が太陽放射フラックスに対して一意には決まらず履歴に依存する，という性質（**ヒステリシス**：hysteresis）について調べてみよう．無氷床解からスタートして，徐々に太陽放射を減らしていくと，やがて無氷床解は存在できなくなり，約50°付近まで張り出した部分氷床解へと不連続にジャンプする．これを**小極冠不安定**（small ice-cap instability）という[10]．さらに太陽放射を減らしていくと，部分氷床解の解曲線に従って氷床下限緯度は連続的に低緯度側に移るが，それが約30°付近（図3.2.4の黒丸）まで達すると，急に全球凍結解へとジャンプする．これを**大極冠不安定**（large ice-cap instability）という．

逆に部分氷床解からスタートして太陽放射を増加させると，さきほどの太陽放射を減少させた

---

10) 小極冠不安定を起こす太陽放射フラックスは，放射の緯度分布 $s(x)$ の形に強く依存する．

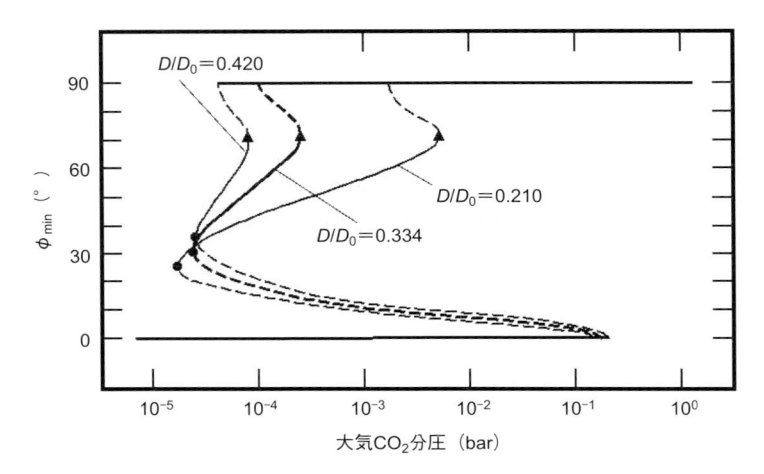

図 3.2.5 1次元エネルギーバランスモデル：大気 CO_2 分圧と氷床下限緯度 ϕ_{min} の関係を3通りの拡散係数 D について示した．破線部分は不安定解である．

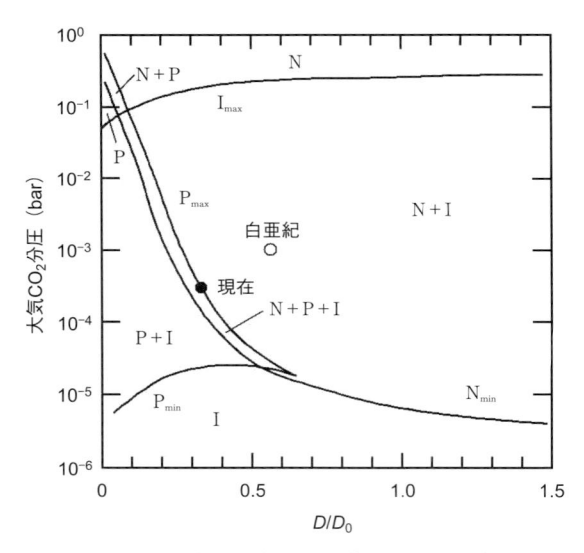

図 3.2.6 地球の気候の相図：拡散係数 D と大気 CO_2 分圧 ξ 空間上に3つの平衡解（無氷床解：N，部分氷床解：P，全球凍結解：I）の存在する領域を書き込んだ．各領域は3つの平衡解の限界線で区切られる．現在（黒丸）と白亜紀（白丸）の D と ξ の推定値を書き込んだ（Ikeda and Tajika, 1999）．

時に小極冠不安定が生じた太陽放射フラックスを超えても，部分氷床解が維持される．しかし，さらに太陽放射を増加させると無氷床解にジャンプする（氷床下限緯度が70°付近，図 3.2.4 の三角印）．このように解は，その時の太陽放射の強さに対して一意には決まらず，ヒステリシスを示す．

全球凍結解からスタートした場合は，大極冠不安定を起こした太陽放射フラックスでも，さらには部分氷床解が無くなる太陽放射フラックスになっても全球凍結状態が維持される．$D/D_0 = 0.334$ の場合，$F > 1.311 F_0$ でやっと全球凍結解は消失する．この場合，行きつく先は無氷床解であるが，氷が無くなるとアルベドが下がり正味太陽放射フラックスが射出限界を超え，一気に暴走温室状態に至ることがわかる．

図 3.2.5 は，太陽放射フラックスの値を現在値に固定した場合の，大気 CO_2 分圧に対する氷床下限緯度 ϕ_{min} の変化を示している．解曲線の形は横軸を太陽放射フラックスとした図 3.2.4 と似ており，全球凍結解，部分氷床解，無氷床解が存在することがわかる．ただし暴走温室状態は生じない．拡散係数 D が大きくなると，南北熱輸送の効率が良くなり，部分氷床解が存在できる大気 CO_2 分圧の範囲は狭まり，$D/D_0 > 0.797$ では部分氷床解は存在できなくなる．

図 3.2.6 は，拡散係数 D と大気 CO_2 分圧をパラメータとする空間での「地球の気候の相図」ともいうべきものである．ここでは太陽放射フラックスは現在の値とした．この空間のそれぞれの領域で存在できる解を無氷床解（N），部分氷床解（P），全球凍結解（I）で表している．現在の条件は黒丸である．白亜紀から新生代初めの暁新世・始新世においては，地球の気候は現在よりずっと温暖で，極にも氷床はほとんど存在していなかったことが知られている．38 Ma の始新世の末期頃になって，急に南極氷床が形成され，その後，徐々に氷床量は増加してきたらしい．また，今から 2.6 Ma になって，北極周辺にも大規模氷床が形成されるようになり，地球の気候はいわゆる第四紀氷河時代に入った．

この相図から，氷床の無かった時代は，現在に比べて D が大きいかあるいは大気 CO_2 分圧の高い状態にあったことが推定される．実際に，始新世から漸新世にかけては，南極大陸がしだいに孤立して，南極周回流が形成された時期に対応する．冷たい南極周回流は暖流の南下を阻止するため，実効的な拡散係数を下げる効果が期待される．また，インドのユーラシア大陸への衝突によるヒマラヤ山脈の上昇によって，地表風化率が高まり，海洋に流入する Ca^{2+} イオンなどが増加して，大気中の CO_2 分圧が減少したと考えられる（3.3 節参照）．これが第四紀氷河時代の引き金となったと考える研究者が多い．いずれにせよ，このような古気候の再現には，エネルギー過程だけの考察では足りず，炭素循環を組み合わせて論じなくてはならない．

地球が全球凍結状態に陥ったことが，原生代後期（750-600 Ma）には何度かあったらしい．当時の赤道に近いナミビアなどからは，氷河堆積物が発見されている．特徴的なのは，氷河堆積物の直上に非常に温暖な環境を示す分厚い炭酸塩岩が堆積していることである．このことは，部分氷床解から全球凍結解を経て，無氷床解にいたる変化を考えるとうまく説明できる．図 3.2.5 を使って説明しよう．部分氷床解の状態から大気 CO_2 分圧が減少すると，やがて大極冠不安定が生じ，氷が地球全体を覆う．全球が凍結すると，大気と海洋の CO_2 の分配平衡が保たれなくなり，火山ガスなどで大気中の CO_2 分圧は徐々に増加する．しかし，一旦凍結した地球はそう簡単には解凍されない．大気 CO_2 分圧が現在の 1000 倍程度になって，やっと全球凍結解は不安定化し，地球の氷は一気に融けて無氷床解となる．今度は高濃度の大気 CO_2 によって極めて高温になり，生物活動の活発化とともに大量の炭酸塩岩が形成されることになる（3.4.2 小節参照）．シンプルモデルで示されたこれらの描像のように実際に全球凍結が起こるか否かを確かめるために，AOGCM による研究が行われている．

3.2.3 変動する地球システムの特徴

地球システムに作用する外力によって気候変動が生じる．ここでは，気候変動のスペクトルから作用する外力を探し出してみよう．図 3.2.7 は気温変動のスペクトルの概念図である．大局的には 10 日程度に変動幅のピークをもつ気象変動と 100 kyr 前後にピークをもつ気候変動とに分離できる．さらに，周期 1 日，1 週間，1 yr，20 kyr，40 kyr，100 kyr などに鋭いピークがあり，これらは外力の変動周期と高い相関があるものが多い．ただし，この図の解釈は注意を要する．10 yr より短い時間スケールを別にすれば，このようなスペクトル図は直接の観測から得られる訳ではなく，いくつかの古気候指標を総合して合成された定性的／概念的なものである．ま

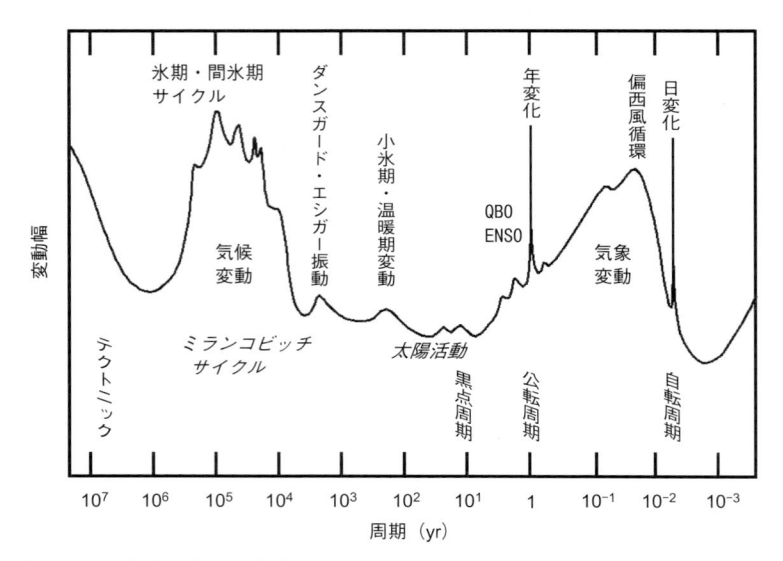

図 3.2.7 気象や気候の変動のスペクトルの概念図：変動幅は定性的なもので，軸に定量性は無い．気象や気候の変動は立体で，その要因と考えられる外力の変動については斜字体で示した．

た統計期間や注目する観測点に応じてスペクトルの形は大きく変化する．

現在までの研究は，グローバルな実測のある周期 10 yr 程度までの変動，例えば，**準二年振動**（quasi-biennial oscillation：QBO）[11] やエルニーニョ／南方振動（ENSO, 1.2 節参照）か，あるいは，これから述べる 10 kyr から 100 kyr の周期変動が中心であった．

19 kyr, 22 kyr, 24 kyr, 40 kyr, 41 kyr, および 54 kyr のピークは，日変化や年変化と同様に外因的なもので，地球の公転軌道要素の変化と自転軸方向が変化することによって生じる日射量変動である，**ミランコビッチサイクル**（Milankovitch cycle）に対する応答である（Milankovitch, 1941）．

これらに対して約 100 kyr 周期のピークに対応した**氷期・間氷期サイクル**（glacial-interglacial cycle）は，100 kyr 周期の日射量変動[12] を直接反映しているのではない．この周期の変動は，地球システムの内因的な（自励的な）変動がミランコビッチサイクルの外力に非線型な応答をして増幅されていると考えられている．

ミランコビッチサイクル

長周期の気候変動に影響を与える代表的な外力であるミランコビッチサイクルについて，天体力学を用いて，簡単に説明する（Berger, 1978；伊藤, 2002）．地球の日射量変動を求めるには，惑星による地球の公転軌道の変化（慣性系に対する軌道面の「みそすり運動」と軌道面内での軌道楕円の周回運動）と，太陽と月による地球の自転軸の向きの変化（慣性系に対する自転軸の「みそすり運動」）とを記述する必要がある．

---

11) 赤道域の下部成層圏において約 2 年周期で西風と東風が交互に吹く現象．
12) 後述のように約 100 kyr 前後の周期の日射量変動の振幅は極めて小さい．

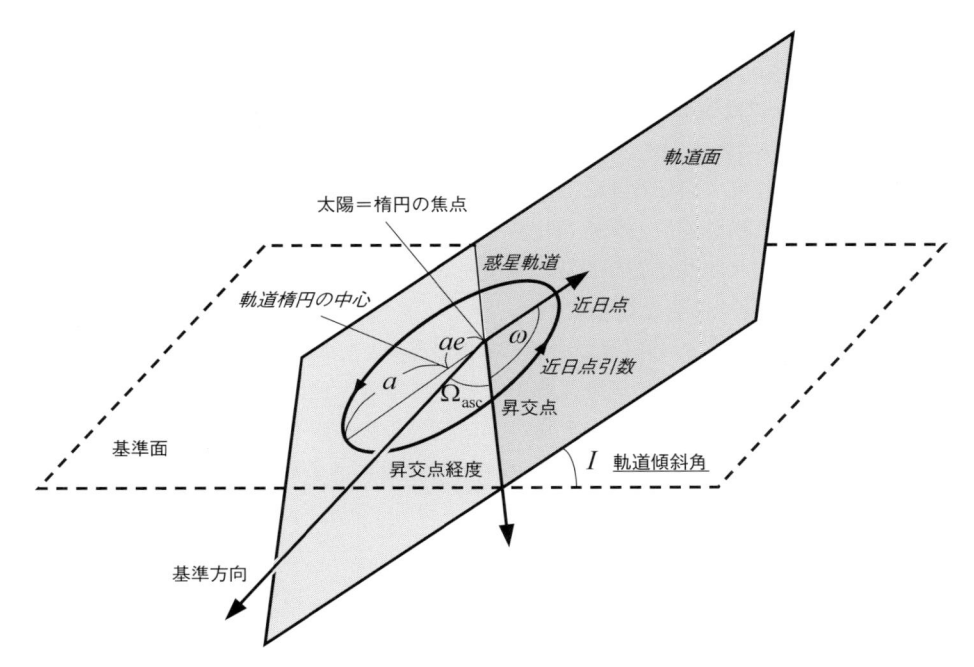

図 3.2.8 惑星の軌道要素：ハッチをつけたのが軌道面．立体の語は基準面上の量，斜体の語は軌道面上の量，下線を付した語はそれ以外の面内の量である．太陽は軌道楕円の焦点にある．a は軌道長半径，e は軌道離心率である．また，図の昇交点経度 Ω_{asc} と近日点引数 ω の和（両者は同一平面上の角ではないことに注意）が近日点経度 ϖ である．

　まず，地球の軌道の変化を調べよう．惑星は，太陽の重力のみを考えれば，単一平面内を，太陽を焦点の1つとする楕円に沿って公転する（ケプラー運動）．惑星の運動の軌跡を軌道といい，軌道の存在する平面を軌道面，軌道上で惑星が太陽に最も近づく点を近日点という．軌道面の法線ベクトルの向き（軌道傾斜角と昇交点経度[13]），軌道楕円の長半径，離心率[14] と近日点方向，およびある時刻での惑星の位置の6つを軌道要素といい，これらを指定すれば惑星の運動は一意に定まる（図3.2.8参照）．

　実際には，他の惑星の重力（天体力学ではこれを「摂動」と呼ぶ）によって，地球の軌道要素は変化する．関係する惑星の公転周期より十分長い時間で平均化された摂動を**永年摂動**（secular perturbation）という．重力は相互作用なので，地球もまた他の惑星に摂動を与える．複雑なので単純な系から3つの段階を踏んで説明しよう．また，惑星の太陽に対する質量比，離心率，ラジアン単位で測った軌道傾斜角はいずれも1に比べ十分小さいため，それらの量の1次の項のみを考慮した扱いを説明する．

　（1）地球の反作用を無視して，ケプラー運動をしている1つの惑星から永年摂動を受けた場合の地球の運動を考える．この場合，地球の軌道楕円は，長半径 a と離心率 e を一定に保ったまま一定角速度で回転し，軌道面の法線ベクトルは摂動惑星の公転面に対して一定の傾き（軌道傾斜

---

[13] 太陽を含むある基準面に対する軌道面のなす角（軌道傾斜角）と，その基準面を惑星が下から上に横切る点（昇交点）の経度（基準面内，太陽から見た昇交点方向の基準方向からの角度）とで表す．

[14] 楕円の中心から焦点までの距離の長半径に対する比で0から1の間の値をとる．正確には軌道離心率というが，この節では単に離心率と呼ぶ．

角 I) を保ってみそすり運動をする．天体力学では，軌道楕円の回転の記述は**離心率ベクトル**（eccentricity vector：大きさが離心率で，近日点方向を向いたベクトル）で表し，軌道面の回転には法線ベクトルの代わりに**軌道傾斜角ベクトル**（inclination vector：大きさが $\sin I$ で，昇交点方向を向いたベクトル）を用いて表す．この場合，離心率ベクトルと軌道傾斜角ベクトルは大きさを一定に保ったまま一定角速度で回転することになる．

(2) 地球の重力による摂動惑星の軌道変化も考慮する．すると，離心率ベクトルと軌道傾斜角ベクトルはそれぞれ振幅と周期が異なる2つのモードの回転の重ね合わせで表現される．この場合，e や I の大きさは変化することになる．

(3) 太陽系の地球を含む8つの惑星（一般に n 個の惑星としておく）の軌道変化を同時に考えよう．これによって，地球の軌道変化を求めることができる．他の惑星からの摂動は太陽重力に比べ非常に小さいので，各惑星からの摂動は線形に足し合わせることができる．その結果，地球の離心率ベクトル $\tilde{e}$ と軌道傾斜角ベクトル $\tilde{I}$ の時間変化は，惑星の数（地球を含む）と同じ n 個のモード（それぞれ異なる振幅 M_j, N_j と角速度 g_j, f_j, 初期位相 β_j, γ_j をもつ）の足し合わせで表すことができる:

$$\tilde{e} \equiv e\exp(i\varpi) = \sum_{j=1}^{n} M_j \exp[i(g_j t + \beta_j)] \quad (3.2.22)$$

$$\tilde{I} \equiv \sin I \exp(i\Omega_{\mathrm{asc}}) = \sum_{j=1}^{n} N_j \exp[i(f_j t + \gamma_j)] \quad (3.2.23)$$

ここで ϖ は近日点経度[15]，Ω_{asc} は昇交点経度である．なお，ここでは便宜上，これらのベクトルの大きさと位相を複素数で表している．ここで添字の数字 j は，内側から j 番目の惑星の影響が大きなモードにおおよそ対応するように慣習的に決められる．離心率 e の値自体の変化は

$$e^2 \approx \sum_j M_j^2 + 2\sum_{k>j}\sum_j M_j M_k \cos[(g_j - g_k)t + \beta_j - \beta_k] \quad (3.2.24)$$

から計算できる．

実際には，惑星と太陽の質量比や e, I に関する2次以上の項，地球-月系の潮汐散逸の効果なども考慮した計算が行われている．こうした場合，さらに多くのモードが現れ，g_j, f_j が定数でなくなったりするが，主要項は基本的には上記の扱いで得られるものと近い値をとる．最新の Lasker et al. (2004) に基づいて，振幅の大きいものからそれぞれ3つずつ角速度[16]と周期をあげると，離心率ベクトルに対しては $g_5 = 4.26''/\mathrm{yr}$ (304 kyr)，$g_2 = 7.46''/\mathrm{yr}$ (174 kyr)，$g_4 = 17.9''/\mathrm{yr}$ (72.4 kyr)，軌道傾斜角ベクトルに対しては $f_3 = -18.8''/\mathrm{yr}$ (68.8 kyr)，$f_1 = -5.61''/\mathrm{yr}$ (231 kyr)，$f_4 = -17.8''/\mathrm{yr}$ (73.0 kyr) である[17]．また，離心率 e の変動は，振幅の大きな順に，$360°/(g_2-g_5) = 405\,\mathrm{kyr}$，$360°/(g_4-g_5) = 94.9\,\mathrm{kyr}$，$360°/(g_4-g_2) = 124\,\mathrm{kyr}$ などの周期をもつ[18]．

次に地球の自転軸の変化を調べよう．地球の自転軸は基準面に対してみそすり運動（**歳差運**

---

[15] 基準面内で測った昇交点経度に軌道面内で測った昇交点方向と近日点方向のなす角（近日点引数）を足し合わせた角度（図3.2.8参照）．

[16] 以下で，角速度の単位「″/yr」は「秒角／年」のことである．1秒角（1″）とは1度（1°）の1/3600である．

[17] N_5 は最大だが，定常成分（$f_5 = 0$）であり，太陽系の惑星の全角運動量方向を法線ベクトルとする不変面を指定している．

[18] I の値の変化も同様に与えられるが，日射量変動には重要ではないので割愛する．$\tilde{I}$ の変化で重要なのは，軌道面の「みそすり運動」に関する部分である．

動：precession）をする．これは，回転楕円体をした地球に対して太陽および月からの重力トルクが作用することで生じる[19]．地球の自転軸の歳差運動の角速度 k_p は

$$k_p = \frac{3\Omega_K^2}{2\omega}\frac{C-A}{C}\left[1+\frac{m_M}{m_S}\left(\frac{a_S}{a_M}\right)^3\right]\cos h \tag{3.2.25}$$

で与えられる．ここで，Ω_K は地球の平均公転角速度，ω は地球の自転角速度，C と A は自転軸方向および赤道面内の主慣性モーメントで$(C-A)/A\approx 3.3\times 10^{-3}$，$m_M$ と m_S は月と太陽の質量，a_M と a_S は地球から月と太陽までの距離，h は基準面に対する地球の自転軸の傾きである．大括弧の中の第 2 項は，太陽の重力トルクに対する月の重力トルクの割合を示す（この値は約 2.2 で，月の寄与が大きい）．それぞれに数値を代入すると，$k_p=50.5''$/yr（周期：$360°/k_p=$ 25.7 kyr）となる．なお，Laskar et al.（2004）によれば，k_p は地球-月系の潮汐散逸によって 1 Myr で $0.014''$/yr 程度減少する．

地球の軌道面の法線ベクトルも前述のようにゆっくり歳差運動をするので，軌道面の法線に対する自転軸の傾き ε（**赤道傾角**：obliquity）は，自転軸の歳差運動と軌道面の歳差運動の兼ね合いで決まる．また，各時点での赤道面と軌道面の交線（「動く」春分点方向[20]）から測った近日点の経度 $\widetilde{\omega}$ にも自転軸の歳差が影響する．

では，地球の公転軌道変化および自転軸変化に伴う日射量の変化，すなわちミランコビッチサイクルを求めよう．気候変動を考える上では，夏と冬の日射量差が重要な意味をもつ[21]．そこで，夏季と冬季それぞれの日射量を求める．北半球での夏至を中日とする半年を北夏半年，北半球での冬至を中日とする半年を北冬半年と呼ぶことにする．すると緯度 ϕ における北夏半年もしくは北冬半年の総日射量は

$$Q_{s,w} = \frac{S_0}{\Omega_K\sqrt{1-e^2}}(B_0 \pm C_0 \mp C_1) \tag{3.2.26}$$

で与えられる．ただし，複号同順で，上が北夏半年（Q_s）を下が北冬半年（Q_w）を表す．また，S_0 は太陽定数，$B_0(\phi,\varepsilon)$ は主要項で日射量の年平均部分，$C_0=\sin\varepsilon\sin\phi$ は**赤道傾角項**（obliquity term）で自転軸の傾きに起因する夏と冬の日射量の差，$C_1=(4/\pi)e\sin\widetilde{\omega}\cos\phi$ は**気候歳差項**（climate precession term）で楕円軌道に起因する夏と冬の日射量の差である．北夏半年の北半球と北冬半年の南半球，つまりそれぞれの半球の夏半年を比較すると，C_0 は等しいが，C_1 は逆符号である．年間総日射量は $2S_0B_0\Omega_K^{-1}(1-e^2)^{-1/2}$ であるから，離心率が変化しても e^2 のオーダーの変動しかないが，C_1 は e のオーダーの変動があることに注目すべきである．よって，ミランコビッチサイクルはおもに赤道傾角項と気候歳差項が重要である．

赤道傾角は季節差を作り出す．赤道傾角が大きいほど，南北半球ともに夏冬の差が大きくなる．気候歳差は季節差の南北両半球間のコントラストを生む．一方の半球で季節差が大きくなると，他方の半球で季節差は小さくなる．この関係が，気候歳差項の周期で入れ替わる．

以上より，赤道傾角項 C_0 と気候歳差項 C_1 の主要の部分は

---

[19] 地球の自転軸の歳差運動に他の惑星が与える影響は十分小さく，無視できる．
[20] 天体力学では特定の時点（元期）での春分点方向（太陽から春分の地球を指す方向）を固定して，それを基準として天球の座標系を与える．これと区別するために，「動く」春分点と表現する．
[21] 例えば，降雪は主として冬に起こるが，融雪は主として夏に起こることなどを考えると良い．

$$C_0 \approx \sin\phi \left[\sin\varepsilon_0 - \cos\varepsilon_0 \sum_j \frac{f_j}{f_j+k_\mathrm{p}} N_j \cos\left[(f_j+k_\mathrm{p})t + \gamma_j + \Psi_0\right]\right] \quad (3.2.27)$$

$$C_1 \approx \frac{4}{\pi}\cos\phi \sum_j M_j \sin\left[(g_j+k_\mathrm{p})t + \beta_j + \Psi_0\right] \quad (3.2.28)$$

と書ける．ε_0 は平均赤道傾角で，地球-月系の潮汐散逸の効果を考えると $7.2''$/Myr 程度でゆっくり増加する[22] (Laskar et al., 2004). Ψ_0 は自転軸の赤道面射影の向きの初期位相である．赤道傾角項の周期は，$360°/(f_j+k_\mathrm{p})$ で求められ，振幅が大きい順に 41.0 kyr ($j=4$), 39.6 kyr ($j=3$) と 53.7 kyr ($j=6$)[23] となる．また，気候歳差項の周期は，$360°/(g_j+k_\mathrm{p})$ より，振幅が大きい順に 23.7 kyr ($j=5$), 22.4 kyr ($j=2$) と 19.0 kyr ($j=4$) である．高緯度になるほど，赤道傾角項は大きくなり，気候歳差項は小さくなることに注目すべきである．

なお，(3.2.27)式より，$f_j \approx -k_\mathrm{p}$ となると，軌道面法線ベクトルの歳差運動と自転軸の歳差運動の共鳴によって赤道傾角の変動が著しく大きくなることが予想される．地球の場合，月の存在によって，k_p が $|f_j|$ に対して大きくなっているため，この共鳴が起こらないようになっている．しかし，重い衛星が存在しない火星では，この共鳴によって，過去に自転軸の傾きが大きく変化した可能性が指摘されている．

図 2.3.8 と図 3.2.11 および図 3.6.1(e) には，(3.2.26)-(3.2.28)式に相当する式を用いて計算された，過去 40 万年から 80 万年程度の北半球における夏至の日射量が描かれている．

さまざまな周期の変動

明確な外力であるミランコビッチサイクルに対する直接の応答は，海洋底堆積物，湖底堆積物，氷床コアなどに広く見いだされている (2.1.1 小節，2.3.5 小節，図 3.6.1 参照). これを利用して，気候歳差項 (19.0 kyr, 22.4 kyr, 23.7 kyr) などを時計として使って，堆積物に時間目盛を入れていくオービタルチューニングという手法が広く使われている (2.3 節参照).

一方，100 kyr 前後の周期に相当するミランコビッチサイクルはなく[24]，単純な線形応答では説明できない．例えば，気候歳差項のうち 18.95 kyr と 23.68 kyr という 2 つの周期成分を考えよう．この 2 つの周期変動を重ね合わせると振幅は $(18.95^{-1} - 23.68^{-1})^{-1}$ kyr，すなわち 94.9 kyr の周期で増減する（**振幅変調**: amplitude modulation）.

しかし，この入力に対して線形応答するシステムなら出力の変動には 94.9 kyr 周期は現れず，18.95 kyr と 23.68 kyr 周期の成分が現れるのみである．約 100 kyr 周期の変動が生じる原因は，地球システムの内因的な（自励的な）変動とミランコビッチサイクルとの非線形な相互作用であると考えられている．気候歳差項の変動振幅は 94.9 kyr, 98.9 kyr, 124 kyr, 405 kyr などの周期で変化する．よって，これらの入力に対して SELIS が振幅変調を復調するような非線形な応答をすれば，約 100 kyr の周期や約 400 kyr の周期が現れる可能性があることがわかる．実際に

---

[22] この直線的な変化に加えて，$f_6+g_5-g_6-k_\mathrm{p} \approx 0$ という関係が成り立つため，永年共鳴と呼ばれる効果により，ε_0 は今後 10 Myr 程度で約 $0.4°$ も減少する．

[23] $f_6 = -26.3''$/yr（周期：49.2 kyr）．このモードの振幅 N_6 は相対的に小さいが，$|f_6|$ が $|f_j|$ などに比べ k_p に近いため，共鳴による係数 $f_j/(f_j+k_\mathrm{p})$ の分，赤道傾角項への寄与は大きくなる．

[24] 離心率 e の大きさの変動成分には約 100 kyr の周期があるが，前述のように年間総日射量は e^2 のオーダーの変動しかしないため，その影響は小さいと考えられる．なお，過去数百万年間の古地磁気データの解析から，地球磁場強度には e の大きさの変動に対応した約 100 kyr 周期の変動があるとの報告がある．

氷期・間氷期サイクルに約100 kyr周期の他に400 kyr程度の周期性も認められるとする研究もある（2.3.5小節参照）．

周期数十年から数千年の現象と，周期数十万年以上の現象に関するモデリングは比較的少ない．これは相対的な変動の振幅が小さいこともあるが，ペースメーカーとなる外力が少ないか，あるいは存在しても十分理解されていないことが原因である．太陽活動変動は，11 yrあるいは22 yr周期が顕著であるが，これに対する気候的応答は必ずしも明確になっていない．さらに数百年スケールの小氷期／温暖期の変動にも太陽活動が関わっている可能性が指摘されている．

最終氷期極大期 (last glacial maximum：21 ka) 前後では，**ダンスガード・エシガー振動** (Dansgaard-Oeschger oscillation) と呼ばれる大きな気候変動があり，1.5 kyrから3 kyr程度の周期で温暖状態と寒冷状態の間の転移を繰り返したことがグリーンランド全域の氷床コアに記録されている（2.1.3小節，3.3.6小節参照）．転移自体は極めて急速で100 yr以下の間に移行する．この振動の最後の寒冷期は，**新ドリアス期**（Younger Dryas）と呼ばれる12 kaの約1000年間で，ヨーロッパ，北大西洋および東アジアにおいて強い寒冷化のシグナルが得られており，熱帯アフリカの乾燥化を伴っていた．これは，氷床の融解による塩分低下によって，北大西洋の熱塩循環が不活発になったことが原因と考えられている．3.3.6小節および3.6.3小節では，この新ドリアス期を扱ったAOGCMの計算例を紹介する．

数百年から数千年の周期において重要となる物理過程として，熱塩循環変動，氷床の消長，陸域生態系や土壌の変化などが挙げられる．この時間スケールの気候変動を扱うには，こうした過程をモデル化し，ボックスモデルによって複合するフィードバックを調べることが重要である．

一方，数十万年より長い時間スケールでは，今から100-50 Ma（白亜紀から古第三紀前半）の非常に温暖で極にも氷床が無い時代以降，気候は寒冷化を続けている．**第四紀氷河時代**（ice age）と呼ばれる約2.6 Ma以降，氷期・間氷期サイクルが出現して約40 kyr周期の振動が始まった．1.0 Ma以降，その振幅が増大し，100 kyr周期が卓越するようになった．

数十万年以上の気候変化には北大西洋の熱塩循環の形成が影響していると考えられている（3.3.6小節参照）．大西洋の堆積物を調べると，珪藻の殻が17 Maから減少し，3 Ma以降には見つからない（山中，2002）．珪藻の殻は主に1000 m以深で溶けるため，殻の沈降は表層の珪酸塩を深・底層へ効率良く運ぶ．北大西洋の熱塩循環が強くなると，深・底層水中の溶存珪酸塩濃度に地域差が出る．沈み込み付近で最も低く，流れに沿って遠方に行くほど，表層から沈降する珪藻殻による供給を蓄積して高くなる．よって，前述の海底珪藻殻の減少および消滅の時期は，それぞれ北大西洋における熱塩循環の開始および安定化に呼応していると推定される．

10 Myrスケールの気候変動は，テクトニックな変動（テーチス海の孤立，ヒマラヤ山脈やロッキー山脈の上昇，パナマ地峡形成など）や風化率の変化，熱塩循環の変化などと結びつけることができる（3.5節）．さらに長い時間スケールでは大陸集合・離散や太陽の増光（序.2.1小節）などが重要となる．

3.2.4　10万年周期問題と非線形応答

ここでは，ミランコビッチサイクルに代表されるような，熱塩循環の時間スケールより長い周

期で変動する外力を受けた際の SELIS の応答について考えてみよう．とくにミランコビッチサイクルにはない周期の変動がいかに励起されるかがポイントとなる．

エネルギーバランスモデルの拡張

長期の気候変動を扱う1つのアプローチとして，3.2.2小節で説明した1次元エネルギーバランスモデルの拡張が考えられる．この場合，エネルギーのアンバランスによって温度に時間変化が生じるとして，その振る舞いを調べる．基礎方程式は，(3.2.21)式を拡張して，次のように書く：

$$C\frac{\partial T_s}{\partial t} = \frac{\partial}{\partial x}\left[D(1-x^2)\frac{\partial T_s}{\partial x}\right] + F(t)s(x,t)[1-a(T_s)] - I(\varphi, T_s) \qquad (3.2.29)$$

ここで，C は単位地表面積あたりの熱容量（ここでは簡単のため定数とした）である．外力 $F(t)$ の変化に対して温度 $T_s(x,t)$ が変化する時間スケール $t_T = CT_0/F_0$ は温度の緩和時間と呼ばれ，系の時間変化を特徴づける重要な量である．$s(x,t)$ は日射量の緯度分布で，ミランコビッチサイクルによって時間変化する．

$F(t)$ が平均値の周りを正弦波的に変動する場合を想定してみよう．線形システムでは，入力に含まれている周波数しか出力されない．アルベド項 $a(T_s)$ に非線形性があるため，(3.2.29)式では，入力にはない周波数が現れる．しかし，氷床の効果をアルベドのみに押しつけるこのアプローチでは，氷床の応答時間が数万年程度であることを組み入れることが困難である．多くの研究では，氷床のダイナミクスと，(3.2.29)式とを連立させて解くことで，氷期・間氷期サイクルの計算を行っている（例えばPeltier and Marshall (1995) を参照）．

フィードバックを取り入れた力学系モデルの構築

ここでは(3.2.29)式を解く代わりに，気候システムの力学系モデルとして，海洋底堆積物コアや氷床コアから得られた古気候指標と比較的良い一致を示すとされる Saltzman and Maasch (1990) を例として概説しよう．なお，力学系の用語については，適宜 3.1.3 小節を参照してもらいたい．

一般に過去の気候システムが極端な状態に遷移した記録がないことから，諸変数は平衡値から大きくずれると平衡値に戻そうとする負のフィードバック（本小節では便宜的に「一般的な負のフィードバック」と呼ぶ）が働き，気候システムは大局的に恒常性をもつと考えられる．しかし，一方では氷期・間氷期サイクルのようなある程度の幅の変動が気候システムに生ずることから，平衡状態の近傍では必ずしも負のフィードバックだけが働くとは限らず，さまざまな正のフィードバックが介在する．正負のフィードバックの兼ね合いが気候システムのダイナミズムを生み出している[25]．その結果として，気候システムは，複数の平衡状態が共立する**多重平衡**（multiple equilibria）にあり，外力によって，状態がそれらの準アトラクター間をカオス的に遍歴する．

こうした気候システムに対する力学系モデルを構築するには，まず内部変数を厳選し，少数の基本変数を定め，その時間発展方程式を種々のフィードバックを考慮して組み立てていく必要が

---

[25] この事情は生命システムでも同様で，負のフィードバックが大局的な恒常性を維持するものの，増殖を始めとする正のフィードバックが分化や多様性を生むとみなされる（金子，2003）．

ある.このとき,まずはフィードバックを記述し易い補助変数を用いて基本変数の時間微分を決め,さらに補助変数を基本変数の関数として与えるという方法が取られる.

Saltzman and Maasch (1990) のモデルは海洋の熱塩循環が気候変化を強く支配するとの仮定のもと,想定される各種フィードバック過程を,全球氷床量 I,大気 CO_2 分圧 ξ,および全球平均深層水温度 θ を基本変数として表現したものである.彼らのモデルでは,熱塩循環の強度と θ には正の相関があり,さらに簡単のため両者は比例関係にあると仮定している.

まず,全球氷床量 I に関するフィードバックを考える.氷床の消長を支配する高緯度地域での夏季平均大気温度 T を補助変数として,最低次のフィードバックのみを考慮すると次のように書ける:

$$\frac{dI}{dt} = \Psi_1 - \Psi_2 T - \Psi_3 I \tag{3.2.30}$$

ここで Ψ_j は正の定数である.上述の一般的な負のフィードバック(第3項)に加えて T が上昇すると氷が融ける効果(第2項)が考慮されている.右辺が0と等しいとすれば,平衡状態での氷床量 $I_0(T)$ が決まる.補助変数の T については

$$T = \tau_1 + \tau_2 \left[\tanh(\kappa_\xi \xi) + \kappa_\theta \theta + \kappa_R [R(t) - R_0] \right] \tag{3.2.31}$$

と与える.ここで τ_j, κ_X ($X=\xi, \theta, R$) は正の定数,$R(t)$ は高緯度での夏季日平均日射量で地球の軌道要素および自転軸の向きの変化から計算できる外力[26],R_0 はその現在の値である(以上,3.2.3小節参照).この式では,気温の応答時間は基本変数の応答時間に比べて十分短く平衡値にあると仮定しており,その値は大気 CO_2 分圧 ξ,深層水温度 θ,日射量 $R(t)$ と正の相関にあると考えている.ξ の寄与の関数形 $\tanh(\kappa_\xi \xi)$ は AOGCM 実験(例えば Manabe and Bryan, 1985)に基づいた経験的近似式である.以上より I の変化は次式で与えられる:

$$\frac{dI}{dt} = \alpha_1 - \alpha_2 \tanh(\kappa_\xi \xi) - \alpha_3 I - \alpha_2 \kappa_\theta \theta - \alpha_2 \kappa_R [R(t) - R_0] \tag{3.2.32}$$

ここで α_j は(3.2.30)式の定数から計算できる定数(例えば $\alpha_2 = \Psi_2 \tau_2$)である.

次に大気 CO_2 分圧 ξ に関するフィードバックを考える.これについても,年平均海面水温や永久海氷の張り出し緯度などの補助変数を導入して各種のフィードバックを表現し,それらを組み合わせて構築できる.ここでは,その詳細は省略し,基本変数のみで表現する形にまで整理した結果を示す:

$$\frac{d\xi}{dt} = \beta_1 - (\beta_2 - \beta_3 \theta + \beta_4 \theta^2)\xi - (\beta_5 - \beta_6 \theta)\theta + F_\xi(t) \tag{3.2.33}$$

ここで β_j は正の定数である.右辺第2項は一般的な負のフィードバック効果(β_2 の項)に,海面水温上昇による溶解度低下などにより緩和される効果(β_3 の項)と熱塩循環強化による影響(β_4 の項)を加味したものであり,第3項は熱塩循環の強化(θ の増加)に伴う CO_2 の深海への埋め込み増加(β_5 の項)と,熱塩循環強化がさらに進んだ場合に,深層水の温度上昇に伴う南極域での成層安定度の低下による混合強化で埋め込みが弱められる効果(β_6 の項)とを表現している.最後の項 $F_\xi(t)$ は,火山活動度や風化作用の長期的変化を表す(大気-海洋系にとっての)外

---

[26] (3.2.26)式で与えられる Q_s から R は計算できる.なお,厳密に言えば氷床量変化による地球の慣性モーメント変化によるフィードバックがあり得るため純然たる外力とは言いきれないが,ここではその効果は無視する.

力である．

　全球平均深層水温度 θ に関しては，第3項の一般的な負のフィードバック（熱拡散など）に加え，第2項の氷床量増大によって熱塩循環の沈み込みが弱まる効果を考慮した：

$$\frac{d\theta}{dt} = \gamma_1 - \gamma_2 I - \gamma_3 \theta \tag{3.2.34}$$

　以上のフィードバックの見積もりは決定的なものではなく，係数の符号も必ずしも現実に則していると確認されている訳ではない．シンプルモデルにおいては，フィードバックループの網羅や精緻化よりも簡潔さや目的にあわせた方程式やパラメータの選択が優先され，場合によっては解の振る舞いに対する数学的洞察[27]によって式の形が決められることも少なくない．

準定常部分と変動部分の分離

　次に基本変数を 1 Myr 以上の時間スケールでゆっくりと変化する準定常部分（バーをつける）と 100 kyr 程度以内ですばやく変化する変動部分（プライムをつける）に分離する：

$$\begin{pmatrix} I \\ \xi \\ \theta \end{pmatrix} = \begin{pmatrix} \bar{I} \\ \bar{\xi} \\ \bar{\theta} \end{pmatrix} + \begin{pmatrix} I' \\ \xi' \\ \theta' \end{pmatrix} \tag{3.2.35}$$

このとき準定常部分は基礎方程式の時間微分項を 0 とした以下の式を満たす：

$$\alpha_1 - \alpha_2 \tanh(\kappa_\xi \bar{\xi}) - \alpha_3 \bar{I} - \alpha_2 \kappa_\theta \bar{\theta} - \alpha_2 \kappa_R [\bar{R}(t) - R_0] = 0 \tag{3.2.36}$$

$$\beta_1 - (\beta_2 - \beta_3 \bar{\theta} + \beta_4 \bar{\theta}^2)\bar{\xi} - (\beta_5 - \beta_6 \bar{\theta})\bar{\theta} + \bar{F}_\xi(t) = 0 \tag{3.2.37}$$

$$\gamma_1 - \gamma_2 \bar{I} - \gamma_3 \bar{\theta} = 0 \tag{3.2.38}$$

これらで上にバーを付した変数は長期での平均値を表し，変動成分の変動周期よりも十分ゆっくりと変動するものとした．

　次に変動部分を支配する方程式を導くと

$$\frac{dI'}{dt} = -a_1 \kappa_\xi \xi' - a_2 I' - a_1 \kappa_\theta \theta' - a_1 \kappa_R R'(t) \tag{3.2.39}$$

$$\frac{d\xi'}{dt} = b_1 \xi' - b_2 \theta' + b_3 \theta'^2 - b_4 \theta' \xi' - b_5 \theta'^2 \xi' + F'_\xi(t) \tag{3.2.40}$$

$$\frac{d\theta'}{dt} = -c_1 I' - c_2 \theta' \tag{3.2.41}$$

となる．ここで，a_j, b_j, c_j は準定常部の基本変数値で決まる定数（例えば $b_1 = -\beta_2 + \beta_3 \bar{\theta} - \beta_4 \bar{\theta}^2$）である．また，(3.2.39)式において $\tanh(\kappa_\xi \xi)$ 項は ξ についての最低次数の項（線形項）のみ残した．

変動部分の解析

　(3.2.39)-(3.2.41)式を次のように変数変換して無次元化する：

$$t_* = a_2 t, \ X = \left(\frac{c_1}{c_2}\right)\left(\frac{b_5}{a_2}\right)^{1/2} I', \ Y = \left(\frac{a_1 c_1}{c_2}\right)\left(\frac{b_5}{a_2^3}\right)^{1/2} \xi', \ Z = \left(\frac{b_5}{a_2}\right)^{1/2} \theta', \ R_* = \frac{R'}{\Delta R} \tag{3.2.42}$$

ただし，ΔR は日射量の変動幅の典型値とした．これらを用いて，簡単のため $F'_\xi(t) = 0$ とする

---

[27] これは論文記述上であって，現実には試行錯誤による後づけの論理であることがしばしばである．

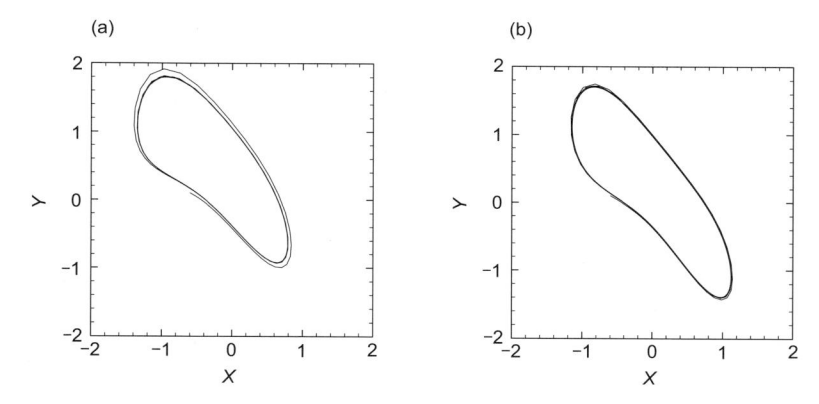

図 3.2.9 外力がない 3 変数力学系モデルの結果：X は無次元氷床量の，Y は大気 CO_2 分圧の，それぞれ変動部分．(a)が SM パラメータ，(b)が HA パラメータである（本文参照）．

と以下の 3 式を得る：

$$\dot{X} = -X - Y - vZ - uR_*(t_*) \quad (3.2.43)$$

$$\dot{Y} = -pZ + rY + sZ^2 - wYZ - Z^2Y \quad (3.2.44)$$

$$\dot{Z} = -q(X+Z) \quad (3.2.45)$$

ここで，英小文字の係数は定数で，a_j, b_j, c_j, κ_X, ΔR を使って書ける（例えば，$s = a_1 b_3 c_1 / [(a_2^3 b_5)^{1/2} c_2]$）．また，変数の上のドットは無次元時間 t_* による微分を表し，t_* の単位である氷床量の応答時間 a_2^{-1} は 10 kyr とした．(3.2.43)-(3.2.45)式の係数は，準定常状態の基本変数 $\bar{\xi}$, $\bar{\theta}$ の関数となっており，それらを変化させることで解の振る舞いが変化する．

以下で示す例においては，標準的なパラメータとして，Saltzman and Maasch (1990) に基づくもの[28]（SM パラメータと呼ぶ）

$$p = 1.0, \ q = 4.0, \ r = 0.9, \ s = 1.0, \ u = 0.6, \ v = 0.2, \ w = 0.5 \quad (3.2.46)$$

と，Hargreaves and Annan (2002) が，モンテカルロ・マルコフ連鎖法を使って，古気候データと比較することで決定したもの（HA パラメータと呼ぶ）

$$p = 0.82, \ q = 4.24, \ r = 0.95, \ s = 0.53, \ u = 0.32, \ v = 0.02, \ w = 0.66 \quad (3.2.47)$$

の 2 種類を用いる．

まずは $R_*(t_*) = 0$ の自励系について解析しよう．不動点はパラメータの値によらず存在する自明な解 $(X, Y, Z) = (0, 0, 0)$，および，判別式 $D \equiv (w-s')^2 + 4(r-p') \geq 0$ の場合のみ存在する $(X, Y, Z) = (X_\pm, -(1-v)X_\pm, -X_\pm)$ である．ただし，

$$X_\pm = \frac{w-s'}{2} \pm \frac{1}{2}\sqrt{(w-s')^2 + 4(r-p')} \quad (3.2.48)$$

である．ここで，$s' = s/(1-v)$, $p' = p/(1-v)$ である．不動点周りのヤコビアンの固有値からそれぞれの不動点の性質を決めることができる．しかし，一般には固有値方程式が 3 次方程式となって煩雑となるので，ここでは簡単のため $q \gg 1$ の場合のみを考える．この場合は，(3.2.45)式より $Z = -X$ となるので，これを(3.2.43)式，(3.2.44)式に代入すれば 2 変数の力学系として扱う

---

[28] ただし，q の値は論文に記載の値 2.5 ではなく，4.0 を採用した．

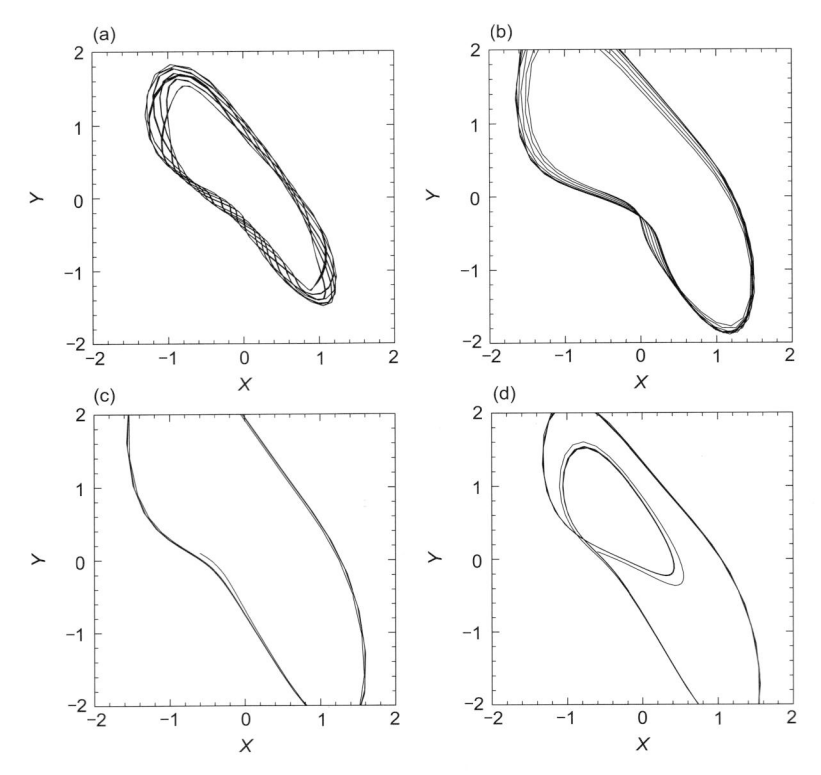

図 3.2.10 正弦波外力を加えた 3 変数力学系モデルの結果：外力の周期は(a)が 20 kyr，(b)が 40 kyr，(c)が 80 kyr，(d)が 160 kyr である．

ことができる．不動点 $(X, Y) = (0, 0)$ の振る舞いは，ヤコビアンの固有値

$$\lambda_{\pm} = -\frac{1-v-r}{2} \pm \frac{1}{2}\sqrt{(1-v-r)^2 + 4[r(1-v)-p]} \tag{3.2.49}$$

から定まる．他の不動点についても同様に解析できる．

SM パラメータの場合，$D = -0.8375$ なので不動点は $(0, 0)$ のみである．固有値は $\lambda_{\pm} = 0.05 \pm 0.5268i$ で，これはおおよそ 120 kyr 周期の不安定渦状点となっている．3 変数での数値計算によればこの不動点の周囲に極限周期軌道が形成されることがわかる（図 3.2.9(a)：無次元氷床量 (X) と無次元大気 CO_2 分圧 (Y) の関係を示している）．一方で，HA パラメータの場合，$D = 0.4673$ なので不動点は 3 つになる．うち原点は固有値が $\lambda_{+} = 0.3185$，$\lambda_{-} = -0.3485$ となり，鞍点である．$(-0.3954, 0.3677)$ の不動点は安定渦状点，$(0.5664, -0.5268)$ は不安定渦状点となっている．SM パラメータと HA パラメータは 2 変数に縮約したとき判別式の符号が異なるため，両パラメータの解の振る舞いは質的に異なる．ただし，3 変数での数値計算によれば，いずれのパラメータの場合も極限周期軌道が形成される（図 3.2.9）．

以上より，この力学系は外力なしの場合でも，パラメータによっては，極限周期軌道に沿った自励的な振動をすることがわかった．これを氷期・間氷期サイクルのモデルとみなせば，本質的には，それはミランコビッチサイクルの外力によって引き起こされる訳ではなく，氷床-大気 CO_2-熱塩循環システムの内在的な振動が原因であるということになる．

では，この系にいくつかの周期の正弦波外力を加えるとどうなるだろう．その場合の X, Y の変化を図 3.2.10 に示す．外力の周期が系の固有周期（おおよそ 100 kyr）より短い場合，解は外力なしの極限周期軌道からあまり変化しない．しかし，外力の周期が系の固有周期に近づくにつれて，振幅が非常に大きくなることがわかる．外力の周期が十分長くなると極限周期軌道を描く重心がゆっくりとずれてゆくように振る舞う．これらは系の内在的な自励振動と外力の共鳴現象として理解できる．

古気候データとの比較

過去の日射量変動に基づいて $R(t)$ を与えた時の，各変数の変動の時系列を対応する古気候指標と比較した Hargreaves and Annan (2002) の結果（同論文の図1を一部改変）を図 3.2.11 に示す．最上段が $R_*(t_*)$，2 段目が

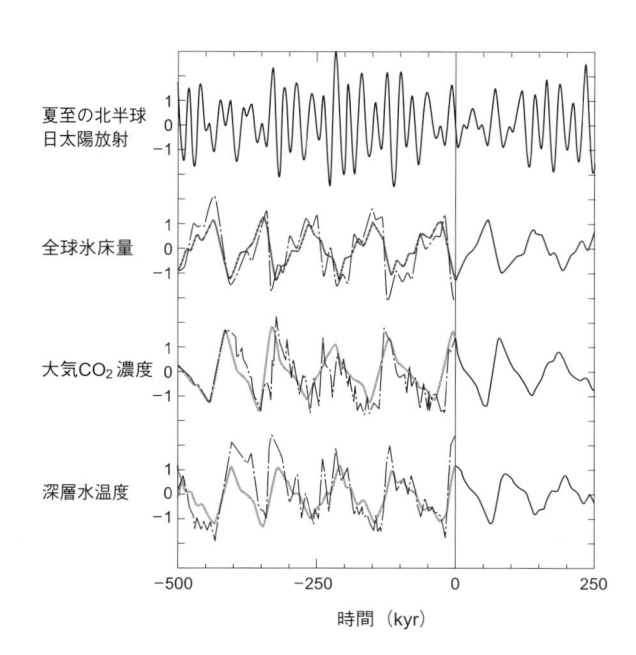

図 3.2.11 古気候指標と力学系モデルの比較：最上段は夏至の北緯 65° における日射量の理論値（規格化されている）．以下 3 段は全球氷床量，大気 CO_2 濃度，深層水温度をそれぞれ規格化したもので，一点鎖線が古気候指標からの推定値，実線はモデルの値（HA パラメータ）．モデルは将来にも外挿してある．時間は kyr 単位（Hargreaves and Annan, 2002 を一部改変）．

X（無次元全球氷床量），3 段目が Y（無次元大気 CO_2 分圧），4 段目が Z（無次元深層水温度）である．一点鎖線が古気候指標から求めたそれぞれに対応する観測値，実線が HA パラメータでの計算値（正確には，モンテカルロ・マルコフ連鎖法で得られたアンサンブル平均値で，パラメータを変えた多数回の試行結果を，観測値との合致度によって重みづけ平均した値）である．

良く一致していると見るべきだろうか．100 kyr 周期の変動の再現性は良いが，より短周期の変動は合わない．実はモンテカルロ・マルコフ連鎖法では，アンサンブルの分散も求めることができるが，観測値とのずれはこの分散よりもずっと大きく，純粋に統計的にはこのモデルは妥当ではないことになる．図 3.2.11 では最適パラメータでの力学系を未来にまで積分して，将来の変動を推定しているが，100 kyr 程度でアンサンブルの分散が大きくなりすぎて予測は不能となる．

このようにシンプルモデルを定量的な再現・予測に用いるのは適当ではない．むしろ定性的・概念的理解に活用すべきである．Saltzman and Maasch (1990) のモデルの場合，大気 CO_2 分圧の準定常値 $\bar{\xi}$ をゆっくりと減少させることで，安定渦状点が不安定化し，極限周期軌道が形成される解の分岐が生ずることが示される．さらに極限周期軌道の準周期も大気 CO_2 分圧の減少によって増加することが確認できる．こうしたモデルの振る舞いは第四紀氷河時代の気候変動を考える際の指針となりうる．

参考文献

Berger J. (1978): Long-term variations of daily insolation and Quaternary climatic changes. J. Atmos. Sci., 35, 2362-2367.

Caldeira, K., and Kasting, J. F. (1992): Susceptibility of the early Earth to irreversible glaciation caused by carbon dioxide clouds. Nature, 359, 226-228.

Ghil, M. (1981): Energy-balance models: An introduction. In *Climatic variations and variability: facts and theories* (Berger, A., ed.), D. Reidel Publ. Co., 461-480.

Hargreaves, C., and Annan, J. D. (2002): Assimilation of paleo-data in a simple Earth System model. Climate Dynamics, 19, 371-381.

Ikeda, T., and Tajika, E. (1999): A study of the energy balance climate model with CO_2-dependent outgoing radiation: implication for the glaciation during the Cenozoic. Geophys. Res. Lett., 26, 349-352.

伊藤孝士 (2002): 日射量変動の基礎理論.『全地球史解読』（熊澤峰夫・伊藤孝士・吉田茂生 編），東京大学出版会，137-161.

金子邦彦 (2003):『生命とは何か──複雑系生命論序説』，東京大学出版会，430pp.

Laskar, J., et al. (2004): A long-term numerical solution for the insolation quantities of the Earth. Astron. Astrophys., 428, 261-285.

Lorentz, E. N. (1963): Deterministic nonperiodic flow. J. Atmos. Sci., 20, 130-141.

Lorentz, E. N. (1984): Irregularity: A fundamental property of the atmosphere. Tellus, 36A, 98-110.

Lovelock, J. E. (1995): *The ages of Gaia*, 2nd ed., Oxford University Press, 255pp.

Manabe, S., and Bryan, K. (1985): CO_2-induced change in a coupled ocean-atmosphere model and its paleoclimatic implications. J. Geophys. Res., 90, 11689-11707.

増田耕一・阿部彩子 (1996): 第四紀の気候変動.『岩波講座 地球惑星科学 11 気候変動論』（住 明正ほか 編），岩波書店，103-156.

Milankovitch, M. (1941): *Kanon der Erdbestrahlung und seine Anwendung auf das Eiszeitenproblem*, Königlich Serbische Akademie, 633pp. 柏谷健二・山本淳之・大村 誠・福山 薫・安成哲三 訳 (1992):『気候変動の天文学的理論と氷河時代』，古今書院，520pp.

North, G. R., et al. (1981): Energy balance climate models. Rev. Geophys. Space Phys., 19, 91-121.

Peltier, W. R., and Marshall, S. (1995): Coupled energy-balance/ice-sheet model simulations of the glacial cycle: A possible connection between terminations and terrigemous dust. J. Geophys. Res., 100, 14269-14289.

Saltzman, B., and Maasch, K. A. (1990): A first-order global model of late Cenozoic climatic change. Transactions of the Royal Society of Edinburgh: Earth Sciences, 81, 315-325.

Satoh, M. (2004): *Atmospheric circulation dynamics and general circulation models*, Springer-PRAXIS, 643pp.

山中康裕 (2002): 海洋物質循環と古海洋.『全地球史解読』（熊澤峰夫・伊藤孝士・吉田茂生 編），東京大学出版会，259-274.

3.3 海が関わる気候変化

　海洋は，地球のエネルギーの循環と物質循環の両方に関与する．また，海洋がもつ長い時間スケールは，1 kyr 以上の長い時間スケールの気候変動・気候変化を考える上で欠かせない．3.3.1 小節では，海洋が気候変化に対してもつ重要性を簡単にまとめる．3.3.2 小節と 3.3.3 小節では，海洋の力学的な性質を，数式を用いて説明する．3.3.3 小節はより発展的な内容である．3.3.4 小節では海洋を通した物質循環を理解するための化学的な基礎を述べる．3.3.5 小節では，海洋を通した物質循環の例を紹介する．3.3.6 小節では，これまでの小節を受けて，海洋の力学と物質循環との相互作用について，著者らの研究を交えながら語る．最後に，3.3.7 小節で全体をまとめ，今後の展望を行う．

3.3.1 気候の変化にとって海が重要な理由

海洋の重要性

　海洋が気候変化にとって重要である第一の理由は，海洋の熱容量が大気のそれに比べて大きいことである．単位断面積あたりの熱容量は，海洋が 10^{10} J m^{-2} のオーダーであるのに対し，大気は 10^7 J m^{-2} 程度にすぎない．この性質は，海洋が気候を安定化させる役割を担うことを示唆する．大気温度が変化すると，海洋は熱を吸収／放出することでその変化を緩和する．ただし，何らかの原因で海洋の流れが変動して大量の熱が吸収／放出されれば，大気側に大きな影響を与えることに留意すべきである．

　もう 1 つの重要な点は，海洋がさまざまな物質を溶かし込むことである．海洋には河川からさまざまな物質が流れ込み，海面を通して大気中の気体成分が溶解する．とくに二酸化炭素（CO_2）の溶解は重要である．CO_2 は電離するため海水中に溶けやすい．さらに海洋表層の有光層（1.3.2 小節参照）で起こる生物活動によって，化学的な溶解平衡で決まるよりも多くの CO_2 が海洋に貯蔵される（3.3.4 小節参照）．例えば Yamanaka and Tajika（1996）のモデルでは，溶解平衡だけでは 450 ppm 程度になる大気 CO_2 分圧（P_{CO_2}）が，生物の働きで 280 ppm まで低下し，その差が海洋中に貯蔵される．海水の化学組成は単なる化学平衡にあるのではなく，流入と流出が釣り合った定常状態，つまり動的定常状態にあるといえる．

海洋のエネルギー収支

　地球が受ける日射量は緯度方向にその差が大きい．高緯度ほど日射の入射角が低角となり，アルベドが相対的に大きくなる．このため，高緯度ほど受け取るエネルギーは小さくなる．この南北のエネルギー差を解消するように，地球表層では低緯度から高緯度に向かいエネルギー輸送が

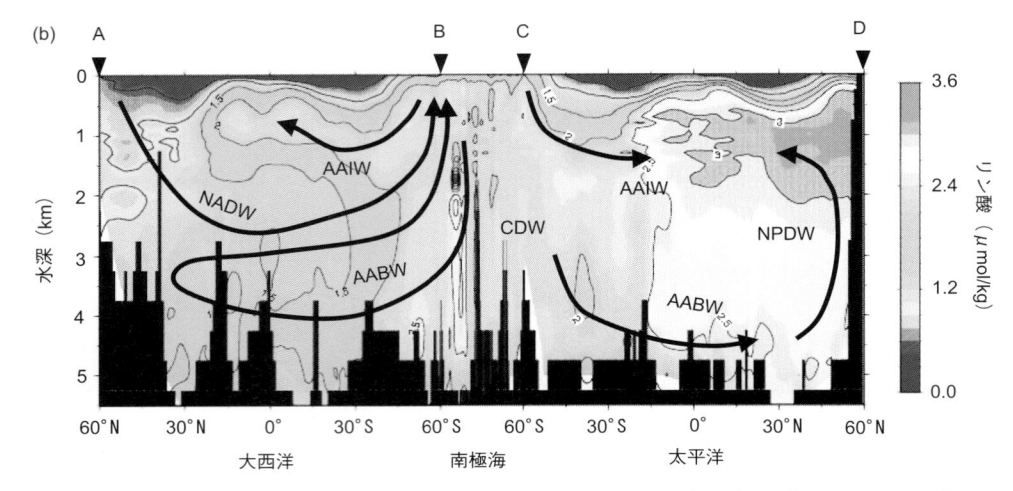

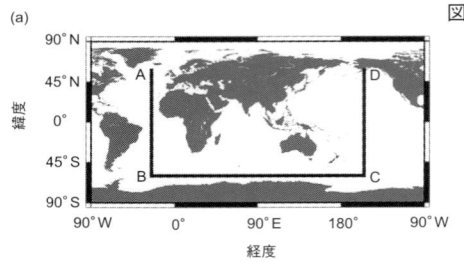

図 3.3.1 Conkright et al. (1994) に基づいたリン酸イオン (PO₄) 濃度のプロファイル：(a)プロファイルを求めた位置．おおむね大コンベアベルト（1.3.1 小節参照）に沿って，大西洋の 25°W と，南極海，太平洋の 155°W のデータをつないだ．(b) PO₄ 濃度のプロファイル（黒地は海底地形）と循環の向き（矢印）と略称：NADW (North Atlantic Deep Water)，AABW (Antarctic Bottom Water)，AAIW (Antarctic Intermediate Water)，CDW (Circumpolar Deep Water)，NPDW (North Pacific Deep Water)．NADW は，北大西洋のグリーンランド沖で沈み込んだ直後は PO₄ 濃度が低く，南下するとともに濃度が増加する．AABW は南極大陸の沿岸で沈み込み，北大西洋の深層を流れる．NADW と AABW の一部は南極海の沖合（60°S 付近）に湧昇し，盛んな鉛直混合を引き起こす．このとき PO₄ 濃度はほとんど変わらない．AABW は，南極海を西向きに流れ（本図では表現できない），一部は太平洋の深層に流れ NPDW となり，一部は中層を流れる AAIW となる．NPDW は PO₄ 濃度が高く，湧昇とともに生物生産が起こる（口絵参照）．

生じる．この輸送には，大気の潜熱輸送，顕熱輸送，海洋による輸送の三者があり，それぞれがほぼ同程度の寄与をしている（1.2.1 小節）．

　海洋では，表層での南北方向のエネルギーの差を解消するために，海水は水平方向（風成循環）だけでなく，鉛直方向（熱塩循環）にも運動する（1.3.1 小節）．風成循環は，風の応力によって引き起こされる表層付近の流れである．熱塩循環は，海水の密度差によって引き起こされる鉛直方向の流れである．熱塩循環は，狭い場所に集中した沈み込みと，沈み込み以外の広い領域からの緩やかな湧昇流からなる（図 3.3.1，口絵参照）．大西洋には大規模な沈み込みがあるため，熱輸送に対する熱塩循環の寄与が大きい．一方，太平洋には大規模な沈み込みがないため，風成循環の寄与が大きい．以上に述べたことだけからでも，海洋の流れのパターンや強度が変化すると気候に大きな影響が及ぶことが予想される．

海洋を通した炭素の移動

海洋に溶解している炭素は，陸域植生，大気圏，岩石圏と交換される．海洋の炭素は，存在量が多く，他の系と交換が比較的速いことが特徴である．海洋が有する炭素量は 40,000 Pg（= 4 × 10^{19} g）で，大気（750 Pg）の約 50 倍，陸上バイオマス（植生，リター，および土壌）（2100 Pg）の約 20 倍に相当する（Sigman and Boyle, 2000；図 1.3.8）．深層を含めた海洋の炭素が大気と交換する時間スケールは 1 kyr 程度，海底の堆積物と交換する時間スケールは数千年以上である．このことからも，海洋が長期的な大気 P_{CO_2} の変動に大きな影響を与えることがうかがえる．

気候変化を考える上では，海洋を通した炭素と全アルカリ度（3.3.3 小節で定義する）の収支が重要である．海洋表層の混合層[1]におけるこれらの溶存量は，表層海水の P_{CO_2}[2]を決め，大気と海洋の間の CO_2 交換に直接的に関わる（物理ポンプ）．100 Myr 程度の時間スケールでは，その時々での大陸からの岩石の風化による流入量と海底での炭酸カルシウム（$CaCO_3$）の埋没量がバランスすることで，それに見合った大気 P_{CO_2} が実現されている．大気-海洋系があるバランスから別のバランスに移行する際に，大気と海洋との間で CO_2 が移動する（3.3.5 小節，3.4.2 小節参照）．

海洋内部での物質移動によっても大気 P_{CO_2} は変化する．これには生物が関与するため，生物ポンプ[3]と呼ばれる．有光層で生産された有機物が深層へ沈降することで表層海水の P_{CO_2} が減少する（軟組織ポンプ）ため，大気と表層海水間の P_{CO_2} の差をなくすべく大気の CO_2 は海洋に吸収される．サンゴの形成や海洋生物の骨格や殻の部分の沈降・埋没で $CaCO_3$ が海水から除去されると，海水は酸性化する（pH が低くなる）ため，表層海水の P_{CO_2} は上昇し（硬組織ポンプまたは炭酸塩ポンプ），CO_2 は海洋から大気に放出される．逆に，$CaCO_3$ が海水に溶解すると，表層海水の P_{CO_2} は減少し（アルカリポンプ），大気 CO_2 は海洋に吸収される．

3.3.2 海洋の流れを理解するために

この小節では，海洋の流れが形成される原因を物理的に説明する．紙面の関係から，ここでは以下の本論で必要な範囲の解説に限る．

地衡流近似

回転系での流体の運動方程式では，散逸が弱く流れが遅い場合，圧力勾配とコリオリ力とが釣り合う定常状態が実現される．この釣り合いを保った流れを**地衡流**（geostrophic flow）と呼ぶ．経度を λ，緯度を ϕ，高さ（鉛直上向きを正）を z とする．東西方向，南北方向の力の釣り合いを式で書くと（3.1.1 節の(3.1.3)，(3.1.4)式参照）

$$-fv = -\frac{1}{\rho R \cos\phi}\frac{\partial P}{\partial \lambda}, \tag{3.3.1}$$

---

[1] 混合が盛んな海洋表層 100 m 程度の領域．この領域では温度や塩分などが均一になっている．
[2] 海水中の水和 CO_2 と気液平衡にある気相中の CO_2 分圧を，その海水の P_{CO_2} と呼ぶ（3.3.4 小節参照）．
[3] 本節では，生物体の軟組織（有機物）の沈降による軟組織ポンプ（狭義の生物ポンプ）と硬組織（炭酸カルシウムでできた殻・骨格部分）の沈降による硬組織ポンプ（炭酸塩ポンプ）を併せて生物ポンプと呼ぶ（1.3.3 小節参照）．

$$fu = -\frac{1}{\rho R}\frac{\partial P}{\partial \phi} \qquad (3.3.2)$$

となる．ここで u, v はそれぞれ地球に乗った座標系に対する流体の東西，南北方向の速度（それぞれ東向き，北向きが正），$f = 2\Omega\sin\phi$ はコリオリパラメータ（Ω は地球の自転角速度），ρ は海水の密度，R は地球の半径，P は圧力である．東西方向の圧力勾配（$\partial P/\partial \lambda$）は南北方向の速度に，南北方向の圧力勾配（$\partial P/\partial \phi$）は東西方向の速度に，それぞれ関係している．(3.3.1)，(3.3.2)式から明らかなように，地衡流は等圧線に沿って流れる．北半球では，高気圧周囲の流れは上空から見て時計回りに，低気圧周囲の流れは反時計回りである．コリオリパラメータは極で最大で赤道ではゼロとなるため，この効果が力のバランスを通じて流れに影響を及ぼす．これを**ベータ効果**（beta effect）という．

大規模な海洋の流れでは，コリオリパラメータが小さな低緯度や陸地境界の近傍を除いて，第一次近似でこの地衡流バランスが成り立っている．水平方向の圧力勾配は海面の高さの差で生じるが，これは大局的には平均風の応力によって作り出される．コリオリ力によって北（南）半球では風に対し右（左）90°方向に海水は輸送され（**エクマン輸送**：Ekman transport, 1.3.1 小節参照），これによって海水の収束が生じる．その結果，海面の高さが変化して水平方向の圧力勾配が生じるのである．結局，地衡流バランスによって，風の方向と海流の方向はほぼ一致することになる．よって，人工衛星で海面高度を計測すれば，この風成循環が支配する海洋表層 1000 m 程度の領域の大まかな流れを捉えられる．低緯度で東風（貿易風），中緯度で西風（偏西風），高緯度で東風という風の分布が，北半球の低中緯度では時計回りの風成循環を，中高緯度には反時計回りの風成循環を生じさせている．

ここで流体の「回転の傾向」を表す物理量である**渦度**（vorticity）を導入しておこう．渦度ベクトル $\boldsymbol{\omega}$ は，流体の速度ベクトル $\boldsymbol{v}$ の回転（rotation）$\boldsymbol{\omega} = \nabla \times \boldsymbol{v}$ として定義される．速度ベクトルの基準を地球に乗った座標系とした場合の渦度は，**相対渦度**（relative vorticity）と呼ばれる．地球上の水平 2 次元の流れ（海洋表層付近の流れを扱う際には良い近似となる）を考える場合，水平面内の回転を表す量である，相対渦度の鉛直成分が重要である．ここで相対渦度の鉛直成分 $\zeta \equiv \omega_z$ は，上から見て時計回りが負，反時計回りが正である．渦度の鉛直成分は以下の過程で変化する[4]．(1) ベータ効果：慣性系で成り立つ角運動量保存則を，慣性系に対して回転する座標系（地球上）で考えることで生じるみかけの効果．慣性系では，散逸がない場合，**絶対渦度**（absolute vorticity：速度ベクトルを慣性系で取った場合の渦度）が保存する．絶対渦度を地球に乗った座標系で表すと，相対渦度と**惑星渦度**（planetary vorticity；回転座標系が慣性系に対して移動することより生じる渦度）との和となる．惑星渦度は自転角速度ベクトル[5]の地面に垂直な成分の 2 倍，すなわちコリオリパラメータ f である．この値は緯度に依存する．絶対渦度の保存により，流体が南（北）に移動すると，惑星渦度が減少（増加）し，その分，相対渦度が増加（減少）する．例えば，赤道で静止していた流体は，散逸がなければ，北極に移動すると時計回りに回転する（負の相対渦度を得たことになる）．(2) 粘性散逸／風応力：風応力は方向に応じて正負の相対渦度を流体に供給し，粘性散逸は相対渦度の絶対値を小さくする．以下では，簡単のため，相対渦

---

4) 浅水方程式系と呼ばれる系では，流れは水平 2 次元だが，流体の水平方向の収束・発散が流体柱の高さを変える効果を含んでいる．この系では，流体柱の高さの変化に伴う渦管の伸び縮みでも，渦度が変化する．

5) 長さが自転角速度の大きさで自転軸方向を向いたベクトルを指す．

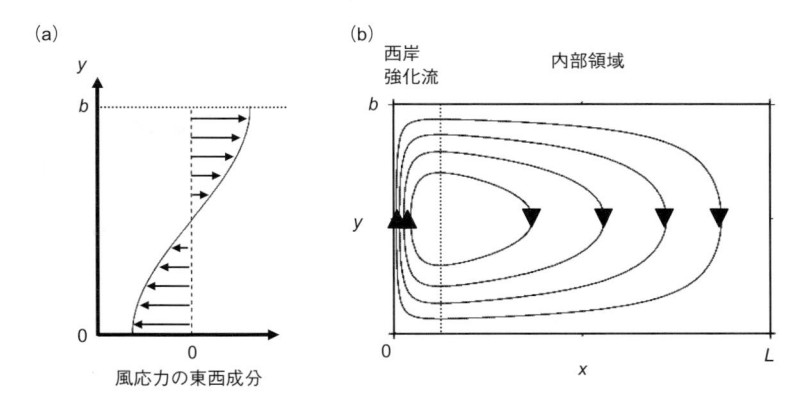

図 3.3.2 西岸強化を理解するためのモデル（Stommel, 1948）：x 軸は東西方向（経度方向），y 軸は南北方向（緯度方向）．(a)長方形の海洋と，仮定した風応力の分布，(b)風応力に対応した流線関数（矢印は流れの向き）．

度のことを単に渦度という．

この小節では海洋を 2 つの領域に分け，風が支配する水深 1000 m までの領域を海洋表層，それより深い領域を海洋深層と呼ぶ．以下では，海洋の表層と深層それぞれの循環の特徴について述べる．

風成循環の西岸強化

東と西に岸をもつ海洋の表層の循環は東西対称ではなく，西岸に集中した強い流れが生じ，東側には広くゆっくりした反流が伴う．これを**西岸強化**（western intensification）と呼び，西側の強い流れを西岸強化流という．大西洋の湾流（メキシコ湾流），太平洋の黒潮は，西岸強化流の代表例である．

西岸強化の原因はコリオリパラメータの大きさが緯度によって異なることにある．このベータ効果によって生み出される渦度と，風応力による渦度の生成が釣り合った状態が海洋内部で実現されている．これを**スヴェルドラップ・バランス**（Sverdrup balance）という．沿岸では，速度境界層が形成され，渦粘性により渦度が散逸する．北半球の西岸の近くで北向き（南向き）の流れがあると，ベータ効果により，流体は北上（南下）とともに負（正）の渦度を獲得する．一方，西岸での粘性散逸は，速度が速いほど大きな正（負）の渦度を流体に供給する．両者のバランスにより，西岸には強い流れが形成される．

以上に述べたことを，Stommel (1948) のモデルを使って説明してみよう．簡単のために，本来は球座標系で書くべき式を直線直交座標系で代替する．東西幅 L，南北幅 b の長方形の海を考え（図 3.3.2），東西方向に x 座標（東向きを正）を，南北方向に y 座標（北向きを正）をとる．定常状態の運動方程式として，地衡流バランスに風応力 $\tau = (\tau^{(x)}, \tau^{(y)})$ の項と散逸項（簡単のため，速度に比例する抵抗を仮定し，その比例係数を D とする）を加えた式

$$-fv = -\frac{1}{\rho}\frac{\partial P}{\partial x} + \frac{\tau^{(x)}}{\rho} - Du \tag{3.3.3}$$

$$fu = -\frac{1}{\rho}\frac{\partial P}{\partial y} + \frac{\tau^{(y)}}{\rho} - Dv \tag{3.3.4}$$

を用いる．ここで，fにはベータ効果の1次の項のみを考慮し，基準緯度での値をf_0として，その緯度を$y=0$と置けば

$$f = f_0 + \beta y \tag{3.3.5}$$

のように近似できる（ベータ平面近似）．南北半球ともに$\beta>0$であることに注意されたい．

鉛直方向の速度が十分小さいとして無視し，非圧縮流体（ρ一定）を考えると，水平方向の連続の式

$$\frac{\partial u}{\partial x} + \frac{\partial v}{\partial y} = 0 \tag{3.3.6}$$

が成り立つ．(3.3.4)式のx微分から(3.3.3)式のy微分を引くと

$$\beta v = -D\left(\frac{\partial v}{\partial x} - \frac{\partial u}{\partial y}\right) + \frac{1}{\rho}\left(\frac{\partial \tau^{(y)}}{\partial x} - \frac{\partial \tau^{(x)}}{\partial y}\right) \tag{3.3.7}$$

なる渦度方程式を得る．ここで右辺第1項の括弧の中が鉛直方向の渦度(ζ)である．(3.3.7)式は，ベータ効果による渦度の獲得（左辺）が，散逸による渦度の損失（右辺第1項）と風応力による渦度の供給（右辺第2項）と釣り合うことを示す式である．

ここでは風応力が緯度(y)のみに依存する場合を考え，とくに北半球の低中緯度の貿易風と偏西風を想定し，

$$\frac{\tau^{(x)}}{\rho} = -F\cos\frac{\pi}{b}y, \quad \tau^{(y)} = 0 \tag{3.3.8}$$

の形に固定する（図3.3.2(a)）．ここでFは定数である．

(3.3.6)式より，速度は，流れ関数Ψを用いて

$$u = -\frac{\partial \Psi}{\partial y}, \quad v = \frac{\partial \Psi}{\partial x} \tag{3.3.9}$$

と書くことができる[6]．(3.3.8)，(3.3.9)式を用いると，(3.3.7)式は

$$\beta\frac{\partial \Psi}{\partial x} = -D\left(\frac{\partial^2 \Psi}{\partial x^2} + \frac{\partial^2 \Psi}{\partial y^2}\right) - F\frac{\pi}{b}\sin\frac{\pi}{b}y \tag{3.3.10}$$

となる．この式を，壁に垂直な方向の流れがない（Ψの境界に垂直方向の微分が境界で0）という境界条件のもとで解くと

$$\Psi = -\frac{F}{D}\frac{b}{\pi}\left(\sin\frac{\pi}{b}y\right)[q\exp(A_+x) + (1-q)\exp(A_-x) - 1] \tag{3.3.11}$$

を得る．ただし，境界で，$\Psi=0$になるように積分定数を選んだ．ここで，

$$q = \frac{1-\exp(A_-L)}{\exp(A_+L) - \exp(A_-L)}, \tag{3.3.12}$$

$$A_\pm = -\frac{\alpha}{2} \pm \sqrt{\frac{\alpha^2}{4} + \left(\frac{\pi}{b}\right)^2}, \quad \alpha = \frac{\beta}{D} \tag{3.3.13}$$

である．

(3.3.11)式で$\beta=0$，すなわちコリオリパラメータが緯度に依存しないとすると，流れは東西対称な時計回りの循環流となる．次にベータ効果を加えた場合の循環を示したのが図3.3.2(b)で

---

[6] (3.3.9)式の流れ関数の符号は，大気・海洋物理で用いられる流儀で，一般の物理で用いられる流儀と逆である．(3.3.9)式を用いると，流れ関数の符号と地衡流の圧力の符号とが一致する．

ある．西岸で強い流れが生じることがわかる．南半球の低中緯度では，風応力の式が，(3.3.8)式とは逆符号となることを考慮すると，北半球の低中緯度の解を赤道で折り返した解が得られる．それは，(3.3.7)式が南北半球で同形であることから明らかである．

最後に，強化流が西岸のみで生じる機構を考えてみよう．ベータ効果と風応力が釣り合う内部領域（西岸強化流以外の，海洋表層の過半を占める領域）では，

$$\beta v = -\frac{1}{\rho}\frac{\partial \tau^{(x)}}{\partial y} = -F\frac{\pi}{b}\sin\frac{\pi}{b}y \qquad (3.3.14)$$

となり，風応力による負の渦度の生成と釣り合うように，ベータ効果により南向きの流れが生成される．内部領域での東西方向の速度 u は，(3.3.6)，(3.3.14)式より，x_0 を積分定数として，

$$u = (x-x_0)\frac{F}{\beta}\left(\frac{\pi}{b}\right)^2\cos\frac{\pi}{b}y \qquad (3.3.15)$$

となる．明らかに，u を東西両岸で同時に 0 とすることはできず，西岸のみ（$x_0 = 0$），または東岸のみ（$x_0 = L$）で $u=0$ の境界条件を満たす解しか得られない．質量保存を満たすためには，これらの解は境界条件を課した側とは反対の岸付近に，集中した流れからなる境界領域をもたねばならない．境界領域では，ベータ効果は風応力とではなく散逸項と釣り合うはずである．そのバランスが可能か調べよう．西岸・東岸では速度の東西勾配が卓越していると考えて良いので，(3.3.7)式は

$$\beta v + D\frac{\partial v}{\partial x} = 0 \qquad (3.3.16)$$

となる．この解は，

$$v = v_0(y)\exp\left(-\frac{\beta}{D}x\right) \qquad (3.3.17)$$

となり，南北速度は東岸へ向かうほど指数関数的に減少する．つまり，散逸項が風応力項を上回りベータ効果と拮抗できるのは，西岸のみであることがわかる．よって，(3.3.15)式で $x_0 = L$ とした解と (3.3.14)，(3.3.17) 式を接続したものが許される循環である[7]．これは西岸強化流に他ならない．同様の解析で，南半球でも西岸強化流が生じることを示すことができる．

熱塩循環の西岸強化

深層の熱塩循環もまた西岸に集中した流れを形成することを，Stommel and Arons (1960) にしたがって説明する．この議論の本質は，海洋表層から深層への沈み込みは狭い領域に集中し，残りの場所では，反流としてのゆっくりとした湧昇流が存在するという点にある．熱塩循環のメカニズムについては次小節で述べる．

東西幅が L，赤道を中心にした南北幅が $2b$ の，閉じた大洋の深層を考える．深層の厚さは H とする．東西方向に x 軸（西岸を $x = 0$）を，南北方向に y 軸（赤道を $y = 0$）をとる．境界付近を除いた内部領域で，深層上面（深層と表層の境界）で一様な湧昇流（上昇速度 w_0）があると仮定する．これは後で述べる局所的な沈み込みの反流に対応する．連続の式を深層全体で積分すると

---

[7] 実際，(3.3.11)式で $D/\beta \ll L, b$ とすればこれらの近似式が導かれる．

$$\frac{\partial U}{\partial x}+\frac{\partial V}{\partial y}=-\frac{w_0}{H'} \tag{3.3.18}$$

を得る[8]．内部領域ではスヴェルドラップ・バランスにあると仮定して，(3.3.3)式と(3.3.4)式で風応力項と散逸項を0としたものを(3.3.18)式に代入すると

$$V=\frac{fw_0}{\beta H'}=\frac{w_0}{H'}y, \quad U=\frac{2w_0}{H'}(L-x) \tag{3.3.19}$$

を得る．ただし，赤道を基準 ($y_0=0$) にとり$f=\beta y$とした．また，東岸 ($x=L$) で$U=0$とした．これより，海洋深層の内部領域（強化流以外の領域）では，東向きでかつ極向き（北半球で北向き，南半球で南向き）の流れが生じることがわかる．

まず内部領域の流入流出バランスを考えよう．(3.3.19)式より，内部領域の北端 ($y=b$) および南端 ($y=-b$) からの流出量はそれぞれw_0bL，西端 ($x=0$) からの流入量は北半球と南半球でそれぞれ$2w_0bL$，それに上面からの流出量は各半球でそれぞれw_0bLである．内部領域では赤道 ($y=0$) を横切る流れは無く，各半球で流入流出のバランスが保たれていることがわかる．

次に境界流の流入流出バランスを考えてみよう．北岸と南岸，および西岸の境界領域では，内部領域の流れに対応した，集中した反流が生じる．北岸および南岸で内部領域から境界領域に流入した分は，境界領域を西に運ばれ，西岸を赤道に向かって流れる．さらに内部領域の湧昇流の反流として，合計流量$2w_0bL$が表層からの沈み込みとして境界領域に付け加わる．このモデルの枠組みの中では，沈み込む場所は任意である．なお，境界流は赤道を横切ることも許され，南半球と北半球の境界領域での沈み込み流量の差分が赤道を横切り輸送される．沈み込みが北半球で起こる場合，西岸強化流は赤道を横切って南向きに流れる（大西洋の状況）．一方，沈み込みが南半球で起こる場合，西岸強化流は赤道を横切って北向きに流れる．太平洋は，近似的にこのような状態にあるといえる．太平洋には沈み込みはないが，南極まわりの周回深層水の流入があるため，これが沈み込みと同等の役割を果たすためである（図3.3.1および1.3.1小節参照）．

ここで表層と深層の流れの関係に留意する必要がある．前項で考察したように，表層の流れは風応力の分布に依存し，北半球で時計回りの（負の）渦度を与えるような風応力（図3.3.2(a)と(3.3.8)式参照）が加わると表層の内部領域では南向きの流れが生じる．これに対して本項で述べた深層の内部領域では，北半球において流れはつねに北向きである．つまり深層と表層で速度の大きさと向きに差異（シア）が生じることになる．このようなシアがあると，流れの構造に影響を及ぼす可能性があり，それを考慮した計算が，Huang (1993) で行われている．

海洋の子午面2次元モデル

海洋の流れは鉛直方向も考えれば，本質的に3次元的で，西岸強化流が生じるのが特徴である．しかし，西岸強化の特性を考慮した近似を施すと，海洋の流れを，みかけ上，南北上下（子午面）の2次元流として扱うことができる．ここでは子午面2次元の海洋モデルの例として，

---

[8] UとVは深さ方向に質量平均された速度である．海底から高さzでのx方向流速を$u(z)$とすると，質量平均された速度は$U=\int_0^H \rho u(z)dz / \int_0^H \rho dz$と定義される．また，実効的厚さ$H'$は，$H'=\int_0^H \rho dz/\rho(z=0)$で与えられる．

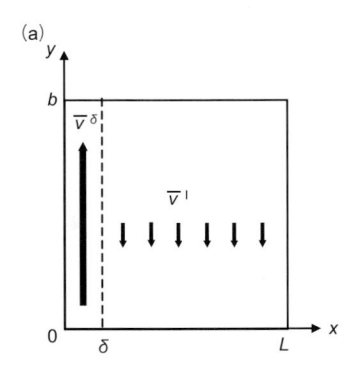

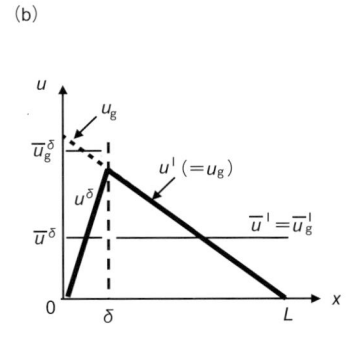

図 3.3.3 子午面 2 次元海洋モデル（Wright and Stocker, 1991）が想定する西岸強化流：x 軸と y 軸は図 3.3.2 と同じ．(a)海洋の幾何学と流れ場．幅 L の海洋を，幅 δ の狭い西岸強化流（速度を $\overline{v}^\delta$）の領域と残りの内部領域（流れの速度を $\overline{v}^{\mathrm{I}}$）とに分ける．(b)東西流の分布．(a)で与えた南北方向の速度に対応した東西方向の速度（実線，u^δ，u^{I}），地衡流バランスを想定したときの東西方向の速度（点線，u_g：内部領域では実線と重なる），および両者を西岸強化域と内部領域それぞれで東西平均した速度（細い水平線，$\overline{u}^\delta$，$\overline{u_\mathrm{g}}^\delta$，$\overline{u}^{\mathrm{I}} = \overline{u_\mathrm{g}}^{\mathrm{I}}$）．

Wright and Stocker（1991）のモデルを紹介する．

東西幅が L の海洋を考える．地衡流バランスが成り立つとき，(3.3.2)式より

$$fu_\mathrm{g} + \frac{1}{\rho}\frac{\partial P}{\partial y} = 0 \tag{3.3.20}$$

となる．ここで u_g は地衡流の東西速度を表す．西岸域を除く内部領域で $u \approx u_\mathrm{g}$ が成り立つ．西岸の幅 δ（$\ll L$）の境界領域では強い流れに伴う散逸が卓越し（図3.3.3(a)），経度（x）平均した南北（y）方向の力の釣り合いの式

$$f\overline{u} + \frac{1}{\rho}\overline{\frac{\partial P}{\partial y}} = A_\mathrm{H} \overline{\frac{\partial^2 v}{\partial x^2}} \tag{3.3.21}$$

が成り立つ．ただし，右辺の散逸項[9]については，経度方向シアが卓越するとした．ここで，上付きバーは経度平均量を意味する．A_H は運動量の水平（東西）方向の乱流拡散係数（乱流粘性係数）[10]である．(3.3.20)式に留意して，(3.3.21)式の左辺を書き換えると，

$$f\overline{u} + \frac{1}{\rho}\overline{\frac{\partial P}{\partial y}} = -f(\overline{u_\mathrm{g}} - \overline{u}) \approx -f\frac{\delta}{L}(\overline{u_\mathrm{g}}^\delta - \overline{u}^\delta) = -f\frac{\delta}{L}\Gamma\overline{u_\mathrm{g}} = \frac{\delta\Gamma}{L\rho}\overline{\frac{\partial P}{\partial y}} \tag{3.3.22}$$

となる．ここで比例係数 Γ は地衡流からのずれを表す量で，

$$\Gamma = \frac{\overline{u_\mathrm{g}}^\delta - \overline{u}^\delta}{\overline{u_\mathrm{g}}} \approx \frac{\overline{u_\mathrm{g}}^\delta - \overline{u}^\delta}{\overline{u_\mathrm{g}}^{\mathrm{I}}} \tag{3.3.23}$$

である．また，上付き添字 δ は西岸域での，上付き添字 I は西岸以外の内部領域での，上付き添

9）ここでは，乱流状態における小スケールの渦への運動エネルギー移行を実効的に大きな粘性（乱流粘性）をもつ流体として散逸項を見積もる．

10）運動量の拡散係数は粘性係数とも呼ばれ，物質混合の拡散係数とは一般に値が異なる．また，乱流拡散の場合，拡散係数は方向依存性があり，格子スケール依存性もある．海洋の場合，運動量の拡散係数は物質混合の拡散係数より 3 桁程度大きい．また，水平方向の拡散係数は鉛直方向のそれに比べて数桁程度大きい値となる．

字なしは東岸から西岸までの全域での，それぞれ経度平均量を表す．(3.3.23)式では，図3.3.3(b)のような流れを想定しており，Γは正で1のオーダーである．(3.3.22)式の第2式から第3式を導くときには，地衡流からずれる場所が西岸域だけであることを用いた．

次に(3.3.21)式の右辺の散逸項の評価を以下のように行う：

$$A_H \overline{\frac{\partial^2 v}{\partial x^2}} = \frac{A_H}{L}\left[\frac{\partial v}{\partial x}\right]_{x=0}^{x=L} \approx -\frac{A_H}{L}\left(\frac{\partial v}{\partial x}\right)_{x=0} \approx -\frac{A_H}{L}\frac{\overline{v^\delta}}{\delta} \tag{3.3.24}$$

上式の第2式から第3式を導出する際に，西岸で速度勾配が卓越することを用いた．

(3.3.22)式と(3.3.24)式を組み合わせ，南北方向の流れがほとんど西岸強化流からなると仮定して$L\bar{v} \approx \delta \bar{v}^\delta$を用いると，

$$\bar{v} \approx -\frac{\delta^3 \Gamma}{LA_H}\frac{1}{\rho}\overline{\frac{\partial P}{\partial y}} \tag{3.3.25}$$

を得る．これは，南北方向の速度と南北方向の圧力勾配が比例するという式である．

内部領域での地衡流バランス（(3.3.1)式）から

$$\overline{\frac{\partial P}{\partial x}} = \rho f \bar{v} = -\frac{\delta^3 \Gamma f}{LA_H}\overline{\frac{\partial P}{\partial y}} = -\varepsilon \sin\phi \overline{\frac{\partial P}{\partial y}} \tag{3.3.26}$$

を得る．実際に3次元OGCMの定常解を調べてみると，この関係がおおよそ成り立っている．Wright and Stocker (1991) では，$\varepsilon = 2\delta^3 \Gamma \Omega/(LA_H) \approx 0.3$程度が妥当な値だとしている[11]．ただし(3.3.26)式は必ずしもつねに成り立つ関係ではなく，方程式を2次元で閉じさせるための方便と考えるべきである．(3.3.26)式の意味することは，海洋の流れで本質的な西岸域さえ記述できれば，内部領域は質量の保存を満たすような反流が生じているとみなせば良い，ということである．

3.3.3 熱塩循環をより深く理解する

海洋内のエネルギー移動という観点では，海水の密度差で駆動される熱塩循環が重要である．そこで，以下では熱塩循環のより深い理解を目指す．まず，熱塩循環の多重解と，解の間の遷移について述べる．次に，海底熱水系の熱塩循環に対する寄与を調べる．最後に，海洋の鉛直方向の混合について議論する．なお，この小節以降では，とくに注意がない場合，表層100m程度の領域を海洋表層と呼ぶ．

熱塩循環の本質：温度沈み込みと塩分沈み込み

熱塩循環は，水平方向の圧力勾配で駆動される（(3.3.25)式）．圧力勾配を生み出すのは水平方向の密度差を鉛直方向に積分したものである[12]．密度差の原因となるのは温度差と塩分差である．このため，原理的には，沈み込みは高緯度と低緯度のいずれでも起こり得る．水平方向の温度差を生む外力は，日射量が緯度に依存することによって，海表面温度が高緯度ほど低温になる

---

11) ここでは，$\delta = 200$ km，$\Gamma = 0.17$，$L = 5000$ km，$A_H = 10^5$ m^{-2}s とした．
12) したがって，熱塩循環には，海洋表層近くでの密度差だけでなく，海洋深層における密度差も関わる．

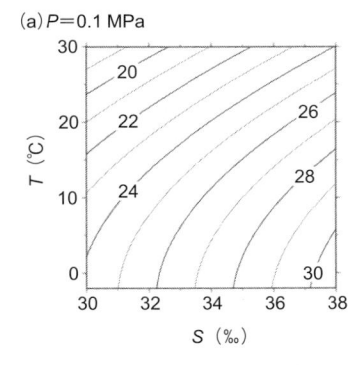

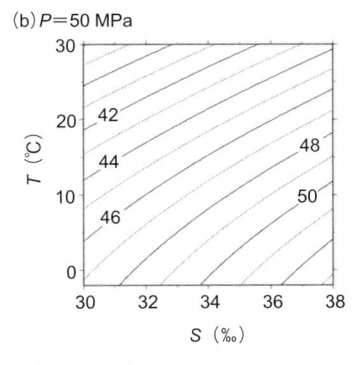

図 3.3.4　温度（T）と塩分（S）に対する海水の状態方程式（Brydon et al., 1999）：等値線の数値（$\mathrm{kg\,m^{-3}}$ 単位）は基準密度からのずれ $\sigma \equiv \rho - 1000\,\mathrm{kg\,m^{-3}}$．(a)圧力：$P = 0.1\,\mathrm{MPa}$（海面），(b)$P = 50\,\mathrm{MPa}$（水深 5 km）．

ために生じる．この温度効果が卓越すると，表層で低緯度から高緯度に向かい，高緯度で沈み込む**温度沈み込み**（**極沈み込み**：high-latitude subduction）が起こる．一方，水平方向の塩分差を生む外力は，低緯度で蒸発量が降雨量より多いこと，高緯度で降雨量が蒸発量より多いことによって，表層水が低緯度ほど高塩分になるために生じる．この塩分効果が勝ると，表層で高緯度側から低緯度側に向かい低緯度で沈み込む，**塩分沈み込み**（**赤道沈み込み**：low-latitude subduction）が起こる[13]．

海洋深層の温度は，ほぼ沈み込み地点の海表面温度に等しい．これは，沈み込みが密度の逆転による重力的不安定によって生じることと関連する．沈み込み付近では鉛直方向の対流が起こるため，沈み込み地点の温度をもった重たい水が深層に押し込まれる．この結果，深層海水温度は温度沈み込みの場合は低く，塩分沈み込みの場合は高くなる．したがって，何らかの原因で塩分沈み込みから温度沈み込みへ解が遷移すると，大量の熱が海洋から放出され，逆に遷移すれば大量の熱が海洋へ吸収される．

表層約 100 m の混合層では，温度の緩和時間[14]は塩分の緩和時間に比べ短い．海洋内部での緩和過程は渦混合に支配されるので温度と塩分で大差は無い．温度の緩和時間が短くなるのは，大気との熱交換が緩和を加速するからである．このような緩和時間の違いから，温度沈み込みの場合，低緯度から高塩分海水が高緯度に供給されることになる．つまり，温度沈み込みには温度効果に加えて塩分効果も関与する．このため，温度沈み込みの解に対して高緯度への塩分の供給を弱めると，温度沈み込みが停止してしまう場合がある．一方塩分沈み込みでは，温度は緩和が速いので，主として塩分効果のみが関与する．

熱塩循環の本質：海水の物性

塩分が 35‰前後の海水は，純水のように 4℃で最大密度をとることはなく，低温ほど密度は高い（図 3.3.4, Brydon et al., 1999）．ここで注目すべきは，5℃以下で密度の温度依存性が小さくな

---

13) 正確にいえば，温度沈み込みが生じるのは高緯度であって極ではなく，温度沈み込みも亜熱帯高圧帯であって赤道ではない．

14) 平衡状態からのずれが与えられたときに，それが元に戻る典型的な時間．

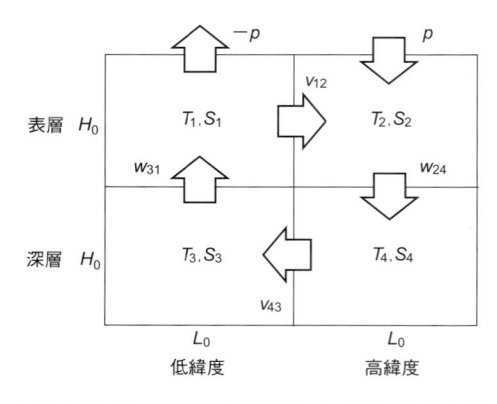

図3.3.5 Huang et al. (1992) の4ボックスモデルの概念図：モデルの幾何学と，水フラックスを示す（記号は本文参照）．図に示した矢印の方向の流れをもつ解は「温度沈み込み」，図と逆方向の流れをもつ解は「塩分沈み込み」である．

ることである．海水の下限温度は凝結点である-2℃である．

以上の性質から気温と熱塩循環の関係が議論できる．いま南北気温差を一定に保ったまま平均温度が下がるとする[15]．平均温度の低下とともに南北の密度差は小さくなるため，表層付近での熱塩循環の駆動力が弱くなる．極側の海水温が-2℃まで下がると，それより温度は下がらなくなり，南北温度差は小さくなる．ただし，海氷の形成に伴って高塩分の海水が形成するため，その効果によって極側での沈み込みが活発化する（3.3.6小節参照）．

現在の海洋では沈み込みは高緯度で生じている（図3.3.1）．グリーンランド沖（65°N付近）で北大西洋深層水（North Atlantic Deep Water：NADW）が，南極大陸の沿岸近くのウェッデル海やロス海（80°S付近）で南極底層水（Antarctic Bottom Water：AABW）が形成する．これらの沈み込みには，水温が低いことの他に，海氷の形成で作られた高塩分の水も関与していると考えられている．

風成循環と熱塩循環の結合

3.3.2小節の風成循環の項で，風応力と直交した方向に流体の輸送が起こる（エクマン輸送）ことを述べた．ここで風応力が場所によって異なる場合，エクマン輸送の強度が場所によって変わり，海水の流れに収束／発散が生じる．このような収束／発散が大規模に働くと鉛直方向の流れが生じ，熱塩循環の一部となる．このように，風応力が原因となって熱塩循環が生じることがある．

南極海では，ドレイク海峡のある緯度帯（60°S付近）を中心とした強い西風帯があるために，北向きのエクマン輸送が生じ，西風帯の北側では収束が，西風帯の南側（南極大陸側）では発散が起こる．収束は，大西洋および太平洋の中層水の沈み込みを引き起こす（図3.3.1の南極中層水：AAIW）．また発散は，この地域での深層水の湧昇を引き起こす（図3.3.1のNADWやAABWの上昇）．南極での深層水の湧昇は，炭素循環にとっても重要である（3.3.5小節「軟組織ポンプ」の項を参照）．

熱塩循環を理解するための海洋ボックスモデル

ここでは，以上に述べた熱塩循環の性質を，単純なボックスモデルで理解する．このモデルでは，正味の降水量（降水量と蒸発量の差）に応じて，塩分沈み込み解と温度沈み込み解が多重解として生じる（Huang et al., 1992）．

---

[15] ここでは降水量の変化は考えない．降水量の増加は，温度沈み込みを弱め，塩分沈み込みを強める．3.3.6小節で，気温変化と降水量の変化がともに起こった場合の熱塩循環の変化を議論する．

深さ H_0，南北幅 L_0 の箱が2列2段に積み重なった海洋を考える（図3.3.5）．箱1が低緯度表層，箱2が高緯度表層，箱3が低緯度深層，箱4が高緯度深層であるとする[16]．(3.3.25)式に従い，南北速度は同方向の圧力勾配に比例するとする（Stocker and Wright, 1991）：

$$v_{12} = -c\frac{P_2 - P_1}{L_0}, \tag{3.3.27}$$

$$-v_{43} = -c\frac{P_4 - P_3}{L_0} \tag{3.3.28}$$

ここで P_i は箱 i の圧力，v_{ij} は箱 i から箱 j に向かう水平方向の速度，c は比例係数で，ここでは定数と仮定する．圧力は各箱の中心で定義し，鉛直方向に静水圧バランスが成り立っているとする[17]：

$$P_1 = \frac{\rho_1 g H_0}{2} + C_1, \tag{3.3.29}$$

$$P_2 = \frac{\rho_2 g H_0}{2} + C_2, \tag{3.3.30}$$

$$P_3 = P_1 + \frac{(\rho_1 + \rho_3) g H_0}{2}, \tag{3.3.31}$$

$$P_4 = P_2 + \frac{(\rho_2 + \rho_4) g H_0}{2} \tag{3.3.32}$$

ここで，ρ_i は各箱を占める海水の密度，g は重力加速度，また C_1 と C_2 は海面の高さによって決まる $z=0$ での圧力である．高緯度の海面に正味の降水量 p（単位は $\mathrm{m\,s^{-1}}$）が付け加わり，低緯度の海面にこれと同じ量の正味の蒸発（$-p$）が起こるとすると，連続の式（正味の蒸発量を含めた流量バランス）は

$$v_{12} H_0 + p L_0 = w_{24} L_0 = v_{43} H_0 = w_{31} L_0 \tag{3.3.33}$$

となる．ここで，w_{ij} は箱 i から箱 j に向かう鉛直方向の速度である．以上を v_{12} について解くと，

$$v_{12} = -\frac{pL_0}{2H_0} + \frac{cg}{4}\frac{H_0}{L_0}(\rho_2 - \rho_1 + \rho_4 - \rho_3) \tag{3.3.34}$$

となる．熱塩循環を駆動するのは，表層での水平密度勾配（$\rho_2 - \rho_1$）だけでなく，深層での水平密度勾配（$\rho_4 - \rho_3$）も含まれることに注意しよう．

ここでは簡単のために，海水密度が摂氏温度 T と塩分 S に比例すると仮定する：

$$\rho_i = \rho_0(1 - \alpha_T T_i + \alpha_S S_i), \quad i = 1, 2, 3, 4 \tag{3.3.35}$$

ここで α_T は熱膨張率，α_S は塩分による密度増加係数である．

温度のバランスは，

$$\frac{\partial T_1}{\partial t} + \frac{v_{12} T_{12}}{L_0} - \frac{w_{31} T_{31}}{H_0} = -\frac{k_{\mathrm{relax}}(T_1 - T_1^*)}{H_0 \rho_0 c_{p0}} \tag{3.3.36}$$

---

[16] 海洋表層の厚さは本来混合層の厚さ 100 m 程度にすべきであるが，ここでは解析に便利なように，海洋表層の厚さと海洋深層の厚さを等しく置く．

[17] このモデルでは，海面の変形（上下変位）を扱う代わりに，基準面（$z=0$）での圧力を変数に取っている．このような方法は rigid lid と呼ばれ，Stocker and Wright (1991) の2次元海洋モデルや古典的な OGCM でも用いられている．

$$\frac{\partial T_2}{\partial t} - \frac{v_{12}T_{12}}{L_0} + \frac{w_{24}T_{24}}{H_0} = -\frac{k_{\text{relax}}(T_2 - T_2^*)}{H_0\rho_0 c_{p0}} \tag{3.3.37}$$

$$\frac{\partial T_3}{\partial t} - \frac{v_{43}T_{43}}{L_0} + \frac{w_{31}T_{31}}{H_0} = 0 \tag{3.3.38}$$

$$\frac{\partial T_4}{\partial t} + \frac{v_{43}T_{43}}{L_0} - \frac{w_{24}T_{24}}{H_0} = 0 \tag{3.3.39}$$

となる．ここで $T_i^*(i=1,2)$ は緩和温度，k_{relax} は温度緩和係数，c_{p0} は定圧比熱である．表層の箱の温度は，時間スケール $H_0\rho_0 c_{p0}/k_{\text{relax}}$ で緩和温度に近づく．移流項は上流側の温度を移流させるもの（風上法）とし，T_{jk} は上流側の温度を示す．例えば，$v_{12} > 0$ のとき，$T_{12} = T_1$，$v_{12} < 0$ のとき $T_{12} = T_2$ である．速度場が図 3.3.5 の矢印で示した方向となる場合は温度沈み込み，矢印と逆になる場合は塩分沈み込みである．それぞれの場合で移流の方向が異なる．

塩分のバランスも同様にして，例えば箱 1 ならば

$$\frac{\partial S_1}{\partial t} + \frac{v_{12}S_{12}}{L_0} - \frac{w_{31}S_{31}}{H_0} = 0 \tag{3.3.40}$$

のように与えられる．なお，系全体の平均塩分（S_0）は一定とする．塩分の変化は，海面での正味の蒸発（(3.3.33)式）を通じて起こり，海面を通した塩分の移流がない（(3.3.40)式）ことに注意されたい．

(3.3.34)-(3.3.40)式を定常状態について解くと

$$[1 \pm 2\hat{C}(\Delta\hat{T} - \Delta\hat{S})]\Delta\hat{T} = 2\hat{T}_0^*\hat{p} + \Delta\hat{T}^* \tag{3.3.41}$$

$$2\hat{C}\Delta\hat{S}(\Delta\hat{T} - \Delta\hat{S}) = \pm\hat{p}\left(2\hat{S}_0 \pm \frac{\Delta\hat{S}}{2}\right) \tag{3.3.42}$$

を得る（複号同順；正符号が温度沈み込みに，負符号が塩分沈み込みに対応する）．ここで，$\Delta\hat{T} \equiv \alpha_T(T_1 - T_2)$，$\Delta\hat{S} \equiv \alpha_S(S_1 - S_2)$ はそれぞれ箱 1 と箱 2 の温度差と塩分差を無次元化したもので，さらに $\Delta\hat{T}^* \equiv \alpha_T(T_1^* - T_2^*)$，$\hat{T}_0^* \equiv \alpha_T(T_1^* + T_2^*)/2$ とした．また $\hat{p} = \rho_0 c_{p0}p/k_{\text{relax}}$ は無次元化した降水量である．無次元定数については，$\hat{S}_0 \equiv \alpha_S S_0 = 2.7\times 10^{-2}$，$\hat{T}_0^* \equiv \alpha_T T_0 = 2\times 10^{-3}$，$\hat{C} = cgH_0^2\rho_0^2 c_{p0}/(4k_{\text{relax}}L_0^2) = 50$ と与えた（$S_0 = 35‰$，$T_1^* = 25$℃，$T_2^* = 0$℃，$L = 3000$ km，$H = 2$km）．定常状態では，深層の箱と沈み込みが起こる箱で温度・塩分が等しい．すなわち，定常状態で熱塩循環を駆動するのは表層での密度勾配 $\rho_2 - \rho_1$ のみである．また，平均塩分が S_0 であることを考慮すると，温度沈み込みでは $S_1 + 3S_2 = 4S_0$，塩分沈み込みでは $3S_1 + S_2 = 4S_0$ となる．いずれの沈み込みでも $T_1 + T_2 = T_1^* + T_2^* = 2T_0^*$ である．

(3.3.41)，(3.3.42)式を組み合わせて，$\hat{p} \ll 1$（$\hat{p}$ は 10^{-3} のオーダー）に注意すると，$\Delta\hat{S}$ に関する 3 次方程式を構成することができる：

$$\Delta\hat{S}^3 + \left[\left(2\hat{S}_0 + \frac{1}{4\hat{C}} - 2\hat{T}_0^*\right)\hat{p} - \Delta\hat{T}^*\right]\Delta\hat{S}^2 \pm \left[\frac{\hat{p}\hat{S}_0}{\hat{C}}(\Delta\hat{S} + 2\hat{p}\hat{S}_0)\right] = 0 \tag{3.3.43}$$

複号は正符号が温度沈み込みに，負符号が塩分沈み込みに対応する．(3.3.43)式を解くと $\Delta\hat{S}$ が求まり，(3.3.42)式から $\Delta\hat{T}$，さらに(3.3.34)式より得られる

$$v_{12} = \hat{p}\left(\pm 2\frac{\hat{S}_0}{\Delta\hat{S}} - \frac{1}{2}\right)\frac{L_0 k_{\text{relax}}}{H_0\rho_0 c_{p0}} \tag{3.3.44}$$

から速度が求められる．

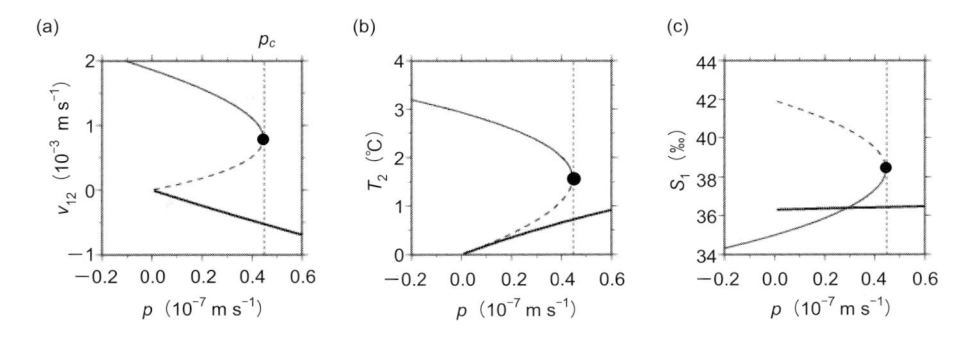

図 3.3.6 降水量（p）の関数として求めた 4 ボックスモデルの解：安定解（実線）と不安定解（破線），温度沈み込み（$v_{12} > 0$）（細線），塩分沈み込み（$v_{12} < 0$）（太線），p_c（縦の細い点線）を示す．(a)表層を低緯度から高緯度へ流れる速度（v_{12}），(b)高緯度表層の箱の温度（T_2），(c)低緯度表層の箱の塩分（S_1）．

　これらの解を $\hat{p}$ に対して次元つき量に戻して示すと，図 3.3.6 のようになる[18]．速度 $v_{12} > 0$ の解が温度沈み込みの解，$v_{12} < 0$ の解が塩分沈み込みの解に対応する．

　降水フラックスが $\hat{p} < 0$，つまり高緯度で蒸発が起こり低緯度で降水があるような場合，(3.3.43)式の解は 3 つあるが，物理的に許される解は 1 つの温度沈み込み解のみである．もう 1 つの温度沈み込み解は $v_{12} < 0$ となり，塩分沈み込み解は $v_{12} > 0$ となり，いずれも循環の方向が矛盾する．高緯度で降水が起こり低緯度で蒸発が起こる $0 \leq \hat{p} \leq \hat{p}_c$ のときには温度沈み込みの解が 2 つ（うち 1 つは不安定解），塩分沈み込みの解（安定解）が 1 つ存在する．ここで $\hat{p}_c$ は温度沈み込み解がなくなる臨界値で，今回用いたパラメータでは $\hat{p}_c \approx 5.5 \times 10^{-3}$（次元つき量で約 0.45×10^{-7} m s^{-1}）である．$\hat{p} > \hat{p}_c$ の場合，塩分沈み込みの解が 1 つのみ存在する．安定な温度沈み込みは，高緯度での降水が多いほど弱まることが読み取れる．以上をまとめると，低緯度から高緯度への淡水移動（$\hat{p}$）が正で大きい場合は塩分沈み込みのみが，負の場合は温度沈み込みのみが，中間の範囲では両者が同時に存在するということになる．

　定常的な温度沈み込み解や塩分沈み込み解に摂動が加わった時，別の安定解に遷移し得る．例えば，温度沈み込みの解に対して蒸発・降水のコントラストを増加させた時，その解は塩分沈み込みに遷移する．同様に，塩分沈み込み解で蒸発・降水のコントラストを減少させた時，その解は温度沈み込みに遷移し得る．このような解の遷移特性は，OGCM を用いた計算でも得られている（Bryan, 1986）．

　(3.3.34)式より，海洋表層で水平方向の密度差 $\rho_2 - \rho_1$ が変化すると，循環の強さが変化することがわかる．この他に，沈み込む水の密度（温度沈み込みの場合 ρ_2，塩分沈み込みの場合 ρ_1）が時間変化することでも，循環の強さが変化する．例えば温度沈み込みの場合，沈み込む水の温度

---

[18] 図 3.3.6(c)で，高緯度表層の箱の塩分が速度 0 で不連続となることを確認しておこう．速度 0 では水平方向の密度差はない（(3.3.34)式参照）．このとき，表層の 2 つの箱の温度はそれぞれの緩和温度と等しくなる（(3.3.36)，(3.3.37) 式参照）．したがって表層の 2 つの箱は塩分も異なる．ここで，塩分の保存則は温度沈み込み解（$S_1 + 3S_2 = 4S_0$）と塩分沈み込み解（$3S_1 + S_2 = 4S_0$）で異なることを思い出すと，高緯度表層海水の塩分は，温度沈み込み解（図 3.3.6(c)の破線）を速度 0 に延長した場合と塩分沈み込み解（図 3.3.6(c)の水平に近い実線）を速度 0 に延長した場合とでは不連続となることがわかる．

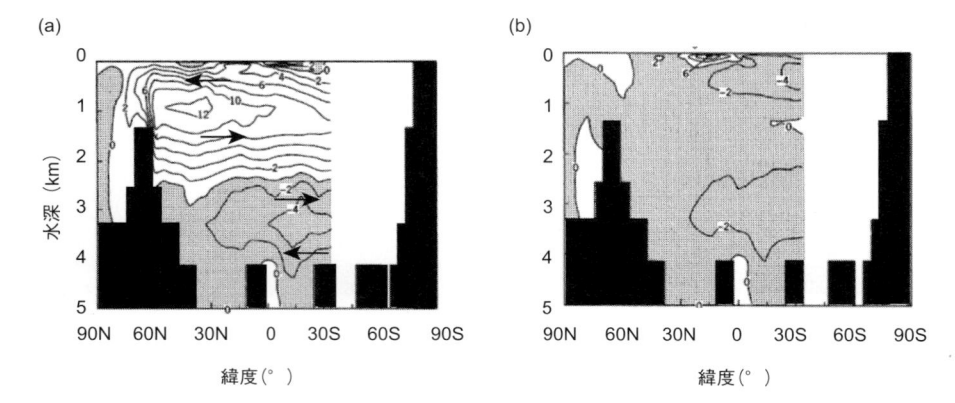

図 3.3.7　AOGCM で得られた大西洋熱塩循環の多重解（Manabe and Stouffer, 1988）：大西洋の経度平均流量（白抜きは反時計回り，灰色は時計回りの循環）を示す．黒地は海底地形を表す．(a)現在の地球のような強い熱塩循環をもつ解，(b)熱塩循環が停止した解．

が時間とともに低く（高く）なると，沈み込みから遠いほど温度が高く（低く）なる状態が実現する．このため，深層では $\rho_4 - \rho_3$ が正（負）になり，循環が強化（弱化）するのである．後者の場合の循環速度の変化は，海洋表層での水平方向の密度勾配が一定でも起こることに注意されたい．

熱塩循環の多重解（AOGCM 計算）

熱塩循環が多重解をもつこと，適当な摂動を与えたときに解が遷移することは，ボックスモデルから 3 次元の AOGCM に至るまで，広い範囲のモデルがもつ性質である（Dijkstra and Ghil, 2005）．ここでは，AOGCM で多重解を求めた計算例を紹介する．

Manabe and Stouffer (1988) は，同じ境界条件のもとで，北大西洋の熱塩循環が存在する解と，循環がほぼ停止した解とが存在することを示した（図 3.3.7）．彼らは，海洋表層の混合層（厚さ数十 m）の温度と塩分を，それぞれの観測値に数十日程度の時定数で緩和させる計算を行い（温度と塩分に対して(3.3.36)式の右辺と類似の扱いをする），北大西洋に熱塩循環を作った．その後，やはり海面温度で緩和させた大気循環モデルと海洋モデルをつなげると，熱塩循環が維持された（1つ目の解；図 3.3.7(a)）．ただし，海洋モデルが出力する正味の降水フラックスと，大気モデルが出力する正味の降水フラックスには差が生じたため，その差を人工的に系に付け加えてフラックスの保存を保った．Manabe and Stouffer (1988) は，降水過程などのモデルが不完全であるためにフラックスに差が生じたと考え，この差をモデルに取り込んだ．このような取り扱いをフラックス調整と呼ぶ．

このモデルでは，フラックス調整は北大西洋に大量の塩を撒いていることに相当する[19]．この塩撒きは，緩和過程で形成された熱塩循環を維持するために必要である．ただし，熱塩循環がない状態で塩を撒いても熱塩循環はできない（2つ目の解；図 3.3.7(b)）．

---

19) このフラックス調整は，実質的には，北極海からの塩分供給に対応しているとも考えられる．実際，高分解能の OGCM を用いた計算では，Manabe and Stouffer (1988) が表現できなかった北極海からの流れが再現されている．

熱塩循環が存在する解では，存在しない解に比べて，北大西洋の海表面が高温・高塩分になっている．これは，熱塩循環がある解では，低緯度で蒸発を被った湾流がより高緯度まで流れ込んで冷却され，低温・高塩分の海水となって沈み込むためである．つまり，この沈み込みは温度と塩分両方の効果で起こっている．一方，熱塩循環がない解では，高緯度の風成循環が卓越して，北大西洋を北上した湾流は，沈まずにそのまま南下する．

　大気に着目してみると，熱塩循環が存在する解では，熱塩循環が停止した解に比べて，北半球の高緯度で大気が高温になり，半球間の温度差は小さくなる．熱塩循環は，確かに南北間の温度差を緩和していることがわかる．

熱塩循環と海底熱水循環

　海洋は，海面からの加熱だけでなく，海洋地殻の形成に伴って放出される熱によって海底からも加熱されている．海底から放出される熱流量は平均すると $0.08\,\mathrm{Wm^{-2}}$ 程度で，太陽からの入射フラックス $1370\,\mathrm{Wm^{-2}}$ に比べて圧倒的に小さい．しかし，下から熱が加わることは，海洋にポテンシャルエネルギーを供給することになり，値が小さくとも熱塩循環に影響を与える可能性がある．

　海底からの熱放出には，大きく分けて2種類ある．中央海嶺で作られた海底地殻の冷却に伴う熱放出と，地殻よりもさらに深部のマントルの冷却に伴った空間的にほぼ一様な熱放出である．中央海嶺からの熱放出は，海嶺軸から離れるに従って小さくなる．

　中央海嶺付近では，海洋地殻の中を海水が循環することで生じた熱水による熱放出（**熱水循環**：hydrothermal circulation）が主要な熱供給である．中央海嶺から離れるに従って熱伝導の寄与が大きくなる．熱水循環は，地殻年代がおおよそ 65 Myr 程度になるとほぼ停止する．これは，海底に厚くたまった堆積物が，地殻への海水の流入を妨げることが原因であると考えられている．

　中央海嶺の海嶺軸の近くでは，地殻中の割れ目を海水が循環することで効率的な地殻の冷却が起こる（Lowell et al., 1995）．海底から地殻中に侵入した海水は 300℃ から 400℃ まで加熱され，海底から再び放出される．熱水循環系は海嶺軸上に点在しており，1つの熱水循環系では 100-1000 MW の熱が放出されている．海嶺軸 1 km あたりに換算すると，20 MW 程度の熱放出量となる．高温の熱水系の周囲では，還元的な熱水と酸化的な海水が反応することでさまざまな化学反応が起こる．また熱水系の周囲と地殻内部には，放出される熱と化学エネルギーを利用する化学合成細菌を一次生産者とした生態系が維持されている．

　Scott et al.(2001) は，箱形の海洋で，海底に熱水活動を模した熱流を加える OGCM 実験を行い，熱塩循環の強さに有意な変化が生じることを明らかにした．まず基準状態として，低緯度で湧き上がり，極で沈み込むような循環を作っておく．このときの子午面循環は 13 Sv[20] であった．次に，基準状態に対して海底で $0.05\,\mathrm{Wm^{-2}}$ の熱流を一様に付加すると[21]，低緯度での上昇流量が 3 Sv ほど強まることがわかった．このように太陽定数より何桁も小さく熱輸送過程にはほとんど影響を与えない地殻熱流量が，熱塩循環の流量に影響を与える可能性があることは興味

---

20) Sv は流量の単位（$10^6\,\mathrm{m^3\,s^{-1}}$）の略で，スヴェルドラップ（Sverdrup）と呼ぶ．
21) 結果は，与える海底熱流の分布に強く依存することに注意する必要がある．

深い．

混合の拡散係数

　成層流体での混合では，外からのエネルギー供給によって重力波が生まれ，その重力波が破砕することで鉛直方向の物質移動が起こる．そのエネルギー源としては，潮汐，海底熱水循環，および風が重要である．潮汐のエネルギーは，海洋表層での風応力や海底地形との摩擦で散逸され，単位面積あたりのエネルギー供給量は $\varepsilon_{\mathrm{tide}} = 2.6 \times 10^{-3}\,\mathrm{Wm^{-2}}$ 程度と見積もられている（Munk and Wunsch, 1998）．地殻熱流量は，海洋を下から暖めることで海洋にポテンシャルエネルギーを供給する．その値は平均すれば $\varepsilon_{\mathrm{geothermal}} = 1.4 \times 10^{-3}\,\mathrm{Wm^{-2}}$ 程度である（Huang, 1999）．両者をあわせて，海洋には $\varepsilon_{\mathrm{total}} = 4.0 \times 10^{-3}\,\mathrm{Wm^{-2}}$ のエネルギーが供給されている．風によるエネルギー供給は，$\varepsilon_{\mathrm{wind}} = 5.8 \times 10^{-3}\,\mathrm{Wm^{-2}}$ と他の要素の寄与と同程度であるが，その直接的な影響は表層のみに限られる[22]．ここでは，海洋深層の平均的な拡散係数を見積もるために，海洋に供給されるエネルギーとして潮汐と熱水循環のみを考慮しよう．

　鉛直方向の混合の拡散係数 K_{v} は，

$$\int_{S_{\mathrm{ocean}}} a\varepsilon_{\mathrm{total}}\, dA = \int_{V_{\mathrm{ocean}}} K_{\mathrm{v}} g \frac{\partial \rho_{\mathrm{s}}}{\partial z}\, dV = \int_{S_{\mathrm{ocean}}} K_{\mathrm{v}} g \Delta \rho_{\mathrm{s}}\, dA \tag{3.3.45}$$

から見積もることができる．ここで a はポテンシャルエネルギーから運動エネルギーへの変換効率，ρ_{s} はポテンシャル密度[23]，$\Delta\rho_{\mathrm{s}}$ は海面と海底でのポテンシャル密度差である．(3.3.45)式の第1辺と第3辺は面積積分で，積分範囲は全海底面（S_{ocean}）である．第2辺は体積積分で，積分範囲は海洋全体（V_{ocean}）である．典型的な値として海底と海面の間のポテンシャル密度差 $\Delta\rho_{\mathrm{s}} = 3\,\mathrm{kg\,m^{-3}}$，エネルギーの変換効率 $a = 0.176$（Osborn, 1980）を用いると，拡散係数 K_{v} は

$$K_{\mathrm{v}} \approx 2.2 \times 10^{-5}\,\mathrm{m^2\,s^{-1}} \tag{3.3.46}$$

と求まる．

　熱塩循環を維持するには潮汐と海底熱水循環による混合が本質的であるが，これらの散逸率は海底地形（とくに中央海嶺の形状）や熱水生成率を通じて，プレート生成率とともに変化する．つまり，現在の地球と異なる状況下での熱塩循環を扱う場合，現在と異なるエネルギー散逸率を用いる必要がある．拡散係数あるいはエネルギー散逸率は，場所と時代によって，1桁以上変化することに留意する必要がある．よって，上記の値は，現在の熱塩循環に対する1つの目安と考えるべきである．

3.3.4　海洋の炭酸系を理解するための化学的基礎

　これまでは，海洋の流れの物理的な性質について解説を行った．ここからは，海水の化学的な

---

[22] 南極周海流付近での風応力を強くすると，北大西洋の熱塩循環が強化されるという OGCM の計算結果もある（Toggweiler and Samuels, 1995；Hasumi and Suginohara, 1999）．これらは，風が間接的に熱塩循環に影響することを示す例である．

[23] ある深さの水塊を海面まで断熱的に移動させたときの水塊の密度．断熱変化に伴う密度変化を取り去ることで，鉛直方向の安定度を調べることができる．下層ほどポテンシャル密度が低いとき，重力不安定が生じる．

性質を,炭酸系を中心として説明する.

海洋のイオンバランス

海水は世界中に存在し,化学物質のさまざまな流入・流出経路があるにも関わらず,その化学組成が変化する範囲は比較的狭い.これは,元素の典型的な滞留時間が数万年以上であり,熱塩循環の時間スケール約 1.5 kyr より十分長いためである.

海水中には陽イオンはナトリウム（Na^+）,マグネシウム（Mg^{2+}）,カルシウム（Ca^{2+}）,カリウム（K^+）の順に多く含まれ,陰イオンは塩素（Cl^-）,続いて硫酸（SO_4^{2-}）が多い.これらはいずれも強電解質である.これらの主要溶存イオンの濃度は,塩分[24]（蒸発／降水によって変化する）にほぼ比例する.すなわち,海水の主要化学組成は塩分のみで指定できる.これらに続く濃度をもつ化学種が炭酸類（分子状の CO_2, HCO_3^-, CO_3^{2-}）,ホウ酸類（$B(OH)_4^-$, $B(OH)_3$）,ケイ酸類（$Si(OH)_4$ など）,リン酸類（HPO_4^{2-}, PO_4^{3-} など）の弱酸類と,臭素（Br^-）,フッ素（F^-）,ストロンチウム（Sr^{2+}）,硝酸（NO_3^-）,アンモニア（NH_4^+, NH_3）などである.弱酸類は海水の水素イオン濃度や塩分の変化によって溶存種の存在比が変化する.また,これらのイオン種は生物活動と強く結びついているものが多い.弱酸類のうち最も重要なのが炭酸類である.

大陸から海に流れ込む河川水には,岩石の風化によってもたらされた,Ca^{2+} や Mg^{2+} などの陽イオン,HCO_3^- などの陰イオンが含まれている.海面では大気との間で CO_2 の交換（物理ポンプ）が行われる.海洋の表層から深層に向けては,生物ポンプにより,有機態の炭素や炭酸カルシウム[25]（$CaCO_3$）が輸送される.海底では,$CaCO_3$ が溶解・埋没するとともに,海水が海底熱水系や堆積物中を通り抜ける際にイオン交換が行われる.

大陸の岩石の風化反応は,例えば,

$$CaAl_2Si_2O_8 + CO_2 + 2H_2O \rightarrow CaCO_3 + Al_2Si_2O_5(OH)_4 \qquad (3.3.47)$$

と表される.この反応 1 単位で,大気から 1 mol の CO_2 が失われ,これが海洋に付け加わる.定常状態では,(3.3.47)式による海洋の大気 CO_2 の吸収と,火山ガスによる大気への CO_2 の放出が釣り合っている.3.4.2 小節では,いずれか一方の変化に伴う(3.3.47)式の釣り合い位置の変化と 100 Myr スケールの気候変化との関わりについて述べる.熱水系での Ca と Mg との置換反応は

$$Mg^{2+} + \text{Ca-silicate} \rightarrow Ca^{2+} + \text{Mg-chlorite} \qquad (3.3.48)$$

と表すことができる.ここで Ca-silicate は長石などの造岩鉱物,Mg-chlorite は緑泥石などの熱水変質鉱物である.

Berner and Berner（1987）による見積もりを基に,1 kyr 程度の時間スケールでの海洋の代表的な元素の収支を示す（図 3.3.8）.Ca は,河川からの流入（$+13.7 \times 10^{12}$ mol yr^{-1}）および海底熱水系からの付加（$+4.8 \times 10^{12}$ mol yr^{-1}）が,海底での埋没（-17×10^{12} mol yr^{-1}）とおおよそ釣り合っている.Mg は,河川からの供給（$+5.7 \times 10^{12}$ mol yr^{-1}）と,海底熱水系での吸収

---

[24] 海水の塩分は,正確には,標準溶液の電気伝導度に対する海水の電気伝導度の比に基づいて定義されるため無次元量である（1.3.1 小節参照）.この節では慣用に従って重量分率とみなし,パーミル（‰ = g/kg）をつけて表す.

[25] 海で形成される $CaCO_3$ には,結晶構造の異なるカルサイトとアラゴナイトが存在する（2.1.1 小節参照）.また Mg を含む炭酸塩も存在する.

図中テキスト:

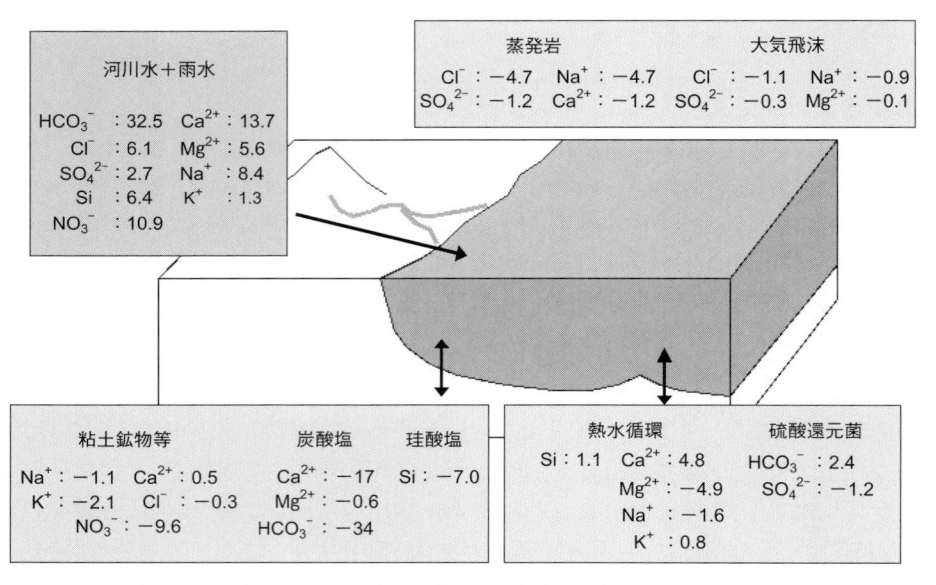

河川水+雨水
HCO_3^- : 32.5 Ca^{2+} : 13.7
Cl^- : 6.1 Mg^{2+} : 5.6
SO_4^{2-} : 2.7 Na^+ : 8.4
Si : 6.4 K^+ : 1.3
NO_3^- : 10.9

蒸発岩
Cl^- : −4.7 Na^+ : −4.7
SO_4^{2-} : −1.2 Ca^{2+} : −1.2

大気飛沫
Cl^- : −1.1 Na^+ : −0.9
SO_4^{2-} : −0.3 Mg^{2+} : −0.1

粘土鉱物等
Na^+ : −1.1 Ca^{2+} : 0.5
K^+ : −2.1 Cl^- : −0.3
NO_3^- : −9.6

炭酸塩
Ca^{2+} : −17
Mg^{2+} : −0.6
HCO_3^- : −34

珪酸塩
Si : −7.0

熱水循環
Si : 1.1 Ca^{2+} : 4.8
Mg^{2+} : −4.9
Na^+ : −1.6
K^+ : 0.8

硫酸還元菌
HCO_3^- : 2.4 SO_4^{2-} : −1.2

図3.3.8 海洋を通した主要元素の収支を 10^{12} mol yr^{-1} 単位で表したもの（Berner and Berner, 1987）：海洋に流入するものを正とする．Ca^{2+}, HCO_3^-, Si はバランスが取れておらず，それぞれ海洋に蓄積することになる．他の元素はバランスが取れている（四捨五入の関係で最後の桁が合わない場合もある）．

（-4.9×10^{12} mol yr^{-1}）が拮抗している．CO_2 は，河川水からの HCO_3^- の供給（$+32.5\times10^{12}$ mol yr^{-1}）と，$CaCO_3$ としての埋没（-34×10^{12} mol yr^{-1}）がほぼバランスしている．

海洋を中心とした炭酸類の化学反応

炭酸類は海水の微量成分にすぎないが，一方で大気 P_{CO_2} の変動に関わる重要な成分である．そこでこの小節の以下では，大気・海洋・海底の系に対して，炭酸類が関わる化学反応を記述する方法を述べる．まず，大気-海洋間，海洋内部，海洋-海底間で起こる，炭酸類が関わる反応を概観する．

大気と海洋の間では，気体である CO_2 が海面を通して交換される（左辺は大気，右辺は海洋内部）：

$$CO_2(g) \rightleftarrows CO_2(aq) \tag{3.3.49}$$

ここで（g）は気相，（aq）は水和した溶存種を表す．この反応は速度論的に起こる．表層海水[26]の CO_2 濃度が，大気 P_{CO_2} に対する CO_2 の溶解度（飽和濃度）に対して，ある時間スケールで緩和する．

海水に溶解した CO_2 は，以下の化学平衡に従って解離する：

$$CO_2(aq) + H_2O(aq) \rightleftarrows HCO_3^-(aq) + H^+(aq) \tag{3.3.50}$$

$$HCO_3^-(aq) \rightleftarrows CO_3^{2-}(aq) + H^+(aq) \tag{3.3.51}$$

海洋内部で起こる生物活動（有機物や $CaCO_3$ の沈殿）は，海水中の H^+ の濃度を動かすことで，(3.3.49)-(3.3.51)式のバランスに影響する．

---
[26] 水深100 m程度までの混合が盛んな領域（混合層）の海水を指す．

海底あるいは海水中に浮遊する $CaCO_3$ は，未飽和になると溶解する（左辺は海水，右辺は $CaCO_3$ 固相）：

$$Ca^{2+}(aq) + CO_3^{2-}(aq) \rightleftarrows CaCO_3(s) \tag{3.3.52}$$

ここで（s）は固相を表す．現在の海洋では，$CaCO_3$ の沈殿は生物活動が律速し，たとえ海水が $CaCO_3$ に対して過飽和であっても，$CaCO_3$ の非生物的な沈殿はほとんど起こらない．一方 $CaCO_3$ の溶解は反応速度が遅く，速度論的な非平衡反応として起こる．

以下では，これらの反応を記述する方法を学んだ後に，大気-海洋間，海洋内部，海洋-海底間で起こる反応を順番に見ていく．

海水中の炭酸系の記述

海水に CO_2 が溶解した系を**炭酸系**（carbonate system）と呼ぼう．大気の CO_2 と平衡にある海水を考え，CO_2 以外の化学成分の大気からの出入りはないと仮定する．

海水中の炭酸類を記述する化学反応は，(3.3.49)-(3.3.51)式と，H_2O の解離反応

$$H_2O(aq) \rightleftarrows OH^-(aq) + H^+(aq) \tag{3.3.53}$$

およびホウ酸の解離反応

$$B(OH)_3(aq) + H_2O(aq) \rightleftarrows B(OH)_4^-(aq) + H^+(aq) \tag{3.3.54}$$

である．これらの化学反応に関わる溶存イオン種あるいは溶存化学成分は以下の8つである：

$$P_{CO_2}, [CO_2], [HCO_3^-], [CO_3^{2-}], [H^+], [OH^-], [B(OH)_4^-], [B(OH)_3]$$

ここで P_{CO_2} は大気の CO_2 分圧，[X] は成分 X の海水中の濃度である．

上に示した系では，5つの化学反応に対して8つの独立量がある．このため，この系を完全に記述するには，それぞれの化学反応の平衡定数の値を決める温度 T，海水の化学組成を代表する塩分 S に加えて，もう3つの値を指定する必要がある．その1つは全ホウ酸 TB である．ホウ酸は海洋内で閉じているので，全ホウ酸 TB は塩分 S に比例するとして良い：

$$TB = [B(OH)_4^-] + [B(OH)_3] = 1.212 \times 10^{-5} \left(\frac{S}{\text{‰}}\right) \text{mol kg}^{-1} \tag{3.3.55}$$

残りの2つの量として，P_{CO_2}，pH，全アルカリ度 TA，全炭酸 ΣCO_2 のうちいずれか2つを選ぶ計6通りの方法がある．また，観測では，すべての量を測ることで，測定の整合性を確かめることもできる．

全炭酸（total carbonate）[27] ΣCO_2 は海水に溶け込んだ炭酸類の総量で，3つの溶存種の合計

$$\Sigma CO_2 \equiv [CO_2] + [HCO_3^-] + [CO_3^{2-}] \tag{3.3.56}$$

である．

全アルカリ度（total alkalinity）TA は電荷の保存則から導かれ，過剰な弱電解質の陰イオンの量（あるいは強電解質イオンの正電荷過剰量）を表す[28]．まず海水に溶けている主要イオンの電荷バランスを

$$\begin{aligned}& 2[Ca^{2+}] + 2[Mg^{2+}] + [Na^+] + [K^+] + [H^+] \\ &= 2[SO_4^{2-}] + [Cl^-] + [HCO_3^-] + 2[CO_3^{2-}] + [B(OH)_4^-] + [OH^-]\end{aligned} \tag{3.3.57}$$

---

27) 全炭酸と等価な量として溶存無機炭素量（dissolved inorganic carbon : DIC）もよく使われる．
28) 全アルカリ度の単位はモル濃度（mol kg^{-1}）あるいはモル当量（eq kg^{-1}）である．

と書く．ここで，(3.3.57)式でつねに電離している強電解質イオンをまとめて左辺に移項すると[29]，

$$TA \equiv C_{\text{cation}} - C_{\text{anion}} = [\text{HCO}_3^-] + 2[\text{CO}_3^{2-}] + [\text{B(OH)}_4^-] - [\text{H}^+] + [\text{OH}^-] \quad (3.3.58)$$

と書くことができる．ここで C_{cation} は強電解質の陽イオンの電荷量の総和，C_{anion} は強電解質の陰イオンの電荷量の総和で，その差を全アルカリ度 TA と定義する．海水では $C_{\text{cation}} > C_{\text{anion}}$ である[30]．TA は，(3.3.58)式右辺に書かれた弱電解質のイオン種がpHに応じて解離・結合することで変化する．なお，炭酸アルカリ度（CA）

$$CA = [\text{HCO}_3^-] + 2[\text{CO}_3^{2-}] \quad (3.3.59)$$

もよく用いられる．現在の海洋では，CA と TA は同程度の値となる．ただし，ホウ酸も全体の1割程度の寄与をするので，定量的な議論には欠かせない．

ΣCO_2 や TA は濃度で与えられるため，海水と他の系との間の物質のやり取りを記述する際に有用であり，化学モデルでも広く用いられる．とくに，ΣCO_2 や TA が閉鎖系で保存する量であること，これらの量が生物活動やガス交換による物質移動と直結していることが重要である．また，実用的にも，これらの量は高い測定精度が得やすい利点がある．

物理化学的な平衡定数とみかけの平衡定数

炭酸系の具体的な平衡計算を述べる前に，通常の溶液化学で用いられる平衡定数と，海洋化学で用いられる「みかけの平衡定数」を導入する．後者は実用的な量であり，かつ，海水を精度よく記述するためには必須の概念である．

通常の物理化学では純水を溶媒とし，それに純物質を溶解させた希薄溶液を取り扱いの出発点とする．化学反応

$$p\text{P} + q\text{Q} + r\text{R} + \cdots \rightleftarrows x\text{X} + y\text{Y} + z\text{Z} + \cdots \quad (3.3.60)$$

の物理化学的な**平衡定数**（equilibrium constant）K は

$$K(T, P) = \frac{(a_\text{X})^x (a_\text{Y})^y (a_\text{Z})^z \cdots}{(a_\text{P})^p (a_\text{Q})^q (a_\text{R})^r \cdots} \quad (3.3.61)$$

と定義される．平衡定数は温度と圧力のみの関数である．ここで a_i は i 成分の活量である．化学平衡を濃度で議論するために，X成分の活量係数 $\gamma_\text{X} = a_\text{X}/[\text{X}]$ を用いると，平衡定数は

$$K(T, P) = \frac{(\gamma_\text{X})^x (\gamma_\text{Y})^y (\gamma_\text{Z})^z \cdots}{(\gamma_\text{P})^p (\gamma_\text{Q})^q (\gamma_\text{R})^r \cdots} \cdot \frac{[\text{X}]^x [\text{Y}]^y [\text{Z}]^z \cdots}{[\text{P}]^p [\text{Q}]^q [\text{R}]^r \cdots} \quad (3.3.62)$$

と変形される．活量係数は，当該成分の濃度だけでなく，溶液の組成（イオン強度），温度，および圧力に依存する項を含む，複雑な関数である．活量係数はイオン間の相互作用を表すパラメータで，Debye-Hückelの式[31]などで求める．この値は希薄溶液の極限で1となる．

海水はイオン強度が 0.7 mol/kg-H_2O と比較的強電解質溶液であるため，主要溶存物質（イオン）間の相互作用が大きく，(3.3.62)式を精度良く用いることはできない．そこで海洋化学で

---

[29] 硝酸イオンは強電解質イオンとして扱う．リン酸イオンは厳密には全アルカリ度の計算に算入すべきだが，影響は小さいため，ここではその寄与を無視する．

[30] 海水に含まれる強電解質の陽イオンの濃度から，海水の全アルカリ度のおおよその値を計算することを勧める．

[31] イオン間の電気的な相互作用を考慮して，電解質イオンの活量と濃度との間の関係を導いた半理論式．

は，さまざまな物質が溶け込んでいる海水自体を溶媒として，注目する主要溶存物質（イオン）について取り扱う．まず，観測的に海水の主要成分（高いイオン強度の原因となる成分）の濃度は塩分にほぼ比例するため，海水組成（イオン強度）と塩分とを直接関連付ける．さらに，活量係数と物理化学的平衡定数を組み合わせた以下の量を定義する：

$$K'(T, P, S) \equiv K(T, P) \frac{(\gamma_P)^p (\gamma_Q)^q (\gamma_R)^r \cdots}{(\gamma_X)^x (\gamma_Y)^y (\gamma_Z)^z \cdots} = \frac{[X]^x [Y]^y [Z]^z \cdots}{[P]^p [Q]^q [R]^r \cdots} \tag{3.3.63}$$

これを，(3.3.60)式の化学反応の**みかけの平衡定数**（apparent equilibrium constant）と呼ぶ．みかけの平衡定数は，温度，圧力，塩分の関数である．物理化学での真の平衡定数は活量で定義されるのに対し，みかけの平衡定数は濃度で定義され，指定された塩分・温度での海水の活量と濃度とのずれが平衡定数にくりこまれている．こうすることで，濃度を用いて平衡を議論することができる．

みかけの平衡定数を扱う場合のpHに関して，通常の溶液化学でのpH$= -\log_{10} a_{H^+}$を用いる方法と，pH$= -\log_{10} [H^+]$のように濃度を用いる方法がある．後者では，標準溶液のイオン強度を海水と等しくすることで，標準溶液と測定海水とのH^+の活量係数を同一とみなし，活量を濃度に置き換えている（Hansson, 1973; Zeebe and Wolf-Gladrow, 2001）．みかけの平衡定数値はpHの定義に依存するので，文献を読むときには注意が必要である．本節では，通常の溶液化学におけるpHを用いる．また，主要溶存物質（イオン）の濃度は単位質量海水中のモル数（mol/kg）で表す．

炭酸系を記述する(3.3.49)–(3.3.51)，(3.3.53)，(3.3.54)式のみかけの平衡定数は，それぞれ

$$K'_H = \frac{[CO_2]}{P_{CO_2}} \tag{3.3.64}$$

$$K'_1 = \frac{a_{H^+} [HCO_3^-]}{[CO_2]} \tag{3.3.65}$$

$$K'_2 = \frac{a_{H^+} [CO_3^{2-}]}{[HCO_3^-]} \tag{3.3.66}$$

$$K'_W = [H^+][OH^-] \tag{3.3.67}$$

$$K'_B = \frac{a_{H^+} [B(OH)_4^-]}{[B(OH)_3]} \tag{3.3.68}$$

となる[32]．

最後に，海水が多成分系であることに関連した，溶存種の濃度に関する注意点を指摘しておこう．海水には，多種の溶存種が含まれており，これらは錯体を形成する．したがって，平衡定数を求めるには，これらの錯体形成反応を分離して扱わねばならない．海洋化学では，ここでもまた実用的な見地から，みかけの平衡定数を求めるときに，それぞれの溶存種において自由溶存種と錯体とを区別しない．文献で与えられるみかけの平衡定数を定義する濃度は以下のように与えられる：

---

[32] H_2Oの解離定数K'_Wは，水素イオン濃度で定義されることが多いため，ここでもそれに従った．

$$[CO_2] = [CO_2]_F + [H_2CO_3]$$
$$[HCO_3^-] = [HCO_3^-]_F + [NaHCO_3] + [MgHCO_3^+] + [CaHCO_3^+]$$
$$[CO_3^{2-}] = [CO_3^{2-}]_F + [NaCO_3^-] + [MgCO_3] + [CaCO_3] \quad (3.3.69)$$
$$[OH^-] = [OH^-]_F + [MgOH^+] + [CaOH^+]$$
$$[H^+] = [H^+]_F + [HSO_4^-]$$

ここで下付き添字 F が付いた量は自由溶存種である．この扱いは，
$$CO_2 + H_2O \rightleftarrows H_2CO_3$$
$$HCO_3^- + Na^+ \rightleftarrows NaHCO_3 \quad (3.3.70)$$
のような化学反応を陽に考慮せずに，これらの化学反応の生成物を含めて扱うことを意味する．

二酸化炭素の溶解度

ここでは，溶液への気体の溶解度が決まる仕組みをやや一般化して議論する．大気と海洋の間の CO_2 交換は，次項で扱う．

まず，海水温が上昇すると気体の溶解度（飽和濃度）が減少することを説明する．これは，気体分子の水和が発熱反応であることが直接の原因である．これを，式を用いて説明しよう．ある気体成分（添字 g）とその水和溶存種（添字 aq）が平衡にあるとすると，両者の化学ポテンシャルが等しいため

$$\mu_g^0 + R_g T \ln a_g = \mu_{aq}^0 + R_g T \ln a_{aq} \quad (3.3.71)$$

と書くことができる．ここで，μ_i^0 は標準状態の化学ポテンシャル，R_g は気体定数，a_{aq} は溶存種の活量，a_g は気体の逃散能（フガシティ：fugacity）である．気体を理想気体とみなすと，逃散能は分圧で書けるので $a_g = P_g/P$ となる．ここで P は全圧，P_g は気体の分圧を表す．また，溶存種の活量は $a_{aq} = \gamma_{aq}[X]_{eq}$ と書ける．ここで $[X]_{eq}$ は気体成分の溶解度（単位は重量モル濃度），γ_{aq} は活量係数を表す．以上より，**ヘンリーの法則**（Henry's law）

$$[X]_{eq} = \frac{P_g}{k_{Henry}} \quad (3.3.72)$$

$$k_{Henry} = \gamma_{aq} P \exp\left(\frac{\mu_{aq}^0 - \mu_g^0}{R_g T}\right) \quad (3.3.73)$$

を得る．ここで k_{Henry} は**ヘンリー係数**（Henry's coefficient）であり，みかけの平衡定数の逆数で定義されている（(3.3.64)式を参照）．活量係数の温度依存性が(3.3.73)式の指数関数部分の温度依存性に比べて無視できると仮定すると

$$\left(\frac{\partial \ln k_{Henry}}{\partial T}\right)_P = \frac{\partial}{\partial T}\left(\frac{h_{aq}^0 - h_g^0}{R_g T}\right)_P - \frac{\partial}{\partial T}\left(\frac{s_{aq}^0 - s_g^0}{R_g}\right)_P = -\frac{h_{aq}^0 - h_g^0}{R_g T^2} \quad (3.3.74)$$

を得る．この導出で，熱力学関係式 $\mu_i^0 = h_i^0 - Ts_i^0$ および $(\partial h_i^0/\partial T)_P = T(\partial s_i^0/\partial T)_P$ を用いた．ここで h_i^0 と s_i^0 はそれぞれ標準状態のエンタルピーとエントロピーである．(3.3.74)式より，溶解度の温度依存性を決めるのはエンタルピーの差であることがわかる（van't Hoff の式）．気体の水和反応は発熱反応（$h_{aq}^0 - h_g^0 < 0$）であるから，ヘンリー係数は高温ほど大きく，したがって気体の溶解度は高温ほど小さい[33]．

---

33) なお，水和反応によってエントロピーが減少する効果（$s_{aq}^0 - s_g^0 < 0$；乱雑度の低い状態になる）が大きいため，通常 $\mu_{aq}^0 - \mu_g^0 > 0$ となる．このため，気体の溶解度はそもそも小さい．

いくつかの気体について，海水への溶解度の温度依存性を見てみよう．分圧が約 0.2 気圧である O_2 の海水への溶解度は，0℃ では 0.36 mol kg^{-1}（体積比では 7.7 mℓℓ$^{-1}$，以下同様）であるのに対して，25℃ では 0.21 mol kg^{-1}（5.1 mℓℓ$^{-1}$）に減少する．また，大気 P_{CO_2} が 350 ppm，S が 35‰ であるときの CO_2 の海水への溶解度は，0℃ では 23 mmol kg^{-1}（0.50 mℓℓ$^{-1}$），25℃ では 10 mmol kg^{-1}（0.25 mℓℓ$^{-1}$）となる（Sarmiento and Gruber, 2006）．一般に，同じ気体分圧で比べた場合，分子量の大きい気体ほど溶解度は大きく，かつ温度上昇に伴う溶解度の減少率も大きい[34]．

次に，気体の溶解度を海水の P_{CO_2} と関連させて考えてみよう．ここで，海水中の水和 CO_2 と気液平衡にある気相中の P_{CO_2} をその海水の P_{CO_2} と定義する．

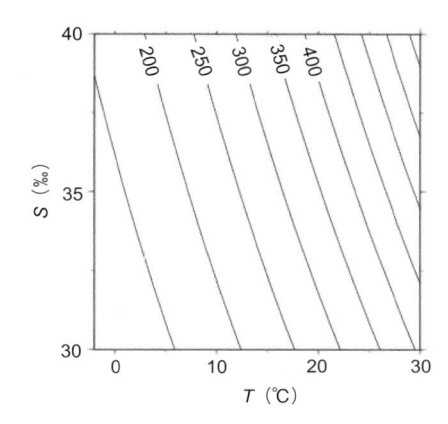

図 3.3.9 温度（T）と塩分（S）に対する海水の P_{CO_2}（単位：ppm）：平衡定数は鈴木（1994）より．全炭酸：ΣCO_2 = 2.0 mmol kg^{-1}，全アルカリ度：TA = 2.3 mmol kg^{-1}．

図 3.3.9 には，海水 P_{CO_2} の T と S に対する変化を示す（TA と ΣCO_2 は固定してある）．P_{CO_2} = 350 ppm を基準とすると，温度 T が 1℃ 増加に対して P_{CO_2} は約 14 ppm 増加する．この減少は，上記のヘンリー係数の温度依存性で全体の 2/3 が説明でき，残りは溶解平衡定数の温度依存性で説明される．

海水の蒸発あるいは淡水の付加によって塩分が変化した場合[35]，塩分増加 1‰ あたり P_{CO_2} は約 14 ppm 増加する．この変化の大半は，海水が濃縮することに伴う変化（350 ppm × 1/35 = 10 ppm）で説明される．ヘンリー係数の塩分依存性は小さく，P_{CO_2} の変化にはほとんど関与しない．

大気と海洋の間の CO_2 交換

表層海水中の $[CO_2]$ がその溶解度に対して過飽和あるいは未飽和である場合（(3.3.75) 式の上段），言い換えると，表層海水の CO_2 分圧と大気 CO_2 分圧（P_{CO_2}）に差がある場合（(3.3.75) 式の下段），その差に比例して CO_2 の交換が起こる．CO_2 交換の結果として，表層海水の CO_2 の過飽和あるいは未飽和が緩和される．この過程で起こる大気-海洋間の CO_2 交換をガス交換ポンプと呼ぶ．海洋から大気へ移動する CO_2 のモルフラックス密度は

$$\Phi = -\rho k_{\text{piston}}([CO_2]_{\text{ss,eq}} - [CO_2]_{\text{ss}})$$
$$= -\rho k_{\text{piston}} K'_H (P_{CO_2} - P_{CO_2,\text{ss}}) \quad (3.3.75)$$

となる（単位は mol m^{-2} s^{-1}）．ここで $[CO_2]_{\text{ss}}$ は表層海水の CO_2 濃度，$[CO_2]_{\text{ss,eq}} = K'_H P_{CO_2}$ は表

---

[34] CO_2 のように，溶解時に解離する気体の溶解度に関しては注意が必要である．気体の溶解度は大気と平衡にある溶液中の水和溶存種の濃度（CO_2 の場合 $[CO_2]$）で定義されており（(3.3.72) 式），これは海水中に含まれる関連溶存種の総量（CO_2 の場合 ΣCO_2）とは異なる．したがって，例えば，温度を変えたときに海水から出入りする CO_2 の量は，2 つの温度での溶解度の差ではなく，それぞれの温度で大気と平衡にある 2 つの溶液の ΣCO_2 の差である．

[35] 海水には塩以外のさまざまな成分が溶存しているので，塩をつけ加えて塩分 S を増加させる場合（ΣCO_2 と TA は，S に比例しない）と，海水を蒸発させて S を増加させる場合（ΣCO_2 と TA は，S に比例する）とは意味が異なる．

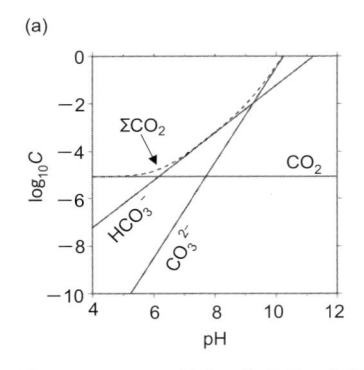

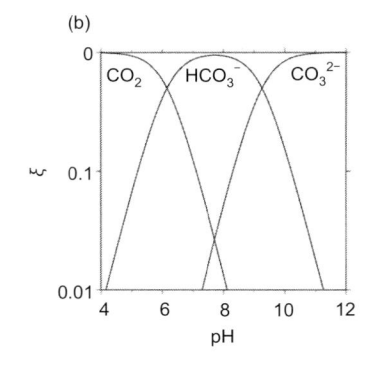

図 3.3.10 pH に対する炭酸系の化学平衡（$T = 25°C$, $S = 35‰$）：平衡定数は鈴木（1994）より．(a)各種溶存種の濃度（C），(b)各種溶存種の相対存在度（ξ）．

層海水の CO_2 溶解度（飽和濃度），P_{CO_2} は大気の CO_2 分圧，$P_{CO_2,ss}$ は表層海水の CO_2 分圧，k_{piston} はピストン速度[36]，ρ は海水密度で単位換算のために用いている．交換係数 $k_{piston} K'_H$ の典型的な値は 60-70 mmol m^{-2} yr^{-1} μatm^{-1} = 2.12×10^{-8} mol m^{-2} s^{-1} Pa^{-1} 程度である．k_{piston} は温度の増加関数で K'_H は温度の減少関数であるため，これらの積の温度依存性は相殺される（野崎，1994）．このため，交換係数は主として海面の状態（穏やかか波しぶきが立っているか）に依存した量となる．通常，交換係数は水平風速のべき乗（通常は2乗）で与えられることが多い．しかし，実際は白波の発生率や地形の影響などが含まれるため複雑である（Sarmiento and Gruber, 2006）．したがって，気候変化が起こって風の強さとパターンが変化すると，交換の効率が変化することが予想される．

次項以降で海水の化学組成と P_{CO_2} との関連を述べた後に，3.3.5 小節で海水の P_{CO_2} が変化する原因および CO_2 の収支を議論する．この小節の以下では，とくに断らない限り，大気-海洋間は気液平衡にあると考え，表層混合層の海水（以下，表層海水）の P_{CO_2} は大気の P_{CO_2} に等しいとし，両者を共に P_{CO_2} と書く．

炭酸系を pH と P_{CO_2} で指定する

pH と P_{CO_2} の関数として，炭酸類の存在度を求めてみる．(3.3.64)-(3.3.66)式を変形すると

$$[CO_2] = P_{CO_2} K'_H \tag{3.3.76}$$

$$[HCO_3^-] = \frac{P_{CO_2} K'_H K'_1}{a_{H^+}} \tag{3.3.77}$$

$$[CO_3^{2-}] = \frac{P_{CO_2} K'_H K'_1 K'_2}{(a_{H^+})^2} \tag{3.3.78}$$

を得る．各溶存種の濃度は，P_{CO_2} に比例することに注意すべきである．図 3.3.10(b) より，現在の海水（$P_{CO_2} = 350$ ppm，pH = 8.3）の場合，溶け込んだ炭酸類の 86% は $[HCO_3^-]$，13% は $[CO_3^{2-}]$，0.4% 程度が $[CO_2]$ として存在することがわかる．

(3.3.76)-(3.3.78)式を全炭酸の定義式(3.3.56)式に代入すると

---

[36] 大気と表層海水との間を CO_2 分子が拡散する速度．

$$\Sigma CO_2 = K'_H P_{CO_2}\left[1 + \frac{K'_1}{a_{H^+}} + \frac{K'_1 K'_2}{(a_{H^+})^2}\right] \tag{3.3.79}$$

を得る．海水のpHが大きいほど海洋に蓄積できる炭素の量は大きくなる（図3.3.10(a)）．溶存種の相対存在度（ξ：濃度をΣCO_2で割ったもの）は，P_{CO_2}に依存しない（図3.3.10(b)）．

海洋では，炭酸類のうち，[HCO_3^-]が他の炭酸類やa_{H^+}に対し卓越するため，(3.3.49)-(3.3.51)式の反応が進行した場合，[HCO_3^-]の変化の割合は最も小さくなる．このことから次の重要な海洋の振る舞いが説明できる．

まず，海水中での$CaCO_3$の沈殿により，海水のpHは小さくなり，CO_2の大気への放出が起こることを説明する．(3.3.52)式が右に進んで$CaCO_3$が形成すると，[CO_3^{2-}]が減少するため，これを補うように(3.3.51)式の反応は右に進む．このとき，存在量の小さいa_{H^+}の増加に対して，存在量の大きい[HCO_3^-]の減少は相対的に小さい．このため，増加したa_{H^+}を減少させるように(3.3.50)式の反応は左に進み，水和CO_2が形成される．さらに(3.3.49)式の反応も左に進んでCO_2が気相に放出される（後述「0.6ルール」参照）．

次にP_{CO_2}が上昇した場合，海水のpHは小さくなり，$CaCO_3$の溶解が進むことを示す．まず，P_{CO_2}の増加で(3.3.49)式の反応は右に進み，水和CO_2が形成され，この変化を打ち消すように(3.3.50)式の反応も右に進む．このとき，存在量の小さいa_{H^+}の増加に対して，存在量の大きい[HCO_3^-]の増加は相対的に小さい．このため，増加したa_{H^+}を減少させるように(3.3.51)式の反応は左に進み，[CO_3^{2-}]は減少する．これを補うように(3.3.52)式が左に進んで$CaCO_3$の溶解が起こる．現在，人為的なCO_2の放出による大気P_{CO_2}の増加により，海洋にCO_2が吸収されている．このことで海水の酸性化が進み，$CaCO_3$でできたサンゴの骨格や軟体動物の翼足類の殻などが溶けることが懸念されている（Orr et al., 2005）．

$CaCO_3$との平衡でpHが規定される場合

前項では，海水のpHとP_{CO_2}を指定すれば炭酸類の存在度が決まることを示した（(3.3.76)-(3.3.78)式参照）．では，海水のpHがどのように決まっているのだろうか．一般に海洋の化学成分の濃度は，これらの成分の海洋への流入量と海洋からの除去量のバランスで決まっており，海水のpHも例外ではない．ここでは特別な場合として，海水と$CaCO_3$が化学平衡にある系を考える．実際の海洋では，$CaCO_3$の沈殿と溶解は動的に行われているが，第一次近似として化学平衡としての扱いをすることができる．

すると，海水のpHは，$CaCO_3$の溶解平衡に支配されている（$CaCO_3$バッファ）．つまり，(3.3.52)式のみかけの溶解度積

$$K'_{sp} = [Ca^{2+}][CO_3^{2-}]_{sat} \tag{3.3.80}$$

によって$CaCO_3$と平衡にある海水のCO_3^{2-}濃度[CO_3^{2-}]$_{sat}$が決まり，これによってpHが定まる．[Ca^{2+}]は全海洋でほぼ一定で$10\ mmol\,kg^{-1}$程度である．実際には，水深1kmより浅い場所では[Ca^{2+}][CO_3^{2-}]$>K'_{sp}$で$CaCO_3$について過飽和であるが，無機的に$CaCO_3$の沈殿が生じることは無い．これは，海水中で初期に晶出する相がカルサイトやアラゴナイト（2.1.1小節参照）より溶解度の大きな準安定相であるためと考えられている．

海水と$CaCO_3$との間に化学平衡が成り立つ（[CO_3^{2-}]=[CO_3^{2-}]$_{sat}$）とき，海水の水素イオンの

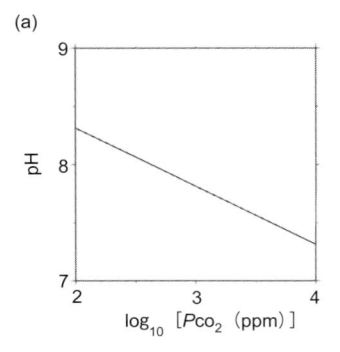

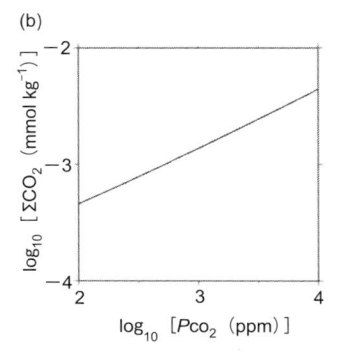

図 3.3.11 P_{CO_2} に対する，$CaCO_3$（カルサイト）と化学平衡にある海水の性質（$T = 25°C$，$S = 35‰$）：平衡定数は鈴木 (1994) より．(a) pH，(b) 全炭酸（ΣCO_2）．

活量と全炭酸はそれぞれ

$$a_{H^+} = \sqrt{\frac{P_{CO_2} K'_H K'_1 K'_2 [Ca^{2+}]}{K'_{sp}}} \tag{3.3.81}$$

$$\Sigma CO_2 = K'_H P_{CO_2} + \sqrt{\frac{P_{CO_2} K'_H K'_1 K'_{sp}}{K'_2 [Ca^{2+}]}} + \frac{K'_{sp}}{[Ca^{2+}]} \tag{3.3.82}$$

と書き直すことができる．$CaCO_3$ バッファがあると，a_{H^+} が P_{CO_2} の 1/2 乗に比例することがわかる．これらの式に $[Ca^{2+}]$ および P_{CO_2} を代入すると，この系の pH（$\equiv -\log a_{H^+}$）が指定できる．$[Ca^{2+}] = 10\,mmol\,kg^{-1}$，$P_{CO_2} = 350\,ppm$ を代入すると，pH は約 8 となり（図3.3.11），現在の海水の値と近い．ここで，K'_{sp} としてカルサイトの値を用いた（平衡定数の値については，鈴木 (1994) を参照）．

炭酸系を ΣCO_2 と *TA* で指定する

これまでの議論では，イメージの捉えやすい P_{CO_2} と pH で系を指定してきた（(3.3.76)-(3.3.78)式参照）．しかし，これらは濃度ではないために扱いにくい．そこで，次に系を全炭酸 ΣCO_2 と全アルカリ度 *TA* で指定する．(3.3.58)式の *TA* を pH と P_{CO_2} で表すと

$$TA = P_{CO_2} K'_H K'_1 \left(\frac{1}{a_{H^+}} + \frac{2K'_2}{(a_{H^+})^2}\right) + \frac{K'_B TB}{a_{H^+} + K'_B} - \frac{a_{H^+}}{\gamma_{H^+}} + \frac{\gamma_{H^+} K'_W}{a_{H^+}} \tag{3.3.83}$$

となる．ここで，水素イオンの活量 a_{H^+} と濃度 $[H^+]$ は，活量係数 $\gamma_{H^+} = a_{H^+}/[H^+]$ で関連づけることができる．(3.3.83)，(3.3.79)式（ΣCO_2 の定義）から P_{CO_2} を消去すると，*TA* と ΣCO_2 の関数として a_{H^+} を求める式を得る．これを解いて求まった a_{H^+} を(3.3.76)-(3.3.78)式に代入することで，炭酸系を記述することができる．

ΣCO_2 と *TA* を用いて，P_{CO_2} と pH を表してみる（図3.3.12）．海水中の ΣCO_2 が多いほど P_{CO_2} は高く pH は小さくなる．一方，海水中の *TA* が多いほど P_{CO_2} は低く pH は大きくなる．海水の *TA* が増加すると，その海水は大気の CO_2 を吸収することができる．図 3.3.12(a) を用いると，海水に化学物質が加わったときや海水から化学物質が失われたときの，海水の P_{CO_2} の変化を議論することができる（Zeebe and Wolf-Gladrow, 2001：3.3.5小節参照）．

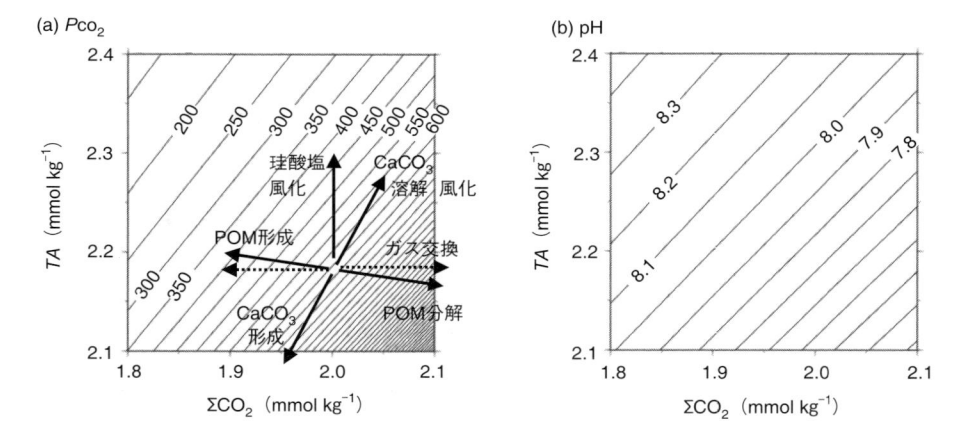

図 3.3.12 全炭酸（ΣCO_2）と全アルカリ度（TA）に対する炭酸系の化学平衡（$T = 25°C$, $S = 35‰$）：平衡定数は鈴木（1994）より．(a) P_{CO_2}（単位：ppm），(b) pH．併せて，$CaCO_3$ の沈殿／溶解および POM の形成／分解に伴う，海水の ΣCO_2 と TA の変化の方向を示した（(a)の右下にある矢印，後述 3.3.5 小節）．

$CaCO_3$ 沈殿の「0.6 ルール」

海水中で $CaCO_3$ が沈殿したときに，大気と海洋の間で CO_2 がどのように移動するかについて考えてみる（Frankignoulle et al., 1994）．単純に考えれば，海洋では炭酸の溶存形態として HCO_3^- が卓越しているため，

$$Ca^{2+} + 2HCO_3^- \rightleftarrows CaCO_3 + CO_2 + H_2O \tag{3.3.84}$$

という反応が起こって大気に CO_2 が放出されると予想できる．この過程をもう少し詳しく見ていこう．

$CaCO_3$ が沈殿すると，まず海水の ΣCO_2 と TA が $1:2$ の割合で減少する（(3.3.52)式が右に進む）．この変化に伴って，海水の炭酸類の存在度が変化する（(3.3.49)，(3.3.50)式）．一連の反応で海水の P_{CO_2} が変化する．このため，沈殿が表層付近で起こったとすれば，平衡を保つ方向に大気と海洋の間で CO_2 の交換が起こる（(3.3.49)，(3.3.75)式）．ここでの議論では，大気量が十分大きいため，大気の P_{CO_2} はほとんど変化しないと考える．よって，P_{CO_2} が一定のもとで $CaCO_3$ が沈殿したときに，大気にどれだけの CO_2 が放出，あるいは大気から CO_2 が吸収されるかを求める．

以上の過程を式にすると，$CaCO_3$ が 1 mol 形成したときに大気に放出される CO_2 のモル数 χ は以下の関係式を満たす（Frankignoulle, 1994）：

$$\frac{\chi + \left[\frac{\Delta \Sigma CO_2}{\Delta CaCO_3}\right]_{calcite}}{\left[\frac{\Delta TA}{\Delta CaCO_3}\right]_{calcite}} = \left(\frac{\partial \Sigma CO_2}{\partial TA}\right)_{P_{CO_2}} = \left(\frac{\partial \Sigma CO_2}{\partial a_{H^+}}\right)_{P_{CO_2}} \left(\frac{\partial TA}{\partial a_{H^+}}\right)^{-1}_{P_{CO_2}} \tag{3.3.85}$$

ここで $[\Delta \Sigma CO_2/\Delta CaCO_3]_{calcite} = 1$，$[\Delta TA/\Delta CaCO_3]_{calcite} = 2$ はそれぞれ，1 mol の $CaCO_3$ 形成あたり，海水から $CaCO_3$ として失われる ΣCO_2 と TA のモル数である．(3.3.85)式に対して (3.3.79)，(3.3.83)式を用いると，

$$\chi = \frac{\dfrac{P_{CO_2} K'_H K'_1}{(a_{H^+})^2} - \left\{\dfrac{1}{\gamma_{H^+}} + \dfrac{\gamma_{H^+} K'_W}{(a_{H^+})^2} + \dfrac{K'_B T_B}{(K'_B + a_{H^+})^2}\right\}}{P_{CO_2} K'_H K'_1 \left\{\dfrac{1}{(a_{H^+})^2} + \dfrac{4K'_2}{(a_{H^+})^3}\right\} + \dfrac{1}{\gamma_{H^+}} + \dfrac{\gamma_{H^+} K'_W}{(a_{H^+})^2} + \dfrac{K'_B T_B}{(K'_B + a_{H^+})^2}} \tag{3.3.86}$$

を得る．(3.3.86)式を pH の関数として図に書いたものが，図3.3.13 である．

(3.3.86)式の χ の表式を見ると，海水の pH によって，$CaCO_3$ が形成したときには，大気に CO_2 が放出される場合と，海洋に CO_2 が吸収される場合のみならず，CO_2 の増減なしの場合もある．定性的には，pH に応じた卓越溶存種が反応して $CaCO_3$ が沈殿すると考えれば良い．pH が小さいときは

$$Ca^{2+} + CO_2 + H_2O \rightleftarrows CaCO_3 + 2H^+ \tag{3.3.87}$$

という反応で，$CaCO_3$ の沈殿で大気の CO_2 は吸収される（図3.3.13 の pH が 4 から 5 の範囲）．pH が大きいときは

$$Ca^{2+} + CO_3^{2-} \rightleftarrows CaCO_3 \tag{3.3.88}$$

という反応が卓越するため，大気と海洋の間で CO_2 は動かない（図3.3.13 の pH が 10 に近い範囲）．中程度の pH の場合は(3.3.84)式の反応によって，$CaCO_3$ の沈殿に伴って大気に CO_2 が放出される．現在の海洋は，HCO_3^- が 9 割，CO_3^{2-} が 1 割であるから，$CaCO_3$ が 1 mol 形成すると，1 mol 以下の CO_2 が海洋から大気へ移動する．図3.3.13 によれば，$CaCO_3$ が 1 mol 形成すると，大気へ CO_2 が 0.6 mol 出て行くことになる．これは，海洋がもつ緩衝効果である．

$CaCO_3$ の深層での溶解

これまでは簡単のため，海水と $CaCO_3$ が化学平衡にある場合や，$CaCO_3$ の沈殿・溶解が与えられた場合の海水の変化を扱ってきた．実際は，$CaCO_3$ の溶解・沈殿反応は炭酸系の平衡反応に比べて遅い反応であるため，速度論に支配されて起こる反応である．現在の海洋では，$CaCO_3$ の沈殿はおもに生物活動によって起こり，溶解は主として無機的に起こる．沈殿は 3.3.5 小節の軟組織ポンプ・硬組織ポンプの項で述べることとし，ここでは溶解について述べる．

現在の海洋は，表層 1 km ほどは $CaCO_3$ に対して過飽和になっているが，より深層では未飽和である (Sarmiento and Gruber, 2006)．$CaCO_3$ に対して未飽和になる水深は，大西洋よりも太平洋の方が浅い[37]．このことは，表層の有光層で形成された $CaCO_3$ が，深層に運ばれる過程で溶解することを示す．ただし，$CaCO_3$ が溶解する反応速度は遅いため，未飽和になっても直ちに溶解せず，海底に達した後にゆっくりと溶解する．以下の議論は，カルサイト，アラゴナイトそれぞれについて成り立つ．

海底での $CaCO_3$ の溶解速度は，飽和濃度との差のべき乗に比例する：

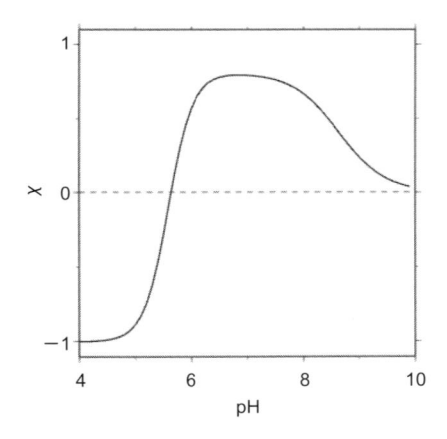

図3.3.13 海水から $CaCO_3$ が 1 mol 沈殿したときの，海水から大気へ移動する CO_2 の mol 数 (χ)：$T = 25°C$, $S = 35‰$ とした．

---

[37] 大西洋，太平洋ともに，アラゴナイトが未飽和になる水深はカルサイトが未飽和になる水深に比べて浅い．

$$\dot{m}_{\mathrm{dis}} = k_{\mathrm{dis}}([CO_3^{2-}]_{\mathrm{sat}} - [CO_3^{2-}])^n \qquad (3.3.89)$$

ここで $\dot{m}_{\mathrm{dis}}$ は単位面積あたりの溶解速度，$[CO_3^{2-}]$ は海水中の CO_3^{2-} 濃度，$[CO_3^{2-}]_{\mathrm{sat}} = K'_{\mathrm{sp}}/[Ca^{2+}]$ は $CaCO_3$（カルサイトおよびアラゴナイト）に飽和した溶液の CO_3^{2-} 濃度，k_{dis} は溶解の速度定数，n は係数で 4.5 程度が実測されている（Keir, 1980）．溶解速度のべきが大きいため，未飽和になっても直ちに溶解は起こらず，未飽和度がある程度大きくなったところで急激に溶解が起こる．$[Ca^{2+}]$ は主要元素なので炭酸類に比べて変動が小さいことから，$CaCO_3$ の溶解を規定するのは海水に含まれる $[CO_3^{2-}]$ と $CaCO_3$ の平衡定数である．

$CaCO_3$ が溶解する要因には大きく 2 種類ある．1 つ目は，$CaCO_3$ の溶解度が大きくなることである（Mucci, 1983）．溶解度は，圧力が高いほど，また温度が低いほど大きくなる（$[CO_3^{2-}]_{\mathrm{sat}}$ が大きくなる）．定常的な気候を考える場合，$CaCO_3$ の溶解が主として起こる海洋深層の温度はほぼ一定であることから，溶解度の温度依存性は無視でき，深さ依存性のみが問題となる．気候変化を考える場合，温度依存性の効果は重要である．2 つ目は，海水の pH が小さくなって海水中の $[CO_3^{2-}]$ が小さくなることである（(3.3.78)式と図 3.3.10(a)を参照）．後者の場合，有機物の分解で生じた CO_2 が (3.3.84) 式を左に進めることで $CaCO_3$ が溶解する（後述の(3.3.93)式参照）．実際の海洋では，両者が同時に起こっている．

$CaCO_3$ の溶解が事実上始まる深度はリソクライン，$CaCO_3$ がすべて溶解する深度は**炭酸カルシウム補償深度**（carbonate compensation depth：CCD）と呼ばれる[38]（1.3.3 小節参照）．太平洋のリソクラインや炭酸カルシウム補償深度が大西洋のそれらに比べて浅いのは，熱塩循環の深層水が大西洋から太平洋に向かっていることに関係している．太平洋の深層水は年代が古く，軟組織ポンプに由来する CO_2 をより多く含むため，より酸性になっているためである．

海底で溶解しなかった $CaCO_3$ は堆積物へと埋没する．$CaCO_3$ の埋没率は，大気の P_{CO_2} と関連をもつが，これについては 3.3.5 小節で議論する．

3.3.5 海洋の物質循環

この小節では，海洋が関わる物質循環について述べる．この物質循環は，海洋と他の系（大陸，大気，海底）との間の物質移動と，海洋の内部での分配に分けることができる．

大陸と海洋との間の物質移動には，陸上の岩石の風化や海底での $CaCO_3$ の溶解による全アルカリ度の流入，陸域植生からの有機炭素の流入[39]がある．大気と海洋の間では，CO_2 や H_2O の出入りがある．CO_2 の交換には，風速のような力学的な要因も関わる（(3.3.75)式参照）．H_2O の出入りは，熱塩循環で決まる海表面温度が蒸発量をコントロールするという意味で，やはり力学的な要因が関わる（3.3.2 小節）．他方，H_2O の出入りが熱塩循環の強度を決めるという側面もある．海底と海洋との間では，$CaCO_3$ の埋没や溶解が起こる．また，海底熱水循環による海洋への気体成分の放出や，海底と海洋の間の金属元素の交換もある．

---

[38] 実用上は，リソクラインや CCD は堆積物に含まれる $CaCO_3$ の含有率で定義される．リソクラインは堆積物中の $CaCO_3$ の含有率が少なくなり始める深度，CCD は $CaCO_3$ の含有率が 5% となる深度である．

[39] 正確には，陸域の炭素は大気と海洋へ分配される．

海洋の物質分配には，熱塩循環での力学的な輸送・混合と，後述する生物ポンプによる鉛直方向の輸送がある．力学的な過程は，熱塩循環の時間スケールである数千年オーダーの時間スケールで起こる．生物ポンプは，炭素や全アルカリ度を含む生物遺骸粒子を深層に輸送する過程である．この輸送の時間スケールは数日程度で，熱塩循環の時間スケールに比較して十分短い．

以下では，海洋が関わる物質循環のいくつかについて解説する．

塩分

海洋の塩の総量は，蒸発岩の形成，波しぶきによる海塩粒子の形成，河川水からのイオン供給で変化する．海水の塩分を変化させるのは，海面での蒸発や降水，河川や氷床からの淡水流入，海氷形成に伴う塩の放出である（図3.3.8参照）．

低緯度では，赤道付近の収束帯を除いて，降水量に比べて蒸発量が多い．低緯度で蒸発した水蒸気は大気の循環によって極方向に運ばれる．このため高緯度では蒸発量に比べて降水量が多い（1.2節参照）．海面全体で蒸発と降水はバランスしているので，結局淡水が低緯度から高緯度へ運ばれることになる．この結果として，高緯度の海洋表層は低塩分に，低緯度域の海洋表層は高塩分になる．現在の海洋では東西方向の淡水輸送も行われている．大西洋で蒸発した水が太平洋に輸送されるために，太平洋の表層では塩分が低く，大西洋の表層では塩分が高い．この淡水輸送が生じる原因は，熱塩循環によって海面水温が相対的に高くなった大西洋で，蒸発がより活発化することである．

海洋の流れは直接塩分を輸送する．亜熱帯の風成循環は，低緯度で生成された高塩分の海水を高緯度まで運ぶ．極域では海氷の形成によって高塩分の海水が作られる．この海水が赤道方向に流れることで，塩分は低緯度帯に運ばれる．

河川からの淡水の流入や，地中海のようなほぼ閉じた海からの高塩分海水の供給も，海水の塩分を変動させる．一方，氷床や棚氷の崩壊は，海面に淡水フラックスを供給する．

以上のようなさまざまな効果が複合されて，海面付近の塩分が決まり，これが熱塩循環に影響する．例として，氷床の崩壊が極での沈み込みを妨げる働きをもつことを挙げておこう．現在の大西洋のような極に向かう循環が存在するとき，氷床の崩壊が起こると，大量の淡水供給によって一時的に循環が弱まるのである．

氷期から間氷期へと移行する途中，温度増加に伴って氷床が大規模に崩壊したイベントがある（新ドリアス期）．北米大陸の氷床が崩壊したことで北大西洋を低塩分の水が覆い，北大西洋の熱塩循環が一時的にほぼ停止したと考えられている．北大西洋の熱塩循環が停止すると南からの高温の海水の供給が絶たれるため北大西洋は寒冷化したのである．この「寒の戻り」は，熱塩循環の復活とともに終焉し，温暖化が再び進行していった（3.6.3小節参照）．

二酸化炭素

大気と海洋の間の CO_2 交換は海面を通して行われる（ガス交換ポンプ；3.3.4小節参照）．CO_2 の交換が起こるのは，表層海水中の $[CO_2]$ がその溶解度に対して過飽和あるいは未飽和である場合，言い換えると，大気 P_{CO_2} と表層海水の P_{CO_2} に差が生じる場合である（(3.3.75)式を参照）．表層海水の P_{CO_2} を変える原因には以下のものがある[40]（1.3節参照）：(1) 溶解度ポンプ：海

表面温度が低くなると，表層海水の P_{CO_2} が低くなる（3.3.4 小節参照）．低温の海水は力学的不安定で深層に落ち込むため，効率良く大気の CO_2 を吸収する．(2) 軟組織ポンプ：有光層で生産された有機物が深層へ除去されると，ΣCO_2 を失った表層海水の P_{CO_2} は減少する．(3) 硬組織ポンプ：有光層で生産された $CaCO_3$ が深層へ除去されると，TA を失った表層海水の P_{CO_2} は増加する．(4) アルカリポンプ：$CaCO_3$ が溶解した P_{CO_2} の低い海水が海面に上昇する．以下では，表層海水の P_{CO_2} を変化させる原因について考える．

CO_2 の溶解度は高温ほど小さいため，温度だけを考えた場合，低温では大気から海洋へ，高温では逆に海洋から大気へ，CO_2 が移動する（図 3.3.9 参照）．ただし，全炭酸（ΣCO_2）に富んだ P_{CO_2} の高い海水が海面近くに出ると，低温であっても海洋から大気へ CO_2 が放出される（図 3.3.12 参照）．このような場所として，例えば，生物ポンプ（とくに軟組織ポンプ）が輸送した ΣCO_2 に富んだ海水が湧昇する南極海がある（3.3.6 小節参照）．現在の地球では，大気の P_{CO_2} と表層海水の P_{CO_2} との差は最大 ±200 ppm 程度である．この分圧差に交換係数 60 mmol m^{-2}yr^{-1} μatm^{-1} をかけると，CO_2 の放出量と吸収量のオーダーは ±10 mol m^{-2}yr^{-1} 程度である．海洋を通した正味の CO_2 の出入りは，大きな放出量と大きな吸収量との微小な差であることに注意する必要がある．いずれか一方が変化すると，大気の P_{CO_2} に大きなインパクトがある．なお，海洋から CO_2 が失われる（付け加わる）と，海水組成は図 3.3.12(a) で水平方向に左（右）に動く．

海水の温度や塩分は変動する量であるため，表層海水の P_{CO_2} は季節に依存し，また緯度にも依存する．大雑把には低緯度では海洋から大気への CO_2 移動が，高緯度では大気から海洋への CO_2 移動が起こり，湧昇がある場所は緯度に関わらず CO_2 の放出源となっている（Takahashi et al., 2002）．全球かつ季節的に平均した場合は，CO_2 の交換フラックスはほぼバランスしている（人為起源の CO_2 のネットでの吸収を除く）．

硬組織ポンプと風化フラックス

河川からの岩石（珪酸塩と炭酸塩）の風化フラックス，および海洋内での炭酸塩の沈殿・溶解は，ともに海水の P_{CO_2} を変える化学反応であり，かつ両者は密接に関連している．この項では，まず岩石の風化フラックスと炭酸塩の沈殿・溶解を説明し，次に大気-海洋系の定常状態における両者のバランスを考える．最後に定常状態が崩れたときに起こる気候への影響について述べる．

炭酸塩（$CaCO_3$）の沈殿（溶解）は，海水の P_{CO_2} を増加（減少）させる（(3.3.52) 式）．$CaCO_3$ が 1 mol 沈殿（溶解）すると，海水の ΣCO_2（全炭酸）は 1 mol 減少（増加）し，TA（全アルカリ度）は 2 mol 減少（増加）する．このとき海水の組成は図 3.3.12(a) で傾き 2 の線上を左下（右上）に移動し，海水の P_{CO_2} が増加（減少）する．その結果，(3.3.75) 式にしたがって大気と海洋の間で CO_2 が移動する．大気の P_{CO_2} が変わらないと仮定すると，海洋で $CaCO_3$ 形成 1 mol あたりの CO_2 の放出は 0.6 mol 程度である（3.3.3 小節「$CaCO_3$ 沈殿の 0.6 ルール」の項を参照）．炭酸塩の沈殿は $CaCO_3$ の殻や骨格をもつ生物活動によって起こる．海洋表層の有光層で形成されたこれらの殻・骨格が深層に運ばれると，海洋内部の ΣCO_2 と TA に鉛直方向のコントラスト

---

40) これらの過程は，CO_2 の過飽和／未飽和を引き起こす要因という観点で整理することもできる：(1) に関わるのは CO_2 溶解度の変化と表層海水の $[CO_2]$ 濃度の変化の両方，(2)-(4) に関わるのは表層海水の $[CO_2]$ 濃度の変化のみである．これは，大気 P_{CO_2} が一定のとき，溶解度が温度と塩分のみの関数であることによる．

が生じる（硬組織ポンプ）．$CaCO_3$ の溶解は無機的に起こる（3.3.4 小節参照）．$CaCO_3$ の溶解が海洋表層の混合層付近で起こった場合はその影響は直ちに大気に現れる．深海で起こった場合，アルカリポンプによって $CaCO_3$ を溶解した P_{CO_2} の低い水が海洋表層にもたらされるのに数千年のタイムラグが生じる．

珪酸塩と炭酸塩の風化は，ともに海水の P_{CO_2} を下げる（後者は炭酸塩の溶解と同じ反応である）．珪酸塩と炭酸塩（ここではそれぞれ $CaAl_2Si_2O_8$ および $CaCO_3$ で代表させる）が風化する際の化学反応はそれぞれ

$$CaAl_2Si_2O_8 + 2H^+ + H_2O \rightarrow Ca^{2+} + Al_2Si_2O_5(OH)_4 \qquad (3.3.90)$$
$$CaCO_3 + H^+ \rightarrow Ca^{2+} + HCO_3^- \qquad (3.3.91)$$

と表される（大気と海洋の間の CO_2 の交換を含まない）．珪酸塩が 1 mol 風化することで，海洋に TA が 2 mol 付け加わる．このとき ΣCO_2 の増減はない．このとき，海水の組成は図 3.3.12 (a) で垂直線上を上側に移動し，海水の P_{CO_2} が減少する．一方 $CaCO_3$ が 1 mol 風化すると，$CaCO_3$ の溶解反応のときと同じく，海洋に ΣCO_2 が 1 mol，TA が 2 mol 付け加わる．海水の組成は図 3.3.12 (a) で傾き 2 の線上を右上に移動し，P_{CO_2} が減少する．

大気と海洋の間の CO_2 交換（(3.3.75) 式）を考慮すると，炭酸塩の沈殿（溶解）の素反応によって CO_2 は海洋（大気）から大気（海洋）に放出（吸収）される．また，岩石（珪酸塩と炭酸塩）風化の素反応によって大気の CO_2 は海洋に吸収される．

次に，定常状態でどのようなバランスが可能かを調べよう．まず海洋の化学組成が定常であるには，Ca^{2+} 濃度が一定に保たれる必要がある．これを満たす珪酸塩の正味の風化作用は，(3.3.90) 式と (3.3.91) 式の逆反応（$CaCO_3$ の沈殿）とを組み合わせた式で表される：

$$CaAl_2Si_2O_8 + CO_2 + 2H_2O \rightarrow CaCO_3 + Al_2Si_2O_5(OH)_4 \qquad (3.3.92)$$

この反応 1 単位で，大気から 1 mol の CO_2 が失われ，これが海洋に付け加わる．(3.3.92) 式は，陸域からの TA の供給（(3.3.90) 式）と，これを補償するために起こる海底での $CaCO_3$ の埋没（(3.3.91) 式の逆反応）を合わせた正味の効果を表す．一方，定常状態における炭酸塩の正味の風化作用は，(3.3.91) 式とそれ自身の逆反応と組み合わせたものであり，この過程は大気と海洋の間の CO_2 の移動を伴わない（陸域の炭酸塩が海底に移動するだけ）．結局，海洋の定常状態では，珪酸塩と炭酸塩を合わせた岩石の風化フラックスと，海底での炭酸塩の埋没量が釣り合う．大気海洋系での定常状態は，(3.3.92) 式による大気 CO_2 の吸収と，火山ガスによる大気への CO_2 供給が釣り合った状態である．100 Myr スケールの気候はこのバランスで決まる（3.4.2 小節参照）．

上の定常状態において，海洋内部で炭酸塩の沈殿・溶解がどのように起こるかを見てみよう．質量収支の観点では，海洋では河川からの風化フラックス[41] に見合うだけの $CaCO_3$ が海底で埋没しているだけである．しかし海洋の内部では，表層海水の P_{CO_2} に対して相反する効果をもつ，以下の 2 つのプロセスが働いている：(1) 硬組織ポンプ：生物生産の効率で決まる $CaCO_3$ の量が，海洋表層の有光層から海洋深層へと運ばれる．このことで表層海水の P_{CO_2} は増加する．(2) アルカリポンプ：リソクラインよりも深い場所で溶解した $CaCO_3$ を含む深層水が熱塩循環とと

---

[41] 厳密には，河川水には埋没した $CaCO_3$ に見合うだけの Ca^{2+} はなく，その代わりに Mg^{2+} が多く含まれている．この差を解消するのは，海底熱水系での置換反応である（(3.3.48) 式参照）．

もに海洋表層に戻る．このことで表層海水のP_{CO_2}は減少する．この2つのプロセスの差が$CaCO_3$の正味の沈殿量，すなわち，海底に埋没する$CaCO_3$の量である．現在の地球では，表層で形成された$CaCO_3$のうち75%が海洋内で溶解し，残りの25%が埋没する．つまり，生物活動で形成された$CaCO_3$の大部分は海洋内を循環する．

最後に，珪酸塩の風化率の増大および炭酸塩の風化率の増大（炭酸塩の沈殿量の減少）が，大気CO_2を吸収すること，さらにこのプロセスが海底での$CaCO_3$埋没量の増大（アルカリポンプの弱化）を通して大気CO_2に対して負のフィードバックをもつことを示す．

岩石（珪酸塩あるいは炭酸塩）の風化が過剰に起こると，反応(3.3.90)，(3.3.91)式が右に進むことで海洋にTAが供給され，海水のP_{CO_2}は低下する．これに伴い，海洋は(3.3.75)式にしたがって大気CO_2を吸収する一方，P_{CO_2}低下による$[CO_2]$の減少を補うように(3.3.50)式の反応は左に進む．この反応でa_{H^+}が減少するため，(3.3.51)式の反応は右に進んで$[CO_3^{2-}]$が増加する．この水が深層に達すると，$CaCO_3$の溶解が抑制される（(3.3.89)式参照）．この結果，海洋深層では，同じ深さで比べたときの$CaCO_3$の溶解速度は減少し（(3.3.89)式参照），海底のより深い場所に$CaCO_3$が残存できるようになる（$CaCO_3$のリソクラインが深くなる）．$CaCO_3$の埋没量が多くなると，(3.3.84)式の反応が右に進むため，この水が表層に達したときに海水P_{CO_2}の減少が抑えられる（アルカリポンプの働きが弱まり，風化の増大に伴うP_{CO_2}減少を打ち消す方向に働く）．つまり，風化量の増大はP_{CO_2}にとって負のフィードバックとして働く（Sigman and Boyle, 2000）．まとめると，陸域表層での風化率の増大によるP_{CO_2}の低下（(3.3.90)式）は，深層での$CaCO_3$沈殿量の増加によるP_{CO_2}の上昇（(3.3.91)式の逆反応）で緩和される．現在，$CaCO_3$のリソクラインは全球平均で約3.5 kmであるが，風化率の増大によって大気のP_{CO_2}が25 ppm減少すると，この深度は1 km程度深くなる（Sigman and Boyle, 2000）．$CaCO_3$の溶解度の深さ依存性より，深層海水で$[CO_3^{2-}]$が20 µmol kg^{-1}増加すると$CaCO_3$のリソクラインは約1 km深くなる．深層で$[CO_3^{2-}]$の20 µmol kg^{-1}増加が，全海洋に均一にTAとΣCO_2が2：1の割合で付加したことに由来する（すなわち(3.3.92)式の反応が起こった）と仮定すると，P_{CO_2}は約25 ppm低下することを化学平衡の計算から示すことができる．

軟組織ポンプ

海洋表層の有光層で起こる生物活動は，リン酸や炭素などを有機体や殻として固定する．この生物は死ぬと遺骸が深海に落下し，落下の途上で分解される．深層に溶けた元素は熱塩循環によって再び表層に戻る．このような栄養塩を多く含んだ深層海水が海面付近に達する地域では，生物活動が盛んになる．ただし，栄養塩に富む海水はΣCO_2にも富む（以下の(3.3.93)式に示した粒子状有機物形成の化学反応式を参照）ことに注意すると，この海水が大気に触れたときのCO_2の出入りは，生物（再）生産による有機的CO_2吸収と無機的CO_2放出の兼ね合いで決まる．例えば南極海では，ΣCO_2と栄養塩に富む海水が湧昇する際に生物生産が起こらないため，大気へCO_2が放出される．ΣCO_2を失ったが栄養塩に富んでいる南極海の水が，沈み込んで再び太平洋で湧昇すると，今度は活発な生物生産によって大気CO_2を吸収することが指摘されている（Tsunogai, 2002）．

有機炭素の輸送に関連した炭素の深層への輸送を軟組織ポンプと呼ぶ．有機炭素が深層に運ばれると，大気のP_{CO_2}を下げる．生物ポンプ（軟組織ポンプ＋硬組織ポンプ）が働かなくなった場

合，表層海水の P_{CO_2} は大気との化学平衡のみで決まるため，大気 P_{CO_2} は現在の 1.5 倍程度になると見積もられている（Yamanaka and Tajika, 1996）．また，熱塩循環の流量やパターンが変動すれば，生物活動に必要な元素の分布が変化することで生物生産の効率に変化を与え，その結果，大気 P_{CO_2} は異なったものになる．

表層の有光層から深層への軟組織ポンプによる物質供給フラックスは**輸出生産**（export production）と呼ばれる．外洋の植物プランクトンが生産する有機物は，平均として，おおよそ C：N：P = 106：16：1 という元素比をもっており，この比は**レッドフィールド比**（Redfield ratio）と呼ばれる（Redfield, 1963）．プランクトンの平均的な元素比は，例えば，$C_{106}H_{175}O_{42}N_{16}P$ と見積もられており[42]，有光層内のリン酸濃度に比例して，この組成をもった粒子状有機物（POM）が沈降すると考えてよい（Sarmiento and Gruber, 2006）．有機物が生成される化学反応は

$$106CO_2 + 16NO_3^- + HPO_4^{2-} + 78H_2O + 18H^+ \rightarrow C_{106}H_{175}O_{42}N_{16}P + 150O_2 \quad (3.3.93)$$

と表される（海水の pH では，硝酸類は NO_3^- が，リン酸類は HPO_4^{2-} が卓越する）．この反応が 1 単位右に進むと，海水は 106 単位の ΣCO_2（全炭酸）を失い，18 単位の TA（全アルカリ度）を得る（TA の定義(3.3.58)式を見よ[43]）．海水中で POM が形成（分解）した場合，海水の組成は図 3.3.12(a) を傾き $-18/106$ の線上を左上（右下）に移動する．したがって POM の形成（分解）は P_{CO_2} を減少（増加）させる．

レインレシオ

POM と $CaCO_3$ の粒子フラックスの（炭素のモル数で換算した）比は**レインレシオ**（rain ratio）と呼ばれる（1.3.2 小節参照）．軟組織ポンプと硬組織ポンプは大気 P_{CO_2} の変化に対して相反する効果をもつため，この比は炭素循環にとって本質的な量である．以下の議論では，カルサイトで $CaCO_3$ を代表させる．

レッドフィールド比をもった POM と $CaCO_3$ が溶解する際の全炭酸の変化（$\Delta \Sigma CO_2$）と全アルカリ度の変化（ΔTA）は，それぞれ

$$\Delta \Sigma CO_2 = \Delta C_{POM} + \Delta C_{CaCO_3},$$
$$\Delta TA = -\frac{18}{106}\Delta C_{POM} + 2\Delta C_{CaCO_3}, \quad (3.3.94)$$

となる．ここで ΔC_{POM}，ΔC_{CaCO_3} はそれぞれ POM の分解量と $CaCO_3$ の溶解量で，CO_2 1 単位で規格化している．単純に両者の比を取ると

$$\frac{\Delta C_{CaCO_3}}{\Delta C_{POM}} = \frac{(18/106)(\Delta \Sigma CO_2/\Delta TA) + 1}{2(\Delta \Sigma CO_2/\Delta TA) - 1} \approx 0.25, \quad (3.3.95)$$

となる．ここで観測値から $(\Delta \Sigma CO_2/\Delta TA) \approx 4$ を採用した．(3.3.95)式はレインレシオの推定値として広く用いられていたが，この見積もりには大きな問題がある．それは，(3.3.95)式に POM が分解する深さと $CaCO_3$ が溶解する深さが異なることが考慮されていないためである．

そこで，両者が分解あるいは溶解する深さの違いが，レインレシオにどのように影響するかを考察しよう（Yamanaka and Tajika, 1996）．表層の有光層と深層との濃度差が，POM および

---

[42] その後の観測に基づき，Redfield (1963) によるオリジナルの元素比（1.3.2 小節の (1.3.12) 式参照）とは，H と O が異なっている．
[43] ここでは，リン酸の寄与は無視する．また硝酸イオンは強電解質である．

CaCO₃ の沈降と鉛直拡散とのバランスで決まっていると考え，定常状態での濃度バランスの式をたてると，

$$E_i = K_v \frac{\Delta C_i}{L_i} \tag{3.3.96}$$

と書ける．ここで添字の i は POM または CaCO₃ を表す．また，E_i は輸出生産フラックス，K_v は鉛直方向の拡散係数，L_i は分解（POM）あるいは溶解（CaCO₃）が起こる典型的な深さを表す．有光層で形成された POM が分解（decomposition）する深さと CaCO₃ が溶解（dissolution）する深さは異なり，それぞれ $L_{POM}=1\,\mathrm{km}$, $L_{CaCO_3}=3\,\mathrm{km}$ 程度である．後者はリソクラインに相当する．結局，レインレシオは

$$r \equiv \frac{E_{CaCO_3}}{E_{POM}} = \frac{\Delta C_{CaCO_3}}{\Delta C_{POM}} \frac{L_{POM}}{L_{CaCO_3}} = 0.25 \times \frac{1}{3} \approx 0.08 \tag{3.3.97}$$

と求まる．

Yamanaka and Tajika (1996) は，生物ポンプモデル（レインレシオをパラメータとし，POM が分解する深さと CaCO₃ が溶解する深さの違いを考慮している）と OGCM を組み合わせ，現在の海洋における溶存種（リン酸，TA, ΣCO_2）の分布を再現するには，レインレシオは 0.08 程度が適当であることを確認した．炭素循環と熱塩循環の相互作用を考える際には，レインレシオを正確に求めることが重要なのである．

3.3.6 熱塩循環と海洋炭素循環の相互作用の理解に向けて

以上では，熱塩循環の力学的な側面と，炭素を中心とした物質循環について見てきた．実際には，両者は独立に起こるのではなく相互作用をする．この相互作用の結果として気候が作り出されている．この小節では，海洋の力学と物質循環の相互作用について調べる．まず海洋が関わる気候変化の概略を述べる．次に，大気 P_{CO_2} が熱塩循環に与える影響，熱塩循環が CO_2 のバランスに与える影響を順番に解説する．最後に，熱塩循環と炭素循環の相互作用について述べる．

海洋と地球の気候変化

地球の 100 Myr 以上のスケールでの気候変化は，モデルと観測を組み合わせて推定されている．この時間スケールでは，大陸の風化率が気候を調節する（3.4.2 小節参照）．気温の上昇で大陸の風化が過剰に起こって海洋に全アルカリ度が供給されると，海洋は大気から CO_2 を吸い取る（(3.3.90)式参照）．CO_2 が温室効果をもつことと，風化率が気温の増加関数であることを考慮すると，風化作用は気温に関して負のフィードバックを有することがわかる（3.4.2 小節参照）．このフィードバックは，海洋があるために存在するものである．この効果のために，太陽定数が時間とともに増大しても，地球の気候変化は小さく保たれたと考えられる．Berner and Kothavala (2001) は，地質時代の火成活動度の推定値を入力として，大陸の風化を考慮し，過去 6 億年間の大気 P_{CO_2} を推定した．大気 P_{CO_2} の数億年にわたる長期的な減少トレンドは太陽定数の増大に伴うものである．それよりも短い数千万年の変動は，火成活動の変動に伴うものである．マントル対流は 100 Myr 程度のオーダーで強度変化すると考えられている．

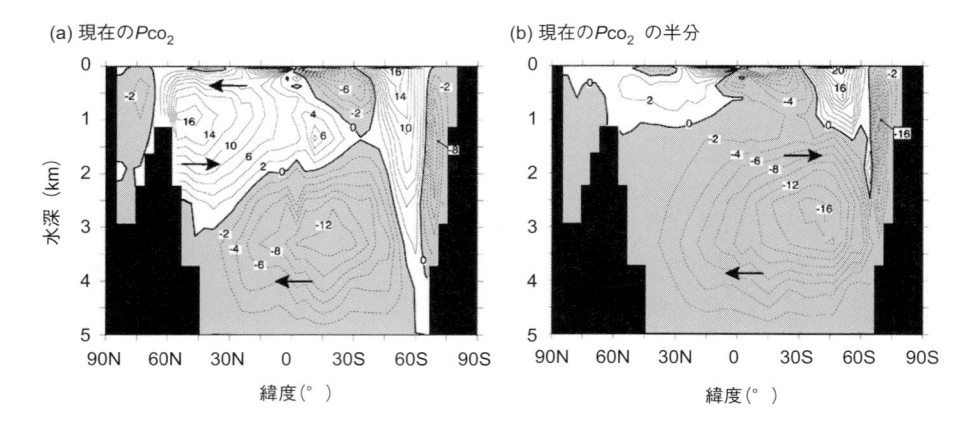

(a) 現在のP_{CO_2}　　　　　　　　　　(b) 現在のP_{CO_2} の半分

図 3.3.14　AOGCM を用いて大気 P_{CO_2} を変化させたときの熱塩循環の流量（Stouffer and Manabe, 2003）：いずれも図 3.3.7 の循環に対応している．黒地は海底地形を表す．(a)大気 P_{CO_2} が 300 ppm（産業革命以前程度）のときの循環，(b)大気 P_{CO_2} が 150 ppm になったときの循環．

　もう少し短い過去数十万年間のスケールでは，氷床コアから大気 P_{CO_2} の情報を取り出すことができる．過去 80 万年間にわたって，大気 P_{CO_2} は約 100 kyr 周期をもつ規則正しい変動を繰り返している（3.6.1 小節参照）．大気 P_{CO_2} だけでなく，氷床の量や，気温もこの周期で変動を繰り返している．1-2 Ma の時代では，これらの量の変動は 40 kyr 周期が卓越し，100 kyr の周期をもつ変動はない（2.1 節参照）．100 kyr 周期の氷期・間氷期サイクルでは，大気 P_{CO_2} は氷期で約 180 ppm，間氷期で約 280 ppm と規則的に変化してきた（Petit et al., 1999）．この差分は海洋に吸収されたと考えるのが妥当である．海洋が大気 CO_2 を減少させる多くのメカニズムが提案されている．以下ではそのうちのいくつかについて述べる．

　もっと短い時間スケールでは，氷期の間，1.5-3 kyr 程度の周期をもつ気温の変動が氷床コアに記録されている（ダンスガード・エシガー振動）．この変動は規則的な周期をもつというよりは，周期が時間とともに徐々に短くなって行くような変動である．この変動が最も強く観測されているのはグリーンランド氷床であることから，氷床の崩壊に伴って北大西洋に淡水が供給されて，北大西洋の熱塩循環が一時的に著しく弱化することに原因を求めるのが一般的である．熱塩循環が 1 周する時間スケールは 1.5 kyr 程度であるため，この程度の周期をもつ外力が海洋と共鳴することで，外力の信号が増幅される可能性がある．

　以下では，温室効果ガスとしての CO_2 が熱塩循環に与える影響と，その逆に熱塩循環が大気 P_{CO_2} に与える影響を解説する．その後に，両者の相互作用によって気候が決まっているという例を示す．

大気 CO_2 分圧が熱塩循環に与える影響[44]

　大気 P_{CO_2} が変動すると海洋表層（主として風成循環が支配する領域）の温度が変化する．海水の密度は 0℃付近では温度依存性が小さくなるので，海面の平均温度が変化すると海面での南北

---

[44] この項の内容は，やや異なる角度から，3.6.2 小節で再び取り上げる．

方向の密度差が変化する（図3.3.4）．また，大気が高温になると水蒸気を多く含むようになるため，南北間の淡水の輸送が増加する．このように，大気P_{CO_2}の増加は，海洋表面の温度と塩分の外力をともに変化させ，したがって熱塩循環の強度やパターンも変化させる．

Stouffer and Manabe（2003）は，大気P_{CO_2}を変化させたときの熱塩循環のパターン変化を，AOGCMを用いて調べた．現在のような熱塩循環パターン（図3.3.14(a)）を初期解とした場合，大気P_{CO_2}を増加させた場合は定常解として現在のような循環が維持され続けるが，大気P_{CO_2}を現在の半分まで減少させた場合には循環が止まってしまうことがわかった（図3.3.14(b)）．

以下大気P_{CO_2}を変化させたときの解の非定常的な振る舞いを見てみよう．

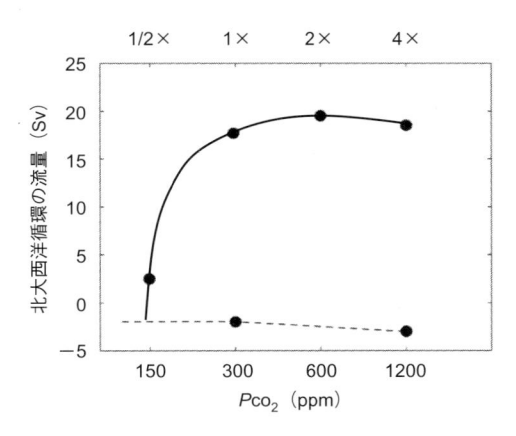

図3.3.15 大気P_{CO_2}に対する北大西洋の熱塩循環の強度変化（Stouffer and Manabe, 2003）：横軸の1/2×，1×，2×，4×は，産業革命以前の大気P_{CO_2}（300 ppm）を基準にした倍数である．実線の解は図3.3.7(a)に，破線の解は図3.3.7(b)に対応している．

まず大気P_{CO_2}を増加させた場合の時間変化を述べる．大気P_{CO_2}が増加した後，北大西洋での沈み込みは一時的に弱くなるが，その後循環の強度は元の強さまで回復する．回復に要する時間は，大気P_{CO_2}を現在の4倍にした実験では約2 kyr，2倍の実験では500 yrである．最初に循環が弱くなる原因は，急激な温暖化に伴って高緯度での淡水フラックスが増加して，高緯度の海洋表層での塩分が低くなることである．高緯度の塩分が小さくなる原因の1つは，蒸発量はおもに低緯度で増加する一方で降水量は全球で増加する，という直接的な効果である．もう1つの原因は，熱塩循環が弱まって赤道域の高塩分水が高緯度に運ばれにくくなる間接的な効果である．いったん弱まった熱塩循環が復活するのは，地球全体で温度が上昇することで，高緯度と低緯度の海洋表層で密度コントラストが大きくなるためである（3.3.3小節参照）．

次に，大気P_{CO_2}を減少させた場合の変化を述べる．この場合，いったん北大西洋の熱塩循環は強くなるが，その後循環は浅く弱くなり，最終的には循環の弱い定常解が実現する．最初に循環が強くなる原因は，大気P_{CO_2}増加の場合とは逆で，高緯度の表層水の塩分が高くなることである．また，海氷が形成する際に作られる高塩分・高密度の海水が深部に一気に落ち込むことも循環を強める原因の1つである．その後循環が弱まるのは，全球の温度が低下して，高緯度と低緯度の表層水間で密度コントラストが小さくなるためである．加えて，南極の海氷が大きく張り出すことも重要である．氷点温度（−2℃）の海水が海洋の深層を覆ってしまうため，北大西洋の循環は深層に侵入できなくなるのである．

以上の性質と，Manabe and Stouffer（1988）が求めた多重解との関連を考えてみよう（図3.3.7と3.3.14）．Stouffer and Manabe（2003）によると，大気P_{CO_2}が現在の値から増加した場合の計算では，現在の大気で行った場合と同様に，北大西洋の熱塩循環が存在する解（図3.3.15の上の実線）と，この循環が停止した解（図3.3.15の下の破線）とが共存する．一方，大気P_{CO_2}を現在の0.5倍にした場合の計算では，循環は弱いものの，流れの向きは現在の熱塩循環と同じ向きと

なる．Stouffer and Manabe（2003）は，この解が北大西洋の熱塩循環が存在する解の延長上にあると考えている．彼らは，大気 P_{CO_2} が 0.5 倍の場合にも停止解が別に存在すると予想している．また，大気 P_{CO_2} が 0.5 倍よりさらに低くなった場合，多重解は熱塩循環が停止したただ 1 つの解に収束してしまうと考えている（図 3.3.15）．

ここでは大気 P_{CO_2} 変動の原因は問わずに，大気 P_{CO_2} を変化させたときに起こることを，Stouffer and Manabe（2003）の結果をもとに推定してみよう．間氷期から氷期への移行を想定し，大気 P_{CO_2} を現在の値からゆっくり減少させていく場合を考えよう．このとき，北大西洋の沈み込みは急激に弱くなっていく．北大西洋の沈み込みは湾流を強化して北大西洋を温暖にしているのであるから，北大西洋の気温は，単純なエネルギーバランスで計算されるよりも急激に低下することが予想される．逆に，大気 P_{CO_2} を増加させていく場合も考えてみよう．大気 P_{CO_2} の増加が熱塩循環の時間スケールに比べて十分ゆっくり起こる場合，北大西洋の熱塩循環は徐々に強くなっていくだろう．しかし，大気 P_{CO_2} の増加が急激に起こる場合，大気 P_{CO_2} が増加している間，淡水の供給によって循環は弱い状態に保たれる可能性がある．このとき，大気 P_{CO_2} が増加しているにも関わらず，北大西洋の気温は低下する可能性がある．

なお Manabe and Stouffer（1988）のモデルでは，外的な条件（大気 P_{CO_2}）の変化に対して北大西洋熱塩循環の流量が敏感に反応する．この敏感さとフラックス調整との関係は，今後の研究によって吟味する必要がある．

大気 CO_2 分圧が変動する原因

Stouffer and Manabe（2003）は大気 P_{CO_2} をパラメータとしたが，実際の大気 P_{CO_2} は，3.3.3 小節で述べたさまざまな過程を通じて調整される．第四紀の 100 kyr 周期の氷期・間氷期サイクルでは大気 P_{CO_2} が変動する幅が 180 ppm から 280 ppm の間に決まっていることから，大気 P_{CO_2} を保つメカニズムが存在すると考えられる．その答えは海である．以下では，氷期・間氷期サイクルを念頭において，最近 10 万年間の大気 P_{CO_2} の変動を考える．

氷期・間氷期サイクルでは，温度変化と大気 P_{CO_2} 変化のどちらが先行するかについて議論が分かれる．温度変化が先であるという立場では，日射量の変化が氷床量の変動を通じて温度変化をもたらし，それが海洋の CO_2 の溶解度を変化させていると考える．一方，大気 P_{CO_2} の変化が先行するという立場では，生物活動が大気 P_{CO_2} を変化させて，温室効果を通じて気温，さらには氷床量が変化すると考える．

以下では Sigman and Boyle（2000）をもとに，海洋がどのように最終氷期の最盛期における低い大気 P_{CO_2} をもたらしたかを議論する．

まず陸域の観測事実をまとめておこう．氷期の最盛期には，大気 P_{CO_2} が間氷期に比べて約 100 ppm（炭素量に換算すると 200 PgC）低かったことが氷床コアの解析からわかっている．一方で，陸（生命圏）から大気あるいは海に 300-700 PgC の有機炭素（陸上生物の遺骸）が移動したことが，底生有孔虫の炭素同位体比から見積もられている．つまり，氷期の海洋は，陸域の炭素を吸収し，さらに大気からも炭素を吸収したと考えなければならない．

次に，海洋の観測事実をまとめておく．この時期には，現在と比べて，海表面温度が低く（全球平均で 2-5℃），塩分は 1‰ ほど高かったことがわかっている．また，海底における $CaCO_3$ のリソクラインは，地域差があるものの，全球平均で 1 km 程度深くなったことがわかっている．さ

らに，熱塩循環のパターンが現在と異なり，北大西洋の沈み込みが弱かったことが推定されている．また，氷期には全球平均の生物活動が下がったと推定されている．

Sigman and Boyle（2000）は，大気 P_{CO_2} を低くする可能性として，以下の要因を挙げている：(1) 海水温の低下による CO_2 溶解度の増加，(2) 風化の増大に伴う全アルカリ度の流入による大気 CO_2 吸収，(3) 生物ポンプの活性化による大気 CO_2 吸収，(4) 海氷の張り出しに起因した大気-海洋間の CO_2 交換の弱化．ここで，(4) 以外は，表層海水における P_{CO_2} 低下を意味する．Sigman and Boyle（2000）は，氷期の低い大気 P_{CO_2} のおもな原因は (3) と (4) を合わせた効果であると考えている．以下では，それぞれの効果がどの程度の P_{CO_2} 低下をもたらすかを順番に説明する．

まず海洋表層付近の温度と塩分の変化に伴う CO_2 の出入りを考える．CO_2 溶解度の温度依存性は，CO_2 の温室効果とあわせて考えると気温に対して正のフィードバックとして働く．つまり，CO_2 の溶解度は低温ほど高いため，気温が低下すると海洋へ CO_2 が移動し，その結果温室効果が弱まって気温がより低下する．間接的な効果である $CaCO_3$ 溶解度の温度依存性もまた，温度に対して正のフィードバックとして働く．低温ほど $CaCO_3$ 溶解度が高いため，気温の減少とともに沈み込む海水の温度が低下すれば，海底では $CaCO_3$ の溶解が起こる．$CaCO_3$ が溶解した水が表層に湧昇すると，大気の P_{CO_2} を吸収する（アルカリポンプ）．間接的な効果を含めた温度の効果の重要性を強調する研究者もいるが，定量的な見積もりはできていない．温度の直接的な効果だけでは，大気 P_{CO_2} は 30 ppm 程度しか減少しないとされている．一方，海洋の塩分が高まると，表層海水の P_{CO_2} が増加するため海洋から大気に CO_2 が移動する．氷期には海水準の低下で塩分が 1‰ほど高くなるため，塩分の効果は大気 P_{CO_2} を 10 ppm 上げる方向に働く．温度と塩分の効果を合わせると，海洋は大気 P_{CO_2} を正味 20 ppm 分吸収することになる．

次に，全アルカリ度（TA）の過剰な流入について述べる．定常的な TA の流入に対応してあるリソクラインの深度が実現されている状態があり，そこに陸域の岩石の風化率が増加した場合を考える．海洋に TA をもたらす可能性としては，低温化に伴ってサンゴの形成量が減少することや，同じく低温化に伴って植生量が減少して土壌が薄くなることで風化が促進することが考え得る[45]．このとき，海水中の TA の増加が大気 P_{CO_2} を減少させる（(3.3.90) 式を参照）．さらに，増加した TA に対応して，海底での $CaCO_3$ の溶解が抑制される．埋没量の増加は，リソクラインの深化として記録される．海水の pH が上がるため，より深いところでも $CaCO_3$ が溶解しなくなるのである．3.3.5 小節で述べたように，海洋への TA の流入による大気 CO_2 の吸収に伴うリソクラインの深化は，25 ppm 吸収あたり 1 km 程度と見積もられている．前述のように，氷期の最盛期におけるリソクラインの深化は，現在に比べて 1 km 程度と推定されている．したがって，この効果は氷期の大気 P_{CO_2} 低下のおもな原因ではないと考えられる．ただし，風化プロセスは，100 Myr スケール程度の大気 P_{CO_2} 減少には主役を演じていると考えられる（3.4.2 小節参照）．

3 番目に，生物ポンプの活性化を考える．生物生産が活発化することにより，炭素が海洋の表層から深層に向けて運ばれ，大気 P_{CO_2} は低下する[46]．生物生産の効率を決める要因は，低緯度

---

[45] ただしここで考えていることは，ウォーカーフィードバック（3.4.2 小節参照）での，風化率が気温の増加関数という仮定とは相容れず不確定性が高いことに注意すべきである．

[46] 硬組織ポンプは大気に CO_2 を放出するが，レインレシオが低いため，軟組織ポンプによる大気 CO_2 の吸収が勝る．

域と高緯度域で異なる．低緯度域ではリン酸や硝酸などの栄養塩の量が生物生産の効率を律速しており，現在は，利用可能な炭素がたくさんあっても生物生産は抑制されている．現在の海洋では，海水中のリン酸と硝酸の濃度は比例関係があり，両者の比はレッドフィールド比 N：P＝16：1 でほぼ一定である（(3.3.93)式参照）．よって，低緯度域で生物ポンプ効率を高めるには，リン酸と硝酸という2種類の栄養塩をともに増加させる必要がある．ところが，硝酸塩を増加させるメカニズムはあってもリン酸塩を増加させるメカニズムは見当たらない．よってレッドフィールド比を変化させるメカニズムがない限り，海洋における生物生産の増加は困難である．

一方，高緯度域の生物生産の効率を律速しているのは光量と Fe などの微量元素の量である．これらの地域では，生物生産が十分行われないうちに栄養塩に富む海水が深層に潜り込んでしまう．この地域の生物生産を高めるには，Fe などの微量元素の供給が増加すれば良い．氷期には，陸域の乾燥化に伴って増加する風成塵によって Fe が供給される[47]ため，生物ポンプの効率を上げることになり，大気 P_{CO_2} の低下の原因になり得る．しかし，生物ポンプがどれだけの大気 P_{CO_2} 低下に寄与したかを定量的に見積もることは困難である．

最後に，熱塩循環パターンの変化に伴う大気 P_{CO_2} の変化を考える．現在，南極で沈み込んだ海水は，大西洋の底層を北上して北大西洋に達し，その後少し上昇して深層を南下し，南半球の高緯度で海面に達する（図3.3.1）．この南極深層循環の上部には，北大西洋で沈み込み中深層を南下する北大西洋循環がある．南極底層水は生物ポンプが表層から運んだ CO_2 を貯め込んでいるが，その湧昇域は低温であるため生物生産があまり起こらない．このため，南極底層水が海面に達すると CO_2 の放出源となる．

このような現在の熱塩循環が氷期にどのような変更を受けるかを考えてみよう（Stouffer and Manabe, 2003）．氷期では大気がより低温になるため，南極での氷の生産が活発になる．氷の形成に伴って，高塩分の海水の生成率が高まり，南極の沈み込みが強くなる．一方，南極で作られた海氷は，強い西風によるエクマン輸送で低緯度側に運ばれて行く．氷の生成率が高まることと，気温が低くなることで，海氷は現在よりも低緯度まで存在するようになる．氷床および海氷が融けることで，海洋表層には低塩分水による蓋が作られる．このことで，南極深層水の湧き上がりは海面から切り離されてしまう可能性がある．これら一連の効果によって，海洋から大気への CO_2 移動が抑制される．Stephens and Keeling（2000）のボックスモデルを用いた計算によると，この効果だけで氷期の低い大気 P_{CO_2} を説明できるという．ただし，南極海を海氷で覆った実験を GCM で行っても，大気 P_{CO_2} の急激な低下は起こらないことがわかっている（Archer et al., 2003）．

Sigman and Boyle（2000）は，氷期の大気 P_{CO_2} が低い原因を，南極底層水と表層との分離および高緯度での生物ポンプ効率増加に求めている．少なくとも複数の効果が組み合わさっていることは確かである．しかし，堆積物コアのデータでは，これらおのおのの効果の寄与を定量的に示すには至っていないようである．

熱塩循環と海洋炭素循環の相互作用

以上のように，熱塩循環と海洋炭素循環は，大気 P_{CO_2} を通して相互作用する．このような相

---

[47] このことは氷床コア中のダスト量からも確認されている．

互作用を扱った著者ら（Kawada et al., 2006）による数値計算を最後に紹介する．

まず熱塩循環と海洋炭素循環の関係について復習しておこう．重要な点は，熱塩循環と炭素循環が，大気 P_{CO_2} を通して関連することである．Stouffer and Manabe（2003）は，大気 P_{CO_2} の違いが熱塩循環に与える影響を調べ，たとえば大気 P_{CO_2} を半減させたとき，北大西洋での子午面循環が一時的に強まりその後弱化することを明らかにした．大気 P_{CO_2} が変動したことで，その温室効果を通して海面の平均温度や南北温度差が変わり，その結果として熱塩循環の強度が変化したのである．

逆に，熱塩循環が炭素循環に与える影響も重要である．熱塩循環の強度が変化すると，生物生産の効率が変化し，その結果が大気 P_{CO_2} に跳ね返る．例えば，熱塩循環が強くなると栄養塩の再循環が促されるため，生物生産の効率が増加して大気 P_{CO_2} が低下すると考えられる．

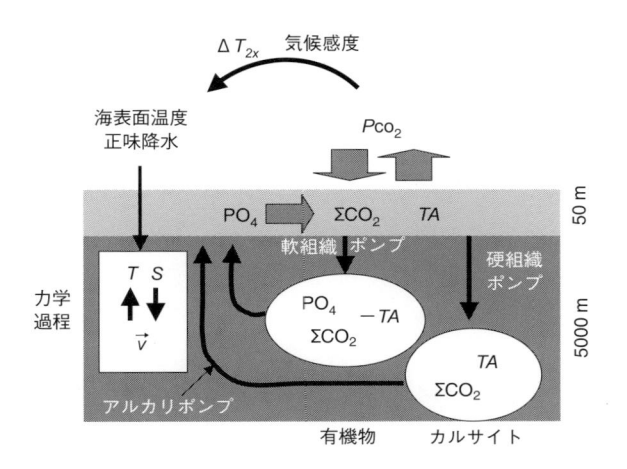

図 3.3.16　Kawada et al. (2006) のモデルの概念図：表層ではリン酸（PO_4）濃度に比例した POM と $CaCO_3$ の生産が起こり，中・深層へと輸送される．POM はおもに中層（水深 1 km 程度）で分解，$CaCO_3$ は深層（水深 5 km）で溶解する．POM が溶けた中層では，リン酸と全炭酸（ΣCO_2）は増加し，全アルカリ度（TA）は減少する．$CaCO_3$ が溶けた深層には，ΣCO_2 と TA が 1:2 の割合で供給される．熱塩循環の速度（$\vec{v}$）は，温度（T）と塩分（S）によって決まる．大気 P_{CO_2} により海表面温度分布と正味降水量が決まる．

このような熱塩循環と炭素循環の一連のフィードバックを扱うために，著者らはこれらの系を組み合わせたシンプルな気候モデルを作成した．熱塩循環の力学部分には，経度方向に平均化した緯度・深さ 2 次元の海洋モデル（Wright and Stocker, 1991）を用いた．3.3.2 小節で説明したように，このモデルでは，地衡流バランスを元に，西岸での散逸を適当に見積もった結果として，南北方向の流れが同方向の圧力勾配に比例すると仮定している（(3.3.25)式参照）．

炭素循環には，Yamanaka and Tajika（1996）による単純化した生物ポンプモデルを用いた（図 3.3.16，3.3.5 小節）．海洋表層の有光層（ここでは 50 m とした）で輸出生産（POM と $CaCO_3$）が起こり，生物の遺骸が深層に輸送される．両者の形成比（レインレシオ）は 0.12 とした（Yamanaka and Tajika（1996）では 0.08）．POM は浅部（主として水深 1 km 以浅）で分解し，$CaCO_3$ はより深部（おもに海底）で溶解する．本モデルでは，海底に達した $CaCO_3$ はすべて海底で溶解すると仮定した．大気と海洋表層の混合層（有光層と同じく 50 m とした）との間では，それぞれの P_{CO_2} の差に比例した CO_2 の交換が起こるとした（(3.3.75)式参照）．

大気のエネルギーバランスを解く代わりに，大気 CO_2 の温室効果を考慮して，大気 P_{CO_2} が 2 倍になるごとに海面水温が $\Delta T_{2\times}$ 上昇すると仮定した（典型的には $\Delta T_{2\times} = 5\,°C$）．塩分の境界条件としては，中緯度で蒸発量が降水量より多く，赤道と高緯度で降水量が蒸発量より多くなるように正味降水量のフラックスを与えた．ただし，降水量フラックスは大気 P_{CO_2} に依存しないとした．

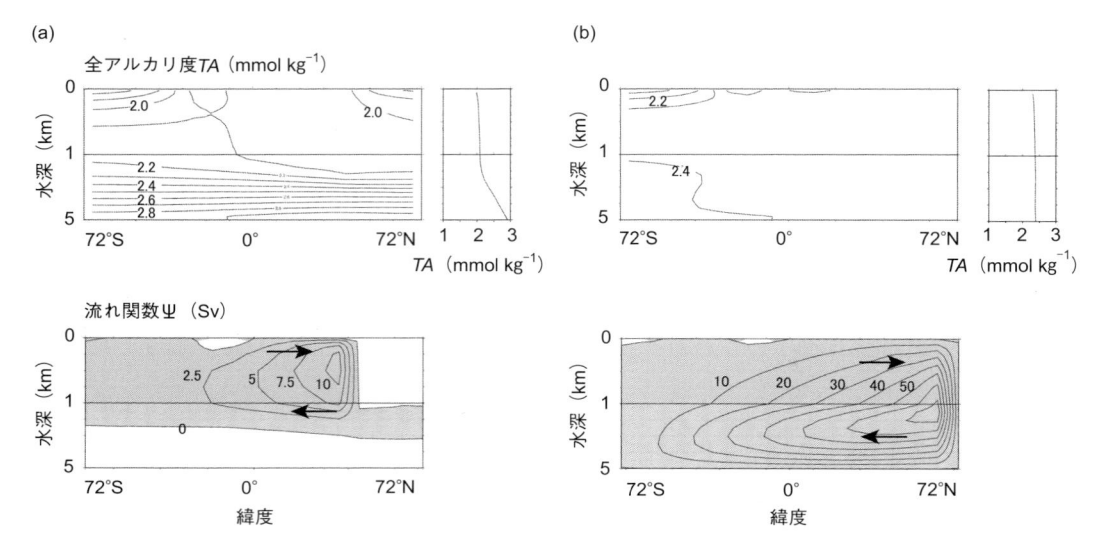

図3.3.17 Kawada et al. (2006) の振動解のスナップショット：緯度と水深（水深1km以下では縦軸のスケールを拡大）に対する，全アルカリ度（TA）（上図，右に TA の水平平均の鉛直分布）と流量（流れ関数，下図）の分布．(a)深層循環が停滞し，表層のみで循環が起こるフェーズ．停滞した深層では TA が高く，沈み込みは中緯度（45°N）で起こる（下図）．このとき大気 P_{CO_2} は高い．(b)表層と深層を巻き込んだ強い循環が生じるフェーズ．TA はほぼ一様になり，沈み込みは高緯度（72°N）で起こる（下図より）．このとき大気 P_{CO_2} は低い．

計算の結果，海面水温が大気 P_{CO_2} に依存しない場合（$\Delta T_{2\times} = 0$℃）には定常的に循環する解が得られた．温度と塩分の外力の相対的な重要度によって，循環のパターンが変化する．温度の効果が卓越する場合には高緯度で沈み込む「温度沈み込み」が，塩分の効果が勝る場合には中緯度で沈み込む「塩分沈み込み」が実現される．一般に，熱塩循環の速度が大きいときには温度の効果が勝る．

海面水温が大気 P_{CO_2} に強く依存する場合（$\Delta T_{2\times} = 5$℃），循環と停滞（浅く弱い循環は存在する）を繰り返す振動解が得られた（図3.3.17）．振動解の時間変化は，ほとんどの時間停滞していて短時間だけ強い循環が起こる（図3.3.18）というものである．その周期は海洋全層の熱拡散時間の半分程度である．図に示した例では，停滞時は「塩分沈み込み」が，循環時は「温度沈み込み」が起こっている．このため，深層の停滞時（図3.3.17(a)）と強い循環のとき（図3.3.17(b)）では深層の温度が大きく変化する．大気 P_{CO_2} は，循環が停滞しているときには高く（図3.3.18に示した計算では約500ppm），停滞が破れるときには低い（約300ppm）．

振動が生じる条件は軟組織ポンプおよび硬組織ポンプの特性（$CaCO_3$ が溶解する深度や輸出生産量）に敏感に依存する．とくに，POMと $CaCO_3$ が海洋の深層と表層へどのように分配されるかという点が重要である．なぜなら，この分配が深層水と表層水それぞれの P_{CO_2} を決め，大気-海洋間の CO_2 交換を制約するからである．大気 P_{CO_2} の変化は，海面水温および沈み込む海水の温度の変化を通して深層の停滞をコントロールする．

以下では，この振動解が生じるメカニズムに対する1つの説明を述べる．

まず深層が停滞していたとする．熱塩循環が起こっている領域内に栄養塩が豊富に存在するとき，表層から深層へ $CaCO_3$ の粒子が効率的に輸送される（硬組織ポンプ）ため，時間とともに，

表層混合層の pH が小さくなり P_{CO_2} は上昇する．大気-海洋間の CO_2 交換に伴い，大気 P_{CO_2} も増加する．一方，深層では $CaCO_3$ の溶解により海水の pH が大きくなり P_{CO_2} が減少する．

停滞した深層への $CaCO_3$ の輸送が一定の割合で続く限り，このような大気 P_{CO_2} の増加は続き，深層の停滞層は持続される．これは，沈み込む水の温度が時間とともに高くなるとき熱塩循環の速度は遅く保たれる，という熱塩循環の性質のためである（3.3.3 小節参照）．しかし，停滞した深層には $CaCO_3$ だけでなく栄養塩も移動するため，表層での生物生産効率は時間とともに低下する．このことで，大気 P_{CO_2} の上昇率が鈍り，熱塩循環の弱化は緩和する．これに伴い，深層にたまっていた P_{CO_2} の低い水は熱塩循環に付け加わる．

つけ加わった深層の水が移流で表層に運ばれる（アルカリポンプ）と，大気から海洋へ CO_2 が移動する．大気の P_{CO_2} が減少すると気温が下がり，海洋表層付近の温度も低下する．この過程では沈み込む海水の温度が時間とともに低下するため，循環が加速する．循環が加速するほど深層の水の供給が多くなるため，これは正のフィードバックプロセスである．循環の加速は，表層と深層が完全に混合するまで（表層と深層の P_{CO_2} の差がなくなるまで）続く．

循環の加速が止むと，細々と続いていた，硬組織ポンプの効果が次第に勝るようになり，CO_2 は再び大気に出て行く．この過程では沈み込む水の温度が時間とともに上昇するため，再び循環の減速が起こる．このときの減速が十分大きいと，深層に停滞層が形成する．

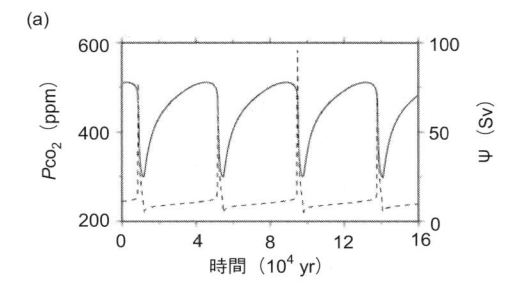

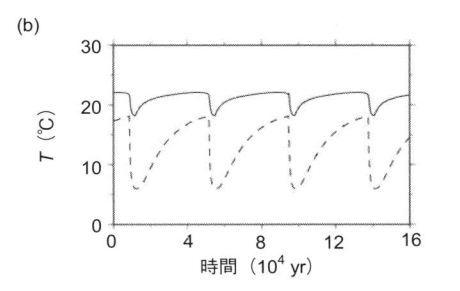

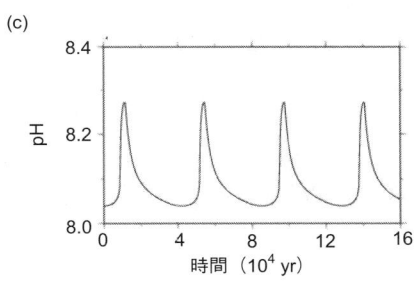

図 3.3.18 Kawada et al. (2006) の振動解の時系列：(a) 大気 P_{CO_2} の時間変化（実線）と流線関数の最大値（破線），(b) 表層海水（実線）と深層海水（破線）の平均温度，(c) 表層海水の pH．強い循環が P_{CO_2} の低下をもたらす．この P_{CO_2} 低下は，循環が深層から pH の大きい水（$CaCO_3$ が溶解して全アルカリ度が多くなった海水）を表層に運ぶことで起こる．

以上の議論より，熱塩循環の振動は深層と表層の P_{CO_2} の差が原因であり，深層海水の P_{CO_2} が表層海水の P_{CO_2} より低い場合に生じることがわかる．この状態が実現されると，硬組織ポンプによる大気 P_{CO_2} 増加と深層の停滞との間に正のフィードバックが働くのである．逆に，深層海水の P_{CO_2} が表層海水の P_{CO_2} より高い場合，同様な議論から，熱塩循環と炭素循環の相互作用は熱塩循環を安定化することがわかる．現在の海洋は後者の状態にあると考えられている．

振動解を生み出す原因である海水 P_{CO_2} の鉛直方向のコントラストは，軟組織ポンプと硬組織ポンプ，双方の特性によって決まる．これらの生物活動の特性が長期間にわたって現在と同じに保たれていた必然性はない．むしろ，気候変化に応じたプランクトン種構成の変化などの生物応

答が，ポンプの特性に影響したと考える方が自然である．このことは，氷期・間氷期サイクルのような長い時間スケールの気候変化において，熱塩循環と生物活動の関わりが極めて重要な役割を果たしていることを示唆している．

また，海洋が日射量変動によって強制的に揺らされていること，また人為起源の CO_2 放出で乱されていることも考慮する必要がある．本研究で得られた振動解を，自励振動としてだけでなく，強制振動の系として位置づけることも，気候変化を考える際に重要である．

以上，熱塩循環と海洋炭素循環との相互作用が大気 P_{CO_2} を変化させ得ることを物理的なモデルを用いて示した．ここで示した振動解は，CO_2 の長期的な変動を考える上で重要な意味をもつと考えられる．

3.3.7　まとめと今後の研究課題

本節では，海洋の力学的な側面（3.3.2小節と3.3.3小節）と，海洋内の物質循環（3.3.4小節と3.3.5小節）に着目した議論を行い，両者の相互作用を扱った（3.3.6小節）．海洋の力学的な側面と物質循環は切り離されて語られることが多いものである．本節でもこの慣例に従い，前半部分では両者を独立に扱った．本節の後半では気候変化を念頭に置いて，両者の関連を探る試みを行った．その試みはまだ不十分である．今後，力学と物質循環の関連を重視した気候変化の研究がさらに望まれる．

このような系を理解するためには，単純化された気候モデルを用いると見通しが良い．このタイプのモデルでは，GCM のように全ての過程を考慮する代わりに，系の中で起こる物理・化学・生物過程の本質的な部分のみを抽出することで系の挙動を理解することが可能となる．3.3.6小節で紹介した Kawada et al.（2006）は，そのようなモデル化を行った例の1つである．シンプルモデルでは，解の多重性や安定性を広いパラメータ範囲で求めることができるため，多くの系の間の相互作用を扱う際の有効な武器となる．今後，GCM を用いた大規模なシミュレーションとは別系統で，このようなシンプルモデルを用いたメカニズムの理解を重視した研究が望まれる．

参考文献

Archer, D. E., et al. (2003): Model sensitivity in the effect of Antarctic sea ice and stratification on atmospheric pCO_2. Paleoceanography, 18, 1012, doi : 10.1029/2002PA000760.

Berner, E. K., and Berner, R. A. (1987): *The global water cycle*, Princeton Hall, 480pp.

Berner, R. A., and Kothavala, Z. (2001): GEOCARB III : A revised model of atmospheric CO_2 over phanerozoic time. Am. J. Sci., 301, 182-204.

Bryan, F. (1986): High-latitude salinity effects and interhemispheric thermohaline circulations. Nature, 323, 301-304.

Brydon, D., et al. (1999): A new approximation of the equation of state for seawater, suitable for numerical ocean models. J. Geophys. Res., 104, 1537-1540.

Claussen, M., et al. (2002): Closing the Gap in the Spectrum of Climate System Models. Climate Dynamics, 18, 579-586.

Conkright, M. E., et al. (1994): *World Ocean Atlas 1994, Vol. 3 : Nutrients. NOAA Atlas NESDIS 3*, U. S. Department of Commerce, 150pp.

Dijkstra, H.A., and Ghil, M. (2005): Low-frequency variability of the ocean circulation : a dynamical systems approach. Rev. Geophys., 43, RG3002, doi : 10.1029/2002RG000122.

Frankignoulle, M. (1994) : A complete buffer factors for acid/base CO_2 system in seawater. J. Mar. Systems, 5, 111-118.

Frankignoulle, M., et al. (1994) : Marine calcification as a source of carbon dioxide : positive feedback of increasing atmospheric CO_2. Limnol. Oceanogr., 39, 458-462.

Hasumi, H., and Suginohara, N. (1999) : Atlantic deep circulation controlled by heating in the Southern Ocean. Geophys. Res. Lett., 26, 1873-1876.

Hansson, I. (1973) : A new set of pH-scales and standard buffers for sea water. Deep-Sea Res., 20, 479-491.

Huang, R. X., et al. (1992) : Multiple equilibrium states in combined thermal and saline circulation. J. Phys. Oceanogr., 22, 231-246.

Huang, R. X. (1993) : A 2-level model for the wind-forced and buoyancy-forced circulation. J. Phys. Oceanogr., 23, 104-115.

Huang, R. X. (1999) : Mixing and Energetics of the ocenic thermohaline circulation. J. Phys. Oceanogr., 29, 727-746.

Kawada, Y., Watanabe, S., and Yoshida, S. (2006) : The role of interactions between the thermohaline circulation and oceanic carbon cycle—A case study of Nagoya simple climate model—. Eos Trans. AGU, 87, Fall Meet. Suppl., Abstract PP23B-1757.

Keir, R. S. (1980) : The dissolution kinetics of biogenic calcium carbonate in seawater. Geochim. Cosmochim. Acta, 44, 241-252.

Keir, R. S. (1988) : On the late pleistocene ocean geochemistry and circulation. Paleoceanography, 3, 413-445.

Lowell, R. P., et al. (1995) : Seafloor hydrothermal systems. J. Geophys. Res., 100, 327-352.

Manabe, S., and Stouffer, R. J. (1988) : Two stable equilibria of a coupled ocean-atmosphere model. J. Climate, 1, 841-866.

Mucci, A. (1983) : The solubility of calcite and aragonite in seawater at various salinities, temperatures and one atmosphere total pressure. Am. J. Sci., 283, 780-799.

Munk, W., and Wunsch, C. (1998) : Abyssal recipes II : energetics of tidal and wind mixing. Deep-Sea Res., I, 45, 1977-2010.

野崎義行 (1994)：『地球温暖化と海——炭素の循環から探る』，東京大学出版会，196pp.

Orr, J. C., et al. (2005) : Anthropogenic ocean acidification over twenty-first century and its impact on calcifying organisms. Nature, 437, 681-686.

Osborn, T. R. (1980) : Estimates of the local rate of vertical diffusion from dissipation measurements. J. Phys. Oceanogr., 10, 83-89.

Petit, J. R., et al. (1999) : Climate and atmospheric history of the past 420,000 years from the Vostok ice core, Antarctica. Nature, 399, 429-436.

Redfield, A. C., et al. (1963) : The influence of organisms on the composition of sea water. In *The Sea*, 2, (Hill, M. N., ed), Wiley, 26-77.

Sarmiento, J. L., and Gruber, N. (2006) : *Ocean Biogeochemical Dynamics*, Princeton University Press, 503pp.

Scott, J. R., et al. (2001) : Geothermal heating and its influence on the meridional overturning circulation. J. Geophys. Res., 106, 31141-31154.

Sigman, D. M., and Boyle, E. A. (2000) : Glacial/interglacial variations in atmospheric carbon dioxide. Nature, 407, 859-869.

Stephens, B. B., and Keeling, R. F. (2000) : The influence of Atlantic sea ice on glacial-interglacial CO_2 variations. Nature, 404, 171-174.

Stocker, T. F., and Wright, D. G. (1991) : Rapid transitions of the ocean's deep circulation induced by changes in surface water fluxes. Nature, 351, 729-732.

Stommel, H. (1948) : The westward intensification of wind-driven ocean currents. Trans. Am. Geophys. Union, 29, 202-206.

Stommel, H. and Arons, A. B. (1960): On the abyssal circulation of the world ocean I., Stationary planetary flow patterns on a sphere. Deep-Sea Res., 6, 140-154.

Stouffer, R. J., and Manabe, S. (2003): Equilibrium response of thermohaline circulation to large changes in atmospheric CO_2 concentration. Climate Dynamics, 20, 759-773.

鈴木 淳 (1994):海水の炭酸系と珊瑚礁の光合成・石灰化によるその変化――理論と代謝測定法．地質調査所月報，45, 573-623.

Takahashi, T., et al. (2002): Global sea-air CO_2 flux based on climatological surface ocean pCO_2, and seasonal biological and temperature effects. Deep-Sea Res., II, 49, 1601-1622.

Toggweiler, J. R., and Samuels, B. (1995): Effect of Drake passage on the global thermohaline circulation. Deep Sea Res., 42, 477-500.

Tsunogai, S. (2002): The Western North Pacific playing a key role in global biogeochemical fluxes. J. Oceanogr., 58, 245-257.

Wright, T. F., and Stocker, D. J. (1991): A zonally averaged ocean model for the thermohaline circulation. Part I: Model development and flow dynamics. J. Phys. Oceanogr., 21, 1713-1724.

Yamanaka, Y., and Tajika, E. (1996): The role of the vertical fluxes of particulate organic matter and calcite in the oceanic carbon cycle: studies using an ocean biochemical general circulation model. Global Biogeochemical Cycles, 10, 361-382.

Zeebe, R. E., and Wolf-Gladrow, D. (2001): *CO_2 in seawater: Equilibrium kinetics, isotopes*, Elsevier Oceanography Series, 65, Elsevier, 346pp.

その他の参考図書

Andrews, J. E., et al. (2003): *An introduction to environmental chemistry*, 2nd ed., Blackwell Pub., 304pp. 渡辺正 訳 (2005):『地球環境化学入門』, シュプリンガー・フェアラーク東京, 307pp.

Dijkstra, H. A. (2005): *Nonlinear physical oceanography: A dynamical systems approach to the large scale ocean circulation and El Niño*, 2nd ed., Atmospheric and oceanograpic Sciences Library, 28, Springer, 532pp.

Elderfield, H., ed. (2006): *The oceans and marine geochemistry*, Treatise on geochemistry, 6, Pergamon Press, 646pp.

Pedlosky, J. (1987): *Geophysical fluid dynamics*, 2nd ed., Springer, 710pp.

The Open University (2001): *Ocean circulation*, 2nd ed., Butterworth-Heiemann, 286pp.

角皆静男・乗木新一郎 (1983):『海洋化学――化学で海を解く』(西村雅吉 編), 産業図書, 286pp.

3.4 生命が気候を調整する

気候と生命圏の相互作用については，未だ系統的な総合は行われていない．この節では，いくつかのトピックスを取り上げて紹介することにする．

海洋生物圏のモデリングについては3.3節で述べたので，本節では陸域生命圏，とくに陸域植生と人間活動を取り上げる．気候と陸域植生の間には，グローバルなスケールで見ると強い相関がある．これは，単に気候に応じて陸域植生が決まるという一方向的な関係の帰結ではなく，陸域植生がさまざまな形で気候にフィードバックをかけて調整的に維持されている結果と見るべきである．本節ではこのことを示したい．また，人間活動が気候へ与える影響は地球環境問題としてわれわれに突きつけられているが，その解明には森林のCO_2吸収や土壌有機物分解など生命圏の果たす役割の理解が欠かせない．これについても簡潔に論じる．

3.4.1小節では，デイジーワールドという仮想的世界を用いて，アルベドを介した気候調整を単純な形で提示する．3.4.2小節では，大気CO_2分圧の長期的調整の鍵を握る風化過程を介して，大気CO_2の変動に対する陸域植生の役割を調べる．3.4.3小節では，生命が大気組成変化を介して気候に与える影響を考えるために，光合成の生理学的素過程を記述し，古生代末期の大気O_2分圧が高い時代の環境を考察する．3.4.4小節では，水循環の調整を介して陸域植生が気候に与える影響を概観する．3.4.5小節では，人間活動が地球環境に与える影響を調べ，森林や土壌の役割を明らかにする．

3.4.1 デイジーワールド：アルベドを介した連関

この小節では，生命が気候を調整することを端的に描いた寓話として，序.2.6小節でもふれたWatson and Lovelock (1983) のモデル「**デイジーワールド**（Daisyworld）」を取り上げる．

このモデルでは，生命が気候を調整するという概念を最も単純な形で示すために，太陽放射が降り注ぐ平板状の惑星に2色の花のみが存在する世界を考える．白い花は地面より高いアルベドをもち，黒い花は低いアルベドをもつ．両方の花が惑星上に広がることで惑星全体としてのアルベドが変化し，惑星の放射平衡温度が変わる．両方の花の被覆面積比の時間変化は，局所的な温度に応じて決まるとする．このようにすると，太陽放射をかなりの範囲で変化させても惑星の放射平衡温度はほぼ一定に保たれるという自己調整が実現される．

まず惑星のエネルギーバランスを考える．惑星アルベドaは，裸地，黒い花，白い花の面積比をそれぞれx_g, x_b, x_wとし（$x_g+x_b+x_w=1$），アルベドをa_g, a_b, a_w（$a_b<a_g<a_w$）とすると

$$a = x_g a_g + x_b a_b + x_w a_w \tag{3.4.1}$$

と書ける．簡単のため，$\Delta a = a_w - a_g = a_g - a_b$とする．太陽放射フラックスを$F=S/4$とし，

惑星放射フラックスは惑星の放射平衡温度を T_e として $A+BT_e$ と書けるものとする（3.2.1小節参照）．すると惑星の放射平衡は

$$A+BT_e = F(1-a) \tag{3.4.2}$$

と表される．局所的な温度はその場所を覆うのが黒い花，白い花か，あるいは裸地かによって決まる．その温度 T_j（添字 j は b, w, g のいずれか）は

$$BT_j = q(a-a_j) + BT_e \tag{3.4.3}$$

を満たすとする（$a_b < a_w$ より $T_b > T_w$）．このとき局所的な温度の平均 $\sum_j x_j T_j$ が T_e となることは容易に確かめられる．q は周囲（平均場）との熱輸送の寄与を表すパラメータで，ここでは単純化のため F によらない定数とする．

次に，花の成長を考える．花の被覆面積比の時間変化は，添字 j は b か w のいずれかとして

$$\frac{dx_j}{dt} = x_j(x_g \beta_j - \gamma) \tag{3.4.4}$$

なる成長方程式に従うものとする．ただし，γ は死亡率（どちらの花も一定と仮定），成長率は花に覆われていない部分の面積比 x_g に比例し，その比例係数 β_j は

$$\beta_j = \begin{cases} 0, & T_j < T_* - \Delta T, \ T_j > T_* + \Delta T \\ 1 - \dfrac{T_* - T_j}{\Delta T}, & T_* - \Delta T < T_j < T_* \\ 1 - \dfrac{T_j - T_*}{\Delta T}, & T_* < T_j < T_* + \Delta T \end{cases} \tag{3.4.5}$$

のように局所温度 T_j に依存し，$T_j = T_*$ で最大値 1 をとり，高温側および低温側それぞれ ΔT の温度範囲で直線的に減少して 0 となるという，三角形型の関数を仮定する[1]．定常状態では，(3.4.4)式より，成長率 β_j は花の種類によらず

$$\beta_j = \frac{\gamma}{x_g} \tag{3.4.6}$$

となる．

これらの方程式を連立させて解くことにより，太陽放射フラックスに対して惑星の放射平衡温度がどのように変化するかを解析的に計算することができる．ここでは，黒い花と白い花が共存する条件での温度を求めよう．(3.4.6)式より $\beta_w = \beta_b$ となるはずだが，その自明な解 $T_w = T_b$ は，(3.4.3)式より $T_w < T_b$ でなくてはならないことから取れない．(3.4.5)式の三角形型の関数の場合，$\beta_w = \beta_b$ となるのは

$$T_b + T_w = 2T_* \tag{3.4.7}$$

が満たされる場合である．一方，(3.4.3)式より

$$T_b - T_w = \frac{q}{B}(a_w - a_b) \tag{3.4.8}$$

となる．(3.4.7), (3.4.8)式を連立させて

$$T_b = T_* + \frac{q}{B}\Delta a, \ T_w = T_* - \frac{q}{B}\Delta a \tag{3.4.9}$$

を得る．つまり，局所温度は太陽放射フラックス F に依存しないことがわかる．さらに

---

[1] 原論文では放物線型の成長率を仮定しているが，ここでは単純化した．

(3.4.5), (3.4.6), (3.4.9)式から

$$x_g = \gamma \left(1 - \frac{q\Delta a}{B\Delta T}\right)^{-1} \tag{3.4.10}$$

となり，裸地の面積 x_g も F に依存しない．

(3.4.2), (3.4.3)式およびアルベドの定義より，惑星の放射平衡温度 T_e を求めると

$$T_e = T_* - \frac{q(1-a_g)(F-F_0)}{B(F-q)} \tag{3.4.11}$$

となる．ただし，F_0 は

$$A + BT_* = F_0(1 - a_g) \tag{3.4.12}$$

を満たす太陽放射フラックスの基準値とした．さらに，この時の黒い花と白い花の面積比は

$$x_b = \frac{1}{2}\left[(1-x_g) - \frac{(1-a_g)(F-F_0)}{\Delta a(F-q)}\right], \quad x_w = \frac{1}{2}\left[(1-x_g) + \frac{(1-a_g)(F-F_0)}{\Delta a(F-q)}\right] \tag{3.4.13}$$

と書ける．

惑星の放射平衡温度 T_e を F の関数として描いたものが図 3.4.1 である．裸地のみの解は，図の直線 ab および直線 gh である．黒い花のみの解は曲線 bcd だが，実際に実現される安定な分岐は曲線 cd の部分である．同様に白い花のみの解曲線は efg で，うち ef が安定である．(3.4.11)式で与えられる両方の花が共存する解は曲線 de である．

図 3.4.1 を見ながら，太陽放射がゆっくり増加した場合の惑星表面の変化を考察しよう．はじめ全体が裸地であり，F の増大とともに T_e も増加する（直線 ab）．やがて T_e が十分高くなり，黒い花が咲くことによって $T_b > T_* - \Delta T$ が満たされるようになると(b)，黒い花は一気に惑星表面に広がり，惑星アルベドが低下して，T_e は急増する．その結果，解は d にジャンプする[2]．すると，白い花も開花できるようになり，両方の花の共存によって T_e はほぼ一定に保たれる（曲線 de，実際には，(3.4.11)式にしたがって F とともに T_e はゆっくり減少する）．この間，F の増大とともに白い花の占める面積が広くなっていき，最後には花はすべて白い花となる[3] (e)．すると，F とともに T_e は再び増加するようになり，やがて T_e は高くなりすぎてすべての花は消え失せ(f)，解は h にジャンプして，灼熱の裸地となる．

このように黒い花と白い花が共存することによって，太陽放射の変動に対して惑星の放射平衡温度は自己制御されているかのように振舞

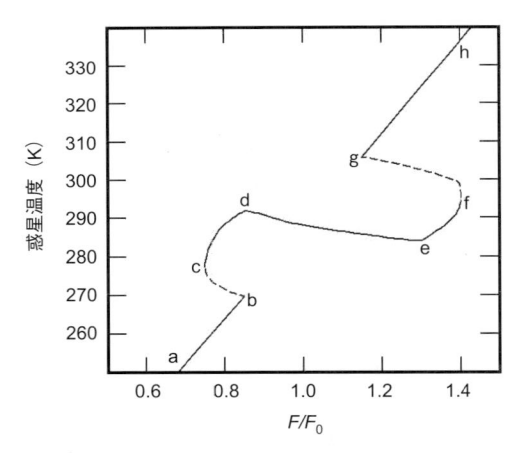

図 3.4.1 デイジーワールド：太陽放射 (F/F_0) に対する惑星温度の変化．実線が安定解，破線は不安定解．中央のゆるやかに変化する実線部分が黒い花と白い花が共存して，惑星環境を安定化させている領域．なお，(3.4.5)式で，$T_* = 288$ K，$\Delta T = 10$ K として作図した．

---

[2] 曲線 cd 部分は F を上昇させる場合には実現されない解であり，F を減少させる場合にのみ実現される．
[3] 白い花と黒い花が共存する間は，(3.4.10)式に従って一定の割合が裸地として残る．読者には白・黒の花の面積変化のグラフを書くことを勧める．

う．こうした挙動は，単純化のために行った細かい仮定には依存しない．

ガイア仮説（Lovelock, 1995）に対する初期の反対意見は，生命圏が自己を快適な条件に保つために惑星環境を調整するには，予測能力のような知性を必要とするというものであった．しかし，デイジーワールドのモデルは仮想的ではあるが，知性に拠らず生命圏が惑星環境を調整し得ることを明確に示すものである．

ここでデイジーワールドを氷-アルベドフィードバックと対比させてみよう．デイジーワールドでは，より低温側に生育好適条件をもつ黒い花が小さいアルベドをもつために，その繁茂が惑星の放射平衡温度を上昇させ，白い花の生存を可能にしている．そして黒い花と白い花が協調して両者の比を調整し，放射平衡温度を好適な値に保っている．一方，氷-アルベドフィードバックでは，低温側で形成される氷床は高いアルベドをもつため，放射平衡温度をいっそう低下させる．逆に氷が融けるとアルベドが一気に減少し，放射平衡温度が高くなる．つまり，氷-アルベドフィードバックは全球凍結解か無氷床解に陥りやすいシステムであることがわかる（3.2.1，3.2.2小節参照）．デイジーワールドでは，黒い花が低温を好むという恣意的なモデル設定によって，たまたま惑星の放射平衡温度が安定化されていると批判できよう．だが，重要な点は，花の温度の好みが遺伝子の変異と淘汰によって，進化的な時間で動き得るということである．ここに生命が関与するモデルの面白さがある[4]．

3.4.2 長期炭素循環における生命の役割：風化を介して

3.3.5小節では熱塩循環の特徴的な時間スケール（1.5 kyr）での炭素循環を見た．ここでは，より長い地質学的な時間スケール（おおよそ数十万年以上）における炭素循環を概観し，**風化作用**（weathering）を通じて生命が果たす役割を示す．このような長い時間スケールでは，大気と海洋は1つの結合系（**大気-海洋系**：atmosphere-ocean system）として振る舞い，固体地球との間で炭素のやり取りをするとみなされる．

大気-海洋系における炭素の質量収支を単純化して考えてみよう（詳しくは田近, 2002）．固体地球からは，火成活動に伴う**脱ガス**（degassing）および炭酸塩鉱物や有機炭素の**変成作用**（metamorphism）によって，CO_2が大気-海洋系に放出されている．その全放出率をF_Vとおく．大気-海洋系の炭素は炭酸塩鉱物および有機炭素として沈殿・埋没して除去される．炭酸塩鉱物の沈殿率をF_B^{Ca}，有機炭素の埋没率をF_B^{Org}とおく．陸域の炭酸塩鉱物や有機炭素は，風化によって，大気-海洋系に炭酸水素イオン（HCO_3^-）として運ばれる．炭酸塩鉱物の風化率をF_W^{Ca}，有機炭素の風化率をF_W^{Org}とおく．

以上より，大気-海洋系の炭素量（M_{AO}）の収支が与えられる．地質学的な時間スケールでは収支がつねに釣り合って推移（準定常的変化）すると考えると，

$$\frac{dM_{AO}}{dt} = F_V + (F_W^{Ca} - F_B^{Ca}) + (F_W^{Org} - F_B^{Org}) = 0 \tag{3.4.14}$$

となる．注意すべきは，dM_{AO}/dtがほぼゼロでも，地質学的な時間スケールではM_{AO}は決して

---

[4] 「緑のサハラ」問題（3.4.4小節）もデイジーワールドと密接に関係する．

一定ではなく，つねに(3.4.14)式の第2等式が成り立つように準定常的に増減しているということである．

カルシウムを含む珪酸塩鉱物の風化もまた，炭素循環に大きな影響を与える（その風化率を F_W^{Si} とする）．珪酸塩と炭酸塩の風化反応をそれぞれの代表的な鉱物について掲げると，

$$CaAl_2Si_2O_8 + 2CO_2 + 3H_2O \rightarrow 2HCO_3^- + Ca^{2+} + Al_2Si_2O_5(OH)_4 \quad (3.4.15)$$
$$CaCO_3 + CO_2 + H_2O \rightarrow Ca^{2+} + 2HCO_3^- \quad (3.4.16)$$

である．ともに，大気の CO_2 を吸収し，Ca^{2+} が溶出して HCO_3^- とともに海洋にもたらされることに注意しよう[5]．海洋では(3.4.16)式の逆反応で炭酸塩鉱物が沈殿する（F_B^{Ca} が沈殿率で，正味の風化率は $F_W^{Ca} - F_B^{Ca}$ である）．つまり，炭酸塩の風化で吸収された大気 CO_2 は海洋に運ばれ炭酸塩鉱物の沈殿の際に放出されて差し引きゼロとなるが，珪酸塩鉱物の風化で吸収された大気 CO_2 は，放出されるのは半分で，残り半分は沈殿物に取り込まれる（珪酸塩鉱物の風化による正味の CO_2 吸収）．海水中の Ca^{2+} の質量（M_O^{Ca}）の収支もまた準定常的に保たれているとすると，

$$\frac{dM_O^{Ca}}{dt} = F_W^{Si} + (F_W^{Ca} - F_B^{Ca}) = 0 \quad (3.4.17)$$

が成り立つ．さらに(3.4.14)，(3.4.17)式より

$$\frac{dM_{AO}}{dt} = F_V - F_W^{Si} + (F_W^{Org} - F_B^{Org}) = 0 \quad (3.4.18)$$

を得る．これは，珪酸塩鉱物の風化による正味の CO_2 吸収が，火山ガスの放出および有機炭素の正味の風化による CO_2 供給と釣り合っていることを意味する．

有機炭素の収支差は大気の酸素分圧（P_{O_2}）を変化させるため，O_2 を介したフィードバックがかかる．古土壌の酸化度や，赤色砂岩・ウラン鉱床の形成などのデータから地球大気の P_{O_2} は2.3 Ga に急増したと考えられている．これは光合成活動が盛んになるとともに生成された有機物の埋没率 F_B^{Org} が増加したことを意味している（3.4.5小節参照）．大気中の P_{O_2} の増加とともに有機物の風化率 F_W^{Org} が高くなり，やがて F_W^{Org} と F_B^{Org} はほぼ拮抗するようになる．このような状況では，CO_2 の放出率 F_V と珪酸塩鉱物の風化率 F_W^{Si} が釣り合うようになる．

さて珪酸塩鉱物の風化率は，温度が高いほど大きくなり，実効的な風化反応の活性化エネルギー（1 mol あたり）を E_a とすると，近似的に

$$F_W^{Si} \propto \exp\left(-\frac{E_a}{RT}\right) \quad (3.4.19)$$

と書ける（E_a は数十 kJ mol^{-1} 程度）．実際の風化率は，河川流量や生物活動などにも影響されるが，基本的にはこの式にしたがって温度上昇とともに指数関数的に増加することが期待される．

すると次のような負のフィードバックが想定される．大気 CO_2 分圧が減少すると温室効果が弱まって地表面気温が下がり，珪酸塩鉱物の風化率が小さくなる．とくに氷床に覆われた大陸では風化は極めて小さくなる．この結果，(3.4.18)式に不釣り合いが生じ，放出された CO_2 が余る．このため，大気 CO_2 分圧は増加する．逆に大気 CO_2 分圧が増加すれば風化率は増し，大気 CO_2 分圧は減少する．このようにして，大気の CO_2 分圧は安定に保たれる．このメカニズムは提唱者の名前を冠して**ウォーカーフィードバック**（Walker feedback）と呼ばれている（Walker

---

[5] ほかに石膏（$CaSO_4$）の風化によっても Ca^{2+} は海洋に供給される．

et al., 1981).

　この風化率の調整には生命が強く関与している．新鮮な溶岩原のように植生がほとんど無い場合に比べ，植生があって土壌が発達している場合の方が，同じ温度であっても局所的な風化率は桁違いに大きい．これは，(3.4.19)式の E_a が植生の存在によって大きく低下することを意味する．よってウォーカーフィードバックによって決まる大気 CO_2 分圧は，陸上生物がほとんど存在していなかった時代に比べ，陸上に生物が進出した時代以降は著しく低下したと考えられる．生命が陸上へ進出した時期を分子系統学的に推定すると，地衣類[6]は 1 Ga まで遡り，陸上植物も 700 Ma には登場したと推定されている (Heckman et al., 2001)．原生代後期 (750-600 Ma 頃) には，地衣類や植物の進出が，当時赤道付近にあった超大陸の風化率を高めたため，大気 CO_2 分圧が下がって，全球凍結が引き起こされたという仮説もある (Heckman et al., 2001)．

3.4.3　光合成の進化と役割

　この小節では，生命活動の本質である光合成の素過程と進化を紹介し，生命活動が大気組成を変化させることで地球環境をどのように調整しているかを考察する．詳しくは Beering and Woodward (2001) を参照していただきたい．

　地上生命圏は，植物が行う**光合成**（photosynthesis）活動によって支えられている．植物の光合成は，太陽光を使って CO_2 と H_2O からグルコースを生成する反応で，その過程で O_2 を放出する：

$$6CO_2 + 6H_2O \xrightarrow{光} C_6H_{12}O_6 + 6O_2 \qquad (3.4.20)$$

これは酸素呼吸の逆反応であり，ほとんどすべての生物は究極的には光合成生産物に頼って生きている[7]．石炭・石油・天然ガスといった化石燃料も究極的には光合成産物であり，地質学的な時間スケールで生成され地下に眠っていたそれを，人類が数百年という短期間で消費しているのである．CO_2 と H_2O という地表に大量にある原料と太陽エネルギーを使った光合成は，SELIS を支える最も重要な反応といっても過言ではない．

　光合成が行われるのは，細胞内小器官の一種である**葉緑体**（chloroplast）である．葉緑体は包膜で囲まれ，内部にチラコイド膜と呼ばれる膜構造をもち，2つの膜の間の基質はストロマと呼ばれる．

　光合成反応は，チラコイド反応とカルビンサイクルから構成される[8]．チラコイド反応は色素であるクロロフィルの介在によって，太陽の光エネルギーと H_2O から供給される電子とを利用して化学エネルギー（ATP）と還元力（NADPH）を生成する反応で，チラコイド膜上で行われ

---

[6] 藻類と菌類の共同体で，藻または菌単独では作らない有機酸を代謝産物として生ずる．藻類が光合成を行い，菌類が構造を作っている．

[7] 海底熱水活動域では，海底から供給される物質の化学エネルギーと還元力，すなわち地球内部エネルギーに依存した地表とは別の生命圏が存在する．また，太陽エネルギーに依存しない地底生命圏の存在も示唆されている．

[8] かつてはチラコイド反応は明反応，カルビンサイクルは暗反応とも呼ばれた．また，カルビンサイクルはカルビン-ベンソンサイクル，または還元的ペントースリン酸回路とも呼ばれる．

ている．カルビンサイクルは，ATP と NADPH を使って，後述の酵素ルビスコの介在によって CO_2 を有機物に取り込み還元するサイクル反応で，ストロマにおいて行われている．

光合成の進化

まず光合成の進化を概観しておこう．光合成は 3 Ga 以前にバクテリアによって開始されたと推定されている．現生のバクテリアのうち，紅色硫黄細菌，緑色硫黄細菌，クロロフレクサスなどは，電子供与体として H_2O を使うことができずに，H_2 や S^{2-} を使った酸素非発生型の光合成を行っている．一方，**シアノバクテリア**（cyanobacteria）は，光化学系 I と光化学系 II という 2 つのユニットで構成されるチラコイド反応電子伝達系をもち，植物と同じ酸素発生型光合成を行っている．光化学系 I は緑色硫黄細菌の反応中心（クロロフィル・タンパク質複合体）と類似し，光化学系 II は紅色硫黄細菌やクロロフレクサスの反応中心と類似していることから，両方の反応中心が合体して酸素発生型光合成システムができあがったと推定されている（伊藤・岩城，1995）．ドーム形態の縞状堆積岩である**ストロマトライト**（stromatolite）の一部は，シアノバクテリアを主体とするバクテリア集団の浅い海の海底での活動によって形成されたと考えられている．浅海ストロマトライトの堆積年代から少なくとも 2.7 Ga にはシアノバクテリアが活動していたと考えられている[9]．

約 2 Ga には，α プロテオ細菌の細胞内共生によって呼吸器官であるミトコンドリアをもつ真核生物が誕生し，さらにそこにシアノバクテリアが細胞内共生して，光合成器官である葉緑体をもつ植物が生じたと考えられている．ただし，共生の過程は複雑で，この共生によって生じた真核藻類がさらに他の原生生物に二次共生することで生まれた葉緑体も存在する．

植物が地上に進出したのは，胞子の化石などから 480 Ma（オルドヴィス紀前期）以前だと推定されている．前小節で触れたように，分子系統学からは，おそらく原生代のうち（540 Ma 以前）には植物が地上に進出していた可能性が高い（Heckman et al., 2001）．シルル紀から石炭紀（440-300 Ma）にかけて，陸上植物の維管束の獲得とそれに伴う大型化が進み，シダ植物や裸子植物などの大森林が形成された．花を咲かせる被子植物は 140 Ma 頃（白亜紀前期）になって登場した．また，それまでの植物（C_3 植物）に対して，より低 CO_2 分圧で乾燥した環境に適応できる，C_4 光合成経路による代謝を行う植物（C_4 植物）が遅くとも白亜紀に登場し，7 Ma 頃から急速に拡大したらしい．C_4 植物は被子植物の広範な分類群に点在することから，多くの被子植物が潜在的に C_4 光合成経路による代謝を行う遺伝子をもっていて，そのスイッチがいくつかの系統で独立にオンとなったと考えられる．

光合成反応過程

光合成の反応過程についてもう少し詳しく見てみよう．

チラコイド反応は C_3 植物，C_4 植物ともに共通である．チラコイド反応は電子伝達系と ATP 合成系に分けられる．電子伝達系では，チラコイド膜上の光化学系 II，チトクロム b/f，および光化学系 I と呼ばれる 3 種のタンパク質複合体を主要経路として電子が運ばれる．光化学系 II に

---

[9] シアノバクテリア様の微化石は，さらに古い地層からも見つかっているが，形態的類似性だけで酸素発生型光合成を行っていたとするのは異論が多い．

おいてクロロフィルによる光化学反応で生成された電子がチトクロム b/f に受け渡される際に H^+ をチラコイド膜内部に運び込む．さらに電子が光化学系 I に受け渡され再び光化学反応で励起されニコチンアミドジヌクレオチドリン酸（NADPH）を生産する．電子を失った光化学系 II には H_2O の分解により電子が供給され，その際 O_2 と H^+ がチラコイド膜内部に放出される．ATP 合成系では，電子伝達系の働きで濃度が上昇したチラコイド膜内の H^+ が，チラコイド膜上の ATP 合成酵素を通過してストロマに流出する際にアデノシン三リン酸（ATP）が合成される．

一方，カルビンサイクルは，気孔から取り込まれた CO_2 が，拡散により葉緑体のストロマに運ばれることで進行する．

C_3 植物では，葉肉細胞の葉緑体において，CO_2 固定酵素であるリブロース二リン酸カルボキシラーゼ／オキシゲナーゼ（略称**ルビスコ**：RuBisCO）の触媒作用により，リブロース二リン酸（RuBP）は CO_2 を受容しカルボキシル化される．生成物は直ちに加水分解されホスホグリセリン酸になる．その後，チラコイド反応により生成された ATP と NADPH を使ったサイクル反応によって，糖合成の原料となるトリオースリン酸やフルクトース 6-リン酸が合成されるとともに，ATP を消費して RuBP が再び用意される．

一方，C_4 植物では，葉肉細胞の葉緑体において，C_4 ジカルボン酸サイクルというサイクル反応が追加されている．この反応では，ホスホエノールピルビン酸カルボキシラーゼの触媒作用で，CO_2 はホスホエノールピルビン酸（PEP）に結合されオキサロ酢酸となる．それがリンゴ酸を経てピルビン酸になる際に CO_2 は放出（脱カルボキシル化）され，ピルビン酸は酵素の作用で再び PEP に戻る．リンゴ酸の脱カルボキシル化により放出された CO_2 が維管束鞘細胞の葉緑体に運ばれカルビンサイクルのルビスコに渡される．つまり C_4 ジカルボン酸サイクルは CO_2 の濃縮の役割を担っている．実際，維管束鞘細胞でのルビスコ周囲の CO_2 濃度は C_3 植物の 10 倍以上に達する．この濃縮サイクルによって，C_4 植物は低い CO_2 分圧下でも効率良く光合成を行うことができる．

光合成速度

SELIS において重要な光合成過程をモデルに組み込むために，光合成速度を化学反応速度論に基づいて与える方法を述べる．C_3 植物，C_4 植物ともに，ルビスコの触媒作用によって，RuBP はカルボキシル化され，直ちに加水分解されて 2 分子のホスホグリセリン酸（PGA）となる[10]：

$$\text{RuBisCO} + CO_2 \underset{K_C}{\rightleftarrows} \text{RuBisCO-}CO_2$$
$$\text{RuBisCO-}CO_2 + \text{RuBP} \underset{k}{\overset{H_2O}{\rightarrow}} 2\text{PGA} + \text{RuBisCO} \quad (3.4.21)$$

ここで，K_C はカルボキシル化中間体の分解反応の平衡定数で

$$K_C = \frac{[\text{RuBisCO}][CO_2]}{[\text{RuBisCO-}CO_2]} \quad (3.4.22)$$

であり，k は加水分解反応の反応速度定数である．

光合成反応を律速する過程が，カルビンサイクルの場合と，チラコイド反応の場合に分けて，

---

[10] C_3 植物とは，ルビスコ反応の生成物であるホスホグリセリン酸の炭素数が 3 であることで命名された．同様に C_4 植物とは，PEP カルボキシラーゼ反応の生成物であるオキサロ酢酸の炭素数が 4 であることにちなむ．

光合成速度を求める．まず，RuBP が十分に存在して，カルビンサイクルが反応を律速する場合を考えよう．全ルビスコ濃度は $E_0 = [\text{RuBisCO}] + [\text{RuBisCO-CO}_2]$ であるので，ルビスコ酵素作用下での RuBP のカルボキシル化の反応速度は

$$v_\text{C} = k[\text{RuBisCO-CO}_2][\text{RuBP}] = \frac{v_\text{C,max}[\text{CO}_2]}{K_\text{C} + [\text{CO}_2]} \tag{3.4.23}$$

と書ける．ただし，$[\text{CO}_2]$ は葉緑体ストロマ内の溶存 CO_2 濃度，$v_\text{C,max} = kE_0[\text{RuBP}]$ は，$[\text{CO}_2]$ が十分高い極限での v_C の最大値である．(3.4.23)式は化学反応論において Michaelis-Menten の式として知られる．K_C は $v_\text{C} = v_\text{C,max}/2$ となる $[\text{CO}_2]$ となることがわかる．

実はルビスコは，カルボキシル化反応だけでなく，酸素化反応も触媒する．酸素化反応の生成物はグリコール酸サイクルを通じて PGA に再生される．この際に酸素化反応が 2 回起こる度に CO_2 を 1 分子放出するため，**光呼吸**（photorespiration）と呼ばれ，光合成を阻害する．また，CO_2 と O_2 はルビスコ上で RuBP をめぐって競争するため，このことも光合成の抑制に働く．

そこで，この競争による光合成の抑制効果を定式化する．酸素化反応を考慮すると全ルビスコ濃度は $E_0 = [\text{RuBisCO}] + [\text{RuBisCO-CO}_2] + [\text{RuBisCO-O}_2]$ となる．これより，(3.4.23)式を書き直すと，酸素化との競合のもとでの RuBP のカルボキシル化の反応速度は

$$v_\text{C} = \frac{v_\text{C,max}[\text{CO}_2]}{K_\text{C}\left(1 + \frac{[\text{O}_2]}{K_\text{O}}\right) + [\text{CO}_2]} \tag{3.4.24}$$

と書ける．ここで，K_O は光呼吸における酸素化された中間体の分解反応（(3.4.21)式の上段の反応式で両辺の CO_2 を O_2 に置き換えたもの）の平衡定数で，

$$K_\text{O} = \frac{[\text{RuBisCO}][\text{O}_2]}{[\text{RuBisCO-O}_2]} \tag{3.4.25}$$

である．(3.4.24)式より，ストロマ中の酸素濃度 $[\text{O}_2]$ が増すと RuBP のカルボキシル化が阻害されることがわかる．

さらに，光呼吸による CO_2 の放出を差し引いた正味の RuBP のカルボキシル化速度は，RuBP の酸素化反応速度を v_O として，

$$v_\text{C,R} = v_\text{C} - \frac{1}{2}v_\text{O} = \frac{v_\text{C,max}}{K_\text{C}\left(1 + \frac{[\text{O}_2]}{K_\text{O}}\right) + [\text{CO}_2]}\left[[\text{CO}_2] - \frac{[\text{O}_2]}{2\tau}\right] \tag{3.4.26}$$

と書ける．ここで $\tau = v_\text{C,max}K_\text{O}/(v_\text{O,max}K_\text{C})$ は特異性係数と呼ばれ，およそ 80 程度の値で，温度依存性がある．ただし，$v_\text{O,max}$ は $[\text{O}_2]$ が十分高い極限での v_O の最大値である．

以上ではカルビンサイクルが光合成を律速する場合を考えたが，以下では，RuBP を再生するチラコイド反応が光合成を律速する場合を考える．RuBP の再生速度はチラコイド反応の電子伝達速度 J に依存する．これによって律速される場合の正味の RuBP のカルボキシル化速度は

$$v_\text{C,J} = \frac{J}{4\left([\text{CO}_2] + \frac{[\text{O}_2]}{\tau}\right)}\left[[\text{CO}_2] - \frac{[\text{O}_2]}{2\tau}\right] \tag{3.4.27}$$

となる（例えば，Beering and Woodward, 2001）．ここで J の与え方にはいろいろある．最も簡便な方法は，S を入射光量，α_p を単位光量あたりの電子生成量として，

$$J = \left(\frac{1}{J_{\max}^2} + \frac{1}{\alpha_p^2 S^2}\right)^{-1/2} \tag{3.4.28}$$

とするものである．ここで，$J_{\max}$ は経験的に $v_{C,\max}$ の 1 次関数として与えられる．

以上から，正味の RuBP のカルボキシル化速度（すなわち光合成速度）は $v_{C,R}$ と $v_{C,J}$ の小さい方となる．一方，これは CO_2 の拡散による供給速度と釣り合っていなければならない．この拡散供給速度はストロマ中の $[CO_2]$（分圧単位とする）と大気中の CO_2 分圧 P_{CO_2}，および気孔からストロマまでの輸送係数（CO_2 に関するコンダクタンス）g によって与えられる．正味のカルボキシル化速度と CO_2 の拡散供給速度が一致するとして次式を得る：

$$\min(v_{C,R}, v_{C,J}) = \left(\frac{P_{CO_2} - [CO_2]}{P}\right)g \tag{3.4.29}$$

ここで P は大気圧である．これにより $[CO_2]$ が求められ，個葉に関しては生理学の素過程に基づいた光合成速度の式が得られる．

化学反応速度論にもとづいた光合成モデルの気候モデルへの応用については，Beering and Woodward (2001) に豊富な実例が述べられているので参照されたい．マクロな気候モデルに陸域植生モデルを組み込むには，(3.4.29)式のパラメータを植物の種類ごとに確定させ，さらに植生分布に応じて総和をとって最終的にマクロ方程式に帰着させねばならない．しかし，これは実現が困難である．そこで，現在のところ，気候モデルでは 3.4.5 小節の (3.4.30) 式のような近似式が使われることが多い．しかし，大気 CO_2 分圧に対して光合成速度がどのように振る舞うかは地球温暖化の将来予測においても鍵を握る部分である．今後は，上述の個葉レベルの生物物理の素過程に立脚し，それを植生分布にまで整合的に組み込むモデル化が望まれる．

気候と光合成進化

光合成がからんだ興味深い事象として，約 300 Ma の石炭紀の氷河時代について簡単に見てみよう．

地球は過去 10 億年の間に，少なくとも 3 回，長期間極が氷床に覆われた寒冷な時代を経験している．それぞれの時代は，原生代後期（800-600 Ma），石炭紀後期からペルム紀前期（330-280 Ma），それに新生代後期（36 Ma から現在）である．このうち石炭紀からペルム紀にかけての寒冷期には，現在の寒冷期と同様，氷床が全球に広がることは無く，氷期・間氷期サイクルがあったらしい（Witzke, 1990）．

石炭紀からペルム紀にかけて，ほとんど大陸は 1 つに集まりパンゲア超大陸をつくっており，その東にシベリアや中国，インドシナなどの小大陸が連なって，古テーチス海という温暖な地中海を囲んでいた．残りの半球は超海洋パンタラサが広がっていた．古気候学的解析によれば，パンゲア大陸の南半球側は多雨な熱帯の高木森林が広がり，そこで大量の石炭が生成されたらしい．**リグニン**（lignin）[11] を多く含む植物群が卓越した結果として有機物の分解速度が減少したことも，石炭の埋蔵量を増加させる原因になったと考えられる．これによって，石炭紀後期からペルム紀前期に大気中の CO_2 分圧は減少し，O_2 分圧が 35% と現在の 1.7 倍程度もあったと予想

---

11) 高等植物の木質に含まれる高分子のフェノール性化合物．白色腐朽菌と呼ばれる担子菌（いわゆるキノコを含む菌類の一群）の一部しか分解できない．

されている．これは羽を広げた長さが75 cmに達するトンボ（*Meganeura*）など巨大な昆虫が生息したことからも支持される．昆虫の呼吸は拡散によって律速されるため，その巨大化には高い大気 O_2 分圧が必要とされるのである（Graham et al., 1995）．

このような高 O_2 分圧・低 CO_2 分圧のもとでは，前項の議論からルビスコのカルボキシル化が阻害されると予想される．実際，大気中の O_2 濃度が 35 %，CO_2 分圧は 360 ppm（現在とほぼ同じ）とすると，光呼吸／光合成速度比は 0.5 を超える．これは現在の値 0.18 に比べてきわめて高い．このことは，石炭紀からペルム紀にかけて，純一次生産量（NPP）は現在よりかなり低く抑えられたことを意味する．CO_2/O_2 濃度比が小さかったことが，そのような環境に有利な C_4 光合成経路をもつ植物の進化に寄与したとの研究もある（Wright and Vanstone, 1991）．この例をはじめとして，生物進化と気候の長期変動の相互作用は今後注目すべきテーマである．

3.4.4 水循環を介した気候変動と生命圏の相互作用

生命にとって水は不可欠であり，水循環は生命活動を強く規定する．一方，生命圏は水循環の調整を通じて気候システムに影響を与える．本節では，水循環を介した相互作用を取り上げよう．

海水準変動と生物地理

地表の水の大部分は海にあるが，その一部が極域の氷床を形成するため，氷期には海水準が低下する．21 ka の最終氷期極大期には，海水準は今より 120 m 程度低かった．現在の海水面に対して −130 m から +10 m 程度の範囲の海水準変動は，おおまかには氷期・間氷期サイクルに連動して，第四紀氷河時代を通じて繰り返されたことが確認されている．さらに長い変動を見ると，海水準は，白亜紀中頃（約 100 Ma）に現在と比べて 250 m 程度高かった時代以降，低下傾向にあることが知られている．このような長期変動には，氷床量だけでなく，海水温変化に伴う体積変化や，プレート生成率の変化に伴う海洋底の形状変化などが影響していると考えられる．

海水準の変動により陸地の形は変化する．約 20 ka の低海水準期，日本周辺では，対馬海峡と間宮海峡は閉じていて，日本列島とサハリンは大陸と陸続きであった．また黄海や東シナ海西部も陸地であった．世界的には，スンダランド（インドシナ／マレー半島，スマトラ／ジャワ／カリマンタン島に囲まれた海域），アラフラ海（オーストラリアとニューギニア島の間の海域），ベーリング海峡，北海（ヨーロッパ大陸とイギリス諸島の間の海域）が広大な陸地であった．

第四紀氷河時代の海水準変動は，地理的条件の変化に伴う，遺伝子の交流と隔絶を通じて生物の種分化に強い影響を与えている．氷期極大期の低海水準の期間においても両岸が連結していなかった深い海峡が，現在の生物地理の分布境界線となっている．例えば，インドネシアのバリ島とロンボク島の間にあるロンボク海峡からカリマンタン島とスラウェシ島の間にあるマカッサル海峡を結ぶ線は，生物地理区の東洋区とオーストラリア区を分ける境界となっており，**ウォーレス線**（Wallace's Line）と呼ばれている[12]．

氷期に海岸線が後退し，間氷期は別々であった河川が 1 つの水系をなしたことで，淡水魚の遺伝子交流が実現された．例えば，中国大陸から流れ出る河川は，氷河期には陸となっていた東シ

ナ海を流れ，九州からの河川を支流として取り込んでいた．このような状況の下，淡水魚のコイ・ドジョウ類などが大陸から日本に進出したと考えられる．

氷期・間氷期サイクルに伴う降水の変化は，陸域植生にも大きな影響を与える．例えば，氷期に対馬海峡が閉じたことで，日本海への暖流の供給が止まり，日本海側の降雪量が少なくなった．これが氷期の植生分布が現在と異なる要因の1つとなっている．例えば，現在，北日本の日本海側に広がるブナ林は，後氷期になって冬季の降雪量が増加するようになってから形成されたものである．

植生と気候の相互作用

このように海水準変動というチャンネルだけを通じても，長期気候変動は生命圏にさまざまな影響を与えることがわかる．しかし，さらに重要なことは，生命圏から気候への反作用，つまり生命圏を通じた気候フィードバックが SELIS を特徴づけている点である．以下では植生と気候の相互作用について考えよう．

ケッペンの気候区は気候と植生の関係を全球にわたって定量的に示した最初の仕事であった (Köppen, 1936). Prentice et al. (1992) は，いくつかの気候指標（有効積算温度[13]，最寒月・最暖月の平均気温，実蒸発散量／可能蒸発散量）の範囲に応じて13の**植物機能型**（plant functional type）を分類し，大気モデルで得られた気候と平衡にある植生を地域ごとに計算できる BIOME モデルを開発した．さらに，近年，気候変動に応じて植生分布・構造を動的に変化させる**動的全球植生モデル**（dynamic global vegetation model：DGVM）が構築されはじめている (Steffen et al., 1992). これらを GCM と結合させることで，植生変化を通じたフィードバックを明らかにすることができる．その一例として，大気植生結合モデルで見いだされた西サハラ地域における大気-植生系の多重平衡解について概説しよう．

「緑のサハラ」問題

現在のサハラ地域は世界最大の砂漠であるが，9 ka から 6 ka の完新世中期にはこの地域は現在より湿潤で，その多くの部分が植生に覆われていたという証拠がある (Hoelzmann et al., 1998). サハラ砂漠の中央，リビア・アルジェリアの南部に広がるタッシリ・ナジェールの岩山には，生い茂る植物とそこに憩うキリンやゾウ，スイギュウなどの大型野生動物の壁画が残されており，6 ka 以前の「緑のサハラ」の存在を今に伝えている．西アフリカは大西洋に近く，モンスーン循環（海陸風）が運ぶ水蒸気が降水をもたらしても不思議はない．しかし，亜熱帯に位置するため，ハドレー循環の下降帯に入って，降水が強く抑制され砂漠となっていると考えられている．完新世中期には，ミランコビッチサイクル（3.2.3小節）を考えると，現在より北半球夏季の日射は強かった（図 3.6.1(e) 参照）．このことはハドレー循環とモンスーン循環の相対的な強さの関係が現在と異なっていた可能性を示唆する．完新世中期の「緑のサハラ」の存在をこの

---

12) より長い時間スケールで見ると，ゴンドワナ超大陸の分裂後，孤立したまま北上する間に独自の生物相を育んだオーストラリア大陸が，近年になってアジア大陸に接近し，インドネシアにおいて交流が開始されたと捉えられる．

13) 日平均気温と基準温度の差（有効温度）が正になる場合のみ，有効温度を積算したもの（℃·day，ディグリーデイとも呼ばれる）．

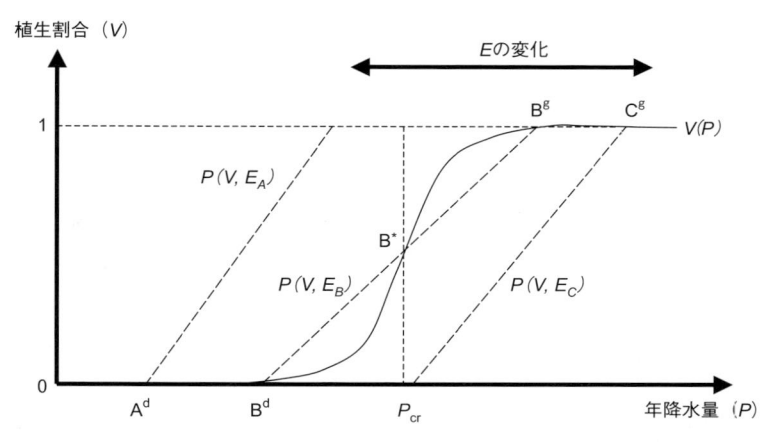

図 3.4.2 「緑のサハラ」モデルの概念図．横軸に年降水量 P, 縦軸に植生割合 V をプロットした．実線が P に応じて決まる $V(P)$, 破線が外部環境 E と V で決まる $P(V, E)$ で，両者の交点が平衡状態を示す．E の変化に応じて 3 つの $P(V, E)$ を示した．うち，完新世中期に相当するのが E_C, 現在が E_B である ($E_A < E_B < E_C$)．上付き添字 g がついた平衡点が「緑のサハラ」解，d が「砂漠のサハラ」解，* が不安定平衡解を示す．Brovkin et al. (1998) Fig. 2 に基づく．

方向で探ってみよう．

Claussen (1997) は，全球 AGCM モデル (ECHAM, 水平解像度 5.6° 四方，つまり 600 km 四方) を植生モデル (BIOME) と結合させ，次のような実験を行った．まず，現在の軌道要素，海表面温度分布に基づいた大気側の計算を，ECHAM を使って 30 年間行い，それを BIOME の入力として植生分布を求めた (コントロールラン)．これは現実の植生分布と細部を除いてほぼ一致した．次にコントロールランの植生分布によって決まる地表面条件 (アルベド，LAI, 植生被覆率，粗度 (roughness)) を ECHAM に組み入れて大気計算を行い，その結果を再び BIOME の入力として新たな植生分布を求めた．以上のような繰り返し計算を何度か行ったが，大きな植生分布の変化は見られなかった．最後に，コントロールランの植生分布を"あべこべ"にした (例えば，砂漠と熱帯林を入れ替えるなどした) 異常な植生分布を出発状態として，現在の軌道要素，海表面温度分布の下に再び大気側の計算と植生分布決定のための繰り返し計算を行った．その結果，世界の多くの地域ではほぼ正常な植生分布に回帰したが，西サハラ，アラビア半島，インド・パキスタン地域では砂漠に植生 (灌木・草原) が残ったまま維持された．

この実験結果は，大気-植生結合系が現在の条件下では 2 つの異なる平衡解をもつことを示唆している．1 つは現在の植生分布に近い「砂漠のサハラ」状態，もう 1 つは西サハラなどが植生に覆われる「**緑のサハラ** (Green Sahara)」状態である．さらに Claussen and Gayler (1997) は，今から 6 ka の完新世中期の条件下 (現在より北半球で夏の日射が強い) で同様の実験をしたところ，砂漠状態あるいは熱帯林状態のいずれから出発しても，1 つの解，「緑のサハラ」状態しか得られないことを見いだした．

サハラの気候に多重性があるというこの「緑のサハラ」問題は，次のような考察によって定性的に理解できる (Brovkin et al., 1998, 図 3.4.2 参照)．植生の割合を V とし，ある適当な季節に何らかの植生が地面を覆っている割合とする．残り $1-V$ は裸地 (砂漠) である．サハラ砂漠周

辺はハドレー循環の下降流が強い地域であるため，植生を決定するおもな要因は降水量と考えられる．そこで簡単に，V は年降水量 P のみの関数とする．$V(P)$ は単調増加関数で，しかも，植生の生育条件で決まる P_{cr} 前後で 0 に近い値から 1 に近い値に比較的急激に増加するとする（図 3.4.2 の実線）．一方，年降水量 P は，外的な気候条件 E（ここでは具体的には夏季日射量と考える）と V によって決まると仮定する．$P(V, E)$ は V に対して単調増加関数であることが予想されるが，ここではさらにその関係は直線的だと近似し，その傾きと切片は E に依存して決まると考える（図 3.4.2 の破線）．夏季日射量が増加すると，モンスーン循環が強化されてハドレー循環による抑制効果を上回ることから，夏季の降水量が増え，同じ V で比較すれば，P が増えると期待される．よって $P(V, E)$ は E に対しても単調増加関数と仮定する．

以上の概念モデルを使って AGCM 実験の結果を解釈してみよう．外的な気候条件 E によって $P(V, E)$ は変化する．AGCM 実験の結果は，現在でも「緑のサハラ」解が安定であることを示唆している．よって，現在の気候条件（E_{B}）では 3 つの平衡解（2 つの関数の交点）が存在するはずである（図 3.4.2 の B）．このうち B^{d} は「砂漠のサハラ」状態，B^{g} は「緑のサハラ」状態に対応する．B^{*} は不安定平衡解である．つまり，植生量が少なければ降水量も少ない「砂漠のサハラ」が平衡となり，植生量が多ければ降水量も増えて「緑のサハラ」が平衡となる．今から 6 ka 以前の完新世中期の条件（E_{C}）では，「緑のサハラ」状態に対応する 1 つの平衡解しか存在しない（図 3.4.2 の C^{g}）．これはモンスーン循環の強化による湿潤化によって，$P(0, E_{\mathrm{C}}) > P_{\mathrm{cr}}$ が実現され，植生量に関わらず緑に覆われるに十分な降水が得られるためである．

しかし，これだけでは，現在なぜサハラは緑に覆われていないのか，あるいは多重解のうちどちらの解が選ばれるのかについては説明できない．

Brovkin et al. (1998) は，気候と植生が相互作用する，領域平均された 0 次元ボックスモデルを構成し，図 3.4.2 で示した概念モデルを実装した．このボックスモデルでは，植生のアルベドは低く，砂漠のアルベドは高い．このため植生の割合が低いほど，太陽放射を反射して，大気境界層上端付近（高さ約 1.5 km）の気温が下がる．すると鉛直対流が弱まり，雲量が減り，降水量が減少する．つまり，E が一定なら，V の減少とともに $P(V, E)$ も減少する．また，E を夏季日射量として，このボックスモデルで計算すると，$P(V, E)$ は E の増加とともにほぼ直線的に増加した．

このボックスモデルを用いて，最近 1 万年間の E の変化に応じて，平衡解の年降水量がどのように変化するかを示したのが，図 3.4.3 である．この期間，「緑のサハラ」解はゆっくりと年降水量を減らすものの，安定に存在する．一方，「砂漠のサハラ」解は 6 ka になって初めて生じる．これは，3.1.3 小節で述べた力学系の言葉で言うと，サドル・ノード型分岐であり，安定平衡解と不安定平衡解が対になって現れる．

6 ka 以降は，2 つの平衡解が共存する．ボックスモデルの場合，相当するリヤプノフ関数（3.1.3 小節参照）を計算できる．リヤプノフ関数の極小点が安定平衡解に相当する．6 ka 以降にはリヤプノフ関数には極小値が 2 つ存在し，その中間に不安定平衡解に相当する極大値が位置する形となる．この 2 つの極小値を比較すると，約 3.6 ka 以前は「緑のサハラ」解の値の方が小さいが，3.6 ka 以降は逆転し，「砂漠のサハラ」解の値の方が小さくなる．リヤプノフ関数が最小になる解の方がより安定であると言える．よって，なんらかの揺らぎによって，2 つの解の間の極大値を越えると，「緑のサハラ」解には戻れず，「砂漠のサハラ」解に行き着いてしまう．

「緑のサハラ」解が現在でも安定であるということは，GCMの解像度やモデルの不完全さに起因する虚像かもしれない．しかし，なんらかのきっかけでサハラが緑を取り戻す可能性があるというモデルの結果は，砂漠緑化を願うアフリカ諸国の人々や国際機関で努力する人達に希望を与えるものだろう．実際にBrovkin et al. (1998) は，上述のボックスモデルでCO_2を倍増させる実験を行い，「緑のサハラ」解の方がより安定化される（低いリヤプノフ関数の値をもつ）ことを示してい

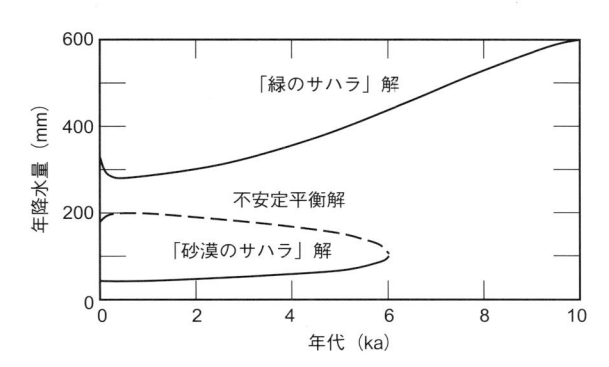

図3.4.3 サハラの降水量変化．横軸は現在から10 kaまで遡った時間軸，縦軸は年降水量である．実線が安定解，破線が不安定解を示す．Brovkin et al. (1998) Fig. 7に基づく．

る．これは温暖化が海洋よりも陸域，とくに砂漠で卓越するため，夏季に海陸温度差が拡大し，モンスーン循環が強化されることが原因と考えられる．地球温暖化によって，サハラは緑を取り戻すのかもしれない．

最後に「緑のサハラ」問題は表面的には降水量と植生割合の相互作用ではあるが，ボックスモデルにおいて解説したように，その背後には植生と砂漠のアルベド差が大きな役割を果たしている[14]．その意味で，この問題がデイジーワールドのモデル（3.4.1小節参照），とくに白い花が現れる分岐（図3.4.1の曲線efg）に密接に対応していることを注意しておく．

植生と降水のより直接的な連関は，「タイガが雲をつくる」問題（例えば，Strunin et al., 2004）や，「水田が梅雨前線を維持する」問題（Shinoda et al., 2005）などに見られる．これは以下のような考え方である．シベリアのタイガや中国南部の水田は陸面における保水機能を高め，それらが無ければ降水後短時間で流れ去ってしまう水や，融け去ってしまう雪氷を涵養するバッファとなる．このため，植生による蒸散が水蒸気を上空に安定的に供給し，雲を生じ，雨を降らせる．その結果，タイガや水田自身の維持につながる．このように生命圏は，アルベド調整・水循環バッファ・大気組成改変・大気境界層構造の調整などさまざまなチャンネルを通じて地球システムに密接に織り込まれ，単一不可分なSELISを構成している．

3.4.5 人類活動の影響

地球温暖化問題は，21世紀の人類の直面する課題である．人間活動の影響が地球環境に及ぼす影響予測については，膨大な研究があるが，ここでは名古屋大学での研究（Ichii et al., 2003）を例にして解説することにする．

四圏炭素・エネルギー循環モデル（four sphere cycles of energy and mass model：4-SCEM）は，

---

[14] さらに植生は，地表面粗度を通じて大気境界層の構造を変化させるという，気候システムとのもう1つの連関チャンネルをもつことを指摘しておく．

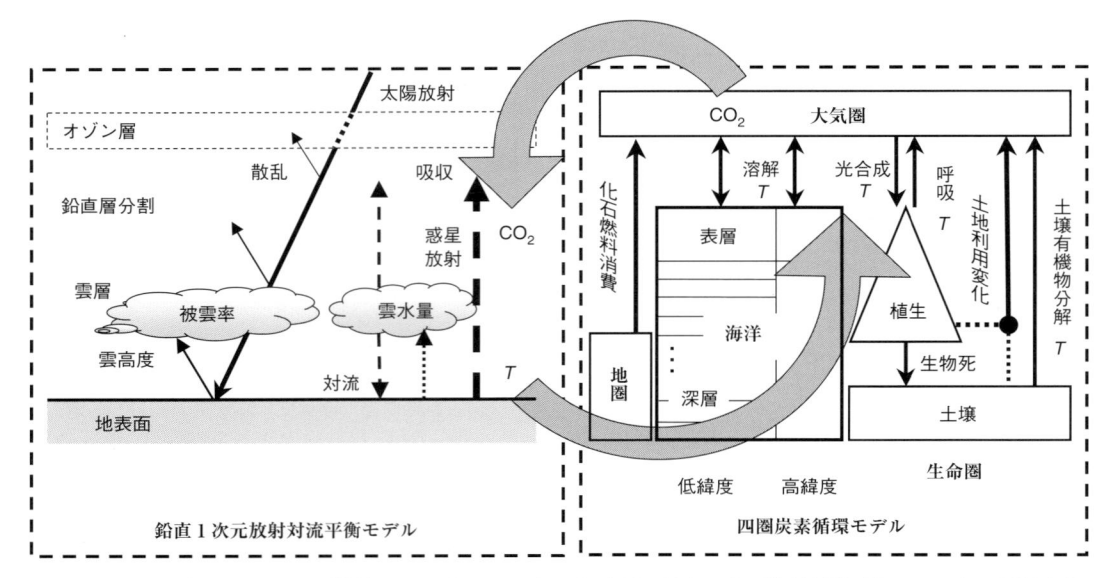

図 3.4.4 四圏炭素・エネルギー循環モデル（4-SCEM）の概念図．鉛直 1 次元放射対流平衡モデルと四圏炭素循環モデルが，地表面温度および大気 CO_2 分圧で結合されている．四圏炭素循環モデルの図で T を付した過程は温度依存性が考慮されている．斜字体は人間活動に関連する過程を表す．また，点線は，4-SCEM では考慮されているが，本節の計算においては簡単のため省略した過程である（本文参照）．

鉛直 1 次元放射対流平衡モデルと四圏炭素循環モデルにより構成され，両者はいくつかのフィードバックループにより結合されている（Ichii et al., 2003）．このため，このモデルを用いて，大気 CO_2 量の増加による温室効果によって地表面気温が上昇し，それが光合成や土壌有機物の分解速度を変化させる効果を調べることができる．4-SCEM の概念図を図 3.4.4 に示した．

鉛直 1 次元放射対流平衡モデルでは，水蒸気と大気 CO_2 の温室効果および雲の効果が考慮されている．温暖化に伴う水蒸気量の増加は，相対湿度一定を仮定している．大気中に雲層をおき，雲水量・被雲率（雲量）・雲高度をパラメータとして与え，それに応じて雲の光学的特性を計算している．

四圏炭素循環モデルは，地球を大気圏，生命圏，水圏（海洋），地圏に分け，それらの炭素収支を扱うボックスモデルである．生命圏はさらに植生と土壌のサブボックスに分けられ，光合成（大気圏→植生），呼吸（植生→大気圏），生物死（植生→土壌），土壌有機物分解（土壌→大気圏）の各プロセスが組み込まれている．また，人為的土地利用変化による CO_2 排出も考慮している．海洋は表層・深層および低緯度・高緯度に分け，簡単な移流・拡散モデルで表現されている．ただし，海洋での生物活動の効果は簡単のため省略されている．

両モデルは，大気 CO_2 量および地表面温度を介して結合されている．つまり，大気 CO_2 量が与えられれば，鉛直 1 次元放射対流平衡モデルから地表面温度が決まる．地表面温度が与えられると四圏炭素循環モデルにより炭素の分配が計算され，大気 CO_2 量が求められる．

植生の光合成により単位時間に固定される炭素量，すなわち**総一次生産量**（gross primary production：GPP）は，植生面積に比例し，さらに植生面密度の変化による光吸収率の変化，大気 CO_2 分圧増大による炭素固定の増大（**肥沃化効果**；fertilization effect），および光合成速度の温度依存性を考慮して

$$F_{\text{GPP}}(t) = A(t)\frac{1-\exp[-\kappa_\nu C_{\text{veg}}(t)/A(t)]}{1-\exp(-\kappa_\nu)}[1+b\ln(C_{\text{atm}}(t))]e^{q_g\Delta T} \tag{3.4.30}$$

とモデル化した．以下では，人類活動の影響が無かった産業革命以前の時代の各量の平衡値を基準値と呼ぶことにする．(3.4.30)式で，$F_{\text{GPP}}(t)$ は基準値（約 120 PgC yr^{-1}）[15] で規格化された GPP，$A(t)$ は基準値で規格化された植生面積比，$C_{\text{veg}}(t)$ と $C_{\text{atm}}(t)$ は，それぞれ，基準値で規格化された植生および大気中の炭素量，ΔT は年平均気温の基準値からの差である．また，κ_ν は光吸収係数，b は肥沃化係数，q_g は光合成速度の温度係数であり，これらのパラメータの値（いずれも正）は実験や経験則によって決められる．本来はこのような式は，3.4.3 小節で述べたように生理学の素過程に基づいて構築すべきだが，現状では経験的パラメータを使った表現となっている．

生物圏（植生および土壌）と大気圏の炭素循環は以下のようになる：

$$\frac{dC_{\text{veg}}(t)}{dt} = F_{\text{GPP}}(t) - k_{\text{res}}e^{q_r\Delta T}C_{\text{veg}}(t) - k_{\text{lit}}C_{\text{veg}}(t) \tag{3.4.31}$$

$$\frac{dC_{\text{soil}}(t)}{dt} = k_{\text{lit}}C_{\text{veg}}(t) - k_{\text{dec}}e^{q_d\Delta T}C_{\text{soil}}(t) \tag{3.4.32}$$

$$\frac{dC_{\text{atm}}(t)}{dt} = -F_{\text{GPP}}(t) + k_{\text{res}}e^{q_r\Delta T}C_{\text{veg}}(t) + k_{\text{dec}}e^{q_d\Delta T}C_{\text{soil}}(t) + F_{\text{LU}}(t) + F_{\text{Fos}}(t) - F_{\text{AS}}(\Delta T, t) \tag{3.4.33}$$

ここで，$C_{\text{soil}}(t)$ は基準年の値で規格化された土壌中の炭素量，k_j は各種炭素フロー係数で単純化のためにここでは定数としている．$F_{\text{LU}}(t)$ は人為的土地利用変化に伴う CO_2 排出量，$F_{\text{Fos}}(t)$ は人為的な化石燃料などの消費による CO_2 排出量，$F_{\text{AS}}(\Delta T, t)$ は大気から海洋への炭素移動量（(3.3.75)式参照）で，フロー量はいずれも基準年の GPP で規格化されている．(3.4.31)式右辺の各項は，順に，光合成，植物呼吸，生物死を表している．(3.4.32)式右辺の各項は，生物死，土壌有機物分解を表している．(3.4.33)式右辺の各項は，光合成，植物呼吸，土壌有機物分解，土地利用変化，化石燃料消費，大気海洋間の炭素交換それぞれの，大気炭素量への寄与を表している．これらのうち，植物呼吸，土壌有機物分解の係数は温度増加に対して指数関数的（係数 q_r, q_d）に増大するとした[16]．なお，Ichii et al. (2003) では，人為的土地利用変化に伴う CO_2 排出量 $F_{\text{LU}}(t)$ は，植生と土壌から供給されたと考え，その分を適当な比率で(3.4.31)式，(3.4.32)式の右辺から引き去っているが，以下で行う実験では単純化のため，その操作は行っていない．$F_{\text{Fos}}(t)$ と $F_{\text{LU}}(t)$ の各年の値は，過去の見積もりと将来予測シナリオによって外から与える．

炭素循環モデルとエネルギー循環モデルは，光合成，植物呼吸，土壌有機物分解それぞれの温度依存性，大気海洋間の CO_2 の溶解平衡の温度依存性，地表温度の大気 CO_2 分圧依存性によって結合されている（図 3.4.4 参照）．例えば大気中の CO_2 が増えるとき，肥沃化効果によって光合成が活発になって炭素固定が進む．一方で温室効果により地表面気温が上昇するため，呼吸や土壌有機物分解が促進されて炭素放出も増大する[17]．つまり，温暖化に伴う陸域植生の応答は，光合成の寄与が大きければ負のフィードバックとなって大気 CO_2 量を減少させるのに対し，植

---

[15] Pg はペタグラム，つまり 10^{15}g のことで，ギガトン（Gt）ともいう．
[16] 温度が 10K 上昇した時，反応速度が何倍になるかを示す Q_{10} がよく使われる．本文の係数 q_i とは $q_i = \ln Q_{10,i}/10$ の関係にある．
[17] 光合成にも温度依存性があり，こちらは温度上昇に対して炭素固定を増やす方向である．

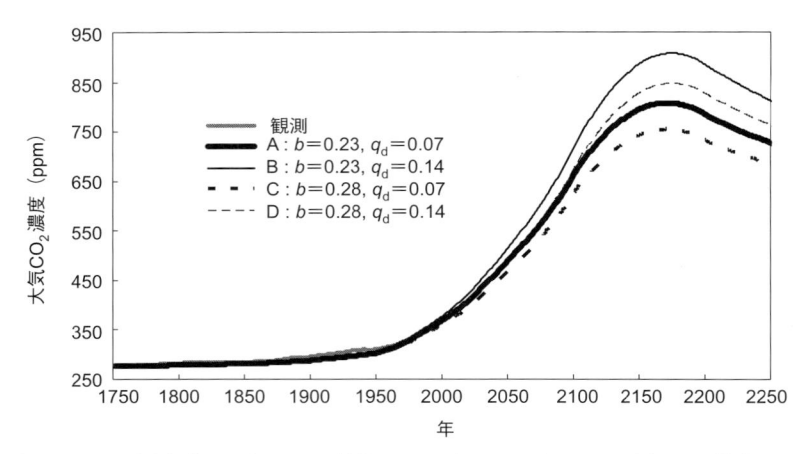

図 3.4.5　四圏炭素・エネルギー循環モデル（4-SCEM）による大気 CO_2 濃度の変動予測．肥沃化係数 b と土壌有機物分解速度の温度係数 q_d を変化させ 4 つのパラメータセット（A, B, C, D）について結果を示した．また，2000 年までの実測値も示した．排出シナリオなどは本文参照．松崎加奈子（名古屋大学大学院環境学研究科）が計算・作図．

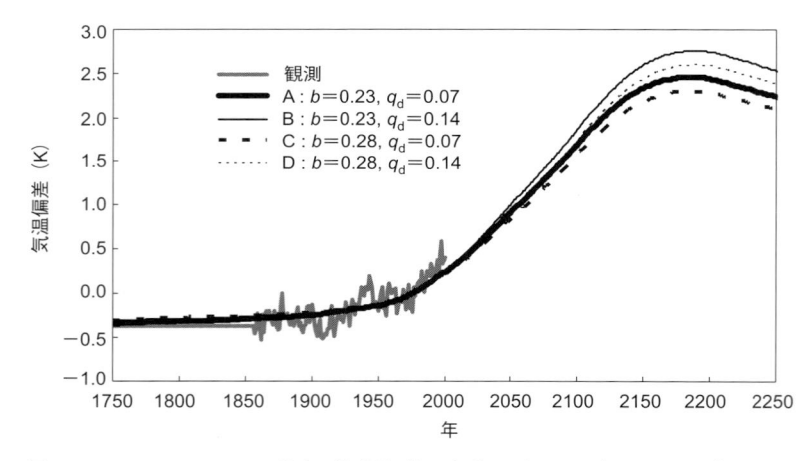

図 3.4.6　4-SCEM による地表面気温偏差の変動予測．1961 年から 1990 年の平均値からの偏差で示した．図 3.4.5 と同じ 4 つのパラメータセットの計算結果と 2000 年までの実測値を示した．松崎加奈子が計算・作図．

物呼吸・土壌有機物分解の寄与が大きければ正のフィードバックとなって大気 CO_2 量をさらに増加させる．海においては，海表面温度が上昇すると CO_2 は海に溶けにくくなり，大気 CO_2 量は増加するという正のフィードバックが組み込まれている．

以下の実験では，とくに肥沃化効果と土壌有機物分解に注目して結果を整理する．IPCC などで行われる地球環境の将来予測，すなわち，排出シナリオや土地利用変化シナリオの違いを論じることや，炭素吸収に関する海洋の役割を論じること（例えば，Yamanaka and Yool, 2005）は，他書に譲る．

モデルの計算例を図 3.4.5 から図 3.4.7 に示す．ここでは，多くのパラメータのうち，肥沃化効果の係数 b と土壌有機物分解における温度係数 q_d のみを変化させ，他は固定した（$q_r = q_g =$

(a) パラメータセット A

(b) パラメータセット D

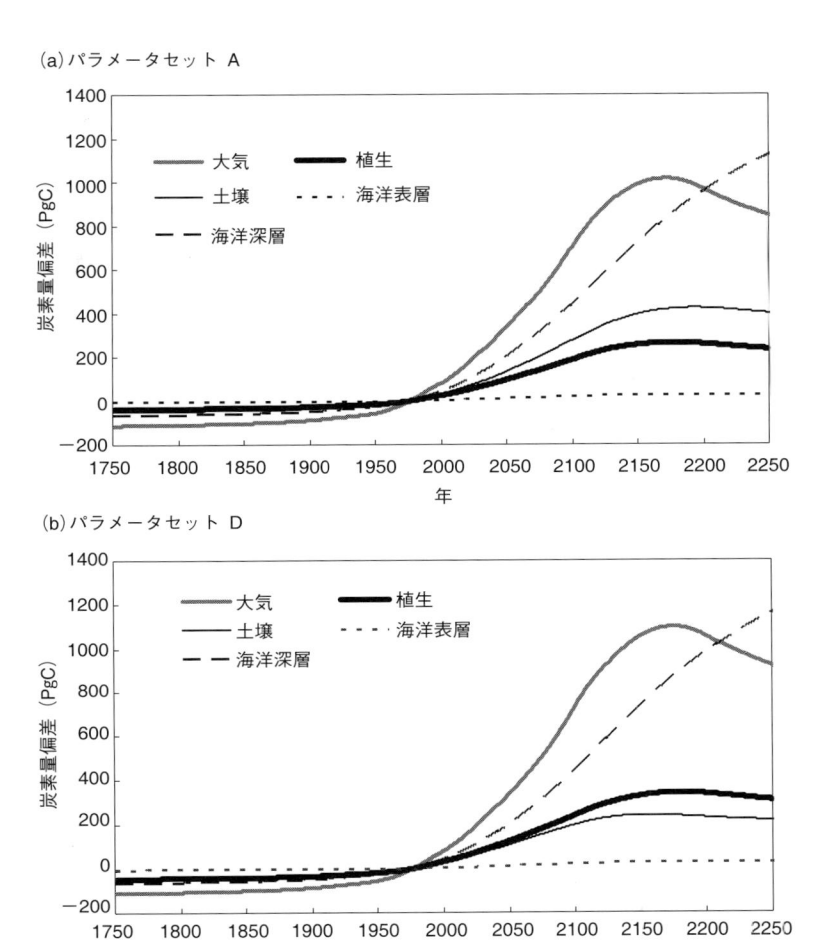

図 3.4.7 4-SCEM による各ボックスの炭素量偏差の変動予測．1961 年から 1990 年の平均値からの偏差で示した．大気，植生，土壌，海洋表層，海洋深層について示した．4-SCEM では海洋はさらに細かいボックスに分割されているが，ここでは表層と深層にまとめた．松崎加奈子が計算・作図．(a) パラメータセット A の計算結果，(b) パラメータセット D の計算結果．

0)．その他のパラメータの値は Ichii et al.（2003）にしたがった．過去のヒストリーマッチングにより選ばれた 2 つの (b, q_d) の組 $(b_1 = 0.23, q_{d1} = 0.07)$，$(b_2 = 0.28, q_{d2} = 0.14)$ に対して，各パラメータ単独の変化の影響が見えるように，A：(b_1, q_{d1})，B：(b_1, q_{d2})，C：(b_2, q_{d1})，D：(b_2, q_{d2}) の 4 通りの実験を行った．CO_2 の排出シナリオは 2100 年までは IPCC の参照シナリオ 1992 年版 a ケース（IP92a）とし，2100 年以降は放出量を直線的に減らし，2200 年に 0 となるようにした．土地利用変化については，Houghton（1999）の見積もりを採用した．

図 3.4.5 は大気 CO_2 濃度の変化である．b を増加させると肥沃化効果によって大気 CO_2 濃度は減少し，q_d を増加させると温暖化とともに土壌有機物分解が活発になって大気 CO_2 濃度は上昇することがわかる．図 3.4.6 は地表面気温の変化である．b が小さいほど，また q_d が大きいほど温度上昇は大きくなる．いずれの場合も 22 世紀後半に気温はピークとなり，2000 年に比べ

て 2.2-2.8 K の温度上昇が見込まれる．パラメータセット A と D で各ボックスの炭素量偏差の変化を描いたのが，それぞれ図 3.4.7(a)と図 3.4.7(b)である．両者を比較すると，大気中の炭素量はほぼ同じだが，植生と土壌の炭素量に大きな違いが見られる．パラメータセット A では，b が小さいため植生が少なく，q_d が小さいため土壌が多い．逆に B では，b が大きいため植生が多く，q_d が大きいため土壌は少ない．植生と土壌の炭素量の和は両者で概ね等しい．人類が排出した炭素は，まずは大気に，続いて，植生・土壌に分配され，100 yr 以上のタイムラグを経て，最後に海洋深層にもたらされることがわかる．

　人類による化石燃料などの消費と土地利用変化によって大気 CO_2 量は増加しているが，2000 年時点では温度上昇の効果はあまり顕著には現れない．このため，上述の大気 CO_2 量増加＋温度上昇に対する正味のフィードバックの符号を実測値から確定させるのは困難である．しかし，大気 CO_2 量の増加によって，早晩，このフィードバックが大きな影響を与える時代に突入する．このフィードバックの不確定性が原因となって，将来予測には大きな幅が生じていることがわかる．よってここでは半経験的モデルによって調整可能なパラメータ（b や q_d）を残した形で肥沃化効果や土壌有機物分解を与えているが，今後，こうしたモデルを 3.4.3 小節で述べた植物生理学に基づくモデルに精密化していく必要がある．また，図示した実験では固定した海洋に関するパラメータを変化させると，将来予測は大きく変化する．よって海洋モデルの精密化も不可欠である．

　植生・土壌・海洋中の炭素量の推定値は，大気 CO_2 量に比べて不確定性が大きい．今後，これらの炭素量をより細かい分類のもとで確定させていくことがモデルの向上には不可欠である．また，素過程を明確にすることで，方程式系を多くの調整可能なパラメータを含む経験的なものから，物理化学法則に則したものに置き換えていくことが必要である．

参考文献

Beering, D. J., and Woodward, F. I. (2001): *Vegetation and the terrestrial carbon cycle*, Cambridge University Press, 471pp. 及川武久 監訳（2003）：『植生と大気の 4 億年――陸域炭素循環モデリング』，京都大学学術出版会，454pp.

Brovkin, V., et al. (1998): On the stability of the atmosphere-vegetation system in the Sahara/Sahel region. J. Geophys. Res., 103, 31613-31624.

Claussen, M. (1997): Modeling bio-geophysical feedback in the African and Indian monsoon region. Climate Dynamics, 13, 247-257.

Claussen, M., and Gayler, V. (1997): The greening of the Sahara during the mid-Holocene: results of an interactive atmosphere-biome model. Global Ecol. Biogeography Lett., 6, 369-377.

Graham, J. B., et al. (1995): Implications of the late Palaeozoic oxygen pulse for physiology and evolution. Nature, 375, 117-120.

Heckman, D. S., et al. (2001): Molecular evidence for the early colonization of land by fungi and plants. Science, 293, 1129-1133.

Hoelzmann, P., et al. (1998): Mid-Holocene land-surface conditions in northern Africa and the Arabian Peninsula: A data set for the analysis of biogeophysical feedbacks in the climate system. Global Biogeochem. Cycle, 12, 35-52.

Houghton, R. A. (1999): Annual net flux of carbon to the atmosphere from land use 1850-1990. Tellus, 51B, 298-313.

Ichii, K., Matsui, K., Murakami, K., Mukai, T., Yamaguchi, Y., and Ogawa, K. (2003): A simple global carbon and energy coupled cycle model for global warming simulation: Sensitivity to the light saturation effect. Tellus, 55B, 676-691.

伊藤 繁・岩城雅代 (1995): 地球を変えた光合成反応: 明らかになりつつある光合成系の起源. 遺伝, 49 (2), 12-17.

Köppen, W. (1936): Das geographische System der Klimate. In *Handbuch der Klimatologie*, 1 (C) (Köppen, W., and Geiger, R., eds.), Gebruder Borntraeger, 1-44.

Lenton, T. (1998): Gaia and natural selection. Nature, 394, 439-447.

Lovelock, J. E. (1995): *The ages of Gaia*, 2nd ed., Oxford University Press, 255pp.

Margulis, L., and Lovelock, J. E. (1974): Biological modulation of the Earth's atmosphere. Icarus, 21, 471-489.

増田耕一・阿部彩子 (1996): 第四紀の気候変動. 『岩波講座 地球惑星科学 11 気候変動論』(住 明正ほか 編), 岩波書店, 103-156.

Prentice, I. C., et al. (1992): A global biome model based on plant physiology and dominance, soil properties and climate. J. Biogeography, 19, 117-134.

Shinoda, T., et al. (2005): Structure of moist layer and sources of water over the southern region far from the Meiyu/Baiu front. J. Meteor. Soc. Japan, 83, 137-152.

Steffen, W. L., et al., eds. (1992): *Global change and terrestrial ecosystems. The operational plan*, International Geosphere-Biosphere Programme Report, 21, 97pp.

Strunin, M. A., Hiyama, T., Asanuma, J., and Ohta, T. (2004): Aircraft observations of the development of thermal internal boundary layers and scaling of the convective boundary layer over non-homogeneous land surfaces. Boundary-Layer Meteorology, 111, 491-522.

田近英一 (2002): 地球環境と物質循環. 『全地球史解読』(熊澤峰夫・伊藤孝士・吉田茂生 編), 東京大学出版会, 275-291.

Walker, J. C. G., et al. (1981): A negative feedback mechanism for the long-term stabilization of Earth's surface temperature. J. Geophys. Res., 86, 9776-9782.

Watson, A. J., and Lovelock, J. E. (1983): Biological homeostasis of the global environment: the parable of Daisyworld. Tellus, 35B, 284-289.

Witzke, B. J. (1990): Palaeoclimatic constraints for Palaeozoic palaeolatitudes of Laurentia and Euramerica. In *Palaeozoic Palaeography and Biogeography* (McKerrow, W. S., and Scotese, C. R., eds.), Geological Society Memoir, 12, 57-73.

Wright, V. P., and Vanstone, S. D. (1991): Assessing the carbon dioxide content of ancient atmospheres using palaeo-calcretes: theoretical and empirical constraints. J. Geolog. Soc. London, 148, 945-947.

Yamanaka, Y., and Yool, A. (2005): Anthropogenic ocean acidification over the twenty-first century and its impact on calcifying organisms. Nature, 437, 681-686.

3.5 山岳上昇とアジアモンスーンの成立

　3.4節までは，気候の形成や変動にとって重要な地球システムの諸要素の働きをおもにシンプルモデルを用いて調べてきた．3.5, 3.6節では，**過去1000万年の気候変化**[1]という大きな流れの中で，いくつかの主題について**大気海洋結合大循環モデル**（AOGCM）を用いて実験を行った具体例を取り上げる．

　過去1000万年間におけるチベット高原の上昇を含むヒマラヤ造山活動は，地球を寒冷化させる気候変化の大きな流れをつくった．寒冷化によって大規模な氷床が形成されるようになり，氷期・間氷期サイクルが成立する条件が整った．ここに，外力としての日射量変動と，気候システム自身がもつ非線形性が関わることで，100 kyrスケールの気候変動と氷期・間氷期サイクルが生じたと考えられる．

　こうした長期変動は，つねにゆっくりと起こる訳ではなく，激変イベントと言っても良い短時間での遷移もしくはジャンプを介して駆動されることもある．これは多重平衡解の間の遷移と解釈できる．人類は，わずか数百年の短い間に，自然が行う何百倍のスピードで大気CO_2を増大させている（3.4.5小節）．このような大気CO_2の急変は，大気-海洋系のエネルギーバランスを変化させ，より長期の気候変動である氷期・間氷期サイクル自体に変更をもたらすかもしれない．

　こうした背景をふまえ，本節では比較的ゆっくりと起こる現象に駆動される例として，山岳上昇に伴う気候変化，とくにアジアモンスーン循環や海洋の変化についてのAOGCMを用いた実験を紹介する．これに対し3.6節では，大気CO_2濃度に応じた熱塩循環の形態と解の多重性，氷床の融解による淡水流入といった激変イベントが熱塩循環の変化を介して気候をどのように変動させるか，人為による大気へのCO_2の放出が氷期・間氷期サイクルにどのような変更を加えるかという点について考察を行う．

　具体的な例に入る前に，AOGCMで気候変化・気候変動を扱う上での注意点を述べる．地球の気候変化・気候変動の多くは，以下で述べる例も含め，数万年以上の長い時間スケールをもっている．通常のAOGCMではこの時間を直接数値積分することができない（3.1.1小節）．そこで，取られる方法は2種類ある．1つは，コントロールパラメータ（例えば，大陸の配置や大気CO_2濃度，山岳高度など）を変えながら，それぞれの値について準定常解を求め，それらをつないで気候変化を推定する方法である．もう1つは，瞬間的な入力として与えられるインパルス摂動（淡水注入，CO_2倍増，植生反転）に対する応答を直接数値積分して調べる方法である．後者は

---

[1] この節では，気象要素の時系列を準周期的成分とそれ以外（トレンド成分や激変イベント）に分けたときに，前者を**気候変動**（climate variability），後者を**気候変化**（climate change）と呼ぶ．この定義に従うと，氷期・間氷期サイクルは気候変動，ここ1000万年間の寒冷化は気候変化，いま起こっている大気CO_2濃度の増加（地球温暖化）は気候変化となる．

一見，長期間での変化を調べるという目的に反しているかに見える．しかし，気候変化がしばしば短時間でジャンプするように起こることから，多重平衡状態をもつ系の安定性を論ずる上で前者と相補的な役割を果たしてくれる．前者の例は3.5節，3.6.2小節で，後者の例は3.6.3小節に登場する．

　この節では，AOGCMを使った長期気候変化の研究例として，山岳上昇とモンスーンの成立に関する数値実験の結果について紹介する．両者のリンクは，最近1000万年間の気候変化を語る上で欠かせない事項である．

3.5.1　アジアモンスーンの成立

　現在のアジアの気候は多様である．南アジアから東アジアに至る地域は**アジアモンスーン**（Asian monsoon）の支配下にあり，夏季には明瞭な雨季が存在し，冬季にはシベリアから吹き出す寒気の影響を受ける．一方，中央アジアや西アジアには，年間を通して降水量が少なく乾燥した地域が広がる．こうした気候の違いは，それぞれの地域の人々の生活や文化に強い影響を与えてきた．日本を含むアジアモンスーンの影響を受ける地域では，水田稲作を主体とした農業が行われてきた．一方，中央アジアから西アジアでは，灌漑による小麦栽培と羊やラクダなどの遊牧を基盤とした文化が培われてきた．

　アジアの気候を作り出すモンスーンとは，海洋と大陸の熱慣性の違いが生み出す大規模な海陸風である．大陸は暖められやすく冷めやすいが，海洋は大陸と逆に暖められにくく冷めにくい．このため，夏季は大陸の方が暖かく，冬季は海の方が暖かくなる．海と陸の気温差は気圧差を作り出し，その気圧差が駆動力となって大気の循環が生じる．季節とともに気温の差は逆転するから，それに伴い大気循環の方向も逆転する．これがモンスーンである．

　現在の大規模なアジアモンスーンにとって，ヒマラヤ・チベット山塊（以下ではまとめて**チベット高原**（Tibetan plateau）と呼ぶ）の存在は極めて重要である．なぜなら，標高の高いチベット高原は夏季，大気の加熱を強め，海陸の温度コントラストを大きくするからである．対流圏下層の大気に比べて，対流圏中・上層の大気が加熱されていることになる．このため，日射量が同じなら，対流圏中・上層の大気の温位[2]が高くなる．冬季には，夏季とは反対にチベット高原は冷源として作用する．また，低高度の大気にとって障壁となり，高原の北側に寒気をためる．このことも海陸の温度コントラストを高める原因となる．

　チベット高原の地質を調べることで，モンスーン循環の発達史を明らかにすることができる．以下で見るように，インド亜大陸の衝突に伴って上昇したチベット高原が，アジアモンスーンの成立に深く関わっている．地質学的な時間スケールでの大陸の形成や造山運動が，地球の気候変化に大きな役割を果たしているのである．

　チベット高原の上昇をもたらしたテクトニクスは詳しく調べられている．150 Ma（ジュラ紀後期）には，北半球にはユーラシア大陸と北米大陸があり，南半球にはゴンドワナ大陸が広がっていた．ユーラシア大陸とゴンドワナ大陸の間の熱帯にはテーチス海が広がり，その時代に堆積し

---

[2]　大気を断熱・準静的に1000 hPa面の高さまで移動させたとき実現される温度である．

た有機物が中東の膨大な石油や天然ガスを形成した．チベット高原の形成は，ゴンドワナ大陸から分裂して南半球を北上したインド亜大陸が，約50-40 Ma にユーラシア大陸に衝突したことではじまった．約 30 Ma には，チベット高原の標高はまだ低く，その北西にはテーチス海が残存していた．チベット高原の上昇はこの後に起こった．テーチス海は約 10 Ma に内海化して，中央アジアは陸化して乾燥域が形成された．黒海やカスピ海，アラル海などはテーチス海の痕跡である．

地質学的に，チベット高原の上昇に正確な時間の目盛りを入れることはなされていない．これは過去の山岳の高さを地質学的に推定するのが困難なためである．現在提出されている仮説は，おおよそ2つに分けられる．1つは，インド亜大陸の衝突の後すぐにチベット高原が上昇し，20-25 Ma には現在と同程度の高さに達していたという説である．もう1つは，約 10 Ma には現在の半分程度の高さで，その後急激に上昇速度が増し，現在の高さになったという説である．

古気候学は，地質学とは独立にアジアモンスーン循環の時間変化を議論できる．古気候学の立場からは，チベット高原は 10 Ma 以降に急激に上昇したことが示唆できる．酒井（1997）は，陸上の地質学的証拠やアジア近隣の海洋底堆積物の解析から，今から 8-10 Ma にアジアモンスーンが始まったと推定している．An（2000）は，中国の黄土高原の土壌分析から，約 7.2 Ma 以降に黄土の堆積と東アジアモンスーンが開始したとしている．この研究ではさらに，7.2 Ma および 3.4 Ma に，冬季モンスーンの強化とそれに伴う黄土の堆積量の増加および内陸部の乾燥化，夏季東アジアモンスーンの強化が起こったと推定している（2.1.2小節参照）．これらの証拠は，チベット高原の急激な上昇と，それに応じた気候変化であったと考えることができる．

気候モデルを用いると，気候の形成とテクトニクスを関連づけることができる．以下では，チベット高原の上昇とアジアモンスーンの関連を調べた気候モデルによる研究を紹介しよう．

3.5.2 GCM を用いた山岳上昇に伴うアジアの気候変化に関する研究

本小節では，はじめに GCM を用いた山岳上昇と気候変化の関係に関する研究の進展について簡単に紹介する．その後，Abe et al.（2003；2004）が行った AOGCM の計算結果をもとにして，山岳の高さを変化させたときのアジアモンスーンの変化とその地域性，さらに低緯度域の海洋の変化について詳しく述べる．

Hahn and Manabe（1975）は，米国地球流体力学研究所（GFDL）の大気大循環モデル（AGCM）を使い，南アジアモンスーンの形成における山岳の役割を調べた．計算によると，チベット高原の存在が，初夏にその南側に南アジア低気圧を形成し，水蒸気を含んだ流れをより内陸側に持ち込むことがわかった．この結果，南アジアには湿潤なモンスーン気候が形成される．

Kutzbach et al.（1989）はやはり AGCM を用いて，山岳の高さに対して大気の循環がどのように応答するのかについて調べた．山岳の高さが現在の値，現在の半分，および山岳なしの3通りの場合を設定して，数値計算を行った．とくに着目した点は，1月と7月それぞれの大気加熱率，対流圏中層の鉛直風，対流圏上層のプラネタリー波の振幅である．これらはモンスーンの成立にとって重要な要素である．この計算の結果は，これらの要素が山岳の高さとともにほぼ線形

(直線的)に増加するというものであった[3].このことは,山岳の上昇が,気候変化に対して継続的に強いインパクトを与えてきたことを示唆している.

Manabe and Broccoli (1990) は,チベット高原の存在が中央アジアの乾燥気候形成に果たす役割を,AGCM の計算で明らかにした.中央アジアの乾燥気候の形成にとって本質的なのは,チベット高原が存在することによって,高度約 5000 m での亜熱帯偏西風が南へ蛇行することである.蛇行した風の上流である高原西側では,下降流が形成される.さらに,周りの山の存在は水蒸気の輸送にとって壁となり,その供給が遮断される.その結果,下降域である中央アジアは乾燥するのである.また,中央アジアの乾燥化には,モンスーン循環の存在によって温帯低気圧の通り道(ストームトラック)が北寄りになることや,東南アジアで生じる上昇流に対する補償流として,中央アジアに下降流が形成されることとも関連している.

以上の研究で明らかなように,山岳の存在は水蒸気の輸送形態を大きく変える.大気に水蒸気を供給するのは海洋であり,山岳の有無による気候変化を明らかにするには,海洋の役割を含んだモデルで考える必要がある.

Kitoh (1997a) は,50 m の海洋混合層モデルを加えた AOGCM を用いて,全球の地表面気温の分布と山岳の存在の関係を調べた.この研究では,海洋の流れは定常として,海洋の鉛直熱輸送を考慮して海表面温度の変化を計算している.計算の結果,山岳の上昇に伴い,広い範囲で海表面温度 (SST) が低下することがわかった.とくに SST の低下が著しいのは,亜熱帯東部太平洋である.この SST の低下が起こる原因は,チベット高原の存在が夏季に海陸間の温度コントラストを大きくし,それに伴って夏季の亜熱帯高気圧が強まるためである.この結果,大気-海洋相互作用が変化して,亜熱帯東部太平洋の層状雲が増加し,層状雲による日射の遮蔽効果がこの海域の SST の低下に大きく寄与する.海洋の応答を考慮しない対照実験と比較によって,山岳の存在による全球的な SST の低下が確認された.さらに陸域でも平均地表面気温が,海洋の応答を考慮しない場合に比べ低下する.また,Kitoh (2002) は,海洋大循環モデル (OGCM) と結合させた AOGCM を使って同様の実験を行い,海流の変化も SST の分布を決める重要な要因であることを示している.以上のように,山岳上昇に対する海洋の応答は,全球的な気候変化にとって重要な役割を果たしている.

次に,Abe et al. (2003 ; 2004) が行った AOGCM の計算結果をもとにして,山岳の高さを変化させたときのアジアモンスーンの変化とその地域性,さらに低緯度域の海洋の変化について詳しく述べていく.

まずモデルの概要と実験設定を示す.既に 3.1.1 小節で一般的な GCM の基礎方程式などを示しているので,ここでは本モデルに特有な部分についてのみ説明する.

数値実験では,気象研究所大気海洋結合モデル (MRI CGCM-I) (Tokioka et al., 1995) を使用した.モデルは大気 (AGCM),海洋 (OGCM),さらに陸面モデルからなる.この数値実験では,日射量の日変化を考慮している.AGCM と OGCM は 6 時間ごとに結合させる.つまり,大気と海洋は 1 日 4 回,熱と H_2O のやり取りを行う.

AGCM の積雲対流モデルは,Arakawa and Schubert (1974) を用いている.陸面は格子点ごとに地中 4 層のバケツモデルで表現している (1.4 節参照)[4].各層での地温,水分量などは計算の

---

3) 線形に変化するという結論には問題があり,異なる研究結果を後で示す.

結果値が決まる変数（診断変数）である．また，アルベドの分布は，現在の植生分布をもとにして固定した．基準となる現在の山岳の高さは衛星観測から得られた地形データをもとにしている．モデルの解像度は，チベット高原，ロッキー山脈，アンデス山脈などの大規模な山岳を表現できる程度に設定した．この分解能のモデルで，現在の気候値を十分再現している（Tokioka et al., 1995）.

次に実験設定を述べる．この実験では，海陸分布・海底地形は変えず，全陸面の山岳の高さを変えた．具体的には，全球の山岳の高さを現在の高さの 100％，80％，60％，40％，20％，0％とした数値実験を行った．ここで 0％とは，海と陸の区別はあるが標高差はないという条件である．

いずれの高さの数値実験も，山岳の高さを 100％として十分定常に緩和させた解を初期状態として，50 年間分数値積分を行った．以下の解析では，海洋の表層部分に関して，初期値依存性が無くなり，ほぼ平衡状態に緩和したと思われる後半 30 年間を平均した気候値を用いた．なお，50 年間程度の積分では長い時間スケールをもつ海洋深層は十分に平衡状態に落ち着かないと考えられるため，今回の解析の対象は大気と海洋表層のみに限定した．

以下では，計算で求められた夏季（6-8 月）の平均値をもとに，チベット高原の上昇とアジアモンスーンの成立との関連を議論する．最後に，冬季のモンスーンについても触れる．

図 3.5.1 に山岳の上昇に伴うアジア周辺の降水量と 850 hPa 面（高度約 1.4 km）の風の分布を示す．山岳が無い場合，インド洋の東部で赤道を横切り南から北へ南西風が流れ込む．このため，降水域の中心は南インドの海岸付近（約 10°N）に位置し，内陸には広がらない．これに対して山岳が存在する場合（とくに山の高さが現在の 40％以上で），南西風はインド洋の西部で強くなり，南アジアで西風が強化される．これは，チベット高原の上昇に伴ってより高度の高い大気が夏季に直接加熱されることで，アジア大陸とインド洋の間の南北方向の熱的なコントラストが強まるため，南半球から北半球に向かう循環が強化されるためである．このため，降水域が内陸まで入り込み，南アジアと東南アジアの陸域は広く湿潤になる．この湿潤化には，大気が直接加熱されることと山岳による上昇流の強制によって，降水活動が活発化することも寄与している[5]．

図 3.5.2 にアジア域の 500 hPa（高度約 5.6 km）から 200 hPa（高度約 11.8 km）の平均気温の分布を示す．山岳が存在しない場合，低緯度域での気温の方が高いが，山岳が存在する（山の高さが現在の 20％以上の）場合は，低緯度域よりチベット高原上での気温が高くなっている．この気温上昇は，降水量の増加に伴い，水蒸気の凝縮の際に放出される潜熱が増加するためである．山岳の形成によって対流圏上層の循環場も大きく影響を受け，チベット高原上に強い高気圧性循環（チベット高気圧）ができるようになる．

図 3.5.3 に，インド，東南アジアおよび東アジアの降水量，さらに，南アジアでの下層と上層の東西風のシア[6]（風速差）の 4 つの量に関して，山岳上昇に対する変化を示した．これらは，夏季のアジアモンスーン強度のインデックスとなる量である．この図からわかるように，インド

4）バケツモデルとは，各格子点で含むことができる土壌水分量が決まっており，降水のうちそれを超えた分は地表を流れ去るというモデルである．
5）上昇流の強化は対流圏下層から対流圏中・上層への水蒸気供給を増加させ，結果的に降水量を増加させる．
6）アジアモンスーン循環の特徴として，夏季には，南アジアでは対流圏の下層が西風，上層が東風となる．

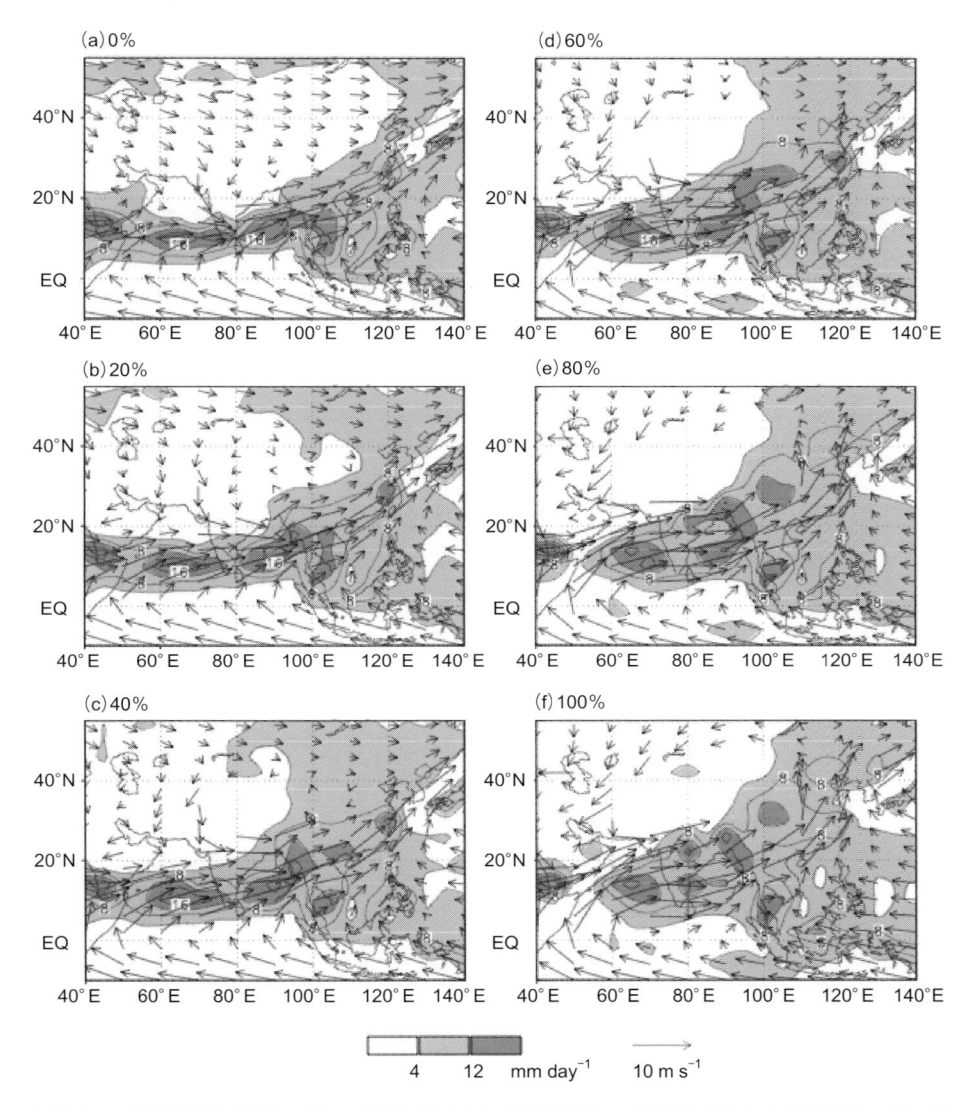

図 3.5.1 山岳上昇に伴うアジアの夏季（6-8月の季節平均）の降水量分布および 850 hPa 面の風の分布の変化：山岳の高さは，現在の値を基準として，(a) 0%，(b) 20%，(c) 40%，(d) 60%，(e) 80%，(f) 100%．降水量 4-12 mm day^{-1}（薄い影），および降水量 12 mm day^{-1} 以上（濃い影）の領域を示した（Abe et al., 2003）．

では山岳上昇とともに降水量が増加するが，とくに山の高さが現在の 60% 以上での増加量が大きい．一方，東アジアや東南アジアの降水量変化のパターンはインドのそれとは異なる．これまで考えられてきたように，大気循環場は山岳の高さとともに線形的に変化する（Kutzbach et al., 1989）のではなく，降水量変化のパターンは複雑で，しかも，その影響には強い地域性があることがわかる．

今回の実験では，山岳の上昇に伴って海洋上の亜熱帯高気圧が全球的に強化されることもわかった．これは，山岳の上昇とともに，中緯度の海陸間の温度のコントラストが強くなるためである．Kitoh（1997a；2002）でも述べられているように，亜熱帯高気圧の強化は，その下面の太

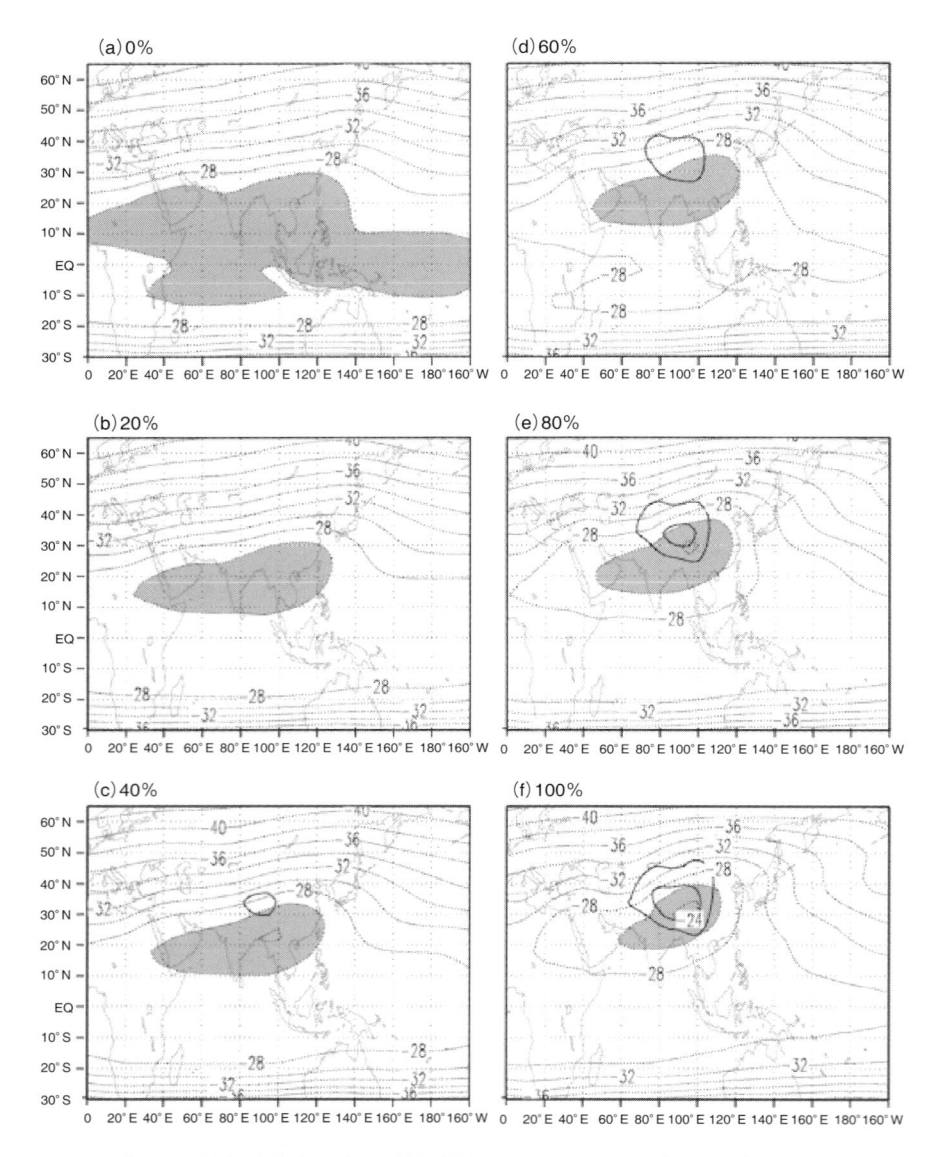

図 3.5.2 山岳上昇に伴う夏季 (6-8 月の季節平均) の 200-500 hPa 面内の平均気温の変化：山岳の高さは，現在の値を基準として，(a) 0 %, (b) 20 %, (c) 40 %, (d) 60 %, (e) 80 %, (f) 100 %. 気温（点線），1500 m と 3000 m の等高線（太実線）．気温が -26 ℃ 以上の領域（影）を示した (Abe et al., 2003).

平洋の海表面温度 (SST) 分布や流れにも大きな影響を与える．そこで，以下では SST の変化を見ていこう．

　図 3.5.4 に低緯度における夏季 (6-8 月) 平均の SST の分布を示す．山岳の上昇とともに，太平洋の SST は全体的に低下する．SST の低下は一様ではなく，東部亜熱帯域での低下が著しい．山岳が低い場合には，SST が 30 ℃より高い領域が亜熱帯東部太平洋まで延びている．山岳が高くなると，亜熱帯東部太平洋の SST の高温域が無くなり，西太平洋の暖水域が相対的に明瞭に現れるようになる．

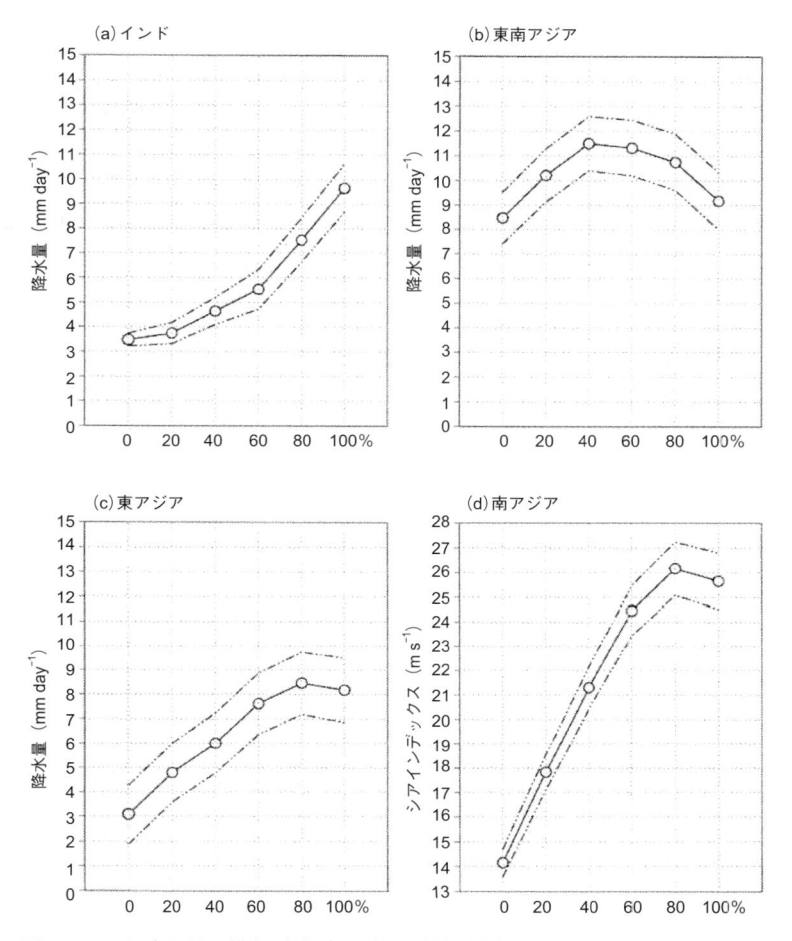

図 3.5.3　山岳上昇に伴う夏季（6-8月の季節平均）のアジアモンスーン強度の変化：(a)インド（75-80°E, 10-30°N）の降水量，(b)東南アジア（95-100°E, 10-30°N）の降水量，(c)東アジア（105-120°E, 30-45°N）の降水量，(d)南アジア（40-100°E, 2-18°N）の東西風のシアインデックス（Abe et al., 2003）.

　このようなSSTの変化が現れる原因を，海域ごとに見てみよう．太平洋でのSST低下の主要な原因は，山岳の上昇に伴って亜熱帯高気圧が強まり，その結果として貿易風（東風）が強化されることである．高気圧性の乾いた東風が強まると，亜熱帯太平洋の中部から東部での蒸発を増加させ，SSTを低下させる．また，SSTの低下と亜熱帯高気圧の強化に伴う下降流の強化は，亜熱帯高気圧の南東部で層状雲が形成されやすい環境を形成する．この層状雲の増加による日射量の減少が，東部亜熱帯でのSSTをさらに低下させる．

　赤道域でのSSTの低下には，東風の強化に伴う蒸発の増加に加えて，東風が赤道での湧昇を強化して低温の深層水を汲み上げる効果も寄与する．また，アジアモンスーン循環や太平洋亜熱帯高気圧の強化に伴い，熱帯太平洋域の大規模な東西循環（ウォーカー循環：1.2.2小節参照）が強くなる．その結果，西部熱帯太平洋域での対流活動が活発化することで，雲量が増加する．この雲量増加による日射量の減少は西部熱帯太平洋のSSTの低下にも寄与する．

(a) 0%
(b) 20%
(c) 40%
(d) 60%
(e) 80%
(f) 100%

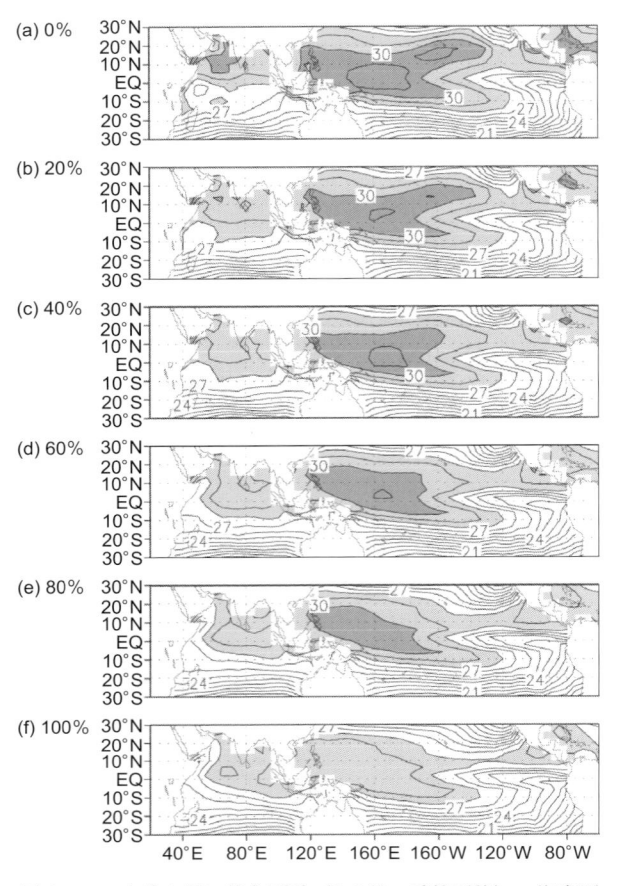

図 3.5.4 山岳上昇に伴う夏季 (6-8月の季節平均) の海表面温度 (SST) の変化：山岳の高さは，現在の値を基準として，(a) 0%，(b) 20%，(c) 40%，(d) 60%，(e) 80%，(f) 100%．SST が 28-30℃ (薄い影)，および 30℃以上 (濃い影) の領域を示した (Abe et al., 2004)．

赤道インド洋でも，山岳上昇に伴う夏季アジアモンスーンの強化が SST の分布を変化させる．これは，山岳高度の変化が大気循環を直接的に変化させたことだけでなく，大気-海洋系のフィードバック機構によって引き起こされた変化も含まれており，この実験のみでは原因の分離は難しい．

最後に，冬季のモンスーンの変化についても少し触れておこう．チベット高原が高くなると，冬季にシベリア高気圧やアリューシャン低気圧は強くなることが知られている (Kitoh, 1997a; 2002)．今回の数値実験では，海面更正気圧で見たシベリア高気圧の中心は，山岳が現在の半分の高さ以下の場合は中国東部に位置しているが，それよりも高い場合には現在とほぼ同じモンゴル付近に位置するようになる．チベット高原が寒気の低緯度側への流出を遮蔽することによって，シベリア付近では冬季に寒気がたまり，強い高気圧が形成されることがわかる．今回の計算ではさらに，山岳上昇とともにユーラシア大陸から日本に吹き出す地上付近の風向も西から北西に変わることがわかった．山岳の上昇が，遠く離れた日本やその近隣の沿海の気候にも変化を与えたことが示唆される．

全球規模の大気の流れで見られる定常波 (プラネタリー波) もまた，山岳の影響を受ける．山岳の上昇とともに北半球冬季の定常波成分が大きくなる．このことは，大気の流れが大規模な山岳を越えるときの力学的・熱力学的影響と大陸と海洋の熱的コントラスト (温度差) によって形成されていると考えれば，定性的に説明できる．鬼頭 (1997b) は，対流圏中層 (高度約 5 km) では山岳により半分以上の定常波成分が説明できるとしている．

また，Kitoh (2004) は，これまでのものよりもシミュレーションの能力が高い，気象庁気象研究所 (JMA/MRI) の新しいヴァージョンの AOGCM を用いて，全球の山岳の高さを現在の値の 0-140％まで変化させた実験を行った．これまで述べた計算と同様に，山岳の上昇とともに，平均的には SST の低下が起こるが，西部太平洋の SST については昇温することがわかった．この昇温により，西太平洋から東アジアへ向かう水蒸気の輸送量が増加し，東アジアにおける梅雨

前線帯の活動に大きな影響を与える．計算の結果によると，山岳が現在の60%より高い場合に梅雨前線帯が形成される．Abe et al. (2005) は，Abe et al. (2003；2004) と同様のデータを使い，チベット高原の高さに対する中央アジアの乾燥化の感度を調べた．中央アジアの乾燥化もまた，山岳が現在の高さの40%から60%に変化するときに急激に起こることが明らかになった．

3.5.3 まとめと今後の研究課題

本節では，チベット高原の上昇とアジアモンスーンの成立との関連を例に，テクトニクスが関連する気候変化を紹介した．3.5.1小節ではアジアの現在の気候と古気候の観測を，3.5.2小節ではこれまでに行われたモデル計算を概観し，著者らが行った計算を紹介した．本節で示した結果は，大気と海洋の相互作用を考慮したAOGCMで実験を行うことで，初めて得られたものである．熱帯太平洋の気候形成には，熱帯太平洋における東西循環（ウォーカー循環）の強化を通して，アジアモンスーンが重要な役割を果たしていることが示された．

今後，より定量的な議論を行うためには，いくつかの実験を行う必要がある．例えば，ここで紹介した数値実験では全球の地形を変動させているが，個々の山岳が気候形成に与える影響を調べる必要がある．現在，チベット高原，ロッキー山脈，アンデス山脈について，それぞれ山岳が気候形成へ与える影響を個々に評価する実験を行っている．このことは，過去の気候変化を解釈するためだけでなく，現在の気候システムを理解するためにも不可欠である．

本節で述べてきたのは山岳上昇が大気大循環にもたらす影響についてである．しかし，これ以外に，山岳上昇は高低差を生むことで風化過程を促進し，大気CO_2濃度を減少させ，気温を低下させる働きも生む（3.4.2小節参照）．本節で述べた山岳上昇に伴うアジアモンスーンの強化はこの風化の促進に一役買っている．チベット高原の上昇はこの風化過程というチャンネルを通じて，第四紀氷河時代を準備したと言える（Raymo and Ruddiman, 1992；1993）．

数百万年以上の地質学的時間スケールでの平均的な気候の形成には，まさに地質学的現象が関わっている．本節で示してきたチベット高原の上昇は，新第三紀から第四紀の気候の遷移をもたらしたと言える．このような長い時間スケールの気候変化は，より短い時間スケールの気候変動の基本場を与える．100 kyrスケールの氷期・間氷期サイクルは，この基本場に対して，外的な擾乱（ミランコビッチサイクルなど）や気候システム自体がもつ時間スケールが関わることで形成された（3.2.4小節，3.6節参照）．氷期・間氷期サイクルの原因や変動を議論するにも，本節で述べたような基本場の気候変化を明らかにしておく必要がある．

参考文献

Abe, M., et al. (2003): An evolution of the Asian summer monsoon associated with mountain uplift —simulation with the MRI atmosphere-ocean coupled GCM—. J. Meteor. Soc. Japan, 81, 909-933.

Abe, M., et al. (2004): Effects of large-scale orography on the coupled atmosphere-ocean system in the tropical Indian and Pacific oceans in boreal summer. J. Meteor. Soc. Japan, 82, 725-743.

Abe, M., et al. (2005): Sensitivity of the central Asian climate to uplift of the Tibetan Plateau in the coupled climate model (MRI-CGCM1). Island Arc, 14, 278-288.

An, Z.-S. (2000): The history and variability of the East Asian palaeomonsoon climate. Quat. Sci. Rev., 19, 171-187.

An, Z.-S., et al. (2001): Evolution of Asian monsoons and phased uplift of the Himalaya-Tibetan plateau since late Miocene times. Nature, 411, 62-66.

Arakawa, A., and Schubert, W. (1974): Interaction of cumulus cloud ensemble with the large-scale environment: part I. J. Atmos. Sci., 31, 674-701.

Hahn, D. G., and Manabe, S. (1975): The role of mountains in the South Asian monsoon circulation. J. Atmos. Sci., 77, 1515-1541.

Kitoh, A. (1997a): Mountain uplift and surface temperature changes. Geophys. Res. Lett., 24, 185-188.

鬼頭昭雄 (1997b): 気候モデルによるチベット山塊の役割の評価. 地学雑誌, 106, 270-279.

Kitoh, A. (2002): Effects of large-scale mountains on surface climate —A coupled ocean-atmosphere general circulation model study. J. Meteor. Soc. Japan, 80, 1165-1181.

Kitoh, A. (2004): Effects of mountain uplift on East Asian summer climate investigated by a coupled atmosphere-ocean GCM. J. Climate, 17, 783-802.

Kutzbach, J., et al. (1989): Sensitivity of climate to late Cenozoic uplift in southern Asia and the American West: numerical experiments. J. Geophys. Res., 94, 18393-18407.

Liu, X., and Yin, Z.-S. (2002): Sensitivity of East Asia monsoon climate to the uplift of the Tibetan plateau. Palaegeogr. Palaeoclimatol. Palaeoecol., 183, 223-245.

Manabe, S., and Broccoli, A. J. (1990): Mountains and arid climates of middle latitudes. Science, 247, 192-195.

Raymo, M. E., and Ruddiman, W. F. (1992): Tectonic forcing of late Cenozoic climate. Nature, 359, 117-122.

Raymo, M. E., and Ruddiman, W. F. (1993): Cooling in the late Cenozoic, scientific correspondence. Nature, 361, 123-124.

酒井治孝 (1997): モンスーン気候はいつ始まったか？——その地質学的証拠. 地学雑誌, 106, 131-144.

Tokioka, T., et al. (1995): A transient CO_2 experiment with the MRI CGCM —Quick report—. J. Meteor. Soc. Japan, 73, 817-826.

その他の参考図書

Ruddiman, W. F., ed. (1997): *Tectonic uplift and climate change*, Plenum Press, 558pp.

Crowley, T. J., and Burke, K. C., ed. (1998): *Tectonic Boundary Conditions for Climate Reconstructions*, Oxford Monographs on geology and geophysics No. 39, Oxford University Press, 304pp.

時岡達志ほか (1993): 『気象の教室5 気象の数値シミュレーション』, 東京大学出版会, 247pp.

住 明正ほか編 (1996): 『岩波講座 地球惑星科学11 気候変動論』, 岩波書店, 272pp.

3.6 氷河時代における気候変化
——AOGCMによる研究からの考察

3.6.1 10万年周期の氷期・間氷期サイクル

　過去数百万年間の海洋底堆積物コアおよび過去数十万年間の南極氷床コアの解析から，地球の気候は，現在から約700-800 ka以降，約100 kyrの周期で氷期・間氷期を繰り返していることがわかっている（2.1節参照）．図3.6.1(b)に示すように，その変動パターンは鋸型で，間氷期から氷期への寒冷化はゆっくりと進み，氷期の最盛期（極大期）から間氷期への温暖化は短期間に急激に変化する．我々は，最終氷期極大期から，2万年ほど経った間氷期[1]に生きていることがわかる．

　氷床コア解析はさらに，水の酸素・水素安定同位体の分析から推定した全球気温の変化と，コアの中の気泡の分析から見出されたCO_2濃度，CH_4濃度の変化がほぼ同期しているという興味深い事実を明らかにした（例えば，Jouzel et al., 1993; Petit et al., 1999; EPICA community members, 2004）．これらの温室効果ガス濃度は氷期（間氷期）に極小値（極大値）となるため，氷期・間氷期サイクルの形成に，温室効果ガスが正のフィードバックとして機能していたことが強く示唆される．

　氷期・間氷期サイクルの極大（極小）時期は，ミランコビッチサイクルと呼ばれる，地球の軌道要素の永年変化に伴う約20 kyrおよび約40 kyrの日射量変動とも密接に関係している（3.2.3小節参照，Milankovitch, 1941; 安成・柏谷, 1992）．氷期（間氷期）のピークは北半球高緯度における夏の日射量極小（極大）と関連があるため，このサイクルの形成に日射量変動が何らかの役割を果たしていることが示唆されている．

　氷期・間氷期サイクルの成因は，簡単な非線形効果を入れた力学モデルなどによって定性的な説明が行われている（3.2.4小節参照；例えば，Saltzman and Maasch, 1988; Maasch and Saltzman, 1990）．とくに，日射量変動には顕著に現れない約100 kyrの周期を地球がどのように作り出しているのかが，これらの研究の中心課題である．

　氷期・間氷期サイクルの形成には多くのプロセスが関わっている．例えば，ミランコビッチサイクルにもとづく日射量変動の他に，雪氷によるアルベド効果，氷床の流動や氷床の重さによる地殻の変形，海洋の深層水循環による大気CO_2の埋め込み効果などが指摘されている．これらが100 kyr周期の形成にどのように関わっているかを定量的に明らかにするため，AOGCMや，AOGCMと3次元氷床力学モデルを結合したモデルを用いた研究が行われている．

---

[1] 通常は後氷期と呼ばれるが，氷期・間氷期サイクルで見れば間氷期に相当する．

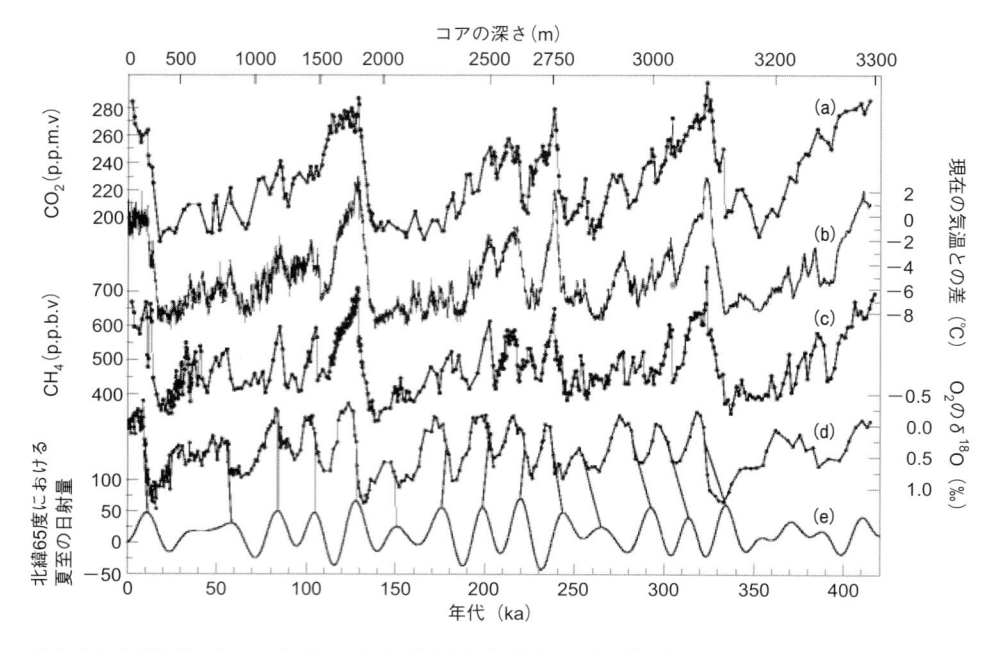

図3.6.1 南極ボストーク氷床コアから復元された過去42万年間の気候データ：(a)大気 CO_2 濃度，(b)気温偏差，(c)大気 CH_4 濃度，(d)大気 O_2 の酸素同位体比（$\delta^{18}O$），(e) 65°N における夏至の日平均の日射量（規格化されたもの）である．氷期から間氷期への遷移は，日射量が極大となる位相とほぼ対応している（Petit et al., 1999）．

以下では，米国地球流体力学研究所（GFDL）の真鍋淑郎らの研究グループによってなされた，氷期や温暖期の気候に対する AOGCM の研究例を紹介する．3.6.2 小節では，大気 CO_2 濃度の変化と大西洋の熱塩循環の強度との関連を調べた研究を紹介する．この研究は，古気候モデルであるとともに，人間活動が原因となって起こるであろう将来の温暖期の気候モデルにもなっている．3.6.3 小節では，氷期から間氷期に向かう昇温期の終わりに突然現れる寒冷化のモデルを取り上げる．3.6.4 小節では，これらの結果をふまえて，人為起源の CO_2 排出による急速な気温の上昇が氷期・間氷期サイクルに対してどのような影響を与えるのかを議論する．

3.6.2　大気 CO_2 濃度と熱塩循環の相互作用

真鍋らのグループは，AOGCM（3.1.1 小節参照）を用いた数千年以上にわたる数値積分を行い，大気 CO_2 濃度のちがいが熱塩循環（3.3.3, 3.3.6 小節参照）の強度をどう変化させるかを調べた（Stouffer and Manabe, 2003）．

熱塩循環は，低緯度から高緯度への熱輸送の重要な部分を占め，現在の地球の気候の維持に大きな役割を果たすとともに，その強弱は長期的な気候の変化にとって重要である（1.3.1 小節や 3.3.2 小節参照）．南極を周回する深層流（周極深層流）を除けば，循環の強さは大西洋の表層と深層部分が非常に強い．

以下の議論では，変化が顕著な大西洋に着目する．大西洋が重要な理由は，大気の南北の温度

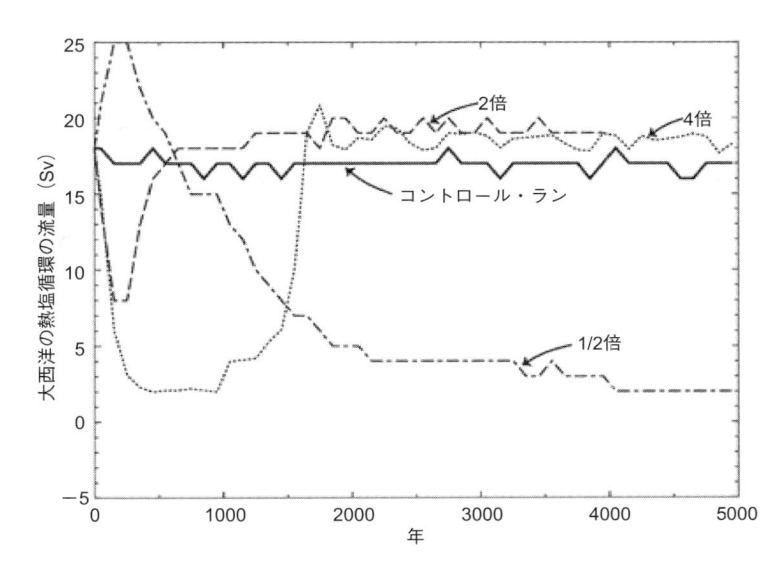

図 3.6.2　AOGCM で，大気 CO_2 濃度を現在の 0.5 倍，1 倍（コントロール・ラン），2 倍，4 倍にしたときの，大西洋の熱塩循環の強度の時系列変化：大気 CO_2 濃度を増加させた場合，循環はいったん弱くなった後に回復するが，減少させた場合，循環はいったん強くなった後に非常に弱くなる（Stouffer and Manabe, 2003）．

差を変化させうる強い循環があることと，南極で沈み込んだ水が海洋の最深部に入り込んでいること（この水を南極底層水という）である[2]．

　Stouffer and Manabe (2003) は，大気 CO_2 濃度が産業革命以前の値に近い 300 ppm のもとで長期間積分した準定常解をコントロール・ランとして，その 0.5 倍（150 ppm），2 倍（600 ppm），4 倍（1200 ppm）にした場合の熱塩循環の振る舞いを調べた．

　はじめに，熱塩循環の強度の大気 CO_2 濃度に対する依存性を見てみよう．図 3.6.2 のように，コントロールや 2 倍，4 倍の大気 CO_2 濃度の時は，ほぼ同じ強さをもった熱塩循環が定常解として維持される（図 3.3.14(a)および図 3.3.15 実線参照）．これに対し，0.5 倍の場合は非常に弱くしかも浅い熱塩循環が出現する（図 3.3.14(b)および図 3.3.15 実線参照）．これは，大気 CO_2 濃度の減少によって寒冷化した気候が，南極周辺の海氷を大きく発達させることが原因である．海氷の発達に伴って氷点温度で高塩分の重い海水（ブライン）が形成され，南極で沈み込む．その結果，海洋深層はこの重い水が覆い，深層と熱塩循環は切り離される．

　実験で得られた地表面気温の緯度分布（図 3.6.3）を見ると，大気 CO_2 濃度の増加（減少）とともに，どの緯度帯でも気温は上昇（下降）する．大気 CO_2 濃度が 0.5 倍の時に極域での気温低下が著しいことは特筆すべきである．海氷の形成が，気温に対して正のフィードバックとして働いているためである（氷-アルベドフィードバック，3.2 節参照）．

　大気 CO_2 濃度が 0.5 倍の場合に実現した浅く弱い熱塩循環は，氷期最盛期の状況とよく似ていることが古環境解析から支持される．例えば，海洋底堆積物コアの放射性元素の分析から，氷期の大西洋では，大西洋の深層水循環は浅くなり，その代わりに大西洋には南極底層水が入り込

---

2) シンプルモデルでは，熱塩循環を大西洋で近似的に閉じた循環として想定している場合が多い．

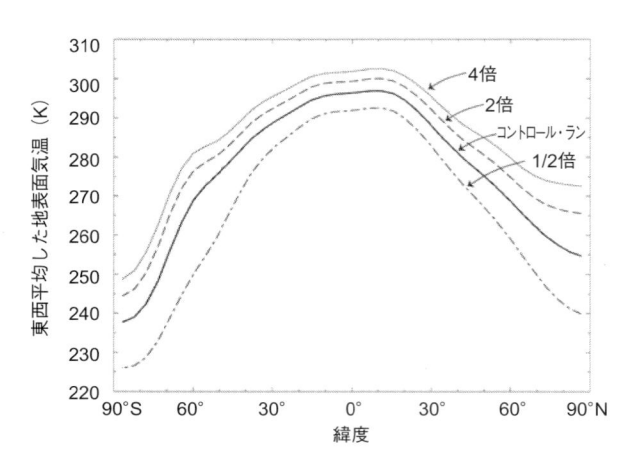

図 3.6.3 AOGCM で，大気 CO_2 濃度を現在の 0.5 倍，1 倍（コントロール・ラン），2 倍，4 倍にしたときの，東西平均した地表面気温の分布：大気 CO_2 濃度が高いほど，全球的に気温は高くなる．大気 CO_2 濃度が低くなると，高緯度と低緯度の気温差が拡大する（Stouffer and Manabe, 2003）．

んでいたことがわかっている．また，海洋の深層に，氷点に近い海水があったことも，海洋底堆積物コアの間隙水の分析からわかっている．

南極海での海氷の形成は，海洋の CO_2 吸収にも関わる．現在の南極域は，溶存 CO_2 に富む海水が湧き上がるため，寒冷であるにも関わらず CO_2 の放出源である．南極底層水は海洋の最深部を流れるため，生物ポンプ（1.3.3 小節，3.3.5 小節参照）が送り込んだ CO_2 を大量に含んでいるのである（3.3.6 小節参照）．氷期に（あるいは大気 CO_2 濃度半減実験の状況下で）南極海に海氷が張り出すと，湧き上がる南極底層水と大気が切り離されるため，この CO_2 放出が遮られる．Stouffer and Manabe（2003）では炭素循環を解いていないが，仮に炭素循環を結合させたなら，海氷の形成とともに海洋は全体として大気 CO_2 の吸収源になると期待される．これは地表面気温を低く保つことに寄与する．

大気 CO_2 濃度半減実験で現れた，深層が氷点温度かつ高塩分の海水で覆われた「海洋の氷期状態」は安定度が高いことに注目すべきである．仮にこの状態で大気 CO_2 濃度を増加させても，熱塩循環はすぐには回復しないと予想される．このことは，氷期から間氷期への遷移の時間スケールなどを考える上で興味深い．

次に，熱塩循環の多重性という気候変化を考える上で興味深い性質を見てみよう．Stouffer and Manabe（2003）の実験では，同じ大気 CO_2 濃度に対して，少なくとも 2 種類の解が見つかっている（図 3.3.7）．コントロール・ランおよび 4 倍増実験では，異なる初期条件に対して熱塩循環が弱い（むしろ循環方向が反転した）安定解が得られている（図 3.3.7(b) および図 3.3.15 破線参照）．得られた多重解は，Huang et al.（1992）がボックスモデルで示した，低温の海水が沈み込む解と高塩分の海水が沈み込む解と本質的に同じである（3.3.3 小節参照）．前者は高緯度での沈み込みがある現在の大西洋に相当する．後者は，高緯度での沈み込みがない現在の太平洋や，やはり沈み込みがない新第三紀の海洋に対応する可能性がある．

AOGCM においても多重解が存在することは，古気候や地球の将来の気候を考察する時に非常に重要なヒントとなる．例えば，海洋底堆積物コアの解析によると，中新世の 14.5 Ma 以前は北大西洋の熱塩循環は非常に弱かったが，10 Ma 頃までには現在と同じ程度に活発になっていたと推定されている（Woodruff and Savin, 1989）．このような熱塩循環の強度の変化は，まさに上記の 2 つの平衡状態に対応しているのではないかと，Stouffer and Manabe（2003）は議論している．過去の気候変化を明らかにするために，この 2 つの解の間のジャンプが起こる条件を調べることが重要な課題となる．

Stouffer and Manabe (2003) は大気 CO_2 濃度を一方的に与えた時の熱塩循環の応答を調べたが,実際の気候システムでは,大気 CO_2 濃度は熱塩循環との相互作用で決まる量である.例えば,大気 CO_2 濃度の変化には,海表面温度の分布で決まる大気-海洋表層間の CO_2 フラックスが関わる.このような相互作用系の変動を調べるには,大気-海洋系の炭素循環とエネルギー交換の両方を組み込んだモデルが必要である(3.4.5 小節参照).

Kawada et al. (2006) は,大西洋と全球大気を想定したシンプルな気候モデルでこのプロセスを調べた(3.3.6 小節参照).熱塩循環と炭素循環の相互作用を評価する時に重要なプロセスは,海洋表層の CO_2 分圧をコントロールする生物ポンプである(1.3.3 小節,3.3.5 小節参照).彼らの計算によると,生物ポンプによる CO_2 の輸送と熱塩循環との相互作用を考慮した結果,内的な振動が現れることがわかった(図 3.3.17 および図 3.3.18 参照).大気 CO_2 濃度が増加(減少)するとき熱塩循環が弱化(強化)される.ここに生物ポンプを加えると,大気 CO_2 濃度と熱塩循環の強度に正のフィードバックが現れる.例えば,熱塩循環の弱化で炭酸塩成分がより深層に輸送されるようになり,大気 CO_2 濃度は増加する.しかしながら,生物ポンプと熱塩循環の系には,この正のフィードバックを止める機構も備わっている.それは,熱塩循環が停止した状態がやがて不安定化することと,炭酸塩の量が有限であることである.正のフィードバックの存在とそれを止めるシステムの双方の存在が,振動を作り出す.氷期・間氷期サイクルは,このような振動現象としてとらえることも可能である.

3.6.3 表層水循環と深層水循環の相互作用

熱塩循環の強度は,海洋表層への淡水フラックスの強弱によってもコントロールされる.例えば,海洋表層に淡水が供給されると,海洋表層では海水の塩分が薄まって成層が強くなる.このことが鉛直方向の対流の強さを弱め,熱塩循環を弱化させるのである.海への淡水供給の変化は,表層水循環[3] の変化,とりわけ雪氷圏からの融解量の変化で生じる.

淡水フラックスの変化がもたらした著しい気候変化の例として,**新ドリアス期**(Younger Dryas)がある.これは,今から約 20 ka の最終氷期極大期から 10 ka に至る急激な昇温期の半ばに起こった「寒の戻り」現象である.グリーンランドの氷床コアの酸素同位体変動(図 2.1.7)から,約 12 ka の前後 1000 年間程度,温暖化傾向がストップし,むしろ一時的に気候が寒冷化へ逆戻りしたことがわかる.この寒冷化は,温暖化の過程で北米氷床の融解が促進され,その融解水が北大西洋に大量に流れこんだことが原因であると考えられている.密度の小さい淡水が海洋表層を覆うと,氷期の終わりとともに強まりかけていた熱塩循環はいったん弱まる.低緯度の暖水を高緯度に運ぶことで北大西洋を温暖に保っている熱塩循環が弱まると,気候は寒冷な状態に逆戻りするのである.

Manabe and Stouffer (1999) は AOGCM の北大西洋上に淡水を約 500 年間大量に注入させる実験を行い,熱塩循環の弱化とこの地域を中心とする「寒の戻り」を再現させた.この実験で注目

---

[3] 降水量分布などに代表される大気水循環や,陸域表層での水循環(蒸発散や地表から地下への水の浸透,地下水流出,河川流出)による海洋表層への淡水流入などを表層水循環とし,海洋の深層水循環(熱塩循環)と分けて考える.

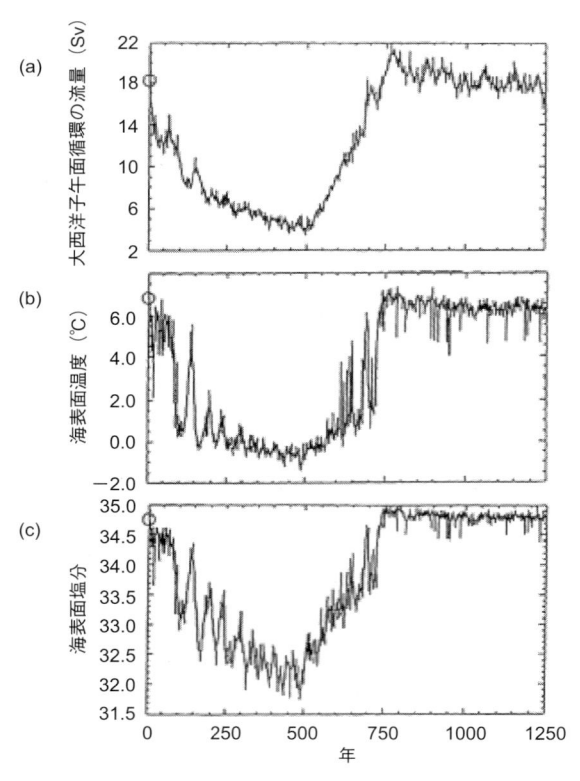

図 3.6.4 AOGCM でシミュレートされた新ドリアス期：(a) 北大西洋の熱塩循環強度，(b)海表面温度，(c)海表面塩分．最初の 500 年間，北大西洋に淡水を供給した．淡水供給がある間は熱塩循環が弱まるが，注入を止めると回復する（Manabe and Stouffer, 1999）．

すべき点は，淡水フラックスの供給が停止された後に熱塩循環は徐々に強化されて元のレベルに戻ること（図3.6.4）と，供給の停止の後 100-400 yr 経過後に，熱塩循環の時間遅れ効果により，南極の太平洋岸（120°W 付近）に強い寒冷化域が出現することである．後者は，原因となるイベントが起こる地域からはるかに離れた場所に影響が表れるという点で興味深い．

真鍋（私信）によると，北大西洋に供給される淡水フラックスの量が多すぎる場合，北大西洋で沈み込む熱塩循環が停止した解に遷移することがあるという．このことは，氷期・間氷期サイクルのような変動や，人為起源の CO_2 排出によって気温が上昇すると，急激な氷床の融解が起こり，これがきっかけとなって解の遷移が起こる可能性を示唆する．淡水の供給量を決めるメカニズムを調べることは，重要な課題となるだろう．

表層水循環と深層水循環が関わる気候変化のもう1つの問題として，人為起源の CO_2 排出に伴う気温の上昇が，現在の熱塩循環を弱めるのではないか，という懸念が挙げられる．高緯度地域で気温が上昇すると，大気中の水蒸気量や降水量が増加し，海洋への淡水フラックスが増加すると予想される．このため，Stouffer and Manabe（2003）が示したように，大気 CO_2 濃度の増加に伴う熱塩循環の弱化が，北大西洋の局所的な寒冷化をもたらすかもしれない（3.6.2小節参照）．

真鍋らは，この問題に関連して，気候変動に関する政府間パネル（IPCC）が予測した人間活動に伴う温室効果ガスの放出シナリオをもとに，人為起源の CO_2 排出による気温上昇の数値実験を行った．最もありうる放出シナリオを用いた場合，2050 年頃から熱塩循環が急激に弱まるという結果を得た．この結果は，今後 100 yr 程度の気候変化を予測するために本質的に重要である．ただし，大気 CO_2 濃度が高い状態が続くと，いったん弱まった熱塩循環が元に戻り，今から約 500-2000 yr 経過後には，むしろより強い状態へと遷移する（図3.6.2）．大気 CO_2 濃度の増加に伴う熱塩循環の強度，全球平均気温および気温分布の変化には，温室効果ガスの増加がどのように気候システム内の水循環を変えていくかという，不確定で未解決な問題がからんでいる．この問題は，気候予測における大きな課題として今後も研究の継続が必要である．

3.6.4 氷期・間氷期サイクルの中での人為起源の気候変化

3.6.1小節で述べたように，ここ数十万年は，地球の気候は100 kyr周期で氷期と間氷期を繰り返している．Stouffer and Manabe（2003）の計算は，氷期の状態に相当する浅く弱い熱塩循環，間氷期（現在）の状態に相当する強い熱塩循環，および氷期・間氷期サイクルがなかった約15 Maの状態に相当する現在と逆向きの熱塩循環を実現した．気候は，このようないくつかの異なった多重平衡状態の間を遷移あるいはジャンプしている．

現在は氷期・間氷期サイクルの中の間氷期にあり，その大きな気候変動の中で，人間はCO_2を排出していることを再認識すべきである．もし人類が大量のCO_2を排出しなければ，気候は徐々に寒冷化して氷期へと向かい，約8万年後には再び間氷期が訪れることが予想できる．さらに長期的な視点に立てば，ここ1000万年間の地球の寒冷化がこの先も進んだ場合，周期的な変化がなく，つねに氷期状態であるような気候に行き着くだろう．

この小節では，人為起源のCO_2などの温室効果ガスの放出による現在の気温上昇が，氷期サイクルの中でどのように位置づけられるかを，3.6.2，3.6.3小節で述べた真鍋らの計算結果をもう一度振り返りながら，議論してみたい．

まず，3.6.2小節で紹介したStouffer and Manabe（2003）の非定常な振舞いを取り上げる．大気CO_2濃度を増加させたときの非定常なレスポンスは，まさに人為起源のCO_2が蓄積しつつある現在の地球の気候変化に対応する．

Stouffer and Manabe（2003）の実験では，大気CO_2濃度を現在の2倍あるいは4倍に増加させた場合，いったん熱塩循環は弱くなるが，その後，熱塩循環の強度は元に戻る（図3.6.2）．熱塩循環が弱化している期間は大気CO_2濃度に依存し，2倍増の実験では500 yr，4倍増の場合は2000 yr程度である．大気CO_2濃度を半減させた場合，熱塩循環は一時的に強まるが，その後，時間とともに弱くなり5000 yr経過するとほとんど停止してしまう．

このような熱塩循環強度の急激な変化は，大気CO_2濃度増加に伴って表層水循環が変化することがおもな原因で起こる．表層水循環の変化は熱塩循環に2つの影響を及ぼす．1つは，気温の上昇に伴って大気の水蒸気量が増加するため，低緯度から高緯度への淡水フラックスが増加することである[4]．もう1つは，全球の気温の上昇が低緯度では海水温を上昇させるが，高緯度では海氷がある限り海水温はつねに氷点付近に保たれるため，気温の上昇に伴って表層海水の南北方向の密度勾配が大きくなることである．前者の効果が勝るとき，気温の上昇で熱塩循環は弱化する．真鍋らの計算では，大気のCO_2濃度を変動させた直後にこの状態が実現した．逆に後者の効果が勝るとき，気温の上昇で熱塩循環は強化する．真鍋らの計算では，数百年から数千年後にこの状態が実現した．

大気CO_2濃度の増加とそれに伴う地表面気温の上昇による地球水循環の変化は，氷期・間氷期サイクルにとって重要な意味をもつ．3.6.3小節で見たように，淡水フラックスの供給は，熱塩循環の一時的な弱化や，場合によっては解の遷移をもたらす．気温の上昇に伴って解の遷移が起これば，氷期・間氷期サイクルに変調をきたす可能性もある．

---

[4] これは本質的に新ドリアス期（3.6.3小節参照）と同じ効果をもたらす．

このように，表層水循環プロセスは，気温が変化したときに熱塩循環が強まるのか弱まるのかを決める重要な要素である．真鍋らの研究は，大気へのCO_2の付加に伴う表層水循環の変化が，今後の地球気候の予測には非常に重要であることを示唆している．

　最後に，地表面気温の上昇によって氷床量が変動することが氷期・間氷期サイクルに及ぼす影響について考えてみたい．大気CO_2濃度の増大で全球平均気温が過去数十万年で最も高温になると，ミランコビッチサイクルにより氷期に相当する日射量になっても，氷床の成長が抑制される．このことは，氷床量を減少させ，氷期・間氷期サイクルの位相，振幅，および周期に影響を及ぼす可能性がある．氷床の成長過程にも水循環が関わるため，現在，この問題には決着がついていない．ただし，人類のCO_2排出が今後どの程度の期間継続するか，そして大気CO_2濃度が高く温暖な状態がいつまで続くかは，人類の将来と同様，不確定であることに注意しなくてはいけない．

　大気CO_2濃度の増加と地表面気温の上昇に伴う地球水循環の変化は，植生や農業など，生命圏や人間活動に対しても直接的に影響を及ぼす．Manabe et al. (2004) では，気温の上昇に伴う陸域の表層水循環プロセスの変化が議論されている．しかし一見，ここ数十年の出来事のように感じられる急激なCO_2濃度の変化が，100 kyr 周期の氷期・間氷期サイクルというより長い変動の中で起こっている変化であるという認識をもつことが，人類の将来を展望する上で極めて重要である．

参考文献

EPICA community members (2004): Eight glacial cycles from an Antarctic ice core. Nature, 429, 623-628.

Huang, R. X., et al. (1992): Multiple equilibrium states in combined thermal and saline circulation. J. Phys. Oceanogr., 22, 231-246.

Jouzel, J., et al. (1993): Extending the Vostok ice core record of paleoclimate to the penaultimated glacial period. Nature, 364, 407-412.

Kawada, Y., et al. (2006): The role of interactions between the thermohaline circulation and oceanic carbon cycle — A case study of Nagoya simple climate model —. Eos Trans. AGU, 87, Fall Meet. Suppl., Abstract PP23B-1757.

Maasch, K. A., and Saltzman, B. (1990): A low-order dynamical model of global climate variability over the full Pleistocene. J. Geophys. Res., 95, 1955-1963.

Manabe, S., and Stouffer, R. J. (1999): The role of thermohaline circulation in climate. Tellus, 51A-B, 91-109.

Manabe, S., et al. (2004): Simulated long-term changes in river discharge and soil moisture due to global warming. Hydrology Science Journal, 49, 625-642.

Milankovitch, M. (1941): *Kanon der Erdbestrahlung und seine Anwendung auf das Eiszeitenproblem*, Königlich Serbische Akademie, 633pp. 柏谷健二・山本淳之・大村　誠・福山　薫・安成哲三　訳 (1992):『気候変動の天文学的理論と氷河時代』，古今書院，520pp.

Petit, J. R., et al. (1999): Climate and atmospheric history of the past 420,000 years from the Vostok ice core, Antarctica. Nature, 399, 429-436.

Saltzman, B., and Maasch, K. A. (1988): Carbone cycle instability as a cause of the late Pleistocene ice age oscillations: Modeling the asymmetric response. Global Biogeochem. Cycles, 2, 177-185.

Stouffer, R. J., and Manabe, S. (2003): Equilibrium response of thermohaline circulation to large changes in atmospheric CO_2 concentration. Climate Dynamics, 20, 759-773.

Woodruff, F., and Savin, S. M. (1989): Miocene deepwater oceanography. Paleoceanography, 4, 87-140.

安成哲三・柏谷健二　編著 (1992):『地球環境変動とミランコヴィッチ・サイクル』，古今書院，174pp.

あとがき

　名古屋大学では，文部科学省の21世紀COEプログラムの1つとして，2003年から2008年まで「太陽・地球・生命圏相互作用系の変動学」（略称：SELIS-COE）が推進された．SELIS-COEは名古屋大学内の地球科学関連の4組織（環境学研究科地球環境科学専攻，太陽地球環境研究所，地球水循環研究センター，年代測定総合研究センター）が連携・協力し，新しい地球科学と教育の枠組みづくりをめざしたプログラムである．本書は，SELIS-COEの終了時における成果と到達点をこれから学ぶ人々に示したものである．

　SELIS-COEの掲げた目標は，「今から約1000万年前から現在に至る生命圏を含む地球システムの変化を，より深いレベルで理解することにより，将来の地球システムの変化を見通し，人類の位置と役割をも含めて考究する新しい地球学を創生すること」である．本書を読んでいただいて，この目標に向かう道筋がおぼろげにでも見通せていただけただろうか．各論は理解できても，それらをつなぐ全体像がわかりにくかったとすれば，それは私たち編者の力不足ではあるが，ぜひ読者の方々には「地球学」の全体像を頭の中に描く努力をしていただきたい．

　先日SELIS-COEの研究集会で熊澤峰夫・名古屋大学名誉教授から，地球科学・環境学の泰斗である島津康男・名古屋大学名誉教授が1966年に記した「SEAMLESS EARTH SCIENCE（SMLES）グループ憲章」というものがあることを教えられた．以下にそれを引用する（括弧の中の注も含めて，島津康男（2004）：［連載］SMLES奔る（第1回）．『環境技術』，2004年1月号より引用）．

SEAMLESS EARTH SCIENCE（SMLES）グループ憲章

1. SMLESは，細分化し形骸化した地球科学の教育・研究の現状に満足せず，総合的に自然現象をみる第三世代の地球科学を志す．（注：SMLESはSEAMLESS EARTH SCIENCE（縫い目なしの地球科学）の略で，シミュレーションを道具とすることからSIMULATION EARTH SCIENCEとも読めるし，SHIMAZU-LIKE（島津好みの）EARTH SCIENCEとも読める．）

2. SMLESは，地球の構成と発展とを研究対象にし，その観点から惑星にも及ぶ．そして生物活動や人類の生産・社会活動と自然との相互作用を含めて，過去から未来への地球の姿をとらえる．（注：ここで，社会活動を含めているのは重要である．地球の過去がどうであったかを扱うだけでなく，現在から将来をどうするかをとらえようとすれば，いやでも人類の活動を入れることになり，第3回以後に述べる「環境学」への発展宣言でもある．）

3. SMLESは，研究の推進力が頭脳であることを信じ，独創性とチームワークを重視する．研究手段にはこだわらない．（注：当時は「境界領域」とか「学際」という言葉が流行っていた．だがその実態は，単なる顔合わせか隙間研究だったが，私たちはグループとして共同研究するのもさることながら，各自が多様な分野をこなす「一人学際」という新しい概念を提示していた．）

4. SMLESは，学問的に常に反体制側であることを望み，しかも国際レベルの研究活動を意図する．

 5 SMLESは，上記の趣旨に賛同する研究者及び研究者たらんとする者で構成される．メンバーの発表論文にはSMLES CONTRIBUTION NO.を付する．（注：定年までにNO. 246までいった．当時は，指導教授を著者名に入れるのが通例だったが，その悪習を破るため，実際の著者名のみとした．）

 この憲章に続いて，「SMLESグループ内規」というものがあり，その冒頭には「SMLESは大学院教育のプログラムでもある」ともある．
 40年以上も昔の〈シームレス地球科学グループ憲章〉は，今もその色を失っていない．それどころかSELIS-COEの憲章に借用したいぐらいである．本書は『新しい地球学』と銘打たれ，その内容のほとんどがこのSMLES憲章以後の研究であるにも関わらず，所詮，その方向性は慧眼島津の掌の上にあると認めざるを得ない．ただし，その方向性は当面は不変なのだという保証を得た気もする．
 本書が40年後にどう読まれるのか恐ろしくなる気持ちを抑えつつ，地球学が本書の内容をはるかに踏み越えて発展していくことを心から祈念する．

2008年1月

編者一同

記号リスト

序.2 節

a	惑星アルベド（p.12）	
a_E	地球の軌道長半径（p.12）	
c	真空中の光速度（p.10）	
E	天体の全エネルギー：(0.2.2)式（p.9）	
ΔE	核反応で発生するエネルギー（p.10）	
E_ν	ニュートリノ1個がもち去るエネルギー（p.10）	
F_0	現在の太陽放射フラックス（p.12）	
f	太陽が主系列星である間に使う水素の全質量に対する比（p.11）	
k_B	Boltzmann 定数（p.11）	
L_0	現在の太陽の光度（p.10）	
M_{Sun}	太陽質量（p.9）	
Δm	核反応での質量欠損量（p.10）	
m_u	原子質量単位（p.10）	
n	粒子数密度（p.11）	
Q	He 1個生成あたりの核融合反応の全発熱量：(0.2.5)式（p.10）	
R	地球の赤道半径（p.12）	
S_0	現在の太陽定数（p.12）	
T	温度（p.12）	
$T_{c,Sun}$	太陽の中心温度（p.9）	
U	天体の内部エネルギー（p.9）	
μ	原子質量単位で量った質量（原子量）（p.10）	
σ	Stefan-Boltzmann 定数（p.12）	
τ_{Sun}	主系列星としての太陽の寿命：(0.2.6)式（p.11）	
Ω	天体の重力ポテンシャルエネルギー（p.9）	

1.2 節

- a　　地球の惑星アルベド（p.63）
- C_p　　乾燥空気の定圧比熱（p.66）
- D　　大気境界層の厚さ（p.74）
- D　　衛星センサの口径（p.78）
- $d\Omega$　　周回あたりの歳差角（p.79）
- e_s　　飽和水蒸気圧（p.66）
- F　　蒸発散量（p.69）
- f　　コリオリパラメータ（p.74）
- g　　重力加速度（p.66）
- K_m　　大気境界層の渦粘性係数（p.74）
- L　　蒸発の潜熱（p.67）
- p　　大気圧（p.66）
- Q_a　　標準高度での混合比（p.69）
- Q_s　　地表面温度での飽和混合比（p.69）
- R　　単位質量あたりの空気の気体定数（p.66）
- R_w　　単位質量あたりの水蒸気の気体定数（p.67）
- S　　太陽定数（p.64）
- T　　温度（p.61）
- T_e　　放射平衡温度（p.64）
- T_L　　下層大気温度（p.64）
- T_s　　地表面気温（p.64）
- T_T　　上層大気温度（p.64）
- U　　標準高度での風速（p.69）
- w　　上昇流速（p.74）
- z　　高度（p.66）
- z_s　　飽和水蒸気が $1/e$ となる高度差（p.68）
- α　　比容（p.67）
- Γ　　大気の気温減率（p.68）
- ζ_g　　気圧場に対応する地衡風の渦度（p.74）
- θ　　衛星センサの視野角（p.78）
- θ　　軌道傾斜角（p.79）
- λ　　衛星センサの使用波長（p.78）
- ρ　　大気の密度（p.66）
- σ　　Stefan-Boltzmann 定数（p.64）
- Σ_w　　大気柱の水蒸気量（p.68）

1.3 節

- r　　レインレシオ（p.93）
- $AR(C)$　　藻類呼吸（炭素量で表記）（p.89）
- $EP(C)$　　輸出生産（炭素量で表記）（p.90）
- $F(NH_3)$　　アンモニア取り込み（p.90）
- $F(NO_3^-)$　　硝酸イオン取り込み（p.90）
- $GPP(C)$　　総基礎生産（炭素量で表記）（p.89）
- $GPP(N)$　　総基礎生産（窒素量で表記）（p.90）
- $HR(C)$　　従属栄養呼吸（炭素量で表記）（p.89）
- $NCP(C)$　　純群集生産（炭素量で表記）（p.89）
- $NP(N)$　　新生産（窒素量で表記）（p.90）
- $NPP(C)$　　純基礎生産（炭素量で表記）（p.89）
- $PG(C)$　　群集増加（炭素量で表記）（p.90）
- $RP(N)$　　再生生産（窒素量で表記）（p.90）
- Φ_{CaCO_3}　　$CaCO_3$ 粒子フラックス（p.93）
- Φ_{POC}　　POC フラックス（p.93）
- γ　　レインレシオパラメータ（p.93）

1.4 節

- A_n　　個葉レベルでの正味の CO_2 吸収量（p.111）
- a　　反射率（地表面アルベド）（p.104）
- b　　最小気孔コンダクタンス（p.111）
- c_p　　定圧比熱（p.109）
- c_s　　葉面での大気 CO_2 濃度（p.111）
- D　　浸透量あるいは流出量（p.105）
- E　　蒸発散量（p.104）
- $e^*(T_s)$　　地表面温度 T_s における飽和水蒸気圧（p.109）
- e_r　　参照高度における水蒸気圧（p.109）

$f_1(\delta e), f_2(T), f_3(\Psi)$	ストレス関数 (p.111)		**2.1 節**	
G	地中熱流量 (p.104)		A	樹木年輪の ^{14}C/C 比 (p.132)
g_c	群落コンダクタンス (p.111)		a_j	化学種 j の活量 (p.126)
g_s	葉面コンダクタンス (p.111)		D	元素分配係数 (p.127)
g_{st}	気孔コンダクタンス (p.111)		f	水蒸気残存率 (p.129)
$g_{st\,max}$	最大気孔コンダクタンス (p.111)		g	気孔コンダクタンス (p.134)
H	顕熱輸送量 (p.104)		H	磁場の強さ (p.127)
h_s	葉面での相対湿度 (p.111)		K	反応の平衡定数 (p.123)
Ld	下向き長波放射量 (p.104)		M	磁化の強さ (p.127)
Lu	上向き長波放射量 (p.104)		T	絶対温度 (p.124)
m	葉面コンダクタンスに関する経験定数 (p.111)		$\alpha^{18}{\rm O}$	^{18}O 分配係数 (p.123)
P	降水量 (p.105)		$\Delta^{14}{\rm C}$	樹木年輪の ^{14}C/C 比の標準物質との差の千分率 (p.132)
$\nabla_H \cdot \boldsymbol{Q}$	水蒸気の積算水平発散量 (p.105)		ΔG^0	反応の Gibbs の自由エネルギー変化 (p.126)
q'	水蒸気変動 (p.105)		$\delta^{13}{\rm C}$	^{13}C/^{12}C 比の標準物質との差の千分率 (p.134)
Rn	正味放射量 (p.104)		$\delta^{18}{\rm O}$	^{18}O/^{16}O 比の標準物質との差の千分率 (p.123)
r_a	空気力学的抵抗 (p.109)		χ	帯磁率 (p.127)
r_c	群落抵抗 (p.110)			
r_{st}	気孔抵抗 (p.110)		**3.1 節**	
S	貯熱量 (p.104)		A	適当な予報変数 (p.203)
Sd	下向き短波放射量 (p.104)		$A^n = {}^t(A_1^n, A_2^n, \cdots, A_J^n)$ (p.203)	
Su	上向き短波放射量 (p.104)		A_j^n	空間格子が j 番目で時間ステップが n 番目の A の値 (p.203)
ΔS_w	水の貯留変化量あるいは土壌水分変化量 (p.105)		C_v	乾燥空気の定積比熱 (p.202)
T'	気温変動 (p.105)		$\boldsymbol{F} = (F_\lambda, F_\phi, F_z)$	単位質量あたりの摩擦力ベクトル (p.202)
T_s	地表面温度 (p.109)		$\boldsymbol{F}[\_\;;\_,\_]$	力学系の振る舞いを指定する汎関数 (p.207)
T_r	参照高度での気温 (p.109)		f	コリオリパラメータ (p.202)
W	可降水量 (p.105)		$\boldsymbol{f}(t)$	力学系の外力 (p.207)
w'	鉛直風速変動 (p.104)		$G()$	空間微分を含む演算子 (p.203)
DR	呼吸量 (p.106)		$\underline{G}()$	$G()$ を差分化した代数式 (p.203)
$FPAR$	光合成有効放射吸収率 (p.117)		$\tilde{G}()$	G の行列表現 (p.203)
GPP	総一次生産量 (p.106)		g	地表面の重力加速度 (p.202)
LAI	葉面積指数 (p.110)		J	総格子数 (p.203)
LUE	光利用効率 (p.117)		$J(\boldsymbol{x}_0; \mu)$	汎関数 $\boldsymbol{F}[\boldsymbol{x}; \mu]$ の不動点 $\boldsymbol{x}_0$ でのヤコビアン行列 (p.207)
$NDVI$	正規化植生指数 (p.116)		k_B	Boltzmann 定数 (p.202)
NEP	生態系純生産量 (p.106)		m_u	原子質量単位 (p.202)
NIR	近赤外域での観測データ (反射率またはディジタル値) (p.115)		P	大気圧 (p.202)
NPP	純一次生産量 (p.106)		P_s	地表面気圧 (p.202)
PAR	光合成有効放射量 (p.111)		Q	単位質量あたりの加熱量 (p.202)
red	赤の波長域での観測データ(反射率またはディジタル値) (p.115)		q_c	雲水混合比 (雲粒の質量混合比) (p.202)
SR	土壌呼吸量 (p.106)		q_v	比湿 (水蒸気の質量混合比) (p.202)
β	蒸発効率 (p.109)		R	地球の赤道半径 (p.201)
γ	乾湿計定数 (p.109)		$R^n = (x_1', x_2', \cdots, x_n')$ 状態空間 (p.208)	
δe	飽差 (p.111)		S_q	水蒸気生成項 (p.202)
λ	蒸発の潜熱 (p.104)		T	温度 (p.202)
λE	潜熱輸送量 (p.104)		t	時間 (p.207)
λE_c	群落からの潜熱輸送量 (p.110)		Δt	時間ステップ幅 (p.203)
λE_g	土壌表面からの蒸発による潜熱輸送量 (p.111)		u	経度方向の流体速度 (p.201)
ρ	空気の密度 (p.109)		V	リヤプノフ関数 (p.209)
Ψ	葉の水ポテンシャル (p.111)		$\boldsymbol{v}$	流体速度ベクトル (p.202)

v	緯度方向の流体速度 (p. 201)	$F_{\mathrm{IR}} = F_{\mathrm{IR}}^{\uparrow} - F_{\mathrm{IR}}^{\downarrow}$	正味の赤外放射フラックス (p.215)
w	鉛直方向の流体速度 (p. 201)	$F_{\mathrm{IR}}^{\uparrow}$	上半球で積分した上向き赤外放射フラックス (p.215)
X	全球氷床量の平均値からのずれ (p. 206)	$F_{\mathrm{IR}}^{\downarrow}$	下半球で積分した下向き赤外放射フラックス (p.215)
$\boldsymbol{x} = (x_1, x_2, \cdots, x_n)$	力学系の状態を表す内部変数 (p. 207)	F_V	可視放射フラックス (p.215)
Δx	格子間隔 (p. 204)	F_ξ	大気–海洋系におけるCO_2変動の外力項 (p. 231)
$\boldsymbol{x}'$	内部変数の微小摂動 (p. 207)	$f(\phi)$	単位経度幅あたりの南北方向の熱輸送量 (p. 220)
$\boldsymbol{x}_0$	力学系の定常解 (p. 207)	f_j	軌道傾斜角ベクトルのj番目のモードの回転角速度 (p.226)
Y	大気 CO_2 分圧の平均値からのずれ (p. 206)	g	重力加速度 (p.216)
$\hat{\boldsymbol{z}}$	鉛直上向き単位ベクトル (p. 202)	g_j	軌道離心率ベクトルのj番目のモードの回転角速度 (p.226)
z	海面からの高度 (p. 201)	h	基準面に対する地球の自転軸の傾き (p.227)
ε	水と乾燥空気の分子量比 (p. 202)	I	惑星放射フラックス (3.2.1 および 3.2.2 小節) (p.214)
λ	経度 (p. 201)	I	地球の軌道傾斜角 (3.2.3 小節) (p.226)
λ_j	単位ベクトル $\hat{\boldsymbol{e}}_j$ 方向のリヤプノフ指数 (p. 209)	I	全球氷床量 (3.2.4 小節) (p.231)
μ	力学系のパラメータ (p. 207)	$\bar{I}$	全球氷床量の準定常部分 (p.232)
μ	乾燥空気の平均分子量 (p. 202)	I'	全球氷床量の変動部分 (p.232)
μ_{w}	水の分子量 (p. 202)	$\tilde{I}$	地球の軌道傾斜角ベクトル (複素数表示, 大きさは $\sin I$) (p.226)
ρ	大気密度 (p. 202)	I_{CK}	Caldeira and Kasting (1992) に基づく惑星放射フラックス (p.217)
σ	地表面気圧で規格化された大気圧 (p. 202)	$I_{\max}$	惑星放射フラックスの射出限界 (p.217)
ϕ	緯度 (p. 201)	k	地球表層での南北熱輸送の実効的な熱伝導率 (p.220)
$\boldsymbol{\Omega}$	地球の自転軸方向を向き大きさが自転角速度 Ω のベクトル (p. 202)	k_{p}	地球の自転軸の歳差運動の角速度 (p.227)
3.2 節		M_j	地球の軌道離心率ベクトルのj番目のモードの複素振幅 (p.226)
A	地球の自転軸に垂直な方向の主慣性モーメント (p.227)	m_{M}	月の質量 (p.227)
a	地球の軌道長半径 (3.2.3 小節) (p.225)	m_{S}	太陽の質量 (p.227)
$a(T_{\mathrm{s}})$	緯度平均地表面温度 T_{s} の関数として与えられた緯度平均惑星アルベド (3.2.1 小節) (p.214)	N_j	地球の軌道傾斜角ベクトルのj番目のモードの複素振幅 (p.226)
$a(T_{\mathrm{s}})$	地表面温度 $T_{\mathrm{s}}(x)$ の関数として与えられたアルベド (3.2.2 小節) (p.220)	n	太陽系の惑星の数 (p.226)
$a(x)$	$x = \sin\phi$ でのアルベド (p.217)	P	大気圧 (p.216)
a_{f}	氷床に覆われていない部分の平均的なアルベド (p.217)	P_{s}	地表面気圧 (p.216)
a_{I}	氷床のアルベド (p.217)	P_{w}	水蒸気の分圧 (p.216)
a_{M}	月の地球まわりの公転の軌道長半径 (p.227)	p	無次元大気CO_2分圧変動量 Y に関するフィードバック係数 (p.233)
a_{S}	地球の軌道長半径 (p.227)	Q_{s}	北夏半年の総日射量 (p.227)
B_0	半年総日射量の主要項 (p.227)	Q_{w}	北冬半年の総日射量 (p.227)
C	地球の自転軸方向の主慣性モーメント (3.2.3 節) (p.227)	q	無次元の全球平均深層水温度変動量 Z に関するフィードバック係数 (p.233)
C	単位地表面積あたりの熱容量 (3.2.4 節) (p.230)	R	地球の半径 (p.220)
C_0	半年総日射量の赤道傾角項 (p.227)	$R(t)$	高緯度での夏季日平均日射量 (p.231)
C_1	半年総日射量の気候歳差項 (p.227)	$\bar{R}(t)$	高緯度での夏季日平均日射量の準定常部分 (p.232)
D	実効的な温度拡散係数 (3.2.2 小節) (p.220)		
D_0	実効的な温度拡散係数の基準値 (p.220)	$R'(t)$	高緯度での夏季日平均日射量の変動部分 (p.232)
e	地球の軌道離心率 (p.225)		
$\tilde{e}$	地球の軌道離心率ベクトル (複素数表示) (p.226)	R_0	高緯度での夏季日平均日射量の現在の値 (p.231)
$e_{\mathrm{sat}}(T)$	温度 T での水の飽和水蒸気圧 (p.217)		
F	太陽放射フラックス (p.214)	R_*	無次元の高緯度での夏季日平均日射量 (p.
F_0	現在の太陽放射フラックス (p.218)		

記号リスト 329

	232)
r	無次元大気CO_2分圧変動量 Y に関するフィードバック係数（p.233）
r_h	相対湿度（p.217）
S	太陽定数（p.214）
S_0	現在の太陽定数（p.227）
s	無次元大気CO_2分圧変動量 Y に関するフィードバック係数（3.2.4小節）（p.233）
$s(x)$	年平均日射量の緯度分布（3.2.1小節および3.2.2小節）（p.217）
s_2	（3.2.19）式で $s(x)$ を決める係数（p.218）
T	大気の温度（3.2.1小節）（p.215）
T	高緯度夏季平均大気温度（3.2.4小節）（p.231）
ΔT	氷床が存在する温度幅（p.217）
T_0	基準温度（0℃）（p.220）
T_g	氷床消失温度（p.217）
T_s	緯度平均地表面温度（3.2.1小節）（p.214）
$T_s(x)$	$x = \sin\phi$ での年平均地表面温度（3.2.2小節）（p.220）
t	時間（p.226）
t_*	無次元時間（p.232）
t_T	熱慣性時間（p.230）
u	大気上端から高さ z までの大気の面密度（3.2.1小節）（p.215）
u	無次元全球氷床変動量 X に関するフィードバック係数（3.2.4小節）（p.233）
u_s	地表面での u （p.216）
v	無次元全球氷床変動量 X に関するフィードバック係数（p.233）
w	無次元大気CO_2分圧変動量 Y に関するフィードバック係数（p.233）
X	無次元全球氷床変動量（p.232）
$x = \sin\phi$	（p.217）
$x_{min} = \sin\phi_{min}$	（p.217）
Y	無次元大気CO_2分圧変動量（p.232）
Z	無次元の全球平均深層水温度変動量（p.232）
z	海面からの高さ（p.215）
z_{max}	大気上端の高さ（p.215）
β_j	地球の軌道離心率ベクトルの j 番目のモードの初期位相（3.2.3小節）（p.226）
γ_j	地球の軌道傾斜角ベクトルの j 番目のモードの初期位相（3.2.3小節）（p.226）
ε	地球の赤道傾角（p.227）
ε_0	地球の平均赤道傾角（p.228）
ε_s	地表面の平均的な射出率（p.215）
θ	全球平均深層水温度（p.231）
$\bar{\theta}$	全球平均深層水温度の準定常部分（p.232）
θ'	全球平均深層水温度の変動部分（p.232）
κ_{IR}	単位質量あたりの赤外放射の吸収係数（p.215）
κ_w	単位水蒸気質量あたりの赤外放射の吸収係数（p.216）
κ_ν	単位質量あたりの可視放射の吸収係数（p.215）
$\kappa_\xi, \kappa_\theta, \kappa_R$	高緯度の夏季平均大気温度を決める係数（p.231）
λ	経度（p.220）
$\lambda_\pm$	(X, Y) = (0, 0) の不動点に対するヤコビアンの固有値（p.234）
μ	大気の平均分子量（p.216）
μ_w	水の分子量（p.216）
ξ	大気CO_2濃度あるいは大気CO_2分圧（p.214）
$\bar{\xi}$	大気CO_2分圧の準定常部分（p.232）
ξ'	大気CO_2分圧の変動部分（p.232）
ξ_w	水蒸気のモル分率（p.216）
ϖ	地球の近日点経度（p.226）
$\rho(z)$	高さ z での大気密度（p.215）
ρ_w	大気中の水蒸気の密度（p.216）
σ	Stefan-Boltzmann 定数（p.215）
τ	大気の光学的厚さ（p.216）
τ_j	高緯度の夏季平均大気温度を決める係数（p.231）
ϕ	緯度（p.219）
ϕ_{min}	氷床の下限緯度（p.217）
$\varphi = \ln(\xi/300\text{ ppm})$	大気CO_2濃度の自然対数値（p.217）
Ψ_0	地球の自転軸の赤道面射影の向きの初期位相（p.228）
Ω_{asc}	昇交点経度（p.226）
Ω_K	地球の平均公転角速度（p.227）
ω	地球の自転角速度（p.227）
$\tilde{\omega}$	地球の「動く」春分点方向から測った近日点経度（p.227）

3.3 節

$[X]$	成分 X の濃度（p.257）
$[X]_{eq}$	成分 X の溶解度（p.260）
$[X]_F$	成分 X の自由溶存種の濃度（p.260）
$[X]_{ss}$	表層海水中の成分 X の濃度（p.261）
$[X]_{ss.eq}$	表層海水中の成分 X の溶解度（p.261）
A_H	運動量の水平方向の乱流拡散係数（p.245）
a	エネルギーの変換効率（p.254）
a_X	成分 X の活量（溶存種に対して）または逃散能（気体に対して）（p.258）
(aq)	溶存相（p.256）
b	モデル海洋の北限緯度（p.241）
C	溶存種の濃度（p.262）
C_{anion}	強電解質の陰イオンの濃度の総和（p.258）
ΔC_{CaCO_3}	$CaCO_3$ の溶解量（p.272）
C_{cation}	強電解質の陽イオンの濃度の総和（p.258）
C_i	i 番目の箱の上部（海水面）での圧力（p.249）
ΔC_{POM}	POM の分解量（p.272）
$[CO_3^{2-}]_{sat}$	$CaCO_3$ と平衡にある海水の CO_3^{2-} 濃度（p.263）
c_{p0}	海水の定圧比熱（p.250）
D	抵抗係数（p.241）
E_i	POM または $CaCO_3$ の輸出生産フラックス

	(p.273)	T_{jk}	j番目の箱とk番目の境界位置の海水の温度 (p.250)	
f	コリオリパラメータ (p.240)			
f_0	コリオリパラメータの基準値 (p.242)	t	時間 (p.249)	
g	重力加速度 (p.249)	U	鉛直平均した流体の東西方向の速度 (p.244)	
(g)	気相 (p.256)	u	流体の東西方向の速度 (p.240)	
H	深層海洋の深さ (p.243)	$\bar{u}$	東西平均した流体の東西方向の速度 (p.245)	
H'	深層海洋の実効的な深さ (p.244)	$\bar{u}^\delta$	東西方向の速度の,境界領域での東西平均 (p.245)	
H_0	ボックスモデルにおける箱の東西幅 (p.249)			
h_i^0	標準状態のエンタルピー (p.260)	u_g	東西方向の速度の地衡流成分 (p.245)	
$K(T, P)$	物理化学的な平衡定数 (p.258)	$\bar{u}_g^\delta$	東西方向の速度の地衡流成分の,境界領域での東西平均 (p.245)	
$K'(T, P, S)$	みかけの平衡定数 (p.259)			
K_1'	炭酸のみかけの第1解離定数 (p.259)	$\bar{u}^I$	東西方向の速度の,内部領域での東西平均 (p.245)	
K_2'	炭酸のみかけの第2解離定数 (p.259)			
K_B'	ホウ酸のみかけの解離定数 (p.259)	$\bar{u}_g^I$	東西方向の速度の地衡流成分の,内部領域での東西平均 (p.245)	
K_H'	炭酸のみかけの溶解定数 (p.259)			
K_{sp}'	$CaCO_3$のみかけの溶解度積 (p.263)	V	鉛直平均した流体の南北方向の速度 (p.244)	
K_V	鉛直方向の混合の拡散係数 (p.254)	V_{ocean}	海洋の体積 (p.254)	
K_W'	水のみかけのイオン積 (p.259)	v	流体の南北方向の速度 (p.240)	
k_{dis}	$CaCO_3$の溶解の速度定数 (p.267)	$\boldsymbol{v}$	速度ベクトル (p.240)	
k_{Henry}	ヘンリー係数 (p.260)	$\bar{v}$	東西平均した流体の南北方向の速度 (p.245)	
k_{piston}	CO_2のピストン速度 (p.262)	$\bar{v}^\delta$	南北方向の速度の,境界領域での東西平均 (p.245)	
k_{relax}	温度緩和係数 (p.250)			
L	モデル海洋の東西幅 (p.241)	v_{ij}	i番目の箱からj番目の箱に向かう水平方向の速度 (p.249)	
L_0	ボックスモデルにおける箱の南北幅 (p.249)			
L_i	POMまたは$CaCO_3$の溶解深度 (p.273)	w_0	深層海洋の上面での湧昇流の速度 (p.243)	
$\dot{m}_{dis}$	単位面積あたりの$CaCO_3$の溶解速度 (p.267)	w_{ij}	i番目の箱からj番目の箱に向かう鉛直方向の速度 (p.249)	
n	$CaCO_3$の溶解のべき (p.267)			
P	圧力 (p.240)	x	東西方向の座標 (p.241)	
P_{CO_2}	大気または海水のCO_2分圧 (p.237)	x_g	気体の体積分率 (p.19)	
$P_{CO_2,ss}$	表層海水中のCO_2分圧(とくに区別したいとき)(p.262)	y	南北方向の座標 (p.241)	
		z	鉛直方向の座標 (p.239)	
P_g	気体の分圧 (p.260)			
P_i	i番目の箱の中央の圧力 (p.249)	CA	炭酸アルカリ度 (p.258)	
p	正味の降水量 (p.249)	Sv	スヴェルドラップ(流量の単位)(p.253)	
$\hat{p}$	無次元の正味降水量 (p.250)	TA	全アルカリ度 (p.257)	
$\hat{p}_c$	無次元の正味降水量の臨界値 (p.251)	ΔTA	POMと$CaCO_3$が溶解するときの全アルカリ度の変化 (p.272)	
R	地球の半径 (p.240)			
R_g	気体定数 (p.260)	$[\Delta TA/\Delta CaCO_3]_{calcite}$		
r	レインレシオ (p.273)		1 molの$CaCO_3$形成あたり海水から失われるTAのモル数 (p.265)	
S	塩分 (p.249)			
$\Delta \hat{S}$	無次元の南北塩分差 (p.250)	TB	全ホウ酸 (p.257)	
S_0	塩分の平均値 (p.250)	α_S	海水密度の塩分の依存性 (p.249)	
$\hat{S}_0$	無次元の塩分の平均 (p.250)	α_T	熱膨張率 (p.249)	
S_i	i番目の箱の中の海水の塩分 (p.250)	β	ベータ効果の係数 (p.242)	
S_{ocean}	海底の面積 (p.254)	Γ	地衡流からのずれを表す比例係数 (p.245)	
(s)	固相 (p.257)	γ_X	成分Xの活量係数 (p.258)	
s_i^0	標準状態のエントロピー (p.260)	δ	西岸境界流の幅 (p.245)	
T	摂氏温度 (p.249)	ε	南北方向の圧力勾配と東西方向の圧力勾配の間の比例係数 (p.246)	
$\Delta \hat{T}$	無次元の南北温度差 (p.250)			
$\Delta \hat{T}^*$	無次元の南北緩和温度の差 (p.250)	$\varepsilon_{geothermal}$	海洋単位面積あたり,地殻熱流量によるエネルギー供給 (p.254)	
$\hat{T}_0^*$	無次元の南北緩和温度の平均 (p.250)			
$\Delta T_{2\times}$	大気CO_2倍増時の海面温度の変化 (p.279)	ε_{tide}	海洋単位面積あたり,潮汐によるエネルギー供給 (p.254)	
T_i	i番目の箱の中の海水の摂氏温度 (p.249)			
T_i^*	i番目の箱の緩和温度 (p.250)	ε_{total}	海洋単位面積あたりのトータルのエネルギー	

	供給（p.254）		E_C	完新世中期の外的な気候条件（具体的には夏季日射量）（p.298）
$\varepsilon_{\text{wind}}$	海洋単位面積あたり，風によるエネルギー供給（p.254）		F	太陽放射フラックス（p.285）
ζ	渦度の鉛直成分（p.240）		F_0	（3.4.12）式で定義される太陽放射フラックスの基準値（p.287）
λ	経度（p.239）		$F_{\text{AS}}(\Delta T, t)$	大気から海洋への炭素移動量（規格化）（p.301）
μ_i^0	標準状態の化学ポテンシャル（p.260）		F_B^{Ca}	炭酸塩鉱物の沈殿率（p.288）
ξ	溶存種の相対的な濃度（p.263）		F_B^{Org}	有機炭素の埋没率（p.288）
ρ	海水の密度（p.240）		$F_{\text{Fos}}(t)$	人為的な化石燃料などの消費によるCO_2排出量（規格化）（p.301）
ρ_0	標準状態の海水の密度（p.249）		$F_{\text{GPP}}(t)$	基準値で規格化された総一次生産量（p.301）
ρ_i	i 番目の箱の海水の密度（p.249）		$F_{\text{LU}}(t)$	人為的土地利用変化に伴うCO_2排出量（規格化）（p.301）
ρ_s	ポテンシャル密度（p.254）		F_V	固体地球から大気-海洋系へのCO_2の全放出率（p.288）
$\sum CO_2$	全炭酸（p.257）		F_W^{Ca}	炭酸塩鉱物の風化率（p.288）
$\Delta\sum CO_2$	POMとCaCO$_3$が溶解するときの全炭酸の変化（p.272）		F_W^{Org}	有機炭素の風化率（p.288）
$[\Delta\sum CO_2/\Delta CaCO_3]_{\text{calcite}}$	1 mol の CaCO$_3$ 形成あたり海水から失われる $\sum CO_2$ のモル数（p.265）		F_W^{Si}	カルシウムを含む珪酸塩鉱物の風化率（p.289）
$\tau = (\tau^{(x)}, \tau^{(y)})$	風応力ベクトル（p.241）		g	気孔からストロマまでのCO_2輸送のコンダクタンス（p.294）
Φ	海洋から大気に移動するCO_2のモルフラックス密度（p.261）		J	チラコイド反応の電子伝達速度（p.293）
ϕ	緯度（p.239）		$J_{\max}$	チラコイド反応の電子伝達速度の最大値（p.294）
χ	1 mol の CaCO$_3$ 形成あたり大気に放出されるCO_2のモル数（p.265）		K_C	ルビスコのカルボキシル化中間体の分解反応の平衡定数（p.292）
Ψ	流れ関数（p.242）		K_O	ルビスコの酸素化中間体の分解反応の平衡定数（p.293）
Ω	地球の自転角速度（p.240）		k	加水分解反応の反応速度定数（p.292）
ω	渦度ベクトル（p.240）		k_j	（3.4.31）-（3.4.33）式で与えられたフロー係数（p.301）
			M_{AO}	大気-海洋系の炭素量（p.288）
3.4 節			M_O^{Ca}	海水中のCa^{2+}の質量（p.289）
A	惑星放射フラックスの切片（3.4.1 小節）（p.286）		P	大気圧（3.4.3 小節）（p.294）
$A(t)$	基準値で規格化された植生面積比（3.4.5 小節）（p.301）		P	降水量（3.4.4 小節）（p.298）
a	惑星アルベド（p.285）		P_{CO_2}	大気の二酸化炭素分圧（p.294）
$\Delta a = a_w - a_g = a_g - a_b$	（p.285）		P_{O_2}	大気の酸素分圧（p.289）
a_b	黒い花のアルベド（p.285）		q	周囲との熱輸送の寄与を表すパラメータ（p.286）
a_g	裸地のアルベド（p.285）		q_d	土壌有機物分解の温度係数（p.301）
a_w	白い花のアルベド（p.285）		q_g	光合成速度の温度係数（p.301）
B	惑星放射フラックスの放射平衡温度微分（p.286）		q_r	植物呼吸の温度係数（p.301）
b	肥沃化係数（p.301）		R	気体定数（p.289）
$C_{\text{atm}}(t)$	基準値で規格化された大気中の炭素量（p.301）		S	太陽定数（3.4.1 小節）（p.285）
$C_{\text{soil}}(t)$	基準値で規格化された土壌中の炭素量（p.301）		S	入射光量（3.4.3 小節）（p.293）
$C_{\text{veg}}(t)$	基準値で規格化された植生炭素量（p.301）		T	温度（p.289）
E	外的な気候条件（具体的には夏季日射量）（p.298）		ΔT	花が成長可能な温度域幅の 1/2（3.4.1 小節）（p.286）
E_0	全ルビスコ濃度（p.293）		ΔT	年平均気温の基準値からの差（3.4.5 小節）（p.301）
E_a	実効的な風化反応の活性化エネルギー（1molあたり）（p.289）		T_*	花の成長に最適な温度（p.286）
E_B	現在の外的な気候条件（具体的には夏季日射量）（p.298）		T_b	黒い花に覆われた場所の局所的な温度（p.286）

T_e	放射平衡温度（p.286）		RuBP のカルボキシル化の反応速度（p.293）
T_g	裸地の局所的な温度（p.286）	v_O	RuBP の酸素化の反応速度（p.293）
T_w	白い花に覆われた場所の局所的な温度（p.286）	$v_{O,max}$	[O_2]が十分高い極限でのv_Oの最大値（p.293）
		x_b	黒い花の面積比（p.285）
t	時間（p.301）	x_g	裸地の面積比（p.285）
V	サハラにおいて植生が地面を覆っている割合（p.297）	x_w	白い花の面積比（p.285）
v_C	RuBP のカルボキシル化の反応速度（p.293）	α_p	単位光量あたりの電子生成量（p.293）
$v_{C,J}$	チラコイド反応の電子伝達に律速される場合の正味のカルボキシル化の反応速度（p.293）	β_j	花の成長率の裸地面積に対する比例係数（p.286）
$v_{C,max}$	[CO_2]が十分高い極限でのv_Cの最大値（p.293）	γ	花の死亡率（p.286）
		κ_ν	光吸収係数（p.301）
$v_{C,R}$	光呼吸によるCO_2放出を差し引いた正味の	τ	特異性係数（p.293）

事項索引

A-Z

BATS（Biosphere Atmosphere Transfer Scheme） 110
CF_2Cl_2（chloro-fluoro-carbon 12） 49
EPICA（European Project for Ice Coring in Antarctica） 131
e-ratio 91
ef-ratio 91
f-ratio 91
FLUXNET 108
force-restore 法 110
GEWEX（Global Energy and Water Cycle Experiment） 78
GISP2（Greenland Ice Sheet Project 2） 131
Global Precipitation Climatology Project 78
GPCP（Global Precipitation Climatology Project） 78
GRIP（Greenland Ice Core Project） 131
HFC 化合物（hydro-fluoro-carbon compounds） 52
IPCC（Intergovernmental Panel on Climate Change） 49, 194
NGRIP（North Greenland Ice Core Project） 131
OH ラジカル（OH radical） 49
SiB（Simple Biosphere Model） 110
X 線（X-ray） 29

ア 行

アイスアルジー（ice algae） 99
亜科（subfamily） 142
亜寒帯針葉樹林（sub-boreal coniferous forest） 142
亜寒帯性（subarctic） 149
亜高山帯（sub-alpine zone） 144
アジアモンスーン（Asian monsoon） 75, 122, 307
亜種（subspecies） 142
アセノスフェア（asthenosphere） 15
亜属（subgenus） 142
圧力勾配（pressure gradient） 85, 239
圧力勾配力（pressure gradient force） 85
アトラクター（attractor） 209
亜熱帯性（subtropical） 149
亜熱帯多雨林（subtropical rain forest） 142
アラゴナイト（aragonite） 123
アルベド効果（albedo effect） 109
安定（stable） 207
安定渦状点（stable focus） 208
鞍点（saddle） 208
イオン流出（ion outflow） 37
生きている地球（living Earth） 23
位相ロッキング（phase locking） 209
遺伝系（genetic system） 16
遺伝子（gene） 16, 295
遺伝子の水平伝播（horizontal gene transfer） 17
遺伝的変異（genetic variation） 22
陰解法（implicit method） 203
午城黄土（Wuchen loess） 127
ウォーカー循環（Walker circulation） 73
ウォーカーフィードバック（Walker feedback） 289
ウォーレス線（Wallace's Line） 295
ウォルフ黒点数（Wolf Sunspot Number） 40
渦相関法（eddy correlation method） 104
渦度（vorticity） 74, 240
渦粘性係数（eddy viscosity） 74
宇宙生物学（astrobiology） 15
宇宙線強度（cosmic ray intensity） 41
宇宙線生成核種（cosmogenic isotopes） 42
宇宙天気（space weather） 47, 55
上向き短波放射量（upward short-wave radiation） 104
上向き長波放射量（upward long-wave radiation） 104
永年摂動（secular perturbation） 225
栄養塩（nutrients） 87
液相（liquid phase） 61
エクマン収束（Ekman convergence） 74
エクマン輸送（Ekman transport） 84, 240
エクマン螺旋（Ekman spiral） 84
エネルギーインバランス問題（surface energy imbalance problem） 105
エネルギーバランスモデル（energy balance model） 214
エルニーニョ（El Niño） 75
エルニーニョ南方振動（El Niño and Southern Oscillation） 75
塩化フッ化炭素化合物（CFC compounds） 49
沿岸湧昇（coastal upwelling） 99
沿磁力線電流（field-aligned current） 37
鉛直分布（vertical distribution） 144
塩分沈み込み　→赤道沈み込み
塩分躍層（halocline） 84
黄土（loess） 122
大型植物化石（plant macrofossil） 139
オービタルチューニング（orbital tuning） 169
オーロラ（aurora） 31, 34, 46
オーロラオーバル（auroral oval） 37, 46
オーロラジェット電流（auroral electrojet） 37
オーロラ帯（auroral zone） 37
オゾン（ozone） 36
オゾン層破壊（ozone layer destruction） 49
温室効果（greenhouse effect） 12, 50, 63, 216
温室効果ガス（greenhouse gases） 76
温帯針葉樹林（temperate coniferous forest） 142
温度沈み込み　→極沈み込み
温度躍層（thermocline） 84

カ 行

科(family) 141
界(kingdom) 141
ガイア(Gaia) 23
カイアシ類 →橈脚類(とうきゃくるい)
外核(outer core) 14
階級(rank) 141
貝形虫(ostracod) 123
外套管(riser pipe) 174
海表面温度(sea surface temperature) 69, 309
海面高度計(altimeter) 85
海洋(ocean) 12
海洋酸素同位体ステージ(marine oxygen isotope stage) 125, 169
海洋地殻(oceanic crust) 14
海洋底掘削計画(ocean drilling project) 122
海洋底堆積物(marine sediment) 122
外力(forcing) 19, 207, 223
カオス的遍歴(chaotic itinerary) 210
核酸(nucleic acid) 16
花崗岩(granite) 14
河口循環(estuary circulation) 97
可降水量(precipitable water) 62, 105
渦心点(center) 208
ガス交換ポンプ(gas exchange pump) 94, 261
カスプ(cusp) 30
火成活動(magmatism) 14
化石花粉(fossil pollen) 139
風の(鉛直)シア(wind shear) 69
活動度 →活量
活量(activity) 126, 258
花粉(pollen) 139
花粉生産量(pollen production) 157
花粉帯(pollen zone) 140
花粉分析(pollen analysis) 139, 182
花粉変遷図(pollen diagram) 140
過飽和(supersaturation) 67
カルサイト(calcite) 123
カロテノイド(carotenoid) 139
カロテノイドエステル(carotenoid ester) 139
環境変動(environmental change) 167
乾湿計定数(psychrometric constant) 109
乾燥断熱減率(dry adiabatic lapse rate) 67
環電流(ring current) 31
間氷期(interglacial period) 146
カンブリア紀の生物爆発(Cambrian bio-explosion) 18
カンラン岩(peridotite) 14
規格化(normalization) 179
気孔コンダクタンス(stomatal conductance) 111
気候歳差項(climate precession term) 125, 227
気候値(climatological means) 77
気孔抵抗(stomatal resistance) 110
気候変化(climate change) 306
気候変動(climate variability) 306
気候変動に関する政府間パネル(Intergovernmental Panel on Climate Change) 49, 76, 194
季節内変動(intraseasonal variation) 75
季節変化特性(phenological behaviour) 114
気相(gas phase) 61
基礎生産(primary production) 87
軌道傾斜角ベクトル(inclination vector) 226
逆磁極期(reversed epoch) 175
客観解析データ(objective analysis data) 69
ギャップ動態(gap dynamics) 103
吸収係数(opacity) 215
丘陵帯(basal zone) 144
凝結(condensation) 62
共進化(coevolution) 22
京都議定書(Kyoto protocol) 52, 107
極(pole) 159
極域氷床(polar ice sheet) 122
極冠域(polar cap) 38
極限周期軌道(limit cycle) 209
極沈み込み(high-latitude subduction) 247
極成層圏雲(polar stratospheric cloud) 54
極端現象(extreme event) 77
極端紫外線(extreme ultraviolet) 33
銀河宇宙線(galactic cosmic ray) 41
空気の密度(density of air) 109
空気力学的抵抗(aerodynamic resistance) 109
熊手型分岐(pitchfork bifurcation) 209
雲解像モデル(cloud resolving model) 113
雲凝結核(cloud condensation nuclei) 100
雲・降水過程(cloud-precipitation process) 80
クラウジウス・クラペイロンの式(Clausius-Clapeyron equation) 67
クロロフィル(chlorophyll) 114
群黒点数(Group Sunspot Number) 41
群集呼吸(community respiration) 89
群落コンダクタンス(canopy conductance) 111
群落抵抗(canopy resistance) 110
傾圧不安定(baroclinic instability) 13, 73
珪藻(diatom) 178
ケッペンの気候区分(Köppen climate classification) 142
ケルビン・ヘルムホルツ不安定(Kelvin-Helmholtz instability) 30
顕生代(Phanerozoic) 18
顕熱フラックス(sensible heat flux) 66
顕熱輸送量(sensible heat flux) 104
玄武岩(basalt) 14
コア(core) 14
綱(class) 141
溝(colpus) 159
降雨強度(precipitation intensity) 107
降雨遮断(interception) 107
降雨頂高度(storm height) 72
降雨レーダ(Precipitation Radar) 79
高栄養塩, 低クロロフィル(high nutrient low chlorophyll) 98
光合成(photosynthesis) 4, 17, 87, 290

光合成有効放射吸収率(fraction of absorbed PAR) 117
光合成有効放射量(photosynthetically active radiation) 111, 117
高山植生(alpine vegetation) 158
高山帯(alpine zone) 144
格子法(grid method) 203
降水(precipitation) 62
降水強度(precipitation intensity) 68
降水継続時間(duration of rainfall) 73
降水量(precipitation) 105
酵素(enzime) 16
硬組織ポンプ(hard tissue pump) 95, 269
光度(luminosity) 10
紅粘土(red clay) 127
古気候学(paleoclimatology) 121
呼吸(respiration) 88
呼吸量(あるいは暗呼吸量)(dark respiration) 105
国際植物命名規約(International Code of Botanical Nomenclature) 141
黒体(blackbody) 12, 64
黒体放射(blackbody radiation) 12, 44, 215
古細菌(archaea) 18
古生物学(paleontology) 17
固相(solid phase) 61
固体地球(solid earth) 14
古地磁気層序(magneto-stratigraphy) 176
湖底堆積物(lake sediment) 128, 148, 167
固有種(endemic species) 171
コリオリパラメータ(Coriolis parameter) 74, 202
コリオリ力(Coriolis force) 71, 84, 201, 239
コロナ質量放出(coronal mass ejection) 55
コロナホール(coronal hole) 32
混合比(mixing ratio) 61

サ行

再解析データ(re-analysis data) 69
歳差運動(precession) 226
最終氷期極大期(last glacial maximum) 229
最小気孔コンダクタンス(minimum stomatal conductance) 111
再生生産(regenerated production) 90
最大気孔コンダクタンス(maximum stomatal conductance) 111
サドル・ノード型分岐(saddle-node bifurcation) 209
砂漠(desert) 142
サブストーム(substorm) 32, 35
散逸系(dissipative system) 207
サンゴ(coral) 123
参照高度(reference height) 109
酸性化(acidification) 96
山地帯 →低山帯
散乱強度(scattering intensity) 78
シアノバクテリア(cyanobacteria) 17, 291
シームレス(seamless) 4
紫外線(ultraviolet) 31, 44
磁気嵐(geomagnetic storm) 31, 35

磁気圏 →地球磁気圏
磁気圏界面(magnetopause) 30
磁気圏対流(magnetospheric convection) 30
磁気圏尾部(magnetotail) 31
磁気再結合(magnetic reconnection) 30, 34
磁極期(epoch) 175
四圏炭素・エネルギー循環モデル(four sphere cycles of energy and mass model) 299
自己触媒系(autocatalytic system) 16
自己複製子(replicator) 16
子午面循環(気象学：meridional circulation) 64
子午面循環(海洋学：meridional overturning circulation) 86
沈み込み点(sink) 208
自然選択(natural selection) 22
下向き短波放射量(downward short-wave radiation) 104
下向き長波放射量(downward long-wave radiation) 104
湿潤断熱減率(moist adiabatic lapse rate) 67
遮断蒸発(interception loss あるいは intercepted evaporation) 107
種(species) 141
周期倍化(period doubling) 209
周極深層水(circumpolar deep water) 86
集水域(drainage basin) 105
収束(convergence) 85, 240
従属栄養生物(heterotroph) 87
重力ポテンシャルエネルギー(gravitational potential energy) 9
ジュール加熱(Joule heating) 37
樹冠(canopy) 103
樹冠通過降雨(through fall) 107
樹幹流(stem flow) 107
主系列星(main-sequence star) 10
種小名(specific epithet) 141
樹木花粉(arboreal pollen) 146
樹木年輪(tree ring) 122, 132
樹木年輪気候学(dendroclimatology) 133
樹木年輪年代学(dendrochronology) 132
純一次生産量(net primary production) 103, 106
純基礎生産(net primary production) 89
春季ブルーム(spring bloom) 99
純群集生産(net community production) 89
準二年振動(quasi-biennial oscillation) 224
純林(pure forest) 157
小極冠不安定(small ice-cap instability) 221
蒸散(transpiration) 62
蒸発(evaporation) 62
蒸発岩(evaporite) 123
蒸発効率(evaporation efficiency あるいは moisture availability) 109
蒸発散量(evapotranspiration) 62, 68, 104
蒸発熱(latent heat for vaporization) 61
蒸発の潜熱 →蒸発熱
正味放射量(net radiation) 104

照葉樹林(laurel forest)　156
常緑広葉樹(evergreen broad-leaved tree)　149
常緑広葉樹林(evergreen broad-leaved forest)　142
植生(vegetation)　142
植生指数(vegetation index)　115
触媒サイクル反応(catalytic cycle reaction)　52
植物機能型(plant functional type)　296
植物珪酸体(plant opal)　139
植物プランクトン(phytoplankton)　87
自励系(autonomous system)　207
人為起源の微量気体(anthropogenic trace gas)　48
進化(evolution)　16, 190
真核生物(eucaryote)　18
針広混交林(coniferous broad-leaved mixed forest)　142
新生産(new production)　90
親生物元素(biophilic elements)　93
診断変数(diagnostic variable)　201
シンチレーション(scintillation)　55
浸透量(infiltration)　105
新ドリアス期(Younger Dryas)　132, 170, 229, 321
振幅変調(amplitude modulation)　228
シンプルモデル(simple model)　205
針葉樹(conifer tree)　149
吹送流(wind driven current)　85
水素結合(hydrogen bond)　61
水媒(hydrophily)　139
水平分布(horizontal distribution)　144
水文学(hydrology)　79
スヴェルドラップ・バランス(Sverdrup balance)　241
数値安定性(numerical stability)　204
スーパークラスタ(super cluster)　72
スケールハイト(scale height)　66
ステップ(steppe)　142
ステリルクロリンエステル(steryl chlorine esters)　182
ストームトラック(storm track)　71
ストレス関数(stress function)　111
ストロマトライト(stromatolite)　291
スペクトル法(spectral method)　203
スポロポレニン(sporopollenin)　139
西岸強化(western intensification)　241
正規化植生指数(normalized difference vegetation index)　116
生産効率モデル(production efficiency model)　116
正磁極期(normal epoch)　175
静水圧平衡(hydrostatic equilibrium)　66
成層(stratification)　83
成層圏(stratosphere)　4, 31, 54
成層圏オゾン(stratospheric ozone)　50
成層圏オゾン層(stratospheric ozone layer)　4, 48, 51
成層圏子午面循環(stratospheric meridional circulation)　135
生態系(ecosystem)　16
生態系呼吸量(ecosystem respiration)　108
生態系純生産量(net ecosystem production)　106
静的全球植生モデル(static global vegetation model)　113

正のフィードバック(positive feedback)　207, 230
生物起源シリカ(biogenic silica)　156, 178, 184
生物圏(biosphere)　3, 16
生物的ガス交換ポンプ(biological gas exchange pump)　94
生物ポンプ(biological pump)　88
生命圏(Life)　3, 4, 16
静力学的平衡　→静水圧平衡
積雲対流パラメタリゼーション(cumulus parameterization)　80
赤外放射(infrared radiation)　63, 104, 215
積算水平発散量(horizontal flux divergence of water vapor)　105
赤色巨星(red giant)　11
赤道傾角(obliquity)　227
赤道傾角項(obliquity term)　125, 227
赤道沈み込み(low-latitude subduction)　247
絶対渦度(absolute vorticity)　240
セディメントトラップ(sediment trap)　91
全アルカリ度(total alkalinity)　95, 257
全球凍結(snowball earth)　22
全球凍結解(globally ice-covered solution)　218
前線渦(frontal eddy)　99
全炭酸(total carbonate)　257
全窒素量(total nitrogen)　180
潜熱フラックス(latent heat flux)　66, 69
潜熱放出(latent heat release)　61
潜熱輸送量(latent heat flux)　104
繊毛虫(ciliates)　98
全有機炭素量(total organic carbon)　178
総一次生産量(gross primary production)　105, 300
総基礎生産(gross primary production)　89
双極子磁場(dipole magnetic field)　46
層構造(stratified structure)　14
相対渦度(relative vorticity)　240
属名(genus name)　141
粗度(roughness)　69
ソマリジェット(Somali jet stream)　75

タ　行

タイガ林(taiga forest)　146
大気(atmosphere)　12
大気安定度(atmospheric stability)　69
大気-海洋系(atmosphere-ocean system)　288
大気海洋結合大循環モデル(atmosphere-ocean GCM)　200, 306
大気境界層(atmospheric boundary layer)　103
大気重力波(atmospheric gravity wave)　39
大気擾乱(atmospheric disturbance)　72
大気大循環(atmospheric circulation)　70
大気潮汐波(atmospheric tidal wave)　39
大気の窓(atmospheric window)　52
大気波動(atmospheric wave)　36
大気水収支(atmospheric water budget)　105
大極冠不安定(large ice-cap instability)　221
大気乱流(atmospheric turbulence)　69, 103

事項索引　337

大コンベアベルト(great ocean conveyor belt) 86
代謝系(metabolic system) 15
大循環モデル(general circulation model) 200
帯磁率(magnetic susceptibility) 127
大絶滅(mass extinction) 17
代替フロン化合物(substitute compounds for CFCs) 52
ダイナモ機構(dynamo mechanism) 15
第二種湿潤不安定(conditional instability of the second kind) 74
台風(typhoon) 74
太陽活動(solar activity) 11,32,135
太陽圏(heliosphere) 41
太陽黒点(sunspot) 29
太陽黒点数(sunspot number) 33,40
太陽コロナ(solar corona) 32
太陽周期(solar cycle) 29
太陽-地球間物理学(solar-terrestrial physics) 56
太陽-地球系(solar-terrestrial system) 28
太陽-地球-生命圏相互作用系(Sun-Earth-Life Interactive System) 6,9,19
太陽定数(solar constant) 12,33,64
太陽風(solar wind) 28,32
太陽風-磁気圏相互作用(solar wind-magnetosphere interaction) 57
太陽フレア(solar flare) 29,32
太陽放射(solar radiation) 28,62
太陽放射フラックス(solar radiation flux) 12,214
第四紀氷河時代(ice age) 229
大陸棚ポンプ(continental shelf pump あるいは shelf sea pumping) 97
大陸地殻(continental crust) 14
対流圏(troposphere) 31
滞留時間(residence time) 69
対流不安定(convective instability) 63
多重平衡(multiple equilibria) 230
脱ガス(degassing) 288
脱出速度(escape velocity) 60
ダルトン極小期(Dalton minimum) 41
暖温帯性(warm temperate) 150
炭酸アルカリ度(carbonate alkalinity) 95
炭酸塩ポンプ(carbonate pump) 95
炭酸カルシウム堆積物(calcium carbonate sediment) 123
炭酸カルシウム補償深度(carbonate compensation depth) 96,267
炭酸系(carbonate system) 95,257
暖水域(warm pool) 75
ダンスガード・エシガー振動(Dansgaard-Oeschger oscillation) 131,170,229,274
炭素14法(carbon-14 method) 132,176
断熱膨張(adiabatic expansion) 63
タンパク質(protein) 16
短波放射(short-wave radiation) 63
地殻(crust) 14
地球(Earth) 12

地球温暖化(global warming) 44,76
地球磁気圏(magnetosphere) 30
地球磁場(geomagnetic field) 4,14,30
地球磁場強度(geomagnetic intensity) 37,133
地球前面定在衝撃波(bow shock) 30
地溝湖(rift lake) 171
地衡風(geostrophic wind) 73
地衡流(geostrophic flow) 85,239
地中熱流量(soil heat flux) 104
地表面アルベド(surface albedo) 104
地表面温度(surface temperature) 109,214
チベット高原(Tibetan plateau) 307
中間圏(mesosphere) 31,54
虫媒植物(entomophilous plant) 157
超高層大気(upper atmosphere) 31
長波放射(long-wave radiation) 63
貯熱変化量(rate of change in heat storage) 104
貯留(storage) 62
月(Moon) 13
ツンドラ(tundra) 146
定圧比熱(specific heat of air) 109
低気圧擾乱(cyclonic disturbance) 73
低山帯(mountain zone) 144
デイジーワールド(Daisyworld) 285
底生有孔虫(benthic foraminifer) 122
適応放散(adaptive radiation) 17
テレコネクション(teleconnection) 76,112
転換関数(transfer function) 135
電磁流体波動(magnetohydrodynamic wave) 30
電磁流体力学(magnetohydrodynamics) 57
伝搬性電離圏擾乱(traveling ionospheric disturbance) 39
電離圏(ionosphere) 31,36,54
電離圏嵐(ionospheric storm) 55
同位体分別(isotope fractionation) 128
橈脚類(copepods) 98
洞窟石灰石(speleothem) 123
動的全球植生モデル(dynamic global vegetation model) 113,296
動物媒(zoophily) 139
等密度混合(isopycnal mixing) 97
等密度面に垂直な(diapycnal) 83
等密度面に沿った(isopycnal) 83
ドームふじ氷床コア(Dome Fuji ice core) 130
特異点(singular point) 208
独立栄養生物(autotroph) 87
土壌呼吸量(soil respiration) 106
土壌水分変化量(rate of change in soil moisture) 105
土壌有機物(soil organic matter) 107
土壌有機物分解量 →土壌呼吸量
ドメイン(domain) 18

ナ 行

内核(inner core) 14
内部エネルギー(internal energy) 9
南極オゾンホール(Antarctic ozone hole) 52

軟組織ポンプ(soft tissue pump)　95, 269
二次林(secondary forest)　148
日射量(insolation)　13, 219
二名法(binary nomenclature)　141
人間活動(human activity)　48, 299
人間圏(humanosphere)　18
人間原理(anthropic principle)　6
熱塩循環(thermohaline circulation)　13, 86, 131, 238, 318
熱塩対流(thermohaline convection)　86
熱圏(thermosphere)　31, 54
熱圏-電離圏大気大循環モデル(thermosphere/ionosphere general circulation model)　53
熱収支(heat balance)　103
熱水循環(hydrothermal circulation)　253
熱帯降雨観測衛星(Tropical Rainfall Measuring Mission)　79
熱帯収束帯(intertropical convergence zone)　70
熱的ガス交換ポンプ(thermal gas exchange pump)　94
熱的低気圧(thermal low あるいは heat low)　112
年縞堆積物(varve sediment)　158

ハ行

バイオマーカー(biomarker)　180
バイカルカジカ類(Baikalian cottoids)　191
バイカル湖(Lake Baikal)　152, 171
バイカル国際生態学研究センター(BICER)　174
バイカル地溝帯(Baikal rift zone)　172
バイカルドリリングプロジェクト(Baikal Drilling Project)　174
バイポーラシーソー(bipolar seesaw)　170
白色矮星(white dwarf)　11
バクテリア(bacteria)　18
爆発(explosion)　207
ハドレー循環(Hadley circulation)　64
葉の水ポテンシャル(leaf water potential)　111
パラメータ(parameter)　207
パラメタリゼーション(parameterization)　204
バルク輸送式(bulk transfer equation)　69
反射率(albedo)　63, 104
ピーディーベレムナイト(Peedee Belemnites)　124
微化石(microfossil)　139, 183
光呼吸(photorespiration)　293
光利用効率(light use efficiency)　117
ピコプランクトン(picoplankton)　98
ヒステリシス(hysteresis)　221
非静力学モデル(non-hydrostatic model)　113
比熱(specific heat)　61
非平衡化学進化(nonequilibrium chemical evolution)　16
氷河運搬砕屑物(iceberg-rafted detritus)　185
氷期(glacial period)　146
氷期・間氷期サイクル(glacial-interglacial cycle)　122, 153, 182, 188, 224, 276, 317
標準平均海水(standard mean ocean water)　124
氷床コア(ice sheet core)　128, 169

肥沃化効果(fertilization effect)　300
ビリアル定理(virial theorem)　9
不安定(unstable)　207
不安定渦状点(unstable focus)　208
風化作用(weathering)　270, 288
風成循環(wind driven circulation)　85, 238
風媒(anemophily)　139
風媒植物(anemophilous plant)　157
伏角(inclination)　176
沸点(boiling point)　61
物理ポンプ(physical pump)　94
不動点(fixed point)　208
負のフィードバック(negative feedback)　208, 230
フブスグル湖(Lake Hovsgol)　172
部分氷床解(partially ice-covered solution)　218
ブライン(brine)　97
プラズマ(plasma)　9, 28
プラズマ圏(plasmasphere)　31
プラズマシート(plasma sheet)　31
プラネタリー波(planetary wave)　39
プリューム(plume)　15
ブルーミング(blooming)　184
ブルーム(bloom)　94
ブルン正磁極期(Brunhes normal epoch)　156, 175
プレート(plate)　15
プレートテクトニクス(plate tectonics)　15
プロキシー(proxy)　122
フロン(CFC compounds)　51
分化(differentiation)　14
分岐(bifurcation)　209
分子系統学(molecular phylogeny)　17, 191
分類群(taxon)　141
平衡定数(equilibrium constant)　126, 258
ベイズン(basin)　210
ベータ効果(beta effect)　85, 240
ベーリング・アレレード期(Bølling-Allerød)　132
ベリリウム10法(beryllium-10 geochronology)　176
偏差(anomaly)　133
変種(variety)　142
変成作用(metamorphism)　288
鞭毛虫(flagellates)　98
ヘンリー係数(Henry's coefficient)　260
ヘンリーの法則(Henry's law)　260
貿易風(trade wind)　70
飽差(atmospheric water vapor deficit)　111
放射輝度温度(radiative brightness temperature)　77
放射収支(radiation balance)　60
放射性炭素(radiocarbon:^{14}C)　42, 132, 176
放射線帯(radiation belt)　28
放射平衡温度(radiative equilibrium temperature)　12, 60
暴走温室効果(runaway greenhouse effect)　20, 217
暴走氷室効果(runaway icehouse effect)　22
飽和水蒸気圧(saturated water vapor pressure)　67
北東ユーラシア(Northeastern Eurasia)　167
星(star)　10

事項索引　339

ボストーク氷床コア(Vostok ice core) 130
ボックスモデル(box model) 205
ホットスポット(hot spot) 15
ホップ分岐(Hopf bifurcation) 209

マ 行

マイクロ波放射計(microwave radiometer) 69
マウンダー極小期(Maunder minimum) 33,41
マクスウェル・ボルツマン分布(Maxwell-Boltzmann distribution) 60
マクロ栄養塩(macro nutrients) 87
マッデン・ジュリアン振動(Madden-Julian oscillation) 72
松山逆磁極期(Matuyama reversed epoch) 156,175
馬蘭黄土(Malan loess) 127
マングローブ植物(mangrove plants) 148
マントル(mantle) 14
マントル対流(mantle convection) 15
みかけの平衡定数(apparent equilibrium constant) 126,259
ミクロ栄養塩(micro nutrients) 87
水(water) 20,60
水の貯留変化量(rate of change in water storage) 105
ミッシング・シンク(missing sink) 107
密度(density) 156
密度躍層(pycnocline) 84
ミトコンドリア(mitochondrion) 18
緑のサハラ(Green Sahara) 297
南太平洋収束帯(south Pacific convergence zone) 70
ミランコビッチサイクル(Milankovitch cycle) 125, 169,188,224,317
無氷床解(ice-free solution) 218
目(order) 141
目的論(teleology) 23
門(phylum,ただし植物命名規約では division) 18,141
モンスーン(monsoon) 71,75
モントリオール議定書(Montreal protocol) 52

ヤ 行

有機炭素(particulate organic carbon) 93
有効エネルギー(available energy) 105
有光層(euphotic zone) 87
有孔虫(foraminifer) 123
融点(melting point) 61
有羊膜類(Amniota) 18
輸出生産(export production) 90,272
溶解度ポンプ(solubility pump) 94,268
陽解法(explicit method) 203
溶存有機物(dissolved organic matter) 87

葉面積指数(leaf area index) 103
葉緑体(chloroplast) 290
ヨコエビ類(Amphipoda) 191
予報変数(prognostic variable) 200

ラ 行

落葉広葉樹(deciduous broad-leaved tree) 149
落葉広葉樹林(deciduous broad-leaved forest) 142
裸地(bare soil surface) 111
乱流熱輸送量(total turbulent heat flux) 105
力学系(dynamical system) 206
力学系モデル(dynamical-system model) 205
陸域植生(terrestrial vegetation) 102,182,296
リグニン(lignin) 294
陸面過程(land surface process) 80,112
陸面モデル(land surface model) 109
離心率ベクトル(eccentricity vector) 226
離石黄土(Lishi loess) 127
リソクライン(lysocline) 96,267
リソスフェア(lithosphere) 15
リヤプノフ関数(Lyapunov function) 209
リヤプノフ指数(Lyapunov exponent) 209
硫化ジメチル(dimethylsulfide) 99
粒径(grain size) 159
粒子状有機物(particulate organic matter) 87,272
粒子フラックス(particle flux) 93
流出(discharge) 62
流出量(runoff) 105
粒度(grain size) 156
リンネ(Carl von Linné) 141
ルビスコ(RuBisCO) 292
冷温帯性(cool temperate) 151
冷温帯落葉広葉樹林(cool temperate deciduous broad-leaved forest) 159
レイリー蒸留(Rayleigh distillation) 129
レインレシオ(rain ratio) 93,272
レインレシオパラメータ(rain ratio parameter) 93
レッドエッジ(red edge) 115
レッドフィールド比(Redfield ratio) 92,272
連行加入(entrainment) 97

ワ 行

湧き出し点(source) 208
惑星アルベド(planetary albedo) 12,63,214
惑星渦度(planetary vorticity) 240
惑星間空間磁場(interplanetary magnetic field) 30
惑星放射(planetary radiation) 12,63
惑星放射フラックス(planetary radiation flux) 214
湾流(Gulf Stream) 85

略語索引

4-SCEM (four sphere cycles of energy and mass model)　299
ABL (atmospheric boundary layer)　103
AOGCM (atmosphere-ocean GCM)　200, 306
BATS (Biosphere Atmosphere Transfer Scheme)　110
BDP (Baikal Drilling Project)　174
CCD (carbonate compensation depth)　96, 267
CCN (cloud condensation nuclei)　100
CDW (circumpolar deep water)　86
CFC-12 (chloro-fluoro-carbon 12)　49
CISK (conditional instability of the second kind)　74
CME (coronal mass ejection)　55
CRM (cloud resolving model)　113
DGVM (dynamic global vegetation model)　113, 296
DMS (dimethylsulfide)　99
DR (dark respiration)　106
DVI (difference vegetation index)　115
EBM (energy balance model)　214
ENSO (El Niño and Southern Oscillation)　75
EPICA (European Project for Ice Coring in Antarctica)　131
ER (ecosystem respiration)　108
EUV (extreme ultraviolet)　33
$FPAR$ (fraction of absorbed PAR)　117
GCM (general circulation model)　200
GEWEX (Global Energy and Water Cycle Experiment)　78
GISP2 (Greenland Ice Sheet Project 2)　131
GPCP (Global Precipitation Climatology Project)　78
GPP (gross primary production)　89, 106, 300
GRIP (Greenland Ice Core Project)　131
HNLC (high nutrient low chlorophyll)　98
IMF (interplanetary magnetic field)　30
IPCC (Intergovernmental Panel on Climate Change)　49, 76
IRD (iceberg-rafted detritus)　185
ITCZ (intertropical convergence zone)　70
LAI (leaf area index)　103
LSM (land surface model)　109
LSP (land surface process)　112
LUE (light use efficiency)　117
MHD (magnetohydrodynamics)　57
MIS (marine oxygen isotope stage)　125, 169
MJO (Madden-Julian oscillation)　72
MOC (meridional overturning circulation)　86
MS (magneto-stratigraphy)　176
NCP (net community production)　89
$NDVI$ (normalized difference vegetation index)　116
NEP (net ecosystem production)　106
NGRIP (North Greenland Ice Core Project)　131
NHM (non-hydrostatic model)　113
NP (new production)　90
NPP (net primary production)　89, 106
ODP (ocean drilling project)　122
PAR (photosynthetically active radiation)　111, 117
PDB (Peedee Belemnites)　124
PEM (production efficiency model)　116
POC (particulate organic carbon)　93
POM (particulate organic matter)　87, 272
PR (Precipitation Radar)　79
PSC (polar stratospheric cloud)　54
PZ (pollen zone)　140
QBO (quasi-biennial oscillation)　224
RP (regenerated production)　90
RVI (ratio vegetation index)　115
SCE (steryl chlorine esters)　182
SELIS (Sun-Earth-Life Interactive System)　6, 9, 19
SGVM (static global vegetation model)　113
SiB (Simple Biosphere Model)　110
SMOW (standard mean ocean water)　124
SOM (soil organic matter)　107
SPCZ (south Pacific convergence zone)　70
SR (soil respiration)　106
SST (sea surface temperature)　69
TA (total alkalinity)　257
TID (traveling ionospheric disturbance)　39
TIGCM (thermosphere/ionosphere general circulation model)　53
TN (total nitrogen)　180
TOC (total organic carbon)　178
TRMM (Tropical Rainfall Measuring Mission)　79
UV (ultraviolet)　31
VI (vegetation index)　115

著者一覧 （五十音順，＊印は編者）

阿部　　学（国立環境研究所　NIES ポスドクフェロー　3.5）
小川　忠彦（名古屋大学太陽地球環境研究所　教授　1.1）
小川　泰信（国立極地研究所　講師　1.1.3）
上出　洋介（名古屋大学　名誉教授　1.1.4）
河合　崇欣（名古屋大学大学院環境学研究科　教授　2.3）
川田　佳史（名古屋大学大学院環境学研究科　COE 研究員　3.3）
菊池　　崇（名古屋大学太陽地球環境研究所　教授　1.1.6）
才野　敏郎（名古屋大学地球水循環研究センター　教授　1.3）
佐藤　　淳（産業技術総合研究所　テクニカルスタッフ　1.1.2）
塩川　和夫（名古屋大学太陽地球環境研究所　准教授　1.1.2）
関　華奈子（名古屋大学太陽地球環境研究所　准教授　1.1.1）
中村　健治（名古屋大学地球水循環研究センター　教授　1.2）
野澤　悟徳（名古屋大学太陽地球環境研究所　准教授　1.1.3）
＊檜山　哲哉（名古屋大学地球水循環研究センター　准教授　1.4）
藤木　利之（名古屋大学大学院環境学研究科　COE 研究員　2.2）
増田　公明（名古屋大学太陽地球環境研究所　准教授　1.1.4）
松見　　豊（名古屋大学太陽地球環境研究所　教授　1.1.5）
松本　英二（名古屋大学　名誉教授　2.1）
元場　哲郎（名古屋大学大学院環境学研究科　COE 研究員　1.1.5）
＊安成　哲三（名古屋大学地球水循環研究センター　教授　序.1，3.6）
山口　　靖（名古屋大学大学院環境学研究科　教授　1.4.4）
＊渡邊誠一郎（名古屋大学大学院環境学研究科　准教授　序.2，2.3，3.1，3.2，3.4）

木村眞人・波多野隆介編 **土壌圏と地球温暖化** A5判・260頁・本体5,000円	陸域最大の炭素貯蔵庫である土壌が，大気中の温室効果ガス濃度を制御する様子について，全地球規模で捉えると同時に，水田・畑など土地利用形態の変化による炭素循環の違いを実例に基づき記述．地球温暖化問題において土壌が果たす重要な役割を解説し，その管理の必要性を訴える．
木村眞人編 **土壌圏と地球環境問題** A5判・288頁・本体5,000円	土壌生態系は，陸域における地球環境汚染物質の最大の浄化の場である．しかし，近年世界各地で土壌荒廃に伴い，土壌の有する地球環境浄化機能が急速に低下している．本書では土壌圏の現状と地球環境問題における役割を訴え，その機能保全と増進策を提言するための基礎的なデータを提供する．
坂本充・熊谷道夫編 **東アジアモンスーン域の湖沼と流域** ―水源環境保全のために― A5判・374頁・本体4,800円	東アジアモンスーン気候帯に位置する琵琶湖と中国雲南省の高原湖沼との比較研究を軸に，地球温暖化による気候変動や人間活動が，湖沼，流域環境に与える影響について，地理学，生態学，陸水学，水文学などの幅広い視野から検討し，保全策を探る．
岩坂泰信編 **北極圏の大気科学** ―エアロゾルの挙動と地球環境― B5判・238頁・本体6,500円	1985年，南極にオゾンホールが発見されると，北極でも本格的な大気観測が開始された．本書は，独自のライダーや気球を使った北極での約10年にわたる観測成果に基づき極地大気のオゾンの現状やエアロゾルの動態と役割を明らかにし，地球環境問題への今後の取り組みを展望する．
広木詔三編 **里山の生態学** ―その成り立ちと保全のあり方― A5判・354頁・本体3,800円	東海地方の里山は，地域特異的な種が多数棲息する湿地や，人間の干渉により成立した二次林などの多様な環境が混在して成り立っている．本書は東海丘陵要素の起源に関する地史的考察や，二次林植生の研究，環境指標となり得る生物群の調査を通じ，多様な切り口から里山の全体像に迫り，その保全に向けた提言を行う．
花里孝幸著 **ミジンコ** ―その生態と湖沼環境問題― A5判・238頁・本体4,300円	湖の食物連鎖の中で重要な役割を担うミジンコとその他の生物達は，複雑な生物間相互作用を保ちながら湖沼生態系を維持している．本書は人為的な環境改変の影響が微細なミジンコを介して生態系全体に及ぶ過程を解説．さらに人間と湖沼との付き合い方について貴重な示唆を与える．
西澤邦秀・飯田孝夫編 **放射線安全取扱の基礎** **[第三版]** ―アイソトープからX線・放射光まで― B5判・200頁・本体2,400円	人体への影響や放射線計測手法，諸法令や緊急時の対応など，放射線を扱う上で必要不可欠な知識を，図・写真を多用して幅広く解説した本書は，放射線を扱うすべての学生や，資格取得を目指す人に最適のテキストである．2005年改正の障害防止法に全面対応．

〈編者紹介〉

渡邊誠一郎（わたなべ・せいいちろう）

- 1964年　生まれる
- 1986年　東京大学理学部卒業
- 1990年　東京大学大学院理学系研究科地球物理学専攻博士課程中退
- 　　　　山形大学助手，名古屋大学助手・助教授を経て
- 現　在　名古屋大学大学院環境学研究科准教授（理学博士）
- 専門分野　理論地球惑星科学

檜山　哲哉（ひやま・てつや）

- 1967年　生まれる
- 1990年　筑波大学第一学群自然学類卒業
- 1995年　筑波大学大学院地球科学研究科地理学・水文学専攻博士課程修了
- 　　　　名古屋大学助手・助教授を経て
- 現　在　名古屋大学地球水循環研究センター准教授（博士（理学））
- 専門分野　生態水文学，水文気象学

安成　哲三（やすなり・てつぞう）

- 1947年　生まれる
- 1971年　京都大学理学部卒業
- 1977年　京都大学大学院理学研究科地球物理学専攻博士課程修了
- 　　　　京都大学助手，筑波大学講師・助教授・教授を経て
- 現　在　名古屋大学地球水循環研究センター教授（理学博士，筑波大学名誉教授）
- 専門分野　気象学・気候学，地球環境学

新しい地球学

2008年3月31日　初版第1刷発行

定価はカバーに表示しています

編　者　渡　邊　誠一郎
　　　　檜　山　哲　哉
　　　　安　成　哲　三

発行者　金　井　雄　一

発行所　財団法人　名古屋大学出版会
〒464-0814　名古屋市千種区不老町1 名古屋大学構内
電話(052)781-5027／FAX(052)781-0697

©Sei-ichiro Watanabe, et al., 2008　Printed in Japan
印刷・製本　㈱クイックス
ISBN978-4-8158-0590-6
乱丁・落丁はお取替えいたします．

Ⓡ〈日本複写権センター委託出版物〉
本書の全部または一部を無断で複写複製（コピー）することは，著作権法上での例外を除き，禁じられています．本書からの複写を希望される場合は，日本複写権センター（03-3401-2382）にご連絡ください．